DELIUS KLASING

Dr. Etzold
Diplom-Ingenieur für Fahrzeugtechnik

So wird's gemacht

pflegen – warten – reparieren

Band 121

PEUGEOT 206

Benziner

1,1 l/40 kW	(55 PS)	10/98 –	3/04
1,1 l/44 kW	(60 PS)	10/98 –	5/13
1,4 l/55 kW	(75 PS)	10/98 –	5/13
1,6 l/65 kW	(89 PS)	10/98 –	11/00
1,6 l/80 kW	(109 PS)	12/00 –	8/06
2,0 l/99 kW	(135 PS)	5/99 –	4/04

Diesel

1,4 l/50 kW	(68 PS)	10/01 –	5/13
1,6 l/80 kW	(109 PS)	7/04 –	8/06
1,9 l/51 kW	(70 PS)	9/00 –	4/04
2,0 l/66 kW	(90 PS)	3/00 –	8/06

Delius Klasing Verlag

Redaktion: Günter Skrobanek, Dipl.-Ing. Guido Zurborg (Text)
Christine Etzold (Bild)

Bibliografische Information der Deutschen Nationalbibliothek

Die Deutsche Nationalbibliothek verzeichnet diese Publikation in der Deutschen Nationalbibliografie; detaillierte bibliografische Daten sind im Internet über http://dnb.dnb.de abrufbar.

8. Auflage / C
ISBN 978-3-7688-1254-2

Alle Angaben ohne Gewähr
Druck: Kunst- und Werbedruck, Bad Oeynhausen
Printed in Germany 2018

Alle in diesem Buch enthaltenen Angaben und Daten wurden von dem Autor nach bestem Wissen erstellt und von ihm sowie vom Verlag mit der gebotenen Sorgfalt überprüft. Gleichwohl können wir keinerlei Gewähr oder Haftung für die Richtigkeit, Vollständigkeit und Aktualität der bereitgestellten Informationen übernehmen.

Delius Klasing Verlag, Siekerwall 21, D-33602 Bielefeld
Tel.: 0521/559-0, Fax: 0521/559-115
E-Mail: info@delius-klasing.de
www.delius-klasing.de
http://sowirdsgemacht.com

Lieber Leser,

obwohl die Automobile von Modellgeneration zu Modellgeneration technisch wesentlich aufwändiger und komplizierter werden, greifen von Jahr zu Jahr immer mehr Heimwerker zum »So wird's gemacht«-Handbuch. Die Erklärung dafür ist einfach: Weil die Technik des Automobils komplizierter geworden ist, benötigt selbst der Fachmann bei Wartungs- und Reparaturarbeiten am Fahrzeug eine spezielle Anleitung.

Auch der fachkundige Hobbymonteur, der sein Fahrzeug selbst wartet und repariert, sollte bedenken, dass der Fachmann viel Erfahrung hat und durch die Weiterschulung und den ständigen Erfahrungsaustausch über den neuesten Technikstand verfügt. Mithin kann es für die Überwachung und Erhaltung der Betriebs- und Verkehrssicherheit des eigenen Fahrzeugs sinnvoll sein, in regelmäßigen Abständen eine Fachwerkstatt aufzusuchen.

Grundsätzlich muss sich der Heimwerker natürlich darüber im Klaren sein, dass man mithilfe eines Handbuches nicht automatisch zum Kfz-Mechaniker wird. Auch deshalb sollten Sie nur solche Arbeiten durchführen, die Sie sich zutrauen. Das gilt insbesondere für jene Arbeiten, die die Verkehrssicherheit des Fahrzeugs beeinträchtigen können. Gerade in diesem Punkt sorgt das »So wird's gemacht«-Handbuch jedoch für praktizierte Verkehrssicherheit. Durch die Beschreibung der Arbeitsschritte und den Hinweis, die Sicherheitsaspekte nicht außer Acht zu lassen, wird der Heimwerker vor der Arbeit entsprechend sensibilisiert und informiert. Auch wird darauf hingewiesen, im Zweifelsfall die Arbeit lieber von einem Fachmann ausführen zu lassen.

Sicherheitshinweis
Auf verschiedenen Seiten dieses Buches stehen »Sicherheitshinweise«. Bevor Sie mit der Arbeit anfangen, lesen Sie bitte diese Sicherheitshinweise aufmerksam durch und halten Sie sich strikt an die dort gegebenen Anweisungen.

Vor jedem Arbeitsgang empfiehlt sich ein Blick in das vorliegende Buch. Dadurch werden Umfang und Schwierigkeitsgrad der Reparatur offenbar. Außerdem wird deutlich, welche Ersatz- oder Verschleißteile eingekauft werden müssen und ob unter Umständen die Arbeit nur mit Hilfe von Spezialwerkzeug durchgeführt werden kann.

Für die meisten Schraubverbindungen ist das Anzugsdrehmoment angegeben. Bei Schraubverbindungen, die in jedem Fall mit einem Drehmomentschlüssel angezogen werden müssen (Zylinderkopf, Achsverbindungen usw.), ist der Wert **fett** gedruckt. Nach Möglichkeit sollte man generell jede Schraubverbindung mit einem Drehmomentschlüssel anziehen. Übrigens: Für viele Schraubverbindungen sind Innen- oder Außen-Torxschlüssel erforderlich.

Als ich Anfang der siebziger Jahre den ersten Band der »So wird´s gemacht«-Buchreihe auf den Markt brachte, wurden im Automobilbau nur ganz wenige elektronische Bauteile eingesetzt. Inzwischen ist das elektronische Management allgegenwärtig; ob bei der Steuerung der Zündung, des Fahrwerks oder der Gemischaufbereitung. Die Elektronik sorgt auch dafür, dass es in verschiedenen Bereichen keine Verschleißteile mehr gibt, wie zum Beispiel der früher für den Zündfunken unentbehrliche Unterbrecherkontakt im Zündverteiler. Das Überprüfen elektronischer Bauteile ist wiederum nur noch mit teuren und speziell auf das Fahrzeugmodell abgestimmten Prüfgeräten möglich, die dem Heimwerker in der Regel nicht zur Verfügung stehen. Wenn also verschiedene Reparaturschritte nicht mehr beschrieben werden, so liegt das ganz einfach am vermehrten Einsatz von elektronischen Bauteilen.

Das vorliegende Buch kann zwangsläufig auch nicht auf jede aktuelle, technische Frage eingehen. Dennoch hoffe ich, dass die getroffene Auswahl an Reparatur-, Wartungs- und Pflegehinweisen in den meisten Fällen die auftretenden Probleme zufrieden stellend löst. Eines sollten Sie bei Ihren Arbeiten am eigenen Auto allerdings beachten: Ein Buch ist keine Tageszeitung. Ständig werden am aktuellen Modell technische Änderungen durchgeführt, so dass es vorkommen kann, dass sich die im Buch veröffentlichten Arbeitsanweisungen und Einstelldaten für Ihr spezielles Modell geändert haben. Sollten Zweifel auftreten, erfragen Sie bitte den aktuellen Stand beim Kundendienst des Automobilherstellers.

Rüdiger Etzold

Inhaltsverzeichnis

PEUGEOT 206

Aus dem Inhalt:

- **Modellvarianten**
- **Fahrzeugidentifizierung**
- **Motordaten**

Ende 1998 wurde der PEUGEOT 206 in den deutschen Markt eingeführt. Die kompakte Limousine verfügt über verschiedene Modellausstattungen, und zwar von der Basisversion »spécial« bis hin zur Sportversion »S16«. Bis Mai 2013 wurde der PEUGEOT 206 neben den Nachfolgemodellen 207 und 208 in der bisherigen Karosserieversion als 206+ weiter angeboten.

Markante Erscheinungsmerkmale sind die sehschlitzförmigen Scheinwerfer mit den innenliegenden Blinkleuchten; die vorn flach heruntergezogene Motorhaube mit den seitlichen Lufteinlässen und die kurzen Karosserieüberhänge.

Zu den serienmäßigen Sicherheitseinrichtungen des PEUGEOT 206 zählen Fahrer- und Beifahrer-Airbag sowie seit Modelljahr 2001 Seiten-Airbags in den Rückenlehnen der Fahrersitze. Der Beifahrer-Airbag kann mit dem Fahrzeugschlüssel deaktiviert werden. Dadurch kann ohne großen Aufwand auf dem Beifahrersitz ein Reboard-Kindersitz installiert werden. Alle Modelle sind grundsätzlich mit ABS und der elektronischen Bremskraftverteilung EBV ausgestattet. Als weiteres Sicherheitsdetail sind zusätzliche Karosserieverstärkungen in den Türen eingesetzt.

Für den PEUGEOT 206 stehen in Leistung und Motorcharakteristik recht unterschiedliche Benzin- und Dieselmotoren zur Verfügung, so dass je nach persönlicher Anforderung zwischen sehr wirtschaftlicher oder sportlicher Motorisierung ausgewählt werden kann. Sämtliche Motoren sind quer im Motorraum eingebaut und treiben die Vorderräder an.

PEUGEOT 206 »XS«

PEUGEOT 206 »XS« Heckansicht

PEUGEOT 206 CC

PEUGEOT 206+

Fahrzeug- und Motoridentifizierung

Die Fahrzeug-Identifizierungsnummer (Fahrgestellnummer) befindet sich am Fahrzeug an den folgenden Stellen:

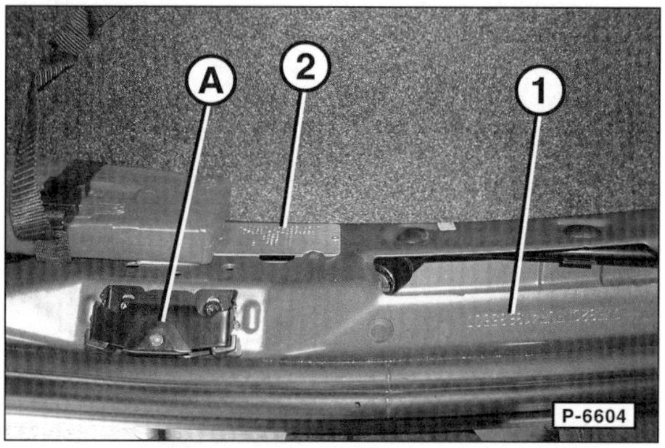

1 – Oben am hinteren Abschlussblech eingeschlagen.

2 – Auf dem Typschild unterhalb vom Heckklappenschloss-Unterteil –A–.

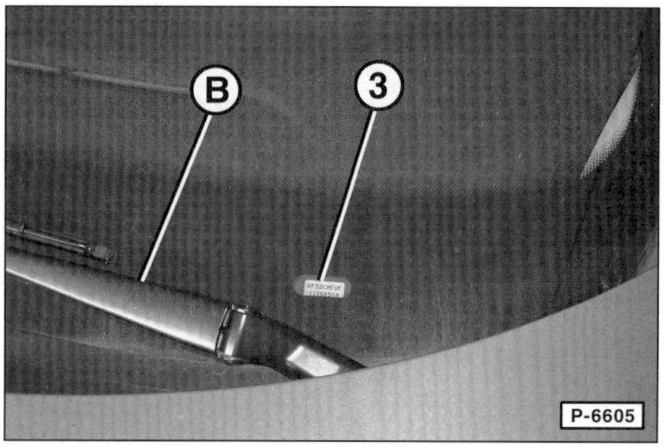

3 – Auf dem Armaturenbrett, sichtbar durch eine Aussparung in der schwarzen Abdeckung der Frontscheibe. B – Linker Scheibenwischerarm.

Beispiel:

VF3	2CNFU	F41	368 550
①	②	③	④

① VF3 = PEUGEOT.

② Fahrzeugtyp. 2CNFU = Benzinmotor TU5JP4 mit Motortyp-Kennzeichen NFU.

③ Kennzeichnet die zulässigen Gewichte und Achslasten.

④ Fortlaufende Seriennummer.

Motornummer

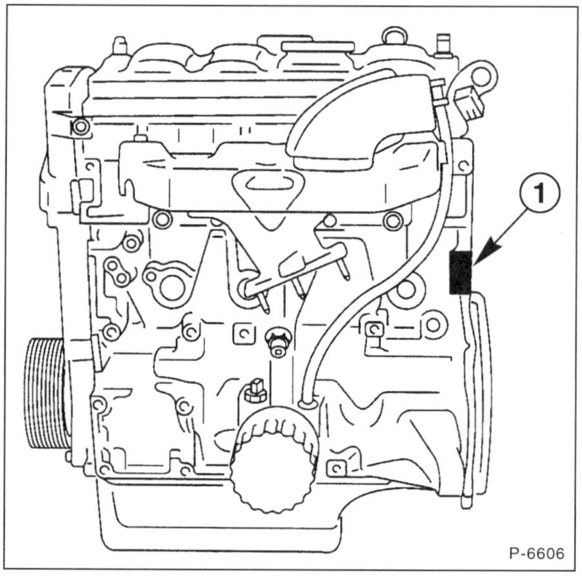

Die Motornummer –1– ist vorn auf der linken Seite in den Motorblock eingeschlagen. Sie besteht aus dem Aggregatkennzeichen, dem Typkennzeichen und der fortlaufenden Seriennummer. Die Abbildung zeigt den TU-Motor mit Grauguss-Motorblock.

Beispiel:
Aggregatkennzeichen: 10FX1G
Typkennzeichen: NFU
Seriennummer: 458 274

TU-Motor mit Aluminium-Motorblock: Die Motornummer ist mehr in Richtung Motormitte platziert.

EW-Motor: Die Motornummer befindet sich unterhalb vom zahnriemenseitigen Abgaskrümmerrohr.

DW8-/DW10-Motor: Die Motornummer befindet am Motorblock, oberhalb von der Trennfläche zur Motorölwanne.

Motorenübersicht und Motordaten

Motor/Modell	1.1 l	1.1 l	1.1 l	1.4 l	1.4 l	1.4 l 16V	1.6 l	1.6 l 16V
Fertigung von – bis	10/98 – 3/04	10/98 – 8/06	9/06 - 5/13	10/98 – 2/01	3/01 – 5/13	5/04 – 8/06	10/98 – 11/00	12/00 – 8/06
Motorbezeichnung	TU1JP	TU1JP	TU1A	TU3JP	TU3A	ET3J4	TU5JP	TU5JP4
Motorbauart	OHC	OHC	OHC	OHC	OHC	OHC	OHC	DOHC
Hubraum cm^3	1124	1124	1124	1360	1360	1360	1587	1587
Leistung kW bei 1/min	40/5600	44/5600	44/5500	55/5500	55/5500	65/5250	65/5600	80/5800
PS bei 1/min	55/5600	60/5600	60/5500	75/5500	75/5500	88/5250	89/5600	109/5800
Drehmoment Nm bei 1/min	91/2600	91/2600	94/3300	111/2600	120/3400	133/3250	135/3000	147/4000
Bohrung ∅ mm	72,0	72,0	72,0	75,0	75,0	75,0	78,5	78,5
Hub mm	69,0	69,0	69,0	77,0	77,0	77,0	82,0	82,0
Verdichtung	9,7	9,7	9,7	10,2/9,3[1])	10,2	10,2	10,2	11,0
Zylinder/Ventile pro Zylinder	4/2	4/2	4/2	4/2	4/2	4/4	4/2	4/4
Motormanagement	MM-1AP	MM-1AP	MM-1AP	MM-1AP	MP 7.3	Multipoint	MP 7.2	ME 7.4.4
Kraftstoff bleifrei ROZ	Super 95	Super 95	Super 95	Super 95	Super 95	Super 95	Super 95	Super 95
Wechselmengen								
Motoröl Liter	3,3	3,3	3,3	3,3	3,2	3,2	3,0	3,2
Kühlflüssigkeit Liter	7,0	7,0	7,0	7,0	5,8	6,0	7,0	6,2

Motor/Modell	2.0 l 16V	2.0 l 16V	2.0 l 16V	2.0 l 16V RC	1.4 l HDi	1.6 l HDi	1.9 l D	2.0 l HDi
Fertigung von – bis	5/99 – 9/99	10/99 – 4/04	5/04 – 8/06	5/04 – 8/06	10/01 – 5/13	7/04 – 8/06	9/00 – 4/04	3/00 – 8/06
Motorbezeichnung	EW10JA	EW10JA	EW10J4	EW10J4S	DV4TD	DV6TED4	DW8	DW10TD
Motorbauart	DOHC	DOHC	DOHC	DOHC	OHC	DOHC	OHC	OHC
Hubraum cm^3	1997	1997	1997	1997	1398	1560	1868	1997
Leistung kW bei 1/min	99/6000	99/6000	100/6100	130/7000	50/4000	80/4000	51/4600	66/4000
PS bei 1/min	135/6000	135/6000	136/6100	177/7000	68/4000	109/4000	70/4600	90/4000
Drehmoment Nm bei 1/min	190/4100	198/4100	190/4100	202/4750	160/2000	245/1750	125/2500	205/1900
Bohrung ∅ mm	85,0	85,0	85,0	85,0	73,7	75,0	82,2	85,0
Hub mm	88,0	88,0	88,0	88,0	82,0	88,6	88,0	88,0
Verdichtung	10,8	10,8	10,8	11,0	17,9	17,6	23,0	18,0
Zylinder/Ventile pro Zylinder	4/4	4/4	4/4	4/4	4/2	4/4	4/2	4/2
Motormanagement	MM-4.8P	MM-4.8P	MM-6LP	MM-6LP	EDC	EDC	DCN2	EDC 15C2
Kraftstoff bleifrei ROZ	Super 95	Super 95	Super 95	Super 95	Diesel	Diesel	Diesel	Diesel
Wechselmengen								
Motoröl Liter	4,3	4,3	4,3	5,3	3,75	4,3	4,8	4,3
Kühlflüssigkeit Liter	5,0	5,0	7,8	7,8	8,2	8,5	8,2	7,0

[1]) Automatikgetriebe

OHC = **O**ver**h**ead **C**amshaft, 1 oben liegende Nockenwelle. DOHC = **D**ouble **O**ver**h**ead **C**amshaft, 2 oben liegende Nockenwellen. ROZ = **R**esearch-**O**ktan**z**ahl = Angabe der Klopffestigkeit des Benzins. MM-1AP/MM-4.8P = Elektronische-Mehrfach-Einspritzung von MAGNETI MARELLI, Typ 1AP/4.8P. MP7.2/3, ME7.4.4 = Typ-Bezeichnung der BOSCH-Motronic. EDC = Electronic Diesel Control = Elektronisch gesteuerte Dieseleinspritzung.

Achtung: Die Füllmengen sind ungefähre Angaben. Flüssigkeitsstände auf jeden Fall mit dem Ölmessstab beziehungsweise anhand der Markierungen auf dem Kühlmittel-Ausgleichbehälter überprüfen.

Wartung

Aus dem Inhalt:

- Wartungsplan
- Wartungsarbeiten
- Wartungsanzeige nach der Wartung zurückstellen
- Werkzeugausrüstung
- Motorstarthilfe

Wartungsplan

Die Wartung ist in folgenden Abständen durchzuführen:

Benzinmotor. . . . . **Alle 30.000 km** oder **2 Jahre.**

2,0-l-Dieselmotor . . . . . . **Alle 20.000 km** oder **2 Jahre.**

1,9-l-Dieselmotor . . . . . . **Alle 15.000 km** oder **2 Jahre.**

Nach den halben Wartungsinvervallen empfiehlt es sich, einen Zwischen-Service durchzuführen. Dabei alle mit ● gekennzeichneten Arbeiten durchführen.

Bei der Wartung sind alle mit ● und ■ gekennzeichneten Arbeiten sowie, entsprechend der Kilometerleistung, die zusätzlichen Wartungspunkte ◆ durchzuführen

Bei **erschwerten Betriebsbedingungen** wie überwiegend Stadt- und Kurzstreckenverkehr, häufigen Gebirgsfahrten, Anhängerbetrieb oder staubigen Straßenverhältnissen, **Ölwechsel** je nach Motor alle **20.000, 15.000 oder 10.000 km** beziehungsweise **einmal pro Jahr** durchführen.

Motor

● Motor: Ölstand prüfen, gegebenenfalls ergänzen. Sichtprüfung auf Ölundichtigkeiten.

● Kühl- und Heizsystem: Flüssigkeitsstand prüfen, Konzentration des Frostschutzmittels prüfen. Sichtprüfung auf Undichtigkeiten und äußere Verschmutzung des Kühlers.

■ Motor: Öl wechseln, Ölfilter ersetzen.

■ Keilrippenriemen: Zustand und Spannung prüfen (nur bei manuellem Riemenspanner).

■ Dieselmotor: Kraftstofffilter entwässern.

Vorderachse und Lenkung

■ Lenkung: Manschetten auf Undichtigkeiten und Beschädigungen prüfen.

■ Servolenkung: Ölstand prüfen.

■ Gummimanschetten der Gelenkwellen: Auf Undichtigkeiten und Beschädigungen prüfen.

Bremsen, Reifen, Räder

■ Bremsanlage: Dicke und Verschleiß von Scheibenbremsbelägen prüfen.

■ Bereifung, einschließlich Reserverad: Profiltiefe und Reifenfülldruck prüfen; Reifen auf Verschleiß und Beschädigungen prüfen. Bei unnormaler Abnutzung Spur prüfen lassen (Werkstattarbeit).

■ Bremsanlage: Leitungen, Schläuche, Bremszylinder und Anschlüsse auf Undichtigkeiten und Beschädigungen sichtprüfen. Bremsflüssigkeitsstand prüfen, gegebenenfalls auffüllen.

■ Handbremse: Funktion prüfen, gegebenenfalls einstellen.

Elektrische Anlage

● Scheibenwaschanlage: Funktion prüfen, Düsenstellung kontrollieren, Flüssigkeit nachfüllen.

■ Instrumente, Warn- und Kontrollleuchten sowie Hupe: Funktion prüfen.

■ Beleuchtungsanlage: Prüfen, gegebenenfalls Scheinwerfer einstellen.

■ Alle Stromverbraucher: Funktion prüfen.

■ Scheibenwischer: Wischergummis auf Verschleiß prüfen.

■ Batterie: Spannung und Säurestand prüfen.

■ Wartungsanzeige zurückstellen.

Karosserie, Innenraum, Heizung

■ Pollenfilter: Auf Verschmutzung sichtprüfen.

Folgende Arbeiten zusätzlich durchführen:

Alle 2 Jahre oder 60.000 km

◆ Bremsflüssigkeit erneuern. **Hinweis:** Bei häufigen Gebirgsfahrten oder extrem feuchtem Klima Bremsflüssigkeit jährlich wechseln.

Alle 60.000 km

◆ Luftfilter: Filtereinsatz erneuern.

◆ Benzinmotor: Zündkerzen erneuern.

◆ Benzinmotor: Kraftstofffilter ersetzen.

◆ Dieselmotor: Kraftstofffiltereinsatz ersetzen.

◆ Automatikgetriebe: Getriebeölstand prüfen.

- Schaltgetriebe: Getriebeölstand prüfen.
- Spurstangenköpfe: Spiel und Befestigung prüfen, Staubkappen prüfen.
- Achsgelenke: Staubkappen prüfen.
- Stoßdämpfer: Dichtigkeit sichtprüfen.
- Trommelbremse: Dicke der Bremsbeläge prüfen.
- Pollenfilter: Wechseln.

Alle 2 Jahre oder 120.000 km

- Bis 9/98: Kühlflüssigkeit erneuern.

Alle 120.000 km

- Benzin- und 1,9-l-Dieselmotor: Zahnriemen erneuern. Bei erschwerten Bedingungen bereits nach 90.000 km.

Alle 2 Jahre oder 150.000 km

- Ab 10/98: Kühlflüssigkeit erneuern.

Alle 160.000 km

- 2,0-l-Dieselmotor: Zahnriemen erneuern. Bei erschwerten Bedingungen bereits nach 120.000 km.

Alle 10 Jahre

- Airbags und pyrotechnische Gurtstraffer: Ersetzen (Werkstattarbeit).

Wartungsarbeiten

Hier werden, nach den verschiedenen Baugruppen des Fahrzeugs aufgeteilt, alle Wartungsarbeiten beschrieben, die gemäß dem Wartungsplan durchgeführt werden müssen. Auf die erforderlichen Verschleißteile sowie das möglicherweise benötigte Sonderwerkzeug wird jeweils hingewiesen.

Es empfiehlt sich, Reifendruck, Motorölstand und Flüssigkeitsstände für Kühlung, Wisch-/Waschanlage etc. mindestens alle 4 bis 6 Wochen zu prüfen und gegebenenfalls zu ergänzen.

Achtung: Beim **Einkauf von Ersatzteilen** sind immer der **KFZ-Schein** und die **Modellnummer** (siehe Kapitel »Fahrzeugidentifizierung«) mitzunehmen, da zur einwandfreien Fahrzeugidentifizierung oftmals die genaue Angabe der Fahrgestellnummer, des Modells oder des Baujahres erforderlich ist.

Um ganz sicher zu sein, dass man die richtigen Ersatzteile erhalten hat, empfiehlt es sich, nach Möglichkeit das Altteil auszubauen und zum Ersatzteilhändler mitzunehmen. Dort kann man es mit dem Neuteil vergleichen.

Motor und Abgasanlage

Folgende Wartungsarbeiten müssen nach dem Wartungsplan durchgeführt werden:

- Motor: Ölstand prüfen, gegebenenfalls ergänzen. Sichtprüfung auf Ölundichtigkeiten.
- Motoröl: Wechseln, Ölfilter ersetzen.
- Kühl- und Heizsystem: Flüssigkeitsstand prüfen, Konzentration des Frostschutzmittels prüfen. Sichtprüfung auf Undichtigkeiten und äußere Verschmutzung des Kühlers.
- Keilrippenriemen: Zustand und Spannung (nur bei manuellem Riemenspanner) prüfen.
- Luftfilter: Filtereinsatz erneuern.
- Dieselmotor: Kraftstofffilter entwässern.
- Dieselmotor: Kraftstofffiltereinsatz ersetzen.
- Benzinmotor: Kraftstofffilter ersetzen.
- Benzinmotor: Zündkerzen erneuern.
- Kühlflüssigkeit erneuern, siehe Seite 201.
- Benzinmotor: Zahnriemen erneuern, siehe Seite 166.
- Dieselmotor: Zahnriemen erneuern, siehe Seite 178.

Motorölstand prüfen

Etwa alle 1.000 km oder vor längeren Fahrten sollte der Ölstand des Motors überprüft und gegebenenfalls ergänzt werden. Auf 1.000 Kilometer soll der Motor nicht mehr als 1,0 Liter Öl verbrauchen. Mehrverbrauch ist ein Anzeichen für verschlissene Ventilschaftabdichtungen und/oder Kolbenringe beziehungsweise Dichtungen.

Erforderliche Betriebsmittel:

- Zum Nachfüllen nur von PEUGEOT freigegebenes Motoröl verwenden, siehe Seite 195.

Prüfen

- Motor warm fahren und Fahrzeug auf einer waagerechten Fläche abstellen.
- Nach Abstellen des Motors etwa 5 Minuten lang warten, bis sich das Öl in der Ölwanne gesammelt hat.

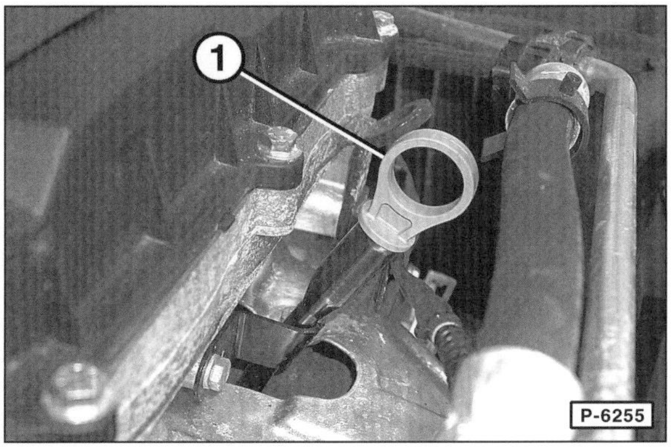

- Ölmessstab –1– herausziehen und mit sauberem Lappen abwischen.

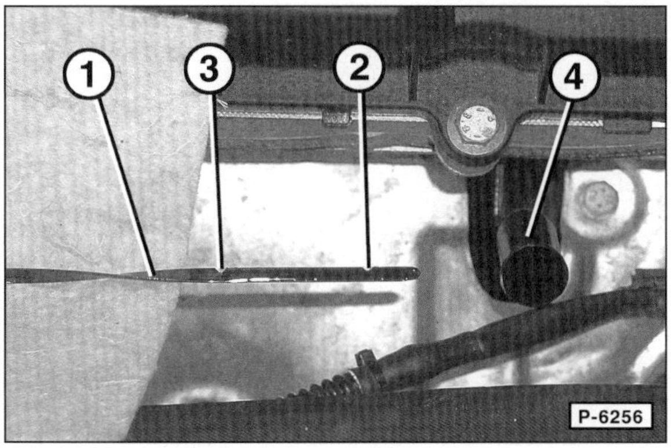

- Anschließend Messstab –1– bis zum Anschlag einführen und wieder herausziehen.
- Ölstand ablesen. Der Ölstand soll zwischen den beiden Markierungen MIN –2– und MAX –3– liegen. 4 – Ölmessstab-Führungsrohr.

Achtung: Liegt der Ölstand oberhalb der MAX-Markierung besteht die Gefahr von Katalysatorschäden.

- Liegt der Ölstand an der unteren Markierung –2– oder darunter, neues Motoröl bis zur MAX-Markierung nachfüllen.

Achtung: Falls versehentlich zu viel Öl eingefüllt wurde, überschüssiges Öl mit einem Motoröl-Absauggerät absaugen. Die Mengendifferenz zwischen der MIN- und MAX-Markierung am Ölmessstab ist je nach Motor unterschiedlich.

1,1-/1,4-/1,6-l-Benzinmotor: ....1,5 l
2,0-l-Benzinmotor: ....1,7 l
1,9-l-Dieselmotor: ....1,6 l
2,0-l-Dieselmotor: ....1,4 l

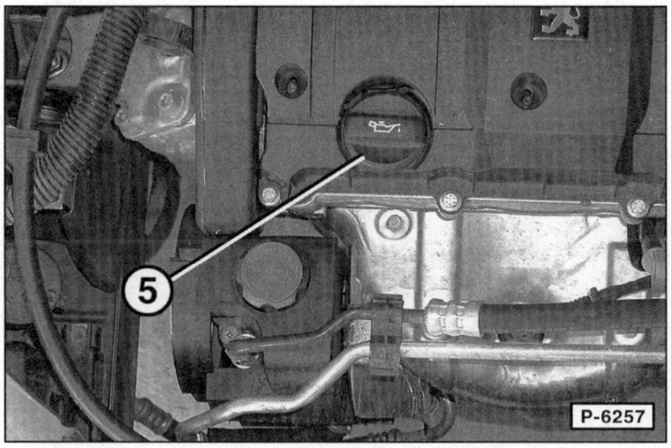

- Nachgefüllt wird am Verschluss –5– des Zylinderkopfdeckels. Beim Nachfüllen auf richtige Ölspezifikation achten und keine Ölzusätze verwenden, siehe Seite 195.

Achtung: Wahllos abwechselnder Gebrauch verschiedener Öltypen ist ungünstig. Motoröle gleichen Typs, aber verschiedener Marken sollen möglichst nicht gemischt werden. Motoröle gleichen Typs und gleicher Marke, aber verschiedener Viskosität können im Bedarfsfall ohne weiteres nachgefüllt werden.

Motor/Motorraum: Sichtprüfung auf Undichtigkeiten

Folgende Leitungen, Schläuche und Anschlüsse auf Undichtigkeiten, Scheuerstellen, Porosität und Brüchigkeit sichtprüfen:

- Kraftstoffleitungen.
- Kühlmittelschläuche.
- Bremsleitungen.
- Hydraulikleitungen der Servolenkung.
- Kältemittelleitungen der Klimaanlage.

Ölundichtigkeit suchen

Bei ölverschmiertem Motor und hohem Ölverbrauch überprüfen, wo das Öl austritt. Dazu folgende Stellen überprüfen:

- Öleinfülldeckel öffnen und Dichtung auf Porosität oder Beschädigung prüfen.
- Belüftungsschläuche vom Motorblock zum Zylinderkopfdeckel, zum Luftfilter beziehungsweise zum Ansaugkrümmer auf festen Sitz prüfen.
- Zylinderkopfdeckel-Dichtung.
- Zylinderkopfdichtung.
- Ölfilterdichtung: Ölfilter am Ölfilterflansch.
- Ölablassschraube (Dichtring).
- Ölwannendichtung.
- Trennstelle zwischen Motor und Getriebe (Dichtung an Schwungrad oder Getriebewelle).

Da sich bei Undichtigkeiten das Öl meistens über eine größere Motorfläche verteilt, ist die Austrittsstelle des Öls nicht auf den ersten Blick zu erkennen. Bei der Suche geht man zweckmäßigerweise wie folgt vor:

- Motorwäsche durchführen. Motor mit handelsüblichem Kaltreiniger einsprühen und nach einer kurzen Einwirkungszeit mit Wasser abspritzen. Vorher Generator und Sicherungskasten mit Plastiktüte abdecken.

Achtung: Motorwäsche nur in Auto-Selbstwaschanlagen mit Ölabscheider vornehmen.

- Trennstellen und Dichtungen am Motor von außen mit Kalk oder Talkumpuder bestäuben. **Hinweis:** Die Fachwerkstatt verwendet ein spezielles Lecköl-Suchspray.
- Ölstand kontrollieren, gegebenenfalls auffüllen.
- Probefahrt durchführen. Da das Öl bei heißem Motor dünnflüssig wird und dadurch schneller an den Leckstellen austreten kann, sollte die Probefahrt über eine Strecke von ca. 30 km auf einer Schnellstraße durchgeführt werden.
- Anschließend Motor mit Lampe absuchen, undichte Stelle lokalisieren und Fehler beheben.

Kühlsystem prüfen

- Kühlmittelschläuche durch Zusammendrücken und Verbiegen auf poröse Stellen untersuchen, hart gewordene und aufgequollene Schläuche erneuern.

- Die Schläuche dürfen nicht zu kurz auf den Anschlussstutzen sitzen.
- Festen Sitz der Schlauchschellen kontrollieren, gegebenenfalls Schellen erneuern.

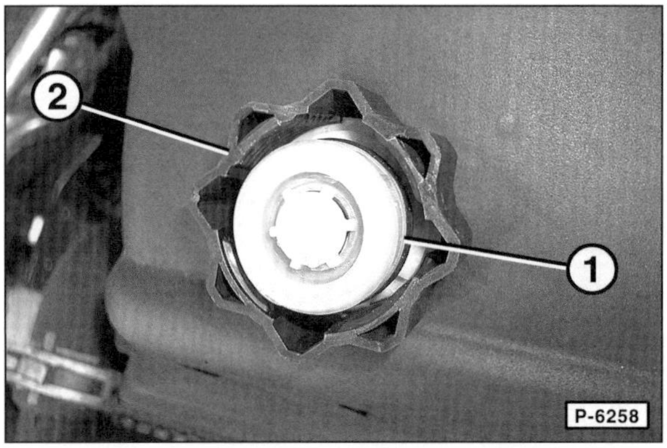

- Dichtung –1– des Ausgleichbehälter-Verschlussdeckels –2– auf Beschädigungen überprüfen.

Achtung: Ein zu niedriger Kühlmittelstand kann auch von einem nicht richtig aufgeschraubten Verschlussdeckel herrühren.

- Zustand des Kühlmittels prüfen. Das Kühlmittel darf kein Öl enthalten und nicht übermäßig verschmutzt sein.
- Deutlicher Kühlmittelverlust und/oder Öl in der Kühlflüssigkeit sowie weiße Abgaswolken bei warmem Motor deuten auf eine defekte Zylinderkopfdichtung hin.

Achtung: Mitunter ist es schwierig, die Kühlmittel-Leckstelle ausfindig zu machen. Dann empfiehlt sich eine Druckprüfung des Kühlsystems. Hierbei kann ebenfalls das Überdruckventil des Verschlussdeckels geprüft werden.

- Gegebenenfalls Kühlsystem unter Druck prüfen, siehe Seite 204.

Motoröl wechseln/Ölfilter ersetzen

Erforderliches Spezialwerkzeug:

Wenn das Motoröl abgesaugt wird:

- Ölabsauggerät.
- Ölauffangbehälter.

Wenn das Motoröl abgelassen wird:

- Grube oder einen hydraulischen Wagenheber mit Unterstellböcken.
- Stecknuss mit Schlüsselweite 24 mm oder 8-mm-Innenvierkantschlüssel, beispielsweise Öldienstschlüssel HAZET-3703, zum Lösen der Ölablassschraube.
- Spezialwerkzeug zum Lösen der Ölfilterpatrone: Ölfilterzange, Spannbandschlüssel oder Spannkettenschlüssel HAZET-2171-8. Bei Motoren mit Ölfiltergehäuse ist eine Stecknuss zum Lösen des Ölfilterdeckels erforderlich.
- Ölauffangwanne, die mindestens 5 Liter Öl fasst.

Erforderliche Betriebsmittel/Verschleißteile:

- Je nach Motor 3,0 bis 4,8 Liter Motoröl. Nur von PEUGEOT freigegebenes Motoröl verwenden, siehe Seite 195.
- Je nach Motor Ölfiltereinsatz oder Ölfilterpatrone.
- Wenn das Motoröl abgelassen wird: Aluminium-Dichtring für die Ölablassschraube. Der Dichtring wird manchmal mit dem Ölfilter mitgeliefert.

Um die Betriebsverhältnisse des Motors besser überwachen zu können, soll beim Ölwechsel immer ein Öl gleichen Typs und möglichst auch gleicher Marke verwendet werden. Daher ist es zweckmäßig, bei jedem Ölwechsel ein Hinweisschild am Motor zu befestigen, auf dem Marke, Typ und Viskosität des Öles vermerkt sind.

Wahllos abwechselnder Gebrauch verschiedener Öltypen ist ungünstig. Motoröle gleichen Typs, aber verschiedener Marken sollen möglichst nicht gemischt werden. Motoröle gleichen Typs und gleicher Marke, aber verschiedener Viskosität, können im Bedarfsfall ohne weiteres nachgefüllt werden.

Achtung: Die Öl-Verkaufsstellen nehmen die entsprechende Menge Altöl kostenlos entgegen, daher beim Ölkauf Quittung und Ölkanister für spätere Altölrückgabe aufbewahren! **Um Umweltschäden zu vermeiden, keinesfalls Altöl einfach wegschütten oder dem Hausmüll mitgeben.**

Ölwechselmenge mit Filterwechsel

1,1-/1,4-l-Benzinmotor: . . . . 3,3 Liter
1,6-l-Benzinmotor bis 11/00: . . . . 3,0 Liter
1,6-l-Benzinmotor seit 12/00: . . . . 3,2 Liter
2,0-l-Benzinmotor:. . . . . 4,3 Liter
1,4-l-Dieselmotor: . . . . 3,75 Liter
1,9-l-Dieselmotor: . . . . 4,8 Liter
2,0-l-Dieselmotor: . . . . 4,5 Liter

Hinweis: Die angegebenen Ölwechselmengen sind ungefähre Mengenangaben. Auf jeden Fall Ölstand mit dem Ölmessstab prüfen und gegebenenfalls korrigieren.

Das Motoröl kann entweder durch das Ölmessstab-Führungsrohr abgesaugt werden oder aus der Ölwanne abgelassen werden. Zum Absaugen ist eine geeignete Absaugpumpe erforderlich, dabei darauf achten, dass der Absaugschlauch in das Ölmessstab-Führungsrohr passt. Absaugvorrichtungen stehen oft auch an Tankstellen zur Verfügung. Allerdings muss dann das Motoröl in der Regel bei der Tankstelle gekauft werden.

Motoröl ablassen

- Motor auf Betriebstemperatur bringen. Dazu Motor warm fahren, bis die Kühlmitteltemperatur-Anzeige normale Betriebstemperatur des Kühlmittels signalisiert.
- Öleinfülldeckel abnehmen.

Sicherheitshinweis
Beim Aufbocken des Fahrzeugs besteht Unfallgefahr! Deshalb vorher das Kapitel »Fahrzeug aufbocken« durchlesen.

- Fahrzeug waagerecht aufbocken oder über Montagegrube fahren.
- Altöl-Auffangwanne unter die Ölablassschraube stellen.

Sicherheitshinweis
Darauf achten, dass beim Herausdrehen der Ölablassschraube das heiße Motoröl nicht über die Hand läuft.

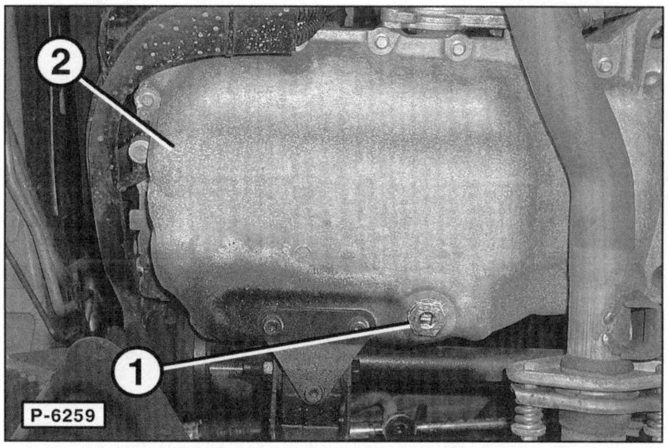

- Ölablassschraube –1– aus der Ölwanne –2– herausdrehen und Altöl ganz ablassen.

Achtung: Werden im Motoröl Metallspäne und Abrieb in größeren Mengen festgestellt, deutet dies auf Fressschäden hin, zum Beispiel Kurbelwellen- oder Pleuellagerschäden. Um Folgeschäden zu vermeiden, müssen nach der Motorreparatur die Ölkanäle und Ölschläuche sorgfältig gereinigt werden. Zusätzlich muss der Ölkühler, falls vorhanden, erneuert werden.

- Ölfilterpatrone –1– vom Ölkühler –2– beziehungsweise Ölfilterflansch mit einem Ölfilterschlüssel abschrauben. Zum Lösen gibt es verschiedene Werkzeuge, zum Beispiel einen Spannbandschlüssel oder eine Spannkette. 3 – Generator. Die Abbildung zeigt den 2,0-l-Dieselmotor.

- Anlagefläche des Ölfilters am Motorblock mit einem Lappen abwischen. Eventuell dort verbliebene Filterdichtung abnehmen.

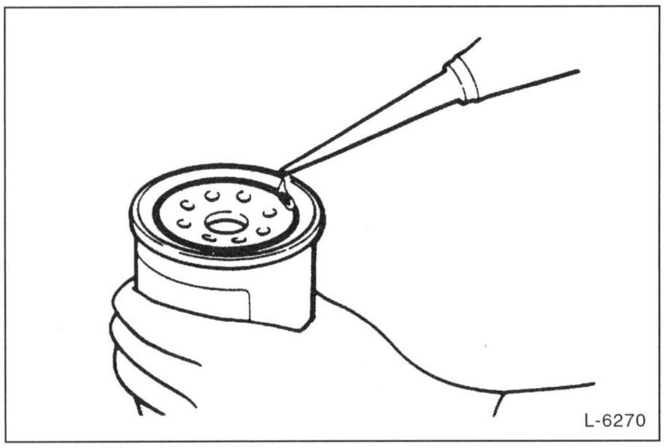

L-6270

- Gummidichtring am neuen Ölfilter dünn mit sauberem Motoröl bestreichen. Hinweise auf dem Ölfilter beachten.
- Neuen Ölfilter nur mit der Hand festschrauben, bis leichter Widerstand spürbar ist. Wenn die Filterdichtung am Motorblock anliegt, Filter um eine ¾ Umdrehung weiterdrehen.

Motoröl auffüllen

- Ölablassschraube mit **neuem** Dichtring und **35 Nm** festschrauben.
- Fahrzeug ablassen.
- Neues Öl am Einfüllstutzen des Zylinderkopfdeckels einfüllen. Einfüllmenge, siehe Aufstellung am Kapitelanfang.

Achtung: Grundsätzlich empfiehlt es sich, zunächst ½ Liter Motoröl weniger einzufüllen. Zu viel eingefülltes Motoröl muss wieder abgesaugt werden, da sonst die Motordichtungen beziehungsweise der Katalysator beschädigt werden können.

- Motor starten und im Leerlauf laufen lassen, bis die Ölkontrolllampe erlischt. Motor abstellen.
- Nach 5-minütiger Wartezeit Ölstand mit Messstab kontrollieren und gegebenenfalls ergänzen. Ölmenge zwischen MIN- und MAX-Markierung am Ölmessstab, siehe Seite 16.
- Nach Probefahrt Dichtigkeit der Ablassschraube und des Ölfilters überprüfen, gegebenenfalls vorsichtig nachziehen.

Speziell 1,1-/1,4-l- und 1,6-l-DOHC-Benzinmotor seit 12/00 sowie 1,4-l-Dieselmotor

Hinweis 1,4-l-Dieselmotor: Damit der Ölfilter zugänglich wird, muss zuvor der Luftschlauch ausgebaut werden.

P-6260

- Ölfilterdeckel –1– vom Ölfiltergehäuse abschrauben.
- Filtereinsatz herausnehmen und erneuern.
- Dichtflächen reinigen, O-Ring auf Beschädigung prüfen und gegebenenfalls erneuern.
- Filterdeckel anschrauben.

Kühlmittelstand prüfen

Erforderliche Betriebsmittel zum Nachfüllen:

- Kühlerfrostschutzmittel. Spezifikation siehe auch Kapitel »Motor-Kühlung«.
- Sauberes, kalkarmes Wasser in Trinkwasserqualität.

Prüfen

Der Kühlmittelstand sollte in regelmäßigen Abständen – etwa alle vier Wochen – geprüft werden, zumindest aber vor jeder größeren Fahrt. Zum Nachfüllen – auch in der warmen Jahreszeit – nur eine Mischung aus Kühlerfrostschutzmittel und kalkarmem, sauberem Wasser verwenden.

Achtung: Um die Weiterfahrt zu ermöglichen, kann auch, insbesondere im Sommer, reines Wasser nachgefüllt werden. Der Kühlerfrost- und Korrosionsschutz muss dann jedoch baldmöglichst korrigiert werden. **Hinweis:** Kühlmittelzusätze, die zum Beispiel einen zusätzlichen Korrosionsschutz oder ein Abdichten von geringen Undichtigkeiten bewirken sollen, möglichst nicht verwenden. Bedingt durch den schlechteren Wärmeübergang vom Zylinderkopf an das Kühlmittel kann es zu Hitzestauungen kommen, was unter ungünstigen Umständen zum Durchbrennen der Zylinderkopfdichtung oder zu Rissen im Zylinderkopf führen kann.

Sicherheitshinweis
Verschlussdeckel nicht bei heißem Motor öffnen. **Verbrühungsgefahr!** Der Kühlmittelstand wird bei kaltem Motor, Temperatur etwa +20° C, geprüft.

- Der Ausgleichbehälter –1– ist durchscheinend, so dass der Kühlmittelstand von außen geprüft werden kann. **Hinweis:** In der Abbildung ist der Ausgleichbehälter beim Benzinmotor dargestellt. Beim 1,4-l-Dieselmotor befindet sich der Ausgleichbehälter vor der Batterie.
- Der Kühlmittelstand ist korrekt, wenn bei **kaltem** Motor, also bei einer Kühlmitteltemperatur von ca. +20° C, der Kühlmittel-Füllstand zwischen den Markierungen –2– und –3– (MIN) liegt.

Achtung: Kühlflüssigkeiten unterschiedlicher Spezifikation oder Farbe dürfen **nicht** untereinander gemischt werden, sonst können schwer wiegende Motorschäden auftreten. Wurde versehentlich falsches Kühlkonzentrat eingefüllt, Kühlsystem sofort entleeren und mit klarem Wasser durchspülen.

- Liegt der Kühlmittelstand unter der MIN-Markierung –3–, Kühlmittel nachfüllen.
- Kühlmittel nur bei **kaltem Motor** nachfüllen, um Motorschäden zu vermeiden.

Frostschutz prüfen

Erforderliches Spezialwerkzeug:

- Prüfspindel zum Messen des Frostschutzanteils.

Hinweis: Eventuell ist es erforderlich, die **Prüfspindel zu eichen**. Dabei ist folgendermaßen vorzugehen: 50 ml Kühlkonzentrat mit 50 ml kalkarmem Wasser in Trinkwasserqualität mischen. Diese Mischung hat einen Frostschutz von –35° C. Frostschutz mit der Prüfspindel messen und eventuelle Abweichung zum Sollwert von –35° C notieren. **Beispiel:** Die Prüfspindel zeigt –31° C an. Die Abweichung beträgt also –4° C. Wird dann am Fahrzeug ein Wert von –16° C gemessen, dann beträgt der tatsächliche Frostschutz (–16°) + (–4°) = –20° C.

Erforderliche Betriebsmittel zum Nachfüllen:

- Kühlkonzentrat. Spezifikation siehe auch Kapitel »Motor-Kühlung«.
- Sauberes, kalkarmes Wasser in Trinkwasserqualität.

Vor Beginn der kalten Jahreszeit sollte sicherheitshalber die Konzentration des Frostschutzmittels geprüft werden.

- Motor warm fahren, bis der obere Kühlmittelschlauch zum Kühler etwa handwarm ist. Die Kühlmitteltemperatur im Ausgleichbehälter sollte ca. +20° C betragen.
- Verschlussdeckel am Ausgleichbehälter vorsichtig öffnen. **Achtung:** Nicht bei heißem Motor öffnen, siehe unter »Kühlmittelstand prüfen«.

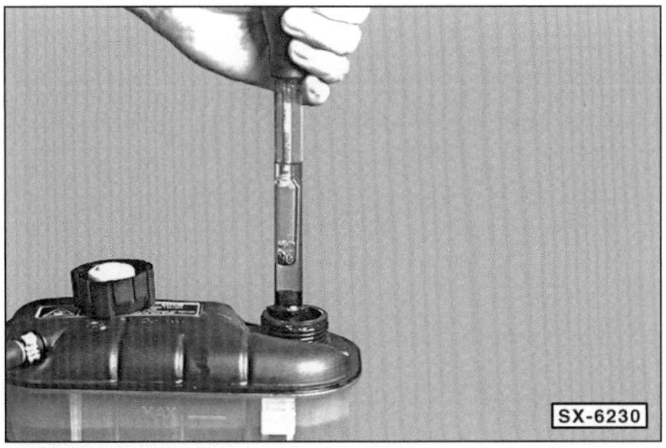

- Mit der Prüfspindel die Kühlflüssigkeit ansaugen und am Schwimmer die Kühlmitteldichte ablesen. Der Frostschutz soll in unseren Breiten bis –35° C reichen, was einem Frostschutzanteil von 50% entspricht. **Hinweis:** Die Abbildung zeigt nicht den Ausgleichbehälter des PEUGEOT 206.
- Gegebenenfalls Kühlkonzentrat nach Tabelle ergänzen.

Kühlkonzentrat ergänzen

Beispiel: Die Frostschutz-Messung mit der Spindel ergibt beim 1,1-l-Benzinmotor einen Frostschutz bis –10° C. In diesem Fall aus dem Kühlsystem 2,6 l Kühlflüssigkeit ablassen und dafür 2,6 l reines Kühlkonzentrat auffüllen. Dadurch wird ein Frostschutz bis ca. –35° C erreicht.

Gemess. Wert in °C		0	–5	–10	–15	–20	–25	Füll-menge
Motor	Sollwert	Differenzmenge in Liter						
1,1-/1,4-l 1,6-l bis 11/00	–35	3,5	3,0	2,6	2,1	1,6	0,7	7,0
1,6-l seit 12/00	–35	3,1	2,7	2,3	1,8	1,4	0,6	6,2
2,0-l-Benziner	–35	2,5	2,2	1,8	1,5	1,2	0,5	5,0
1,9-l-Diesel	–35	4,1	3,5	3,0	2,4	1,9	0,8	8,2
2,0-l-Diesel	–35	3,2	2,7	2,3	1,9	1,4	0,6	6,3

Hinweis: Die in der Tabelle angegebenen Werte gelten bei einer Kühlflüssigkeitstemperatur von ca. +20° C. Der Frostschutz-Sollwert wird in °C angegeben.

Achtung: Kühlflüssigkeiten unterschiedlicher Spezifikationen oder Farbe dürfen **nicht** untereinander gemischt werden, sonst können schwer wiegende Motorschäden auftreten. Wurde versehentlich falsches Kühlkonzentrat eingefüllt, Kühlsystem sofort entleeren und mit klarem Wasser durchspülen.

- Verschlussdeckel am Ausgleichbehälter verschließen und nach Probefahrt Frostschutz erneut überprüfen.

Achtung: Eine zu hohe Konzentration des Frostschutzmittels führt zu einer Verschlechterung von Kühl- und Frostschutzwirkung. Dies ist der Fall ab einem Frostschutzanteil von ca. 65 %.

Keilrippenriemen: Zustand und Spannung prüfen

Spezialwerkzeug ist nicht erforderlich.

Zustand prüfen

- Zündung ausschalten.
- Keilrippenriemen an einer Stelle mit einem Kreidestrich markieren.
- Motor stückweise langsam durchdrehen, bis sich der angebrachte Kreidestrich wieder an gleicher Stelle befindet. Dabei den Zustand des Keilrippenriemens sichtprüfen. Motor durchdrehen, siehe Seite 165.

Achtung: Motor nicht rückwärts drehen.

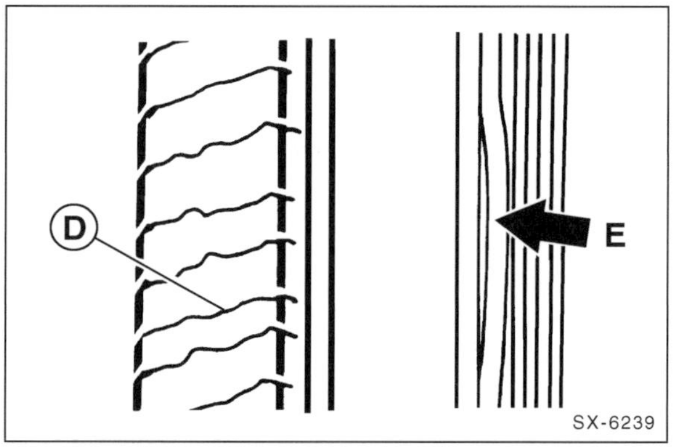

- Keilriemen auf folgende Beschädigungen prüfen:
  - ◆ Öl- und Fettspuren.
  - ◆ Querrisse –D– auf der Rückseite des Riemens.
  - ◆ Einzelne Rippen lösen sich ab –E–.

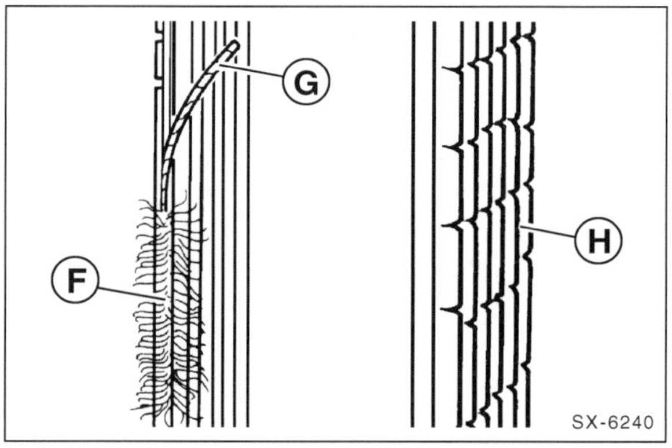

- Keilriemen auf folgende Beschädigungen prüfen:
  - ◆ Öl- und Fettspuren.
  - ◆ Risse oder Ausfransungen an den Flanken.
  - ◆ Porosität, Querschnittsbrüche.
  - ◆ Ausfransungen der äußeren Zugstränge –F–.
  - ◆ Zugstrang seitlich herausgerissen –G–.
  - ◆ Querrisse –H– in mehreren Rippen.

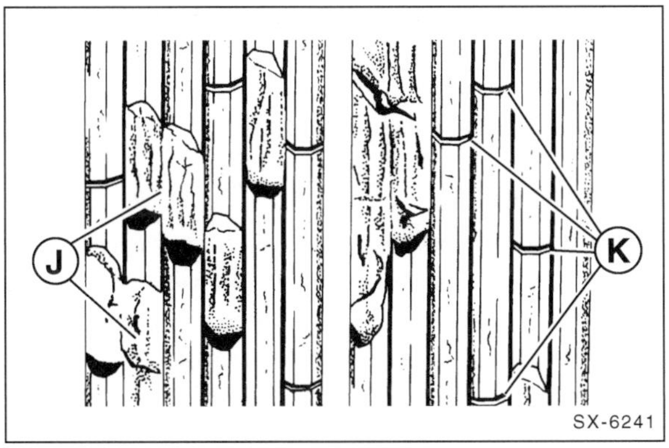

◆ Rippenbrüche –J–.
◆ Rippenquerrisse –K–.
◆ Einlagerung von Schmutz und Steinen zwischen den Rippen.
◆ Gummiknollen im Rippengrund.

- Wenn eine oder mehrere dieser Beschädigungen vorhanden sind, Keilrippenriemen ersetzen, siehe Seite 191.

Spannung prüfen

- Bei Fahrzeugen mit manuellem Riemenspanner die Spannung des Keilrippenriemens prüfen, gegebenenfalls Riemen nachspannen beziehungsweise ersetzen, siehe Seite 191.

Motor-Luftfilter: Filtereinsatz erneuern

Spezialwerkzeug ist nicht erforderlich.

Erforderliche Verschleißteile:

■ Filtereinsatz.

Ausbau

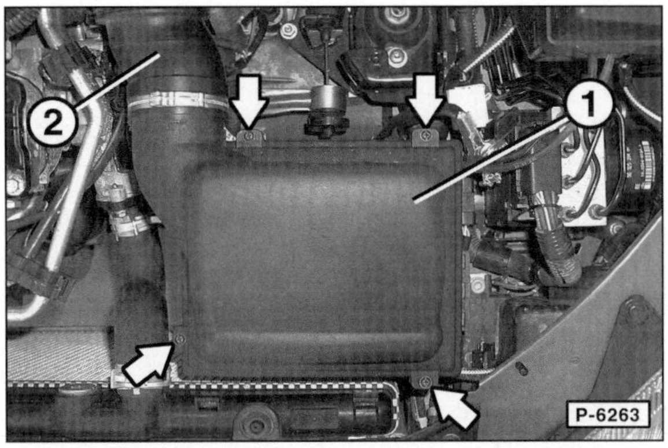

- 4 Kreuzschlitzschrauben –Pfeile– herausdrehen und Luftfilterdeckel –1– abheben. Der Luftschlauch –2– bleibt angeschlossen.

- Filtereinsatz –3– herausnehmen. Dabei auf Einbaulage achten.
- Filtergehäuse innen mit sauberem Lappen auswischen.
- Filtereinsatz mit Pressluft zuerst von der Oberseite, dann von der Unterseite her durchblasen. Übermäßig verschmutzten, verölten oder beschädigten Filtereinsatz erneuern.

Einbau

- Neuen Filtereinsatz lagerichtig einsetzen.
- Deckel auflegen und anschrauben.

Kraftstofffilter entwässern

Dieselmotor

Sicherheitshinweise

- **Kein offenes Feuer, nicht rauchen, keine glühenden oder sehr heißen Teile in die Nähe des Arbeitsplatzes bringen. Unfallgefahr! Feuerlöscher bereitstellen.**
- **Unbedingt für gute Belüftung des Arbeitsplatzes sorgen. Kraftstoffdämpfe sind giftig.**

Erforderliches Spezialwerkzeug:

- Auffangbehälter für Wassersatz (Mischung aus Wasser und Dieselkraftstoff).

Achtung: Auslaufender Dieselkraftstoff muss gegebenenfalls von Gummiteilen, wie etwa Kühlmittelschläuchen sofort abgewischt werden, sonst werden die Gummiteile im Lauf der Zeit zerstört.

1,4-l-Dieselmotor

Entwässern

Beim 1,4-l-Dieselmotor befindet sich der Kraftstofffilter vor der Spritzwand.

- Falls vorhanden, obere Motorabdeckung ausbauen.
- Fahrzeug aufbocken, siehe Seite 127.
- Falls vorhanden, untere Motorabdeckung ausbauen.
- Auffanggefäß unter die Ablassleitung stellen.
- Schlaufe in der Ablassleitung öffnen und Ablassleitung nach unten in das Auffanggefäß führen.

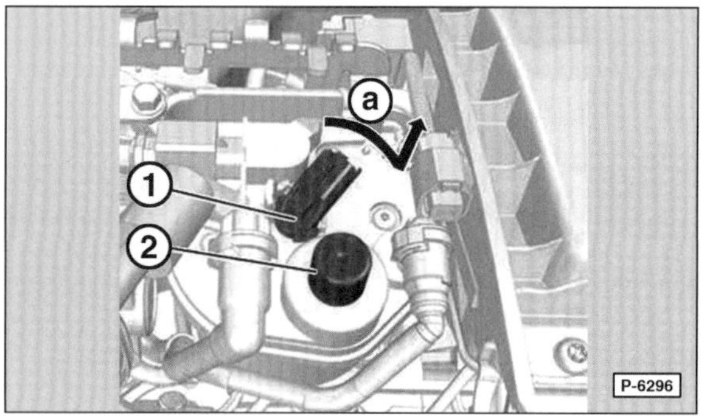

- Stecker am Wasserstandsensor –1– entriegeln und abziehen. **Hinweis:** Der Wasserstandsensor –1– übernimmt die Funktion des Ablassventils und der Stecker dient als Sicherung.
- Wasserstandsensor –1– im Uhrzeigersinn drehen, dann bis zum Anschlag in Pfeilrichtung –a– anheben. Dadurch wird das Ablassventil geöffnet und der Kraftstoff mit Wassersatz kann abgelassen werden.
- Wassersatz aus dem Kraftstofffilter ablassen, bis nur noch reiner Kraftstoff austritt.
- Wasserstandsensor –1– bis zum Anschlag nach unten drücken und gegen den Uhrzeigersinn drehen. Dadurch wird das Ablassventil verriegelt.
- Stecker aufschieben und einrasten.
- Handpumpe –2– mehrmals betätigen, um die Kraftstoffanlage zu entlüften.
- Auffanggefäß unter dem Fahrzeug hervorziehen und Kraftstoff/Wassergemisch vorschriftsmäßig entsorgen.
- Ablassleitung durch Einfügen einer Schlaufe verkürzen.
- Falls ausgebaut, Motorabdeckungen einbauen.
- Fahrzeug ablassen.

1,9-/2,0-l-Dieselmotor

Entwässern

- Diesel-Auffangwanne unter den Motor stellen.
- Ablassschlauch –1– aus der unteren Motorabdeckung heraus in die Auffangwanne verlegen. Die Abbildung zeigt den 2,0-l-Dieselmotor. **Achtung:** Falls kein Schlauch vorhanden ist, geeigneten durchsichtigen und kraftstoffresistenten Schlauch auf das Ablassventil aufstecken und nach unten aus dem Motorraum herausführen. Andernfalls läuft der Dieselkraftstoff auf die Kupplung.
- Ablassschraube –2– öffnen und Wassersatz ablaufen lassen, bis nur noch unvermischter Dieselkraftstoff austritt. Gegebenenfalls Rücklaufleitung –3– am Filterdeckel abziehen.
- Ablassschraube von Hand festziehen. Ablassschlauch hinter die untere Motorabdeckung verlegen.

Kraftstofffilter: Filtereinsatz ersetzen

Erforderliche Verschleißteile:

- Filtereinsatz.

2,0-l-Dieselmotor

Ausbau

- Kraftstofffilter entwässern, dabei jedoch gesamte Flüssigkeit aus dem Filter ablassen.
- Kraftstoffschläuche vom Filterdeckel abziehen. Dazu grünen und weißen Clip eindrücken.

Achtung: Umliegende Bauteile mit dicken Lappen abdecken, damit kein Dieselkraftstoff auf die Gummiteile gelangen kann.

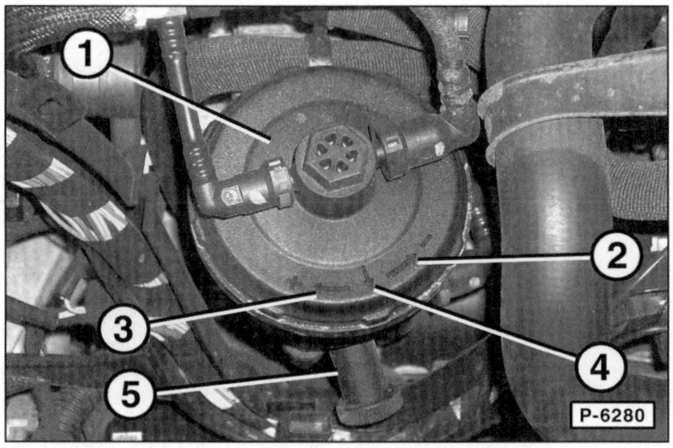

- Filterdeckel –1– entgegen dem Uhrzeigersinn in Pfeilrichtung (–) –2– drehen. Die Abbildung zeigt den 2,0-l-Dieselmotor.
- Deckel abheben und Filtereinsatz herausziehen.

Einbau

- Neuen Filtereinsatz einsetzen und Filtergehäuse vollständig mit Dieselkraftstoff füllen.
- Filterdeckel aufsetzen und im Uhrzeigersinn in Pfeilrichtung (+) –3– drehen, bis der Pfeil –4– auf dem Filterdeckel über der Ablassschraube –5– steht.
- Kraftstoffschläuche am Filterdeckel aufstecken und einrasten.
- Motor starten und im Leerlauf drehen lassen. Die Kraftstoffanlage entlüftet sich selbsttätig.

1,9-l-Dieselmotor

Ausbau

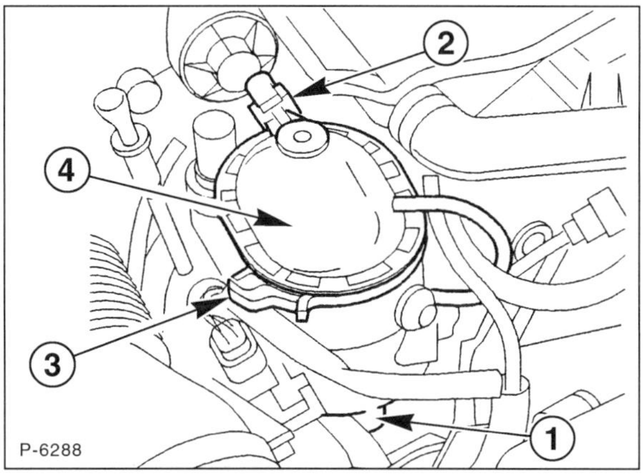

- Kraftstofffilter über das Ablassventil –1– entwässern, dabei jedoch gesamte Flüssigkeit aus dem Filter ablassen.
- Stecker –2– abziehen.
- Schelle –3– öffnen und Deckel –4– abnehmen.

Achtung: Umliegende Bauteile mit dicken Lappen abdecken, damit kein Dieselkraftstoff auf die Gummiteile gelangen kann.

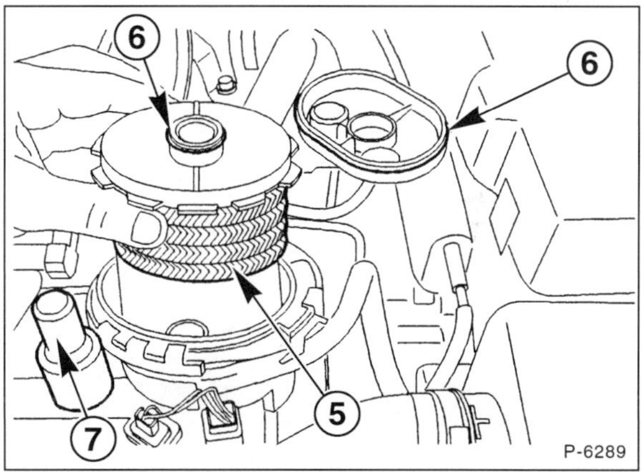

- Filtereinsatz –5– herausziehen.
- Filtergehäuse mit einem saugfähigen Lappen auswischen.

Einbau

- Dichtungen –6– auf Beschädigungen oder Porosität prüfen, gegebenenfalls ersetzen.
- Neuen Filtereinsatz einsetzen und Filtergehäuse vollständig mit Dieselkraftstoff füllen.
- Filterdeckel aufsetzen und mit Schelle sichern.
- Stecker aufstecken.

Kraftstoffsystem entlüften

- Handpumpe –7– so lange betätigen, bis sie schwergängig wird (maximal 20 Pumpvorgänge).
- Motor starten und im Leerlauf drehen lassen. Die Kraftstoffanlage entlüftet sich durch ein, bei 400 mbar ansprechendes, Ventil in der Kraftstoff-Rücklaufleitung selbsttätig.

1,4-l-Dieselmotor

Ausbau

- Batterie-Massekabel bei ausgeschalteter Zündung abklemmen, siehe Seite 58.
- Falls vorhanden, obere Motorabdeckung ausbauen.
- Fahrzeug aufbocken, siehe Seite 127.
- Falls vorhanden, untere Motorabdeckung ausbauen.
- Auffanggefäß unter die Ablassleitung stellen.
- Schlaufe in der Ablassleitung öffnen und Ablassleitung nach unten in das Auffanggefäß führen.

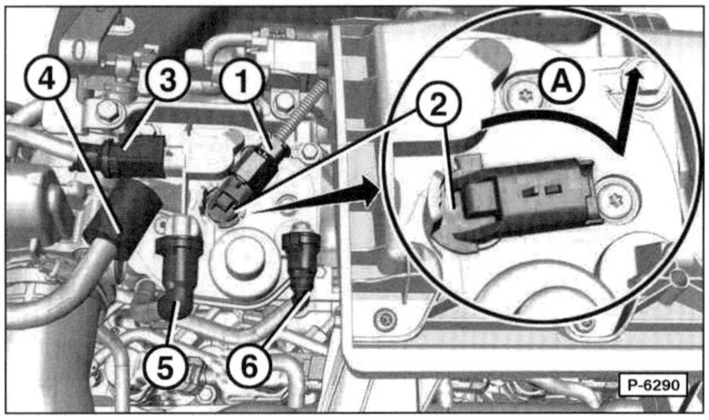

- Stecker –1– am Wasserstandsensor –2– entriegeln und abziehen. **Hinweis:** Der Wasserstandsensor –2– übernimmt die Funktion der Ablassschraube und der Stecker –1– dient als Sicherung.
- Wasserstandsensor –2– im Uhrzeigersinn drehen, dann bis zum Anschlag in Pfeilrichtung –A– anheben. Dadurch wird das Ablassventil geöffnet und der Kraftstoff mit Wassersatz kann abgelassen werden.
- Stecker –3– abziehen.
- Anschlüsse –4–, –5– und –6– sorgfältig reinigen. Die Fachwerkstatt verwendet dazu einen Pinsel und das Entfettungsmittel »SODIMAC«. Anschlüsse anschließend mit einem Lappen trockenwischen.
- Anschlüsse –4–, –5– und –6– trennen.

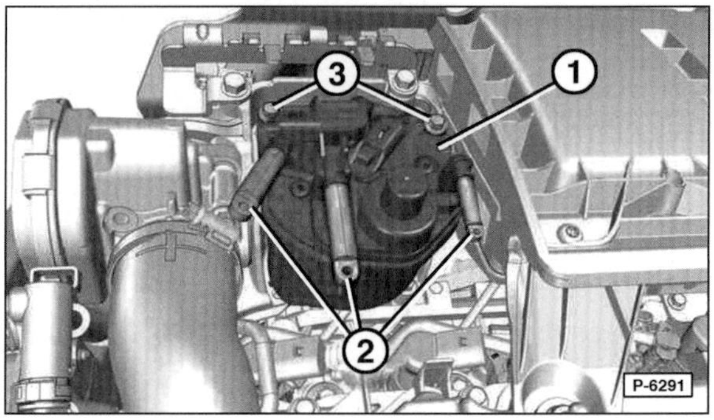

- Nach dem Trennen der Leitungen die Anschlüsse der Leitungen und am Kraftstofffilter –1– sofort mit geeigneten Stopfen –2– verschließen.
- Schrauben –3– vollständig lösen, nicht herausnehmen.
- Kraftstofffilter –1– vorsichtig senkrecht nach oben aus der Halterung herausnehmen. Dabei darauf achten, dass der Filter nicht beschädigt wird.

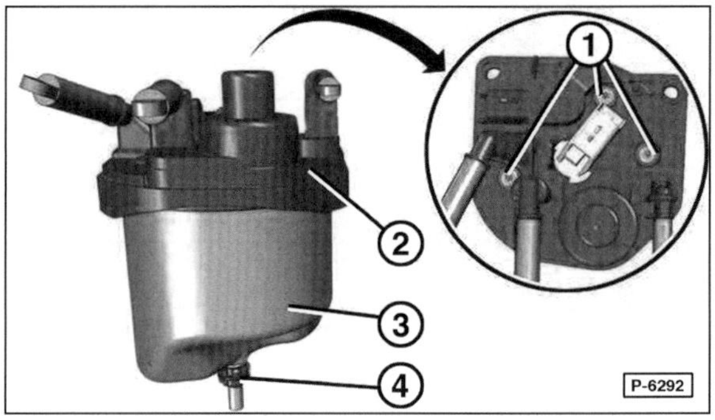

- Schrauben –1– am Filterdeckel –2– herausdrehen.
- Filterdeckel –2– vom Filterelement –3– abnehmen und umgedreht auf einer sauberen Unterlage ablegen.
- Prüfen, ob der Zentrierring –4– vorhanden ist. Gegebenenfalls auf neuen Filter umbauen.

Hinweis: Wasserstandsensor, Förderpumpe und Kraftstoffvorwärmer sind fest mit dem Filterdeckel –2– verbunden. Bei einer Funktionsstörung dieser Teile muss der Filterdeckel komplett erneuert werden.

Einbau

Achtung: Alle Dichtungen auf einwandfreien Zustand prüfen, gegebenenfalls ersetzen.

Achtung: Neues Filterelement erst unmittelbar vor dem Einbau aus der Verpackung nehmen.

Hinweis: Wenn das Entlüftungswerkzeug von Peugeot nicht vorhanden ist, empfiehlt es sich den Kraftstofffilter vor Anbau des Deckels so weit wie möglich mit Dieselkraftstoff zu füllen. Beim Entlüften anschließend die Handpumpe bei angeschlossenen Kraftstoffschläuchen betätigen.

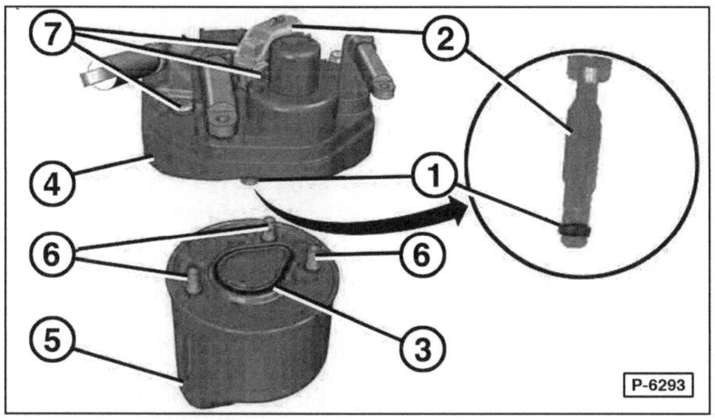

- Zustand der Dichtringe –1– prüfen, gegebenenfalls ersetzen.
- Wasserstandsensor –2– bis zum Anschlag herausziehen und in dieser Position belassen.
- Neue Dichtung –3– einsetzen.
- Filterdeckel –4– so auf das Filterelement –5– aufsetzen, dass die Führungsstifte –6– in die Aufnahmen am Deckel eingreifen.
- Schrauben –7– einsetzen und leicht beidrehen, nicht festziehen.
- Wasserstandsensor –2– bis zum Anschlag nach unten drücken und gegen den Uhrzeigersinn drehen. Dadurch wird das Ablassventil verriegelt.
- Schrauben –7– gefühlvoll festziehen.

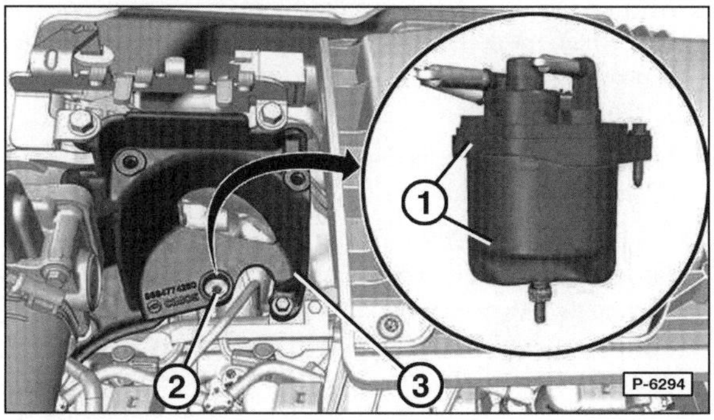

- Kraftstofffilter –1– senkrecht von oben in die Aufnahme –2– des Halters –3– einsetzen und mit 2 Schrauben anschrauben.
- Stopfen von den Kraftstoffleitungen und Filteranschlüssen abnehmen.
- Kraftstoffleitungen aufstecken und einrasten.
- Stecker für elektrische Anschlüsse aufstecken und einrasten.

Entlüften

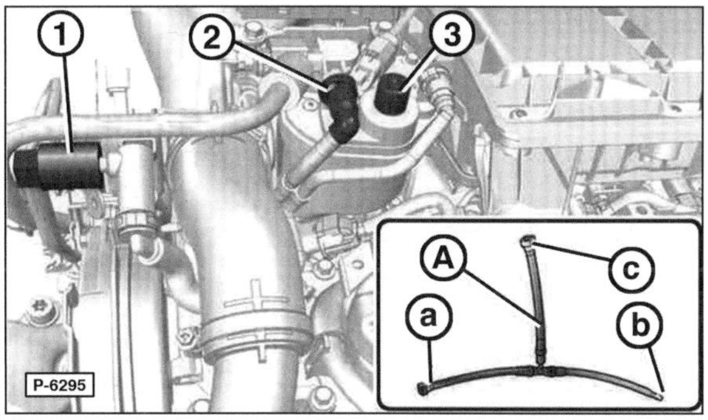

- Leitungen –1– und –2– reinigen und abziehen.
- Entlüftungswerkzeug –A–, zum Beispiel Peugeot 1604-C/4215TJ, anschließen. Dabei die Anschlüsses –a– und –b– in den getrennten Anschluss –1– einsetzen. Den Anschluss –c– mit dem Anschluss –2– des Kraftstofffilters verbinden. Die Leitung –2– mit einem geeigneten Stopfen verschließen.
- Handpumpe –3– am Filter ca. 2 Minuten lang betätigen und dadurch Kraftstoffanlage entlüften.
- Werkzeug abbauen, Kraftstoffleitungen aufstecken und einrasten.
- Handpumpe bei angeschlossenen Kraftstoffleitungen mehrmals betätigen, um eventuell vorhandene Restluftmenge zu entlüften. **Hinweis:** Wenn die Pumpe sich nur noch schwer betätigen lässt, ist das ein Hinweis dafür, dass das Kraftstoffsystem weitgehend entlüftet ist.

Dichtigkeitskontrolle

- Batterie-Massekabel anklemmen, siehe Seite 58.
- Motor starten und 2 Minuten im Leerlauf laufen lassen.
- Sämtliche Kraftstoffanschlüsse auf Dichtheit sichtprüfen.
- Falls ausgebaut, Motorabdeckungen einbauen.
- Fahrzeug ablassen.

Benzinmotor

Erforderliche Verschleißteile:

- Filterpatrone.

Hinweis: Der Kraftstofffilter –10– befindet sich vor dem Kraftstoffvorratsbehälter (Tank) auf der rechten Seite, siehe Abbildung P-2046 auf Seite 206.

Zündkerzen aus- und einbauen/ prüfen

Benzinmotor

Erforderliches Spezialwerkzeug:

- Zündkerzenschlüssel, zum Beispiel HAZET 4766-1 oder 2505.

Erforderliche Verschleißteile:

- 4 Zündkerzen, Spezifikation siehe Tabelle am Ende dieses Kapitels.

Ausbau

Hinweis: Der Ausbau wird für den 1,6-l-Motor seit 12/00 beschrieben. Die Arbeitsschritte für die anderen Motoren sind ähnlich.

- Zündung ausschalten.

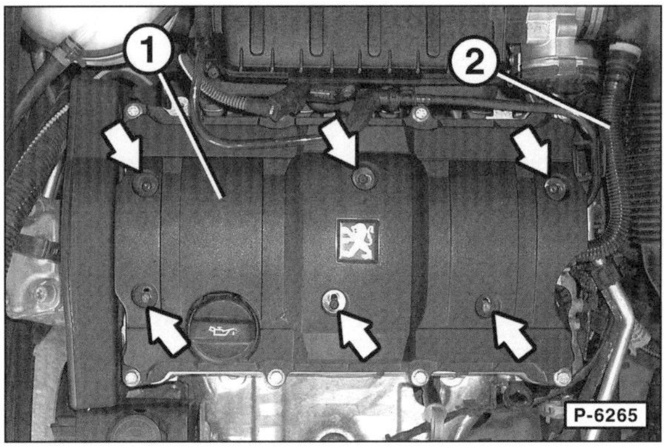

- Zündspulenabdeckung –1– mit 6 Torxschrauben T20 –Pfeile– abschrauben. Abdeckung hochziehen und Motorbelüftungsschlauch –2– von der Abdeckung abclipsen.

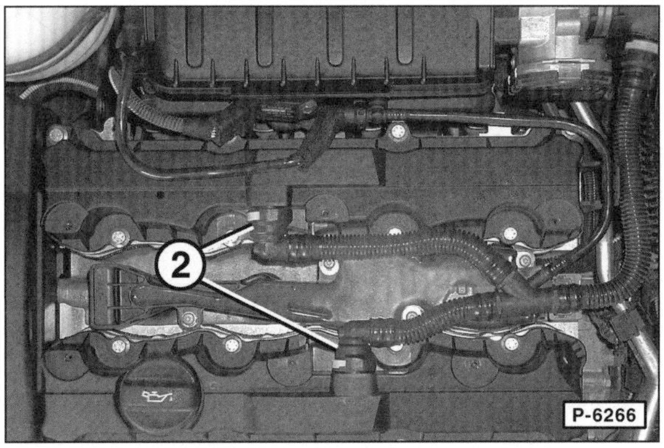

- Motorbelüftungsschläuche –2– an den Anschlüssen ausclipsen, abziehen und zur Seite legen. Zum Ausclipsen die gelben Clips eindrücken.

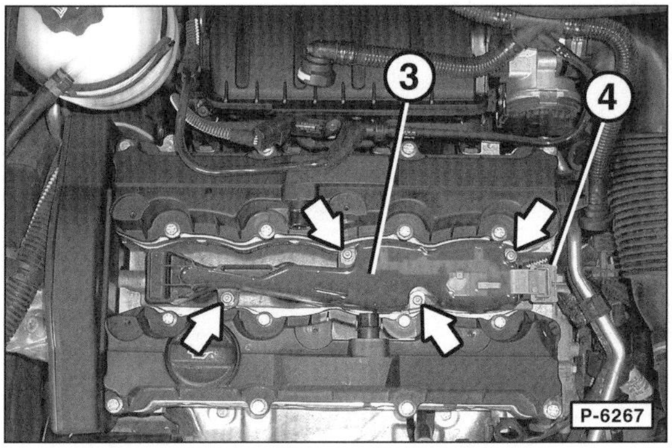

- Zündspuleneinheit –3– abschrauben –Pfeile– und etwas nach oben ziehen. Drahtsicherung am Mehrfachstecker –4– eindrücken und Stecker abziehen. Zündspuleneinheit herausnehmen.

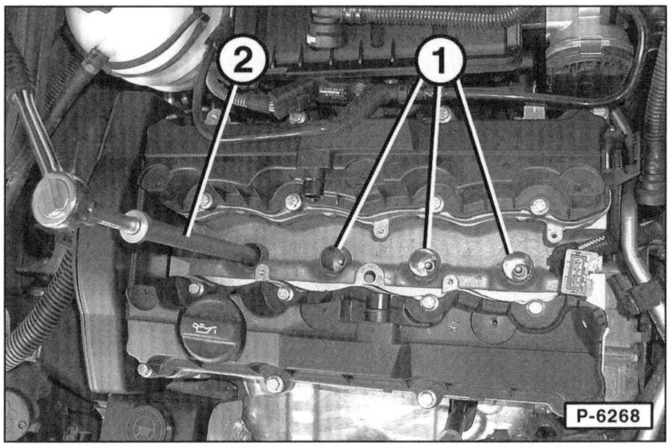

- Zündkerzen –1– mit geeignetem Schlüssel –2–, zum Beispiel HAZET 4766-1 oder 2506 mit Verlängerung 8822-3, herausschrauben. Dabei darauf achten, dass der Zündkerzenschlüssel gerade und nicht verkantet angesetzt wird.

Prüfen

- Ausgebaute Zündkerzen sichtprüfen. Feuchte und verölte Elektroden deuten auf Aussetzen der Zündkerze oder schlecht abdichtende Kolbenringe hin, gegebenenfalls Kompression prüfen.
- An den neuen Zündkerzen Elektrodenabstand mit einer Fühlerblattlehre prüfen.
- Bei neuen Zündkerzen ist der Elektrodenabstand in der Regel richtig eingestellt. Falls der Elektrodenabstand nachgestellt werden muss, seitlich gegen die Masse-Elektrode klopfen. Beim Aufbiegen kleinen Schraubendreher am Gewinderand der Kerze abstützen, keinesfalls jedoch an der Mittel-Elektrode, da diese sonst beschädigt wird.

Einbau

- Zündkerzen einsetzen und bis zur Anlage am Zylinderkopf einschrauben, anschließend Zündkerzen mit **30 Nm** festziehen.
- Zündspuleneinheit mit den Zündkerzensteckern über den Zündkerzen ansetzen. Mehrfachstecker aufschieben und einrasten. Anschließend Zündspuleneinheit senkrecht nach unten auf die Zündkerzen aufdrücken.
- Zündspuleneinheit über Kreuz mit **8 Nm** festziehen.
- Motorbelüftungsschläuche aufstecken und einrasten.
- Zündspulenabdeckung ansetzen, dabei Motorbelüftungsschlauch einclipsen. Abdeckung anschrauben.

Alle Modelle: Zündkerzengewinde erneuern

Hinweis: Falls festgestellt wird, dass das Zündkerzengewinde im Zylinderkopf defekt ist, muss dieses erneuert werden. Dazu gibt es unter anderem von BERU einen entsprechenden Werkzeug- und Reparatursatz. Mit einem Spezialbohrer wird das beschädigte Gewinde herausgeschält; der Zylinderkopf muss dazu nicht ausgebaut werden. Anschließend wird ein neues Gewinde in den Zylinderkopf geschnitten und die Zündkerze mit einem speziellen Gewindeeinsatz eingeschraubt. Nachträglich eingebaute Zündkerzen-Gewindeeinsätze sitzen sicher und sind kompressionsdicht.

Zündkerzen für die PEUGEOT-206-Benzinmotoren

Motor	Zündkerzen		Elektrodenabstand
	BOSCH	SAGEM	
1,1-/1,4-/1,6-l	FR 7 LDC	RFN 58 LZ	1,0 mm
2,0-l	FR 8 ME	RFN 52 HZ	0,9 mm

Achtung: Die technische Entwicklung geht ständig weiter. Es kann sein, dass inzwischen für einzelne Motoren andere Zündkerzenwerte gelten und daher die Tabelle möglicherweise nicht auf dem neuesten Stand ist. Um die aktuelle Zündkerze für Ihren Fahrzeugmotor zu ermitteln, benötigt der Fachhandel die **Fahrzeug-Ident-Nummer** (FIN) sowie die **3 Schlüsselnummern** aus dem Kfz-Schein. Diese Nummern sollten beim Kauf von Zündkerzen angegeben werden.

Getriebe/Achsantrieb

Folgende Wartungsarbeiten müssen nach dem Wartungsplan durchgeführt werden:

- Gummimanschetten der Gelenkwellen: Auf Undichtigkeiten und Beschädigungen prüfen.
- Schaltgetriebe: Getriebeölstand prüfen.
- Automatikgetriebe: Getriebeölstand prüfen.

Gummimanschetten der Gelenkwellen prüfen

Spezialwerkzeug ist nicht erforderlich.

Sicherheitshinweis
Beim Aufbocken des Fahrzeugs besteht Unfallgefahr! Deshalb vorher das Kapitel »Fahrzeug aufbocken« durchlesen.

- Fahrzeug vorn aufbocken.

- Manschetten –1– mit Lampe anstrahlen und auf Porosität und Risse untersuchen. Auf sichtbare Fettspuren an den Manschetten und in deren Umgebung achten. Eingerissene Manschetten umgehend erneuern.
- Sollte eine Manschette nach innen gezogen oder defekt sein, so ist sie umgehend auszutauschen.
- Festen Sitz der Manschettenbänder –2– prüfen.
- Fahrzeug ablassen.

Getriebe: Sichtprüfung auf Undichtigkeiten/Ölstand prüfen

Spezialwerkzeug:

- Öldienstschlüssel, zum Beispiel HAZET 3703.

Erforderliche Betriebsmittel:

- Schaltgetriebe, wenn Getriebeöl nachgefüllt werden muss: Getriebeöl SAE 75W-80, zum Beispiel »ESSO Gear Oil BV« oder »TOTAL Transmission BV«.
- Automatikgetriebe, wenn Getriebeöl nachgefüllt werden muss: ATF-Getriebeöl, zum Beispiel »ESSO ATF-4HP20-AL4« (ATF = **A**utomatic **T**ransmission **F**luid).

Sichtprüfung

Folgende Leckstellen sind möglich:

- Trennstelle zwischen Motorblock und Getriebe (Schwungraddichtung/Wellendichtung-Getriebe).
- Ölstand-Kontrollschraube.
- Ölablassschraube.
- Gelenkwellen an Getriebe.

Bei der Suche nach der Leckstelle folgendermaßen vorgehen:

- Getriebegehäuse mit Kaltreiniger reinigen.
- Mögliche Leckstellen mit Kalk oder Talkumpuder bestäuben.
- Probefahrt durchführen. Damit das Öl besonders dünnflüssig wird, sollte die Probefahrt auf einer Schnellstraße über eine Entfernung von ca. 30 km durchgeführt werden.

Sicherheitshinweis
Beim Aufbocken des Fahrzeugs besteht Unfallgefahr! Deshalb vorher das Kapitel »Fahrzeug aufbocken« durchlesen.

- Anschließend Fahrzeug aufbocken und Getriebe mit einer Lampe nach der Leckstelle absuchen.
- Leckstellen umgehend beseitigen.

Ölstand prüfen

Schaltgetriebe MA 5

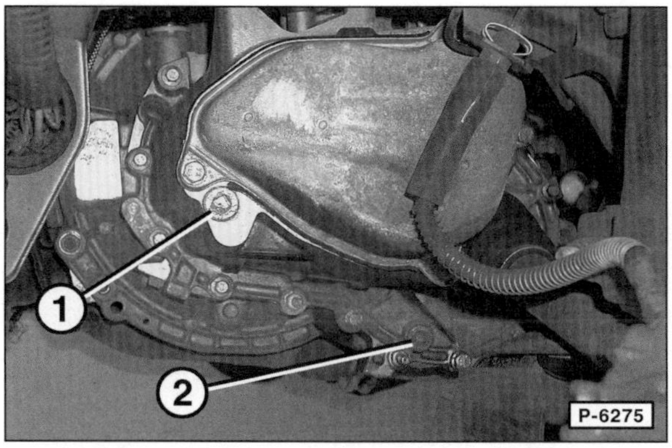

Schaltgetriebe BE 4/5

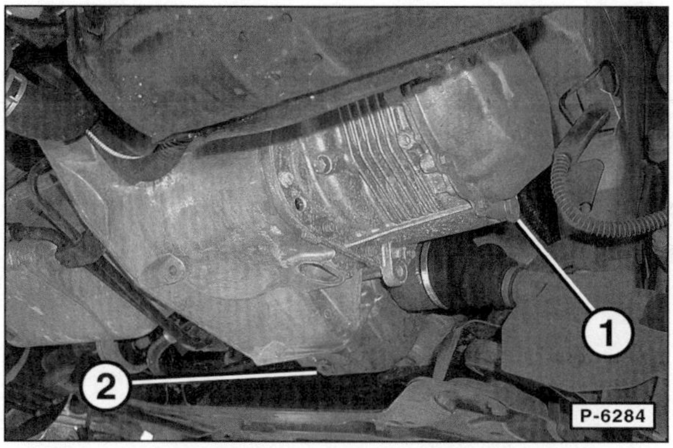

- Ölstand kontrollieren, gegebenenfalls auffüllen. Dazu Ölstandkontrollschraube –1– am Getriebe herausdrehen. 2 – Ablassschraube.
- Mit dem Finger den Ölstand prüfen. Der Ölspiegel muss an der Unterkante der Einfüllbohrung liegen beziehungsweise bis zu 5 mm darunter. **Hinweis:** Zur Erleichterung der Prüfung kann ein abgewinkelter Draht angefertigt werden. Draht durch die Einfüllbohrung einführen und Ölstand am Draht ablesen.
- Ölstandkontrollschraube mit **neuem** Dichtring und **25 Nm** festschrauben.

Automatikgetriebe

Prüfvoraussetzung: Motor und Getriebe müssen die richtige Ölstandkontrolltemperatur aufweisen.

Hinweis: Da für die Ölstandkontrolle beim Automatikgebriebe eine gewisse Erfahrung erforderlich ist, empfiehlt es sich, diese Arbeit von der Fachwerkstatt durchführen zu lassen.

- Motor warm laufen lassen oder warm fahren. Die Getriebeöltemperatur muss während der Prüfung bei +80° C liegen.

Sicherheitshinweis
Beim Aufbocken des Fahrzeugs besteht Unfallgefahr! Deshalb vorher das Kapitel »Fahrzeug aufbocken« durchlesen.

- Fahrzeug waagerecht aufbocken.
- Motor starten und im Leerlauf drehen lassen.

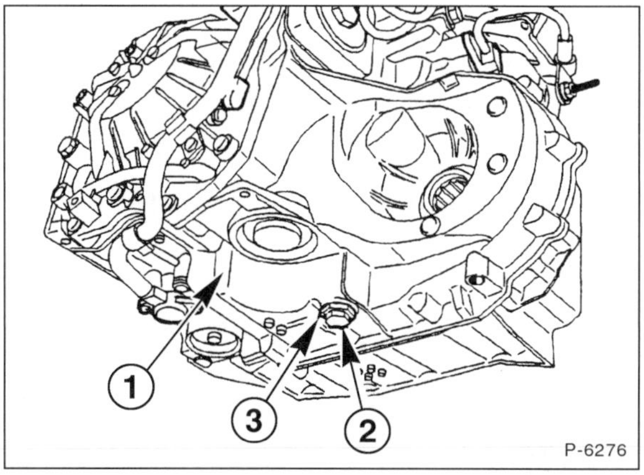

- Unten am Automatikgetriebe –1– die Ölstandkontrollschraube –2– herausdrehen, dabei Ablassschraube –3– gegenhalten.
- Wenn bei einer Getriebeöltemperatur von genau +80° C aus dem Ölstandkontrollöffnung geringfügig Öl heraustropft, ist der Ölstand in Ordnung. **Achtung:** Die Prüftemperatur muss genau eingehalten werden.
- Ölstandkontrollschraube einschrauben und mit **25 Nm** festziehen. **Hinweis:** In der Abbildung ist das Getriebe mit ausgebauten Gelenkwellen dargestellt. Das Anzugsdrehmoment für die Ölablassschraube ist **35 Nm.**

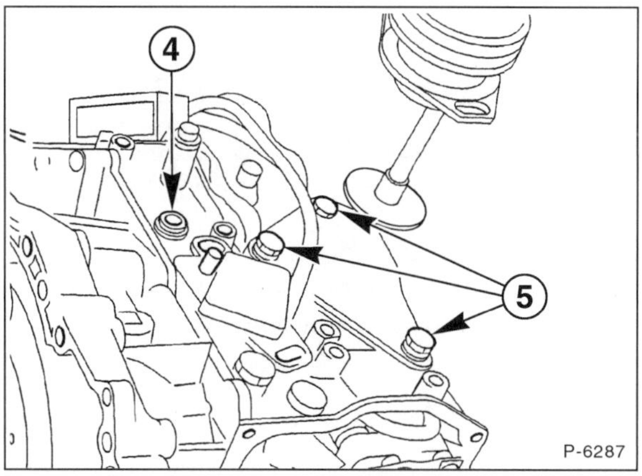

- Nachgefüllt wird das Getriebeöl durch die Öffnung des Verschlussdeckels –4–. **Achtung:** Keinesfalls die Schrauben –5– lösen.
- Bei der anschließenden Ölstandkontrolle darf das Getriebeöl bei der Prüftemperatur nur heraustropfen, nicht herausfließen.

Vorderachse/Lenkung

Folgende Wartungsarbeiten müssen nach dem Wartungsplan durchgeführt werden:

- Lenkung: Manschetten auf Undichtigkeiten und Beschädigungen prüfen.
- Servolenkung: Ölstand prüfen.
- Achsgelenke: Staubkappen prüfen.
- Stoßdämpfer: Dichtigkeit sichtprüfen.

Lenkungsmanschetten prüfen

Spezialwerkzeug ist nicht erforderlich.

Sicherheitshinweis
Beim Aufbocken des Fahrzeugs besteht Unfallgefahr! Deshalb vorher das Kapitel »Fahrzeug aufbocken« durchlesen.

- Fahrzeug vorn aufbocken.

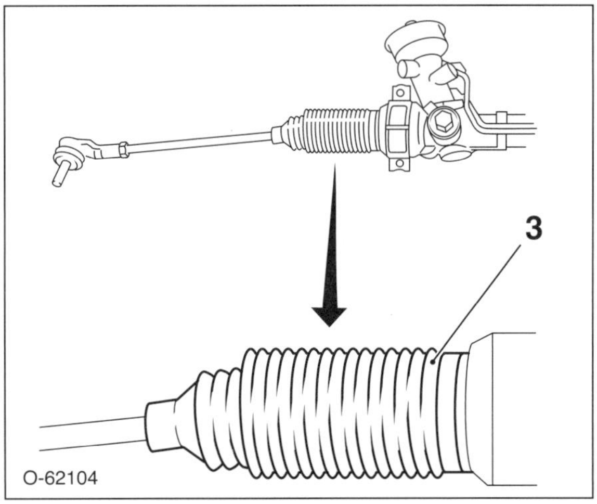

- Gummimanschetten –3– links und rechts mit Lampe anstrahlen und auf Beschädigungen überprüfen, dabei auf Fettspuren an den Manschetten und in deren Umgebung achten.
- Manschetten auf Risse, Einschnitte oder Marderbisse prüfen.
- Festen Sitz der Manschettenbänder prüfen.
- Fahrzeug ablassen.

Staubkappen für Spurstangenköpfe/ Achsgelenke prüfen

Spezialwerkzeug ist nicht erforderlich.

Sicherheitshinweis
Beim Aufbocken des Fahrzeugs besteht Unfallgefahr! Deshalb vorher das Kapitel »Fahrzeug aufbocken« durchlesen.

- Fahrzeug vorn aufbocken.

Spurstangenkopf

Achsgelenk

- Staubkappen –Pfeil– links und rechts mit Lampe anstrahlen und auf Beschädigungen überprüfen, dabei auf Fettspuren an den Staubkappen und in deren Umgebung achten.
- Bei beschädigter Staubkappe sicherheitshalber entsprechendes Gelenk mit Staubkappe auswechseln. Eingedrungener Schmutz zerstört das Gelenk.

- Spurstangen links und rechts kräftig von Hand hin- und herbewegen. Das jeweilige Kugelgelenk darf kein Spiel aufweisen, andernfalls Gelenk ersetzen.

Servolenkung: Ölstand prüfen

Spezialwerkzeug ist nicht erforderlich.

Erforderliche Betriebsmittel:

- Falls Hydrauliköl nachgefüllt werden muss: »ESSO ATF D« oder »TOTAL FLUIDE AT42« (ATF = **A**utomatic **T**ransmission **F**luid).

Prüfen

- Fahrzeug auf ebenem Boden abstellen. Ölstand für die Lenkhilfe bei abgestelltem Motor prüfen.

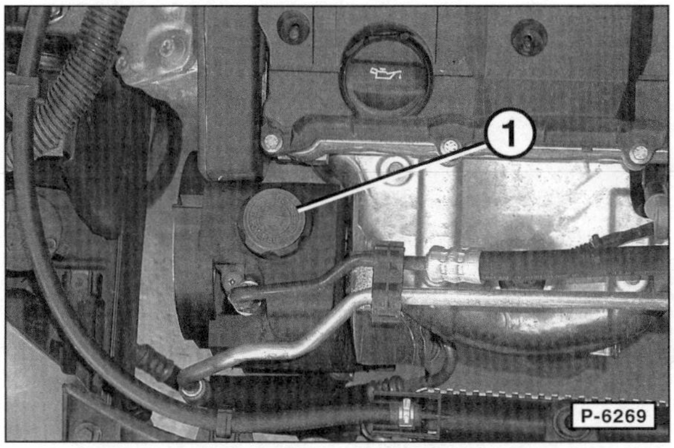

- Verschlussdeckel –1– für Vorratsbehälter abschrauben und mit Ölmessstab herausnehmen.
- Ölmessstab mit sauberem, nicht flusendem Lappen abwischen.
- Verschlussdeckel einschrauben, wieder herausschrauben und Ölstand ablesen.

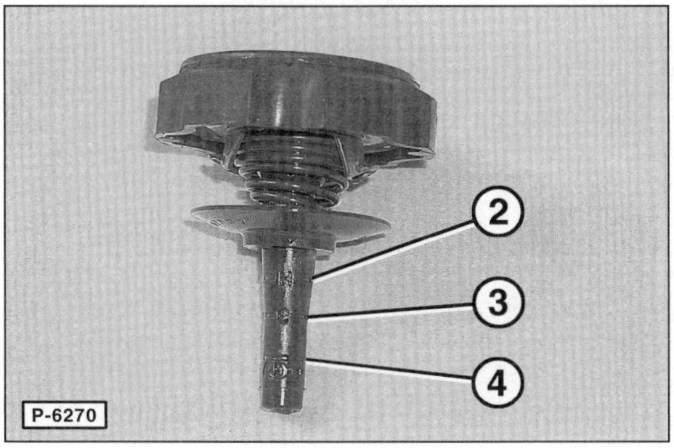

- Der Ölstand muss bei warmem Motor an der Marke »H« –2– liegen, bei kaltem Motor an der Marke »C« –3–. Liegt der Ölstand an oder unter der Marke »ADD« –4–, dann muss Hydrauliköl nachgefüllt werden.
- Darauf achten, dass das Hydrauliköl vor dem Einfüllen nicht geschüttelt wird, da es sonst zur Bildung von Luftblasen kommt. Öl langsam einfüllen, um die Entstehung von Luftblasen zu vermeiden.
- Grundsätzlich nur **neues** Öl nachfüllen, da selbst kleinste Verunreinigungen zu Störungen an der hydraulischen Anlage führen können.
- Nach dem Auffüllen bei laufendem Motor das Lenkrad mehrmals von Anschlag zu Anschlag bewegen und dort 2 – 3 Sekunden halten. Dadurch entlüftet sich die Anlage.

Achtung: Falls Öl nachgefüllt werden musste, sollte die Servolenkung in der Fachwerkstatt überprüft werden, da Ölverlust vorliegt. **Es genügt dann nicht, lediglich Öl nachzufüllen.**

Bremsen/Reifen/Räder

Folgende Wartungsarbeiten müssen nach dem Wartungsplan durchgeführt werden:

- Bremsanlage: Leitungen, Schläuche, Bremszylinder und Anschlüsse auf Undichtigkeiten und Beschädigungen prüfen. Bremsflüssigkeitsstand prüfen, gegebenenfalls auffüllen.
- Bremsanlage: Dicke der Scheibenbremsbeläge prüfen.
- Trommelbremse: Dicke der Bremsbeläge prüfen.
- Handbremse: Funktion prüfen, gegebenenfalls einstellen.
- Bremsflüssigkeit erneuern.
- Bereifung, einschließlich Reserverad: Profiltiefe und Reifenfülldruck prüfen; Reifen auf Verschleiß und Beschädigungen prüfen. Bei unnormaler Abnutzung Spur prüfen lassen (Werkstattarbeit).

Bremsleitungen sichtprüfen

Spezialwerkzeug ist nicht erforderlich.

Sicherheitshinweis
Beim Aufbocken des Fahrzeugs besteht Unfallgefahr! Deshalb vorher das Kapitel »Fahrzeug aufbocken« durchlesen.

- Fahrzeug aufbocken.
- Verschmutzte Bremsleitungen reinigen.

Achtung: Die Bremsleitungen aus Metall sind zum Schutz gegen Korrosion mit einer Kunststoffschicht überzogen. Wird diese Schutzschicht beschädigt, kann es zur Korrosion der Leitungen kommen. Daher dürfen Bremsleitungen nicht mit Drahtbürste oder Schmirgelleinen gereinigt werden.

- Bremsleitungen vom Hauptbremszylinder zur ABS-Hydraulikeinheit und den einzelnen Radbremsen mit Lampe anstrahlen und auf Undichtigkeiten überprüfen. Der Hauptbremszylinder sitzt im Motorraum unterhalb vom Vorratsbehälter für Bremsflüssigkeit. Die ABS-Hydraulikeinheit ist hinter dem linken Scheinwerfer angeordnet.
- Bremsleitungen dürfen weder geknickt noch gequetscht sein. Auch dürfen sie keine Rostnarben oder Scheuerstellen aufweisen. Andernfalls Leitung bis zur nächsten Trennstelle ersetzen lassen (Werkstattarbeit).
- Bremsschläuche verbinden die Bremsleitungen mit den Radbremszylindern an den beweglichen Teilen des Fahrzeugs. Sie bestehen aus hochdruckfestem Material, können aber mit der Zeit porös werden, aufquellen oder durch scharfe Gegenstände angeschnitten werden. In einem solchen Fall sind sie sofort zu ersetzen.

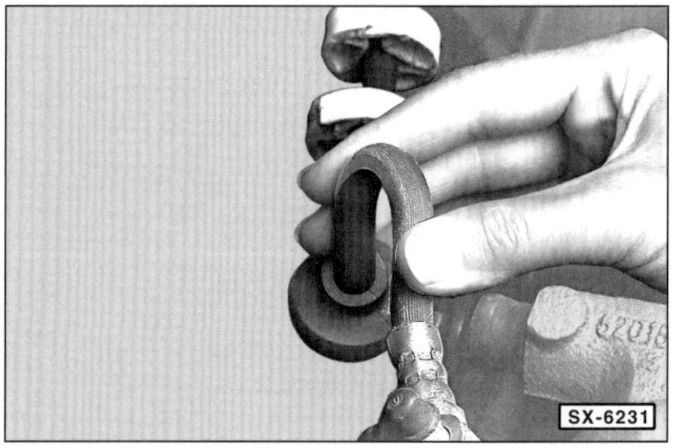
SX-6231

- Bremsschläuche mit der Hand hin- und herbiegen, um Beschädigungen festzustellen. Schläuche dürfen nicht verdreht sein, farbige Kennlinie beachten, falls vorhanden!
- Lenkrad nach links und rechts bis zum Anschlag drehen. Die Bremsschläuche dürfen dabei in keiner Stellung Fahrzeugteile berühren.
- Anschlüsse von Bremsleitungen und -schläuchen dürfen nicht durch ausgetretene Bremsflüssigkeit feucht sein.
- Fahrzeug ablassen.

Bremsflüssigkeitsstand prüfen

Erforderliche Betriebsmittel:

- Zum Nachfüllen nur Bremsflüssigkeit der Spezifikation »**DOT 4**« verwenden.

Prüfen

P-6271

Der Vorratsbehälter für die Bremsflüssigkeit –1– befindet sich hinten links im Motorraum. Er hat zwei Kammern, je eine für jeden Bremskreis.

Der Vorratsbehälter ist durchscheinend, so dass der Bremsflüssigkeitsstand jederzeit von außen überwacht werden kann. Ein Absinken der Bremsflüssigkeit unter den MIN-

Stand wird dem Fahrer am Kombiinstrument angezeigt. Dennoch ist es ratsam, regelmäßig einen Blick auf den Vorratsbehälter zu werfen.

- Der Flüssigkeitsstand soll bei geschlossenem Deckel, nicht oberhalb der MAX-Markierung –2– und nicht unterhalb der MIN-Marke –3– liegen. 4 – Hauptbremszylinder.
- Nur frei gegebene Bremsflüssigkeit einfüllen. **Achtung:** Keine Bremsflüssigkeit anderer DOT-Spezifikationen verwenden. Gegebenenfalls Einfülldeckel vor dem Öffnen mit sauberem Lappen abwischen.

Durch die Abnutzung der Scheibenbremsbeläge sinkt der Bremsflüssigkeitsspiegel im Vorratsbehälter geringfügig ab. Das ist normal.

Sinkt der Flüssigkeitsspiegel jedoch innerhalb kurzer Zeit stark ab, ist das ein Zeichen für Bremsflüssigkeitsverlust.

Die Leckstelle muss dann sofort ausfindig gemacht werden. Sicherheitshalber sollte die Überprüfung der Anlage von einer Fachwerkstatt durchgeführt werden.

Dicke der Scheibenbremsbeläge und der Bremsscheibe prüfen

Spezialwerkzeug ist nicht erforderlich.

Sicherheitshinweis
Beim Aufbocken des Fahrzeugs besteht Unfallgefahr! Deshalb vorher das Kapitel »Fahrzeug aufbocken« durchlesen.

- Stellung der Räder zur Radnabe mit Farbe kennzeichnen. Dadurch kann das ausgewuchtete Rad wieder in derselben Position montiert werden. Radschrauben lösen, dabei muss das Fahrzeug auf dem Boden stehen. Fahrzeug aufbocken und Räder abnehmen.

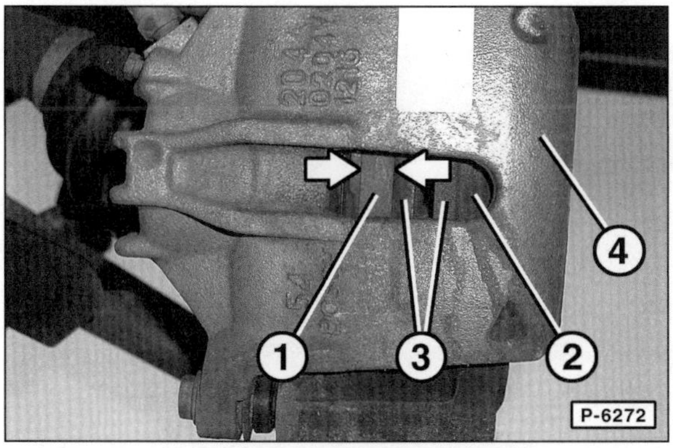

- Bremsbelagdicke prüfen. Belagdicke des inneren –1– und äußeren Bremsbelages –2– durch das Schauloch im Bremssattel –4– prüfen. 3 – Bremsscheibe
- Die Verschleißgrenze der Scheibenbremsbeläge ist erreicht, wenn ein Belag ohne Rückenplatte nur noch eine Dicke von 2,0 mm aufweist.
- Im Zweifelsfall Bremsbeläge ausbauen und Belagdicke mit einer Schieblehre messen. Ist die Verschleißgrenze der Bremsbeläge erreicht, Bremsbeläge wechseln. Dabei müssen immer alle vier Beläge einer Achse ersetzt werden. Auch dann, wenn nur ein Belag die Verschleißgrenze erreicht hat.

Hinweis: Nach einer Faustregel entspricht 1 mm Bremsbelag einer Fahrleistung von mindestens 1.000 km. Diese Faustregel gilt unter ungünstigen Bedingungen. Im Normalfall halten die Beläge viel länger. Bei einer Belagdicke der Scheibenbremsbeläge von 4,0 mm, beträgt die Restnutzbarkeit der Bremsbeläge also noch mindestens 2.000 km.

- Bremssättel auf Bremsflüssigkeitsverlust untersuchen. Bei Undichtigkeiten umgehend Bremssattel instand setzen lassen (Werkstattarbeit).
- Bremsscheiben an der Innen- und Außenseite auf Rillen, Rostfraß und Risse sichtprüfen, gegebenenfalls auswechseln.
- Dicke der Bremsscheiben prüfen, siehe Seite 147.
- Räder so ansetzen, dass die beim Ausbau angebrachten Markierungen übereinstimmen. Vorher Zentriersitz der Felge an der Radnabe mit Wälzlagerfett dünn einfetten. Radschrauben **nicht** fetten oder ölen. Korrodierte Radschrauben erneuern. Räder anschrauben. Fahrzeug ablassen und Radschrauben über Kreuz mit **90 Nm** festziehen.

Dicke der Trommelbremsbeläge prüfen

Spezialwerkzeug ist nicht erforderlich.

Sicherheitshinweis
Beim Aufbocken des Fahrzeugs besteht Unfallgefahr! Deshalb vorher das Kapitel »Fahrzeug aufbocken« durchlesen.

- Fahrzeug hinten aufbocken, siehe Seite 127.

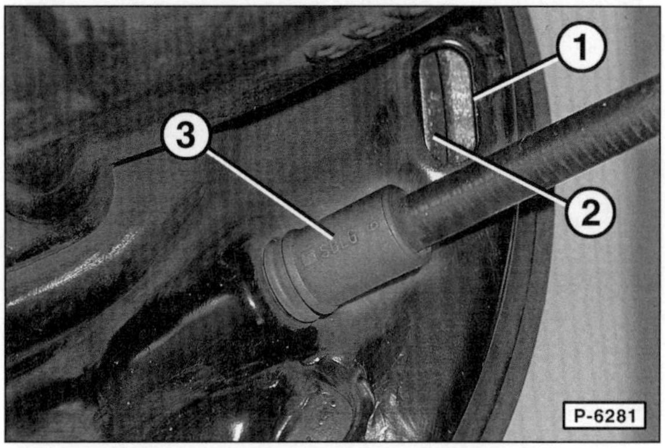

- An den hinteren Bremsträgern die Gummikappe vom Schauloch –1– abnehmen und mit Taschenlampe durch die Öffnung leuchten. Dicke des Trommelbremsbelages –2– sichtprüfen. 3 – Handbremsseilzug.

- Die Verschleißgrenze ist erreicht, wenn der Belag, ohne Trägerbacke, eine Stärke von 1 mm aufweist. Im Zweifelsfall Bremstrommel ausbauen und Belagstärke messen.
- Ist die Verschleißgrenze eines Bremsbelages erreicht, grundsätzlich alle Beläge einer Achse erneuern.
- Falls ausgebaut, Hinterräder montieren, dabei auf Markierungen zur Radnabe achten. Fahrzeug ablassen und Radschrauben über Kreuz mit **90 Nm** festziehen.

Handbremse prüfen

Spezialwerkzeug ist nicht erforderlich.

Die Handbremse wirkt über Seilzüge auf die Radbremsen der Hinterräder.

Prüfen

- Fahrzeug waagerecht aufbocken.
- Handbremse lösen.
- Räder von Hand drehen und prüfen, ob sich die Räder ohne Widerstand drehen lassen.
- Handbremse um 2 Rasten anziehen. Räder von Hand drehen und prüfen, ob Widerstand vorhanden ist (Reibungsbeginn).
- Andernfalls Handbremse einstellen, siehe Seite 154.

Bremsflüssigkeit wechseln

Erforderliches Spezialwerkzeug:

- Offener Ringschlüssel zum Lösen der Entlüftungsventile.
- Durchsichtiger Kunststoffschlauch mit 6 mm Innen-∅, und Auffangflasche für Bremsflüssigkeit. Diese Teile werden oft auch im Zubehörhandel angeboten.
- Grube oder Hebebühne, bei der das Fahrzeug auf den Rädern steht.

Erforderliche Betriebsmittel:

- Etwa 1,5 l Bremsflüssigkeit der Spezifikation **»DOT 4«**. **Achtung:** Keine Bremsflüssigkeit anderer DOT-Spezifikationen verwenden.

> **Sicherheitshinweis**
> Vorsichtsmaßregeln beim Umgang mit Bremsflüssigkeit beachten, siehe Seite 156.

Achtung: Alte Bremsflüssigkeit ist ein Problemstoff und darf auf keinen Fall einfach weggeschüttet oder dem Hausmüll mitgegeben werden. Gemeinde- und Stadtverwaltungen informieren darüber, wo sich die nächste Problemstoff-Sammelstelle befindet.

Die Bremsflüssigkeit nimmt durch die Poren der Bremsschläuche Luftfeuchtigkeit auf. Dadurch sinkt im Laufe der Betriebszeit der Siedepunkt der Bremsflüssigkeit. Bei starker Beanspruchung der Bremse kann es deshalb zu Dampfblasenbildung in den Bremsleitungen kommen, wodurch die Funktion der Bremsanlage stark beeinträchtigt wird.

Die Bremsflüssigkeit soll alle 2 Jahre, möglichst im Frühjahr, erneuert werden. Bei vielen Gebirgsfahrten, Streusalz im Winter beziehungsweise salzhaltiger Luft am Meer gegebenenfalls Bremsflüssigkeit in kürzeren Abständen wechseln.

In der Werkstatt wird die Bremse in der Regel mit einem Bremsenfüll- und Entlüftungsgerät entlüftet. Das Gerät füllt unter Druck neue Bremsflüssigkeit in den Vorratsbehälter ein, dabei muss das Bremspedal ständig betätigt sein. Es geht aber auch ohne das Entlüftungsgerät. Die Bremsflüssigkeit wird dann durch Pumpen mit dem Bremspedal gewechselt, dazu ist eine zweite Person notwendig.

- Batterie-Massekabel (–) bei ausgeschalteter Zündung abklemmen. **Achtung:** Falls das eingebaute Radio einen Diebstahlcode besitzt, wird dieser beim Abklemmen der Batterie gelöscht. Das Radio kann anschließend nur durch die Eingabe des richtigen Codes, durch die PEUGEOT-Werkstatt oder den Radio-Hersteller wieder in Betrieb genommen werden. Vor dem Abklemmen daher unbedingt den Diebstahlcode ermitteln.
- Bremsflüssigkeitsstand auf dem Vorratsbehälter mit Filzstift markieren. Nach Erneuern der Bremsflüssigkeit ursprünglichen Flüssigkeitsstand wieder herstellen. Dadurch wird ein Überlaufen des Bremsflüssigkeitsbehälters beim Wechsel der Bremsbeläge vermieden.
- Verschlussdeckel vom Bremsflüssigkeit-Vorratsbehälter abschrauben. Vorher Deckel mit einem sauberen Lappen reinigen.
- Mit einer Absaugflasche aus dem Bremsflüssigkeitsbehälter Bremsflüssigkeit bis zu einem Stand von etwa 10 mm absaugen.

Achtung: Bremsflüssigkeit-Vorratsbehälter nicht ganz entleeren, damit keine Luft in das Bremssystem gelangt. Ist eine Kammer des Vorratsbehälters komplett leer gelaufen, zum Beispiel bei Undichtigkeiten im Bremssystem oder wenn beim Entlüften vergessen wurde, Bremsflüssigkeit nachzufüllen, muss die gesamte Bremsanlage entlüftet werden. Fahrzeuge mit ABS müssen in diesem Fall von der Fachwerkstatt entlüftet werden.

- Vorratsbehälter bis zur MAX-Markierung mit neuer Bremsflüssigkeit füllen.

> **Sicherheitshinweis**
> Beim Aufbocken des Fahrzeugs besteht Unfallgefahr! Deshalb vorher das Kapitel »Fahrzeug aufbocken« durchlesen.

- Fahrzeug waagerecht aufbocken.

Achtung: Entlüftungsventile vorsichtig öffnen, damit sie nicht abgedreht werden. Es empfiehlt sich, die Ventile ca. 2 Stunden vor dem Entlüften mit Rostlöser einzusprühen. Bei fest sitzenden Ventilen den Bremsflüssigkeitswechsel von einer Werkstatt vornehmen lassen.

Die Reihenfolge der Entlüftung:

1. Radbremse hinten rechts, 2. Radbremse hinten links,
3. Bremssattel vorn rechts, 4. Bremssattel vorn links.

- Am rechten hinteren Bremszylinder zunächst passenden Ringschlüssel ansetzen, dann einen sauberen Schlauch auf das Entlüfterventil aufschieben.
- Anderes Schlauchende in ein mit etwas Bremsflüssigkeit gefülltes Gefäß führen. Das Gefäß muss sich mindestens 30 cm oberhalb vom Entlüfterventil befinden, um den Druck aufrecht zu erhalten und um Lufteintritt am Gewinde des Entlüfterventils zu verhindern. Das Schlauchende muss stets in die Bremsflüssigkeit eingetaucht sein.
- Von Helfer das Bremspedal langsam durchtreten lassen, bis sich ein Gegendruck aufgebaut hat.

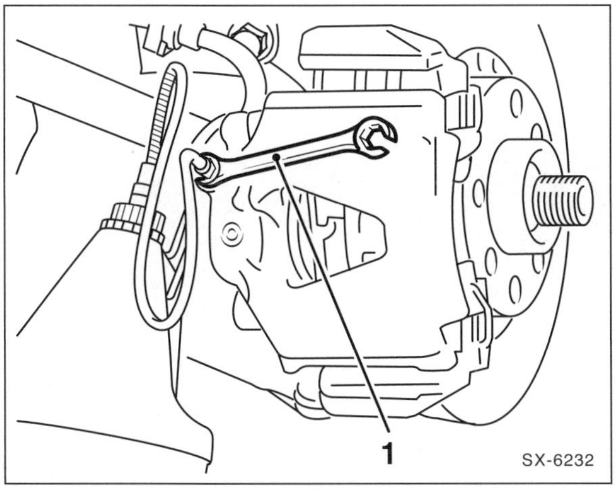

- Bremspedal getreten lassen, Entlüfterventil am rechten hinteren Bremssattel/Radbremszylinder mit offenem Ringschlüssel –1– öffnen. Entlüftungsventil schließen, wenn das Pedal am Bodenblech anstößt. Fuß vom Bremspedal nehmen lassen.
- Diesen Vorgang so oft wiederholen (ca. 10 mal), bis nur noch neue und blasenfreie Bremsflüssigkeit heraustritt. Neue Bremsflüssigkeit ist an der helleren Farbe zu erkennen.

Achtung: Die abfließende Bremsflüssigkeit muss in jedem Fall klar und blasenfrei sein. An jedem Bremssattel/Radbremszylinder sollen ca. 300 cm^3 Bremsflüssigkeit herausgepumpt werden.

- Entlüfterventil leicht festziehen.
- Alte Bremsflüssigkeit aus den anderen Bremssätteln/Radbremszylindern auf die gleiche Weise herauspumpen, und zwar in der angegebenen Reihenfolge.

Achtung: Vorratsbehälter zwischendurch immer mit **neuer** Bremsflüssigkeit auffüllen. Er darf nie ganz leer sein, sonst gelangt Luft in das Bremssystem.

- Fahrzeug ablassen.
- Bremsflüssigkeit im Vorratsbehälter bis zum markierten Stand vor dem Bremsflüssigkeitswechsel auffüllen.
- Verschlussdeckel am Bremsflüssigkeit-Vorratsbehälter anschrauben.
- Pedaldruck des Bremspedals prüfen. Der Pedaldruck darf bei abgestelltem Motor nicht schwammig sein, andernfalls Bremssystem erneut entlüften. Gegebenenfalls Bremssystem in der Fachwerkstatt überprüfen lassen.
- Batterie-Massekabel (–) bei ausgeschalteter Zündung anklemmen. **Nach Anklemmen der Batterie darf der Motor erst 10 Sekunden nach Einschalten der Zündung gestartet werden.** In dieser Zeit werden die elektronischen Systeme wieder aktiviert. Diebstahlcode für das Autoradio eingeben und Zeituhr einstellen.

Achtung, Sicherheitskontrolle durchführen:

- ◆ Sind die Bremsschläuche festgezogen?
- ◆ Befindet sich der Bremsschlauch in der Halterung?
- ◆ Sind die Entlüftungsschrauben angezogen?
- ◆ Ist genügend Bremsflüssigkeit eingefüllt?
- ◆ Bei laufendem Motor Dichtheitskontrolle durchführen. Hierzu Bremspedal mit 200 bis 300 N (entspricht 20 bis 30 kg) etwa 10 Sekunden betätigen. Das Bremspedal darf nicht nachgeben. Sämtliche Anschlüsse auf Dichtheit kontrollieren.

- Anschließend einige Bremsungen auf einer Straße mit geringem Verkehr durchführen. Dabei auch mindestens eine Vollbremsung vornehmen, bei der die ABS-Regelung einsetzt, beispielsweise auf losem Untergrund. Die ABS-Regelung ist am Pulsieren des Bremspedals spürbar. **Achtung: Dabei besonders auf nachfolgenden Verkehr achten.**

Reifenfülldruck prüfen

Erforderliches Spezialwerkzeug:

- Fülldruckmessgerät an der Tankstelle.

Reifenfülldruck einmal im Monat prüfen. Vor längeren Autobahnfahrten Fülldruck zusätzlich kontrollieren, da hierbei die Temperaturbelastung für den Reifen am größten ist.

- Ventilkappe abschrauben.

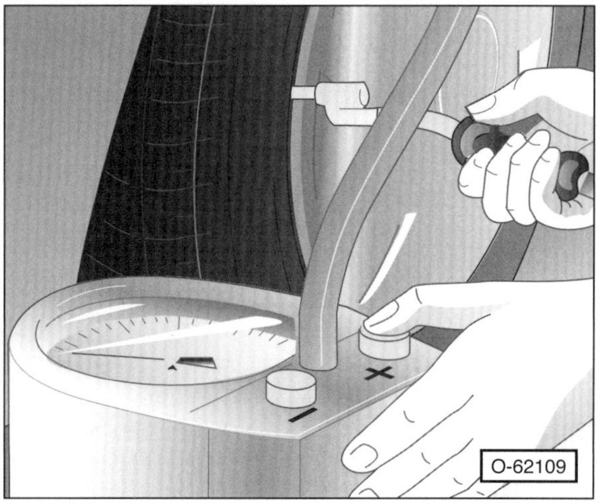

- Reifenfülldruck grundsätzlich am kalten Reifen prüfen, das heißt, er darf nicht länger als etwa 5 Minuten gefahren worden sein. Höherer Druck infolge Reifenerwärmung durch längere Fahrt darf nicht reduziert werden.
- Der richtige Reifenfülldruck steht in der Betriebsanleitung. Anhaltswerte für den Reifenfülldruck, siehe Seite 122.
- Bei der Druckprüfung im Rahmen der Wartung ebenfalls das Reserverad prüfen.
- Ventilkappe aufschrauben.

Reifenventil prüfen

Erforderliches Spezialwerkzeug:

- Ventil-Metallschutzkappe oder HAZET 666-1.

Prüfen

- Staubschutzkappe vom Ventil abschrauben.

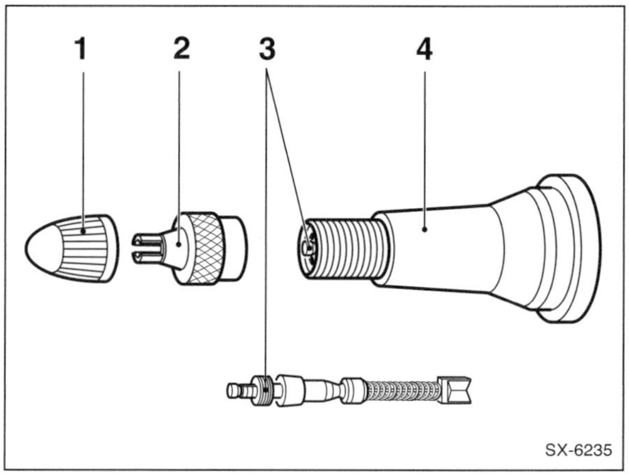

- Etwas Seifenwasser oder Speichel auf das Ventil geben. Wenn sich eine Blase bildet, Ventileinsatz –3– mit umgedrehter Metallschutzkappe –2– festdrehen.

Achtung: Zum Anziehen des Ventileinsatzes kann nur eine Metallschutzkappe –2– verwendet werden. Metallschutzkappen sind an der Tankstelle erhältlich. 1 – Gummischutzkappe, 4 – Ventil.

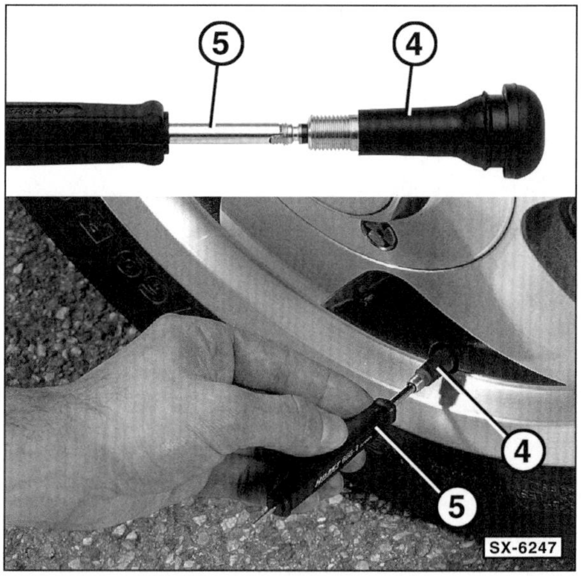

Hinweis: Anstelle der Metallschutzkappe kann auch das Werkzeug HAZET 666-1 –5– verwendet werden. 4 – Ventil.

- Ventil erneut prüfen. Falls sich wieder Blasen bilden oder das Ventil sich nicht weiter anziehen lässt, Ventileinsatz beziehungsweise Ventil erneuern.
- Grundsätzlich Staubschutzkappe wieder aufschrauben.

Reifenprofil prüfen

Spezialwerkzeug ist nicht erforderlich.

Die Reifen ausgewuchteter Räder nutzen sich bei gewissenhaftem Einhalten des vorgeschriebenen Fülldrucks und bei fehlerfreier Radeinstellung und Stoßdämpferfunktion auf der gesamten Lauffläche annähernd gleichmäßig ab. Bei ungleichmäßiger Abnutzung, siehe Störungsdiagnose im Kapitel »Räder und Reifen«. Im Übrigen lässt sich keine generelle Aussage über die Lebensdauer bestimmter Reifenfabrikate machen, denn die Lebensdauer hängt von unterschiedlichen Faktoren ab:

- Fahrbahnoberfläche
- Reifenfülldruck
- Fahrweise
- Witterung

Vor allem sportliche Fahrweise, scharfes Anfahren und starkes Bremsen fördern den schnellen Reifenverschleiß.

Achtung: Die Rechtsprechung verlangt, dass Reifen lediglich bis zu einer Profiltiefe von 1,6 mm abgefahren werden dürfen, und zwar müssen die Profilrillen auf der gesamten Lauffläche noch mindestens 1,6 mm Tiefe aufweisen. Es empfiehlt sich jedoch, sicherheitshalber die Reifen bereits bei einer Mindestprofiltiefe von 2 mm auszutauschen.

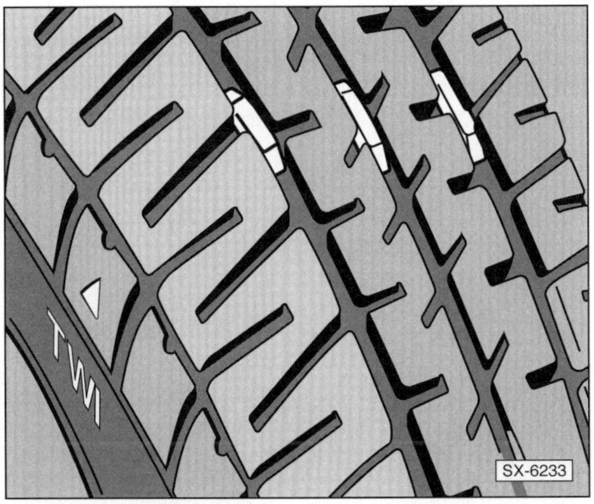

Nähert sich die Profiltiefe der gesetzlich zulässigen Mindestprofiltiefe, das heißt, weist der mehrmals am Reifenumfang angeordnete 1,6 mm hohe Verschleißanzeiger kein Profil mehr auf, müssen die Reifen gewechselt werden.

Achtung: M + S-Reifen haben auf Matsch und Schnee nur den gewünschten Grip, wenn ihr Profil noch mindestens 4 mm tief ist.

Achtung: Reifen auf Schnittstellen untersuchen und mit kleinem Schraubendreher Tiefe der Schnitte feststellen. Wenn die Schnitte bis zur Karkasse reichen, korrodiert durch eindringendes Wasser der Stahlgürtel. Dadurch löst sich unter Umständen die Lauffläche von der Karkasse, der Reifen platzt. Deshalb: Bei tiefen Einschnitten im Profil aus Sicherheitsgründen Reifen austauschen.

Folgende Wartungsarbeiten müssen nach dem Wartungsplan durchgeführt werden:

- Pollenfiltereinsatz für Heizung/Klimaanlage prüfen/ersetzen.

Pollenfilter prüfen/ersetzen

Der Pollenfilter befindet im Lufteintrittskanal rechts hinten im Motorraum.

Ausbau

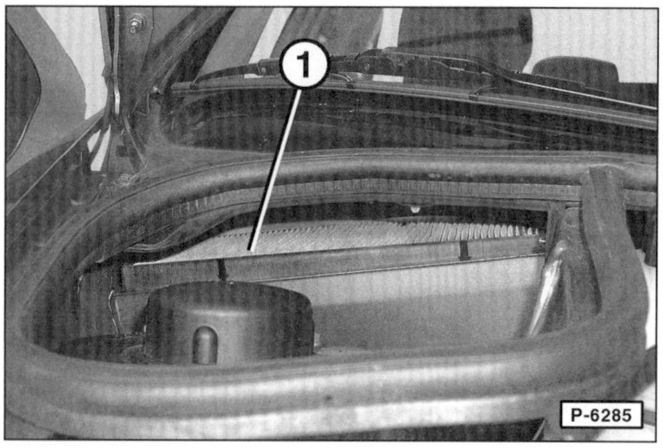

- Pollenfilter –1– im Ansaugluftkanal nach oben aus der Halterung herausziehen.

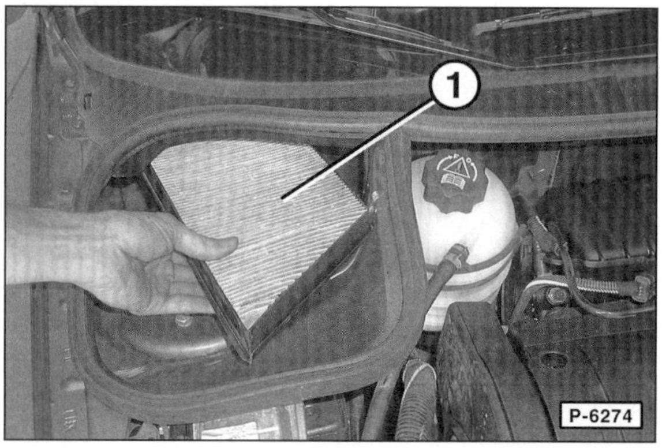

- Pollenfilter waagerecht halten, zur rechten Fahrzeugseite hin schwenken und herausnehmen.
- Pollenfilter sichtprüfen. Falls der Filter nur etwas verstaubt ist, Filter von der Rückseite her mit Pressluft durchblasen. Deutlich verschmutzen Filter grundsätzlich ersetzen.

Einbau

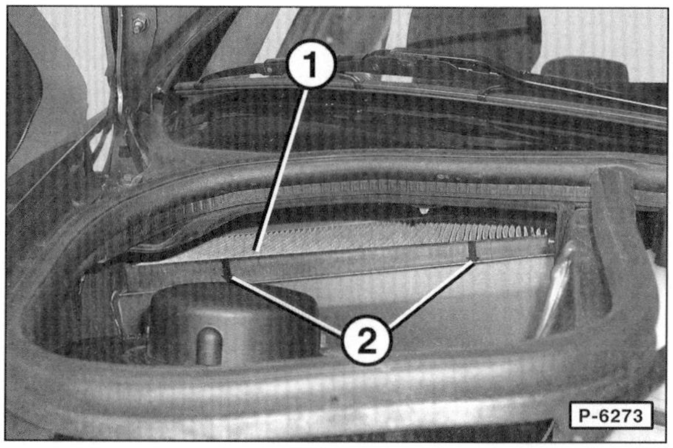

- Pollenfilter –1– waagerecht in den Ansaugluftkanal einführen, dabei darauf achten, dass die Pfeile –2– am Rand des Filters nach unten zeigen, siehe Abbildung P-6273.
- Pollenfilter in Einbaulage schwenken und in die Halterung fest eindrücken.

Elektrische Anlage

Folgende Wartungspunkte müssen nach dem Wartungsplan durchgeführt werden:

- Instrumente, Warn- und Kontrollleuchten sowie Hupe: Funktion prüfen.
- Beleuchtungsanlage: Funktion prüfen.
- Alle Stromverbraucher: Funktion prüfen.
- Scheinwerfereinstellung: Prüfen (Werkstattarbeit), siehe Seite 84.
- Scheibenwischer: Wischergummis auf Verschleiß prüfen.
- Scheibenwaschanlage: Funktion prüfen, Düsenstellung kontrollieren, Flüssigkeit nachfüllen, siehe Kapitel »Scheibenwischeranlage«.
- Batterie: Spannung und Säurestand prüfen.
- Wartungsanzeige zurückstellen.

Stromverbraucher prüfen

Spezialwerkzeug ist nicht erforderlich.

Folgende Funktionen prüfen, gegebenenfalls Fehler beheben. Je nach Ausstattung sind nicht alle Verbraucher vorhanden:

- Beleuchtung: Abblendlicht, Fernlicht, Standlicht, Nebellicht vorn, Blinkleuchten, Warnblinkanlage, Schlusslicht, Nebelschlusslicht, Rückfahrlicht, Bremslicht.
- Leuchtweitenregulierung.
- Innenleuchten, Handschuhkastenbeleuchtung, beleuchteter Ascher, Kofferraumbeleuchtung.
- Warnsignal für nicht ausgeschaltetes Licht.
- Alle Schalter in der Armaturentafel.
- Kombiinstrument mit allen Anzeigen, Leuchten und Beleuchtung.
- Hupe.
- Scheibenwisch-/Scheibenwaschanlage, Scheinwerfer-Reinigungsanlage.
- Zigarrenanzünder.
- Elektrische Außenspiegel, Beheizung und Verstellung.
- Elektrische Fensterheber.
- Elektrisches Schiebe-/Ausstelldach.
- Zentralverriegelung.
- Radio.

Wischergummi prüfen

Spezialwerkzeug ist nicht erforderlich.

- Wischerarme hochklappen und Wischerblätter abwinkeln.
- Wischlippen mit einem weichen Tuch sowie Scheibenreinigungs- und Frostschutzmittel reinigen.
- Wischlippen auf Verhärtungen oder Risse prüfen, gegebenenfalls Wischergummis/Wischerblätter ersetzen, siehe Kapitel »Scheibenwischeranlage«.
- Bei rubbelnden Scheibenwischergummis müssen die Scheibenwischerarme eingestellt werden, siehe Seite 77.

Batterie prüfen

Achtung: Da der Ausfall der Fahrzeug-Batterie oftmals schlagartig erfolgt, empfiehlt es sich, eine Batterie, die **älter als 5 Jahre** ist, grundsätzlich zu ersetzen. Bei den heutigen Batterien wird ein baldiger Ausfall nicht mehr unbedingt durch eine schlechte Startfähigkeit der Batterie angekündigt.

Erforderliches Sonderwerkzeug:

- Geeignetes Spannungs-Messgerät.

Erforderliche Verschleißteile:

- Destilliertes Wasser (nur für eine Batterie mit herausnehmbaren Batteriestopfen).

Batterie auf festen Sitz prüfen

Eine lockere Batterie hat eine verkürzte Lebensdauer durch Rüttelschäden. Außerdem kann im Fahrbetrieb Batteriesäure austreten und die umliegenden Bauteile beschädigen.

- Batterie-Abdeckung ausclipsen und abnehmen.
- Batterie kräftig hin- und herbewegen.

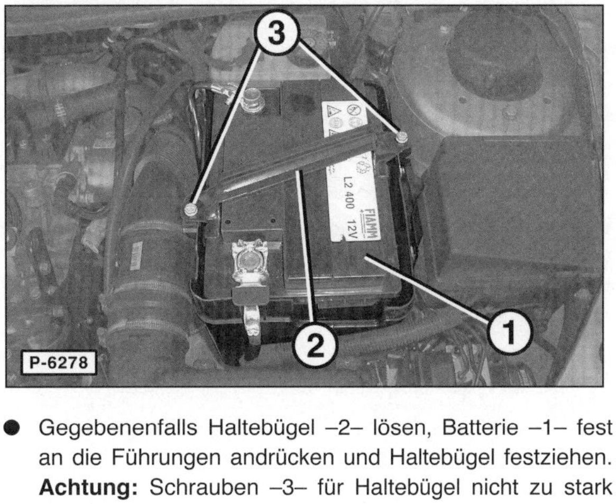

- Gegebenenfalls Haltebügel –2– lösen, Batterie –1– fest an die Führungen andrücken und Haltebügel festziehen. **Achtung:** Schrauben –3– für Haltebügel nicht zu stark anziehen, sonst kann das Batteriegehäuse beschädigt werden.

- Batterieklemmen durch Hin- und Herbewegen auf festen Sitz prüfen, gegebenenfalls Befestigung vorsichtig nachziehen oder nachbiegen.

Säurestand prüfen/ergänzen

Bei der serienmäßig eingebauten Batterie reicht die einmal eingefüllte Säuremenge normalerweise für die gesamte Lebensdauer der Batterie.

Je nach eingebauter Batterie wird der Säurestand anhand der Markierungen am durchscheinenden Batteriegehäuse oder durch die Nachfüllöffnungen oben im Batteriegehäuse geprüft, siehe Seite 58.

Batterie mit Säurestand-Markierungen

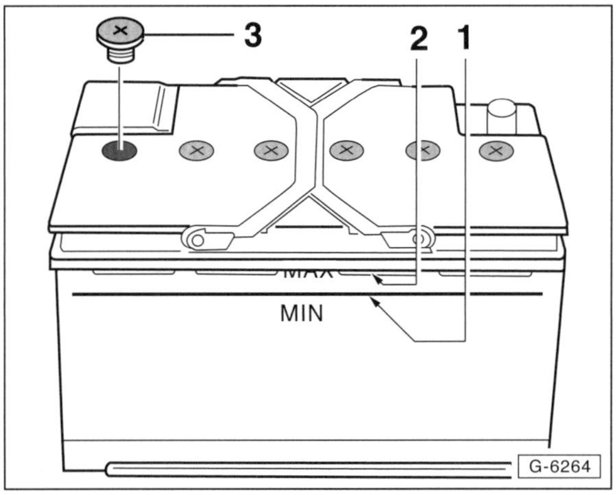

- Säurestand im durchsichtigen Batteriegehäuse von außen sichtprüfen.
- Nur wenn der Säurestand in einer Zelle unter die MIN-Markierung –1– abgesunken ist, Batteriestopfen –3– herausschrauben.

Achtung: Ist der Säurestand nicht erkennbar, Batteriestopfen ausschrauben und in die Zellen schauen. **Nicht mit offener Flamme in die Batterie leuchten. Explosionsgefahr!**

- Jede Zelle einzeln mit destilliertem Wasser bis zur MAX-Markierung –2– auffüllen. Der Säurestand muss etwa 5 mm oberhalb der Bleiplatten liegen.
- Stopfen einschrauben und festziehen. Vorher O-Dichtring am Stopfen kontrollieren, bei Beschädigung erneuern.
- Anschließend Batterie laden, siehe Seite 60.

Ruhespannung messen

Das Fahrzeug muss vor der Messung mindestens 2 Stunden im Ruhezustand gewesen sein. Das heißt: Keine Starts, keine Be- und Entladung, kein Einschalten von Stromverbrauchern.

- Batterie-Klemme am Batterie-Pluspol (+) durch Hin- und Herbewegen der elektrischen Leitung auf festen Sitz prüfen.

Sicherheitshinweis
Um Unfallgefahren durch Kurzschluss auszuschließen, vor dem Festziehen des Pluspols Batterie-Massekabel abklemmen, siehe Seite 58.

- Spannung bei eingebauter Batterie zwischen den Batterie-Polen messen. Zeigt das Messgerät 12,5 Volt oder darüber an, so ist die Batterie in Ordnung. Liegt sie darunter, ist die Ursache zu ermitteln, gegebenenfalls Batterie ersetzen.

Wartungsanzeige zurückstellen

Zurückstellen

- Sicherstellen, dass die Zündung ausgeschaltet ist.

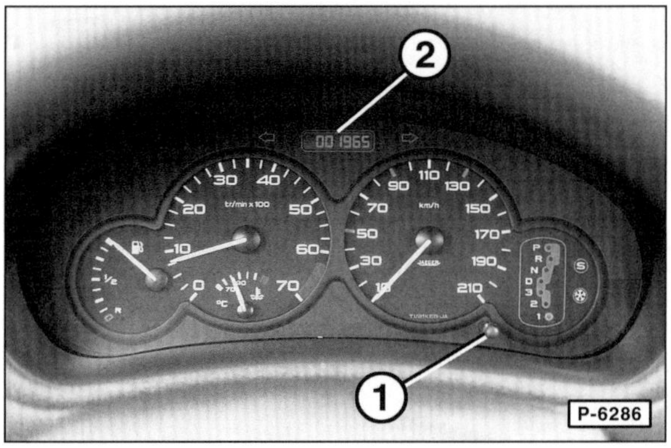

- Tastenknopf –1– für Tageskilometerzähler drücken und gedrückt halten.
- Zündung einschalten. In der Anzeige des Tageskilometerzählers –2– erscheint die Zahl 10. Anschließend wird die 10 automatisch heruntergezählt bis zur 0. Sobald die 0 angezeigt wird, Knopf loslassen. Damit ist die Wartungsanzeige zurückgestellt.
- Zündung ausschalten.

Wagenpflege

Aus dem Inhalt:

- Fahrzeug waschen
- Lackierung pflegen
- Unterbodenschutz
- Hohlraumkonservierung
- Polster reinigen
- Lackschäden ausbessern

Fahrzeug waschen

Aus Umweltschutzgründen ist es in den meisten Gemeinden verboten, Fahrzeuge auf öffentlichen Plätzen zu waschen. Wird das Auto sehr oft in einer automatischen Waschanlage gewaschen, hinterlassen die rotierenden Waschbürsten Schleifspuren auf dem Lack. Diese lassen sich verhindern, wenn man den Wagen von Hand in einer entsprechenden Waschanlage wäscht.

- Vogelkot, Insekten, Baumharze, Teer- und Fettflecken, Streusalz und andere aggressive Ablagerungen sofort abwaschen, da sie ätzende Bestandteile enthalten, die Lackschäden verursachen.
- Bedienungshinweise für den Hochdruckreiniger bezüglich Druck und Düsenabstand des Sprühkopfes befolgen.
- Beim Waschen reichlich Wasser verwenden. Mit einem Schwamm oder Waschhandschuh beziehungsweise einer weichen Bürste mit dem Reinigen des Fahrzeugdaches beginnen; Schwamm oft ausspülen.
- Waschmittel nur bei hartnäckiger Verschmutzung verwenden. Mit klarem Wasser gründlich nachspülen, um die Reste des Waschmittels zu entfernen. Bei regelmäßiger Benutzung von Waschmitteln muss öfter konserviert werden. Dem Waschwasser kann ein Konservierungsmittel beigegeben werden.
- Darauf achten, dass kein Wasser in die Eintrittsöffnungen für die Innenraumbelüftung eindringt. Hochdruckdüse nicht gegen den Kühler oder schadhafte Lackflächen des Fahrzeugs richten.
- Zum Abtrocknen sauberes Leder verwenden. Verschiedene Leder für Lack- und Fensterflächen verwenden, da Konservierungsmittelrückstände auf den Scheiben zu Sichtbehinderungen führen.
- Durch Streusalz besonders gefährdet sind alle innen liegenden Falze, Flansche und Fugen an Türen und Hauben. Diese Stellen müssen deshalb bei jeder Wagenwäsche – auch nach der Wäsche in automatischen Waschstraßen – mit einem Schwamm gründlich gereinigt und anschließend abgespült und abgeledert werden.
- Wagen niemals in der Sonne waschen oder trocknen. Wasserflecken sind sonst unvermeidlich.

Achtung: Nach der Wagenwäsche Bremspedal während der Fahrt leicht antippen, um den Wasserfilm abzubremsen.

Lackierung pflegen

Konservieren: So oft wie nötig soll die sauber gewaschene und getrocknete Lackierung mit einem Konservierungsmittel behandelt werden, um die Oberfläche durch eine Poren schließende und Wasser abweisende Wachsschicht gegen Witterungseinflüsse zu schützen. Auch wenn regelmäßig Waschkonservierer verwendet wird, empfiehlt es sich, den Lack mindestens zweimal im Jahr mit Hartwachs zu schützen.

Sofern Kraftstoff, Öl, Fett oder Bremsflüssigkeit auf den Lack gelangt, diese Flüssigkeiten **sofort entfernen,** sonst kommt es zu Lackverfärbungen.

Spätestens wenn Wasser nicht mehr deutlich vom Lack abperlt, muss konserviert werden. Der Lack trocknet sonst aus.

Eine weitere Möglichkeit, den Lack zu konservieren, bieten Waschkonservierer. Waschkonservierer schützen die Lackierung jedoch nur ausreichend, wenn sie bei **jeder** Wagenwäsche verwendet werden und der zeitliche Abstand zwischen 2 Wäschen nicht mehr als 2 bis 3 Wochen beträgt. Nur Lackkonservierer verwenden, die Carnauba- oder synthetische Wachse enthalten.

Polieren: Das Polieren des Lackes ist nur dann erforderlich, wenn dieser infolge mangelhafter Pflege beziehungsweise unter der Einwirkung von Umwelteinflüssen unansehnlich geworden ist und sich durch eine Behandlung mit Konservierungsmitteln kein Glanz mehr erzielen lässt. Zu warnen ist vor stark schleifenden oder chemisch stark angreifenden Poliermitteln, auch wenn der erste Versuch damit noch so sehr zu überzeugen scheint.

Vor jedem Polieren muss der Wagen sauber gewaschen und sorgfältig abgetrocknet werden. Im Übrigen ist nach der Gebrauchsanweisung für das Poliermittel zu verfahren.

Die Bearbeitung soll in nicht zu großen Flächen erfolgen, um ein vorzeitiges Eintrocknen der Politur zu vermeiden. Bei manchen Poliermitteln muss anschließend noch konserviert werden. Nicht in der prallen Sonne polieren!

Kunststoffteile und matt lackierte Teile dürfen nicht mit Konservierungs- oder Poliermitteln behandelt werden, da sich sonst Flecken bilden.

Teerflecke entfernen: Frische Teerflecke können mit einem in Waschbenzin getränkten weichen Lappen entfernt werden oder mit speziellen Teerfleck-Entfernern. Notfalls kann auch

Petroleum oder Terpentinöl verwendet werden. Sehr gut gegen Teerflecke eignet sich auch ein Lackkonservierer. Bei Verwendung dieses Mittels kann auf ein Nachwaschen verzichtet werden.

Insekten entfernen: Insekten enthalten aggressive Stoffe, die den Lackfilm beschädigen können. Sie müssen deshalb umgehend mit lauwarmer Seifen- oder Waschmittellösung abgewaschen werden. Es gibt auch spezielle Insekten-Entferner.

Außenbeleuchtung: Leuchten- und Scheinwerferabdeckungen sind aus Kunststoff. Verunreinigungen nur mit einem feuchten, weichen Tuch entfernen. Scheinwerferabdeckungen auf keinen Fall mit einem trockenen oder scheuernden Tuch reinigen. Keine Eiskratzer verwenden und nicht mit Reinigungs- oder Lösungsmitteln säubern.

Kunststoffteile pflegen: Kunststoffteile, Kunstledersitze, Himmel, Leuchtengläser sowie mattschwarz gespritzte Teile mit Wasser und Flüssigseife säubern. Himmel nicht durchfeuchten. Kunststoffteile gegebenenfalls mit Kunststoffreiniger behandeln.

Scheiben reinigen: Schnee und Eis von Scheiben und Spiegeln nur mit einem Kunststoffschaber entfernen. Um Kratzer durch Schmutz zu vermeiden, sollte der Schaber nicht vor- und zurückbewegt, sondern nur geschoben werden. Fensterscheiben innen und außen mit sauberem, weichem Lappen abreiben. Bei starker Verschmutzung helfen Spiritus oder Salmiakgeist und lauwarmes Wasser oder auch ein spezieller Scheibenreiniger. Beim Reinigen der Windschutzscheibe Scheibenwischerarme nach vorn klappen. Bei der Reinigung der Windschutzscheibe sind auch die Wischerblätter zu säubern.

Achtung: Bei Verwendung silikonhaltiger Mittel dürfen die zur Reinigung der Lackierung verwendeten Waschbürsten, Schwämme, Lederlappen und Tücher nicht für die Scheiben verwendet werden. Beim Einsprühen der Lackierung mit silikonhaltigen Pflegemitteln sollten die Scheiben mit Pappe oder anderem Material abgedeckt werden.

Gummidichtungen pflegen: Gummidichtungen durch Einpudern der Dicht- und Gleitflächen mit Talkum oder Besprühen mit Silikonspray geschmeidig halten. So werden auch quietschende oder knarrende Geräusche beim Schließen der Türen vermieden. Auch das Einreiben der betreffenden Flächen mit Schmierseife beseitigt die Geräusche.

Reifen reinigen: Reifen nicht mit einem Dampfstrahlgerät reinigen. Wird die Düse des Dampfstrahlers zu nahe an den Reifen gehalten, wird dessen Gummischicht innerhalb weniger Sekunden irreparabel zerstört, selbst bei Verwendung von kaltem Wasser. Ein auf diese Weise gereinigter Reifen sollte sicherheitshalber ersetzt werden.

Leichtmetall-Scheibenräder mit Felgenreiniger und Bürste reinigen, jedoch keine aggressiven, säurehaltigen, stark alkalischen und rauen Reinigungsmittel oder Dampfstrahler über +60° C verwenden.

Sicherheitsgurte nur mit milder Seifenlauge im eingebauten Zustand säubern, nicht chemisch reinigen, da dadurch das Gewebe zerstört werden kann. Automatikgurte nur in trockenem Zustand aufrollen.

Unterbodenschutz/ Hohlraumkonservierung

Die Fahrzeugunterseite einschließlich der Radkästen sind mit Unterbodenschutz beschichtet. Die besonders stark gefährdeten Bereiche in den Radläufen sind zusätzlich mit Kunststoffschalen gegen Steinschlag geschützt. Vor der kalten Jahreszeit und nach einer Unterbodenwäsche sollte der Unterbodenschutz kontrolliert und gegebenenfalls ausgebessert werden.

Im Schleuderbereich des Unterbaues können sich Staub, Lehm und Sand ablagern. Den angesammelten Schmutz entfernen, zumal er während der Winterzeit auch noch mit Streusalz angereichert sein kann.

Motorwäsche/Motorraum konservieren: Vor und nach der Streusalzperiode sollte der Motorraum gereinigt und anschließend konserviert werden. Motorwäsche nur bei ausgeschalteter Zündung durchführen. Vor der Motorwäsche, die zum Beispiel mit Kaltreiniger und einem Dampfstrahlgerät durchgeführt werden kann, Generator, Sicherungskasten und Bremsflüssigkeitsbehälter mit Plastikhüllen abdecken.

Nach jeder Motorwäsche den Motorraum einschließlich der im Motorraum befindlichen Teile der Bremsanlage, Achselemente mit Lenkung sowie Karosserieteile und Hohlräume mit einem hochwertigen Konservierungswachs einsprühen. Dabei den Keilrippenriemen abdecken und vor Wachs schützen.

Polsterbezüge pflegen/reinigen

Textilbezüge: Polsterbezüge mit Staubsauger und Bürste reinigen. Flecken mit Flüssigseife, 25 prozentiger Ammoniaklösung oder Branntweinessig entfernen.

Fett- und Ölflecke mit Reinigungsbenzin oder Fleckenwasser behandeln. Das Reinigungsmittel darf aber nicht unmittelbar auf den Stoff gegossen werden, da sich sonst unweigerlich Ränder bilden. Fleck durch kreisförmiges Reiben von außen nach innen bearbeiten. Andere Verschmutzungen lassen sich meistens mit lauwarmem Seifenwasser entfernen.

Lederbezüge: Bei starker Sonneneinstrahlung und längerer Standzeit Sitze abdecken, damit sie nicht ausbleichen.

Trikot- oder Wolllappen mit Wasser leicht anfeuchten und Lederflächen säubern, ohne das Leder oder die Nahtstellen zu durchfeuchten. Anschließend das getrocknete Leder mit einem sauberen und weichen Tuch nachreiben.

Stärker verschmutzte Lederflächen mit einem milden Feinwaschmittel ohne Aufheller (2 Esslöffel auf 1 Liter Wasser) oder Flüssigseife reinigen. Fett- und Ölflecke ohne zu reiben vorsichtig mit Reinigungsbenzin abtupfen.

Lackierte Lederpolster sollten nach dem Reinigen mit einem handelsüblichen Pflegemittel für Lederflächen behandelt werden. Solche Mittel sind bei den Fachwerkstätten und im Autofachhandel erhältlich. Das Mittel vor Gebrauch gut schütteln und mit einem weichen Lappen dünn auftragen. Nach dem Eintrocknen mit einem sauberen und weichen Tuch nachreiben. Diese Behandlung empfiehlt sich bei normaler Beanspruchung alle 6 Monate.

Steinschlagschäden ausbessern

Ausbeul- und Lackierarbeiten an der Autokarosserie setzen Erfahrung über den Werkstoff und dessen Bearbeitung voraus. Derartige Fertigkeiten werden in der Regel erst durch eine langjährige Praxis erreicht. Aus diesem Grund wird hier nur das Ausbessern von kleineren Lackschäden erläutert.

Zum Nachlackieren wird unbedingt dieselbe Lackfarbe benötigt, denn selbst kleinste Farbunterschiede fallen nach Abschluss der Arbeiten sofort ins Auge. Der jeweilige Fahrzeug-Farbton wird vom Hersteller durch die Lacknummer gekennzeichnet. Die Lacknummer –1– steht auf einem Aufkleber –2– an der B-Säule der Fahrertür.

Treten dennoch Differenzen zwischen dem Originallack und dem Reparaturlack auf, dann liegt das daran, dass sich Fahrzeug-Lackierungen durch Alterung, ultraviolette Sonnenbestrahlung, extreme Temperaturdifferenzen, Witterungsbedingungen und chemische Einflüsse wie beispielsweise Industrieabgase mit der Zeit verändern. Außerdem können Oberflächenschäden, Farbveränderungen und Ausbleichen des Lackes eintreten, wenn Reinigung und Lackpflege mit ungeeigneten Mitteln durchgeführt wurden.

Die Metallic-Lackierung besteht aus 2 Schichten, dem Metallic-Grundlack und der farblosen Decklackierung. Beim Lackieren wird der Klarlack über den feuchten Grundlack gespritzt. Die Gefahr von Farbdifferenzen bei der nachträglichen Metallic-Lackierung ist besonders groß, da hier schon die unterschiedliche Viskosität des Reparaturlackes gegenüber dem Originallack zu Farbverschiebungen führt.

Es lohnt sich, auch kleinste Lackschäden regelmäßig zu beseitigen, da auf diese Weise Rostschäden und größere Reparaturen vermieden werden.

Für kleine Kratzer und Steinschläge, die lediglich den Decklack abgesplittert haben, also nicht bis aufs blanke Blech vorgedrungen sind, genügt im allgemeinen der Lackstift oder Tupflack. Dabei handelt es sich um eine kleine Lackdose, in deren Deckel ein Pinsel integriert ist. Der Lackstift wird im Auto-Zubehörhandel angeboten.

- Tiefere Steinschlagschäden, die schon kleine Rostnarben gebildet haben, mit einem »Rostradierer« beziehungsweise einem Messer oder einem kleinen Schraubendreher auskratzen, bis das blanke Blech erscheint. Wichtig ist, dass keine auch noch so kleine Roststelle mehr sichtbar ist. Bei »Rostradierern« handelt es sich um kleine Kunststoffhülsen, die zum Auskratzen des Rostes kurze Drahtborsten besitzen.
- Die blanken Stellen müssen einwandfrei trocken und fettfrei sein. Dazu Reparaturstelle sowie umgebenden Lack mit Silikonentferner reinigen.
- Auf die blanke Metallfläche mit einem dünnen Pinsel etwas Lackgrundierung (»Primer«) auftragen. Da das Grundiermittel meist in Sprühdosen erhältlich ist, etwas Grundiermittel in den Deckel der Dose sprühen.
- Nachdem die Grundierung trocken ist, Stelle mit Tupflack ausbessern. Bei den Tupflackdosen ist ein Pinsel bereits im Deckel integriert. Falls nur eine Spraydose mit der entsprechenden Farbe zur Verfügung steht, etwas Farbe in den Deckel der Dose sprühen und Lack mit einem dünnen Wasserfarbenpinsel auftragen. Dabei in einem Arbeitsgang immer nur eine dünne Lackschicht anbringen, damit der Lack nicht herunterlaufen kann. Anschließend Farbe gut trocknen lassen. Vorgang so oft wiederholen, bis der Krater ausgefüllt ist und die ausgebesserte Stelle gegenüber der umgebenden Lackfläche keine Vertiefung mehr bildet.

Werkzeugausrüstung

Langfristig zahlt es sich immer aus, wenn man qualitativ hochwertiges Werkzeug kauft. Neben einer Grundausstattung mit Maul- und Ringschlüsseln in den gängigen Größen und verschiedenen Torxschraubendrehern sowie einem Satz Steckschlüssel empfiehlt sich auch der Kauf eines Drehmomentschlüssels. Darüber hinaus ist bei manchen Arbeitsgängen der Einsatz von Spezialwerkzeug zwingend erforderlich.

Gutes und stabiles Werkzeug wird von der Firma HAZET (42804 Remscheid, Postfach 100461) angeboten. In den Tabellen sind die Werkzeuge mit der HAZET-Bestellnummer aufgeführt. Vertrieben wird das Werkzeug über den Fachhandel.

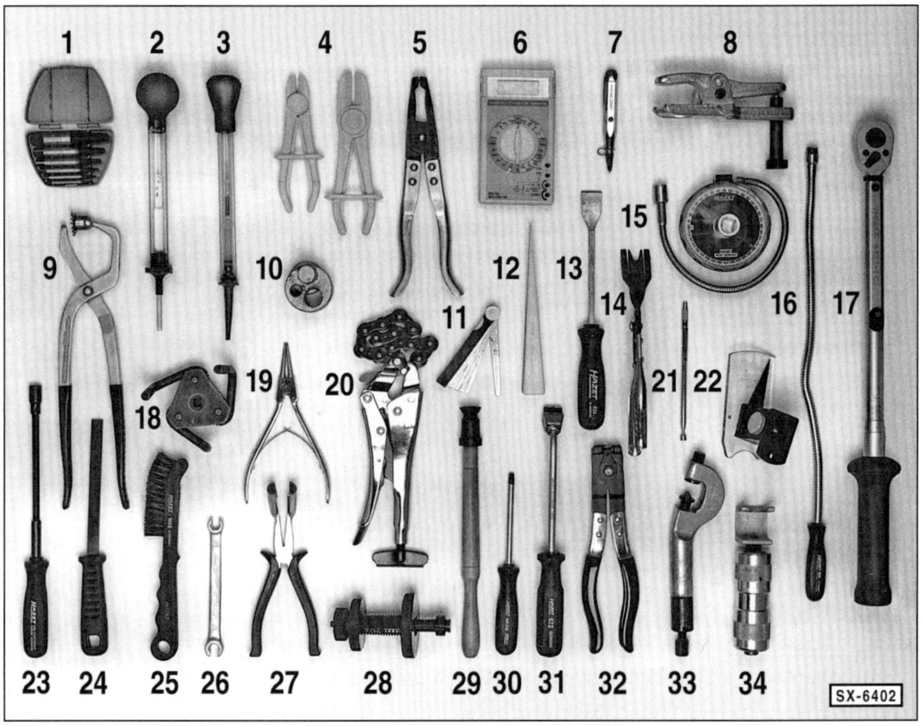

Abb.	Werkzeug	Hazet-Nr.
1	Schraubenausdrehersatz	840/5
2	Batteriesäureprüfer	4650-1
3	Kühlmittel-Frostschutzprüfer	–
4	Abklemmzangen	4590/3
5	Zange für Ventilschaftabdichtungen	791-5
6	Multimeter	–
7	Spannungsprüflampe mit Spitze	2153
8	Ausdrücker für Spurstangenköpfe	1790-7
9	Bremsfedernzange	797
10	Stehbolzenausdreher	845
11	Fühlerblattlehre 0,05 - 1,0 mm	2147
12	Montagekeil	1965-20
13	Flachschaber zur Beseitigung von Dichtungsrückständen an Zylinderkopf sowie Motorblock	824
14	Abdrückzange für Verkleidungen	799-4
15	Winkelscheibe für drehwinkelgesteuerten Schraubenanzug	6690
16	Magnet-Sucher	1976
17	Drehmomentschlüssel 40 – 200 Nm	6122–1CT
18	Ölfilterschlüssel	2172
19	Spitzzange für Sicherungsringe	1846c-2
20	Ketten-Abgasrohrschneider	4682
21	Spritzdüseneinsteller für Scheibenwaschanlage	4850-1
22	Winkeleinsteller für Scheibenwischerarme	4851-1

Abb.	Werkzeug	Hazet-Nr.
23	Steckschlüssel flexibel, 8 und 10 mm	426-8, -10
24	Bremssattelfeile	4968-1
25	Bremssatteldrahtbürste	4968-2/-3
26	Offener Doppelringschlüssel für Überwurfmuttern der Bremsleitungen	612
27	Zündkerzensteckerzange	1849
28	Zentrierwerkzeug	2174
29	Ventileinschleifer	795
30	Torxschraubendreher (verschiedene Größen)	837-T20, bis -T45
31	Ziehklinge zum Entfernen von Unterbodenschutz etc.	822
32	Klemmzange für Haltebänder der Gelenkwellenmanschetten	1847-1
33	Hydraulischer Mutternsprenger	846-22
34	Schlag-Ausziehgerät für Bremsbeläge, Scheibenwischerarme etc.	1966
ohne Abbildung:		
	Zange für Schlauchklemmen der Kühlmittelschläuche	798-5
	Messgerät für Säuredichte und Frostschutzanteil	4810
	Spanngerät für Schraubenfedern	4900-2A
	Entlüftungsschlüssel Bremse/Kupplung	4968-8
	Zündkerzenschlüssel	4766-1 2506

Motorstarthilfe

Sicherheitshinweise

Werden die vorgeschriebenen Anschlusshinweise nicht genau eingehalten, besteht die Gefahr der Verätzung durch austretende Batteriesäure. Außerdem können Verletzungen oder Schäden durch eine Batterieexplosion entstehen oder Defekte an der Fahrzeugelektrik auftreten.

- Batterieflüssigkeit von Augen, Haut, Gewebe und lackierten Flächen fern halten. Die Flüssigkeit ist ätzend. Säurespritzer sofort mit klarem Wasser gründlich abspülen. Gegebenenfalls einen Arzt aufsuchen.
- Keine Funken oder offenen Flammen in Batterienähe, da aus der Batterie brennbare Gase austreten können.
- Augenschutz tragen.
- Darauf achten, dass die Starthilfekabel nicht durch drehende Teile wie zum Beispiel den Kühlerventilator beschädigt werden.

- Die Starthilfekabel sollten einen Leitungsquerschnitt von 25 mm^2 aufweisen und mit isolierten Kabelzangen ausgestattet sein. In der Regel ist der Leitungsquerschnitt auf der Packung der Starthilfekabel angegeben.
- Bei beiden Batterien muss die Spannung 12 Volt betragen. Die Kapazität der stromgebenden Batterie darf nicht wesentlich unter der der entladenen Batterie liegen.
- Eine entladene Batterie kann bereits bei –10° C gefrieren. Vor Anschluss der Starthilfekabel muss eine gefrorene Batterie unbedingt aufgetaut werden.
- Die entladene Batterie muss ordnungsgemäß am Bordnetz angeklemmt sein.
- Wenn möglich, Säurestand der entladenen Batterie prüfen, gegebenenfalls destilliertes Wasser auffüllen und Batterie verschließen.
- Fahrzeuge so weit auseinander stellen, dass kein metallischer Kontakt besteht. Andernfalls könnte bereits beim Verbinden der Pluspole ein Strom fließen.
- Bei beiden Fahrzeugen Handbremse anziehen. Schaltgetriebe in Leerlaufstellung, automatisches Getriebe in Parkstellung »P« schalten.
- Alle Stromverbraucher, auch das Autotelefon, ausschalten.
- Grundsätzlich Motor des Spenderfahrzeuges ca. 1 Minute vor dem Startvorgang und während des Startvorganges mit Leerlaufdrehzahl drehen lassen. Dadurch wird eine Beschädigung des Generators durch Spannungsspitzen beim Startvorgang vermieden.
- Abdeckung vom Pluspol zurückklappen, falls vorhanden.
- Starthilfekabel in folgender Reihenfolge anschließen:

  1. Rotes Kabel –1– an den Pluspol (+) der entladenen Batterie –Fahrzeug A– anklemmen.

  2. Das andere Ende des roten Kabels an den Pluspol (+) der Strom gebenden Batterie –Fahrzeug B– anklemmen.

  3. Schwarzes Kabel –2– an den Minuspol (–) der Strom gebenden Batterie anklemmen.

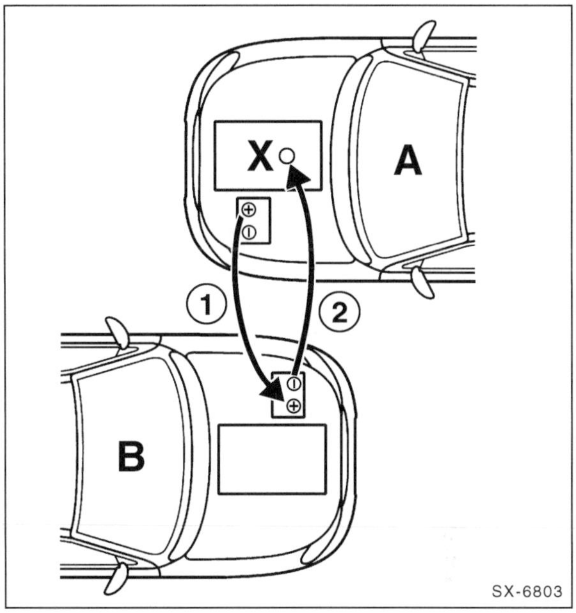

4. Das andere Ende des schwarzen Kabels an eine gute Massestelle –X– des Empfängerfahrzeuges anschließen. **Achtung: Nicht an den Minuspol (–) der leeren Batterie.** Am besten eignet sich ein mit dem Motorblock verschraubtes Metallteil. Unter ungünstigen Umständen könnte beim Anschließen des Kabels an den Minuspol der leeren Batterie durch Funkenbildung und Knallgasentwicklung die Batterie explodieren.

Achtung: Die Klemmen der Starthilfekabel dürfen bei angeschlossenen Kabeln nicht in Kontakt miteinander kommen, beziehungsweise die Plusklemmen dürfen keine Massestellen (Karosserie oder Rahmen) berühren – Kurzschlussgefahr!

- Motor des Empfängerfahrzeuges (leere Batterie) starten und laufen lassen. Beim Starten Anlasser nicht länger als 10 Sekunden ununterbrochen betätigen, da sich durch die hohe Stromaufnahme Polzangen und Kabel erwärmen. Deshalb zwischendurch eine »Abkühlpause« von mindestens ½ Minute einlegen.
- Bei Startschwierigkeiten nicht unnötig lange den Anlasser betätigen. Während des Anlassens wird permanent Kraftstoff eingespritzt. Fehlerursache ermitteln und beseitigen.
- Nach erfolgreichem Start beide Fahrzeuge mit der »Strombrücke« noch 3 Minuten laufen lassen.
- Um Spannungsspitzen beim Trennen abzubauen, im Fahrzeug mit der leeren Batterie Gebläse und Heckscheibenheizung einschalten. Nicht das Fahrlicht einschalten. Glühlampen brennen bei Überspannung durch.
- **Nach der Starthilfe** Kabel in **umgekehrter** Reihenfolge abklemmen: Zuerst schwarzes Kabel –2– (–) am Empfängerfahrzeug, dann am Strom gebenden Fahrzeug abklemmen. Rotes Kabel –1– zuerst am Strom gebenden und dann am Empfängerfahrzeug abklemmen.

Fahrzeug abschleppen

Das Fahrzeug darf nur an den dafür vorgesehenen Abschleppösen abgeschleppt werden.

Regeln beim Abschleppen

- Im abgeschleppten Fahrzeug muss die Zündung eingeschaltet sein, damit Lenkung, Blinker und Bremsleuchten funktionieren. Da die Brems- und die Lenkhilfe bei nicht laufendem Motor ausfallen, muss mehr Kraft zum Bremsen und Lenken aufgebracht und mit längeren Bremswegen gerechnet werden.
- Getriebe in Leerlaufstellung bringen, bei Fahrzeugen mit Automatikgetriebe den Wählhebel in Stellung »N«.
- Warnblinkanlage bei ziehendem und gezogenem Fahrzeug einschalten.
- **Empfehlenswert ist die Verwendung einer Abschleppstange.** Die Gefahr des Auffahrens ist bei Verwendung eines Abschleppseils groß. Ein Abschleppseil soll elastisch sein, damit das schleppende und das gezogene Fahrzeug geschont werden. Nur Kunstfaserseile oder Seile mit elastischen Zwischengliedern verwenden.

Abschleppseil/Abschleppstange anbringen

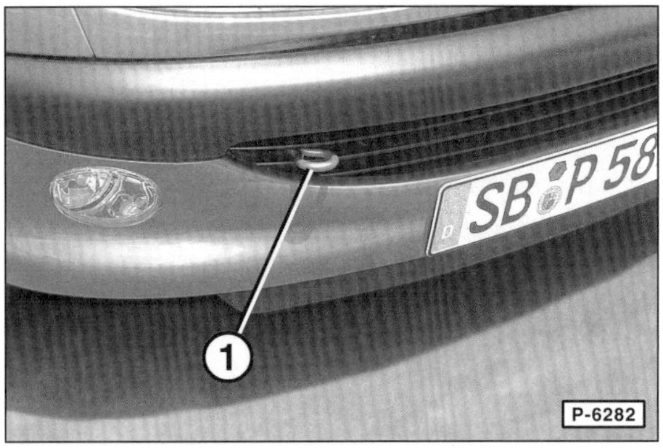

- Vordere Abschleppöse –1–.

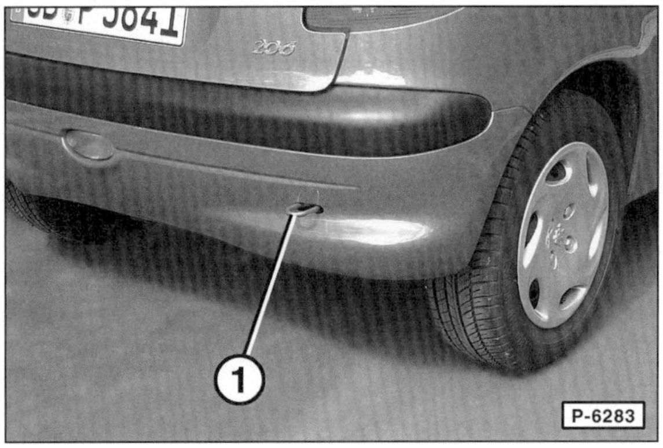

- Hintere Abschleppöse –1–.

Fahrzeuge mit Automatikgetriebe

Wählhebelstellung: **»N«**
Maximale Schleppgeschwindigkeit: **50 km/h!**
Maximale Schleppentfernung: **50 Kilometer!**

- **Bei defektem Automatikgetriebe** oder längerer Schleppstrecke Fahrzeug mit angehobenen Antriebsrädern abschleppen. Grund: Bei stehendem Motor arbeitet die Getriebeölpumpe nicht, das Getriebe wird für höhere Drehzahlen und längere Laufstrecken daher nicht ausreichend geschmiert.
- **Bei Einsatz eines Abschleppwagens:** Das Fahrzeug darf nur mit angehobenen Antriebsrädern abgeschleppt werden. **Achtung:** Zur Vermeidung von Getriebeschäden, Fahrzeug niemals rückwärts mit drehenden Antriebsrädern abschleppen.

Fahrzeug anschleppen (Notstart)

Das Anschleppen (Starten des Motors durch das rollende Fahrzeug) ist bei Fahrzeugen mit Getriebeautomatik nicht möglich.

Achtung: Um Schäden am Katalysator zu vermeiden, dürfen Fahrzeuge **mit betriebswarmem** Motor nicht angeschoben beziehungsweise angeschleppt werden. Hilfsbatterie verwenden.

- Warnblinkanlage einschalten.
- Zündung einschalten, Zündschlüssel auf Stellung »M« drehen.
- 3. Gang einlegen, Kupplung durchtreten und halten.
- Fahrzeug anschleppen oder anschieben lassen.
- Langsam einkuppeln, wenn beide Fahrzeuge in Bewegung sind.
- Sobald der Motor angesprungen ist, Kupplung treten und Gang herausnehmen, um nicht auf das ziehende Fahrzeug aufzufahren.

Elektrische Anlage

Aus dem Inhalt:

- Relais/Schalter prüfen
- Elektromotoren prüfen
- Sicherungen auswechseln
- Batterie ausbauen
- Generator prüfen
- Anlasser prüfen
- Scheibenwischer
- Beleuchtungsanlage
- Armaturen/Schalter

Bei der Überprüfung der elektrischen Anlage stößt der Heimwerker in den technischen Unterlagen immer wieder auf die Begriffe Spannung, Stromstärke und Widerstand.

Die Spannung wird in Volt (V) gemessen, die Stromstärke in Ampere (A) und der Widerstand in Ohm (Ω). Mit dem Begriff Spannung ist beim Auto in der Regel die Batteriespannung gemeint. Es handelt sich dabei um eine Gleichspannung von ca. 12 Volt. Die Höhe der Batteriespannung hängt vom Ladezustand der Batterie und von der Außentemperatur ab. Sie kann zwischen 10 und 13 Volt betragen. Demgegenüber wird die Bordspannung vom Generator (Lichtmaschine) erzeugt, die bei mittleren Drehzahlen ca. 14 Volt beträgt.

Der Begriff Stromstärke taucht im Bereich der Automobil-Elektrik relativ selten auf. Die Stromstärke ist beispielsweise auf der Rückseite von Sicherungen angegeben und weist auf den maximalen Strom hin, der fließen kann, ohne dass die Sicherung durchbrennt und damit den Stromkreis unterbricht.

Überall wo Strom fließt, muss er einen Widerstand überwinden. Der Widerstand ist unter anderem von folgenden Faktoren abhängig: Leitungsquerschnitt und -länge, Leitungsmaterial, Leitfähigkeit. Ist der Widerstand zu groß, treten Funktionsstörungen auf. Beispielsweise darf beim Benzinmotor der Widerstand in den Zündleitungen nicht zu hoch sein, sonst fehlt ein ausreichend starker Zündfunke an den Zündkerzen, der das Kraftstoff-Luftgemisch entzündet und damit den Motor zum Laufen bringt.

Achtung: Vor Arbeiten an der elektrischen Anlage grundsätzlich das Batterie-Massekabel (–) abklemmen. Dazu Hinweise im Kapitel »Batterie aus- und einbauen« durchlesen. Als Arbeit an der elektrischen Anlage ist dabei schon zu betrachten, wenn eine elektrischen Leitung vom Anschluss abgezogen beziehungsweise abgeklemmt wird.

Messgeräte

Zum Messen der Bord-Elektrik gibt es im Handel so genannte Mehrfach-Messgeräte. Sie vereinen in einem Gerät das Voltmeter, um Spannungen zu messen, das Amperemeter, um die Stromstärke zu messen und das Ohmmeter zum Messen des Widerstandes. Die im Handel befindlichen Messgeräte unterscheiden sich hauptsächlich im Messbereich und in der Messgenauigkeit. Durch den Messbereich wird festgelegt, in welchem Bereich Spannungen oder Widerstände liegen müssen, damit sie überhaupt vom Gerät erfasst werden können.

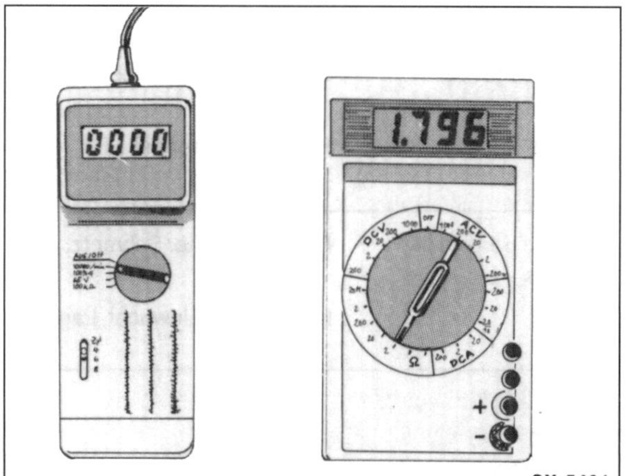

SX-5401

Für den Heimwerker gibt es Vielfach-Messgeräte, die speziell für Prüfarbeiten am Auto abgestimmt sind. Mit solch einem Gerät können Motordrehzahl, Zünd-Schließwinkel und Spannungen bis zu 20 Volt gemessen werden. Bei Widerstandsmessungen beschränkt sich das Gerät in der Regel auf den Kilo-Ohm-Bereich, also etwa 1 – 1.000 kΩ.

Darüber hinaus werden Messgeräte zur Überprüfung von elektrischen und elektronischen Bauteilen angeboten. Sie erlauben eine umfassende Messung von kleinen Widerständen in Ohm (Ω) bis zu großen Widerständen im Mega-Ohm-Bereich (MΩ). Spannungen (in Volt) können sehr exakt gemessen werden, was vor allem bei elektronischen Bauteilen erforderlich ist.

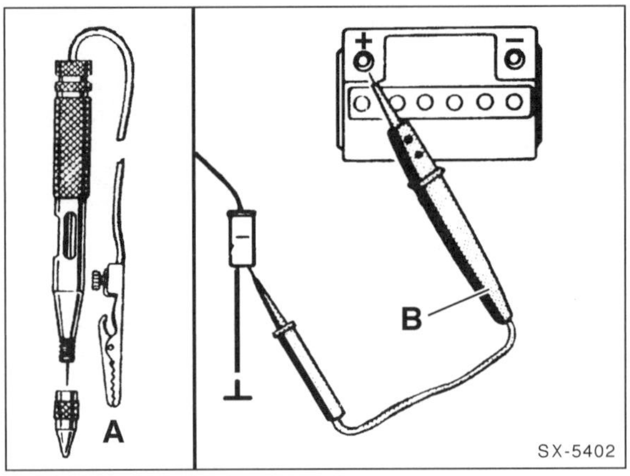

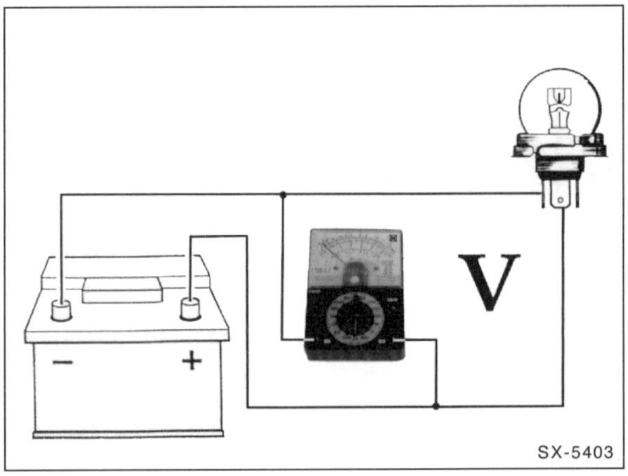

Wenn nur geprüft werden soll, ob überhaupt Spannung (V) anliegt, eignet sich hierzu eine einfache Prüflampe –A–. Dies gilt allerdings nur für Stromkreise, in denen sich keine elektronischen Bauteile befinden. Denn Elektronikteile reagieren äußerst empfindlich auf zu hohe Ströme. Unter Umständen können sie bereits durch Anschließen einer Prüflampe zerstört werden. **Achtung:** Bei der Prüfung elektronischer Bauteile (Transistoren, Dioden und Steuergeräte) ist ein hochohmiger Spannungsprüfer –B– erforderlich. Er arbeitet wie eine Prüflampe, jedoch ohne dass elektronische Bauteile geschädigt werden, und eignet sich für alle Prüfarbeiten.

Messtechnik

Spannung messen

Spannung kann schon mit einer einfachen Prüflampe oder einem Spannungsprüfer nachgewiesen werden. Allerdings erkennt man dann nur, ob überhaupt Spannung anliegt. Um die Höhe der anliegenden Spannung zu prüfen, muss ein Voltmeter (Spannungs-Messgerät) angeschlossen werden.

Zunächst ist beim Voltmeter der Messbereich einzustellen, in dem sich die zu messende Spannung voraussichtlich befindet. Spannungen am Fahrzeug sind in der Regel nicht höher als ca. 14 Volt. Eine Ausnahme bildet die Zündanlage; hier kann die Zündspannung bis zu 30.000 Volt betragen. Diese hohe Spannung ist nur mit einem speziellen Messgerät oder einem Oszilloskop messbar.

Während man bei Messgeräten, die speziell auf das Auto abgestimmt sind, am Wählschalter nur das Voltmeter einschalten muss, sind bei einem allgemeinen Vielfachmessgerät erst eine Reihe von Entscheidungen zu fällen. Zunächst wird mit dem Wählschalter der Bereich Gleichspannung (DCV, im Gegensatz zu ACV = Wechselspannung) eingestellt. Dann wird der Messbereich gewählt. Da beim Auto außer an der Zündanlage keine höheren Spannungen als ca. 14 Volt auftreten, sollte die Obergrenze des einzustellenden Messbereiches etwas höher liegen (ca. 15 bis 20 Volt). Falls sicher ist, dass die gemessene Spannung wesentlich niedriger ist, zum Beispiel im Bereich von 2 Volt, kann der Messbereich heruntergeschaltet werden, um eine größere Anzeigegenauigkeit zu erreichen. Liegen höhere Spannungen an, als sie vom Messbereich des Messgerätes erfasst werden, kann das Messgerät zerstört werden.

Die Kabel des Messgerätes entsprechend der Zeichnung parallel zum Verbraucher anschließen. Dabei wird das rote Messkabel (+) an die vom Batterie-Pluspol kommende Leitung angelegt, das schwarze Messkabel (–) an die Masse-Leitung (–) oder an Fahrzeugmasse, wie zum Beispiel den Motorblock.

Prüfbeispiel: Wenn der Motor nicht richtig anspringt, weil der Anlasser zu langsam dreht, ist es zweckmäßig, die Batteriespannung zu prüfen, während der Anlasser betätigt wird. Dazu das Voltmeter mit dem roten Kabel (+) an den Batterie-Pluspol und mit dem schwarzen Kabel an Fahrzeugmasse (–) anklemmen. Anschließend durch einen Helfer den Anlasser betätigen lassen und den Spannungswert ablesen. Liegt die Spannung unter ca. 10 Volt (bei einer Batterie-Temperatur von +20° C), muss die Batterie überprüft und eventuell vor den nächsten Startversuchen geladen werden.

Stromstärke messen

Am Auto ist es relativ selten erforderlich, die Stromstärke zu messen. Beispiel, siehe Kapitel »Batterie entlädt sich selbstständig«. Benötigt wird hierzu ein Amperemeter, welches ebenfalls in einem Vielfachmessgerät integriert ist.

Vor der Strommessung wird das Messgerät auf den Messbereich eingestellt, in dem sich die zu messende Stromstärke voraussichtlich befindet. Falls der nicht bekannt ist, höchsten Messbereich einstellen und, falls keine Anzeige erfolgt, nacheinander in die nächst niedrigeren Messbereiche schalten.

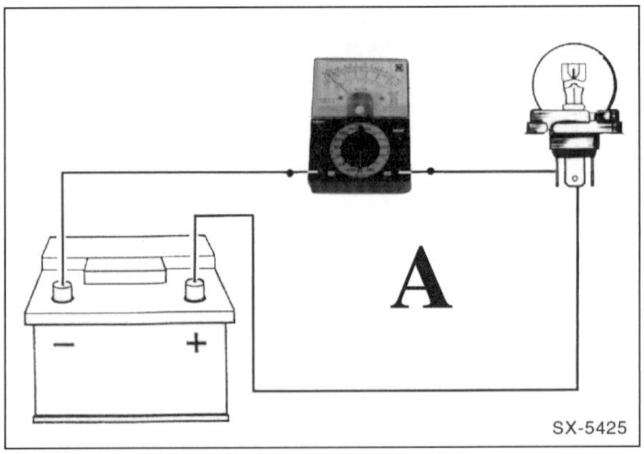

Für die Messung der Stromstärke muss der Stromkreis aufgetrennt werden, das Messgerät (Amperemeter) wird dazwischengeschaltet. Dazu wird beispielsweise der Stecker abgezogen und das rote Kabel (+) des Amperemeters an die Strom führende Leitung angeschlossen. Das schwarze Kabel (–) wird an den Kontakt angelegt, an dem normalerweise die unterbrochene Leitung angeschlossen ist. Die Massekontakte zwischen Verbraucher und Stecker müssen dann mit einem Hilfskabel verbunden werden.

Achtung: Keinesfalls sollte mit einem normalen Amperemeter die Stromstärke in der Leitung zum Anlasser (ca. 150 A) oder zu den Glühkerzen beim Dieselmotor (bis 60 A) gemessen werden. Durch die hierbei auftretenden hohen Ströme kann das Messgerät zerstört werden. Die Werkstatt benutzt für diese Messungen ein Amperemeter mit Gleichstromzange. Dabei wird eine Stromzange über das isolierte Stromkabel geklemmt und der Stromwert durch Induktion gemessen.

Widerstand messen

Vor der Prüfung des Widerstandes darauf achten, dass im Ohmmeter eine volle Batterie eingelegt ist und dass am Bauteil, an welches das Ohmmeter angeschlossen wird, keine Spannung anliegt. Deshalb grundsätzlich immer zuerst die Batterie abklemmen. Andernfalls kann das Messgerät beschädigt werden beziehungsweise die elektrische Anlage.

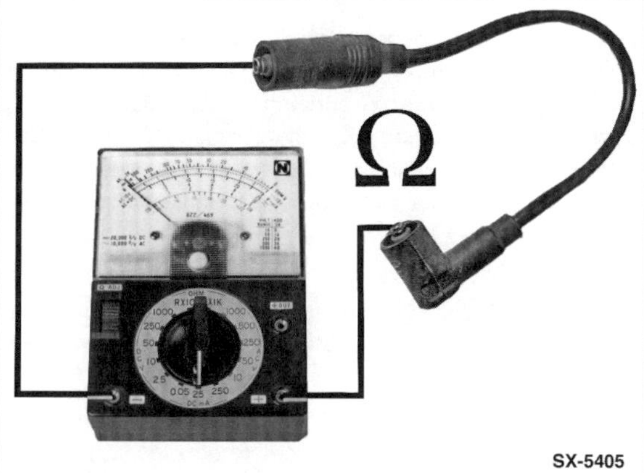

SX-5405

Das Ohmmeter wird an die 2 Anschlüsse eines Verbrauchers oder an die 2 Enden einer elektrischen Leitung angeschlossen. Dabei spielt es keine Rolle, welches Kabel (+/–) des Messgerätes an welchen Kontakt angeklemmt wird. Ausnahme: Widerstandsmessungen an Bauteilen, die Dioden enthalten. Um eine Diode auf Durchgang zu prüfen, muss sie in Durchlassrichtung an das Ohmmeter angeschlossen werden.

Die Widerstandsmessung am Auto erstreckt sich weitgehend auf 2 Bereiche:

1. Kontrolle eines in den Stromkreis integrierten Widerstandes oder Bauteils.

2. »Durchgangsprüfung« einer elektrischen Leitung, eines Schalters oder einer Heizwendel. Dabei wird geprüft, ob eine elektrische Leitung im Fahrzeug unterbrochen ist und deshalb das angeschlossene elektrische Gerät nicht funktioniert. Zur Messung wird das Ohmmeter an die beiden Enden der betreffenden elektrischen Leitung angeschlossen. Beträgt der Widerstand 0 Ω, dann ist »Durchgang« vorhanden. Das heißt, die elektrische Leitung ist in Ordnung. Bei unterbrochener Leitung zeigt das Messgerät ∞ (unendlich) Ω an.

Elektrisches Zubehör nachträglich einbauen

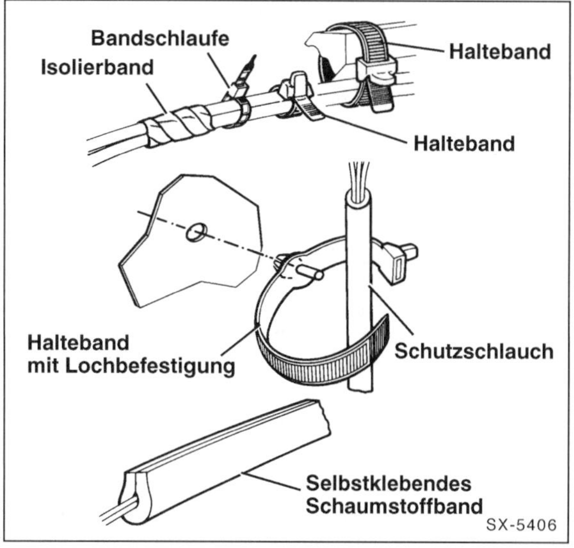

SX-5406

Kabel, die beim Einbau von Zubehör zusätzlich zu dem serienmäßig eingebauten Kabelsatz im Fahrzeug verlegt werden müssen, sind nach Möglichkeit immer entlang der einzelnen Kabelstränge unter Verwendung der vorhandenen Kabelschellen und Gummitüllen zu verlegen.

Falls erforderlich, zum Beispiel um Geräuschen während der Fahrt vorzubeugen und das Scheuern von Kabeln zu vermeiden, sind die neu verlegten Kabel mit Isolierband, plastischer Masse, Kabelbändern und dergleichen zusätzlich festzulegen. Hierbei ist besonders darauf zu achten, dass zwischen den Bremsleitungen und den festverlegten Kabeln ein Mindestabstand von 10 mm sowie zwischen den Bremsleitungen und den Kabeln, die mit dem Motor oder anderen Teilen des Fahrzeuges schwingen, ein Mindestabstand von 25 mm vorliegt.

Beim Bohren von Karosserie-Löchern müssen die Lochränder anschließend entgratet, grundiert und lackiert werden. Die beim Bohren zwangsläufig anfallenden Späne sind restlos aus der Karosserie zu entfernen.

Bei allen Arbeiten, die das elektrische Leitungssystem betreffen, ist grundsätzlich das Massekabel (–) von der Fahrzeugbatterie bei ausgeschalteter Zündung abzuklemmen und zur Seite zu hängen. Damit beugt man der Gefahr von Kurzschlüssen und Überlastungsschäden im Leitungssystem vor.

Achtung: Wird die Batterie abgeklemmt, werden unter Umständen der Fehlerspeicher für Motor- und Automatikgetriebesteuerung, Anti-Blockier-System sowie andere elektrische Geräte wie zum Beispiel das Radio und die Zeituhr stillgelegt, beziehungsweise Speicherwerte gelöscht. Spezielle Hinweise zu diesem Thema stehen im Kapitel »Batterie aus- und einbauen«.

Sofern zusätzliche elektrische Verbraucher eingebaut werden, ist in jedem Fall zu überprüfen, ob die erhöhte Belastung noch von dem vorhandenen Drehstromgenerator mit übernommen werden kann. Falls erforderlich, sollte ein Generator mit größerer Leistung vorgesehen werden.

Fehlersuche in der elektrischen Anlage

Beim Aufspüren eines Defekts in der elektrischen Anlage ist es wichtig, systematisch vorzugehen. Dies gilt sowohl beim Überprüfen von ausgefallenen Glühlampen als auch bei nicht laufenden Elektromotoren.

Der **erste Schritt** ist immer die Überprüfung der Sicherung, sofern das elektrische Bauteil abgesichert ist. Die aktuelle Sicherungsbelegung ergibt sich meist aus dem Aufdruck auf dem Sicherungskastendeckel, siehe auch unter Kapitel »Sicherungen auswechseln«.

Defekte Sicherung gegebenenfalls auswechseln und nach Einschalten des elektrischen Verbrauchers kontrollieren, ob diese nicht unmittelbar danach wieder durchbrennt. In diesem Fall muss zuerst der Fehler aufgespürt und behoben werden. In der Regel handelt es sich um einen Kurzschluss. Das bedeutet, an irgend einer Stelle, mitunter auch intern im elektrischen Gerät, sind Masse- und Plusanschluss überbrückt.

Zweiter Prüfschritt: Wenn bei intakter Sicherung die Glühlampe nicht leuchtet beziehungsweise der Elektromotor nicht anläuft, ist die Stromversorgung zu überprüfen.

Glühlampe prüfen

- Glühlampe ausbauen und sichtprüfen. Ist der Glühfaden durchgebrannt oder sitzt der Glaskolben locker im Sockel, Lampe erneuern.
- Um einwandfrei festzustellen, ob die Glühlampe intakt ist, geht man folgendermaßen vor: Eine Plusleitung (+) und eine Masseleitung (–) direkt an die Pole der Batterie anschließen und mit der Lampe verbinden. Dabei ist es unwichtig, wie die Kabel an die Glühlampe angeschlossen werden. Ein Kabel an den Stromanschluss, das andere an das Glühlampengehäuse. Wenn jetzt die Lampe nicht leuchtet, Glühlampe erneuern. **Hinweis:** Es muss sichergestellt sein, dass die Kontakte an der Glühlampe und in der Glühlampenfassung nicht korrodiert sind. Gegebenenfalls korrodierte oder verbogene Anschlüsse polieren und einwandfreien Kontakt herstellen.
- Ist die Glühlampe intakt, Lampe einsetzen und einschalten. Leuchtet die Glühlampe nicht, mit Prüflampe Stromzuführung überprüfen. Dazu Prüflampe an Masse anlegen. Das bedeutet: Das eine Kabel der Prüflampe muss an eine gute Massestelle am Motor (blankes Metall) oder direkt am Batterie-Minuspol angeschlossen werden. Die andere Prüflampen-Prüfspitze (+) entweder an den Strom führenden Stecker halten oder mit der Prüfspitze in das Strom führende Kabel einstechen. Wenn die Prüflampe jetzt aufleuchtet und die Glühlampe dennoch nicht brennt, ist die Massezuführung zur Glühlampe unterbrochen. Um dies zu überprüfen, Massehilfsleitung an die Glühlampenfassung anlegen. Die Glühlampe muss jetzt leuchten.
- Wenn das Strom führende Kabel zur Glühlampe keine Spannung aufweist, die Prüflampe also nicht aufleuchtet, ist sehr wahrscheinlich der Schalter defekt. Schalter auf Durchgang prüfen, siehe dazu auch Kapitel »Elektrische Schalter auf Durchgang prüfen«.

Elektromotoren prüfen

Im Auto werden immer mehr Funktionen von kleinen Elektromotoren übernommen. Dazu gehören beispielsweise der Fensterheber, das Schiebedach oder die elektrische Zentralverriegelung. Jeder Motor wird bei Bedarf über einen Schalter zugeschaltet, meist von Hand.

- Sicherung des betreffenden Elektromotors prüfen, gegebenenfalls ersetzen.

Hinweis: Elektromotoren vom elektrischen Fensterheber und dem Schiebedach besitzen in der Regel Sicherungsautomaten, die sich bei einer Überlastung ausschalten und nach einiger Zeit wieder zuschalten. Vor einer erneuten Betätigung sollte die Überlastungsursache beseitigt werden. Das können vereiste Scheiben oder verschmutzte Fenster-Führungsschienen sein.

- Brennt die Sicherung gleich wieder durch, liegt ein Kurzschluss vor.
- Um eindeutig zu klären, ob der Defekt im Motor liegt, 2 Hilfskabel (∅ ca. 2 mm) direkt von der Fahrzeugbatterie beziehungsweise von den Plus- und Masseabgriffen im Motorraum an den Elektromotor anlegen, und zwar Pluskabel an den Plusanschluss, Massekabel an Masseanschluss (–). Die Anschluss-Belegung muss im Zweifelsfall anhand eines Stromlaufplans ermittelt werden. Dazu muss der Motor gegebenenfalls ausgebaut werden. Alle elektrischen Motoren im Fahrzeug werden mit Bordspannung (12 bis 14 Volt) versorgt. Funktioniert der Motor jetzt ordnungsgemäß, war die Stromversorgung defekt. **Hinweis:** Ein zu langsam laufender oder aussetzender Elektromotor kann auf abgenutzte Schleifkohlen hinweisen. Wenn möglich, in diesem Fall Schleifkohlen (Bürsten) ersetzen.
- Funktioniert der Motor, feststellen welche Zuleitung am Elektromotor Spannung führt, wenn der Schalter betätigt wird und zuvor die Zündung eingeschaltet wurde.
- Spannungsführendes Kabel am Elektromotor mit Prüflampe prüfen. Da bei Elektromotoren ein großer Strom fließt, kann eine herkömmliche Prüflampe mit Glühlampe genommen werden. Die Prüflampe hat in der Regel spitze Prüfnadeln, mit denen das Anschlusskabel durchstochen werden kann. So lässt sich auf einfache Weise die Spannung prüfen. **Achtung:** Der Scheibenwischermotor hat besondere Klemmenbezeichnungen, siehe entsprechendes Kapitel.
- Liegt keine Spannung am Elektromotor an, ist die Stromversorgung defekt. Fehler in der Zuleitung suchen und beheben. Elektromotoren haben in der Regel aufgrund des hohen Strombedarfs zusätzliche Schaltrelais. Prüfung, siehe entsprechendes Kapitel.
- Wurde kein Fehler gefunden, Schalter prüfen.
- Ist ein Kabel defekt, ist es oft sinnvoller, man legt ein neues Kabel, da es schwierig ist, einen Defekt im Kabel zu lokalisieren.

Elektrischen Schalter auf Durchgang prüfen

Die meisten elektrischen Verbraucher werden über einen von Hand betätigten Schalter ein- und ausgeschaltet. Darüber hinaus gibt es auch Schalter, die automatisch betätigt werden. Zu diesen Schaltern zählen zum Beispiel der Öldruckschalter und der Geber für Bremsflüssigkeitsstand.

Grundsätzlich hat ein Schalter die Aufgabe, den Stromkreis zu schließen und zu unterbrechen. Es gibt Schalter, die die Masseleitung (–) unterbrechen, und Schalter, die die Strom führende Leitung (+) unterbrechen.

Schalter für Lampen und Elektromotoren prüfen

- Betreffenden Schalter ausbauen.
- Einfache Schalter haben nur 2 Anschlüsse. In diesem Fall muss an einem Anschluss immer Spannung (+) anliegen und nach dem Einschalten an der anderen Klemme auch. Es gibt auch Schalter mit mehreren Klemmen. Bei diesen Schaltern anhand des Stromlaufplans feststellen, an welcher Klemme Spannung anliegen muss.
- Mit Prüflampe prüfen, ob am Schalter Spannung anliegt, gegebenenfalls vorher Zündung einschalten. Leuchtet die Prüflampe auf, Schalter betätigen und an der Ausgangsklemme prüfen, ob dort auch Spannung anliegt. Ist das der Fall, dann ist sichergestellt, dass der Schalter funktioniert.
- Wenn an der Eingangsklemme keine Spannung anliegt, liegt eine Unterbrechung in der Leitungs-Zuführung vor. Anhand des Stromlaufplans die Spannungszuführung kontrollieren und gegebenenfalls eine neue Leitung einbauen.

Geberschalter prüfen

Geberschalter sind beispielsweise: Öldruckschalter, Geber für Bremsflüssigkeits- und Kühlmittelstand.

- Durchgangsprüfer (Prüflampe oder Ohmmeter) an der Zu- und Ableitung des Schalters anschließen, dazu Kabel am Schalter abziehen. **Achtung:** Schalter, die im Motorblock eingeschraubt sind, haben in der Regel kein Massekabel, da das Schaltergehäuse über den Motorblock als Massepol dient.
- Am besten eignet sich als Durchgangsprüfer ein Ohmmeter, das auf einen entsprechenden Messbereich eingestellt wird. Bei geschlossenem Schalter muss das Ohmmeter 0 Ω, bei geöffnetem Schalter ∞ Ω (unendlich) anzeigen.
- Zusätzlich sollte die Funktionsfähigkeit der Warnlampe im Kombiinstrument überprüft werden: Bei eingeschalteter Zündung die Zuleitung am Schalter abziehen und an eine Massestelle halten. Die Lampe muss nun aufleuchten.
- Ein Sonderfall ist der Öldruckschalter: Bei stehendem Motor ist der Kontakt geschlossen, so dass bei eingeschalteter Zündung die Warnlampe brennt. Erst bei laufendem Motor und einem gewissen Öldruck öffnet der Schalter und die Lampe erlischt.

Relais prüfen

In vielen Stromkreisen ist ein Relais integriert. Ein Schaltrelais arbeitet wie ein Schalter. Wenn der Verbraucher über den Handschalter eingeschaltet wird, bekommt das Relais den Befehl, den Strom zum Verbraucher durchzuschalten. Man könnte natürlich den Strom auch direkt über den Schalter von der Batterie zum Verbraucher legen. Bei allen Verbrauchern mit hoher Stromaufnahme schaltet man jedoch ein Relais dazwischen, um den Schalter nicht zu überlasten beziehungsweise um kurze Stromwege sicherzustellen.

Schaltrelais prüfen

Beim Einschalten des betreffenden Verbrauchers wird das Relais angesteuert, das heißt durch den Schaltstrom zieht eine Magnetspule im Relaisinnern einen Kontakt an und schließt so den Stromkreis für den »Arbeitsstrom«. Der Arbeitsstrom läuft über das Relais zum Stromverbraucher weiter.

Am einfachsten lässt sich die Funktionsfähigkeit eines Relais prüfen, wenn man es gegen ein intaktes auswechselt. So macht man es auch in der Werkstatt. Da dem Heimwerker jedoch in den seltensten Fällen ein neues Relais sofort zur Verfügung steht, empfiehlt sich folgende Vorgehensweise:

- Relais aus der Halterung herausziehen.
- Zündung und entsprechenden Schalter einschalten.
- Zuerst mit Spannungsprüfer feststellen, ob an der entsprechenden Plus-Klemme (+) im Relaishalter Spannung anliegt. Dazu Spannungsprüfer an Masse (–) anschließen und die andere Kontaktspitze vorsichtig in die Klemme einführen. Wenn die Leuchtdiode des Spannungsprüfers aufleuchtet, ist Spannung vorhanden. Zeigt der Spannungsprüfer keine Spannung an, Unterbrechung vom Batterie-Pluspol (+) zur Klemme anhand des Schaltplanes aufspüren.
- Leitungsbrücke aus einem Stück isoliertem Draht herstellen, die Enden müssen blank sein.
- Mit dieser Brücke im Relaishalter die Plus-Klemme (+), die immer Spannung führt, mit dem Ausgang des Relais-Schließers verbinden. Mit diesem Arbeitsschritt wird das getan, was ein intaktes Relais auch vornimmt. Wo sich die Klemmen im Relaishalter befinden, kann anhand der Kabelfarben und dem Schaltplan ermittelt werden.
- Wenn bei eingesetzter Brücke zum Beispiel das Fernlicht aufleuchtet, ist in der Regel das Relais defekt.
- Wenn das Fernlicht nicht aufleuchtet, klären, ob die Masseverbindung (–) zum Scheinwerfer intakt ist. Dann Unterbrechung in der Leitungsführung von der Relaisklemme zum Hauptscheinwerfer anhand des Schaltplanes aufspüren und beheben.
- Falls erforderlich, neues Relais einsetzen.

Achtung: Falls ein Relais nur zeitweise nicht funktioniert, dann liegt der Defekt in der Regel im Relais. Es bleibt dann ein Kontakt im Relais ab und zu kleben, während das Relais ansonsten einwandfrei funktioniert. Bei Auftreten des Fehlers leicht gegen das Relaisgehäuse klopfen. Wenn das Relais daraufhin durchschaltet, Relais ersetzen.

Fernbedienung im Zündschlüssel: Batterie wechseln

Ausbau

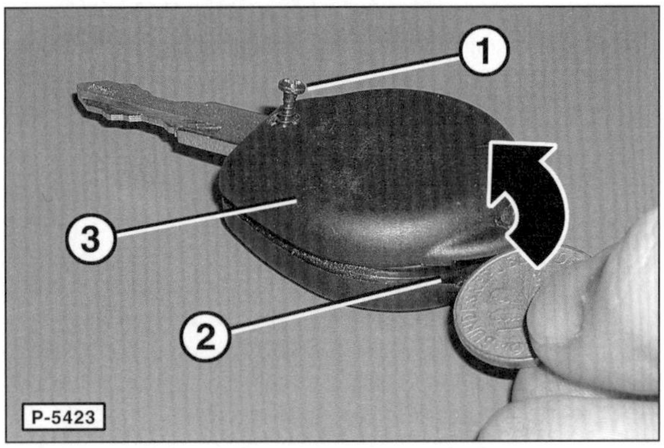

- Schraube –1– herausdrehen.
- Münze in Schlitz an der Öse –2– des Schlüssels einsetzen und Abdeckung –3– aufhebeln –Pfeil–.

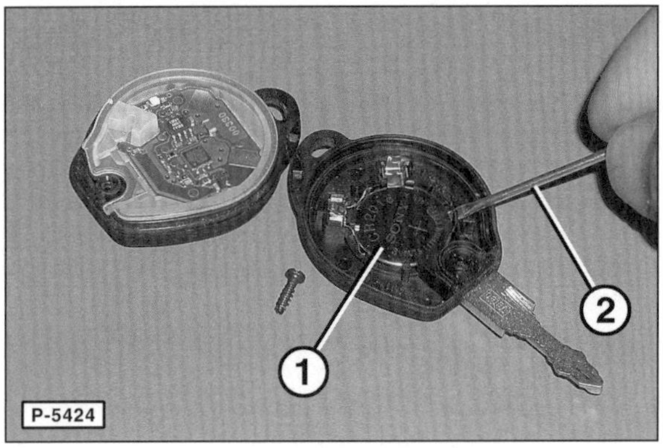

- Batterie –1– mit einem Schraubendreher –2– anheben und aus der Halterung herausnehmen.

Einbau

- Neue Batterie so einsetzen, dass der Pluspol nach oben zeigt. Die Polarität (+/–) ist auf der Batterie gekennzeichnet.
- Abdeckung aufsetzen und Schraube eindrehen.

Hinweis: Bei jedem Druck auf die Fernbedienungstaste des Schlüssels muss das Kontrolllämpchen blinken. Funktioniert die Fernbedienung nach einem Batteriewechsel nicht mehr, muss sie neu aktiviert werden.

- Dazu Fernbedienungstaste mehrere Sekunden lang drücken, bis die Kontrolllampe nicht mehr blinkt.
- Taste loslassen. Das Lämpchen leuchtet ununterbrochen.
- Fernbedienungstaste in Fahrzeugnähe 2-mal drücken.
- Zündung für 3 Sekunden einschalten, danach wieder ausschalten. Nun ist die Fernbedienung betriebsbereit.

Steckverbinder trennen

Achtung: Zum Trennen der Steckverbindung nicht an den Kabeln ziehen, sondern am Stecker selbst. Zuvor Schließsicherung des Steckers lösen.

Steckverbinder im Motorraum

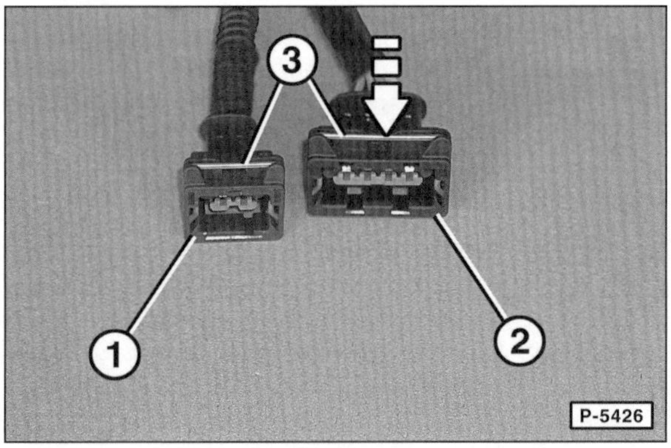

- Steckverbinder-Variante: zum Beispiel 2-polig –1– oder 4-polig –2–. Zum Lösen der Steckverbindung Drahtbügel –3– herunterdrücken –Pfeil–, gleichzeitig am Stecker ziehen und Steckverbindung trennen.

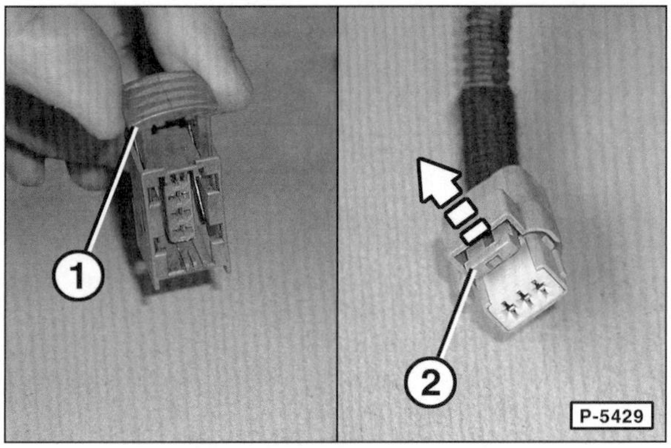

- Zum Lösen der Steckverbindung rote Kunststoffhaube –1– nach oben ziehen beziehungsweise Lasche –2– hochziehen –Pfeil–. Gleichzeitig am Stecker ziehen und Steckverbindung trennen.

Heizbare Heckscheibe prüfen

Bei eingeschalteter Heckscheibenheizung muss das Feld mit den sichtbaren Leiterbahnen nach einiger Zeit frei von Beschlag oder Eis sein.

- Bei Störungen zuerst Sicherung im Sicherungskasten überprüfen.
- Ist die Sicherung in Ordnung, anschließend festen Sitz der Kabelstecker links und rechts an der Heckscheibe überprüfen, gegebenenfalls von Korrosion reinigen.
- Funktioniert die Heckscheibenheizung immer noch nicht, Zuleitungen und Schalter prüfen.

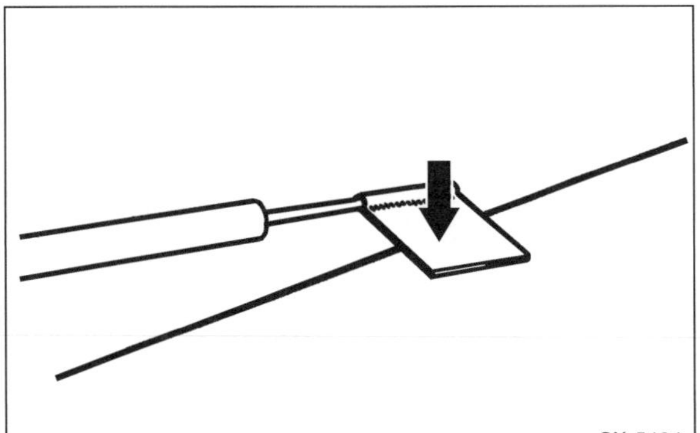

SX-5424

- Heizdraht überprüfen. Spannung zwischen Heizdraht und Anschlussstelle der elektrischen Zuleitung messen. Dazu Prüfspitze des Messgerätes mit einem breiten Stück Stanniol umwickeln und dieses während der Messung auf den Heizdraht drücken.
- Motor starten und Scheibenheizung einschalten.
- Spannung in der Mitte jedes Heizdrahtes messen. Beträgt sie ca. 6 Volt ist der Draht in Ordnung. Beträgt sie ca. 10 Volt oder 0 Volt ist der Draht unterbrochen.
- Durch Schieben der Prüfspitze entlang des Heizdrahtes kann die Bruchstelle ermittelt werden: Dort tritt ein abrupter Spannungswechsel zwischen Null und mehreren Volt auf.

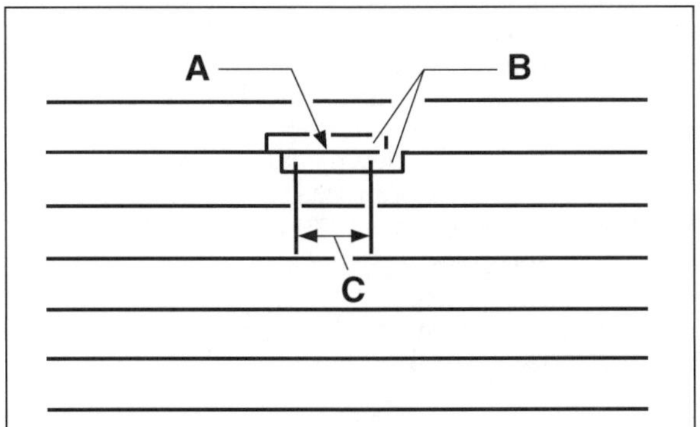

SX-5422

- Sind Heizfäden unterbrochen, hilft handelsüblicher Leitsilberlack zur Wiederherstellung der Verbindung. Dazu beschädigten Bereich reinigen.
- Unterbrochene Stelle –A– von beiden Seiten mit Klebeband –B– abkleben und mit einem kleinen Pinsel Leitsilberlack –C– auftragen.
- Leitsilberlack bei ca. +25° C ca. 24 Stunden trocknen lassen. Es kann auch ein Heißluftfön verwendet werden. Bei +150° C trocknet der Lack in ca. 30 Minuten.

Achtung: Heckscheibenheizung nicht einschalten, bevor der Lack ganz trocken ist. Kein Benzin oder andere Lösungsmittel zum Reinigen des beschädigten Teils verwenden.

Sicherungen auswechseln

Um Kurzschluss- und Überlastungsschäden an den Leitungen und Verbrauchern der elektrischen Anlage zu verhindern, sind die einzelnen Stromkreise durch Schmelzsicherungen geschützt.

Sicherungen und Relais sind in 2 Sicherungskästen untergebracht, die sich unterhalb des Armaturenbretts sowie im Motorraum befinden. Eine Übersicht der aktuellen Sicherungsbelegung befindet sich in der Betriebsanleitung des Fahrzeugs.

- Deckel des Sicherungskastens im Motorraum beziehungsweise untere Armaturenbrett-Abdeckung abnehmen, siehe Seite 250.
- Vor dem Auswechseln einer Sicherung immer alle Stromverbraucher und die Zündung ausschalten.

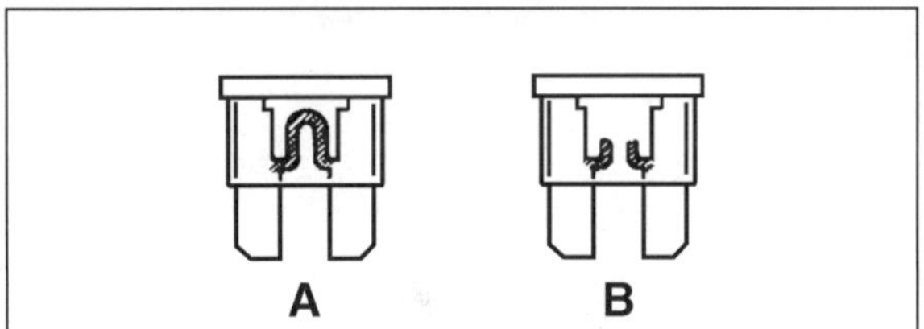

SX-5421

- Eine durchgebrannte Sicherung erkennt man am durchgeschmolzenen Metallstreifen. A – Sicherung in Ordnung, B – Sicherung durchgebrannt.

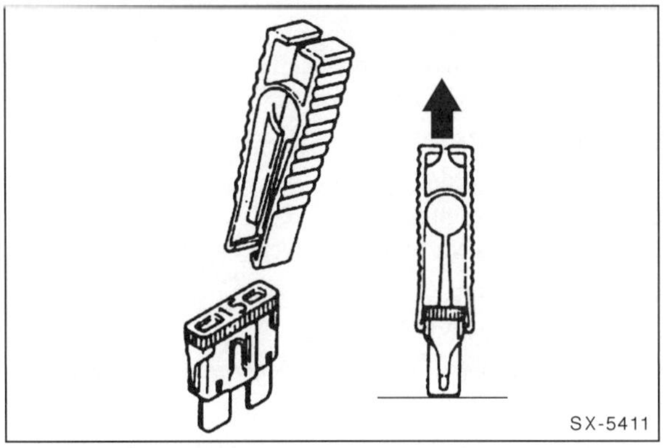

SX-5411

- Defekte Sicherung herausziehen. Dafür gibt es im Zubehörhandel eine geeignete Kunststoffklammer, siehe Abbildung.

- Neue Sicherung **gleicher Sicherungsstärke** einsetzen. Die Nennstromstärke der Sicherung ist auf der Rückseite des Sicherungsgriffes aufgedruckt. Außerdem hat der Griff der Sicherungen eine Kennfarbe, an der ebenfalls die Nennstromstärke zu erkennen ist. **Achtung:** Ab Nennstromstärke 40 A können sich die Kennfarben der Sicherungen wiederholen. Diese Sicherungen sind wesentlich größer und lassen sich nur sehr schwer aus der Halterung herausziehen.

Nennstromstärke in Ampere	Kennfarbe
5	beige
7,5	braun
10	rot
15	blau
20	gelb
25	weiß
30	grün

- Es ist empfehlenswert, stets einige Ersatzsicherungen im Wagen mitzuführen. Im Sicherungskasten 1 unterhalb des Armaturenbretts sind bereits verschiedene Ersatzsicherungen eingesetzt. Diese nach Gebrauch ersetzen.
- Brennt eine neu eingesetzte Sicherung nach kurzer Zeit wieder durch, muss der entsprechende Stromkreis überprüft werden.
- Auf keinen Fall Sicherung durch Draht oder ähnliche Hilfsmittel ersetzen, weil dadurch ernste Schäden an der elektrischen Anlage auftreten können.
- Abdeckung für Sicherungskasten einsetzen.

Sicherungsbelegung

Die Sicherungsbelegung ist je nach Baujahr und Austattung des Fahrzeuges unterschiedlich. Sie steht auch in der Betriebsanleitung des Fahrzeuges. Die Sicherungen sind in 2 Sicherungskästen untergebracht, wovon sich einer im Fahrzeug-Innenraum, der andere im Motorraum befindet.

Sicherungskasten 1

Der Sicherungskasten befindet sich hinter der unteren Armaturenbrett-Abdeckung unterhalb des Lenkrades. Nicht aufgeführte Sicherungs-Nummern sind nicht belegt.

- Verschlussschraube der Abdeckung mit einer Münze um eine Viertelumdrehung drehen.
- Abdeckung durch Zug aus den unteren Clip-Verbindungen lösen.
- Abdeckung aus der oberen Halterung herausziehen und abnehmen.

Sicherungsfeld 1a

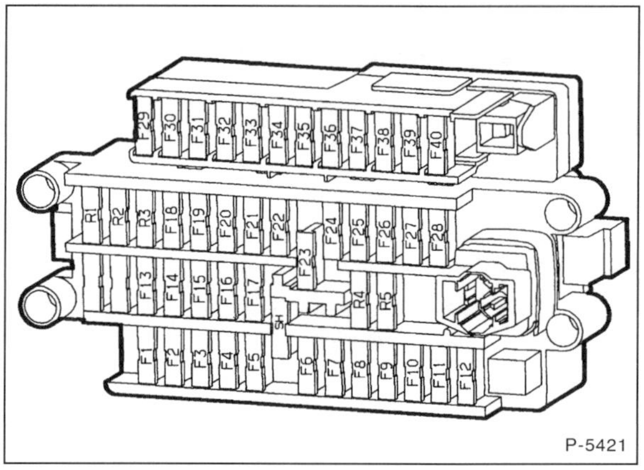

Nr.	Amp.	Verbraucher
F1	SH	Steuerung Gurtstraffer/Airbag-System, Stromversorgung Sicherungskasten 2
F2	5	Kombiinstrument, Navigationssystem
F4	5	Zentralschalteinheit
F6	5	Motorsteuergerät, Wegfahrsperre
F8	10	Steuerung Kühlerlüfter, Kombiinstrument, Warnblinker, Zeituhr oder Display, Innenraumleuchte
F9	5	Zentralschalteinheit
F11	10	Bremsleuchte links, Zusatzbremsleuchte
F12	10	Bremsleuchte rechts
F14	30	Fensterheber hinten
F15	20	Kofferraumleuchte, Stromversorgung Anhängerkupplung
F18	10	Kennzeichenbeleuchtung, Beleuchtung Instrumente und Konsolen-Bedienelemente
F19	5	Nebelschlussleuchte
F22	10	Fensterheber hinten, Beleuchtung Handschuhfach, Lese- und Innenraumleuchte, Zeituhr, Kombiinstrument, Navigationssystem, Regensensor
F23	20	Zigarettenanzünder
F24	15	Autoradio
F25	20	Front- und Heckscheibenwischer
F27	5	Zentralschalteinheit
F29	10/30	Fernlicht links
F30	10	Fernlicht rechts, Kontrollleuchte
F31	10	Abblendlicht links
F32	10	Abblendlicht rechts, Kontrollleuchte
F33	5	Scheinwerfer-Waschanlage
F34	10	Schlussleuchte und Standlicht links
F35	10	Schlussleuchte und Standlicht rechts
F37	5	Steuerung Kühlerlüfter (Klimaanlage)
F38	5	Kühlerlüfter, Druckschalter (Klimaanlage)
F40	20/40	Heizungsgebläse
R1	5	Ersatzsicherung
R2	10	Ersatzsicherung
R3	30	Ersatzsicherung
R4	20	Ersatzsicherung
R5	15	Ersatzsicherung

SH = Brücke

Sicherungsleiste 1b

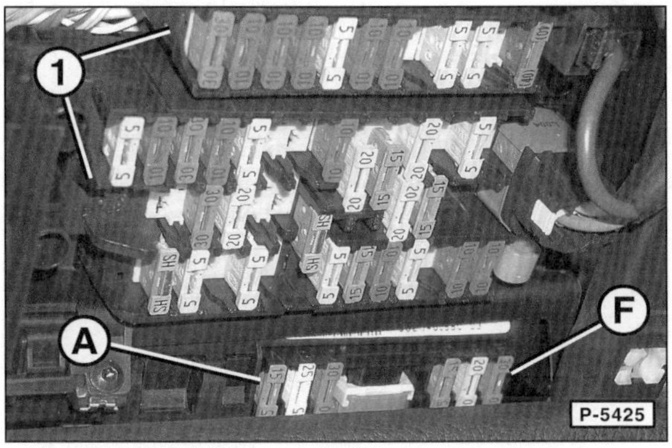

Im Sicherungskasten 1 befindet sich direkt unterhalb des Sicherungsfeldes 1a –1– die Zentralschalteinheit mit einer eigenen Sicherungsleiste 1b mit den Sicherungen –A– bis –F–, von links nach rechts angeordnet.

Nr.	Amp.	Verbraucher
A	15	Blinkleuchten, Warnblinker
B	25	Frontscheibenwischer
C	30	Heckscheiben- und Außenspiegel-Heizung
D	15	Heckscheibenwischer
E	20	Zentralverriegelung
F	30	Fensterheber vorn, Schiebedach, Hebedach

Sicherungskasten 2

Der Sicherungskasten befindet sich im Motorraum auf der linken Seite neben der Batterie. Durch Drücken auf die Halteschen lässt sich der Deckel des Sicherungskastens abnehmen.

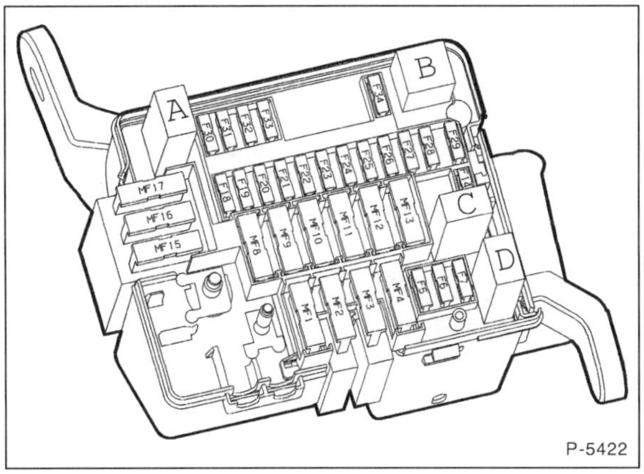

Nr.	Amp.	Verbraucher
MF1	70	Stromversorgung Zentralschalteinheit: Blinker, Heckscheiben-/Außenspiegel-Heizung, Frontscheibenwischer
MF2	40	Kühlerlüfter (Klimaanlage)
MF3	70	Zusatzheizung (2,0-l-Diesel)
F5	20/30	Hupe, Standlicht, Nebelscheinwerfer
F6	10/20	Sitzheizung, Klimaanlage
F7	5/20	Kühlerlüfter
MF8	70	Stromversorgung Sicherungskasten 1a
MF9	50	Stromversorgung Zentralschalteinheit: Fensterheber vorn, Schiebedach, Hebedach, Heckscheibenwischer, Zentralverriegelung
MF10	40	Fernlicht- und Abblendlicht-Leuchten
MF11	60	Stromversorgung Sicherungskasten 1a
MF12	50	Stromversorgung Zündschloss-Schalter
MF13	40	Stromversorgung Zündschloss-Schalter
F14	5/30	Scheinwerfer-Waschanlage, Alarmsirene
MF16	30	ABS
MF17	30	ABS
F18	20	
F21	5	Steuerung Kühlerlüfter, Klimaanlage
F20	15	Leitung führt Plus bei eingeschalteter Zündung
F23	5	ABS-Steuergerät
F24	5	Motorsteuergerät
F25	10	Kraftstoffpumpe
F26	10/30	Motorsteuergerät, Kraftstoffpumpe, Einspritzsystem, Lambdasonde, Abgasregulierung
F27	5/20	Stromversorgung Motorsteuergerät
F28	5	Vorwärmung Drosselklappeneinheit (Benziner)
F29	30	Pumpe Abgasanlage (Benziner)
F30	10	Nebelscheinwerfer rechts
F31	10	Nebelscheinwerfer links
F32	10	Rückfahrleuchte, Drehzahlgeber, Dieselpumpe, Steuergerät Kühlflüssigkeitsstand, Automatik
F33	10	Steuergerät Automatikgetriebe
F34	5/15	Lambdasonde, Magnetventile, Durchflussmessgerät (2,0-l-Diesel)

Batterie aus- und einbauen

Die Batterie befindet sich im Motorraum auf der linken Seite. Sie ist in einem Kunststoffkasten eingesetzt, der mit einem Deckel versehen ist. In dem Kasten ist die Batterie durch einen quer über ihr liegenden Haltesteg gesichert.

Achtung: Durch das Abklemmen der Batterie gehen Daten in den elektronischen Speichern des Fahrzeugs verloren. Beispielsweise die Speicherdaten im Motor-Fehlerspeicher oder die gespeicherten Empfangsfrequenzen des Radios. Falls das eingebaute Radio mit einer Anti-Diebstahl-Codierung versehen ist, Code feststellen und notieren. Ansonsten kann das Radio nur durch die PEUGEOT-Werkstatt oder den Hersteller wieder in Betrieb genommen werden.

Hinweis: Wird die Autobatterie ersetzt, unbedingt die Altbatterie zum Händler mitnehmen und zurückgeben. Sonst muss Pfand für die neue Batterie bezahlt werden .

Ausbau

- Zündung ausschalten. Dadurch werden Schäden an elektronischen Steuergeräten vermieden.
- Motorhaube öffnen. Die Batterie befindet sich auf der Fahrerseite.
- 2 Haltelaschen drücken und Batterie-Abdeckung abnehmen.
- Batteriekabel abklemmen, **zuerst Massekabel**, dann Pluskabel. Das Massekabel ist am Minuspol (–) angeschraubt.

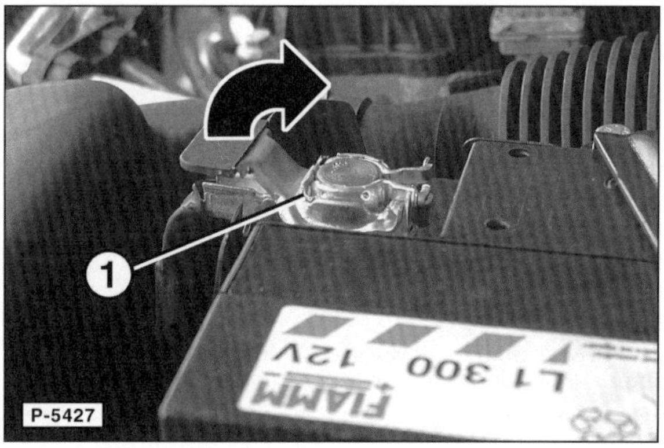

- Das Pluskabel ist durch eine Klemmverbindung –1– an dem Pluspol angeschlossen. Zum Lösen der Klemmverbindung Hebel nach oben ziehen, siehe Pfeil.
- Haltesteg der Batterie mit 2 Schrauben abschrauben und abnehmen.
- Batterie aus dem Kunststoffkasten herausheben.

Einbau

- Vor dem Anklemmen der Batterie sicherstellen, dass die Zündung und alle Stromverbraucher ausgeschaltet sind.
- Batterie in den Kunststoffkasten einsetzen. Darauf achten, dass der Schlauch für die Zentralentgasung, sofern vorhanden, nicht abgeklemmt wird.
- Haltesteg über Batterie legen und mit 2 Schrauben befestigen; vorher die Schrauben mit Schraubensicherungsmittel bestreichen, zum Beispiel LOCTITE 243.
- Pluskabel am Pluspol (+) anklemmen, dazu Hebel der Klemmverbindung herunterdrücken.
- Danach Massekabel am Minuspol (–) anschrauben.

Hinweis: Durch eine falsch angeschlossene Batterie können erhebliche Schäden am Generator und an der elektrischen Anlage entstehen.

Achtung: Nach dem Anklemmen der Batterie darf der Motor erst 10 Sekunden nach Einschalten der Zündung gestartet werden. In dieser Zeit werden die elektronischen Systeme wieder aktiviert.

- Generatorspannung prüfen, siehe Seite 64.

Hinweis: Eine zu hohe Ladespannung des Generators kann die Ursache für den Ausfall der bisherigen Batterie gewesen sein und, falls der Fehler weiter besteht, die neue Batterie schädigen.

- Radiocode eingeben.
- Radio, falls erforderlich, neu programmieren.
- Zeituhr einstellen.

Batterie prüfen

Vor Beginn des Winters sollte die Batterie unbedingt überprüft werden. Bei großer Kälte sinkt die Batteriespannung einer nur mäßig geladenen Batterie während des Anlassvorgangs stark ab.

Wartungsarme Batterie

Bei einer wartungsarmen Batterie fehlen die Verschlussstopfen auf der Batterieoberseite. Kontrollmessungen des Säurestandes oder der Säuredichte entfallen, da keine Flüssigkeit entweicht oder entgast.

In den Fahrzeugen, in denen eine wartungsarme Batterie eingebaut ist, ist an der Batterie ein »magisches Auge« angebracht. Dies ist eine optische Anzeige über Säurestand und Ladezustand der Batterie, was durch unterschiedliche Farbkennung ausgedrückt wird:

- Anzeige **grün**: Batterie ist in gutem Zustand.
- Anzeige **schwarz**: Batterie muss geladen werden.
- Anzeige **blau**: Kritischer Säurezustand. Die wartungsarme Batterie muss ausgetauscht werden.

Herkömmliche Batterie

Eine herkömmliche Batterie ist an den abnehmbaren Verschlussstopfen auf der Batterieoberseite erkennbar. Eine regelmäßige Kontrolle des Säurestands ist erforderlich.

Säurestand prüfen

Der Säurestand muss in den Batteriezellen etwa 5 mm über den Zellen-Elementen liegen. Ist bei manchen Batterien der Säurestand von außen erkennbar, muss dieser zwischen der oberen (MAX) und der unteren (MIN) Marke liegen. Bei Batterien mit einem Kunststoffsteg in den Einfüllöffnungen muss der Flüssigkeitsstand in dessen Höhe liegen.

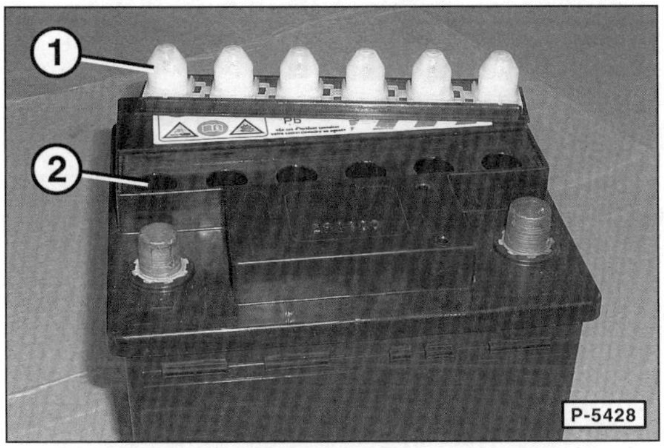

P-5428

- Leiste mit Verschluss-Stopfen –1– mit einem schmalen Schraubendreher vorsichtig anheben und abnehmen.
- Wenn nötig, mit einem Trichter in die Einfüllöffnungen –2– destilliertes Wasser nachfüllen. Wiederholen, bis alle Batteriezellen korrekt gefüllt sind.
- Leiste mit Verschluss-Stopfen wieder aufsetzen.
- Batterie anschließend laden und unter Belastung prüfen, siehe entsprechende Kapitel.

Säuredichte prüfen

Die Säuredichte ergibt in Verbindung mit einer Spannungsmessung genauen Aufschluss über den Ladezustand der Batterie. Zur Prüfung der Säuredichte dient ein Säureheber, der recht preiswert in Fachgeschäften angeboten wird. Die Temperatur der Batteriesäure muss für die Prüfung mindestens +10° C betragen.

- Zündung ausschalten.
- Leiste mit Verschluss-Stopfen mit einem schmalen Schraubendreher vorsichtig anheben und abnehmen.

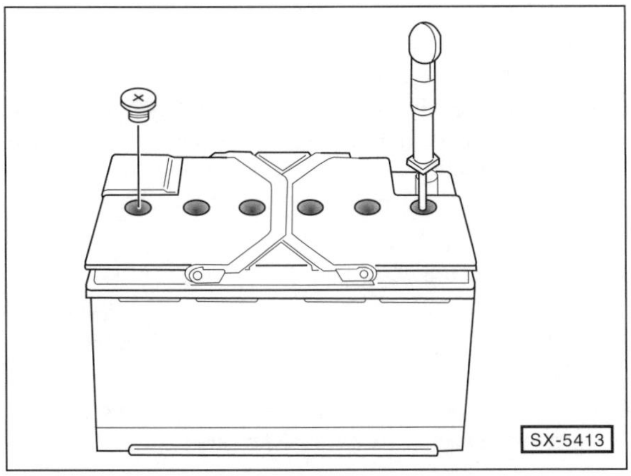
SX-5413

- Säureprüfer, zum Beispiel HAZET-4650-1, in eine der Batteriezellen eintauchen und soviel Säure ansaugen, bis der Schwimmer frei in der Säure schwimmt.
- Je größer das spezifische Gewicht (Säuredichte) der angesaugten Batteriesäure ist, desto mehr taucht der Schwimmer auf.

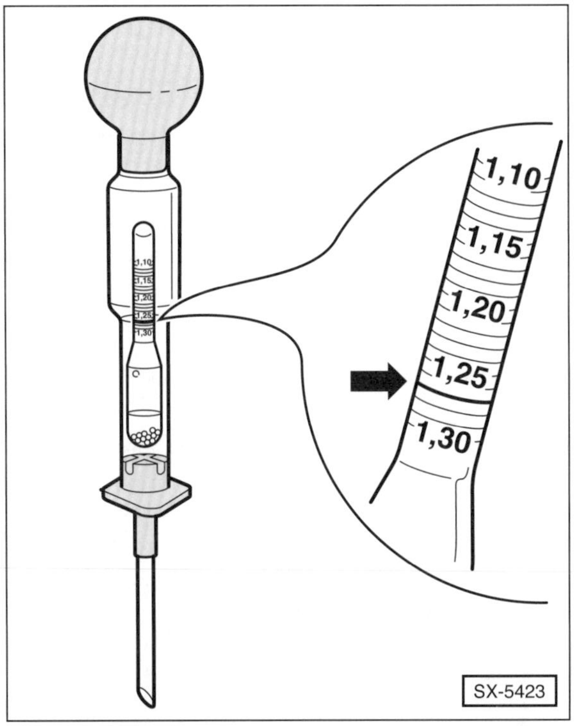

SX-5423

- An der Skala kann man die Säuredichte in spezifischem Gewicht (g/ml) oder Baumégrad (+°Bé) ablesen. Die Säuredichte muss mindestens 1,24 g/ml betragen. Ist die Säuredichte zu gering, Batterie laden.

Ladezustand	+°Bé	g/ml
entladen	16	1,12
halb entladen	24	1,20
gut geladen	30	1,28

- Nacheinander jede Batteriezelle prüfen, alle Zellen müssen die gleiche Säuredichte (maximale Differenz 0,04 g/ml) haben. Bei größeren Differenzen ist die Batterie wahrscheinlich defekt.
- Leiste mit Verschluss-Stopfen wieder aufsetzen.

Herkömmliche und wartungsarme Batterie

Batterie unter Belastung prüfen

- Voltmeter an die Batteriepole anschließen. Anschlusskabel nicht abklemmen.
- Motor starten und Spannung ablesen.
- Während des Startvorganges darf bei einer **vollen** Batterie die Spannung nicht unter 10 Volt (bei einer Säuretemperatur von ca. +20° C) abfallen.
- Bricht die Spannung sogar zusammen und wurde in den Zellen eine unterschiedliche Säuredichte festgestellt, ist die Batterie defekt.

Ruhespannung prüfen

Der Batterie-Zustand wird durch Messen der Spannung mit einem Voltmeter zwischen den Batteriepolen überprüft.

- Batteriepole abklemmen, siehe Kapitel »Batterie aus- und einbauen«.
- Vor der Prüfung muss die Batterie mindestens zwei Stunden abgeklemmt sein.

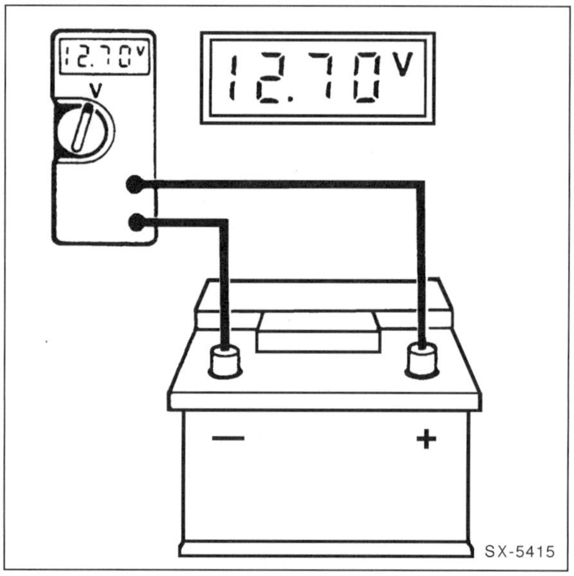

SX-5415

- Voltmeter an die Batteriepole anschließen und Spannung messen.
- **Beurteilung des Spannungsmesswertes:**
  12,5 Volt oder darüber : Batterie in gutem Zustand
  12,4 Volt oder darunter : Batterie in schlechtem Zustand, Batterie laden oder ersetzen
- Batterie anklemmen, siehe Kapitel »Batterie aus- und einbauen«.

Batterie laden

Sicherheitshinweise

- Batterie **nicht** bei laufendem Motor abklemmen.
- Batterie **niemals kurzschließen,** das heißt Plus- (+) und Minuspol (–) dürfen nicht verbunden werden. Bei Kurzschluss erhitzt sich die Batterie und kann platzen.
- Nicht mit offener Flamme in die Batterie leuchten. Batteriesäure ist ätzend und darf nicht in die Augen, auf die Haut oder die Kleidung gelangen, gegebenenfalls mit viel Wasser abspülen.
- Die Verschluss-Stopfen bleiben bei einer Batterie mit Zentralentgasung beim Laden fest eingeschraubt. Sicherstellen, dass der Entgasungsschlauch nicht abgeklemmt ist.
- Gefrorene Batterie vor dem Laden auftauen. Eine geladene Batterie gefriert bei ca. –65° C, eine halbentladene bei ca. –30° C und eine entladene bei ca. –12° C. Aufgetaute Batterie vor dem Laden auf Gehäuserisse prüfen, gegebenenfalls ersetzen.
- Batterie nur in gut belüftetem Raum oder im Freien laden. Beim Laden der eingebauten Batterie Motorhaube geöffnet lassen.

Zum Laden der Batterie mit einem **Normal- oder Schnellladegerät** Batterie ausbauen. Zumindest aber Massekabel (–) sowie Pluskabel (+) abklemmen. **Achtung:** Erfolgt das Laden der Batterie bei angeklemmten Batteriekabeln können Teile der Fahrzeugelektronik beschädigt werden.

Beim Laden muss die Batterie eine Temperatur von mindestens +10° C aufweisen.

Laden

- Batterie ausbauen, siehe entsprechendes Kapitel.
- Herkömmliche Batterie: Säurestand prüfen, gegebenenfalls destilliertes Wasser nachfüllen, siehe entsprechendes Kapitel.
- Falls am Ladegerät der Ladestrom eingestellt werden kann, Ladestrom für Normalladung auf ca. 10 % der Batteriekapazität einstellen. Bei einer 50-Ah-Batterie also etwa 5,0 A. Als Richtwert für die Ladezeit können dann 10 Stunden genommen werden.
- **Bei ausgeschaltetem Ladegerät** Pluskabel (+) des Ladegerätes an den Pluspol (+) der Batterie anschließen. Minuskabel (–) des Ladegerätes mit dem Minuspol (–) der Batterie verbinden.
- Netzstecker des Ladegerätes in die Steckdose stecken. Falls erforderlich, Ladegerät einschalten.
- Wird die Batterie mit einem konstanten Ladestrom geladen, Temperatur der Batterie durch Auflegen der Hand prüfen. Die Säuretemperatur darf während des Ladens ca. +55° C nicht überschreiten, gegebenenfalls Ladung unterbrechen oder Ladestrom herabsetzen.

- Nach dem Laden der Batterie Ladegerät ausschalten (wenn möglich) und Netzstecker des Ladegerätes ziehen.
- Anschlusskabel des Ladegerätes von der Batterie abklemmen.
- Geladene Batterie prüfen, siehe entsprechendes Kapitel.
- Batterie einbauen, siehe entsprechendes Kapitel.

Hinweise für Batterien ohne Zentralentgasung

- Vor dem Laden Verschluss-Stopfen abnehmen und leicht auf die Öffnungen legen. Dadurch werden Säurespritzer aus den Einfüllöffnungen heraus vermieden, während die beim Laden entstehenden Gase entweichen können.
- So lange laden, bis alle Zellen lebhaft gasen und bei drei im Abstand von je einer Stunde aufeinander folgenden Messungen das spezifische Gewicht der Säure und die Spannung nicht mehr angestiegen sind.
- Nach dem Laden Batterie ca. 20 Minuten ausgasen lassen. Dann Verschlussstopfen einsetzen.

Tiefentladene und sulfatierte Batterie laden

Eine Batterie, die längere Zeit unbenutzt war (z.B. Fahrzeug stillgelegt), entlädt sich allmählich selbst und sulfatiert.

Wenn die Ruhespannung der Batterie unter 11,6 Volt liegt, bezeichnet man sie als tiefentladen. Ruhespannung prüfen, siehe unter »Batterie prüfen«.

Bei einer tiefentladenen Batterie besteht die Batteriesäure (Schwefelsäure-Wassergemisch) fast nur noch aus Wasser. **Achtung:** Bei Minustemperaturen kann diese Batterie einfrieren und das Gehäuse kann dann platzen.

Eine tiefentladene Batterie sulfatiert, das heißt die gesamte Plattenoberfläche der Batterie verhärtet. Die Batteriesäure ist dann nicht klar, sie hat eine schwach weißliche Einfärbung.

Wenn die tiefentladene Batterie unmittelbar nach der Entladung wieder geladen wird, bildet sich die Sulfatierung wieder zurück. Andernfalls verhärten die Batterieplatten weiter und die Ladungsaufnahme bleibt dauernd eingeschränkt.

- Eine tiefentladene und sulfatierte Batterie muss mit einem geringen Ladestrom von ca. 5 % der Batteriekapazität geladen werden. Der Ladestrom beträgt dann beispielsweise bei einer 60 Ah-Batterie ca. 3 A.
- Die Ladespannung darf maximal 14,4 Volt betragen.

Achtung: Eine tiefentladene Batterie darf keinesfalls mit einem Schnellladegerät geladen werden.

Schnellladen/Starthilfe

- Mit einem Schnellladegerät darf die Batterie nur ausnahmsweise geladen beziehungsweise durch Starthilfe belastet werden. Beim Schnellladen beträgt die Stromstärke des Ladestroms 20 % und mehr von der Batteriekapazität. Durch Schnellladen wird die Batterie geschädigt, da sie kurzfristig einer sehr hohen Stromstärke ausgesetzt wird. Länger gelagerte und tiefentladene Batterien sollten nicht mit einem Schnellladegerät aufgeladen werden, da es sonst zur so genannten Oberflächenladung kommt.

Batteriepole reinigen

Batteriepole auf Korrosion überprüfen. Korrosion an den Batteriepolen zeigt sich in Form von weißen oder gelblichen pulverartigen Ablagerungen an den Polen.

- Batterie ausbauen, siehe entsprechendes Kapitel.
- Zur Entfernung von Korrosion Batteriepole mit einer Lösung aus Wasser und Soda bestreichen. Es kommt zu einer chemischen Reaktion mit Blasenbildung und einer braunen Verfärbung an den Polen.
- Gegebenenfalls Batteriepole mit einem Polreiniger oder einer Drahtbürste von Korrosionsrückständen reinigen.
- Nach Abklingen dieser Reaktion Batteriepole und Batterie mit klarem Wasser abwaschen und Batterie abtrocknen.
- Batterie einbauen, siehe entsprechendes Kapitel.
- Batterie-Pluskabel (+) und Batterie-Massekabel (–) bei ausgeschalteter Zündung anklemmen. Anschließend Anschlussklemmen und Batteriepole mit Polfett oder etwas Vaseline dünn einfetten, um Korrsion zu vermeiden. **Achtung:** Pole **nicht vor** Anklemmen der Kabel fetten.

Batterie lagern

Wird das Fahrzeug länger als 2 Monate stillgelegt, Batterie ausbauen und im aufgeladenen Zustand lagern. Die günstigste Lagertemperatur liegt zwischen 0° C und +27° C. Bei diesen Temperaturen hat die Batterie die günstigste Selbstentladungsrate. Spätestens nach 2 Monaten Batterie erneut aufladen, da sie sonst unbrauchbar wird.

Wenn eine über längere Zeit gelagerte Batterie mit einem Schnellladegerät geladen wird, nimmt sie unter Umständen keinen Ladestrom auf oder wird durch sogenannte Oberflächenladung zu früh als »voll« ausgewiesen. Sie ist anscheinend defekt.

Bevor solch eine Batterie als defekt angesehen wird, ist sie folgendermaßen zu prüfen:

- Säuredichte prüfen. Weicht die Säuredichte in allen Zellen nicht mehr als 0,04 g/ml voneinander ab, so ist die Batterie mit einem Normalladegerät zu laden.
- Batterie nach der Ladung durch eine Belastungsprüfung testen, siehe entsprechendes Kapitel. Die Werkstatt verwendet dazu spezielle Prüfgeräte. Bei einem Spannungswert unter ca. 9,6 Volt ist die Batterie defekt.
- Weicht die Säuredichte in einer oder in zwei benachbarten Zellen merklich nach unten ab (zum Beispiel 5 Zellen zeigen 1,16 g/ml und eine Zelle 1,08), hat die Batterie einen Kurzschluss und ist defekt.
- Tiefentladene und sulfatierte Batterie laden, siehe entsprechendes Kapitel.

Batterie entlädt sich selbstständig

Je nach Fahrzeugausstattung addiert sich zur natürlichen Selbstentladung der Batterie auch die Stromaufnahme der verschiedenen Stromverbraucher im Ruhezustand. Daher sollte die Batterie in einem abgestellten Fahrzeug alle 6 Wochen nachgeladen werden. Wenn der Verdacht auf Kriechströme besteht, Bordnetz nach folgender Anleitung prüfen:

- Zur Prüfung eine geladene Batterie verwenden.

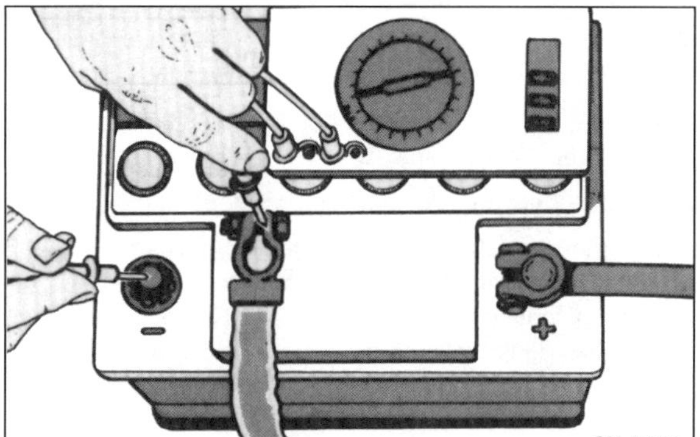

SX-5404

- Am Amperemeter den höchsten Messbereich einstellen.
- Batterie-Massekabel (–) bei ausgeschalteter Zündung abklemmen. **Achtung:** Falls das eingebaute Radio einen Diebstahlcode besitzt, wird dieser beim Abklemmen der Batterie gelöscht. Das Radio kann nur durch die Eingabe des richtigen Codes, durch die PEUGEOT-Werkstatt oder durch den Radio-Hersteller wieder in Betrieb genommen werden. Vor dem Abklemmen daher unbedingt den Diebstahlcode ermitteln.
- Amperemeter zwischen Batterie-Minuspol (–) und Massekabel schalten: Amperemeter-Plus-Anschluss (+) an Massekabel und Minus-Anschluss (–) an Batterie-Minuspol (–).

Achtung: Die Prüfung kann auch mit einer Prüflampe durchgeführt werden. Leuchtet die Lampe zwischen Massekabel und Minuspol der Batterie jedoch nicht auf, ist auf jeden Fall ein Amperemeter zu verwenden.

- Alle Verbraucher ausschalten, vorhandene Zeituhr (und andere Dauerverbraucher) abklemmen, Türen schließen.
- Vom Amperebereich solange auf den Milliamperebereich zurückschalten bis eine ablesbare Anzeige erfolgt (1–3 mA sind zulässig).
- Durch Herausnehmen der Sicherungen nacheinander die verschiedenen Stromkreise unterbrechen. Geht bei einem unterbrochenen Stromkreis die Anzeige auf Null zurück, ist hier die Fehlerquelle zu suchen.
- Fehler können sein: korrodierte und verschmutzte Kontakte, durchgescheuerte Leitungen, interner Kurzschluss in Aggregaten.
- Wird in den abgesicherten Stromkreisen kein Fehler gefunden, so sind die Leitungen an den nicht abgesicherten Aggregaten, wie Generator und Anlasser, abzuziehen.
- Geht beim Abklemmen von einem der ungesicherten Aggregate die Anzeige auf Null zurück, betreffendes Bauteil überholen oder austauschen. Bei Stromverlust in der Anlasser- oder Zündanlage immer auch den Zünd-Anlassschalter nach Schaltplan prüfen.
- Batterie-Massekabel (–) bei ausgeschalteter Zündung anklemmen. **Nach Anklemmen der Batterie darf der Motor erst 10 Sekunden nach Einschalten der Zündung gestartet werden.** In dieser Zeit werden die elektronischen Systeme wieder aktiviert. Diebstahlcode für das Autoradio eingeben und Zeituhr einstellen.

Störungsdiagnose Batterie

Störung	Ursache	Abhilfe
Abgegebene Leistung ist zu gering, Spannung fällt stark ab.	Batterie entladen.	■ Batterie nachladen.
	Ladespannung zu niedrig.	■ Spannungsregler prüfen, ggf. austauschen.
	Anschlussklemmen lose oder oxydiert.	■ Anschlussklemmen reinigen, Klemmenschrauben anziehen. Anschließend Klemmen mit Säureschutzfett oder Vaseline leicht einfetten.
	Masseverbindungen Batterie-Motor-Karosserie sind schlecht.	■ Masseverbindung überprüfen, ggf. metallische Verbindungen herstellen oder Schraubverbindungen festziehen. Korrodierte Schrauben durch verzinnte ersetzen.
	Zu große Selbstentladung der Batterie.	■ Batterie austauschen.
	Batterie sulfatiert.	■ Batterie mit geringer Stromstärke laden. Falls die abgegebene Leistung immer noch zu gering ist, Batterie austauschen.
	Batterie verbraucht, aktive Masse der Platten ausgefallen.	■ Batterie austauschen.
Nicht ausreichende Ladung der Batterie.	Fehler an Generator, Spannungsregler oder Leitungsanschlüssen.	■ Generator und Spannungsregler überprüfen, gegebenenfalls Generator austauschen.
	Keilrippenriemen locker, Spannvorrichtung defekt.	■ Spannvorrichtung prüfen, ggf. Keilrippenriemen ersetzen.
	Zu viele Verbraucher angeschlossen.	■ Stärkere Batterie einbauen; evtl. auch leistungsstärkeren Generator verwenden.
Säurestand zu niedrig.*)	Überladung oder Verdunstung, besonders im Sommer.	■ Bei geladener Batterie, destilliertes Wasser bis zur vorgeschriebenen Höhe nachfüllen.
Säuredichte zu niedrig.*)	Batterie entladen.	■ Batterie laden.
	Kurzschluss im Leitungsnetz.	■ Elektrische Anlage überprüfen.
Säuredichte in einer Zelle deutlich niedriger als in den übrigen Zellen.*)	Kurzschluss in einer Zelle.	■ Batterie austauschen.
Säuredichte in zwei benachbarten Zellen deutlich niedriger als in den übrigen Zellen.*)	Zellen-Trennwand undicht, so dass eine leitende Verbindung zwischen den Zellen entsteht und sich die Zellen entladen.	■ Batterie austauschen.
Frischluft bzw. Heizluft riecht nach faulen Eiern. Batterie gast kurz nach Abstellen des Motors sehr stark.	Spannungsregler am Generator defekt. Batterie wird zu stark geladen und beginnt zu gasen. Dabei bildet sich Schwefelwasserstoff (H_2S).	■ Ladespannung bzw. Spannungsregler des Generators prüfen, ggf. Spannungsregler ersetzen.

*) Diese Punkte gelten nur für die herkömmliche Batterie.

Generator/Lichtmaschine/ Sicherheitshinweise

Das Fahrzeug ist mit einem Drehstromgenerator ausgerüstet. Je nach Modell und Ausstattung können Generatoren mit unterschiedlichen Leistungen eingebaut sein. So sind zum Beispiel die Generatoren, die in Fahrzeugen mit Dieselmotor verwendet werden, doppelt so leistungsstark wie die in den Fahrzeugen mit Benzinmotor. **Achtung:** Wenn nachträglich elektrisches Zubehör mit hohem Stromverbrauch in das Fahrzeug eingebaut wird, sollte überprüft werden, ob die bisherige Generatorleistung noch ausreicht; gegebenenfalls stärkeren Generator einbauen.

Der vom Generator erzeugte Drehstrom wird durch die Dioden eines Gleichrichters in Gleichstrom umgewandelt, durch den die Batterie geladen wird. Der Regler verändert den Ladestrom, so dass die Betriebsspannung unabhängig von der Drehzahl konstant bei ca. 14 Volt gehalten wird.

Achtung: Den Generator gibt es als Austauschteil. Ein defekter Generator wird bei Kauf eines überholten oder neuen Generators vom Hersteller in Zahlung genommen. Alten Generator daher zum Händler mitnehmen.

Sicherheitshinweise

Bei Arbeiten an der elektrischen Anlage im Motorraum grundsätzlich das Batterie-Massekabel (–) abklemmen. **Achtung:** Dadurch werden elektronische Speicher gelöscht, wie zum Beispiel der Radiocode. Vor dem Abklemmen der Batterie sollten die Hinweise im Kapitel »Batterie aus- und einbauen« durchgelesen werden.

- Batterie oder Spannungsregler **nicht** bei laufendem Motor abklemmen.
- Generator **nicht** bei angeschlossener Batterie ausbauen.
- Beim Elektroschweißen Batterie grundsätzlich abklemmen.

Generatorspannung prüfen

- Voltmeter zwischen Plus- und Minuspol der Batterie anschließen.
- Motor starten. Die Spannung darf beim Startvorgang bis etwa 8 Volt (bei +20° C Außentemperatur) absinken.
- Motordrehzahl auf 3.000/min erhöhen. Die Spannung soll dann 13,5 bis 14,5 Volt betragen. Dies ist ein Beweis, dass Generator und Regler arbeiten. Die Generatorspannung (Bordspannung) muss höher als die Batteriespannung sein, damit die Batterie im Fahrbetrieb wieder aufgeladen wird.
- Regelstabilität prüfen. Dazu Fernlicht einschalten und Messung bei 3.000/min wiederholen. Die gemessene Spannung darf nicht mehr als 0,4 Volt über dem vorher gemessenen Wert liegen.
- Liegen die gemessenen Werte außerhalb der Sollwerte, Generator von Fachwerkstatt überprüfen lassen.

Generator aus- und einbauen

Ausbau

- Batterie-Massekabel (–) bei ausgeschalteter Zündung abklemmen. **Achtung:** Falls das eingebaute Radio einen Diebstahlcode besitzt, wird dieser beim Abklemmen der Batterie gelöscht. Das Radio kann nur durch die Eingabe des richtigen Codes, durch die PEUGEOT-Werkstatt oder durch den Radio-Hersteller wieder in Betrieb genommen werden. Vor dem Abklemmen daher unbedingt den Diebstahlcode ermitteln.
- Stellung des rechten Vorderrads zur Radnabe mit Farbe kennzeichnen. Dadurch kann das ausgewuchtete Rad wieder in derselben Position montiert werden. Radschrauben lösen, dabei muss das Fahrzeug auf dem Boden stehen. Fahrzeug vorn aufbocken und rechtes Vorderrad abnehmen.
- Innenkotflügel vorn rechts ausbauen, siehe Seite 261.
- **Fahrzeuge mit Dieselmotor:** Untere Motorabdeckung ausbauen, siehe Seite 164.
- Keilriemen entspannen und abnehmen, siehe Seite 191.

Fahrzeuge mit Klimaanlage

- Anschlusssstecker vom Klimakompressor abziehen.

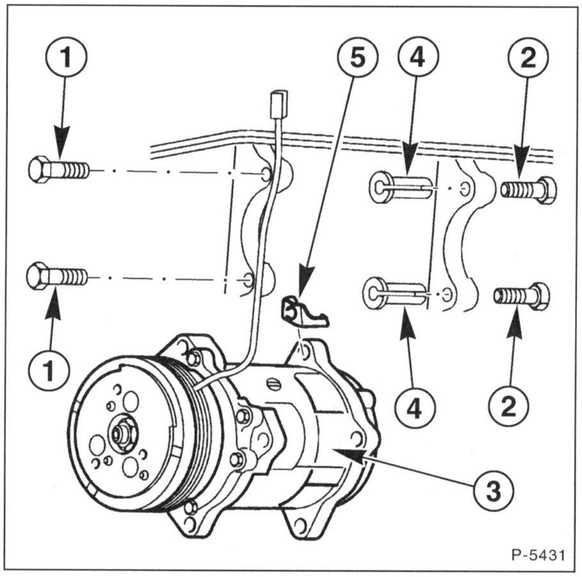

- 4 Befestigungsschrauben –1–, –2– von unten herausdrehen und Klimakompressor –3– vom Motorblock lösen. Dabei Distanzstücke –4– und obere Verdrehsicherungsmutter –5– nicht verlieren.

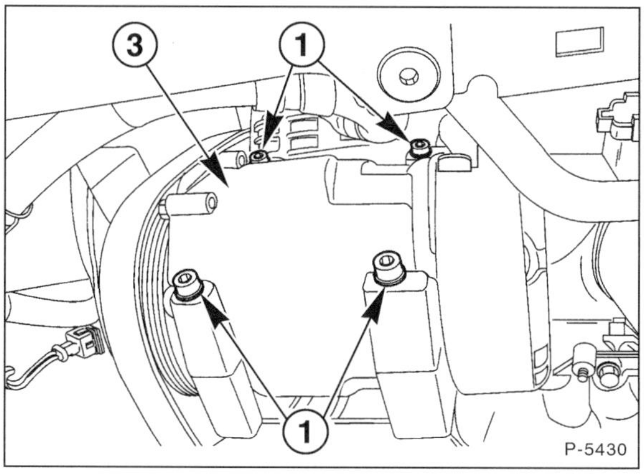

- **2,0-l-Benzinmotor:** 4 Inbusschrauben –1– von unten herausdrehen und Klimakompressor –3– vom Motorblock lösen.
- Klimakompressor mit angeschlossenen Schläuchen nach unten abnehmen und sicher aufhängen. Darauf achten, dass die Kältemittelschläuche nicht geknickt und beschädigt werden.

Alle Fahrzeuge

- Dicke (B+)- und dünne (D+)-Leitung vom Generator abklemmen.

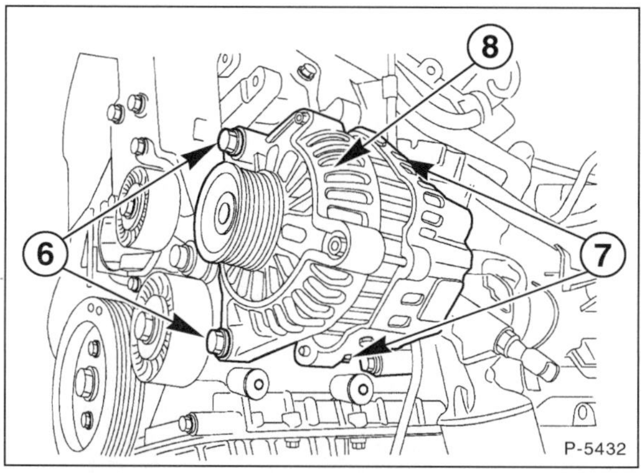

- 2 Befestigungsschrauben –6– auf der Keilriemenseite des Generators –8– herausdrehen.
- Je nach Fahrzeugmodell 1 oder 2 Befestigungsschrauben –7– auf der Ölfilterseite herausdrehen. Dabei eventuell eingebaute Distanzstücke nicht verlieren.
- **2,0-l-Benzinmotor:** 2 Befestigungsschrauben –7– auf der Ölfilterseite nur lösen, nicht herausziehen.

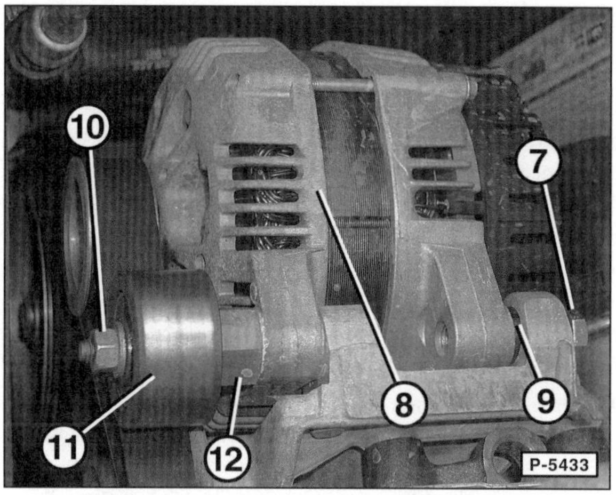

- **2,0-l-Dieselmotor:** An der unteren Befestigungsschraube –12– ist auf einem aufgestecktem Bolzen eine Führungsrolle –11– angebracht, die als erstes abgenommen werden muss. Dazu Mutter –10– abschrauben und Führungsrolle vom Bolzen ziehen. Anschließend dicke Befestigungsschraube –12– herausdrehen. 7 – Befestigungsschraube auf der Ölfilterseite, 9 – Distanzhülse.
- Generator –8– vom Motorblock lösen und nach unten aus dem Motorraum herausnehmen.

Einbau

- Generator –8– von unten an den Motorblock ansetzen und auf der Keilriemenseite mit 2 Schrauben –6– befestigen.
- **2,0-l-Dieselmotor:** Dicke Befestigungsschraube –12– eindrehen.

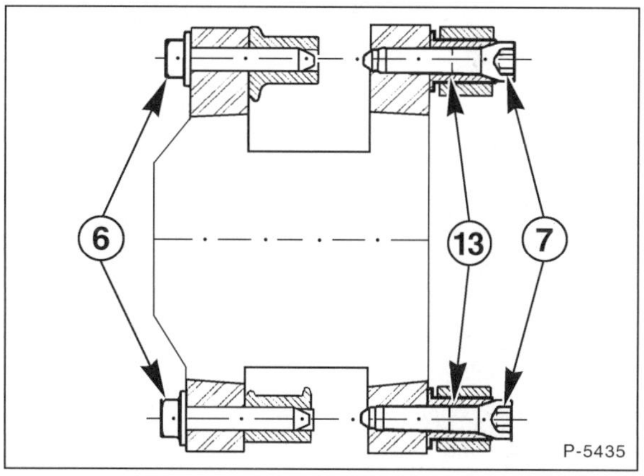

- Auf der Ölfilterseite des Generators je nach Fahrzeugmodell Distanzstücke –13– einsetzen und 1 oder 2 Befestigungsschrauben –7– eindrehen.
- Zuerst Befestigungsschrauben –6– auf der Keilriemenseite des Generators mit **45 Nm** festziehen.
- **2,0-l-Dieselmotor:** Dicke Befestigungsschraube –12– festziehen.

- Auf der Ölfilterseite des Generators je nach Fahrzeugmodell 1 oder 2 Befestigungsschrauben –7– mit **40 Nm** festziehen. **Achtung:** Wenn Distanzstücke –13– eingesetzt sind, die Schrauben mit **30 Nm** festziehen.
- **2,0-l-Dieselmotor:** Führungsrolle –11– auf den Bolzen stecken und mit Mutter –10– sichern. Mutter mit **40 Nm** festziehen. Sicherstellen, dass sich die Führungsrolle ohne Spiel und leichtgängig dreht.
- Dicke (B+)- und dünne (D+)-Leitung am Generator anklemmen.

Fahrzeuge mit Klimaanlage

- Klimakompressor mit angeschlossenen Schläuchen von unten an den Motorblock ansetzen und 4 Befestigungsschrauben eindrehen. Dabei auf der Ölfilterseite des Kompressors je nach Fahrzeugmodell Distanzstücke –4– und obere Verdrehsicherungsmutter –5– einsetzen, siehe Abbildung P-5431.

- Zuerst die Befestigungsschrauben –1– auf der Keilriemenseite des Kompressors –3– mit **45 Nm** festziehen. Anschließend die Befestigungsschrauben –2– auf der Ölfilterseite mit **40 Nm** festziehen.
- **2,0-l-Benzinmotor:** 4 Inbusschrauben mit **20 Nm** festziehen, siehe Abbildung P-5430.
- Anschlussstecker am Klimakompressor anklemmen.

Alle Fahrzeuge

- Keilriemen auf Verschleiß prüfen, gegebenenfalls ersetzen und über die Antriebsrollen auflegen – zuletzt über die Spannrolle.
- Keilriemen spannen, siehe Seite 191.
- **Fahrzeuge mit Dieselmotor:** Untere Motorabdeckung einbauen, siehe Seite 164.
- Innenkotflügel einbauen, siehe Seite 261.
- Rechtes Vorderrad so ansetzen, dass die beim Ausbau angebrachten Markierungen übereinstimmen. Vorher Zentriersitz der Felge an der Radnabe mit Wälzlagerfett dünn einfetten. Radschrauben **nicht** fetten oder ölen. Schrauben mit korrodiertem Gewinde erneuern. Rad anschrauben. Fahrzeug ablassen und Radschrauben über Kreuz mit **90 Nm** festziehen.
- Batterie-Massekabel (–) bei ausgeschalteter Zündung anklemmen. **Nach Anklemmen der Batterie darf der Motor erst 10 Sekunden nach Einschalten der Zündung gestartet werden.** In dieser Zeit werden die elektronischen Systeme wieder aktiviert. Diebstahlcode für das Autoradio eingeben und Zeituhr einstellen.

Störungsdiagnose Generator

Störung	Ursache	Abhilfe
Ladekontrolllampe brennt nicht bei eingeschalteter Zündung.	Batterie leer.	■ Laden.
	Anschlusskabel an der Batterie locker oder korrodiert.	■ Kabel auf festen Sitz prüfen, Anschlüsse reinigen.
	Kabel am Generator locker oder korrodiert.	■ Kabel auf einwandfreien Kontakt prüfen, Schraube festziehen.
	Kontrolllampe durchgebrannt.	■ Ersetzen.
	Regler defekt.	■ Regler prüfen lassen, ggf. austauschen.
	Unterbrechung in der Leitungsführung zwischen Generator, Zündschloss und Kontrolllampe.	■ Mit Ohmmeter nach Schaltplan untersuchen. Leitung gegebenenfalls reparieren bzw. ersetzen.
	Kohlebürsten liegen nicht auf dem Schleifring auf.	■ Freigängigkeit der Kohlebürsten und Mindestlänge prüfen lassen. Anpresskraft der Bürstenfedern prüfen lassen.
Ladekontrolllampe erlischt nicht bei Drehzahlsteigerung.	Keilriemen locker, Riemen rutscht durch.	■ Keilriemen prüfen, Spannvorrichtung prüfen, gegebenenfalls ersetzen.
	Spannungsregler/Generator defekt.	■ (B+)-Leitung an der Generatorrückseite abschrauben und Zündung einschalten. Wenn die Kontrolllampe jetzt nicht aufleuchtet, liegt in der Regel ein Fehler im Spannungsregler oder im Generator vor; prüfen lassen, ggf. austauschen
	Kohlebürsten im Spannungsregler abgenutzt.	■ Kohlebürsten prüfen lassen, ggf. austauschen.
	Verkabelung schadhaft oder locker.	■ Verkabelung überprüfen, ggf. instandsetzen.
Frischluft bzw. Heizluft riecht nach faulen Eiern. Batterie gast kurz nach Abstellen des Motors sehr stark.	Spannungsregler am Generator defekt. Batterie wird zu stark geladen und beginnt zu gasen. Dabei bildet sich Schwefelwasserstoff (H_2S).	■ Ladespannung bzw. Spannungsregler des Generators prüfen, ggf. Spannungsregler ersetzen.

Anlasser aus- und einbauen

Zum Starten des Verbrennungsmotors ist ein elektrischer Motor, der Anlasser, erforderlich. Damit der Motor überhaupt anspringen kann, muss der Anlasser den Verbrennungsmotor auf eine Drehzahl von mindestens 300 Umdrehungen in der Minute beschleunigen. Das funktioniert aber nur, wenn der Anlasser einwandfrei arbeitet und die Batterie hinreichend geladen ist.

Da zum Starten eine hohe Stromaufnahme erforderlich ist, ist im Rahmen der Wartung auf eine einwandfreie Kabelverbindung zu achten. Korrodierte Anschlüsse säubern und mit Polschutzfett einstreichen.

Je nach Motorisierung sind beim PEUGEOT 206 12-Volt-Anlasser unterschiedlicher Leistung eingebaut.

Achtung: Den Anlasser gibt es je nach Typ auch als Austauschteil. Das bedeutet, dass ein defekter Anlasser unter Umständen bei Kauf eines überholten oder neuen Anlassers vom Hersteller in Zahlung genommen wird, daher Altteil zum Händler mitnehmen.

Fahrzeuge mit Benzinmotor

Ausbau

Der Anlasser liegt schwer zugänglich über der rechten Antriebswelle zwischen Motorblock und Spritzwand. Um den Anlasser auszubauen, muss zunächst das Abgasrohr unter dem Getriebeblock und dann die Antriebswelle ausgebaut werden.

- Batterie-Massekabel (–) sowie Batterie-Pluskabel (+) bei ausgeschalteter Zündung abklemmen. **Batteriepole isolieren,** um versehentliche Kontakt der abgeklemmten kabel zu verhindern. **Achtung:** Falls das eingebaute Radio einen Diebstahlcode besitzt, wird dieser beim Abklemmen der Batterie gelöscht. Das Radio kann nur durch die Eingabe des richtigen Codes, durch die PEUGEOT-Werkstatt oder durch den Radio-Hersteller wieder in Betrieb genommen werden. Vor dem Abklemmen daher unbedingt den Diebstahlcode ermitteln.
- Stellung des rechten Vorderrads zur Radnabe mit Farbe kennzeichnen. Dadurch kann das ausgewuchtete Rad wieder in derselben Position montiert werden. Radschrauben lösen, dabei muss das Fahrzeug auf dem Boden stehen. Fahrzeug an einer Hebebühne aufbocken und rechtes Vorderrad abnehmen.

Sicherheitshinweis
Beim Aufbocken des Fahrzeugs besteht Unfallgefahr! Deshalb vorher das Kapitel »Fahrzeug aufbocken« durchlesen.

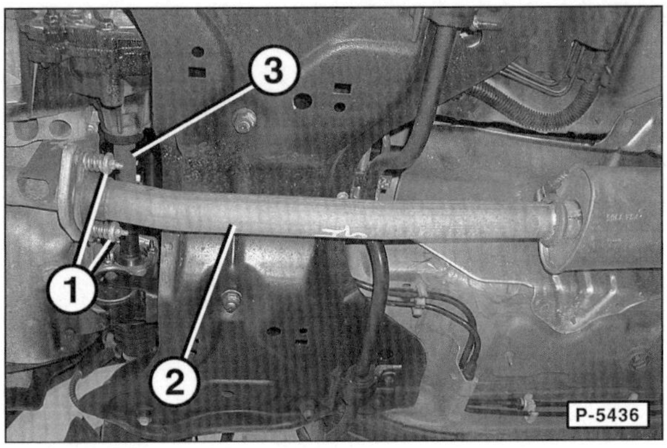

- 2 Muttern –1– abschrauben und Abgasrohr –2– vom Flansch lösen.
- Abgasrohr bis zum Nachschalldämpfer aus der Gummihalterung aushängen und ausbauen.
- Rechte Gelenkwelle ausbauen, siehe Seite 109.
- Antriebswelle –3– aus dem Getriebe ziehen und ausbauen.
- Falls vorhanden, Anlasserhalterung mit 2 Schrauben abschrauben.

- Elektrische Leitungen vom Magnetschalter –1– des Anlassers abklemmen.
- 3 Befestigungsschrauben –2– am Getriebe herausdrehen und Anlasser nach unten aus dem Motorraum ziehen. **Hinweis:** Die Abbildung zeigt den 2,0-l-Benzinmotor.

Einbau

- Anlasser mit 3 Befestigungsschrauben und **20 Nm** am Getriebe anschrauben.
- Falls vorhanden, Anlasserhalterung mit 2 Schrauben befestigen.
- Anlasserkabel am Magnetschalter anschrauben.
- Antriebswelle –3– und rechte Gelenkwelle einbauen, siehe Seite 109.
- Abgasrohr –in Gummihalterung einhängen und mit Muttern –1– am Flansch anschrauben.

- Rechtes Vorderrad so ansetzen, dass die beim Ausbau angebrachten Markierungen übereinstimmen. Vorher Zentriersitz der Felge an der Radnabe mit Wälzlagerfett dünn einfetten. Radschrauben **nicht** fetten oder ölen. Schrauben mit korrodiertem Gewinde erneuern. Rad anschrauben. Fahrzeug ablassen und Radschrauben über Kreuz mit **90 Nm** festziehen.
- Batterie-Massekabel (–) und Pluskabel (+) bei ausgeschalteter Zündung anklemmen. **Nach Anklemmen der Batterie darf der Motor erst 10 Sekunden nach Einschalten der Zündung gestartet werden.** In dieser Zeit werden die elektronischen Systeme wieder aktiviert. Diebstahlcode für das Autoradio eingeben und Zeituhr einstellen.

Fahrzeuge mit Dieselmotor

Ausbau

Der Anlasser liegt zwischen Motorblock und Kühler.

- Batterie-Massekabel (–) sowie Batterie-Pluskabel (+) bei ausgeschalteter Zündung abklemmen. **Batteriepole isolieren,** um versehentliche Kontakt der abgeklemmten kabel zu verhindern. **Achtung:** Falls das eingebaute Radio einen Diebstahlcode besitzt, wird dieser beim Abklemmen der Batterie gelöscht. Das Radio kann nur durch die Eingabe des richtigen Codes, durch die PEUGEOT-Werkstatt oder durch den Radio-Hersteller wieder in Betrieb genommen werden. Vor dem Abklemmen daher unbedingt den Diebstahlcode ermitteln.
- Fahrzeug vorn aufbocken.

Sicherheitshinweis
Beim Aufbocken des Fahrzeugs besteht Unfallgefahr! Deshalb vorher das Kapitel »Fahrzeug aufbocken« durchlesen.

- Elektrische Leitungen vom Magnetschalter, Klemme 50 –1– und Klemme 30 –3–, abschrauben. **Hinweis:** Die Abbildung zeigt den 1,4-l-Dieselmotor.
- Falls vorhanden, 2 Schrauben herausdrehen und Anlasserhalterung ausbauen.
- Befestigungsschrauben –4– am Getriebe herausdrehen und Anlasser –2– nach unten aus dem Motorraum ziehen.

Einbau

- Anlasser –2– mit 3 Befestigungsschrauben –4– und **20 Nm** am Getriebe anschrauben.
- Falls vorhanden, Anlasserhalterung mit 2 Schrauben befestigen.
- Elektrische Leitungen am Magnetschalter anschrauben.
- Fahrzeug ablassen.
- Batterie-Massekabel (–) und Pluskabel (+) bei ausgeschalteter Zündung anklemmen. **Nach Anklemmen der Batterie darf der Motor erst 10 Sekunden nach Einschalten der Zündung gestartet werden.** In dieser Zeit werden die elektronischen Systeme wieder aktiviert. Diebstahlcode für das Autoradio eingeben und Zeituhr einstellen.

Magnetschalter für Anlasser prüfen/ersetzen

Schaltschema Anlasser/Magnetschalter

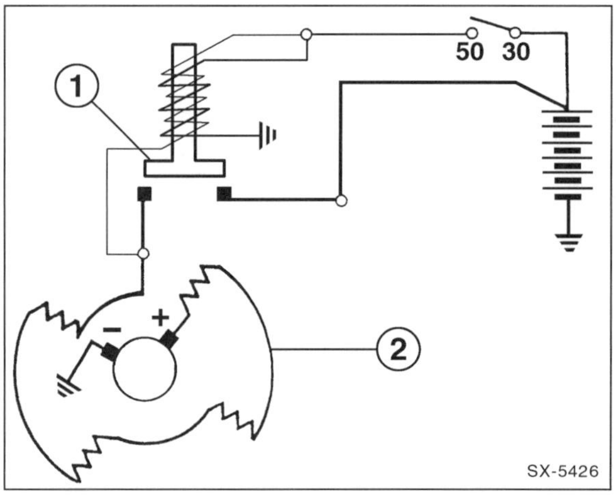

Bei einem Defekt des Magnetschalters –1– wird das Ritzel im Anlasser –2– nicht gegen den Zahnkranz des Schwungrades gezogen. Dadurch kann der Anlasser den Motor nicht durchdrehen.

Prüfen in eingebautem Zustand

- Prüfvoraussetzung: Batterie voll geladen.
- Zündung ausschalten.
- Gang herausnehmen, Schalthebel in Leerlaufstellung; bei Automatikgetriebe Wählhebel auf Stellung P.
- Zum Prüfen ein Hilfskabel, zum Beispiel Starthilfekabel, an Klemme 50 –1– des Magnetschalters anschließen, siehe Abbildung P-5438.
- Das andere Ende des Hilfskabels **kurz** an Klemme 30 –3– halten.
- Das Anlasserritzel muss jetzt nach vorne schnellen. Falls nicht, Magnetschalter austauschen.

Prüfen in ausgebautem Zustand

- Prüfvoraussetzung: Voll geladene Autobatterie.
- Anlasser ausbauen, siehe entsprechendes Kapitel.
- Anlasser-Gehäuse mit einem Starthilfekabel an Batterie-Minuspol (–) anschließen.
- 2. Starthilfekabel an Batterie-Pluspol (+) anschließen.
- Das andere Ende des 2. Starthilfekabel **kurz** an die kleine Klemme 50 des Magnetschalters halten.
- Das Anlasserritzel muss jetzt nach vorne schnellen. Falls nicht, Magnetschalter austauschen.

Ausbau

- Anlasser ausbauen, siehe entsprechendes Kapitel.

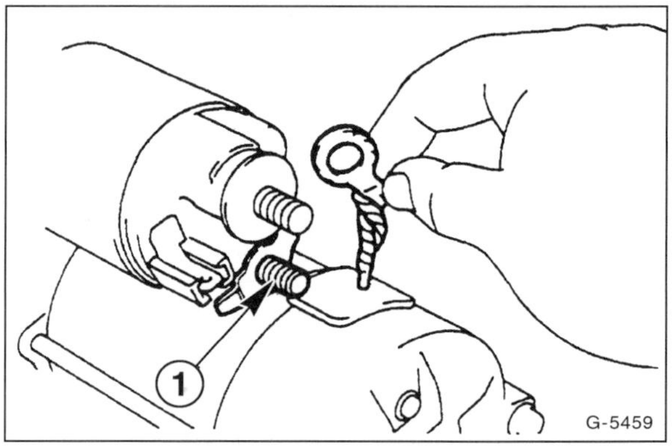

- Kurze Leitung aus dem Anlasser von der Anschlussklemme –1– des Magnetschalters abschrauben.

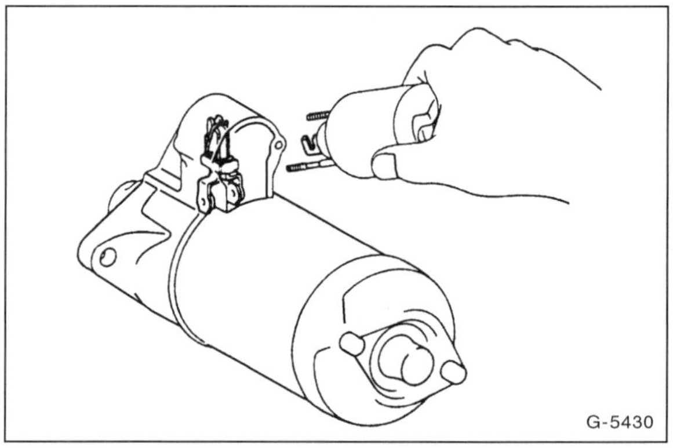

- 2 Schrauben herausdrehen und Magnetschalter aus Anlasserblock herausziehen.

Einbau

- Trennfuge zum Anlasserblock mit geeignetem Dichtmittel abdichten.
- Magnetschalter in Anlasserblock einhängen und anschrauben.
- Kurze Leitung an die Anschlussklemme des Magnetschalters anschrauben.
- Anlasser vor Einbau in ausgebautem Zustand prüfen, siehe entsprechendes Kapitel.
- Anlasser einbauen, siehe entsprechendes Kapitel.

Störungsdiagnose Anlasser

Wenn sich das Anlasserritzel nicht dreht, ist zunächst zu prüfen, ob an der Klemme 50 des Magnetschalters die zum Einziehen benötigte Spannung von mindestens 10 Volt vorhanden ist. Liegt die Spannung unter dem genannten Wert, dann müssen die Leitungen, die zum Anlasserstromkreis gehören, nach dem Stromlaufplan überprüft werden. Ob der Anlasser bei voller Batteriespannung das Ritzel einzieht, kann folgendermaßen geprüft werden:

- Leerlaufgang einlegen und Zündung einschalten.
- Mit einer Leitung (Querschnitt mindestens 4 mm^2) die Klemmen 30 und 50 am Anlasser überbrücken, aber nur für maximal 5 Sekunden. Siehe auch Kapitel »Magnetschalter prüfen«.
- Spurt der Anlasser dabei einwandfrei ein, so liegt der Fehler in der Leitungsführung zum Anlasser. Anderenfalls Anlasser in ausgebautem Zustand prüfen.

Prüfvoraussetzung: Leitungsanschlüsse müssen festsitzen und dürfen nicht oxydiert sein.

Störung	Ursache	Abhilfe
Anlasser dreht sich nicht beim Betätigen des Zündanlassschalters.	Batterie entladen.	■ Batterie laden.
	Anlasser läuft an nach Überbrücken der Klemmen 30 und 50; dann ist die Leitung vom Zündanlassschalter unterbrochen, oder der Anlassschalter ist defekt.	■ Unterbrechung beseitigen, defekte Teile ersetzen.
	Kabel oder Masseanschluss ist unterbrochen, oder die Batterie ist entladen.	■ Batteriekabel und Anschlüsse prüfen. Batteriespannung messen, ggf. laden.
	Ungenügender Stromdurchgang infolge lockerer oder oxydierter Anschlüsse.	■ Batteriepole und -klemmen reinigen. Stromsichere Verbindungen zwischen Batterie, Anlasser und Masse herstellen.
	Keine Spannung an Klemme 50.	■ Leitung unterbrochen, Zündanlassschalter defekt.
Anlasserwelle dreht sich zu langsam und zieht den Motor nicht durch.	Batterie teilentladen.	■ Batterie laden.
	Ungenügender Stromdurchgang infolge lockerer oder oxydierter Anschlüsse.	■ Batteriepole und -klemmen und Anschlüsse am Anlasser reinigen, Anschlüsse festziehen.
	Kohlebürsten liegen nicht auf dem Kollektor auf, klemmen in ihren Führungen, sind abgenutzt, gebrochen, verölt oder verschmutzt.	■ Kohlebürsten überprüfen, reinigen bzw. auswechseln. Führungen prüfen.
	Ungenügender Abstand zwischen Kohlebürsten und Kollektor.	■ Kohlebürsten ersetzen und Führungen für Kohlebürsten reinigen.
	Kollektor riefig oder verbrannt und verschmutzt.	■ Anlasser ersetzen.
	Spannung an Klemme 50 zu niedrig (weniger als 10 Volt).	■ Zündanlassschalter oder Magnetschalter überprüfen.
	Lager ausgeschlagen.	■ Lager prüfen, ggf. auswechseln.
	Magnetschalter defekt.	■ Magnetschalter auswechseln.
Anlasserritzel spurt ein und zieht an, Motor dreht nicht oder nur ruckweise.	Ritzelgetriebe defekt.	■ Anlasser ersetzen.
	Ritzel verschmutzt.	■ Ritzel reinigen.
	Zahnkranz am Schwungrad defekt.	■ Zahnkranz nacharbeiten, falls erforderlich, Schwungrad erneuern.
Ritzelgetriebe spurt nicht aus.	Ritzelgetriebe oder Steilgewinde verschmutzt bzw. beschädigt.	■ Anlasser ersetzen.
	Magnetschalter defekt.	■ Magnetschalter ersetzen.
	Rückzugfeder schwach oder gebrochen.	■ Magnetschalter ersetzen.
Anlasserwelle läuft weiter, nachdem der Zündschlüssel losgelassen wurde.	Magnetschalter hängt, schaltet nicht ab.	■ Zündung sofort ausschalten, Magnetschalter ersetzen.
	Zündanlassschalter schaltet nicht ab.	■ Sofort Batterie abklemmen, Zündanlassschalter ersetzen.

Scheibenwischanlage

Scheibenwischergummi aus- und einbauen

Scheibenwischergummis bei schlechtem Wischbild ersetzen. Im Handel werden sowohl komplette Scheibenwischerblätter (Wischergummi mit Träger) als auch einzelne Wischergummis angeboten. Wird nur das Wischergummi ersetzt, darauf achten, dass der Träger nicht verbogen wird.

Beim PEUGEOT 206 werden Wischerblätter unterschiedlicher Größen verwendet: Das linke Wischerblatt misst 65 cm, das rechte 40 cm.

Achtung: Wenn die Scheibenwischerblätter rattern, genügt es in der Regel nicht, Wischerblätter oder Wischergummis zu ersetzen. Auf jeden Fall sollte der Anstellwinkel der Scheibenwischerarme kontrolliert und gegebenenfalls eingestellt werden, siehe entsprechendes Kapitel.

Ausbau

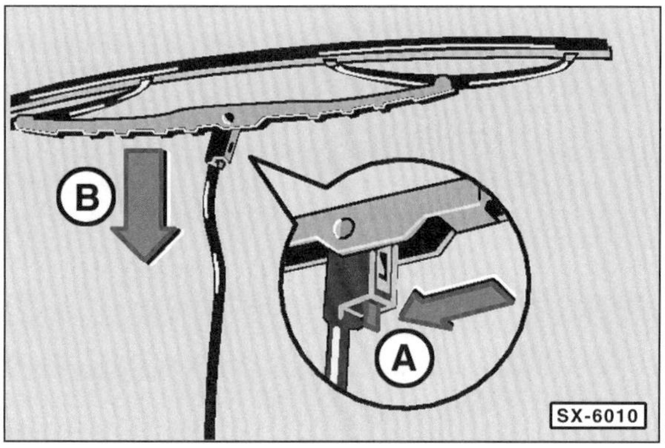

- Wischerarm hochklappen, Wischerblatt rechtwinklig zum Wischerarm stellen.
- Federklammer –A– niederdrücken –Pfeilrichtung– und Wischerblatt nach unten –B– aus dem Haken am Wischerarm schieben. Wischerblatt vom Haken des Wischerarmes abnehmen.

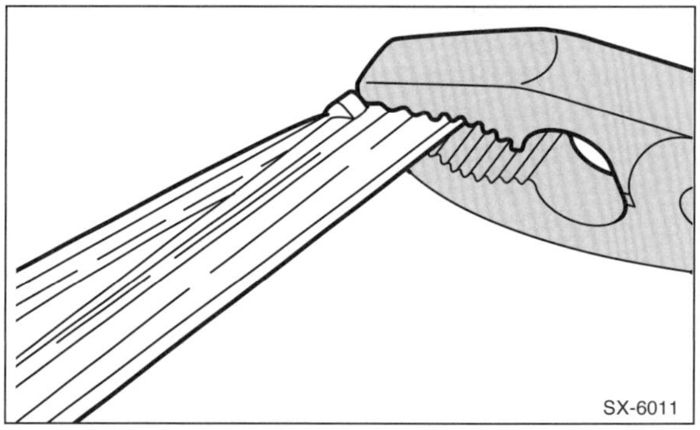

- An der geschlossenen Seite des Wischergummis beide Stahlschienen mit Kombizange zusammendrücken und diese seitlich aus der oberen Klammer herausnehmen.
- Anschließend Gummi komplett mit Schienen aus den restlichen Klammern des Wischerblattes herausziehen.

Einbau

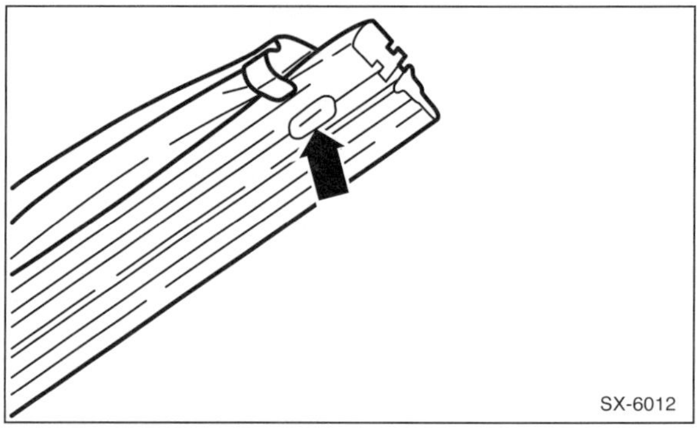

- Neues Wischergummi ohne Halteschienen in die unteren Klammern des Wischerblattes lose einlegen.
- Beide Schienen so in die erste Rille des Wischergummis einführen, dass die Aussparungen zum Gummi zeigen und in die Gumminasen der Rille einrasten. **Achtung:** Die Schienen sind leicht gebogen. Schienen so einsetzen, dass der Bauch des Bogens vom Wischerblatt weg gerichtet ist.
- Wischergummi an der geschlossenen Seite mit Seifenwasser bestreichen, damit es besser in die Haltebügel gleitet.
- Beide Stahlschienen und das Gummi mit Kombizange zusammendrücken und so in die obere Klammer einsetzen, dass die Klammernasen beidseitig in die Haltenuten –Pfeil– des Wischergummis einrasten.
- Wischerblatt über den Wischerarm schieben und Federklammer in den Haken des Wischerarms einclipsen. Die Windleitschaufel am Wischerblatt, falls vorhanden, muss nach unten zeigen.
- Wischerarm zurückklappen. Darauf achten, dass das Wischergummi überall an der Scheibe anliegt, gegebenenfalls Träger vorsichtig nachbiegen.

Scheibenwaschdüsen einstellen

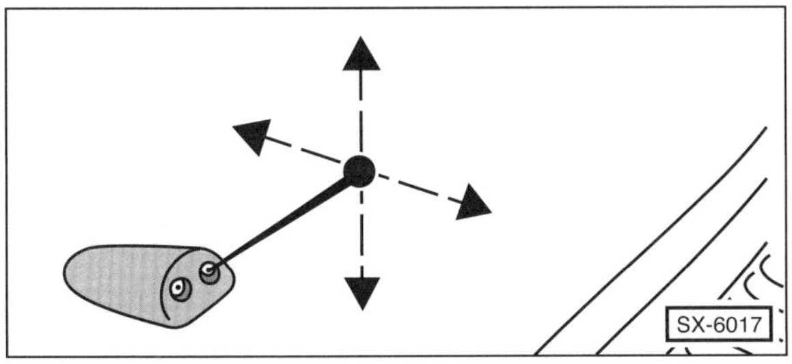

- Die Spritzrichtungen der vorderen Scheibenwaschdüsen können mit einem feinen Dorn, zum Beispiel HAZET 4850-1, eingestellt werden. Dorn in die Düse einsetzen und Zielpunkt auf der Scheibe anpeilen.
- Die Düsen können mit Pressluft gereinigt werden. Dazu Düsen ausbauen und Pressluft am Schlauchstutzen einblasen. **Achtung:** Düsen nicht entgegen der Spritzrichtung durchblasen.
- Lässt sich der Spritzstrahl nicht mehr einstellen oder tritt er ungleichmäßig aus, muss die Waschdüse erneuert werden.

Hinweis: Die hintere Scheibenwaschdüse lässt sich nicht einstellen.

Scheibenwaschdüse vorn aus- und einbauen

Ausbau

- Motorhaube öffnen und Verkleidung abnehmen, siehe Seite 262.
- Wasserschlauch von der Scheibenwaschdüse abziehen.

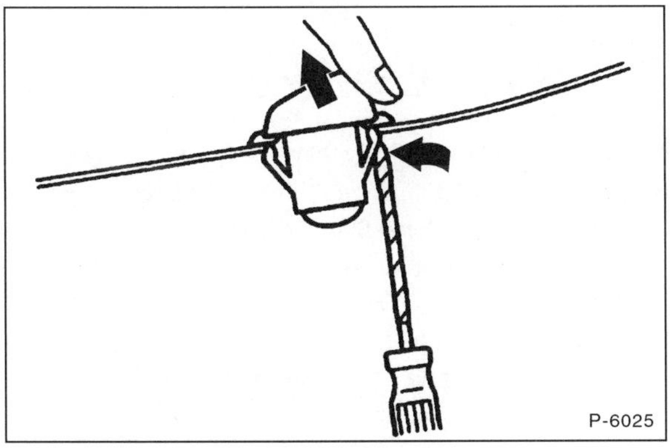

- Clips der Düse mit Hilfe eines Schraubendrehers oder einer Zange zusammendrücken und Düse nach oben aus der Einbauöffnung ziehen. **Hinweis:** Die Spitze des Schraubendrehers zuvor mit Klebeband umwickeln, um Lackschäden zu vermeiden.

Einbau

- Scheibenwaschdüse von oben in die Einbauöffnung der Motorhaube einsetzen und hineindrücken. Die Clips müssen hör- und fühlbar einrasten.
- Waschwasserschlauch auf die Düse aufschieben.
- Verkleidung der Motorhaube einbauen, siehe Seite 262.
- Motorhaube schließen.
- Scheibenwaschdüse einstellen, siehe entsprechendes Kapitel.

Scheibenwaschdüse hinten aus- und einbauen

Die Scheibenwaschdüse ist in der Zusatzbremsleuchte eingesetzt.

Ausbau

- Heckklappe öffnen und Zusatzbremsleuchte ausbauen, siehe Seite 81.
- Lampenhalterung vom Leuchtenglas trennen.

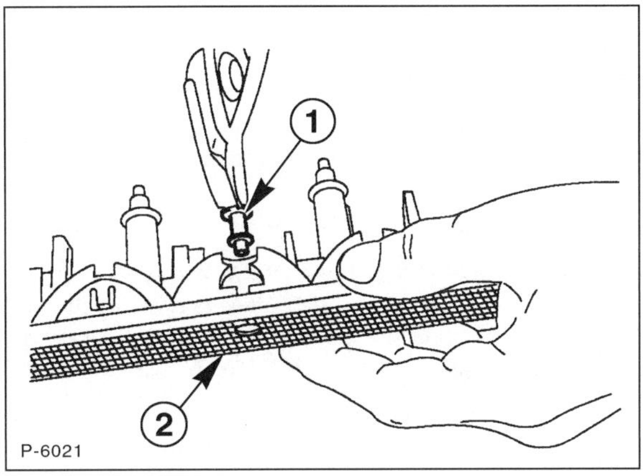

- Scheibenwaschdüse –1– ¼ Umdrehung gegen den Uhrzeigersinn drehen und aus der Einbauöffnung im Leuchtenglas –2– ziehen.
- Wasserschlauch von der Scheibenwaschdüse abziehen.

Einbau

- Wasserschlauch an der Scheibenwaschdüse aufschieben.
- Scheibenwaschdüse in die Einbauöffnung im Leuchtenglas setzen und mit einer viertel Umdrehung festdrehen.
- Lampenhalterung auf das Leuchtenglas setzen und einclipsen lassen.
- Zusatzbremsleuchte einbauen, siehe Seite 81.

Wischerarm vorn aus- und einbauen

Ausbau

- Frontscheibe mit Wasser benetzen.
- Scheibenwischer kurze Zeit laufen lassen und mit dem Scheibenwischerschalter abschalten. Dadurch läuft der Wischer in die Endstellung.

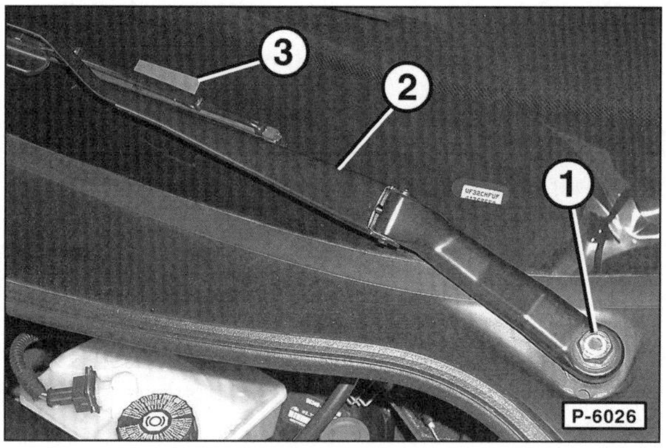

- Bei korrekt eingestelltem Wischerarm, Stellung des Wischergummis auf der Frontscheibe markieren, zum Beispiel mit Klebeband –3–.
- Mutter –1– ca. 2 Umdrehungen lösen, noch nicht ganz abschrauben.
- Wischerarm –2– leicht hin und her bewegen, bis er sich vom Konus der Welle löst.
- Mutter ganz abschrauben und Wischerarm abnehmen.

Hinweis: Falls der Wischerarm schwer abzuziehen ist, mit einem Gabelschlüssel unter den Wischerarm greifen und diesen vorsichtig abhebeln. Es kann auch ein geeignetes Abziehwerkzeug, zum Beispiel PEUGEOT-1335 verwendet werden.

Einbau

- Sicherstellen, dass der Scheibenwischermotor in Endstellung steht. Gegebenenfalls Motor kurz laufen lassen und mit Wischerschalter abschalten.

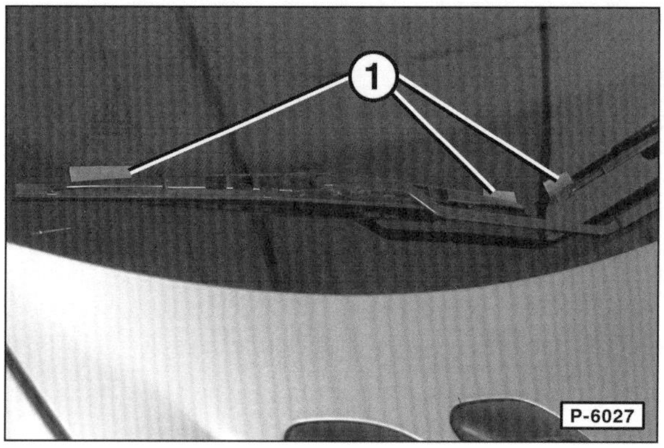

- Wischerarm auf die Wischerwelle aufsetzen und anhand der beim Ausbau angebrachten Klebeband-Markierungen –1– ausrichten.
- Mutter aufschrauben und handfest anziehen.
- Endstellung der Wischerarme nochmals überprüfen. Dazu Scheibe mit Wasser benetzen und Scheibenwischer kurz laufen lassen. Die Wischerarme müssen in die eingestellte Endstellung zurückkehren und dürfen sich beim Wischen nicht über den Scheibenrand hinausbewegen.
- Gegebenenfalls Mutter nochmals lösen und Einstellung erneut vornehmen.
- Mutter mit **25 Nm** anziehen.

Wischermotor vorn aus- und einbauen

Ausbau

- Wischerarme ausbauen, siehe entsprechendes Kapitel.
- Batterie-Massekabel (–) bei ausgeschalteter Zündung abklemmen. **Achtung:** Falls das eingebaute Radio einen Diebstahlcode besitzt, wird dieser beim Abklemmen der Batterie gelöscht. Das Radio kann nur durch die Eingabe des richtigen Codes, durch die PEUGEOT-Werkstatt oder durch den Radio-Hersteller wieder in Betrieb genommen werden. Vor dem Abklemmen daher unbedingt den Diebstahlcode ermitteln.

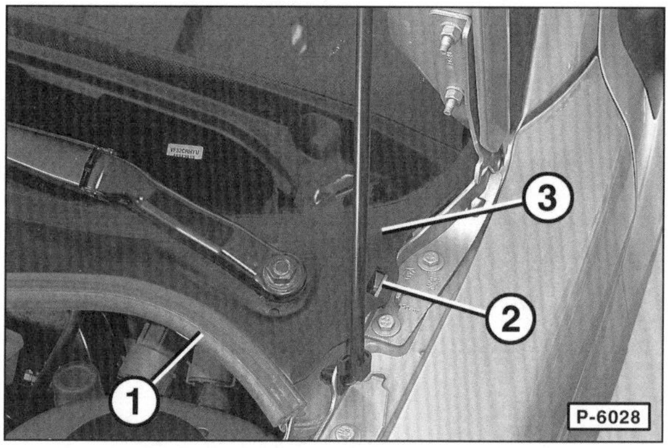

- Gummidichtungsband –1– abziehen.
- 6 Clips von unten durch die Bohrungen drücken und aus dem Wasserablauf –3– herausziehen.
- Mit einem Schraubendreher Laschen –2– rechts und links aufhebeln und Wasserablauf –3– ausbauen.
- Stecker am Wischermotor abziehen, dazu mit einem Schraubendreher auf den Drahtbügel drücken.

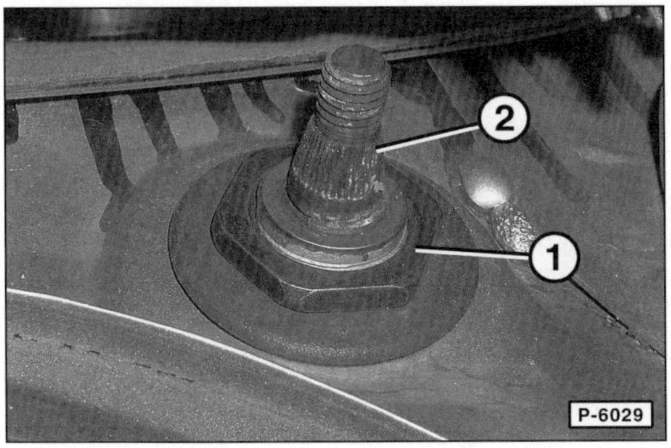

- Befestigungsmuttern –1– von den Wischerwellen –2– abschrauben.

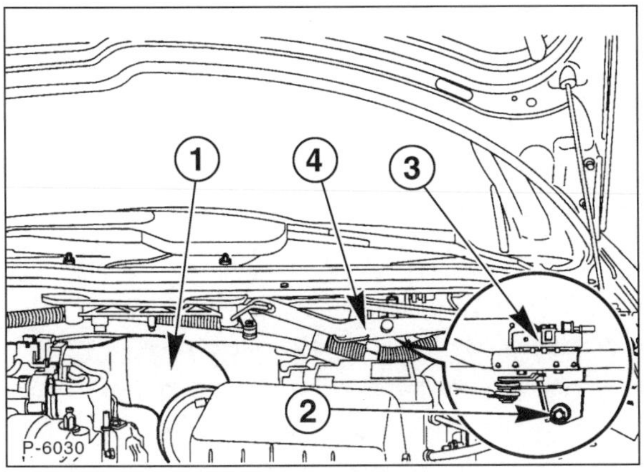

- Je nach Fahrzeugmodell Luftleitung –1– ausbauen.
- Befestigungsschraube –2– der Motorhalterung an der Spritzwand herausdrehen.
- Wischerwellen aus den Bohrungen ziehen und Wischermotor –3– zusammen mit Gestänge –4– aus dem Motorraum herausziehen.

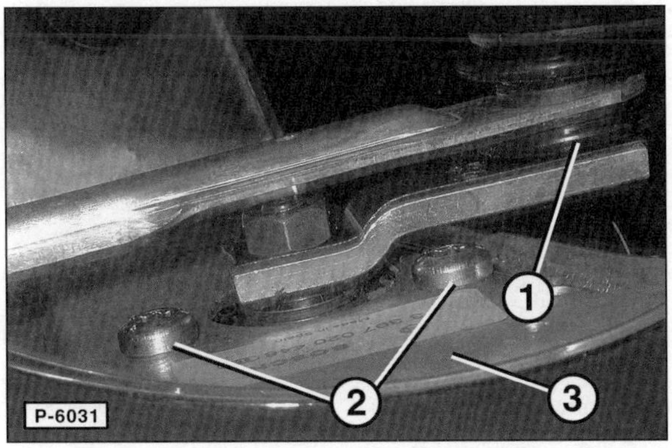

- Scheibenwischermotor aus dem Gelenk –1– auskugeln.
- 3 Befestigungsschrauben –2– (3. Schraube verdeckt) herausdrehen und Scheibenwischermotor vom Halteblech –3– lösen.

Einbau

- Scheibenwischermotor mit 3 Schrauben –2– auf Halteblech –3– befestigen.
- Scheibenwischermotor im Gelenk –1– einkugeln.

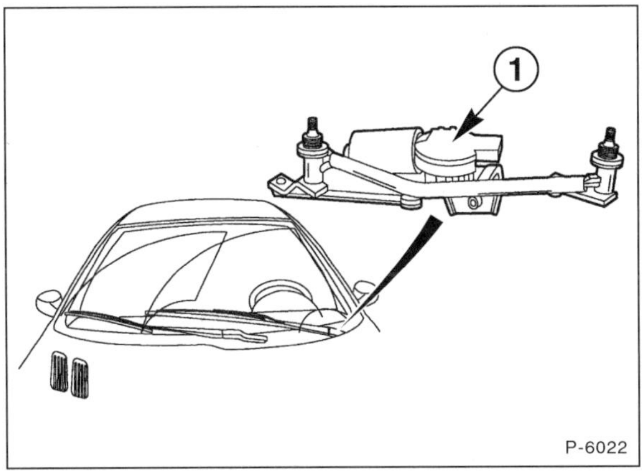

- Wischermoter –1– zusammen mit Gestänge an die Einbaustelle setzen und Wischerwellen nach oben durch die Bohrungen stecken.
- Wischermotorhalterung an der Spritzwand anschrauben.
- Befestigungsmuttern auf die Wischerwellen aufschrauben und festziehen.
- Steckverbinder am Scheibenwischermotor aufschieben.
- Falls ausgebaut, Lüftungsschlauch einbauen.
- Wasserablauf über die Windschutzscheibe legen und Haltelaschen an beiden Seiten einrasten lassen.
- Wasserablauf mit 6 Clips befestigen.
- Gummidichtungsband über die Falz legen und andrücken.
- Batterie-Massekabel (–) bei ausgeschalteter Zündung anklemmen. **Nach Anklemmen der Batterie darf der Motor erst 10 Sekunden nach Einschalten der Zündung gestartet werden.** In dieser Zeit werden die elektronischen Systeme wieder aktiviert. Diebstahlcode für das Autoradio eingeben und Zeituhr einstellen.
- Wischerarme einbauen, siehe entsprechendes Kapitel.
- Einstellung der Wischerarme überprüfen.

Wischerarm hinten aus- und einbauen

Ausbau

- Heckscheibe mit Wasser benetzen.
- Scheibenwischer kurze Zeit laufen lassen und mit dem Scheibenwischerschalter abschalten. Dadurch läuft der Wischer in die Endstellung.
- Bei korrekt eingestelltem Wischerarm, Stellung des Wischergummis auf der Heckscheibe markieren, zum Beispiel mit Klebeband.

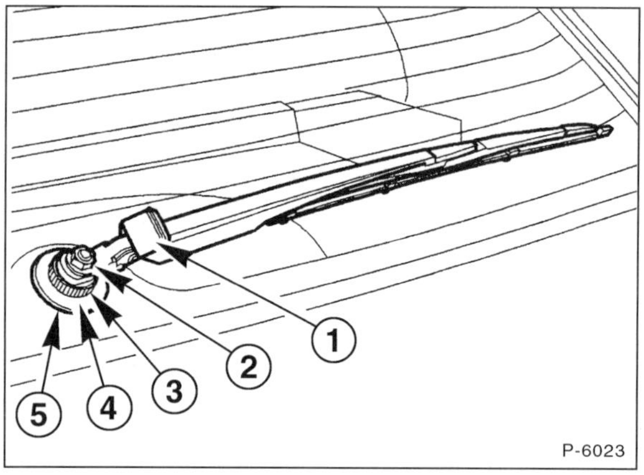

- Abdeckkappe –1– abnehmen.
- Mutter –2– ca. 2 Umdrehungen lösen, noch nicht ganz abschrauben.
- Wischerarm leicht hin und her bewegen, bis er sich vom Konus der Welle löst.
- Mutter ganz abschrauben und Wischerarm abnehmen.

Einbau

- Sicherstellen, dass der Scheibenwischermotor in Endstellung steht. Gegebenenfalls Motor kurz laufen lassen und mit Wischerschalter abschalten.
- Wischerarm auf die Wischerwelle aufsetzen und anhand der beim Ausbau angebrachten Klebeband-Markierung ausrichten.
- Mutter –2– aufschrauben und handfest anziehen.
- Endstellung des Wischerarms nochmals überprüfen. Dazu Scheibe mit Wasser benetzen und Scheibenwischer kurz laufen lassen. Der Wischerarm muss in die eingestellte Endstellung zurückkehren und darf sich beim Wischen nicht über den Scheibenrand hinausbewegen.
- Gegebenenfalls Mutter nochmals lösen und Einstellung erneut vornehmen.
- Mutter –2– mit **20 Nm** anziehen und Abdeckkappe –1– aufdrücken.

Wischermotor hinten aus- und einbauen

Ausbau

- Wischerarm ausbauen, siehe entsprechendes Kapitel.
- Batterie-Massekabel (–) bei ausgeschalteter Zündung abklemmen. **Achtung:** Falls das eingebaute Radio einen Diebstahlcode besitzt, wird dieser beim Abklemmen der Batterie gelöscht. Das Radio kann nur durch die Eingabe des richtigen Codes, durch die PEUGEOT-Werkstatt oder durch den Radio-Hersteller wieder in Betrieb genommen werden. Vor Abklemmen unbedingt den Code ermitteln.
- Mutter –3– an der Wischerwelle abschrauben, siehe Abbildung P-6023.
- Abdeckscheibe –4– und Dichtung –5– entfernen, siehe Abbildung P-6023.
- Heckklappe öffnen und Heckklappen-Verkleidung ausbauen, siehe Seite 267.

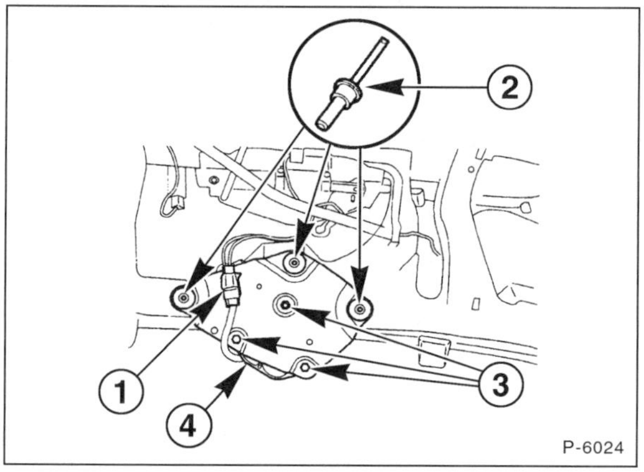

- Steckverbinder –1– am Wischermotor abziehen.
- 3 Nieten –2– mit einem Bohrer ∅ 0,75 mm aufbohren.

Achtung: Um Heckklappe und Heckscheibe vor Beschädigungen zu schützen, Bohrtiefe auf 15 mm begrenzen. Schutzbrille tragen! Herabfallende Nieten-Späne durch untergelegte Lappen auffangen.

- 3 Befestigungsschrauben –3– herausdrehen.
- Motorachse aus der Bohrung ziehen und Wischermotor –4– entfernen.

Einbau

- Wischermotor –4– an die Einbaustelle setzen, Motorwelle durch die Bohrung stecken und, wenn nötig, Befestigungsschrauben –3– eindrehen.
- 3 neue Nieten in die Bohrungen stecken und festklemmen.
- Steckverbinder –1– aufschieben.
- Dichtung –5– und Abdeckscheibe –4– auf die Wischerwelle aufstecken, siehe Abbildung P-6023.
- Mutter –3–, Abbildung P-6023, auf die Wischerwelle aufschrauben und mit **25 Nm** festziehen.
- Heckklappen-Verkleidung einbauen, siehe Seite 267.
- Batterie-Massekabel (–) bei ausgeschalteter Zündung anklemmen. **Nach Anklemmen der Batterie darf der Motor erst 10 Sekunden nach Einschalten der Zündung gestartet werden.** In dieser Zeit werden die elektronischen Systeme wieder aktiviert. Diebstahlcode für das Autoradio eingeben und Zeituhr einstellen.
- Wischerarm einbauen, siehe entsprechendes Kapitel.
- Einstellung des Wischerarms überprüfen.

Anstellwinkel für Wischerarme prüfen/einstellen

Der Anstellwinkel muss geprüft beziehungsweise eingestellt werden, wenn die Wischerblätter rubbeln oder Geräusche machen. Erforderliches Spezialwerkzeug: HAZET 4851-1.

Prüfen

- Windschutzscheibe mit Wasser benetzen und Wischerarme in Endstellung laufen lassen.
- Wischerblatt ausbauen, siehe Seite 72.

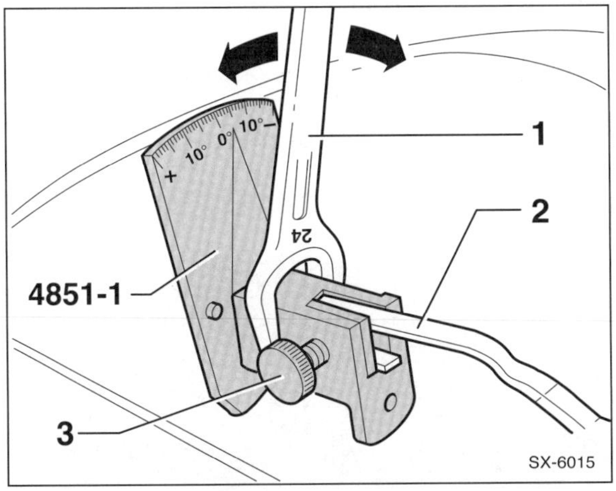

- Wischerarm –2– hochklappen, Spezialwerkzeug HAZET 4851-1 aufschieben und mit Schraube –3– festklemmen.
- Wischerarm mit Spezialwerkzeug vorsichtig auf die Scheibe auflegen. **Achtung:** Das Werkzeug 4851-1 muss mit 3 Punkten an der Scheibe aufliegen.
- Anstellwinkel am Werkzeug ablesen und mit Sollwert vergleichen.
  Linker Wischerarm. . . . . –7°
  Rechter Wischerarm . . . . –4°

Einstellen

- Wischerarm von der Scheibe abheben und Spezialwerkzeug mit Maulschlüssel –1– vorsichtig verdrehen. Dabei Wischerarm am Scharnier mit einer Zange festhalten, um Schäden am Scharnier zu vermeiden.
- Wischerarm vorsichtig zurückklappen und Anstellwinkel überprüfen. Vorgang so oft wiederholen, bis an der Skala der Sollwert angezeigt wird.
- Anschließend Spezialwerkzeug abnehmen und nochmals aufsetzen. Einstellwert prüfen, gegebenenfalls korrigieren.
- Wischerarm einbauen, siehe entsprechendes Kapitel.

Hinweis: Der Wischerarm der Heckscheibe lässt sich nicht auf diese Weise einstellen, da er aus Kunststoff besteht.

Störungsdiagnose Scheibenwischergummi

Wischbild	Ursache	Abhilfe
Schlieren.	Wischergummi verschmutzt.	■ Wischergummi mit harter Nylonbürste und einer Waschmittellösung oder Spiritus reinigen.
	Ausgefranste Wischlippe, Gummi ausgerissen oder abgenutzt.	■ Wischergummi erneuern.
	Wischergummi gealtert, rissige Oberfläche.	■ Wischergummi erneuern.
Im Wischfeld verbleibende Wasserreste ziehen sich sofort zu Perlen zusammen.	Windschutzscheibe durch Lackpolitur oder Öl verschmutzt.	■ Windschutzscheibe mit sauberem Putzlappen und einem Fett-Öl-Silikonentferner reinigen.
Wischerblatt wischt einseitig gut - einseitig schlecht, rattert.	Wischergummi einseitig verformt, »kippt nicht mehr«.	■ Neues Wischergummi einbauen.
	Wischerarm verdreht, Blatt steht schief auf der Scheibe.	■ Wischerarm vorsichtig verdrehen, bis richtige Stellung erreicht ist.
Nicht gewischte Flächen.	Wischergummi aus den Klammern herausgerissen.	■ Wischergummi vorsichtig in die Klammern einsetzen.
	Wischerblatt liegt nicht mehr gleichmäßig an der Scheibe an, da Federschienen oder Bleche verbogen.	■ Wischerblatt ersetzen. Dieser Fehler tritt vor allem bei unsachgemäßem Montieren eines Ersatzblattes auf.
	Anpressdruck durch Wischerarm zu gering.	■ Wischerarmgelenke und Feder leicht einölen oder neuen Wischerarm einbauen.

Beleuchtungsanlage

Zur Beleuchtungsanlage gehören: Hauptscheinwerfer, Nebelscheinwerfer, Heckleuchten, Bremsleuchten, Rückfahrleuchten, Blinkleuchten, Nebelschlussleuchte, Kennzeichenleuchten und Innenbeleuchtung. Die Instrumentenbeleuchtung wird im Kapitel »Armaturen« beschrieben.

Achtung: Die Scheiben der Hauptscheinwerfer sind mit einem Schutzlack beschichtet. Sie dürfen auf keinen Fall mit einem trockenen oder gar scheuernden Lappen gesäubert werden. Ebenso dürfen keine Reinigungs- oder Lösungsmittel benutzt werden. Die Scheiben nur mit einem weichen, feuchten Tuch reinigen.

Vor einem Lampenwechsel sicherstellen, dass der betreffende Schalter ausgeschaltet ist. **Achtung:** Den Glaskolben einer leistungsstarken Glühlampe nicht mit bloßen Fingern berühren. Am besten ein sauberes Stofftuch dazwischen legen oder Baumwollhandschuhe anziehen. Der durch die Berührung verursachte Fingerabdruck verdampft aufgrund der Hitzeentwicklung. Rückstände setzen sich auf dem Reflektor ab und lassen den Scheinwerfer matt werden. Dies gilt insbesondere für die Haupt- und Nebelscheinwerfer. Versehentlich entstandene Berührungsflecken auf dem Glaskolben mit einem sauberen, nicht fasernden Tuch und etwas Spiritus abwischen. **Hinweis:** Glühlampen grundsätzlich nur durch solche gleicher Ausführung ersetzen.

Achtung: Halogenlampen stehen unter Druck und können platzen. Daher beim Lampenwechsel Schutzbrille und Handschuhe tragen.

Lampentabelle

12-V-Glühlampe für	Typ	Leistung/Watt
Fernlicht	H4/H7 [1]/H1 [2]	60/55 [1)2)] W
Abblendlicht	H4/H7 [1)2)]	55 W
Tagfahrlicht	PSX	24 W
Vordere Blinkleuchten	PY	21 W
Nebelscheinwerfer	H1	55 W
Standlicht	W	5 W
Seitliche Blinkleuchten	WY	5 W
Hintere Blinkleuchten	PY	21 W
Brems-/Schlussleuchten	P	21/5 W
Nebelschlussleuchte	P	21 W
Rückfahrleuchten	P	21 W
Kennzeichenleuchten	W	5 W
Zusatzbremsleuchten	W	5 W
Lese-/Kofferraumleuchte	W	5 W

1) Modelle S16, GT und CC. 2) 206+

H: Halogenlampen mit Klammerhalterung; P: Bajonett-Sockel; PY: P, orange; W: Glassockel; WY: W, orange.

Glühlampen für Außenleuchten auswechseln

- Schalter der betreffenden Leuchte ausschalten.
- Zündung ausschalten.

Abblendlicht/Fernlicht

Hinweis: Da die Rückseite des Scheinwerfers nur schwer zugänglich ist, wird empfohlen, den Scheinwerfer auszubauen, um die eingesetzten Halogenlampen auszutauschen.

- Motorhaube öffnen und Scheinwerfer ausbauen, siehe entsprechendes Kapitel.
- Steckverbinder von der Glühlampe abziehen.

- Gummikappe –1– abnehmen. 2 – Sockel der Halogenlampe.

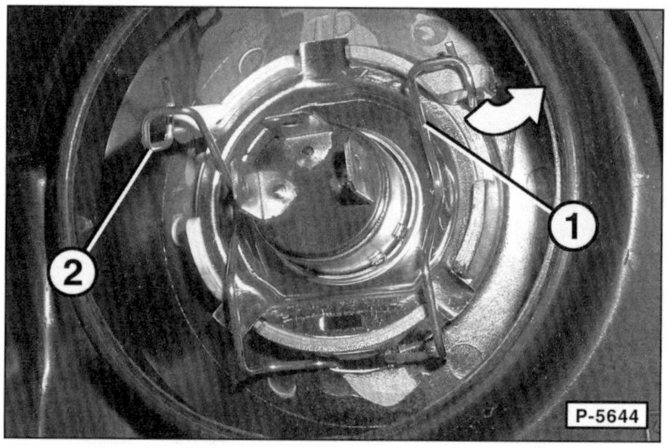

- Federklammer –1– in Pfeilrichtung drücken und aus der Halterung aushängen. 2 – Ausgehängte Federklammer.
- Defekte Glühlampe herausnehmen.
- Neue Glühlampe so einsetzen, dass die Richtungsnasen in die entsprechenden Aussparungen der Fassung passen.
- Federklammern in die Haltenasen einrasten.

- Gummikappe aufsetzen und über den Lampensockel stülpen. Darauf achten, dass sie dicht auf dem Sockel und dem Scheinwerfer-Gehäuse sitzt.
- Steckverbinder an der Glühlampe aufstecken.
- Scheinwerfer einbauen, siehe entsprechendes Kapitel.

Standlicht

- Motorhaube öffnen.

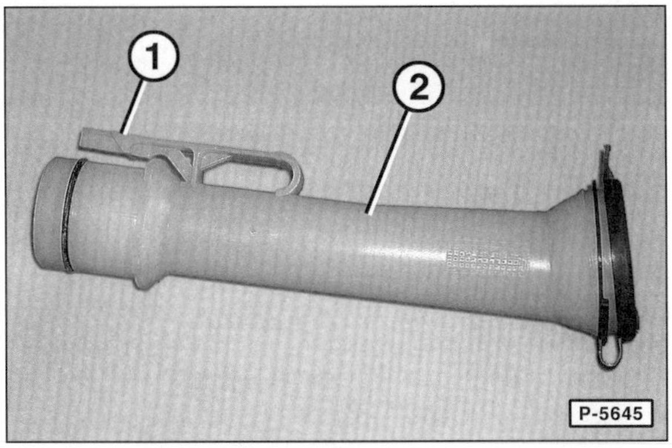

- Rechter Scheinwerfer: Füllstutzen –2– des Behälters der Scheibenwaschanlage ausbauen, dazu Lasche –1– hochziehen.
- Steckverbindung von der Fassung der Lampe abziehen.

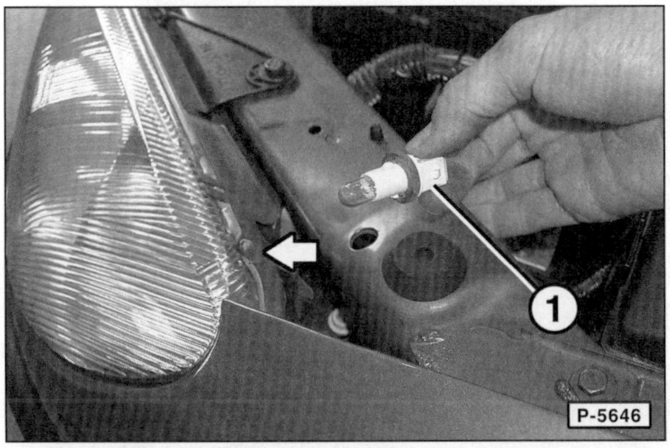

- Lampenfassung –1– am linken Scheinwerfer im Uhrzeigersinn drehen und aus dem Scheinwerfergehäuse ziehen. Rechter Scheinwerfer: Lampenfassung gegen den Uhrzeigersinn drehen.
- Defekte Glühlampe aus der Fassung ziehen und gegen neue ersetzen.
- Lampenfassung durch Drehen in den Scheinwerfer einsetzen –Pfeil– und Steckverbindung anklemmen.
- Rechter Scheinwerfer: Füllstutzen des Behälters der Scheibenwaschanlage einbauen.

Blinklicht vorn

- Motorhaube öffnen.

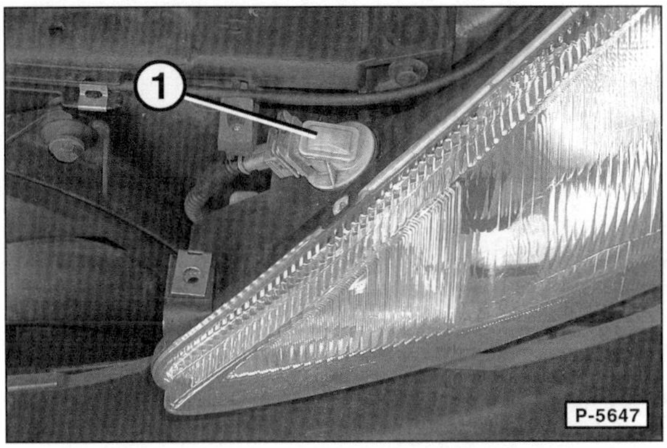

- Lampenfassung –1– am linken Scheinwerfer gegen den Uhrzeigersinn drehen und aus dem Scheinwerfergehäuse ziehen. Rechter Scheinwerfer: Lampenfassung im Uhrzeigersinn drehen. Die Steckverbindung braucht dabei nicht gelöst zu werden.
- Glühlampe in die Fassung drücken, gegen den Uhrzeigersinn drehen und herausziehen.
- Defekte Glühlampe gegen neue ersetzen.
- Lampenfassung durch Drehen in den Scheinwerfer einsetzen.

Blinklicht seitlich

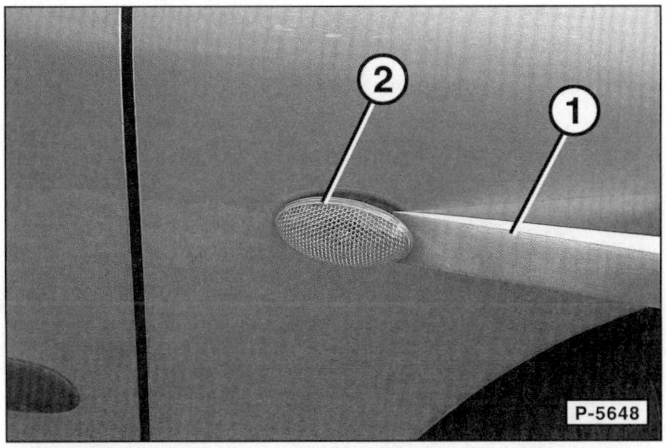

- Kunststoff-Keil, zum Beispiel HAZET 1965-20 –1–, von vorn unter die Dichtung der Leuchte –2– schieben, Kunststoff-Feder nach hinten drücken und ausrasten.

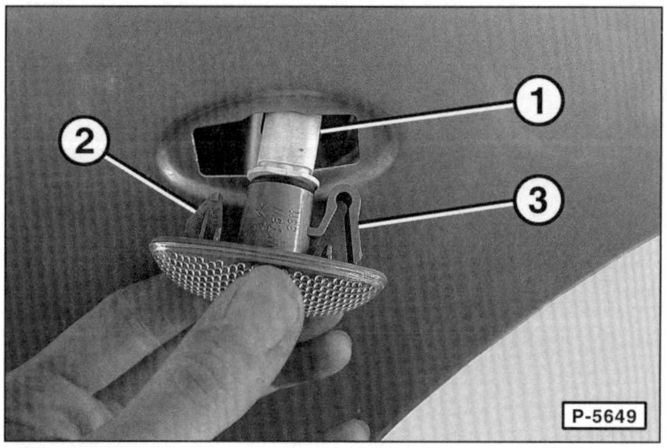

- Blinkerleuchte aus der Öffnung ziehen.
- Lampenfassung –1– gegen den Uhrzeigersinn drehen und aus der Blinkerleuchte ziehen.
- Glühlampe aus der Fassung herausziehen.
- Neue Glühlampe in die Fassung einsetzen und ganz hineindrücken.
- Lampenfassung durch Drehen im Uhrzeigersinn in die Blinkerleuchte einsetzen.
- Blinkerleuchte zuerst mit der Haltenase –2– in die Öffnung einsetzen, dann durch Drücken gegen das Leuchtenglas die Kunststoff-Feder –3– einrasten lassen.

Nebelscheinwerfer

Je nach Ausstattung des Fahrzeuges sind Nebelscheinwerfer eingebaut. Die Lampen der Nebelscheinwerfer sind durch Klappen im vorderen Teil der Innenkotflügel zugänglich.

Hinweis: Die Anschlussseite des Nebelscheinwerfers ist schwer zugänglich. Wenn nötig, vorher Fahrzeug vorn aufbocken und Rad abmontieren, siehe Seite 127.

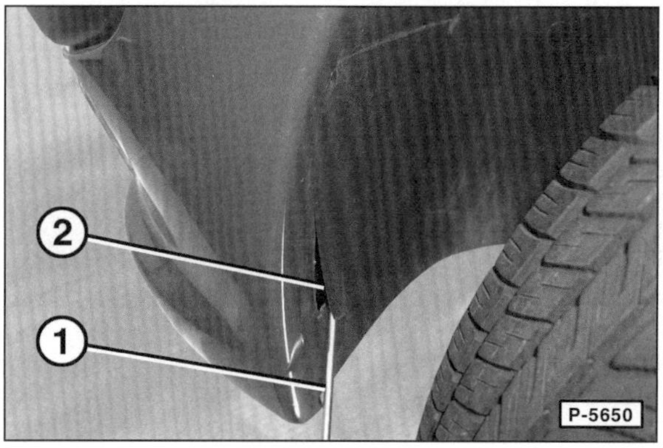

- Schraubendreher –1– in Spalt einführen und Klappe –2– im Innenkotflügel öffnen.
- Deckel an der Rückseite des Nebelscheinwerfers gegen den Uhrzeigersinn drehen und entfernen.
- Steckverbinder von der Glühlampe abziehen.

- Mit schmaler Zange Federklammer –1– nach vorne drücken, gleichzeitig zur Seite ziehen und aushängen –Pfeile–.
- Federklammer nach hinten klappen und defekte Glühlampe herausnehmen.
- Neue Glühlampe so einsetzen, dass die Richtungsnasen in die Aussparungen der Fassung passen.
- Federklammer mit schmaler Zange in die Haltenase einrasten.
- Steckverbinder an der Glühlampe aufstecken.
- Deckel aufsetzen und im Uhrzeigersinn festdrehen.
- Klappe im Innenkotflügel schließen.

Nebelschlussleuchte

Die Leuchte ist in den Heckstoßfänger eingesetzt.

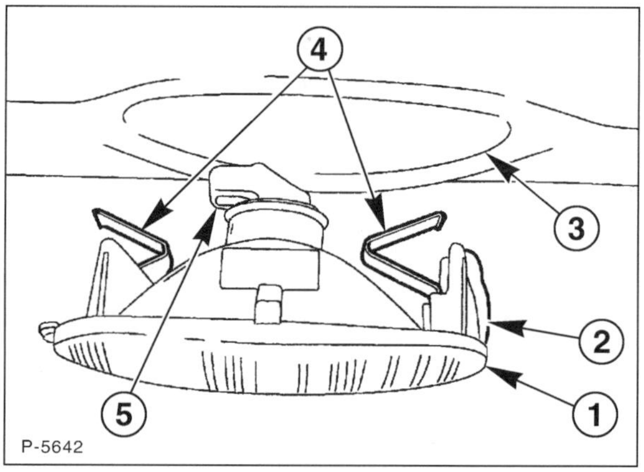

- Unter den Stoßfänger fassen und auf der rechten Seite der Nebelschlussleuchte –1– die Kunststoff-Klammer –2– nach innen drücken, bis die Leuchte entriegelt werden kann. 4 – Abstützfedern, die ein Versenken der Leuchte in den Stoßfänger ermöglichen.
- Leuchte aus der Einbauöffnung –3– ziehen.
- Lampenfassung –5– gegen den Uhrzeigersinn drehen und aus dem Leuchte herausziehen.
- Glühlampe in die Fassung drücken, gegen den Uhrzeigersinn drehen und dann aus der Fassung ziehen.
- Defekte Glühlampe gegen neue ersetzen.

- Lampenfassung durch Drehen im Uhrzeigersinn in die Leuchte einsetzen.
- Nebelschlussleuchte in die Öffnung einsetzen, dann durch Drücken gegen das Leuchtenglas die Kunststoff-Feder –3– einrasten lassen.

Heckleuchte

In der Heckleuchte sind die Glühlampen für Brems- und Schlusslicht, für Blink- und Rückfahrlicht integriert. Alle Glühlampen werden auf die gleiche Weise ausgebaut.

- Heckleuchte ausbauen, siehe entsprechendes Kapitel.

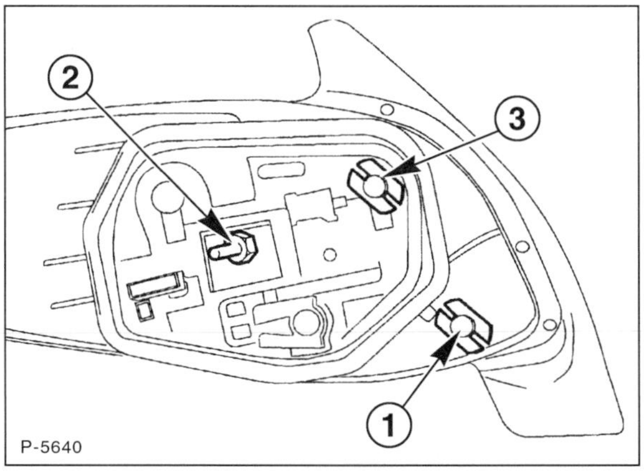

- Beim ersten Ausbau: Lasche an der Leuchtenrückseite abbrechen und Kunststoffschlüssel –1– lösen.
- Mutter –2– mit Kunststoffschlüssel abdrehen und Sockelplatte von der Leuchte trennen; als Werkzeug kann auch eine normale Stecknuss verwendet werden.

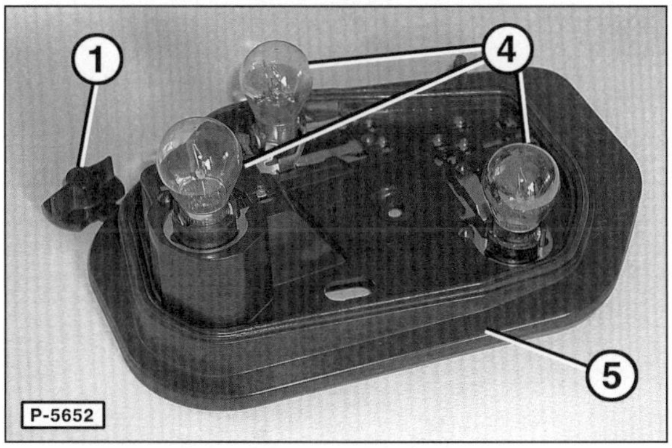

- Glühlampe –4– in die Fassung drücken, im Uhrzeigersinn drehen und dann aus der Fassung ziehen.
- Neue Glühlampe durch Drehen gegen den Uhrzeigersinn in die Fassung einsetzen.

Hinweis: Poröse oder beschädigte Gummidichtung sowie gesprungenes Leuchtenglas ersetzen, sonst kann Wasser eindringen.

- Sockelplatte –5– und Leuchte zusammenfügen und Mutter mit Kunststoffschlüssel –1– festschrauben; dabei auf richtigen Sitz der Gummidichtung achten.
- Anschließend Kunststoffschlüssel in Halterung –3– stecken, siehe Abbildung P-5640.
- Heckleuchte einbauen, siehe entsprechendes Kapitel.

Zusatzbremsleuchte

- 2 Muttern abschrauben.
- Auf die 2 Gewindebolzen drücken, um Zusatzbremsleuchte zu lösen; dabei Leuchte rütteln.

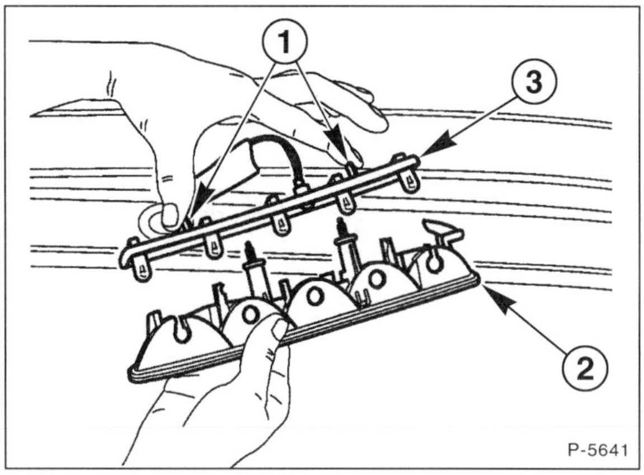

- Mit 2 Fingern Clips –1– zusammendrücken und Leuchtenglas –2– von der Lampenleiste –3– trennen.

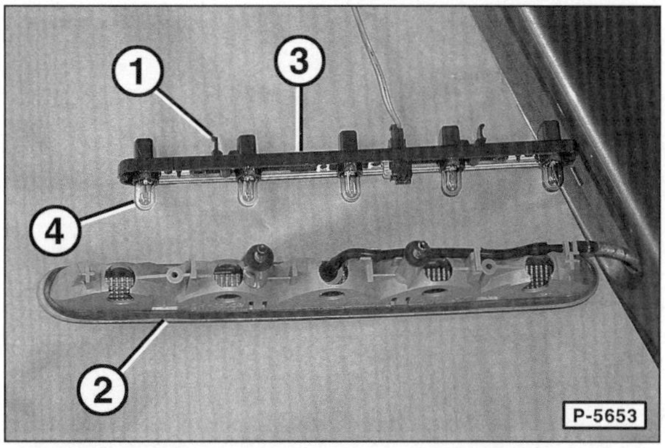

- Defekte Glühlampe –4– aus der Lampenleiste –3– ziehen und neue hineindrücken.
- Lampenleiste –3– in Leuchtenglas –2– einsetzen und Clips –1– einrasten lassen.
- Bremsleuchte so aufsetzen, dass die 2 Gewindebolzen durch die entsprechenden Bohrungen geführt werden; mit 2 Muttern festschrauben.

Kennzeichenleuchte

- Heckklappenverkleidung ausbauen, siehe Seite 267.
- Lasche drücken und Steckverbinder von der Leuchte abklemmen.

- Mit Hilfe eines Schraubendrehers Federlaschen an den Seiten des Leuchtengehäuses zusammendrücken, Kennzeichenleuchte von der Innenseite der Heckklappe nach außen drücken und ausbauen.

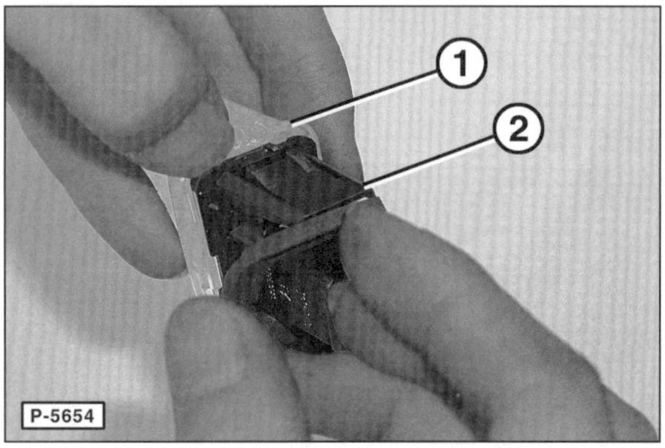

- Leuchtenglas –1– mit dem Fingernagel vom Gehäuse –2– trennen.
- Defekte Glühlampe aus der Fassung ziehen und ersetzen.
- Leuchtenglas auf das Gehäuse setzen und festdrücken.
- Kennzeichenleuchte von außen in die Heckklappe einsetzen und hörbar einrasten lassen; dabei auf richtigen Sitz der Dichtung achten.
- Steckverbinder anklemmen.
- Heckklappenverkleidung einbauen, siehe Seite 267.

Glühlampen für Innenleuchten auswechseln

- Schalter der betreffenden Leuchte ausschalten.
- Zündung ausschalten.

Leseleuchte

Die Leseleuchte ist in der Decke im Fahrgastraum hinter dem Spiegel angebracht.

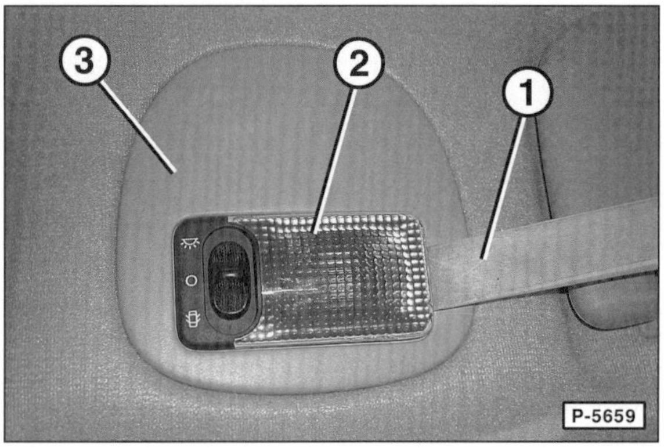

- Kunststoff-Keil –1– an der dem Schalter entgegengesetzten Seite zwischen Leseleuchte –2– und Blende –3– einführen und Leuchte abhebeln.
- Leseleuchte aus der Blende herausziehen.

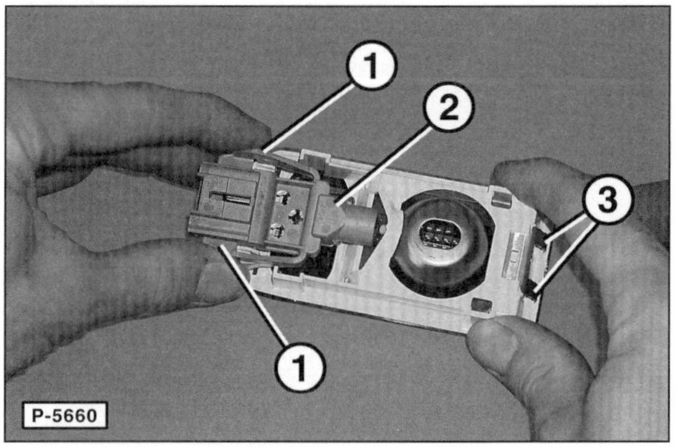

- 2 Laschen –1– zusammendrücken und Lampenfassung –2– herausziehen. 3 – Haltefedern.
- Defekte Glühlampe aus der Fassung ziehen und ersetzen.
- Lampenfassung –2– in Leuchte schieben, dabei die gefetteten Kontakte nicht berühren.
- Leseleuchte an der Schalterseite in Blende einsetzen und durch Druck auf das Leuchtenglas einschnappen lassen.

Kofferraumleuchte

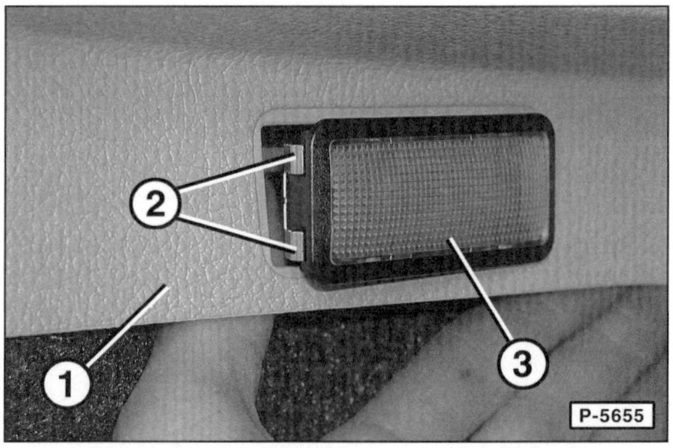

- Hinter die obere Seitenverkleidung –1– des Kofferraums fassen, mit dem Daumen gegen die Haltefedern –2– drücken und Kofferraumleuchte –3– herausdrücken; Kofferraumleuchte aus der Einbauöffnung ziehen.
- Lampenfassung gegen den Uhrzeigersinn drehen und aus der Leuchte ziehen.
- Defekte Glühlampe aus der Fassung ziehen und ersetzen.
- Lampenfassung durch Drehen in die Leuchte einsetzen.
- Kofferraumleuchte in Seitenverkleidung einsetzen und durch Druck auf das Leuchtenglas einschnappen lassen.

Scheinwerfer aus- und einbauen

Ausbau

- Batterie-Massekabel bei ausgeschalteter Zündung abklemmen, siehe Seite 58.
- Kühlergrill ausbauen, siehe Seite 258.
- Clip herausziehen und Abdeckung (Wasserabweiser) über dem linken Scheinwerfer ausbauen.

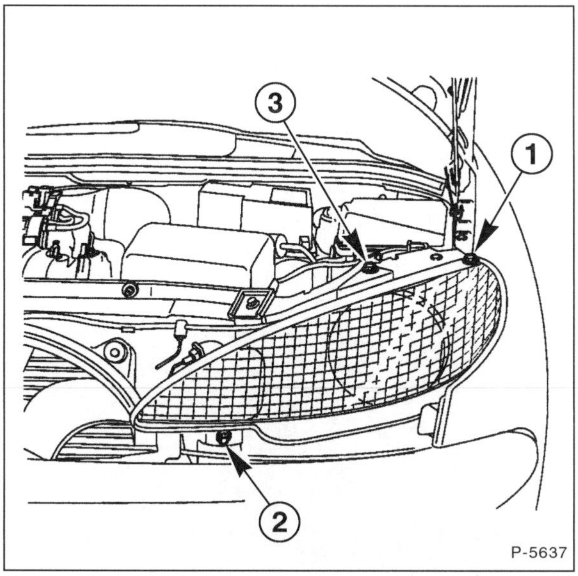

- 3 Schrauben –1– bis –3– herausdrehen.
- Stecker von den Lampen und vom Motor für die Leuchtweiten-Einstellung abklemmen.

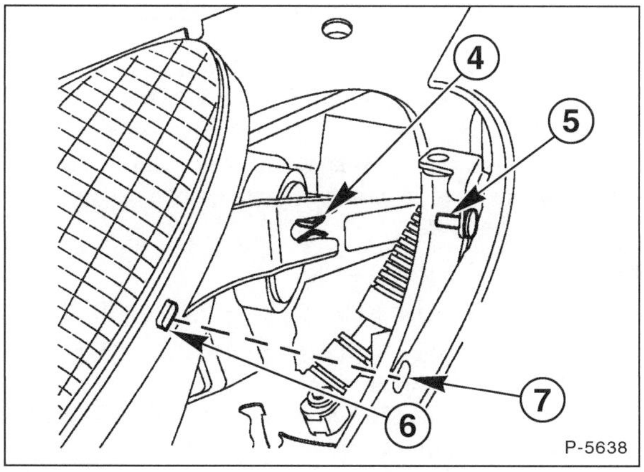

- Scheinwerfer herausnehmen. **Achtung:** Der Federdraht der Zentrierlasche –4– kann dabei herausfallen.

Einbau

- Scheinwerfer so einsetzen, dass die Zentrierlasche –4– auf dem Bolzen –5– geführt wird und die Führungsnase –6– in die Aussparung –7– greift.
- Anschlussstecker für Abblendlicht, Standlicht, Blinklicht und Leuchtweiten-Stellmotor aufstecken.
- 3 Schrauben eindrehen und in der Reihenfolge –1–, –2–, –3– festziehen, siehe Abbildung P-5637.
- Abdeckung über dem linken Scheinwerfer einclipsen.
- Kühlergrill einbauen, siehe Seite 258.
- Scheinwerfer-Einstellung so bald wie möglich in einer Werkstatt kontrollieren lassen.
- Batterie-Massekabel (–) bei ausgeschalteter Zündung anklemmen. **Nach Anklemmen der Batterie darf der Motor erst 10 Sekunden nach Einschalten der Zündung gestartet werden.** In dieser Zeit werden die elektronischen Systeme wieder aktiviert. Diebstahlcode für das Autoradio eingeben und Zeituhr einstellen.

Modell 206+

Ausbau

- Batterie-Massekabel bei ausgeschalteter Zündung abklemmen, siehe Seite 58.
- Vorderen Stoßfänger ausbauen, siehe Seite 259.

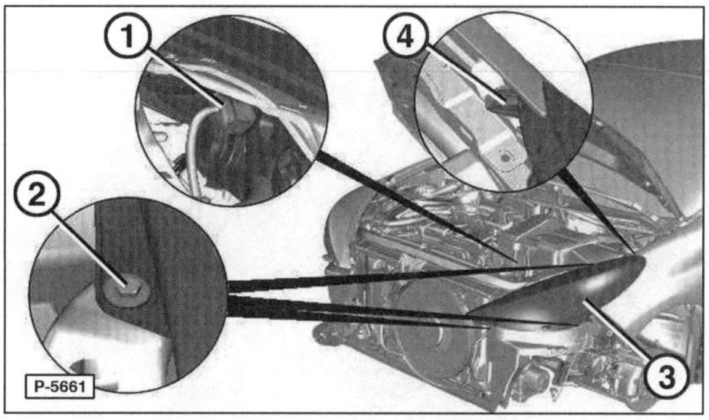

- Mehrfachstecker –1– entriegeln und abziehen.
- 3 Schrauben –2– herausdrehen.
- Scheinwerfer –3– mit einem kleinen Schlitzschraubendreher an Position –4– ausrasten und herausnehmen.

Einbau

- Der Einbau erfolgt in umgekehrter Ausbaureihenfolge. Schrauben mit **5 Nm** festziehen.
- Scheinwerfer-Einstellung prüfen lassen (Werkstattarbeit).

Scheinwerfer einstellen

Für die Verkehrssicherheit ist die exakte Einstellung der Scheinwerfer von großer Bedeutung. Die richtige Einstellung der Scheinwerfer wird mit einem Spezialgerät durchgeführt, das in der Regel nur in einer Werkstatt vorhanden ist. Deshalb wird lediglich gezeigt, wo sich am Scheinwerfer die Einstellschraube befindet.

Einstellvoraussetzungen

- Das unbeladene Fahrzeug muss mit 75 kg (eine Person) auf dem Fahrersitz belastet sein.
- Reifen auf den vorgeschriebenen Reifenfülldrück bringen.
- Kraftstofftank füllen, mindestens zu 90%.
- Fahrzeug auf ebene Fläche stellen.
- Wagen vorne mehrmals kräftig nach unten drücken, damit die Federung der Vorderradaufhängung sich setzt.
- Leuchtweitenregulierung auf »0« stellen.
- Scheinwerfer nur bei Abblendlicht einstellen.

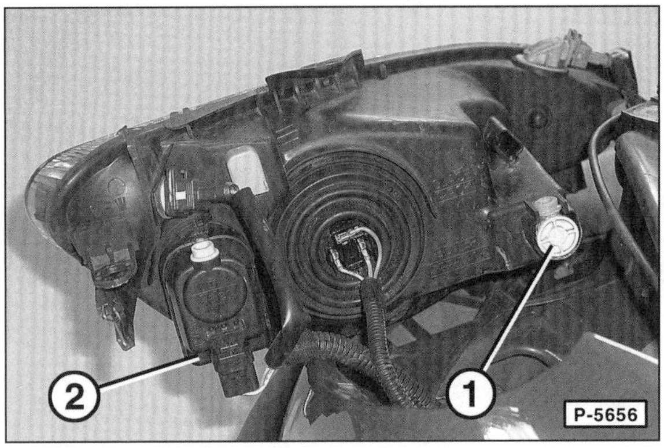

Die Abbildung zeigt den linken Scheinwerfer. 1 – Einstellschraube, 2 – Motor für die Leuchtweiten-Einstellung.

Heckleuchte aus- und einbauen

Ausbau

- Batterie-Massekabel (–) bei ausgeschalteter Zündung abklemmen. **Achtung:** Falls das eingebaute Radio einen Diebstahlcode besitzt, wird dieser beim Abklemmen der Batterie gelöscht. Das Radio kann nur durch die Eingabe des richtigen Codes, durch die PEUGEOT-Werkstatt oder durch den Radio-Hersteller wieder in Betrieb genommen werden. Vor dem Abklemmen daher unbedingt den Diebstahlcode ermitteln.
- 2 Clips oben herausziehen und Seitenverkleidung im Kofferraum nach unten drücken.
- Lasche drücken und Anschlusskabel von der Rückseite der Heckleuchte abziehen.
- Flügelschraube an der Rückseite der Heckleuchte abdrehen und Leuchteneinheit außen wegziehen.

Einbau

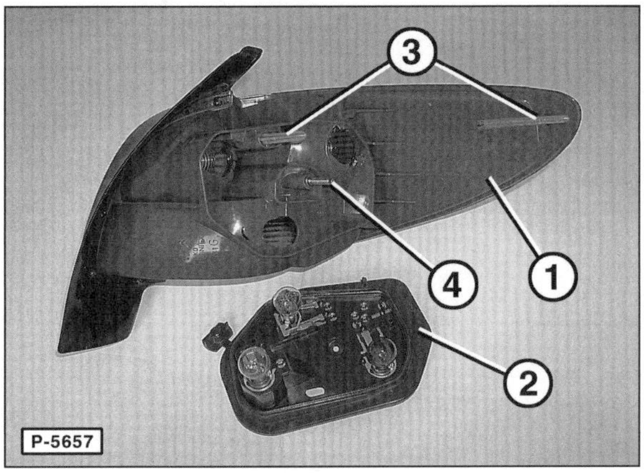

- Leuchte –1– mit aufgeschraubter Sockelplatte –2– in die Einbaustelle einsetzen, dabei 2 Führungsnasen –3– sowie den Gewindebolzen –4– durch die Bohrungen stecken, und mit Flügelschraube befestigen. Dabei darauf achten, dass das Kofferraumdichtungsband nicht eingeklemmt wird.
- Anschlusskabel aufstecken.
- Seitenverkleidung anbringen und mit 2 Clips befestigen.
- Batterie-Massekabel (–) bei ausgeschalteter Zündung anklemmen. **Nach Anklemmen der Batterie darf der Motor erst 10 Sekunden nach Einschalten der Zündung gestartet werden.** In dieser Zeit werden die elektronischen Systeme wieder aktiviert. Diebstahlcode für das Autoradio eingeben und Zeituhr einstellen.

Modell 206+

Ausbau

- Batterie-Massekabel bei ausgeschalteter Zündung abklemmen, siehe Seite 58.
- Heckklappe öffnen und hintere Seitenverkleidung ausbauen.

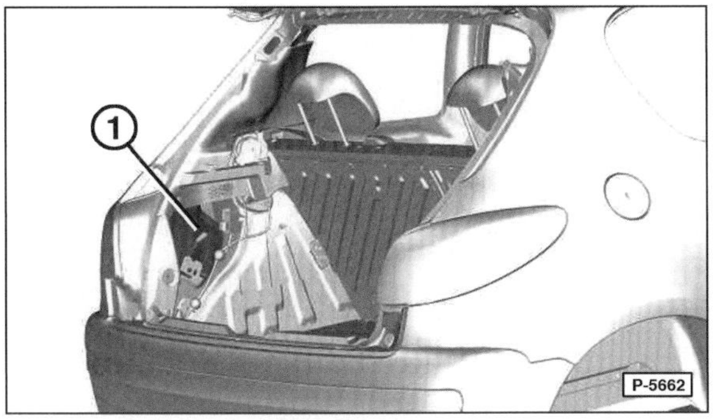

- Abdeckung –1– herausnehmen.

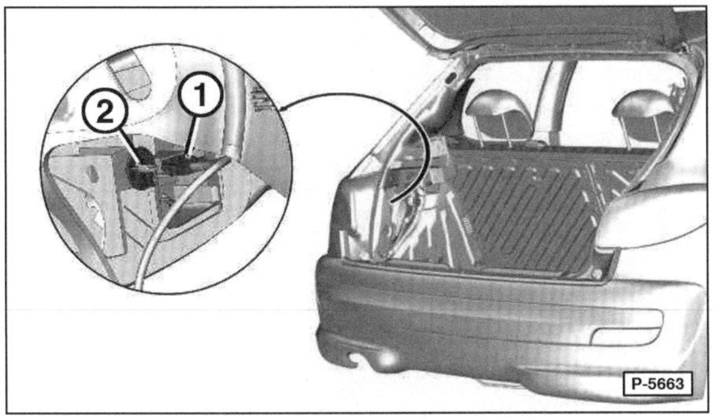

- Stecker –1– abziehen.
- Hutmutter –2– abschrauben.

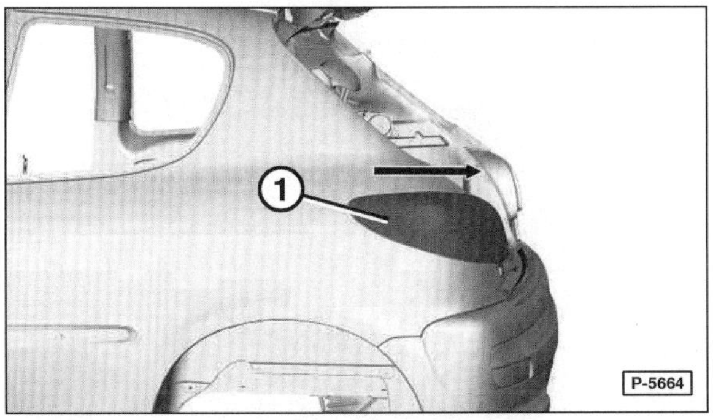

- Heckleuchte –1– in Pfeilrichtung schieben und herausnehmen.

Einbau

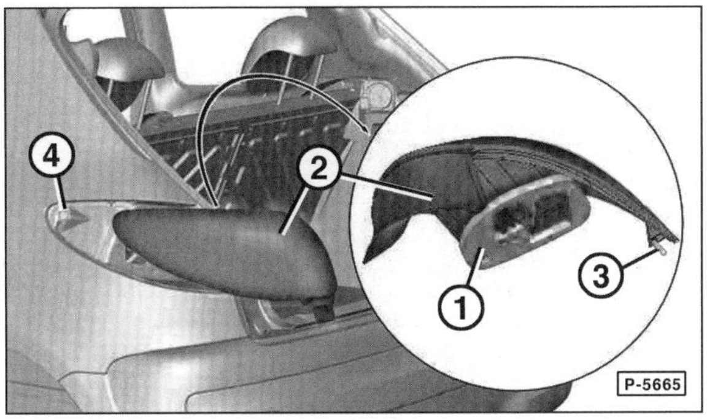

- Prüfen, ob die Dichtung –1– porös oder beschädigt ist. In diesem Fall Dichtung ersetzen.
- Heckleuchte –2– am Fahrzeug aufschieben, sodass der Zentrierstift –3– in die Aufnahme –4– eingreift.
- Hutmutter anschrauben.
- Der weitere Einbau erfolgt in umgekehrter Ausbaureihenfolge.
- Nach dem Einbau Funktion der Heckleuchte überprüfen.

Nebelscheinwerfer aus- und einbauen

Ausbau

Je nach Ausstattung sind im Frontstoßfänger Nebelscheinwerfer eingesetzt. Sie sind von der Anschlussseite schwer zugänglich. Daher muss erst der Stoßfänger ausgebaut werden, um die Nebelscheinwerfer ausbauen zu können.

- Batterie-Massekabel (–) bei ausgeschalteter Zündung abklemmen. **Achtung:** Falls das eingebaute Radio einen Diebstahlcode besitzt, wird dieser beim Abklemmen der Batterie gelöscht. Das Radio kann nur durch die Eingabe des richtigen Codes, durch die PEUGEOT-Werkstatt oder durch den Radio-Hersteller wieder in Betrieb genommen werden. Vor dem Abklemmen daher unbedingt den Diebstahlcode ermitteln.

- Mit Hilfe eines Schraubendrehers Klappe im Innenkotflügel öffnen und Steckverbinder –3– an der Rückseite des Scheinwerfers abklemmen. 4 – Einstellschraube.
- Frontstoßfänger ausbauen, siehe Seite 258.
- Schraube –1– herausdrehen und Nebelscheinwerfer nach oben ziehen und aus der Halterung –2– aushängen.

Einbau

- Der Einbau erfolgt in umgekehrter Reihenfolge.
- Batterie-Massekabel (–) bei ausgeschalteter Zündung anklemmen. **Nach Anklemmen der Batterie darf der Motor erst 10 Sekunden nach Einschalten der Zündung gestartet werden**, siehe Seite 58.

Modell 206+

Ausbau

- Batterie-Massekabel bei ausgeschalteter Zündung abklemmen, siehe Seite 58.
- Innenkotflügel ausbauen, siehe Seite 261.

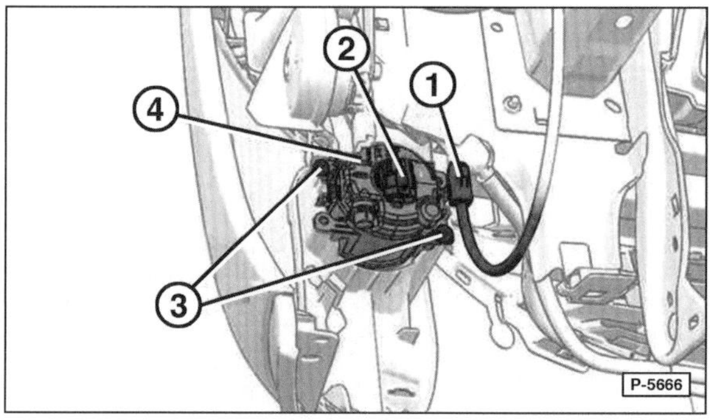

- Stecker –1– an der Lampenfassung –2– entriegeln und abziehen.
- Schrauben –3– herausdrehen.
- Nebelscheinwerfer –4– abnehmen.

Einbau

- Der Einbau erfolgt in umgekehrter Ausbaureihenfolge. Nebelscheinwerfer mit **3 Nm** anschrauben.
- Stecker aufschieben und einrasten

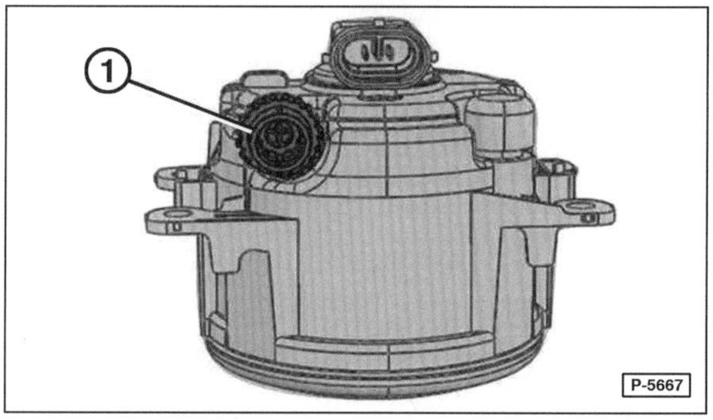

- Einstellung des Nebelscheinwerfers prüfen, gegebenenfalls Nebelscheinwerfer durch Verdrehen des Rändelrades –1– einstellen.

Armaturen/Schalter

In diesem Kapitel wird beschrieben, wie das Kombiinstrument sowie verschiedene Schalter ausgebaut werden.

Ein weiteres Thema ist die Demontage einzelner Komponenten der Audioanlage, wozu das Radio, die Lautsprecher und die Antenne zählen.

Kombiinstrument aus- und einbauen

Ausbau

- Batterie-Massekabel (–) bei ausgeschalteter Zündung abklemmen. **Achtung:** Falls das eingebaute Radio einen Diebstahlcode besitzt, wird dieser beim Abklemmen der Batterie gelöscht. Das Radio kann nur durch die Eingabe des richtigen Codes, durch die PEUGEOT-Werkstatt oder durch den Radio-Hersteller wieder in Betrieb genommen werden. Vor dem Abklemmen daher unbedingt den Diebstahlcode ermitteln.

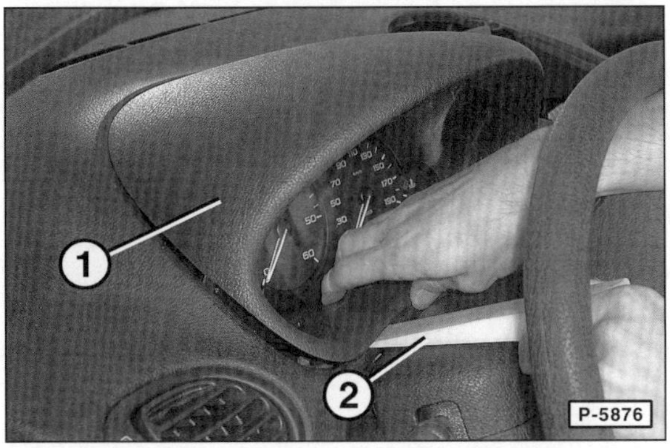

- Kunststoffkeil –2–, zum Beispiel HAZET 1965-20, wie in der Abbildung gezeigt einführen, gleichzeitig mit der Hand die Instrumentenhaube –1– unten zum Lenkrad ziehen und von den unteren Federzungen lösen.
- Instrumentenhaube oben von den oberen Federzungen lösen und abnehmen.

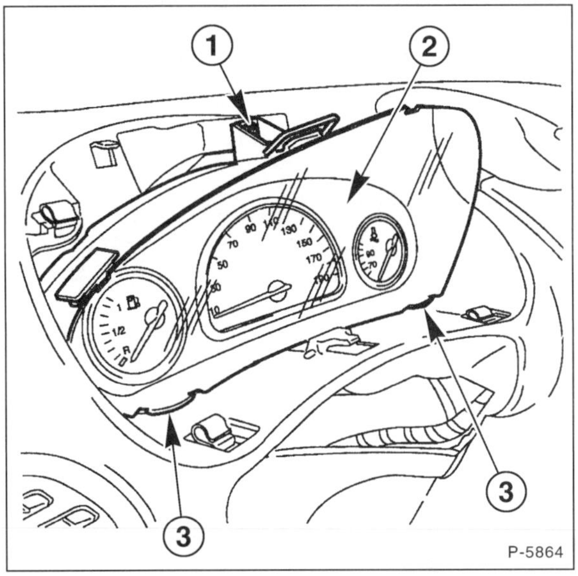

- Torxschraube –1– herausdrehen, Kombiinstrument –2– oben aus Clip-Halterung ziehen und zum Lenkrad neigen.

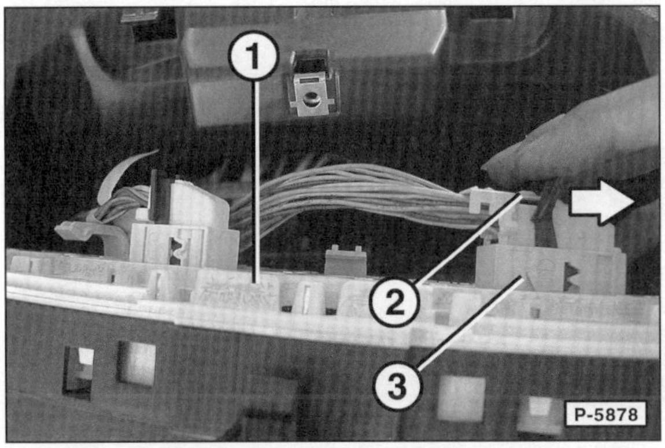

- An der Rückseite des Kombiinstruments –1– den Druckknopf –2– nach unten drücken, Hebel umlegen –Pfeil– und Stecker –3– abziehen.
- In gleicher Weise zweiten Steckverbinder abziehen.
- Kombiinstrument mit den 2 Führungsnasen –3– aus den Gummi-Nuten ziehen, siehe Abbildung P-5864. **Achtung:** Dabei nicht die Scheibe des Kombiinstruments zerkratzen.

Glühlampen ersetzen

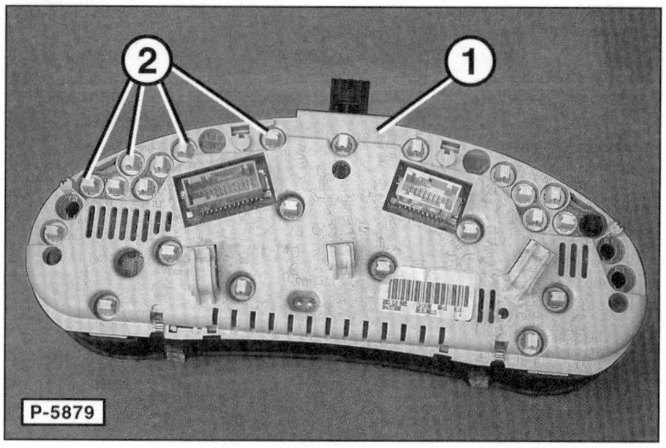

- An der Rückseite des Kombiinstruments –1– defekte Glühlampe –2– ¼ Umdrehung gegen den Uhrzeigersinn drehen und Glühlampe herausziehen.
- Neue Glühlampe durch Drehen im Uhrzeigersinn einsetzen.

Einbau

- Kombiinstrument so in die Einbauöffnung setzen, dass die Führungsnasen in die Gummi-Nuten greifen.
- Beide Stecker hinten am Kombiinstrument aufstecken und durch Umlegen der Hebel sichern.

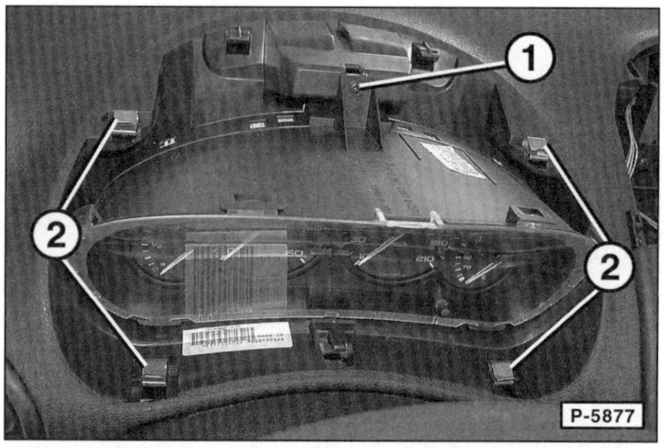

- Kombiinstrument oben einclipsen und mit Torxschraube –1– befestigen.
- Instrumentenhaube so auf das Armaturenbrett setzen, dass die Federzungen –2– erst oben, dann unten in die Rechtecksösen der Haube greifen.
- Durch Druck mit den Händen Instrumentenhaube unten einrasten lassen.
- Batterie-Massekabel (–) bei ausgeschalteter Zündung anklemmen. **Nach Anklemmen der Batterie darf der Motor erst 10 Sekunden nach Einschalten der Zündung gestartet werden.** In dieser Zeit werden die elektronischen Systeme wieder aktiviert. Diebstahlcode für das Autoradio eingeben und Zeituhr einstellen.

Anzeigeeinheit aus- und einbauen

Je nach Ausstattung besteht die Anzeigeeinheit aus der Zeituhr oder einer Mehrfunktionsanzeige für Radio und Navigationssystem. Sie ist unter der Anzeigehaube eingebaut und schließt die mittlere Bedienungseinheit nach oben hin ab.

Ausbau

- Batterie-Massekabel (–) bei ausgeschalteter Zündung abklemmen. **Achtung:** Falls das eingebaute Radio einen Diebstahlcode besitzt, wird dieser beim Abklemmen der Batterie gelöscht. Das Radio kann nur durch die Eingabe des richtigen Codes, durch die PEUGEOT-Werkstatt oder durch den Radio-Hersteller wieder in Betrieb genommen werden. Vor dem Abklemmen daher unbedingt den Diebstahlcode ermitteln.

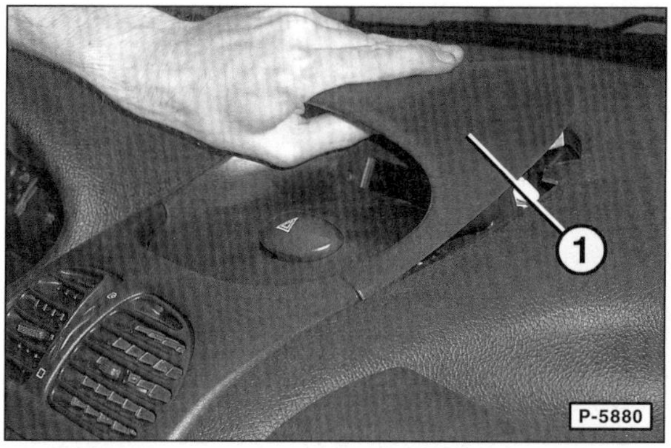

- Mit der Hand unter die Anzeigehaube –1– greifen und diese durch Zug aus der Arretierung lösen.
- Stecker vom Warnblinkschalter abklemmen und Anzeigehaube ausbauen.

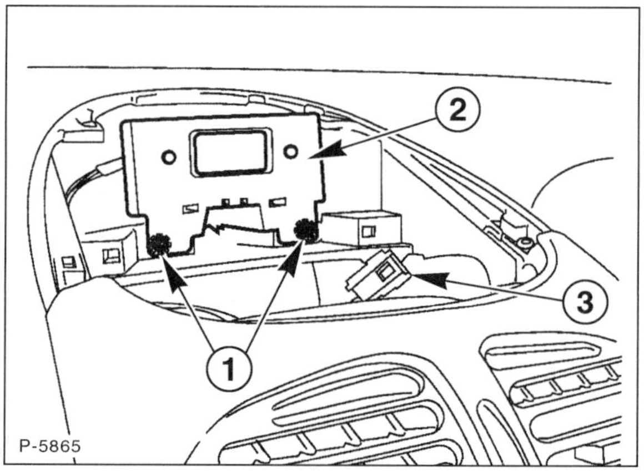

- 2 Torxschrauben –1– herausdrehen.
- Anzeigeeinheit –2– hervorziehen.
- Stecker –3– abklemmen und Anzeigeeinheit ausbauen.

Einbau

- Stecker an die Anzeigeeinheit –2– anklemmen.
- Anzeigeeinheit in Einbauöffnung setzen und mit 2 Torxschrauben –1– festschrauben.
- Anzeigehaube auf dem Armaturenbrett ablegen und Stecker –3– an den Warnblinkschalter anklemmen.
- Anzeigehaube auf die Einbauöffnung setzen; dabei Führungsnasen unter die Blende der Lüftungsgitter schieben.
- Anzeigehaube durch Druck mit beiden Händen oben einrasten lassen.
- Batterie-Massekabel (–) bei ausgeschalteter Zündung anklemmen. **Nach Anklemmen der Batterie darf der Motor erst 10 Sekunden nach Einschalten der Zündung gestartet werden.** In dieser Zeit werden die elektronischen Systeme wieder aktiviert. Diebstahlcode für das Autoradio eingeben und Zeituhr einstellen.

Lenkstockschalter aus- und einbauen

An der Lenksäule sind die Schalter für Abblendlicht, Fernlicht, Blinker und Scheibenwischer sowie der Radiofernbedienungshebel angebaut.

Ausbau

- Batterie-Massekabel (–) bei ausgeschalteter Zündung abklemmen. **Achtung:** Falls das eingebaute Radio einen Diebstahlcode besitzt, wird dieser beim Abklemmen der Batterie gelöscht. Das Radio kann nur durch die Eingabe des richtigen Codes, durch die PEUGEOT-Werkstatt oder durch den Radio-Hersteller wieder in Betrieb genommen werden. Vor dem Abklemmen daher unbedingt den Diebstahlcode ermitteln.
- Untere Armaturbrett-Abdeckung ausbauen, dazu mit einer Münze die Befestigungsschraube ¼ Umdrehung verdrehen.
- Falls vorhanden, grünen Stecker für Radiofernbedienungshebel abziehen.
- Lenkrad auf tiefste Position stellen.

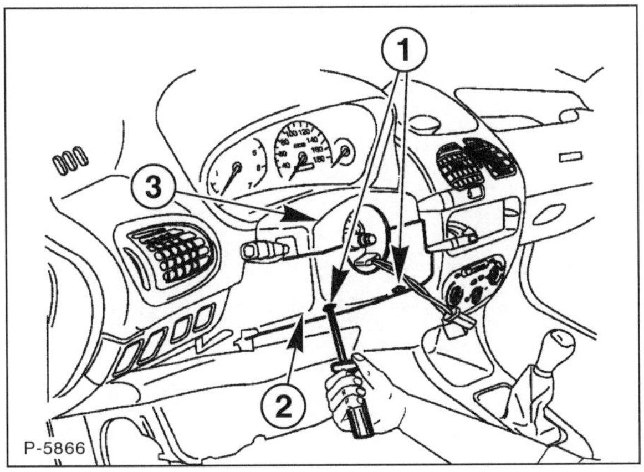

- 2 Torxschrauben –1– herausdrehen und obere Lenksäulenverkleidung –3– ausbauen.
- Mit einem Schraubendreher in die Aussparung der unteren Verkleidung –2– greifen und Kunststoff-Haken aus der Halterung lösen.
- Untere Verkleidung –2– aus der Arretierung ziehen und ausbauen. Wenn nötig, den Hebel für die Lenkrad-Verstellung umlegen.

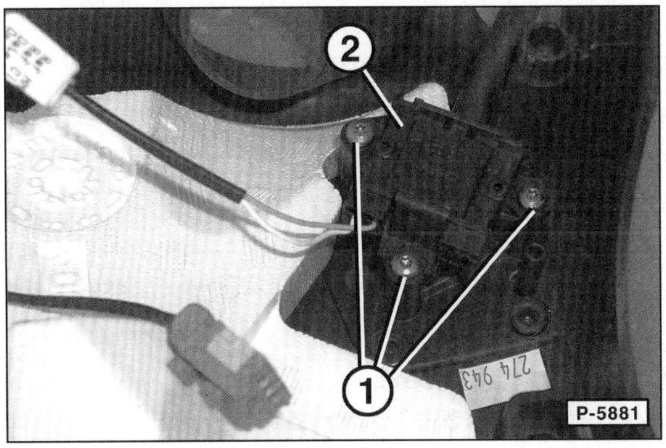

- Falls vorhanden, 3 Torxschrauben herausdrehen und Radiofernbedienungshebel –2– aus unterer Lenksäulenverkleidung ausbauen.
- Zuleitung für Lenkstockschalter aus Klemmbefestigung lösen.
- Auf Lasche drücken und Steckverbindung vom Lenkstockschalter abziehen.

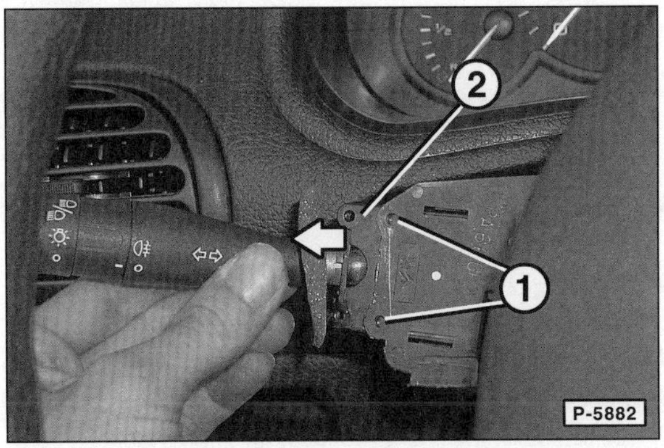

- 2 Torxschrauben –1– herausdrehen, Lenkstockschalter –2– aus der Halteschiene vom Lenkrad wegziehen –Pfeil– und ausbauen.

Einbau

- Lenkstockschalter in die Halteschiene schieben, mit 2 Torxschrauben befestigen und Steckverbindung anklemmen.
- Zuleitung für Lenkstockschalter festklemmen.
- Radiofernbedienungshebel in die untere Lenksäulenverkleidung einbauen.
- Untere Lenksäulenverkleidung an der Lenksäule ansetzen und einrasten. **Achtung:** Dabei den Kunststoff-Haken nicht abbrechen.

- Obere Verkleidung an der Lenksäule ansetzen und in untere Verkleidung einhaken. Auf richtigen Sitz achten.
- Von unten 2 Torxschrauben einschrauben und die beide Verkleidungshälften miteinander verbinden. **Achtung:** Schrauben nicht zu fest anziehen, da sonst die Kunststoffbohrungen einreißen.
- Grünen Stecker für den Radiofernbedienungshebel aufstecken und untere Armaturbrett-Abdeckung schließen.
- Lenkradhöhe einstellen und Lenksäule arretieren.
- Batterie-Massekabel (–) bei ausgeschalteter Zündung anklemmen. **Nach Anklemmen der Batterie darf der Motor erst 10 Sekunden nach Einschalten der Zündung gestartet werden.** In dieser Zeit werden die elektronischen Systeme wieder aktiviert. Diebstahlcode für das Autoradio eingeben und Zeituhr einstellen.

Drehkontakt für Airbag-Einheit zentrieren

Der elektrische Kontakt zwischen dem sich drehenden Lenkrad mit der Airbag-Einheit und dem feststehenden Lenkstock wird durch den Drehkontakt gewährleistet. **Achtung:** Den Drehkontakt keinesfalls zerlegen oder schmieren.

Zentrieren

- Batterie-Massekabel (–) bei ausgeschalteter Zündung abklemmen. **Achtung:** Falls das eingebaute Radio einen Diebstahlcode besitzt, wird dieser beim Abklemmen der Batterie gelöscht. Das Radio kann nur durch die Eingabe des richtigen Codes, durch die PEUGEOT-Werkstatt oder durch den Radio-Hersteller wieder in Betrieb genommen werden. Vor dem Abklemmen daher unbedingt den Diebstahlcode ermitteln.
- Räder in Geradeausstellung, Lenkrad in Mittelstellung bringen.
- Lenkradpolster mit Airbag-Einheit und Lenkrad ausbauen, siehe Seite 132.

Achtung: Unbedingt Airbag-Sicherheitshinweise beachten, siehe Seite 129.

- Lenksäulenverkleidung ausbauen, siehe Kapitel »Lenkstockschalter ausbauen«.
- Drehkontakt mit der Hand gegen den Uhrzeigersinn drehen, bis ein deutlicher Widerstand spürbar ist.
- Danach Drehkontakt mehrere Umdrehungen im Uhrzeigersinn drehen, bis ein deutlicher Widerstand spürbar ist. Dabei die Anzahl der Umdrehungen merken beziehungsweise notieren.

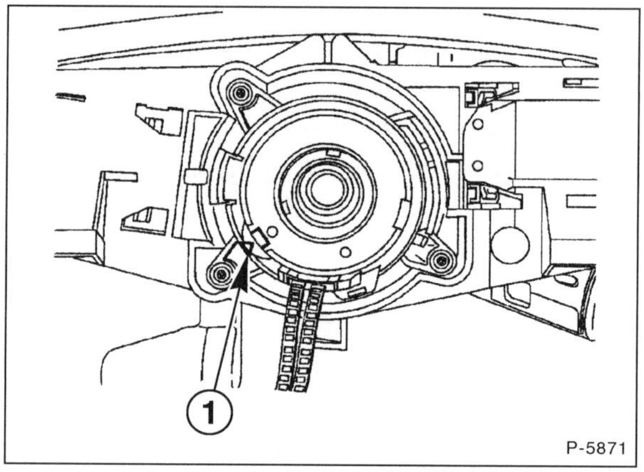

- Drehkontakt wieder zurückdrehen und zwar um etwa die Hälfte der gezählten Umdrehungen, bis die Markierungen –1– der beiden Kontaktebenen sich gegenüberstehen.
- In dieser Stellung des Drehkontaktes Lenkrad und Lenkradpolster einbauen, siehe Seite 132.
- Lenkstock-Verkleidung einbauen, siehe Kapitel »Lenkstockschalter aus- und einbauen«.
- Batterie-Massekabel (–) bei ausgeschalteter Zündung anklemmen. **Nach Anklemmen der Batterie darf der Motor erst 10 Sekunden nach Einschalten der Zündung gestartet werden.** In dieser Zeit werden die elektronischen Systeme wieder aktiviert. Diebstahlcode für das Autoradio eingeben und Zeituhr einstellen.

Schalter im Innenraum aus- und einbauen

Achtung: Vor Arbeiten an der elektrischen Anlage grundsätzlich das Batterie-Massekabel (–) abklemmen. Dazu Hinweise im Kapitel »Batterie aus- und einbauen« durchlesen. Als Arbeit an der elektrischen Anlage ist dabei schon zu betrachten, wenn eine elektrischen Leitung vom Anschluss abgezogen beziehungsweise abgeklemmt wird.

Schalter in der linken Bedienungstafel

In der Bedienungstafel, die sich unterhalb der linken Luftaustrittsdüse befindet, sind je nach Ausstattung folgende Schalter eingesetzt: Die Drehregler für die Instrumentenbeleuchtung und für die Scheinwerfer-Leuchtweiteneinstellung sowie der Verriegelungsschalter für die hinteren Fensterheber und der Schalter zum Deaktivieren des Beifahrerairbags.

Achtung: Vor Abklemmen des Airbag-Deaktivierungsschalters unbedingt Airbag-Sicherheitshinweise beachten, siehe Seite 129.

- Zündung ausschalten.
- Linke Luftaustrittsdüse ausbauen, siehe Seite 99.

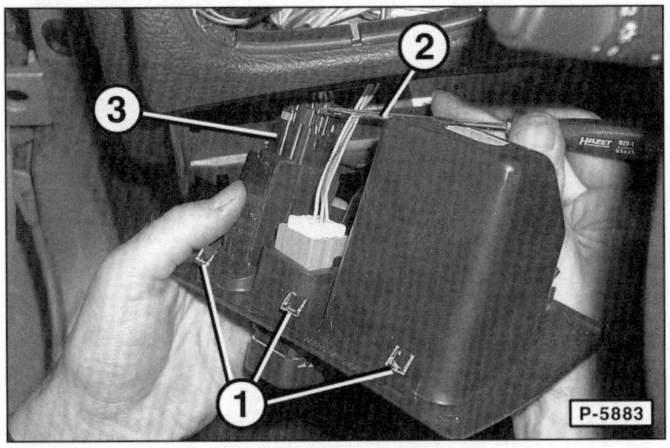

- Durch die Öffnung der Luftaustrittsdüse von oben auf die Haltelaschen –1– der Bedienungstafel drücken und dabei Tafel aus dem Armaturenbrett herausdrücken.
- Wenn nötig, mit einem Schraubendreher –2– auf die Lasche des Steckers drücken und diesen vom Schalter –3– abziehen.
- Schalter aus der Halterung lösen und nach vorne aus der Bedienungstafel herausdrücken. Der Schalter zum Deaktivieren des Beifahrerairbags hat besonders breite Halteclips.
- Neuen Schalter von vorne in die Bedienungstafel einsetzen und Steckverbindung aufschieben.
- Bedienungstafel unten einsetzen und oben durch Andrücken einrasten lassen.
- Linke Luftaustrittsdüse einbauen, siehe Seite 99.

Warnblinkschalter

- Anzeigehaube ausbauen, siehe in Kapitel »Anzeigeeinheit aus- und einbauen«.

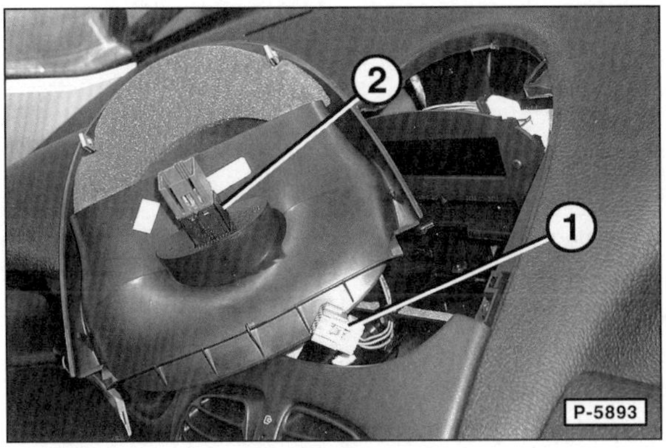

- Stecker –1– vom Warnblinkschalter abziehen.
- An der Rückseite der Anzeigenhaube auf Haltelaschen –2– drücken und Warnblinkschalter aus der Halterung lösen.
- Warnblinkschalter nach vorne aus der Anzeigenhaube herausdrücken.
- Der Einbau eines neuen Schalters erfolgt in umgekehrter Ausbaureihenfolge.

Schalterfelder in der Mittelkonsole

In der hinteren und vorderen Mittelkonsole sind je nach Ausstattung verschiedene Schalter in zwei Schalterfeldern eingesetzt: Die Schalter für die elektrischen Fensterheber hinten und für die Sitzheizung einerseits, der Drehknopf zur Verstellung der Außenspiegel und die Schalter für die elektrischen Fensterheber vorne andererseits. Alle Schalter werden zusammen mit dem jeweiligen Schalterfeld ausgebaut.

- Zündung ausschalten.

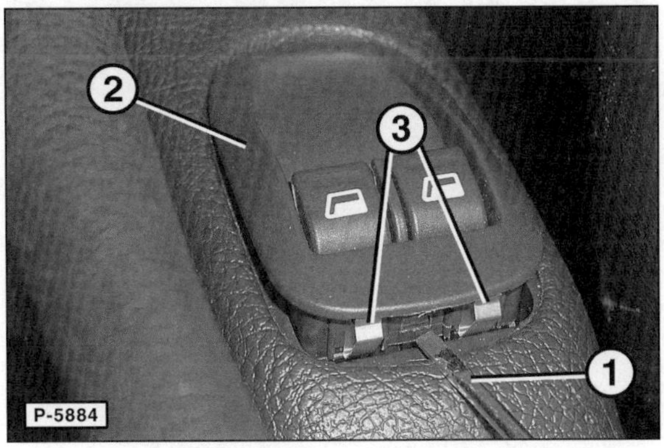

- Mit einem Schraubendreher –1– das Schalterfeld –2– heraushebeln und aus der Einbauöffnung herausziehen. Beim Schalterfeld in der hinteren Mittelkonsole wird der Schraubendreher vorne angesetzt, beim vorderen Schalterfeld hinten. 3 – Haltefedern.

Hinweis: Zum Schutz vor Kratzern vorher die Spitze des Schraubendrehers mit Klebeband umwickeln.

- Auf Lasche des Steckverbinders drücken und diesen vom Schalterfeld abziehen.
- Steckverbinder an neues Schalterfeld anklemmen und Schalterfeld in Konsole einsetzen.

Zigarrettenanzünder

- Hintere Mittelkonsole ausbauen, siehe Seite 247.
- Vordere Mittelkonsole ausbauen, siehe Seite 247.
- Vordere Mittelkonsole anheben und Steckverbinder an der Rückseite des Zigarrettenanzünders abziehen.
- Zigarrettenanzünder nach oben aus der Einbauöffnung der Konsole drücken.
- Neuen Zigarrettenanzünder von oben einsetzen und Steckverbinder anklemmen.
- Vordere Mittelkonsole einbauen, siehe Seite 247.
- Wenn nötig, Handbremse einstellen, siehe Seite 154.
- Hintere Mittelkonsole einbauen, siehe Seite 247.

Schalter für Handbremse

Über diesen Schalter wird die entsprechende Warnlampe im Kombiinstrument angesteuert, wenn der Handbremshebel angezogen ist.

- Zündung ausschalten.
- Hintere Mittelkonsole ausbauen, siehe Seite 247.
- 3 Muttern des Handbremshebel-Halteblechs lösen.
- Handbremshebel anheben.

- Mit Schraubendreher –1– Schalterblende –2– aufhebeln und Schalter aus der Einbauöffnung ziehen.
- Steckverbinder vom Schalter abziehen.
- Steckverbinder an neuen Schalter anklemmen und Schalter einsetzen.
- Handbremshebel einsetzen und mit 3 Befestigungsmuttern anschrauben.
- Wenn nötig, Handbremse einstellen, siehe Seite 154.
- Hintere Mittelkonsole einbauen, siehe Seite 247.

Schalter für Schiebedach

Je nach Ausstattung sind in einem Bedienfeld an der Decke des Fahrzeugs der Schalter zum Öffnen und Schließen des Schiebedachs sowie die Leseleuchte eingesetzt. Der Ausbau des Schiebedachschalters erfolgt in ähnlicher Weise wie der Ausbau der Leseleuchte, siehe Seite 82.

Radio aus- und einbauen

Das Radio ist in der mittleren Bedienungseinheit eingelassen. PEUGEOT stellt verschiedene Radiomodelle bereit: Mit Kassettenteil, CD-Spieler oder CD-Wechsler. Alle Modelle sind mit einer Diebstahlsicherung ausgestattet.

Je nach Modell sind die Radios mit unterschiedlichen Ausbau-Vorrichtungen versehen.

Radio mit 2 Ausbaulöchern

Ausbau

- Batterie-Massekabel (–) bei ausgeschalteter Zündung abklemmen. **Achtung:** Falls das eingebaute Radio einen Diebstahlcode besitzt, wird dieser beim Abklemmen der Batterie gelöscht. Das Radio kann nur durch die Eingabe des richtigen Codes, durch die PEUGEOT-Werkstatt oder durch den Radio-Hersteller wieder in Betrieb genommen werden. Vor dem Abklemmen daher unbedingt den Diebstahlcode ermitteln.

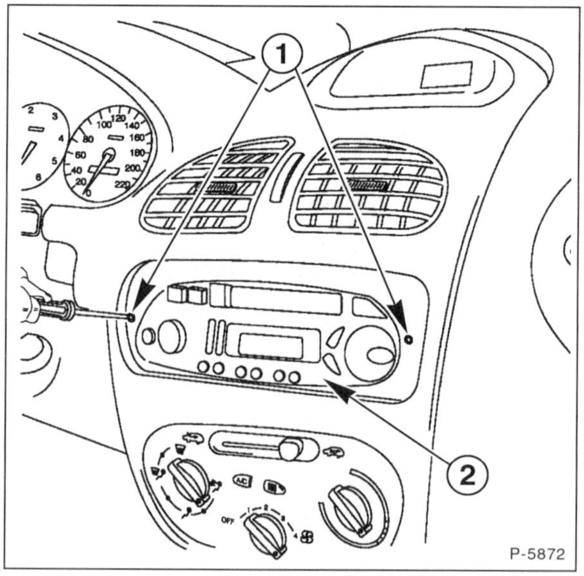

- Schmalen Schraubendreher nacheinander in die Löcher –1– einführen und hineindrücken, um die Arretierung zu lösen.
- Radio –2– aus dem Einbauschacht ziehen.
- 2 Stecker an der Rückseite des Radios abklemmen: Lasche drücken und gleichzeitig an den vorstehenden Nasen des Steckers ziehen.

- Antennenkabel an der Rückseite des Radios herausziehen und Radio ausbauen.

Hinweis: Wenn der Ausbau des Radios nicht wie beschrieben gelingen sollte, kann die Blende der Radio/Heizung-Bedieneinheit zusammen mit dem eingesetzem Radio folgendermaßen ausgebaut werden:

- Blende der Radio/Heizung-Bedieneinheit ausbauen, siehe Seite 249.
- 2 Stecker und Antennenanschlusskabel abklemmen.

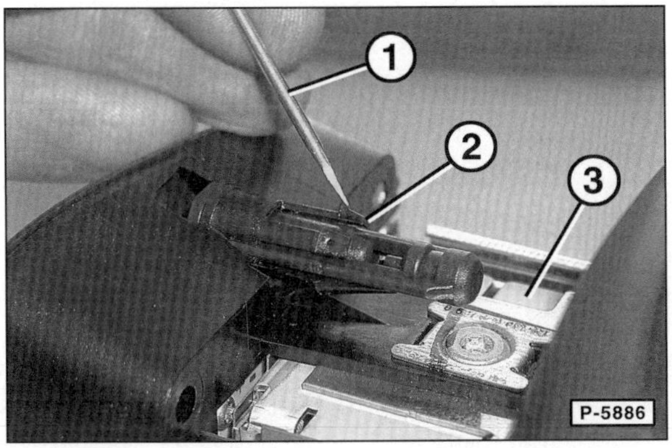

- Mit einem Schraubendreher –1– vorsichtig die Kunststoff-Federn –2– des Haltedübels zusammendrücken und Radio –3– aus der Blende ziehen. **Hinweis:** Vorsichtig vorgehen, da die Kunststoff-Federn leicht abbrechen können.

Einbau

- Wenn nötig, Blende der Radio/Heizung-Bedieneinheit einbauen, siehe Seite 249.
- Beide Stecker und Antennenanschlusskabel an der Radiorückseite anschließen und Radio in den Einbauschacht setzen.

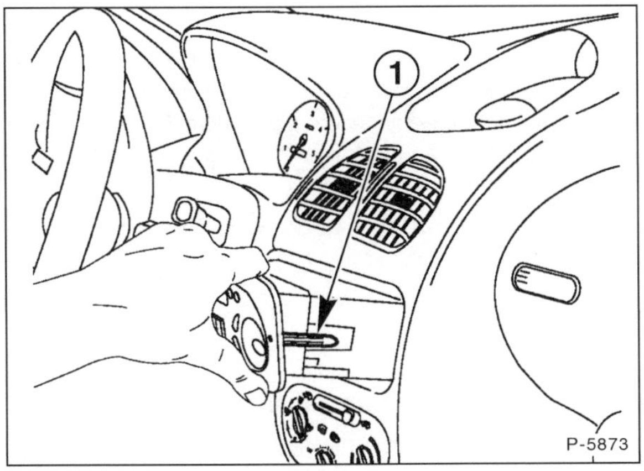

- Kunststoff-Federn –1– auf beiden Seiten des Radios zusammendrücken, Radio ganz hineinschieben und einrasten lassen.

- Batterie-Massekabel (–) bei ausgeschalteter Zündung anklemmen. **Nach Anklemmen der Batterie darf der Motor erst 10 Sekunden nach Einschalten der Zündung gestartet werden.** In dieser Zeit werden die elektronischen Systeme wieder aktiviert. Diebstahlcode für das Autoradio eingeben und Zeituhr einstellen.

Hinweis: Bei Eingabe eines falschen Codes werden die PEUGEOT-Radiomodelle bis zu einer Stunde gesperrt. Während dieser Wartezeit muss das Gerät eingeschaltet bleiben. Erst danach kann der Code erneut eingegeben werden.

Radio mit 4 Ausbaulöchern

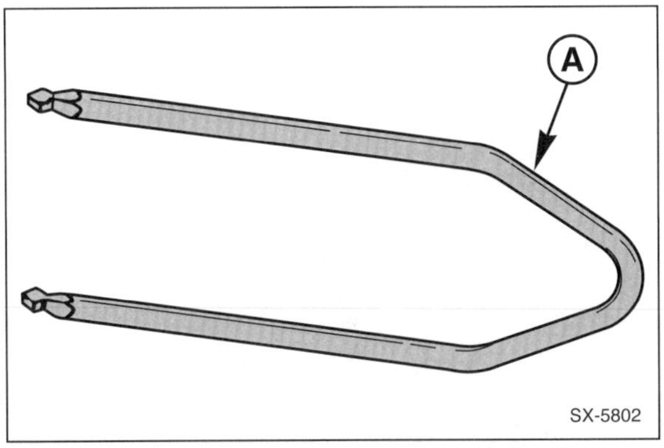

Dem Radio sind 2 Ausziehbügel –A– als Werkzeug beigefügt. Beim Ausbau des Radios werden sie in die Löcher zu beiden Seiten des Radios gesteckt, bis sie einrasten. Danach wird das Radio an den Bügeln aus dem Einbauschacht gezogen. **Hinweis:** Die Ausziehbügel sind auch im Zubehörhandel erhältlich.

Für den Einbau werden die Ausziehbügel aus den Löchern gezogen und das Radio wird in den Schacht geschoben, bis es einrastet.

Hinweise für den nachträglichen Radioeinbau

Achtung: Wird das serienmäßige Anschlusskabel nicht verwendet, unbedingt darauf achten, dass keine unisolierten Kabel frei herumliegen. Ein Kurzschluss kann zu einem Kabelbrand führen.

- Darauf achten, dass nur typgeprüfte Entstörsätze (mit allgemeiner Betriebserlaubnis, ABE) verwendet werden, sonst kann die Zulassung des Fahrzeuges erlöschen.

Lautsprecher aus- und einbauen

Achtung: Vor Arbeiten an der elektrischen Anlage grundsätzlich das Batterie-Massekabel (–) abklemmen. Dazu Hinweise im Kapitel »Batterie aus- und einbauen« durchlesen. Als Arbeit an der elektrischen Anlage ist dabei schon zu betrachten, wenn eine elektrischen Leitung vom Anschluss abgezogen beziehungsweise abgeklemmt wird.

Lautsprecher vorn

Ausbau

- Türverkleidung ausbauen, siehe Seite 249.

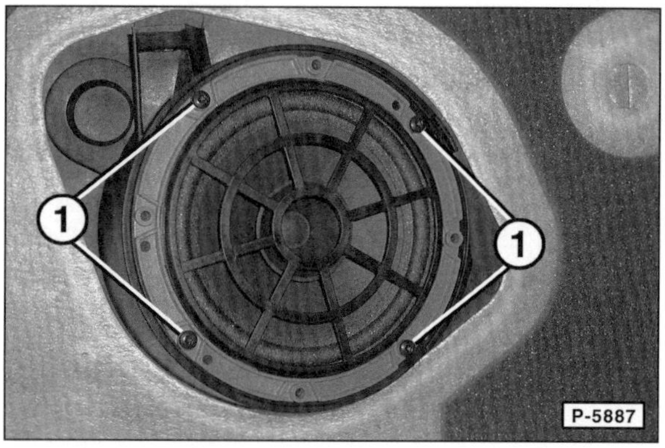

P-5887

- 4 Torxschrauben –1– herausdrehen und Lautsprecher aus der Einbauöffnung ziehen.
- Anschlusskabel abklemmen.

Einbau

- Anschlusskabel am Lautsprecher anklemmen.
- Lautsprecher mit 4 Torxschrauben befestigen.
- Türverkleidung einbauen, siehe Seite 249.

Lautsprecher hinten

Je nach Fahrzeug- und Radio-Modell ist hinten in der Türverkleidung – oder bei einem Dreitürer in der hinteren Seitenverkleidung – ein Lautsprecher eingesetzt.

Der Ausbau erfolgt im Prinzip wie beim vorderen Lautprecher beschrieben: Die Verkleidung muss ausgebaut, 4 Schrauben herausgeschraubt und der Anschlussstecker abgeklemmt werden.

Hochtonlautsprecher vorn

Je nach Ausstattung des Fahrzeugs sitzt in den Fensterdreiecken der vorderen Türen jeweils ein Hochtonlautsprecher.

Ausbau

- Dreiecksblende ausbauen, siehe Seite 250.

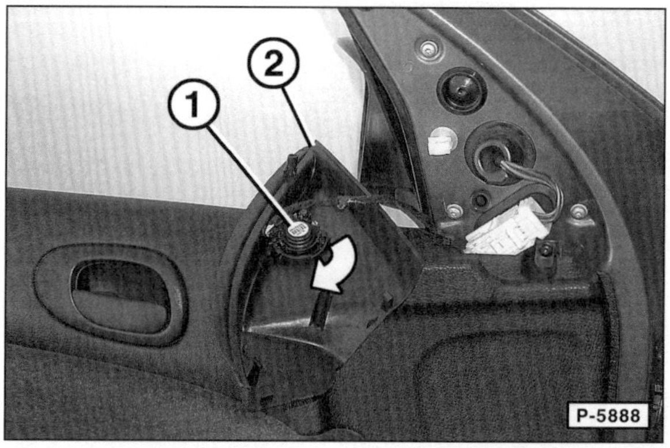

P-5888

- Hochtonlautsprecher –1– vorsichtig im Uhrzeigersinn drehen –Pfeil– und von der Dreiecksblende –2– lösen. **Achtung:** Nicht die Kontakte und den Kondensator des Lautsprechers beschädigen.
- Anschlusskabel abklemmen.

Einbau

- Anschlusskabel an Hochtonlautsprecher anklemmen.
- Hochtonlautsprecher auf die Dreiecksblende setzen und durch Drehen gegen den Uhrzeigersinn befestigen.
- Dreiecksblende einbauen, siehe Seite 250.

Dachantenne aus- und einbauen

Der PEUGEOT 206 wird mit 3 Antennenausführungen bestückt: Vorn am Dach entweder mit einer langen Antenne oder einer kurzen Antenne mit Verstärker. Bei Fahrzeugen mit Schiebedach ist eine kurze Antenne mit Verstärker an der hinteren Dachkante angebracht.

Beschrieben wird der Ausbau der vorne angebrachten Antenne ohne Verstärker.

Ausbau

- Antenne abschrauben.
- Radio ausbauen, entsprechendes Kapitel.
- Antennenkabel an der Rückseite des Radios abklemmen und hinter dem Handschuhfach, der Verkleidung der A-Säule und dem Dachhimmel herausziehen.
- Leseleuchte ausbauen, siehe Seite 82.

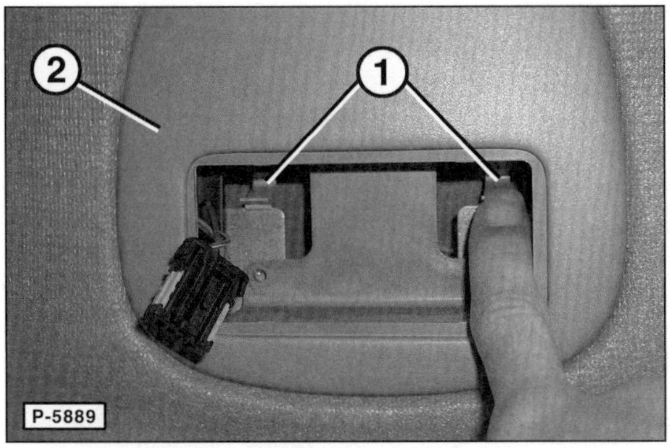

- Laschen –1– nach hinten drücken und Blende –2– ausbauen.

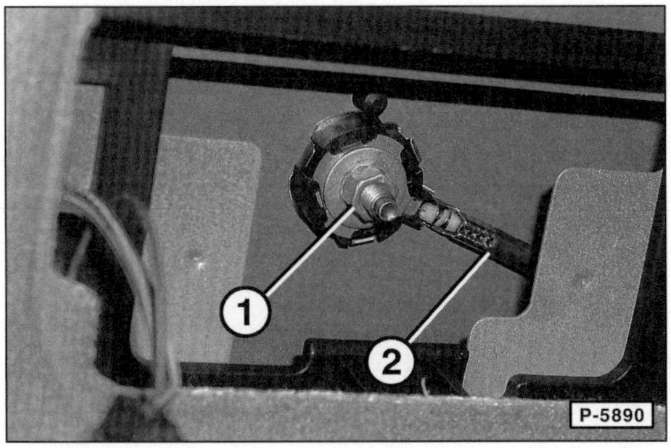

- Befestigungsmutter –1– abschrauben und Antennenfuß nach außen von der Öffnung wegziehen. Dabei Antennenkabel –2– nachziehen und nach außen herausziehen.

Einbau

- Antennenkabel durch Bohrung im Dach durchstecken.
- Antennenfuß nachführen und auf die Bohrung setzen.
- Antennenkabel hinter dem Dachhimmel, der Verkleidung der A-Säule und dem Handschuhfach verlegen.
- Antennenkabel an der Rückseite des Radios anschließen und Radio einbauen, entsprechendes Kapitel.
- Antennenfuß mit Mutter –1– festschrauben und Antenne auf Antennenfuß aufschrauben.
- Blende aufsetzen und einrasten lassen.
- Leseleuchte einbauen, siehe Seite 82.

Regensensor aus- und einbauen

Je nach Ausstattung ist hinter der Abdeckung für die Befestigung des Innenrückspiegels an der Windschutzscheibe ein Regensensor untergebracht. Dieser steuert die Intervallschaltung des Scheibenwischers. Der Aus- und Einbau muss behutsam vorgenommen werden, um die Windschutzscheibe sowie die Sensoroptik nicht zu beschädigen.

Ausbau

- Batterie-Massekabel (–) bei ausgeschalteter Zündung abklemmen. **Achtung:** Falls das eingebaute Radio einen Diebstahlcode besitzt, wird dieser beim Abklemmen der Batterie gelöscht. Das Radio kann nur durch die Eingabe des richtigen Codes, durch die PEUGEOT-Werkstatt oder durch den Radio-Hersteller wieder in Betrieb genommen werden. Vor dem Abklemmen daher unbedingt den Diebstahlcode ermitteln.

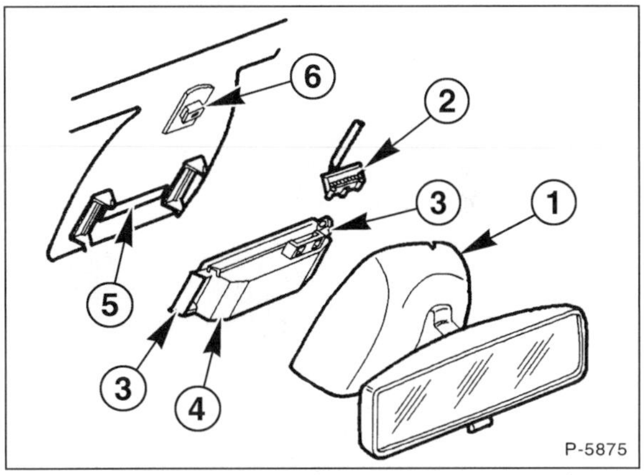

- Abdeckung –1– unten etwas anheben und durch kräftiges Ziehen aus der Schnapparretierung –6– lösen. **Achtung:** Nicht die Windschutzscheibe zerkratzen.
- Steckverbinder –2– vom Regensensor –4– abziehen.
- Auf beiden Seiten an den grünen Bügeln –3– ziehen und Regensensor –4– aus der Halterung –5– ausbauen.

Einbau

Achtung: Sensorfenster und Einbaustelle an der Windschutzscheibe nicht berühren oder beschmutzen.

- Regensensor –4– in die Halterung –5– einsetzen, dabei grüne Bügel –3– gleichzeitig verriegeln.
- Untere Kante der Abdeckung –1– unterhalb des Sensors ansetzen und Abdeckung oben in die Schnapparretierung –6– einrasten lassen.
- Funktion des Regensensors und der Scheibenwischer-Intervallschaltung überprüfen. Dazu Wasser im Bereich des Sensors auf die Windschutzscheibe aufsprühen.
- Batterie-Massekabel (–) bei ausgeschalteter Zündung anklemmen. **Nach Anklemmen der Batterie darf der Motor erst 10 Sekunden nach Einschalten der Zündung gestartet werden.** In dieser Zeit werden die elektronischen Systeme wieder aktiviert. Diebstahlcode für das Autoradio eingeben und Zeituhr einstellen.

Außentemperaturfühler aus- und einbauen

Je nach Ausstattung ist im Gehäuse des rechten Außenspiegels ein Sensor eingebaut, der die Außentemperatur misst.

Ausbau

- Batterie-Massekabel (–) bei ausgeschalteter Zündung abklemmen. **Achtung:** Falls das eingebaute Radio einen Diebstahlcode besitzt, wird dieser beim Abklemmen der Batterie gelöscht. Das Radio kann nur durch die Eingabe des richtigen Codes, durch die PEUGEOT-Werkstatt oder durch den Radio-Hersteller wieder in Betrieb genommen werden. Vor dem Abklemmen daher unbedingt den Diebstahlcode ermitteln.
- Rechten Außenspiegel ausbauen, siehe Seite 271.
- Spiegelglas des Außenspiegels ausbauen, siehe Seite 272.

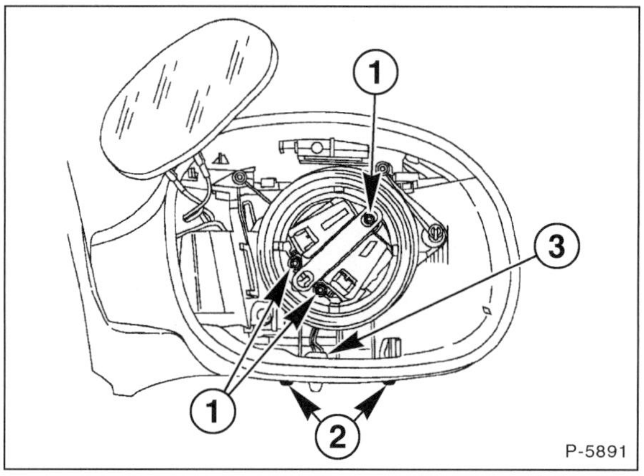

- Schrauben –1– herausdrehen.
- Schrauben –2– von außen herausdrehen.

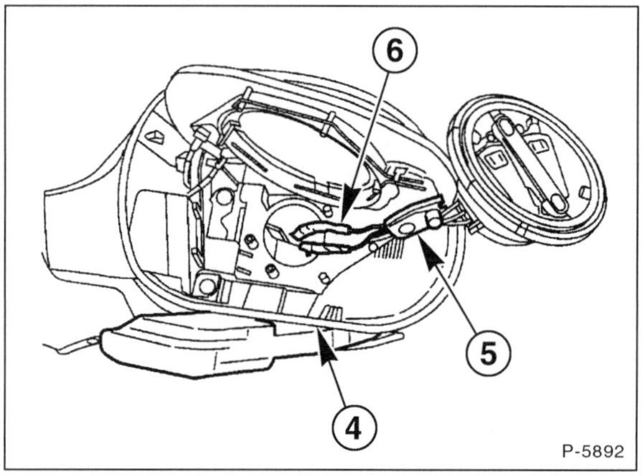

- Mit einem Kunststoffspachtel Sensor –3– an Stelle –4– herauslösen.
- Anschlussleitung an Stelle –5– lösen und Sensoreinheit aus Spiegelgehäuse herausziehen.
- Schwarze Leitungsdrähte des Sensors an Stelle –6– abschneiden und Sensor ausbauen.

Einbau

- Neuen Sensor mit Hilfe von Kabelbindern an Sensoreinheit anschließen.
- Verbindungsstelle mit Schrumpfschlauch isolieren.
- Sensoreinheit in das Gehäuse einsetzen und mit Schrauben –1– und –2– befestigen.
- Spiegelglas des Außenspiegels einbauen, siehe Seite 272.
- Rechten Außenspiegel einbauen, siehe Seite 271.
- Außentemperaturanzeige überprüfen.
- Einstellfunktion des elektrisch verstellbaren rechten Außenspiegels überprüfen.
- Batterie-Massekabel (–) bei ausgeschalteter Zündung anklemmen. **Nach Anklemmen der Batterie darf der Motor erst 10 Sekunden nach Einschalten der Zündung gestartet werden.** In dieser Zeit werden die elektronischen Systeme wieder aktiviert. Diebstahlcode für das Autoradio eingeben und Zeituhr einstellen.

Heizung/Klimatisierung

Aus dem Inhalt:

- **Klimaanlage**
- **Luftaustrittsdüsen**
- **Gebläse-Vorwiderstand**
- **Heizungsbedieneinheit**
- **Heizungszüge**

Die Frischluft für die Heizung/Klimaanlage wird beim PEUGEOT 206 über eine Öffnung in der Motorhaube von einem elektrischen Gebläse angesaugt. Danach wird sie im Wärmetauscher erwärmt beziehungsweise im Verdampfer der Klimaanlage abgekühlt, und dann auf die Luftaustrittsdüsen im Fahrzeuginnenraum verteilt. Gefiltert wird die angesaugte Luft von einem Pollenfilter, der im Lufteinlasskanal untergebracht ist.

Der Wärmetauscher wird ständig von der heißen Kühlflüssigkeit der Motor-Kühlung durchströmt. Über mehrere Lamellen gibt der Wärmetauscher die Wärme an die vorbeiströmende Frischluft ab und erwärmt diese. Die Temperatur der in den Innenraum einströmenden Luft wird durch das Mischungsverhältnis von kalter und warmer Frischluft reguliert. Die Heizung wird also luftseitig gesteuert.

Die Verstellklappen der Heizung werden entweder über Seilzüge oder bei einer automatischen Klimaanlage über elektrische Stellmotoren betätigt.

Um den Luftdurchsatz im Fahrzeuginnenraum zu erhöhen, kann das Gebläse in 4 Leistungsstufen betrieben werden. Damit das Gebläse in den einzelnen Stufen mit unterschiedlicher Geschwindigkeit läuft, sind dem Gebläsemotor Widerstände vorgeschaltet. Bei Defekt eines einzelnen Widerstandes muss die komplette Widerstandsplatte ausgetauscht werden. Bei Fahrzeugen mit automatischer Klimaanlage wird die Gebläsestärke durch eine Transistorstufe geregelt.

Soll keine Frischluft von außen angesaugt werden, zum Beispiel bei schlechter Außenluft, kann auf Umluftbetrieb umgeschaltet werden. Dazu wird über einen Seilzug oder einen elektrischen Stellmotor eine Klappe betätigt, die den Frischluftkanal verschließt. In dieser Betriebsart wird nur die im Fahrzeug befindliche Luft umgewälzt.

Achtung: Wenn im Rahmen von Arbeiten an der Heizung auch Arbeiten an der elektrischen Anlage durchgeführt werden, **grundsätzlich** das Batterie-Massekabel (–) abklemmen. Dazu Hinweise im Kapitel »Batterie aus- und einbauen« durchlesen. Als Arbeit an der elektrischen Anlage ist dabei schon zu betrachten, wenn eine elektrische Leitung vom Anschluss abgezogen beziehungsweise abgeklemmt wird.

Heizungseinheit

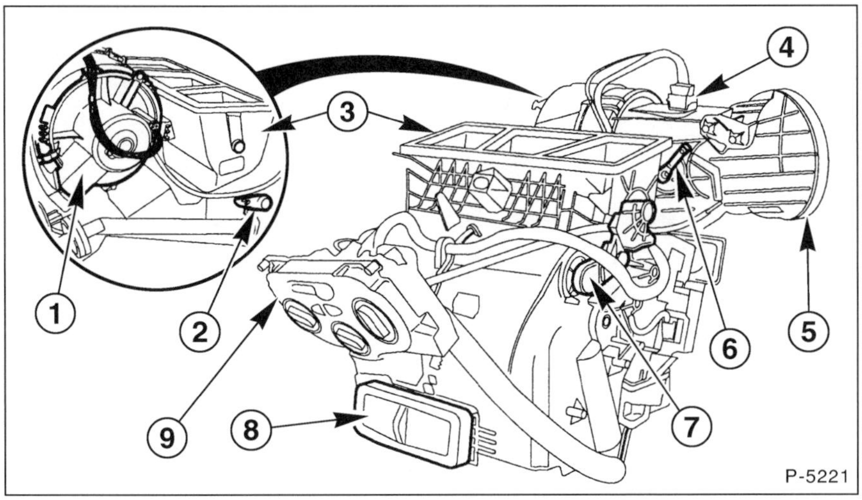

1 – Heizungsgebläse
2 – Luftverteilungsklappe
3 – Haupt-Luftauslasskanal
4 – Gebläsewiderstände
5 – Lufteinlasskanal
6 – Lufteinlassklappe
7 – Mischklappe
8 – Luftauslasskanal für hinteren Fahrzeugraum
9 – Heizungsbedieneinheit

Klimaanlage

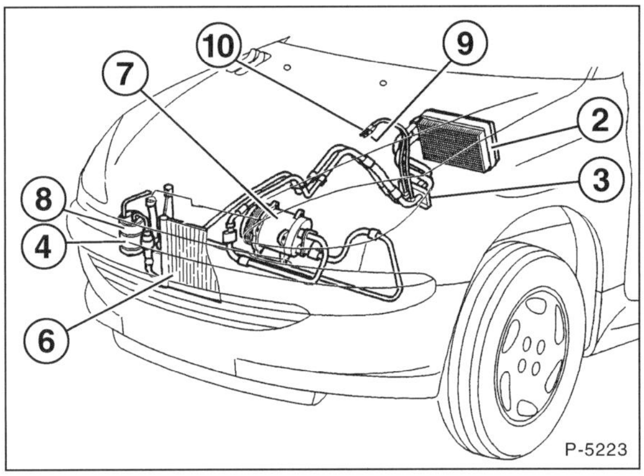

2 – Verdampfer 6 – Kondensator 9 – Niederdruckventil
3 – Expansionsventil 7 – Kompressor 10 – Hochdruckventil
4 – Sammelbehälter 8 – Druckschalter

Die Klimaanlage arbeitet wie ein Kühlschrank: Der Kompressor –7– verdichtet das dampfförmige FCKW-freie Kältemittel. Dieses erhitzt sich dabei und wird in den Kondensator –6– geleitet. Dort wird das Kältemittel abgekühlt und verflüssigt sich. Über das Expansionsventil –3– wird das Kältemittel entspannt und in den Verdampfer –2– eingespritzt, wo es aufgrund seines niedrigen Druckes verdampft. Es kühlt dabei stark ab. Durch diesen Verdampfungs- und Abkühlungsprozess wird der von außen vorbeistreichenden Luft Wärme entzogen. Die Luft kühlt sich ab und mitgeführte Luftfeuchtigkeit wird zu Kondenswasser, das ins Freie geleitet wird. Die Intensität der Kühlung ist abhängig von der eingestellten Temperatur und von der Gebläseschalterstellung.

Der PEUGEOT 206 ist je nach Ausstattung entweder mit einer manuell zuschaltbaren oder mit einer automatisch arbeitenden Klimaanlage ausgestattet. Bei der Klimaautomatik werden neben der Temperatur auch die Luftmenge und die Luftverteilung automatisch geregelt. Die Regelung erfolgt dann in Abhängigkeit von der Temperaturdifferenz zwischen eingestelltem Temperaturwert und der Innenraumtemperatur.

Arbeiten an der Klimaanlage dürfen nur von einer Fachwerkstatt durchgeführt werden. Deshalb werden Reparaturen an der Klimaanlage nicht beschrieben.

Sicherheitshinweis
Der **Kältemittelkreislauf der Klimaanlage darf nicht geöffnet** werden, da das Kältemittel bei Hautberührung Erfrierungen hervorrufen kann.
Bei versehentlichem Hautkontakt betroffene Stelle sofort mindestens 15 Minuten lang mit kaltem Wasser spülen.
Kältemittel ist farb- und geruchlos sowie schwerer als Luft. Bei austretendem Kältemittel besteht am Boden beziehungsweise in unteren Räumen Erstickungsgefahr. Das Kältemittelgas ist nicht wahrnehmbar.

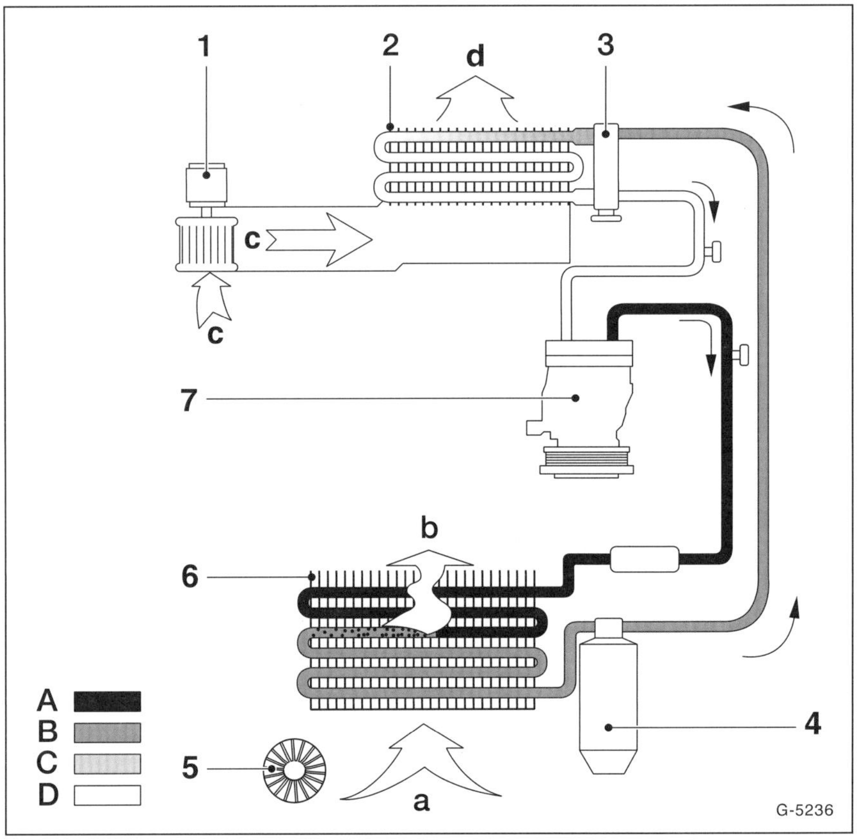

1 – Gebläse
2 – Verdampfer
3 – Expansionsventil
4 – Sammelbehälter
5 – Kondensatorlüfter
6 – Kondensator
7 – Kompressor

a – Fahrtwind zur Kondensatorkühlung.
b – Warmluft wird an die Umgebung abgegeben.
c – Ungekühlte Luft strömt durch das Gebläse.
d – Gekühlte Luft strömt in den Innenraum.

A – Hochdruck, gasförmig.
B – Hochdruck, flüssig.
C – Niederdruck, flüssig.
D – Niederdruck, gasförmig.

Luftaustrittsdüsen aus- und einbauen

Mittlere Luftaustrittsdüse

Die Mittlere Luftaustrittsdüse ist in die Radio-/Heizungsblende eingesetzt.

Ausbau

- Batterie-Massekabel (–) bei ausgeschalteter Zündung abklemmen. **Achtung:** Falls das eingebaute Radio einen Diebstahlcode besitzt, wird dieser beim Abklemmen der Batterie gelöscht. Das Radio kann nur durch die Eingabe des richtigen Codes, durch die PEUGEOT-Werkstatt oder durch den Radio-Hersteller wieder in Betrieb genommen werden. Vor dem Abklemmen daher unbedingt den Diebstahlcode ermitteln.
- Anzeigehaube ausbauen und Warnblinklichtschalter abklemmen, siehe Seite 91.
- Autoradio ausbauen, siehe Seite 92.

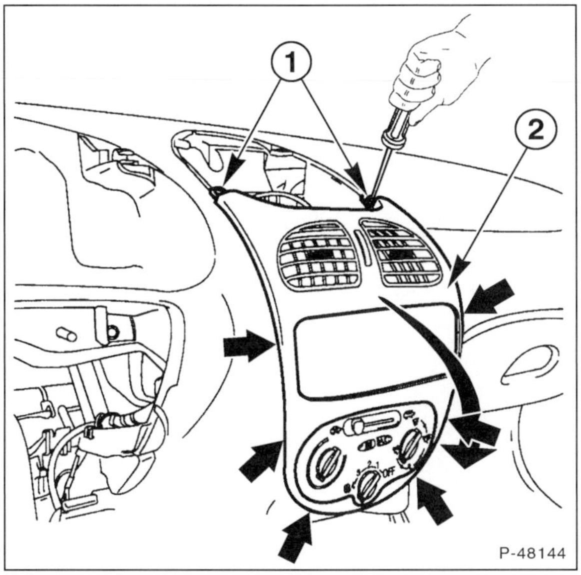

- 2 Torxschrauben –1– herausdrehen.
- Radio-/Heizungsblende –2– durch Zug –großer Pfeil– vorsichtig von den Clips –Pfeile– lösen.
- Blende ausbauen.
- Mit Hilfe eines Schraubendrehers Luftaustrittsdüsen an der Rückseite der Radio-/Heizungsblende aus ihren Halterungen lösen und ausbauen.

Einbau

- Luftaustrittsdüsen von hinten in die Blende einsetzen und in ihren Halterungen einrasten lassen.
- Radio-/Heizungsblende –2– an die mittlere Bedienungseinheit ansetzen und Stutzen der Luftaustrittsdüsen in den Luftkanal einführen.
- Zunächst die unteren Clips der Blende einrasten lassen, anschließend die oberen Clips.
- Schrauben –1– eindrehen und festziehen.
- Autoradio einbauen, siehe Seite 92.
- Radio-/Heizungsblende einbauen, siehe Seite 249.
- Warnblinkschalter einbauen, siehe Seite 91.
- Anzeigekonsole einbauen, siehe Seite 88.
- Batterie-Massekabel (–) bei ausgeschalteter Zündung anklemmen. **Nach Anklemmen der Batterie darf der Motor erst 10 Sekunden nach Einschalten der Zündung gestartet werden.** In dieser Zeit werden die elektronischen Systeme wieder aktiviert. Diebstahlcode für das Autoradio eingeben und Zeituhr einstellen.

Seitliche Luftaustrittsdüsen

Ausbau

- Schraubendreher –1– an der unteren Düsenkante in den Schlitz einführen und Düse aushebeln. Vorher die Spitze des Schraubendrehers mit Klebeband umwickeln und an der Auflagestelle zum Schutz ein Tuch –2– unterlegen.

Einbau

- Luftaustrittsdüse von vorne in die Einbauöffnung einsetzen und dabei Stutzen der Luftaustrittsdüse in den Luftkanal einführen.
- Düse durch Drücken einrasten lassen.

Gebläse-Vorwiderstand aus- und einbauen

Hinweis: Wenn das Heizgebläse nur auf einer Stufe nicht läuft, ist in der Regel ein Vorwiderstand defekt. In diesem Fall die Widerstandseinheit komplett ersetzen.

Der Gebläsemotor ist erst nach Ausbau der Lenksäule zugänglich. Da dieser Arbeitsgang nur von einer Fachwerkstatt vorgenommen werden sollte, wird der Ausbau des Gebläsemotors nicht beschrieben.

Ausbau

- Batterie-Massekabel (–) bei ausgeschalteter Zündung abklemmen. **Achtung:** Falls das eingebaute Radio einen Diebstahlcode besitzt, wird dieser beim Abklemmen der Batterie gelöscht. Das Radio kann nur durch die Eingabe des richtigen Codes, durch die PEUGEOT-Werkstatt oder durch den Radio-Hersteller wieder in Betrieb genommen werden. Vor dem Abklemmen daher unbedingt den Diebstahlcode ermitteln.
- Handschuhfach ausbauen, siehe Seite 249.
- Lufteinlasshebel der Heizung auf Umluftbetrieb stellen.

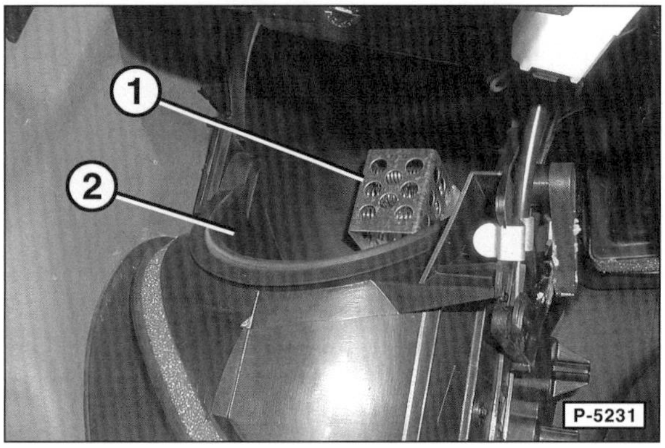

- Die Widerstandseinheit –1– befindet sich unter dem Armaturbrett im Lufteinlasskanal –2–. Zum Ausbau die Widerstandseinheit durch Drehen aus der Halterung im Luftkanal lösen.
- Widerstandseinheit aus dem Lufteinlasskanal herausziehen. Stecker abziehen, dazu Sicherungen an beiden Seiten des Steckers eindrücken.

Einbau

- Anschlusskabel an Widerstandseinheit aufstecken.
- Widerstandseinheit in die Halterung im Lufteinlasskanal einsetzen; dabei Anschlusskabel durch das Einbauloch nach außen führen.
- Widerstandseinheit durch Drehen arretieren.
- Handschuhfach einbauen, siehe Seite 249.
- Batterie-Massekabel (–) bei ausgeschalteter Zündung anklemmen. **Nach Anklemmen der Batterie darf der Motor erst 10 Sekunden nach Einschalten der Zündung gestartet werden.** In dieser Zeit werden die elektronischen Systeme wieder aktiviert. Diebstahlcode für das Autoradio eingeben und Zeituhr einstellen.

Heizungsbedieneinheit aus- und einbauen

Ausbau

- Batterie-Massekabel (–) bei ausgeschalteter Zündung abklemmen. **Achtung:** Falls das eingebaute Radio einen Diebstahlcode besitzt, wird dieser beim Abklemmen der Batterie gelöscht. Das Radio kann nur durch die Eingabe des richtigen Codes, durch die PEUGEOT-Werkstatt oder durch den Radio-Hersteller wieder in Betrieb genommen werden. Vor dem Abklemmen daher unbedingt den Diebstahlcode ermitteln.
- Anzeigehaube ausbauen, siehe Seite 88.
- Stecker vom Warnblinkschalter abziehen.
- Radio-/Heizungsblende mit eingesetzem Radio ausbauen, siehe Seite 249.

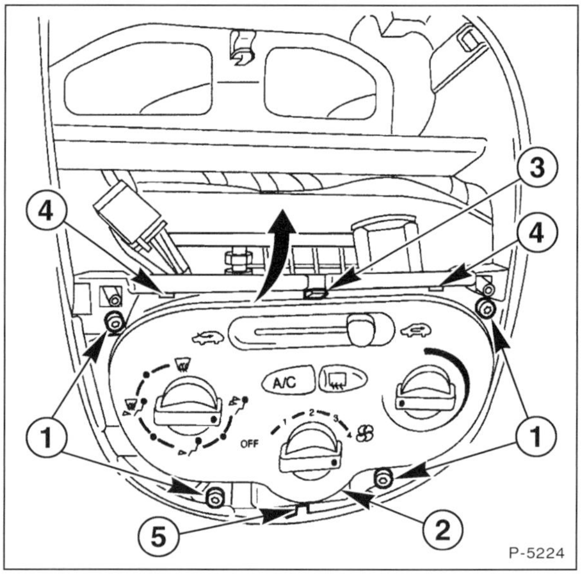

- 4 Torxschrauben –1– herausdrehen.
- Mit einem Schraubendreher oben 2 Clips –4– lösen
- An Position –3– Heizungsbedieneinheit –2– nach vorne drücken und aus der unteren Halterung –5– lösen, indem die Bedieneinheit nach oben geschwenkt wird.
- Bedieneinheit zum Fahrzeuginnern kippen.

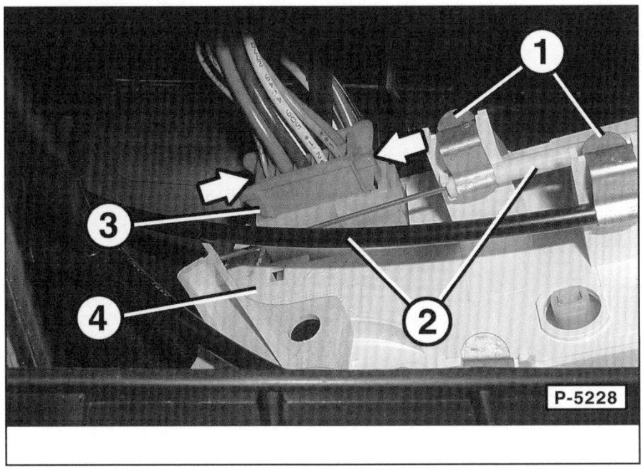

- Stecker –3– an der Rückseite der Heizungsbedieneinheit –4– abziehen. Dazu 2 Laschen –Pfeile– zusammendrücken.
- Heizungsbedieneinheit etwas aus dem Einbauschacht herausziehen.
- Mit einem Schraubendreher die Klauen der Zugklemmen –1– aufspreizen und die Heizungszüge –2– aushängen.
- Bedieneinheit aus dem Einbauschacht herausziehen.

Einbau

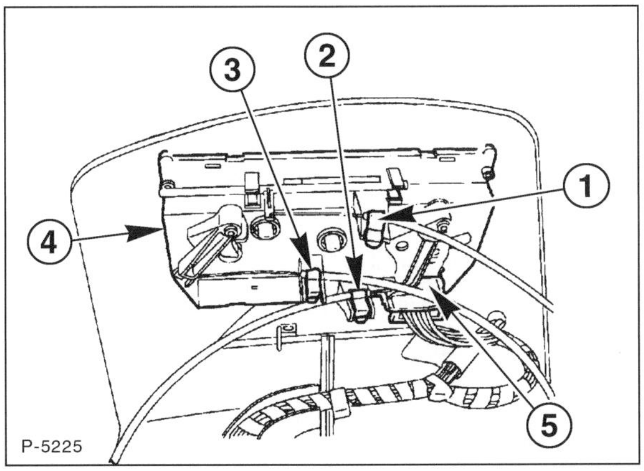

- Heizungszüge an der Bedieneinheit einhängen und Klauen der Zugklemmen –1– bis –3– einrasten lassen. Vorher Heizungsregler auf Anschlagstellung bringen.
- Steckverbinder –5– an der Rückseite der Heizungsbedieneinheit –4– anklemmen.

Hinweis: Die folgenden Ziffern im Text beziehen sich auf Abbildung P-5224.

- Heizungsbedieneinheit in den Einbauschacht schieben und in der unteren Halterung –5– einsetzen.
- Heizungsbedieneinheit nach vorne drücken und in den oberen Clips –4– einrasten lassen.
- 4 Torxschrauben –1– eindrehen und Bedieneinheit festschrauben.
- Antennenkabel sowie Steckverbinder an Autoradio anschließen und Radio-/Heizungsblende einbauen, siehe Seite 249.
- Stecker am Warnblinkschalter anklemmen und Anzeigehaube einbauen, siehe Seite 88.
- Batterie-Massekabel (–) bei ausgeschalteter Zündung anklemmen. **Nach Anklemmen der Batterie darf der Motor erst 10 Sekunden nach Einschalten der Zündung gestartet werden.** In dieser Zeit werden die elektronischen Systeme wieder aktiviert. Diebstahlcode für das Autoradio eingeben und Zeituhr einstellen.

Heizungszüge aus- und einbauen

Die Heizungszüge müssen ersetzt werden, wenn sich die Bedienhebel und Drehregler nur schwer bewegen lassen.

Ausbau

- Heizungsbedieneinheit ausbauen, siehe entsprechendes Kapitel.
- Heizungszug an der Rückseite der Heizungsbedieneinheit ausbauen.

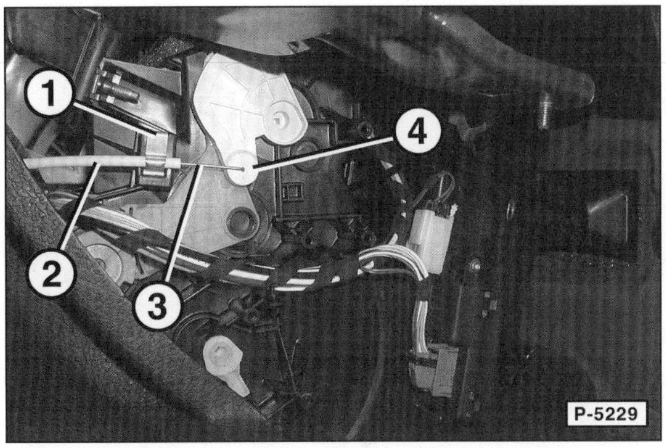

- Mit Schraubendreher Klaue der Zugklemme –1– aufspreizen und Mantel des Bowdenzugs –2– lösen.
- Drahtzug –3– aus Hebel –4– der Luftklappe ziehen und Heizungszug ausbauen.

Einbau

- Bedienhebel auf Anschlagstellung bringen.
- Hebel der Luftklappe in entsprechende Funktionsposition stellen.

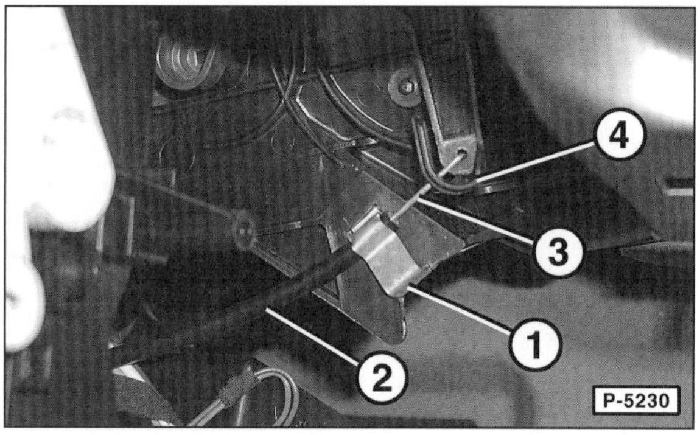

- Drahtzug –3– in Hebel –4– der Luftklappe einhängen.
- Klaue der Zugklemme –1– um den Mantel des Bowdenzugs –2– legen und einrasten lassen.
- Heizungszug an der Rückseite der Heizungsbedieneinheit einbauen
- Heizungsbedieneinheit einbauen, siehe entsprechendes Kapitel.

Störungsdiagnose Heizung

Störung	Ursache	Abhilfe
Heizgebläse läuft nicht.	Sicherung für Gebläsemotor defekt.	■ Sicherung für Gebläse prüfen, gegebenenfalls ersetzen.
	Gebläseschalter defekt.	■ Gebläseschalter ausbauen und prüfen, gegebenenfalls ersetzen.
	Gebläsemotor defekt.	■ Prüfen, ob bei eingeschalteter Zündung und betätigtem Gebläseschalter am Kontakt des Gebläsemotors Spannung anliegt. Wenn ja, Gebläsemotor auswechseln (Werkstattarbeit).
Heizleistung zu gering.	Kühlmittelstand zu niedrig.	■ Kühlmittelstand prüfen, gegebenenfalls Kühlmittel auffüllen.
	Pollenfilter verstopft.	■ Pollenfilter ersetzen.
	Heizungsbetätigung schwergängig, defekt.	■ Heizungsbetätigung prüfen, gegebenenfalls Heizungszüge ersetzen.
	Wärmetauscher undicht oder verstopft.	■ Wärmetauscher ersetzen (Werkstattarbeit).
Heizgebläse läuft nur in einer Geschwindigkeitsstellung nicht.	Vorwiderstand defekt.	■ Vorwiderstände ersetzen.
Heizung lässt sich nicht ausschalten.	Heizungsbetätigung schwergängig, defekt.	■ Heizungsbetätigung prüfen, gegebenenfalls Heizungszüge ersetzen.
Geräusche im Bereich des Heizgebläses.	Eingedrungener Schmutz, Laub.	■ Gebläse ausbauen, reinigen, Luftkanal säubern (Werkstattarbeit).
	Lüfterrad hat Unwucht, Lager defekt.	■ Gebläsemotor ausbauen und auf leichten Lauf prüfen (Werkstattarbeit).
Heizluft riecht süßlich, Scheiben beschlagen, wenn Heizung eingeschaltet wird.	Wärmetauscher undicht.	■ Kühlsystem abdrücken (Werkstattarbeit), wenn Kühlflüssigkeit aus dem Heizungskasten austritt, Wärmetauscher erneuern lassen.
Batterie gast nach Abstellen des Motors sehr stark. Geruch nach faulen Eiern.	Spannungsregler am Generator defekt. Batterie wird zu stark geladen und beginnt zu gasen. Dabei bildet sich Schwefelwasserstoff (H_2S).	■ Ladespannung bzw. Spannungsregler des Generators prüfen, ggf. Spannungsregler ersetzen.

Vorderachse

Aus dem Inhalt:

- **Federbein**
- **Stoßdämpfer**
- **Schraubenfeder**
- **Gelenkwelle**
- **Querlenker**
- **Stabilisator**
- **Achsschenkel**

Die Bauweise der PEUGEOT 206-Vorderachse ist durch die beiden McPherson-Federbeine bestimmt. Die Federbeine bestehen jeweils aus einer Schraubenfeder und einem integrierten Stoßdämpfer. Sie sind oben über Stützlager mit der Karosserie verschraubt. Unten sind sie am Achsschenkel befestigt. Die Führung der Räder erfolgt durch die Querlenker. Je nach Modell ist ein Querstabilisator eingebaut, der die Neigung des Fahrzeugs bei Kurvenfahrt vermindert. Der Querstabilisator ist an zwei Gummilagern unter dem Querträger befestigt und durch Stangen über Kugelgelenke mit den Stoßdämpfergehäusen verbunden.

Die Radlagerung erfolgt über Kugellager, die in die Achsschenkel eingepresst sind. Die Übertragung der Antriebskraft des Frontmotors erfolgt über zwei Gelenkwellen, die jeweils mit zwei Gleichlaufgelenken ausgestattet sind. Die Vorderachse ist wartungsfrei.

Sicherheitshinweis
Schweiß- und Richtarbeiten an tragenden und radführenden Teilen der Vorderradaufhängung sind nicht zulässig. **Selbstsichernde Muttern** sind im Reparaturfall **immer zu ersetzen.**

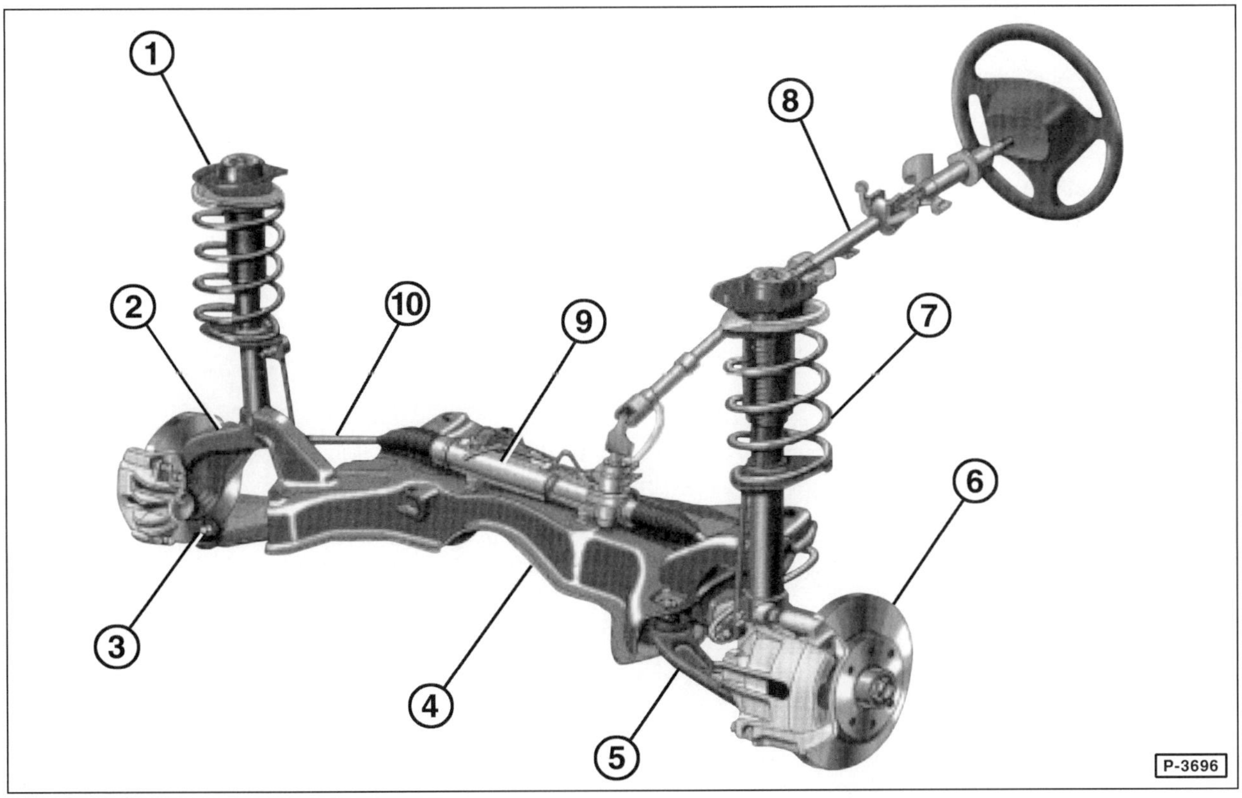

1 – Federbeinlager
2 – Achsschenkel mit Radnabe
3 – Achsgelenk
4 – Querträger
5 – Querlenker
6 – Bremsscheibe
7 – Federbein mit Schraubenfeder und Stoßdämpfer
8 – Lenksäule
9 – Lenkgetriebe
10 – Spurstange

Federbein aus- und einbauen

Ausbau

- Handbremse anziehen.
- Stellung der Vorderräder zur Radnabe mit Farbe kennzeichnen. Dadurch kann das ausgewuchtete Rad wieder in derselben Position montiert werden.

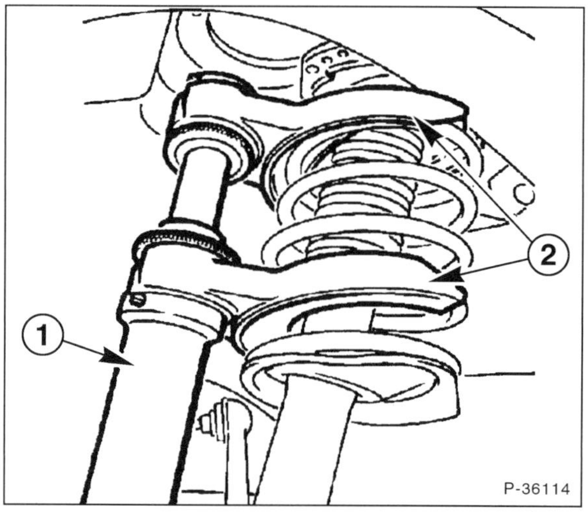

- Federspanner –1–, zum Beispiel HAZET-4900-2A mit den Stützgabeln 4900-12, an der Schraubenfeder anbringen. Dabei zuerst die obere, dann die untere Stützgabel –2– einsetzen.
- Schraubenfeder mit Hilfe des Federspanners zusammendrücken. Während des Federbein-Ausbaus bleibt die Schraubenfeder gespannt.

Spannen der Schraubenfeder mit Federhaltestangen

Zum Spannen der Schraubenfeder verwendet die Fachwerkstatt die speziellen Federhaltestangen PEUGEOT-0918 Z. Der Einbau der Federhaltestangen wird im Folgenden beschrieben.

- Fahrzeug vorn aufbocken, so dass die Vorderräder frei hängen.

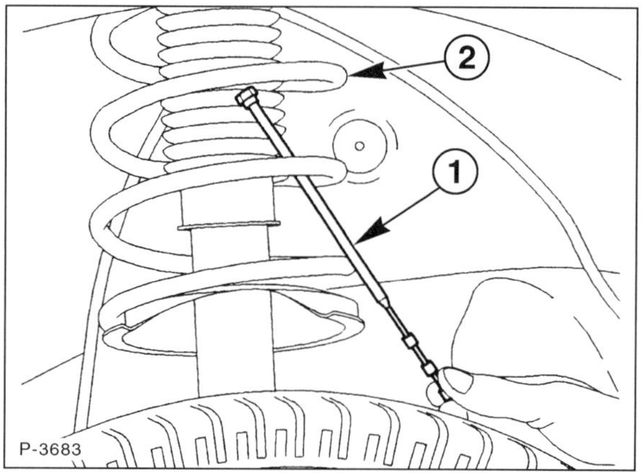

- Stangen –1– durch die Windungen der Schraubenfeder –2– einführen.
- Federhaltestangen –1– in den Langlöchern des unteren Federtellers hängen lassen.
- Fahrzeug wieder auf die Räder stellen.
- Federhaltestangen von unten nach oben in die Haltelöcher einführen, um die Ausrichtung zur Stoßdämpfer-Kolbenstange einzuhalten. Die Feder muss richtig zentriert bleiben.

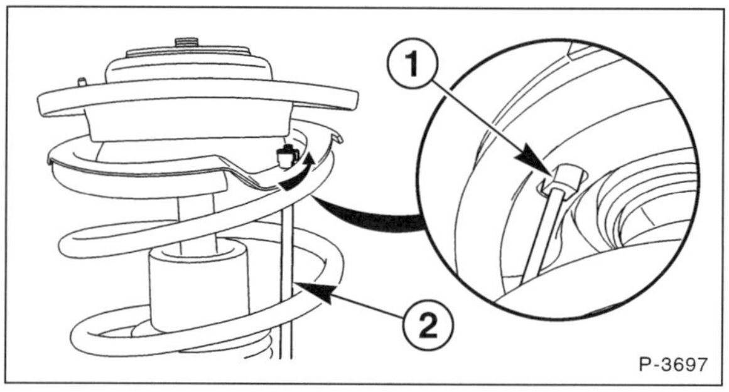

- Die obere Befestigung –1– der Stange im oberen Federstützteller anbringen.
- Stange –2– um ¼ Umdrehung in Pfeilrichtung drehen.

Achtung: Überprüfen, ob die Befestigungen –1– der Stangen am oberen Federstützteller richtig sitzen. Stangen nach unten ziehen, die rechteckige Form der Anschlagnippel muss dabei deutlich sichtbar sein.

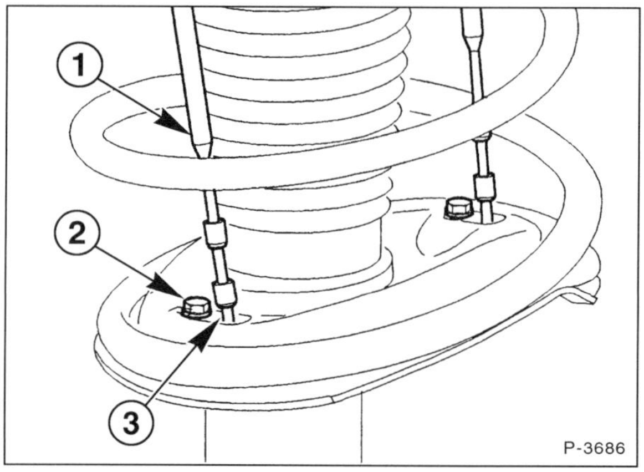

- Stangen –1– mit Hilfe von M5-Schrauben –2– in den Langlöchern –3– sichern.

- Radschrauben lösen, dabei muss das Fahrzeug auf dem Boden stehen. Fahrzeug vorn aufbocken und Vorderräder abnehmen.

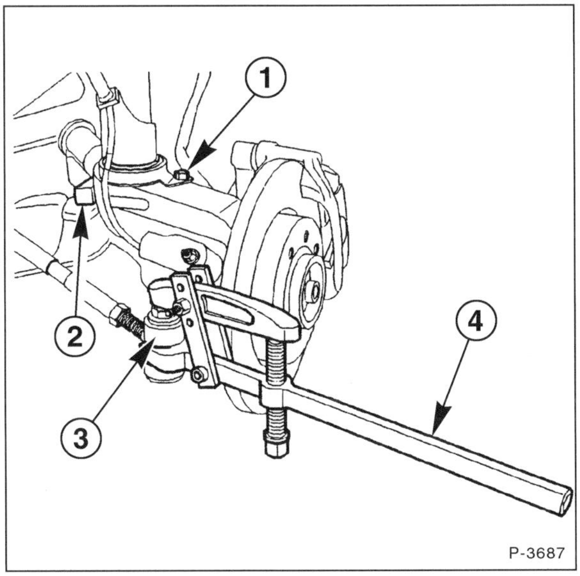

- Schraube –1– herausdrehen und Haltelasche ausbauen.
- Befestigungsmutter der Stabilisator-Verbindungsstange am Stoßdämpfer abschrauben.
- Mutter des Spurstangenkopfes –3– abschrauben.
- Spurstangenkugelgelenk vom Achsschenkel mit handelsüblichem Abdrücker –4– abdrücken. Dazu kann beispielsweise der Abdrücker HAZET-779 oder PEUGEOT-0903 AF verwendet werden.
- Mutter für Achsschenkel-Klemmverbindung –2– abschrauben und Schraube herausziehen.

- Mutter abschrauben und Befestigungsschraube –2– des Achsgelenks –1– herausnehmen.

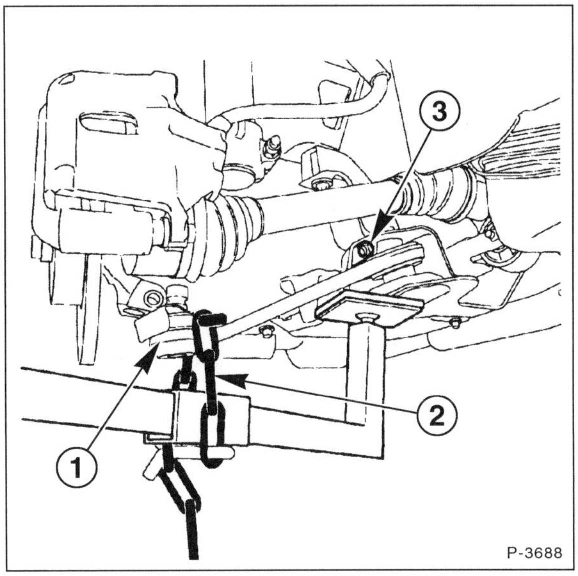

- Achsgelenk –1– mit einem Hebel und einer Kette –2– etwas nach unten abziehen. In dieser Stellung einen geeigneten Steckschlüsseleinsatz an Position –3– zwischen Querlenker und Querträger einsetzen, um den Querlenker in tiefer Stellung festzustellen.
- Federbein mit Achsschenkel etwas anheben, bis das Achsgelenk –1– aus dem Achsschenkel herausgleitet.
- Achsschenkel zur Seite schwenken.

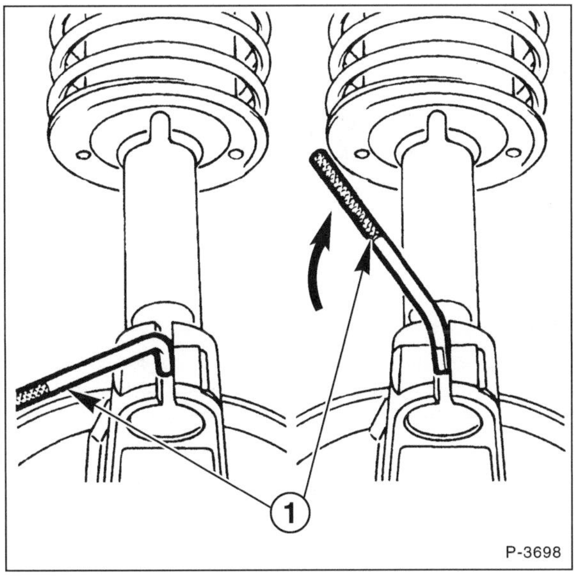

- Spreizschlüssel –1–, zum Beispiel PEUGEOT-0903 AE, in den Schlitz des Achsschenkels einsetzen und um ¼ Umdrehung drehen, um die Klemmverbindung aufzuspreizen.

Achtung: Der Schlüssel rastet bei geöffneter Stellung automatisch ein.

- Achsschenkel vom Federbein abziehen und mit Draht am Querträger fixieren, damit die Zwischenwelle nicht herausrutschen kann.

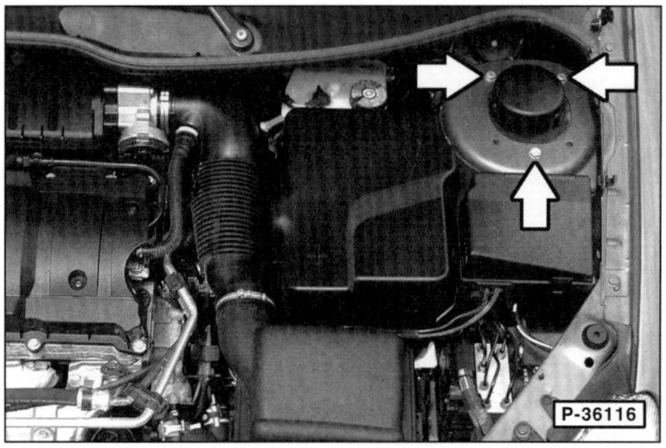

- 3 Befestigungsschrauben –Pfeile– des Federbeinlagers oben herausdrehen.

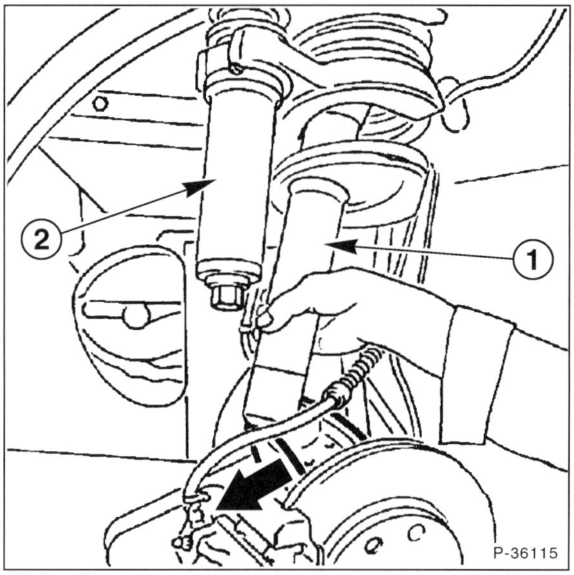

- Federbein –1– nach unten in Pfeilrichtung herausnehmen. 2 – Federspanner.

Einbau

- Alle Einzelteile des Federbeins auf Risse, Verschleiß, Korrosion und Alterungserscheinungen sichtprüfen. Beschädigte beziehungsweise verschlissene Teile erneuern.
- Alle Teile gründlich reinigen und Gewinde von Schrauben und Muttern mit Motoröl bestreichen.

Achtung: Selbstsichernde Muttern grundsätzlich durch neue Muttern ersetzen.

- Federbein von unten in den Radlauf einführen und oben am Federbeindom ansetzen. Von oben die 3 Befestigungsschrauben mit Unterlegscheiben einschrauben und mit **20 Nm** festziehen.

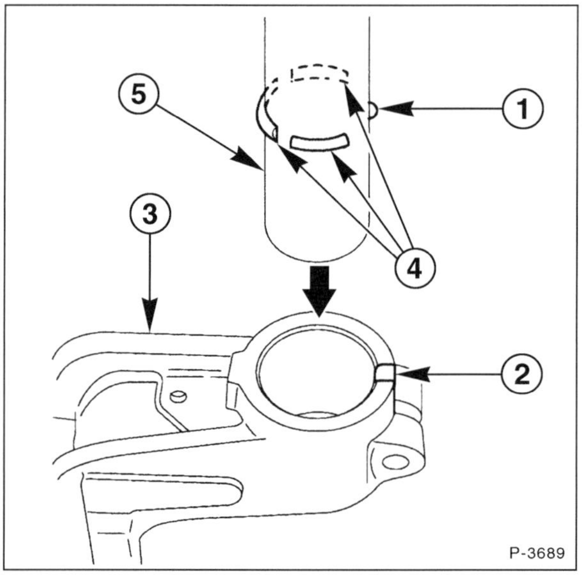

- Federbein unten –5– in die Klemmverbindung des Achsschenkels –3– einführen. Dabei muss die Nase –1– in die Nut –2– eingreifen. Federbein so weit in den Achsschenkel schieben, bis der Ansatz –4– am Achsschenkel anliegt.
- Spreizschlüssel im Schlitz des Achsschenkels um eine viertel Umdrehung drehen, um die Klemmverbindung zu entspannen.
- Befestigungsschraube in Achsschenkel-Klemmverbindung stecken und mit **neuer selbstsichernden** Mutter und **55 Nm** festziehen.

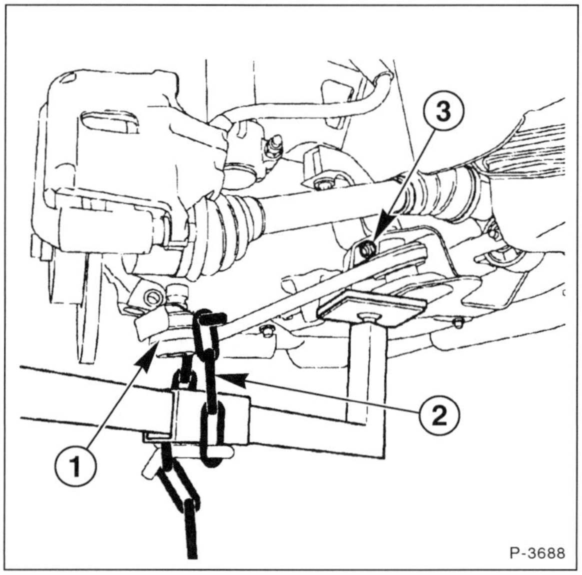

- Federbein mit Achsschenkel so weit anheben, bis der Zapfen des Achsgelenks –1– in den Achsschenkel eingesetzt werden kann.

- Achsgelenk –1– des Querlenkers mit dem Hebel und der Kette –2– nach unten ziehen und den Steckschlüsseleinsatz herausnehmen. Achsgelenk in den Achsschenkel einsetzen.
- Befestigungsschraube für das Achsgelenk einsetzen und mit **neuer selbstsichernden** Mutter und **40 Nm** festschrauben.
- Spurstangenkopf einsetzen und mit **neuer selbstsichernden** Mutter und **35 Nm** festschrauben.
- Befestigungsmutter der Stabilisator-Verbindungsstange am Stoßdämpfer ansetzen und mit **35 Nm** festziehen.
- Befestigungsschraube für die Haltelasche eindrehen.
- Vorderräder so ansetzen, dass die beim Ausbau angebrachten Markierungen übereinstimmen. Vorher Zentriersitz der Felge an der Radnabe mit Wälzlagerfett dünn einfetten. Radschrauben **nicht** fetten oder ölen. Schrauben mit korrodiertem Gewinde erneuern. Räder anschrauben und Fahrzeug ablassen.
- Schraubenfeder mit Federspanner entspannen und Federspanner herausnehmen.

Spannen der Schraubenfeder mit Federhaltestangen

- Sicherungssschrauben entfernen und Federhaltestangen aus den Langlöchern des unteren Federtellers lösen.
- Stangen um ¼ Umdrehung drehen, nach unten ziehen und in den Langlöchern hängen lassen.
- Fahrzeug vorn aufbocken.
- Federhaltestangen ausbauen und das Fahrzeug wieder auf die Räder stellen.

- Radschrauben über Kreuz mit **90 Nm** festziehen.
- Gegebenenfalls Fahrzeug in der Werkstatt vermessen lassen.

Federbein zerlegen/Stoßdämpfer/Schraubenfeder aus- und einbauen

Die Schraubenfeder des Federbeins ist unter hoher Spannung eingebaut. Um das Federbein zerlegen zu können, muss die Feder mit einem geeigneten Spanner vorgespannt werden. **Achtung:** Zum Spannen der Feder niemals Draht verwenden. Die PEUGEOT-Werkstätten benutzen dazu eine Spezial-Spannvorrichtung PEUGEOT-0910 AZ mit den Stützplatten 0910 B und 0910 F. Es kann auch jede andere, handelsübliche Spannvorrichtung genommen werden, zum Beispiel HAZET-4900-2A mit den Stützgabeln 4900-12.

Haben die Stoßdämpfer eine Laufleistung von über 80.000 km, so sollten diese aus Sicherheitsgründen nur noch paarweise ausgetauscht werden. Stoßdämpfer prüfen, siehe entsprechendes Kapitel.

Ausbau

- Federbein ausbauen, siehe entsprechendes Kapitel.

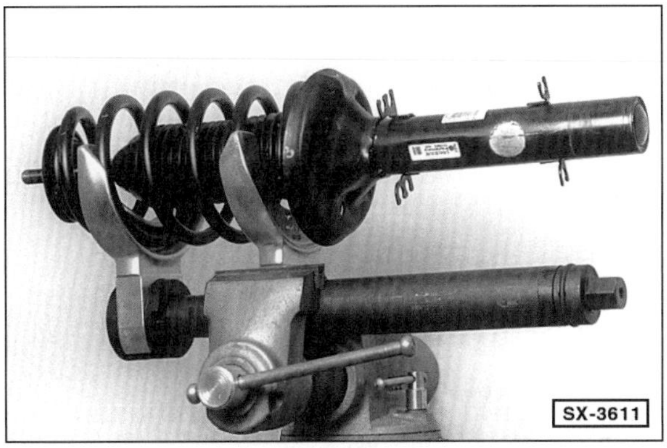

SX-3611

- Federspanner zusammen mit Federbein in einen Schraubstock einspannen.

Achtung: Federbein nicht direkt am Federbeinrohr im Schraubstock festklemmen.

Sicherheitshinweis
Auf keinen Fall Stoßdämpfer lösen, wenn die Feder nicht einwandfrei und sicher gespannt ist. Falls der Federspanner in die Windungen der Feder eingesetzt wird, darauf achten, dass die Federwindungen sicher umfasst werden und der Federspanner nicht abrutschen kann. Die Schraubenfeder steht unter großer Vorspannung, deshalb nur stabiles Werkzeug verwenden. Keinesfalls Feder mit Draht zusammenbinden. Unfallgefahr!

- Mutter von der Stoßdämpfer-Kolbenstange mit tiefgekröpftem Ringschlüssel lösen. Stoßdämpferstange mit geeignetem Werkzeug gegenhalten.

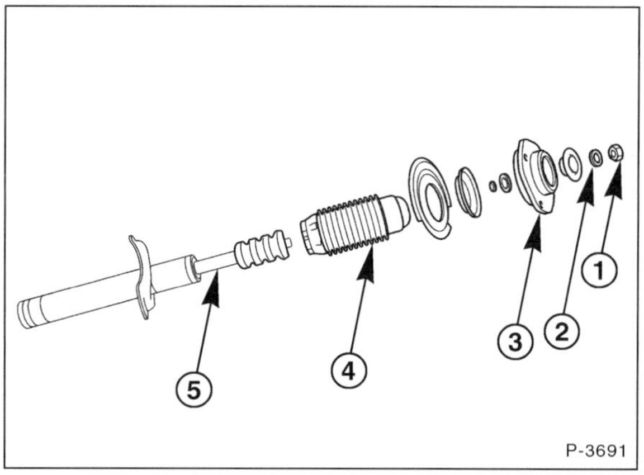

1 – Mutter, 45 Nm. Immer ersetzen.
2 – Scheibe
3 – Federbeinlager
4 – Federdämpfer
5 – Stoßdämpfer

- Haltemutter –1– für Stoßdämpfer abschrauben und Einzelteile des Federbeins der Reihe nach abnehmen.

Achtung: Falls die Feder ausgewechselt werden soll, **Feder langsam entspannen**. Soll dagegen nur der Stoßdämpfer ersetzt werden, bleibt die Feder gespannt. Stoßdämpfer prüfen, siehe entsprechendes Kapitel.

- Alle Einzelteile des Federbeins auf Risse, Verschleiß, Korrosion und Alterungserscheinungen sichtprüfen. Beschädigte beziehungsweise verschlissene Teile erneuern.

Einbau

Es empfiehlt sich, Schraubenfedern und Stoßdämpfer immer paarweise, also an beiden Fahrzeugseiten, zu ersetzen. Beim Einbau neuer Federn darauf achten, dass je nach Motorisierung/Fahrzeugausstattung unterschiedliche Federn eingebaut sind. Nur gleiche Federn an einer Achse verwenden. Die Kennzeichnung der Federn erfolgt durch Farbmarkierung an einer Windung.

Hinweis: Die Ziffern im Text beziehen sich auf die Abbildung P-3691.

- Federdämpfer –4– auf Kolbenstange aufschieben.
- Falls erforderlich, Schraubenfeder mit dem Federspanner spannen, siehe unter »Ausbau«.
- Schraubenfeder so auf das untere Federlager aufsetzen, dass das Federende am Absatz des Federlagers anliegt.
- Oberen Federsitz und Federbeinlager –3– aufsetzen.
- **Neue selbstsichernde** Mutter –1– und Scheibe –2– aufsetzen und mit **45 Nm** festziehen.
- Federspanner zusammen mit Federbein aus Schraubstock herausnehmen.
- Federbein einbauen, siehe entsprechendes Kapitel.
- Schraubenfeder entspannen und Federspanner entfernen.
- Gegebenenfalls Fahrzeug in der Werkstatt vermessen lassen.

Stoßdämpfer prüfen

Folgende Fahreigenschaften weisen auf defekte Stoßdämpfer hin:

- Langes Nachschwingen der Karosserie bei Bodenunebenheiten.
- Aufschaukeln der Karosserie bei aufeinander folgenden Bodenunebenheiten.
- Aufbäumen des Fahrzeuges beim Beschleunigen.
- Springen der Räder bereits auf normaler Fahrbahn.
- Ausbrechen des Fahrzeuges beim Bremsen. **Hinweis:** Dies kann auch andere Ursachen haben.
- Kurvenunsicherheit durch mangelnde Spurhaltung, Schleudern des Fahrzeuges.
- Poltergeräusche während der Fahrt.

Der Stoßdämpfer kann von Hand geprüft werden. Eine genaue Überprüfung der Stoßdämpferleistung ist jedoch nur mit einem Shock-Tester (Stoßdämpfer eingebaut) oder einer Stoßdämpfer-Prüfmaschine möglich.

Prüfung von Hand

- Stoßdämpfer ausbauen, siehe in Kapitel »Federbein zerlegen«.

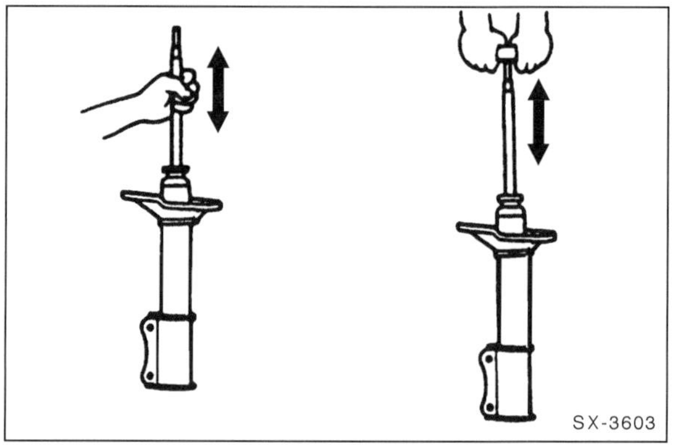

- Stoßdämpfer in Einbaulage halten, Stoßdämpfer auseinander ziehen und zusammendrücken. Der Stoßdämpfer muss sich über den gesamten Hub gleichmäßig schwer und ruckfrei bewegen lassen.
- Dämpfungskennung, Hub und Durchmesser sind je nach Modell unterschiedlich.
- Bei Gasdruck-Stoßdämpfern geht die Kolbenstange bei ausreichendem Gasfülldruck von selbst wieder in die Ausgangslage zurück. Ist dies nicht der Fall, braucht der Dämpfer nicht unbedingt ersetzt werden. Die Wirkungsweise entspricht, solange kein größerer Ölverlust eingetreten ist, der Wirkungsweise eines konventionellen Dämpfers. Die dämpfende Funktion kann auch ohne Gasdruck vollständig vorhanden sein. Allerdings kann sich das Geräuschverhalten verschlechtern.

- Bei einwandfreier Funktion sind geringe Spuren von Stoßdämpferöl kein Grund zum Austausch. Als Faustregel gilt: Wenn ein Ölfleck sichtbar ist und sich nicht weiter ausbreitet als vom oberen Stoßdämpferverschluss (Kolbenstangendichtring) bis zum unteren Federteller, gilt der Dämpfer als in Ordnung. Voraussetzung ist, dass der Ölfleck stumpf, matt beziehungsweise durch Staub getrocknet ist. Ein geringfügiger Ölaustritt ist sogar von Vorteil, weil dadurch der Dichtring geschmiert wird und sich somit dessen Lebensdauer erhöht.
- Bei starkem Ölverlust Stoßdämpfer austauschen. Gebrauchten Stoßdämpfer in der PEUGEOT-Werkstatt entsorgen lassen. Stoßdämpfer verschrotten, siehe Seite 117.

Lager für Federbein erneuern

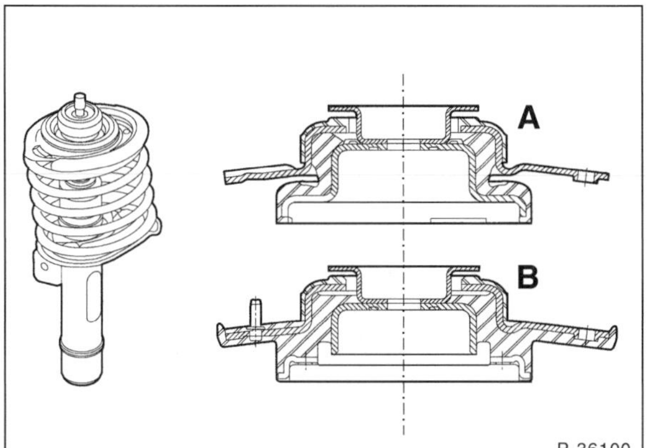

P-36100

- Die Federbeine können je nach Fahrzeugmodell einen oberen Federteller mit einfacher –A– oder doppelter –B– Dämpfung aufweisen.
- Federbein ausbauen und zerlegen, siehe entsprechendes Kapitel.
- Federteller erneuern und Federbein wieder zusammensetzen.
- Die Ausrichtung des oberen Federtellers ermöglicht einen Nachlauf von 2 ° bei Fahrzeugen ohne Servolenkung und von 3 ° bei Fahrzeugen mit Servolenkung.
- Federbein einbauen, siehe entsprechendes Kapitel.
- Gegebenenfalls Fahrzeug in der Werkstatt vermessen lassen.

Gelenkwellen aus- und einbauen

Achtung: Bei ausgebauten Gelenkwellen darf das Fahrzeug nicht geschoben werden, da bei fehlender axialer Vorspannung die Wälzkörper des Radlagers beschädigt werden. Falls eine derartige Belastung unumgänglich ist, anstelle der Gelenkwelle eine Schraube mit Stützscheiben einbauen und das Lager spannen.

Ausbau

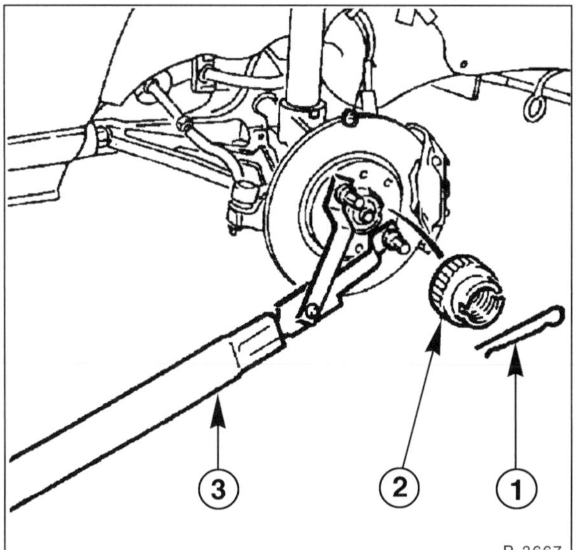

P-3667

- Falls das Radnaben-Haltewerkzeug –3– **nicht** zur Verfügung steht, Radnabenmutter lösen, wenn das Fahrzeug auf dem Boden steht. Vorher Sicherungssplint –1– herausziehen, Kronensicherung –2– abnehmen und Fußbremse betätigen. **Achtung:** Sehr hohes Lösemoment!
- Stellung des Vorderrades zur Radnabe mit Farbe kennzeichnen. Dadurch kann das Rad wieder in derselben Position montiert werden. Radschrauben lösen, dabei muss das Fahrzeug auf dem Boden stehen. Fahrzeug vorn aufbocken und Vorderrad abnehmen.
- Dieselfahrzeuge: Untere Motorabdeckung abschrauben.
- Innenkotflügel ausbauen, siehe Seite 261.
- Getriebeöl ablassen, siehe Seite 245.
- Falls die Nabenmutter noch nicht gelöst ist, Radnaben-Haltewerkzeug PEUGEOT-0606-AY –3– an der Radnabe anschrauben. Sicherungssplint –1– herausziehen und Kronensicherung –2– abnehmen. Radnabe durch einen Helfer festhalten lassen und Nabenmutter abschrauben.

Achtung: Sehr hohes Lösemoment! Schraubenschlüssel waagerecht ansetzen. **Bei aufgebocktem Fahrzeug auf keinen Fall die Fußbremse betätigen**, da sonst die Befestigungsschrauben der Bremsscheibe abscheren könnten.

- Achsgelenk vom Querlenker abbauen und, wenn nötig, Spurstangenkopf ausbauen, siehe Kapitel »Federbein aus- und einbauen«.
- Querlenker mit Lappen bedecken, um die Manschette der Gelenkwelle beim Herausziehen nicht zu beschädigen.

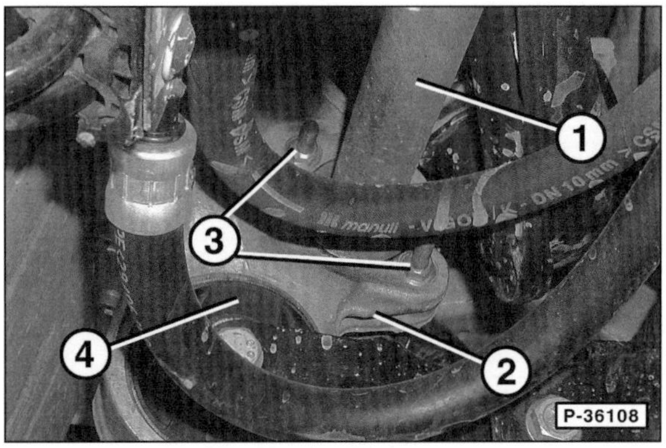

- 2 Muttern –3– am Zwischenlager –2– lösen und beide Exzenterschrauben um ½ Umdrehung verdrehen. 1 – Zwischenwelle, 4 – Vorderes Motorlager.
- Lenkung zur Gelenkwellenseite hin einschlagen.

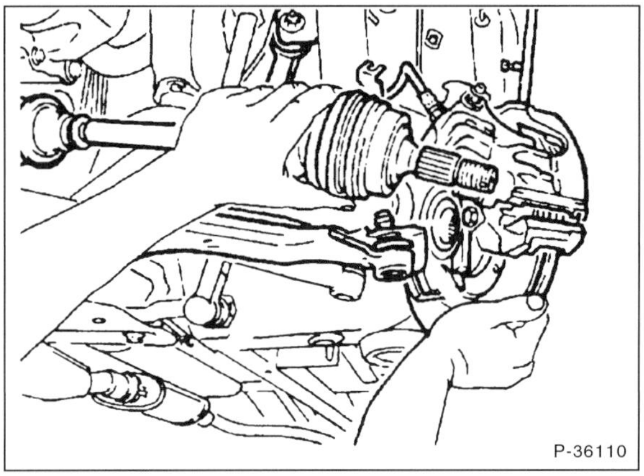

- Federbein mit Radnabe nach außen drücken.
- Mit einem Kunststoffhammer die Gelenkwelle durch die Radnabe nach innen treiben und die Gelenkwelle von der Radnabe trennen. Gelenkwelle dabei festhalten.

Achtung: Nicht die Manschette, den Wellendichtring oder den ABS-Sensor beschädigen.

- **Linke Gelenkwelle** aus dem Getriebe ziehen und ausbauen.
- **Rechte Gelenkwelle** aus dem Zwischenlager ziehen und ausbauen.

- 3 Schrauben –2– (dritte Schraube verdeckt) herausdrehen und Zwischenwelle –1– vom Getriebe trennen.

Einbau

- Gelenkwelle gründlich reinigen und auf einwandfreie Funktion prüfen.
- Dichtring für Gelenkwelle am Getriebe mit Schraubendreher heraushebeln.

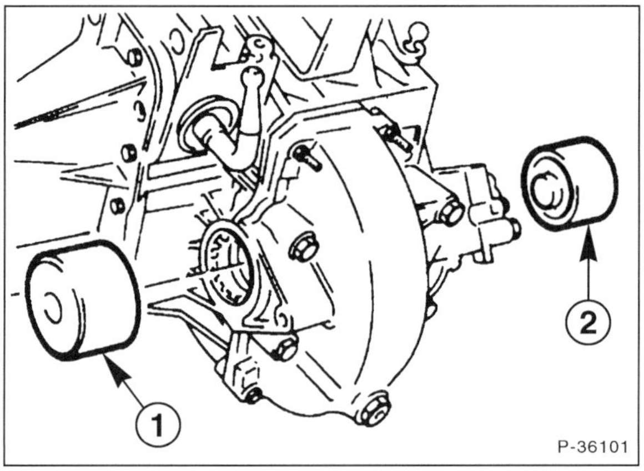

- Schürze des Wellendichtrings mit Mehrzweckfett bestreichen und mit geeigneten Dornen –1– und –2– einschlagen. Montagedorne PEUGEOT-0317U für rechten und -0317T für linken Achsantriebsausgang.
- **Zwischenwelle** mit 3 Schrauben am Getriebe anschrauben.
- **Rechte Gelenkwelle** in das Zwischenlager einsetzen, beide Exzenterschrauben um ½ Umdrehung verdrehen. Muttern mit **20 Nm** festziehen.
- **Linke Gelenkwelle** in das Getriebe einführen.

- Kerbverzahnung und Gewinde der Gelenkwelle reinigen und leicht einfetten.
- Gelenkwelle von Hand in die Radnabe einführen. **Achtung:** Dabei nicht den Staubring beschädigen.
- Achsgelenk am Querlenker einbauen, dabei auf richtige Lage des Schutzblechs achten; siehe im Kapitel »Federbein ausbauen«.
- Wenn nötig, Spurstangenkopf einbauen, siehe Kapitel »Federbein aus- und einbauen«.

Achtung: Selbstsichernde Muttern grundsätzlich ersetzen.

- Auflagefläche und Gewinde der Nabe fetten; Nabenmutter auf die Nabe schrauben.
- Mit Haltewerkzeug Radnabe durch einen Helfer festhalten lassen und Radnabenmutter anziehen. Anzugsmoment M20-Mutter: **250 Nm**, M24-Mutter: **330 Nm**.

Achtung: Sehr hohes Anzugsmoment der Radnabenmutter. Sicherstellen, dass das Fahrzeug sicher aufgebockt ist und der Schlüsselgriff waagerecht angesetzt wird. Man kann die Mutter auch erst endgültig festziehen, wenn das Fahrzeug schon auf dem Boden steht. **Bei aufgebocktem Fahrzeug auf keinen Fall die Fußbremse betätigen**, da sonst die Befestigungsschrauben der Bremsscheibe abscheren könnten.

- Kronensicherung anbringen und Sicherungssplint mit einem Hammer in die Bohrung einschlagen.
- Getriebeöl auffüllen, siehe Seite 245.
- Innenkotflügel einbauen, siehe Seite 261.
- Wenn nötig, untere Motorabdeckung anschrauben.
- Vorderrad so ansetzen, dass die beim Ausbau angebrachten Markierungen übereinstimmen. Vorher Zentriersitz der Felge an der Radnabe mit Wälzlagerfett dünn einfetten. Radschrauben **nicht** fetten oder ölen. Schrauben mit korrodiertem Gewinde erneuern. Rad anschrauben. Fahrzeug ablassen und Radschrauben über Kreuz mit **90 Nm** festziehen.
- Falls erforderlich, Radnabenmutter bei auf dem Boden stehendem Fahrzeug festziehen, dabei Fußbremse betätigen. Kronensicherung anbringen und Sicherungssplint mit einem Hammer in die Bohrung einschlagen.
- Baldmöglichst Vorderachse in einer Fachwerkstatt vermessen lassen.

Querlenker aus- und einbauen

Hinweis: Die Befestigungsmuttern des Querlenkers haben ein hohes Lösemoment. Aus Sicherheitsgründen empfiehlt es sich, die Muttern bei auf dem Boden stehendem Fahrzeug zu lösen.

Ausbau

- Handbremse anziehen.
- Stellung der Vorderräder zur Radnabe mit Farbe kennzeichnen. Dadurch kann das ausgewuchtete Rad wieder in derselben Position montiert werden. Radmuttern lösen, dabei muss das Fahrzeug auf dem Boden stehen.
- Fahrzeug anheben und aufbocken, so dass die Vorderräder hängen.
- Vor dem Ausbau prüfen, ob das Achsgelenk –2– im eingebauten Zustand Spiel hat, siehe Abbildung P-36106. Ist Spiel vorhanden, muss der gesamte Querlenker ersetzt werden; das Achsgelenk kann nicht einzeln ersetzt werden.
- Schraubenfeder mit Hilfe eines Federspanners zusammendrücken.

Achtung: Um den Querlenker ausbauen zu können, muss die Schraubenfeder gespannt werden, siehe Kapitel »Federbein aus- und einbauen«.

- Vorderrad abnehmen.

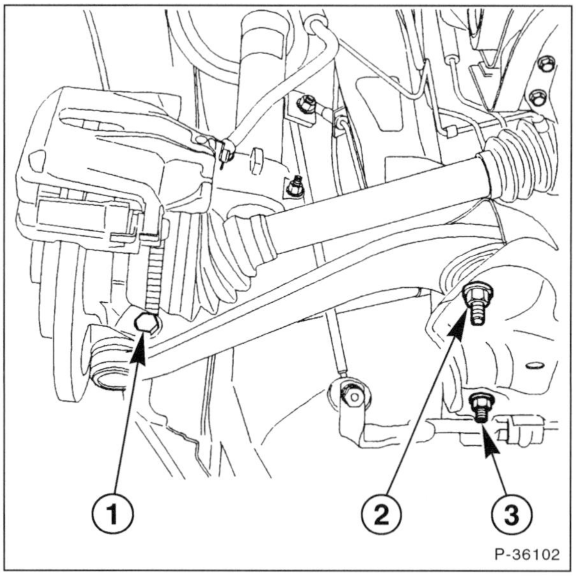

- Befestigungsschraube –1– des Achsgelenks abschrauben.
- Achsgelenkbolzen mit einem Hebel und einer Kette nach unten aus der Aufnahme herausziehen, siehe Abbildung P-3688, Seite 101.
- Steckschlüsseleinsatz zwischen Querlenker und Querträger einsetzen, um den Querlenker in tiefer Stellung festzustellen.

- Federbein mit Achsschenkel so weit anheben, bis der Achsgelenkbolzen aus dem Achsschenkel herausgleitet.
- Achsschenkel zur Seite schwenken.
- Steckschlüsseleinsatz zwischen Querlenker und Querträger abnehmen.
- Muttern –2– und –3– abschrauben und die Befestigungsschrauben entfernen. **Achtung:** Falls die Muttern noch nicht gelöst wurden, **hohes Lösemoment beachten. Sicherstellen, dass das Fahrzeug sicher aufgebockt ist.**
- Querlenker aus dem Tragrahmen herausziehen.

Einbau

- Querlenker auf Risse, Verschleiß, Korrosion und Alterungserscheinungen sichtprüfen, eventuell erneuern.
- Gewinde der Schrauben und Muttern mit Motoröl bestreichen.

Achtung: Selbstsichernde Muttern grundsätzlich durch neue Muttern ersetzen.

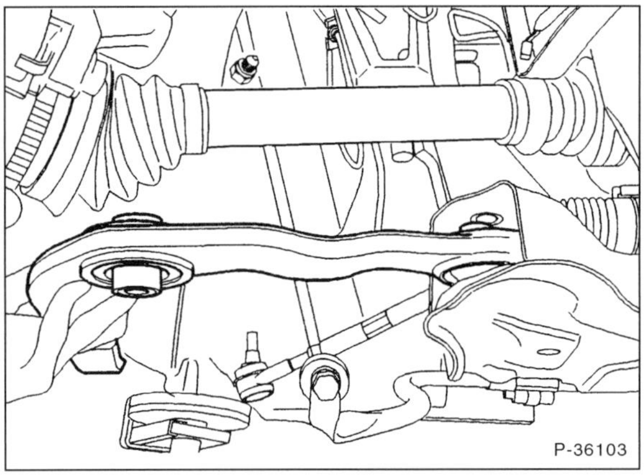
P-36103

- Querlenker in den Tragrahmen sorgfältig einführen.
- Befestigungsschrauben des Querlenkers am Tragrahmen einbauen und mit **140 Nm** festziehen.

Achtung: Sehr hohes Anzugsmoment. Sicherstellen, dass das Fahrzeug sicher aufgebockt ist. Gegebenenfalls Muttern bei auf dem Boden stehendem Fahrzeug festziehen.

- Querlenker mit einem Hebel und einer Kette nach unten ziehen, siehe Abbildung P-3688, Seite 101.
- Steckschlüsseleinsatz zwischen Querlenker und Querträger einsetzen, um den Querlenker in tiefer Stellung festzustellen.
- Federbein mit Achsschenkel so weit anheben, bis der Achsgelenkbolzen in dem Achsschenkel eingesetzt werden kann.
- Querlenker mit dem Hebel und der Kette nach unten ziehen und den Steckschlüsseleinsatz herausnehmen. Achsgelenkbolzen in den Achsschenkel einsetzen.
- Befestigungsschraube für Achsgelenkbolzen einsetzen und mit **neuer selbstsichernden** Mutter und **40 Nm** festschrauben.
- Vorderrad so ansetzen, dass die beim Ausbau angebrachten Markierungen übereinstimmen. Radmuttern nicht fetten oder ölen. Korrodierte Radmuttern erneuern. Räder anschrauben.
- Schraubenfeder entspannen und den Federspanner entfernen, siehe Kapitel »Federbein aus- und einbauen«.
- Fahrzeug ablassen und auf die Räder stellen.
- Radschrauben über Kreuz mit **90 Nm** festziehen.
- Falls erforderlich, Befestigungsmuttern für Querlenker mit dem richtigen Anzugsdrehmoment festziehen.
- Vorderachse sobald wie möglich vermessen lassen.

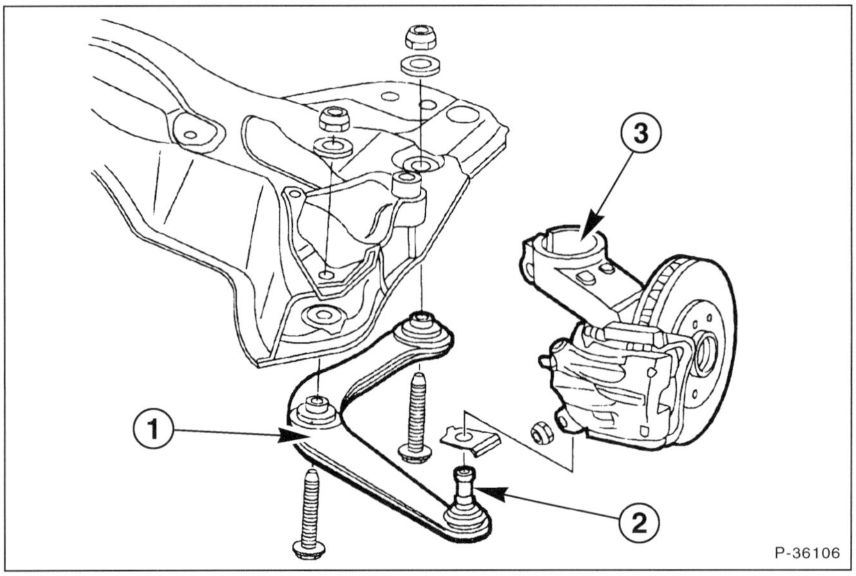

P-36106

1 – Querlenker
2 – Achsgelenkbolzen
3 – Achsschenkel

Stabilisator/Gummilager aus- und einbauen

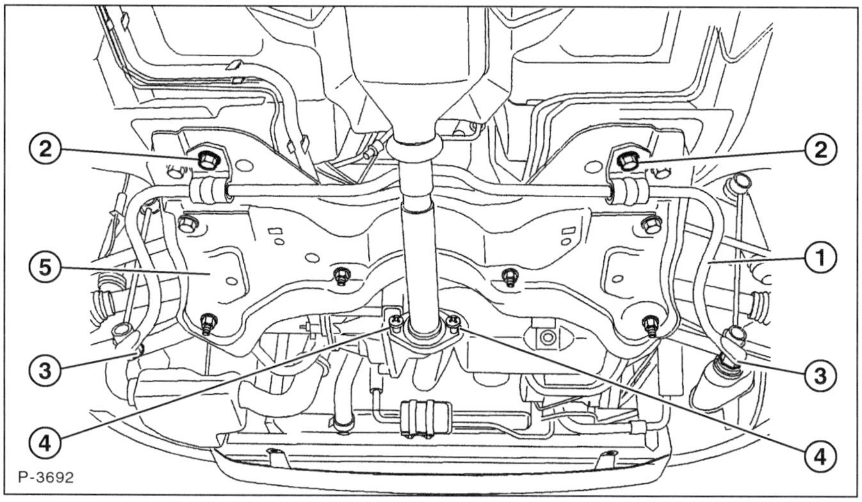

1 – **Querstabilisator**

2 – **Schrauben, 110 Nm**

3 – **Muttern, 40 Nm**

4 – **Schrauben, 10 Nm**
Für Verbindungsflansch des vorderen Abgasrohres.

5 – **Querträger**

Ausbau

Je nach Motor werden unterschiedliche Ausführungen des Querträgers –5– und des Querstabilisators eingebaut. Der Querstabilisator kann einen Durchmesser zwischen 18 und 21 mm aufweisen.

Die Ziffern im Text beziehen sich auf die Abbildung P-3692.

- Handbremse anziehen.
- Stellung der Vorderräder zur Radnabe mit Farbe kennzeichnen. Dadurch kann das ausgewuchtete Rad wieder in derselben Position montiert werden. Radschrauben lösen, dabei muss das Fahrzeug auf dem Boden stehen. Fahrzeug vorn aufbocken und Vorderräder abnehmen.
- **1,1-/1,4-/1,6-l-Benzinmotor:** Schrauben –4– am Abgasrohr-Verbindungsflansch herausdrehen.
- Schrauben –2– abschrauben.
- Muttern –3– abschrauben und Bolzen des Kugelgelenks ausdrücken.
- Querstabilisator herausnehmen.
- Gummilager und Querstabilisator auf Risse, Verschleiß, Korrosion und Alterungserscheinungen sichtprüfen, eventuell erneuern.

Gummilager ersetzen

Der Querstabilisator ist mit zwei Gummilagern am Querträger gelagert und über 2 Verbindungsstangen an den Federbeinen befestigt. Die seitliche und waagrechte Positionierung erfolgt durch zwei Abflachungen innerhalb des Lagers und zwei Ausformungen des Stabilisatorstabs. Zur Befestigung dient jeweils eine Schelle.

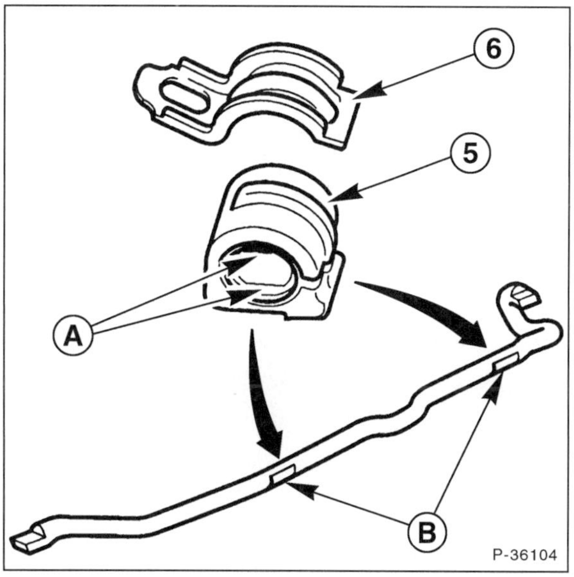

- Gummilager –5– aufspreizen.
- Abflachungen –A– der beiden Gummilager rechts und links sorgfältig an den Ausformungen –B– am Stabilisatorstab ausrichten.
- Gummilager –5– zusammendrücken und Schelle –6– aufsetzen.

Einbau

Hinweis: Es empfiehlt sich, die Gummilager immer paarweise, also an beiden Fahrzeugseiten, zu ersetzen.

- Gewinde der Schrauben und Muttern mit Motoröl bestreichen.
- Querstabilisator –1– am Querträger ansetzen, Schrauben –2– der beiden Gummilager von Hand leicht anschrauben, siehe Abbildung P-3692.
- **1,1-/1,4-/1,6-l-Benzinmotor:** Schrauben am Abgasrohr-Verbindungsflansch mit **10 Nm** festziehen

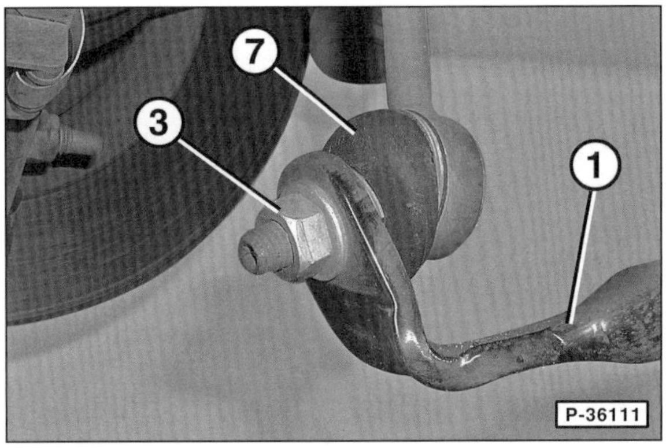

- Bolzen der Kugelgelenke –7– rechts und links in den Querstabilisator –1– einsetzen und Muttern –3– mit **40 Nm** festziehen.
- Vorderrad so ansetzen, dass die beim Ausbau angebrachten Markierungen übereinstimmen. Radmuttern nicht fetten oder ölen. Korrodierte Radmuttern erneuern. Räder anschrauben und Radmuttern leicht anziehen.
- Fahrzeug ablassen. **Hinweis:** Das Fahrzeug soll unbeladen auf allen Rädern stehen.
- Fahrzeug mehrmals ein- und ausfedern, damit die Radaufhängung sich setzt.

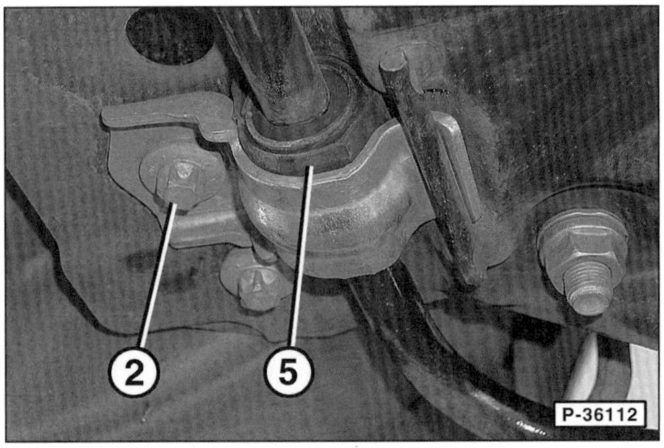

- Fahrzeug erneut aufbocken, Schrauben –2– der beiden Gummilager –5– mit **110 Nm** festziehen.
- Alle Schraubverbindungen auf festen und einwandfreien Sitz kontrollieren.
- Fahrzeug ablassen und auf die Räder stellen.
- Radschrauben über Kreuz mit **90 Nm** festziehen.

Achsschenkel aus- und einbauen

Je nach Motor ist der Achsschenkel unterschiedlichen stark ausgeführt. Das Radlager kann nicht eingestellt werden. Zur Montage des Lagers sind geeignete Einziehwerkzeuge oder eine Standpresse erforderlich. Es ist daher sinnvoll, den Achsschenkel mit dem Radlager auszubauen und ein neues Lager von einer Fachwerkstatt montieren zu lassen.

Hinweis: Einige Arbeitsschritte sind im Kapitel »Federbein aus- und einbauen« sowie »Gelenkwellen aus- und einbauen« genauer erläutert, daher diese Kapitel ebenfalls durchlesen.

Ausbau

- Handbremse anziehen.
- Stellung der Vorderräder zur Radnabe mit Farbe kennzeichnen. Dadurch kann das ausgewuchtete Rad wieder in derselben Position montiert werden. Radmuttern lösen, dabei muss das Fahrzeug auf dem Boden stehen.
- Fahrzeug anheben und aufbocken, so dass die Vorderräder hängen.
- Schraubenfeder mit Hilfe eines Federspanners zusammendrücken.

Achtung: Um der Querlenker ausbauen zu können, muss die Schraubenfeder gespannt werden, siehe Kapitel »Federbein aus- und einbauen«.

- Radnabenmutter abschrauben. **Achtung:** Sehr hohes Lösemoment! Sicherheitshinweise siehe Kapitel »Gelenkwellen aus-und einbauen«.
- Vorderrad abnehmen.

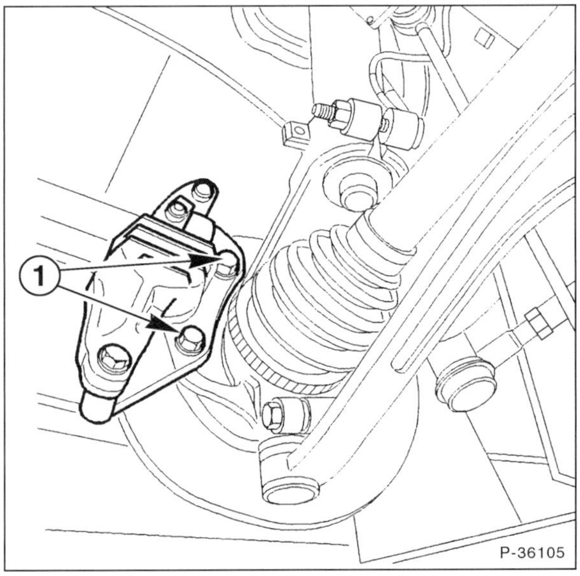

- Befestigungsschrauben –1– herausdrehen und Bremssattel abnehmen.

Hinweis: Der Bremsschlauch bleibt angeschlossen, sonst muss die Bremsanlage nach dem Einbau des Bremssattels entlüftet werden.

- Bremssattel mit Draht festbinden, beispielsweise an der Schraubenfeder.

- Mutter –3– des Spurstangenkopfes abschrauben.
- Spurstangenkopf vom Achsschenkel mit handelsüblichem Abdrücker abdrücken. Dazu kann beispielsweise der Abdrücker HAZET-779 oder PEUGEOT-0903 AF verwendet werden.
- Mutter abschrauben und Schraube –2– der Achsschenkel-Klemmverbindung ausbauen.
- Befestigungsschraube –1– des Achsgelenks abschrauben. Wenn nötig, Schutzblech –4– ausbauen.
- Querlenker mit einem Hebel und einer Kette nach unten ziehen und dadurch Achsgelenkbolzen aus dem Achsschenkel herausziehen, siehe Abbildung P-3688 auf Seite 101.
- Steckschlüsseleinsatz zwischen Querlenker und Querträger einsetzen, um den Querlenker in tiefer Stellung festzustellen.
- Federbein mit Achsschenkel nur so weit anheben, bis der Achsgelenkbolzen aus dem Achsschenkel herausgleitet.
- Achsschenkel zur Seite drücken.
- Spreizschlüssel PEUGEOT-0903 AE in den Schlitz des Achsschenkels einsetzen und um ¼ Umdrehung drehen. Dadurch wird die Klemmverbindung aufgespreizt.

Achtung: Der Schlüssel rastet automatisch in geöffneter Stellung ein.

- Achsschenkel vom Stoßdämpfergehäuse lösen.
- Achsschenkel vom Gelenkwellenstumpf abziehen und abnehmen.
- Gelenkwelle mit Draht am Querträger fixieren.

Einbau

- Alle Teile auf Risse, Verschleiß, Korrosion und Alterungserscheinungen sichtprüfen. Beschädigte beziehungsweise verschlissene Teile erneuern.
- Gewinde der Schrauben und Muttern mit Motoröl bestreichen.

Achtung: Selbstsichernde Muttern grundsätzlich durch neue Muttern ersetzen.

- Achsschenkel auf den Gelenkwellenstumpf schieben.
- Achsschenkel von unten bis zum Anschlag auf das Federbein aufschieben. Dabei muss die Nase am Federbein in den Schlitz am Achsschenkel eingreifen, siehe Abbildung P-3689 auf Seite 101.
- Spreizschlüssel im Schlitz des Achsschenkels um eine viertel Umdrehung drehen, um die Klemmverbindung zu entspannen.
- Befestigungsschraube –2– in Achsschenkel-Klemmverbindung stecken und mit **neuer selbstsichernden** Mutter und **55 Nm** festziehen.
- Federbein mit Achsschenkel so weit anheben, bis der Zapfen des Achsgelenks in den Achsschenkel eingesetzt werden kann.
- Achsgelenk mit dem Hebel und der Kette nach unten ziehen und Steckschlüsseleinsatz herausnehmen. Achsgelenkbolzen in den Achsschenkel einführen.
- Befestigungsschraube –1– des Achsgelenks einsetzen und mit **neuer selbstsichernden** Mutter und **40 Nm** festschrauben, dabei auf richtige Lage des Schutzblechs –4– achten.
- Spurstangenkopf einsetzen und mit einer **neuen selbstsichernden** Mutter –3– und **35 Nm** festschrauben.
- Bremssattel ansetzen und Befestigungsschrauben mit **105 Nm** anziehen, siehe Abbildung P-36105, Seite 109.
- Radnabenmutter anschrauben und festziehen, dabei mit Halteschlüssel gegenhalten. **Achtung:** Sehr hohes Anzugsdrehmoment! Sicherheitshinweise siehe Kapitel »Gelenkwellen aus-und einbauen«.
- Kronensicherung und Sicherungssplint für Radnabenmutter einbauen.
- Vorderrad so ansetzen, dass die beim Ausbau angebrachten Markierungen übereinstimmen. Radmuttern nicht fetten oder ölen. Korrodierte Radmuttern erneuern. Räder anschrauben.
- Schraubenfeder entspannen und den Federspanner entfernen, siehe Kapitel »Federbein aus- und einbauen«.
- Fahrzeug ablassen und auf die Räder stellen.
- Radschrauben über Kreuz mit **90 Nm** festziehen.
- Gegebenenfalls Radnabenmutter bei auf den Rädern stehendem Fahrzeug festziehen, siehe Kapitel »Gelenkwellen aus-und einbauen«. Kronensicherung und Sicherungssplint für Radnabenmutter einbauen.
- Vorderachse sobald wie möglich vermessen.

Hinterachse

Aus dem Inhalt:

- **Stoßdämpfer ausbauen**
- **Stoßdämpfer verschrotten**
- **Bremstrommel/Radlager**
- **Hinterachse ausbauen**

Der Hinterachskörper des PEUGEOT 206 besteht aus einem Stahlrohr, an dem die beiden Längslenker drehbar gelagert sind. Im Stahlrohr befindet sich ein Stabilisator (nicht bei allen Modellen), der mit beiden Längslenkern verzahnt ist. Er verringert bei Kurvenfahrt die Aufbauneigung der Karosserie sowie das Abheben des kurveninneren Hinterrades.

Die Abfederung zwischen Hinterachse und Karosserie übernehmen zwei mit den Längslenkern verzahnte Drehstäbe mit separat angeordneten, hydraulischen Stoßdämpfern. Die Radnaben besitzen eine Fettdauerfüllung und sind daher wie auch die gesamte Hinterachse wartungsfrei.

Die hinteren Radlager sind wartungsfrei und nicht einstellbar.

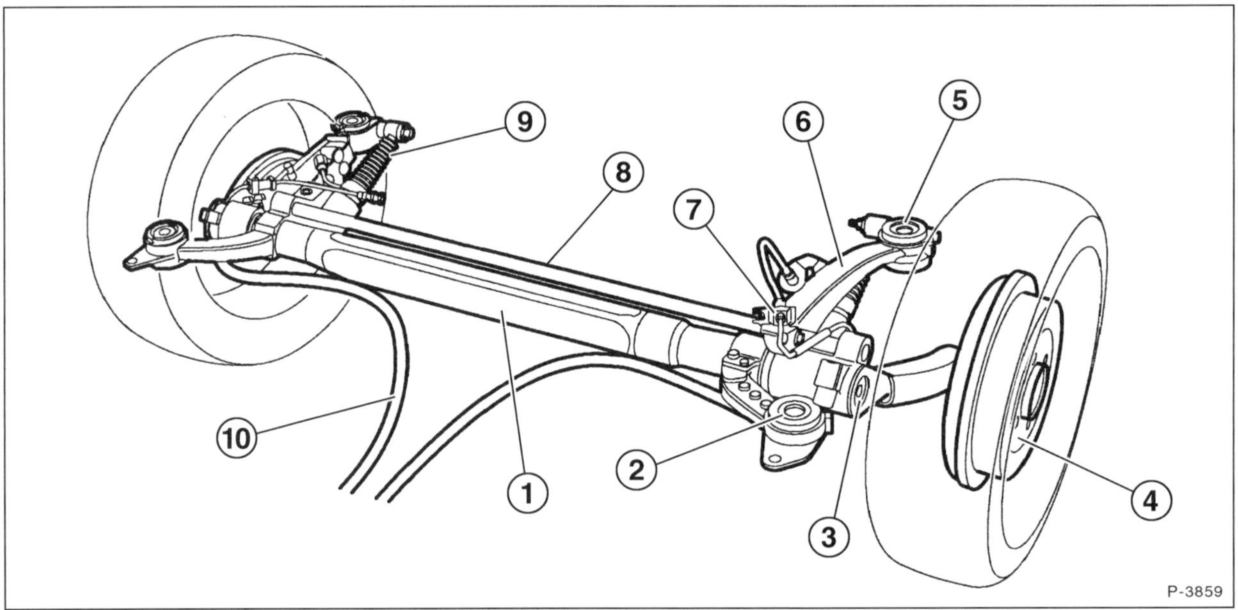

1 – Hinterachsträgerrohr mit integriertem Stabilisator
2 – Vorderes Gummilager
3 – Längslenker
4 – Radnabe
5 – Hinteres Gummilager
6 – Längsträger
7 – Bremsleitung mit Verteiler und Bremskraftregler
8 – Drehstab
9 – Stoßdämpfer
10 – Handbremsseil

Stoßdämpfer hinten aus- und einbauen

Die Stoßdämpfer können einzeln ersetzt werden. Bei einer Laufleistung der Stoßdämpfer von über 80.000 km, immer beide Stoßdämpfer einer Achse ersetzen.

Ausbau

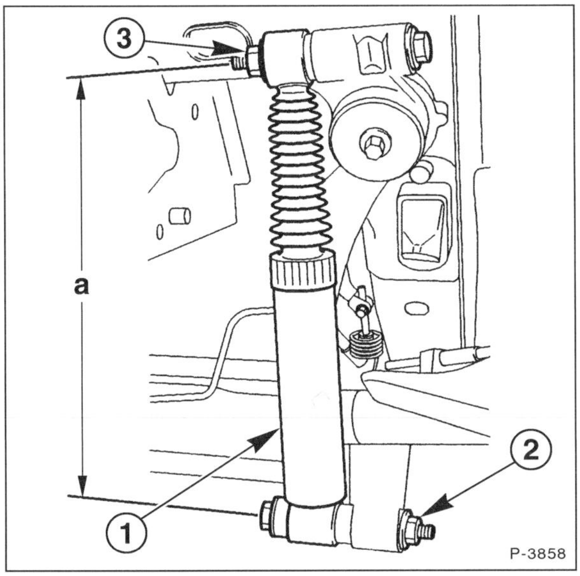

Achtung: Unfallgefahr beim Lösen der Muttern –2– und –3–, da hohes Lösemoment! Es empfiehlt sich die Muttern **vor** dem Aufbocken des Fahrzeugs zu lösen, aber noch nicht abzuschrauben. Nur stabiles Werkzeug verwenden.

- Mutter –2– am unteren Stoßdämpferlager und Mutter –3– am oberen Stoßdämpferlager lösen.
- Fahrzeug hinten aufbocken.
- Bremstrommel mit Werkstattwagenheber etwas anheben, da die Radaufhängung unter Spannung steht.
- Mutter –3– am oberen Stoßdämpferlager abschrauben und Schraube herausziehen.
- Mutter –2– am unteren Stoßdämpferlager abschrauben und Schraube herausziehen.
- Abstützenden Heber langsam absenken, bis die Radaufhängung entspannt ist, dann Stoßdämpfer –1– abnehmen.

Einbau

Die Ziffern im Text beziehen sich auf die Abbildung P-3858.

- Stoßdämpfer prüfen, siehe entsprechendes Kapitel.
- Stoßdämpfer ersetzen, wenn die Gummilager des Stoßdämpfers ausgeschlagen oder porös sind.
- Stoßdämpfer –1– einsetzen, Auflagefläche und alle Gewinde fetten. Befestigungsschrauben mit Muttern –2– und –3– anbringen, die Muttern leicht anziehen.
- Die Radaufhängung mit Spannvorrichtung PEUGEOT-0916 A oder mit der Hilfe eines Hydraulikhebers zusammendrücken, so dass der Achsabstand der Stoßdämpferbefestigungen **a = 317,5 mm** beträgt.

Achtung: Hohes Anzugsmoment der Stoßdämpfermuttern –2– und –3–. Sicherstellen, dass das Fahrzeug sicher aufgebockt ist und der Drehmomentschlüsselgriff waagerecht angesetzt wird. Muttern unter Umständen endgültig festziehen, wenn das Fahrzeug auf dem Boden steht.

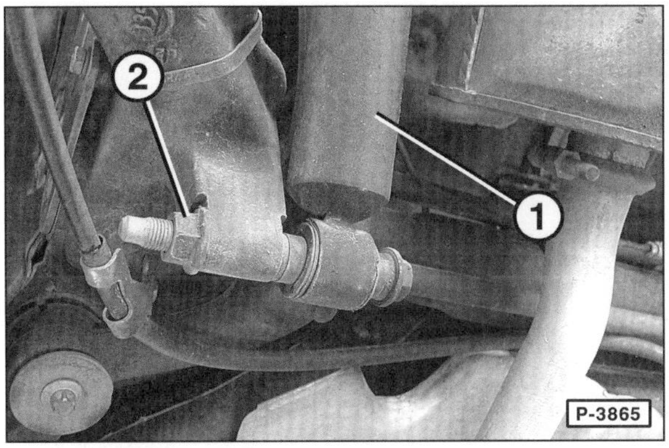

- Mutter –2– mit **150 Nm** festziehen.

- Mutter –3– mit **70 Nm** festziehen. 1 –
- Spannvorrichtung ausbauen.
- Fahrzeug ablassen.

Stoßdämpfer verschrotten

Damit ein defekter Stoßdämpfer entsorgt werden kann, muss das Hydrauliköl aus dem Stoßdämpfer abgelassen werden. Der entleerte Stoßdämpfer kann dann wie normaler Eisenschrott behandelt werden.

Achtung: Hydrauliköl ist ein Problemstoff und darf auf keinen Fall einfach weggeschüttet oder dem Hausmüll mitgegeben werden. Gemeinde- und Stadtverwaltungen informieren darüber, wo sich die nächste Problemstoff-Sammelstelle befindet.

Sicherheitshinweis
Der Gasdruck eines neuen Stoßdämpfers beträgt bis zu 25 bar. Deshalb beim Öffnen des Dämpfers Arbeitsstelle abdecken und **unbedingt Schutzbrille tragen.**

Stoßdämpfer können auf 2 Arten entleert werden, entweder durch Anbohren oder durch Aufsägen der Außenwand.

Stoßdämpfer anbohren

- Ausgebauten Stoßdämpfer senkrecht, mit der Kolbenstange nach unten, in den Schraubstock einspannen.

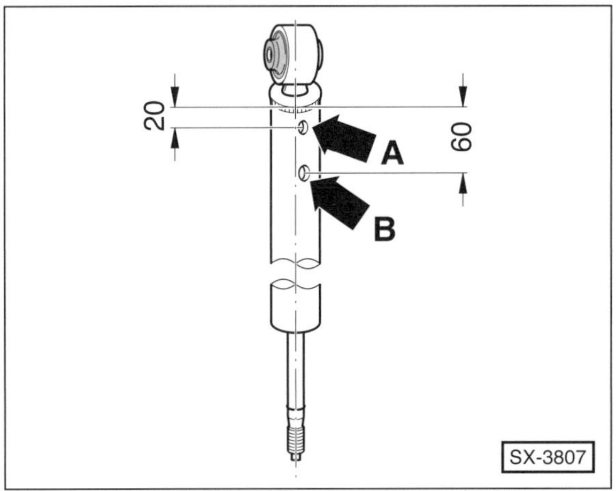

SX-3807

- An der Stelle –A– ein Loch mit 3 mm ∅ in das Außenrohr bohren.

Achtung: Bei Gasdruckstoßdämpfern entweicht nach dem Durchbohren der ersten Rohrwandung Gas. Öffnung während des Entgasens mit Lappen abdecken. Anschließend weiterbohren, bis das innenliegende Rohr (ca. 25 mm) durchbohrt ist.

- An der Stelle –B– eine zweite Bohrung mit 6 mm-Bohrer bis durch das innenliegende Rohr bohren.
- Dämpfer über eine Ölauffangwanne halten und Hydrauliköl durch Hin- und Herbewegen der Kolbenstange über den gesamten Hub herausdrücken.
- Dämpfer abtropfen lassen, bis kein Öl mehr austritt.
- Hydrauliköl bei einer Problemstoff-Sammelstelle entsorgen.
- Entleerten Stoßdämpfer als Eisenschrott entsorgen.

Stoßdämpfer aufsägen

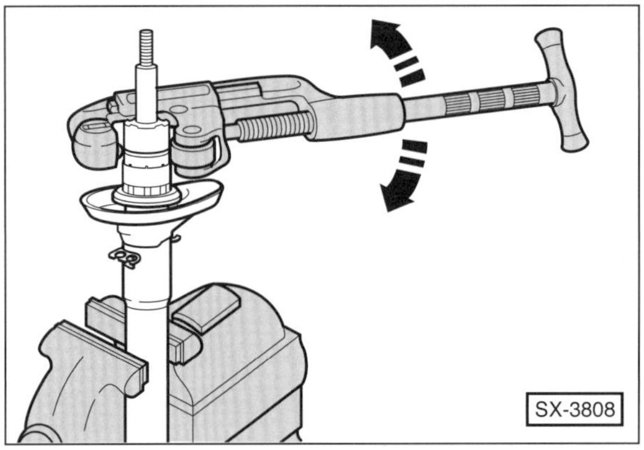
SX-3808

- Federbein in Schraubstock spannen.
- Rohrschneider, z. B. Stahlwille Express 150/3, ansetzen und Außenrohr durchtrennen. **Achtung:** Bei Gasdruck-Stoßdämpfern entweicht dabei das Gas; Schutzbrille tragen.
- Kolbenstange hochziehen, dabei das Innenrohr mit einer Wasserrohrzange festhalten und nach unten drücken, so dass dieses beim langsamen Hochziehen der Kolbenstange im Außenrohr verbleibt.
- Kolbenstange vom Innenrohr abziehen.
- Dämpfer über eine Ölauffangwanne halten und Hydrauliköl ablaufen lassen, bis kein Hydrauliköl mehr austritt.
- Hydrauliköl bei einer Problemstoff-Sammelstelle entsorgen.
- Entleerten Stoßdämpfer als Eisenschrott entsorgen.

Bremstrommel/Radlager aus- und einbauen

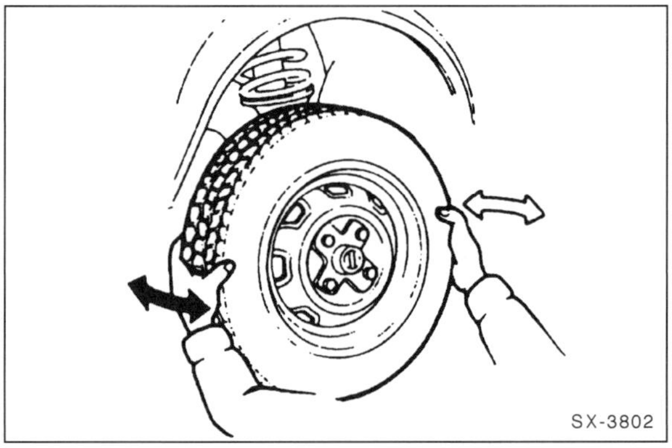
SX-3802

- Ein defektes Radlager macht sich durch Laufgeräusche und ein übermäßiges Spiel bemerkbar.

Ausbau

- Handbremse entspannen, siehe Seite 154.
- Stellung des Hinterrades zur Radnabe mit Farbe kennzeichnen. Dadurch kann das Rad wieder in derselben Position montiert werden. Radschrauben lösen, dabei muss das Fahrzeug auf dem Boden stehen. Fahrzeug hinten aufbocken und Hinterrad abnehmen.

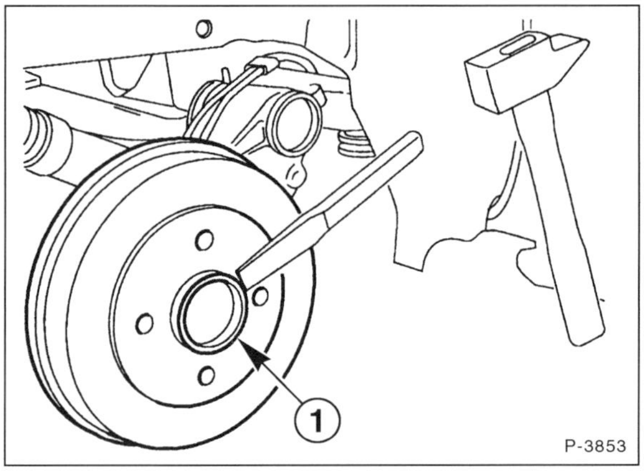

P-3853

- Abdichtkappe –1– vorsichtig mit einem Hammer und einem Meißel von der Radnabe abhebeln.

- Mit geeignetem Dorn den Bund der Radnabenmutter aus der Nut des Achszapfens treiben.
- Hinterrad anschrauben und Fahrzeug ablassen.

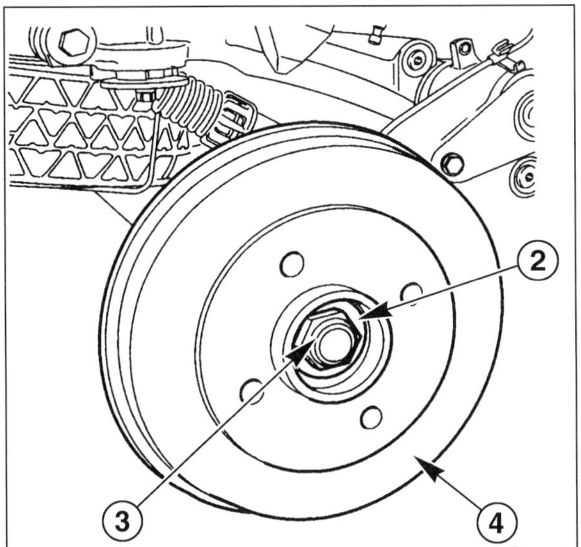

P-3854

- Durch Helfer Fußbremse treten lassen und Radnabenmutter –3– lösen, nicht abschrauben.

Achtung: Sehr hohes Lösemoment!

- Erneut Fahrzeug hinten aufbocken und Hinterrad abnehmen.
- Radnabenmutter –3– abschrauben und Unterlegscheibe –2– abnehmen.
- Bremstrommel –4– abnehmen, siehe Seite 149.

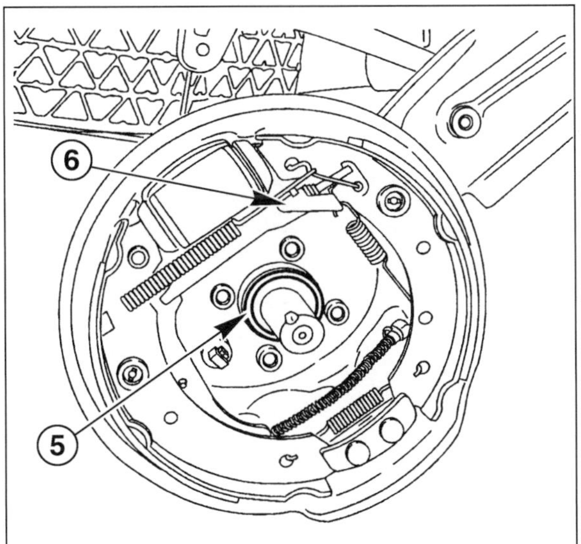

P-3855

- Lässt sich die Bremstrommel nicht abziehen, automatische Nachstellvorrichtung –6– durch eine Gewindebohrung der Radschrauben mit einem Schraubendreher zurückstellen.

- Dichtung –5– vom Achszapfen abziehen.

Achtung: Bremstrommeln und Bremsbeläge dürfen nicht mit Schmierfett oder Öl in Berührung kommen.

- Bremstrommel prüfen. Bei eingelaufener Bremstrommel, Radlager mit Bremstrommel ersetzen.

Radlager aus Bremstrommel auspressen

Ist die Bremstrommel in Ordnung und nur das Radlager defekt, kann das Radlager einzeln ersetzt werden.

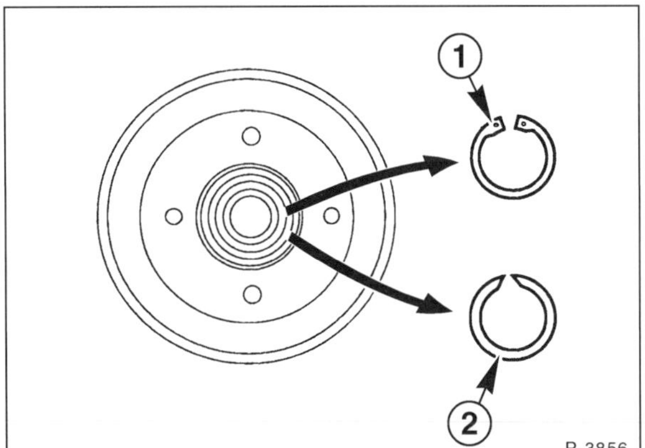

P-3856

- Lagersicherungsring –1– mit einer Zange, zum Beispiel HAZET-1847-3, ausbauen und entfernen. **Hinweis:** Anstelle des Sicherungsrings –1– kann auch ein Sprengring –2– eingebaut sein.

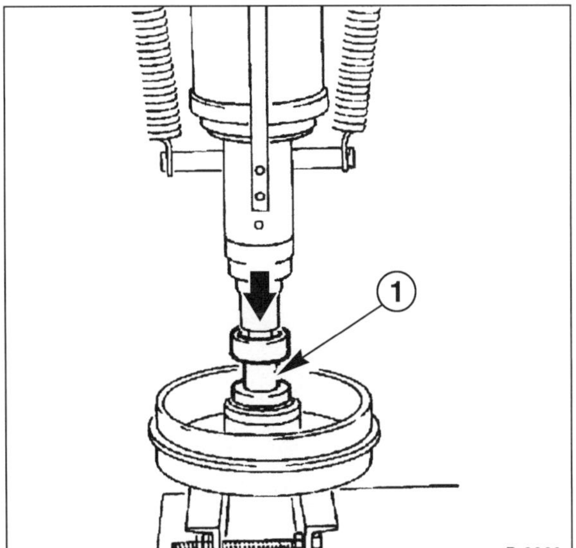

P-3860

- Radlager mit Pressvorrichtung und Montagehülse –1–, zum Beispiel PEUGEOT-0539 T, aus der Bremstrommel nach unten ausdrücken. Steht das Spezialwerkzeug nicht zur Verfügung, kann auch ein Rohr mit entsprechendem Durchmesser verwendet werden.

Achtung: Ein einmal ausgepresstes Lager muss grundsätzlich ersetzt werden.

- Vor dem Einpressen des neuen Lagers Lagersitz auf Beschädigungen, wie zum Beispiel Riefen, überprüfen. Gegebenenfalls Bremstrommel ersetzen. Lageraufnahme mit Molykote-Fett bestreichen.

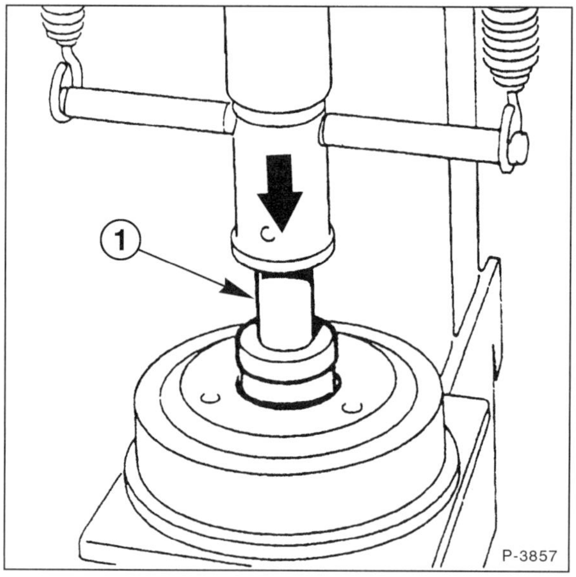

P-3857

- Lager bis zum Anschlag mit der Montagehülse –1– in die Bremstrommel einpressen.
- Sprengring oder Lagersicherungsring einsetzen.

Einbau

- Neue Dichtung, Dichtlippe und Achszapfen mit Mehrzweckfett einfetten. Dichtung einbauen, siehe Abbildung P-3855.

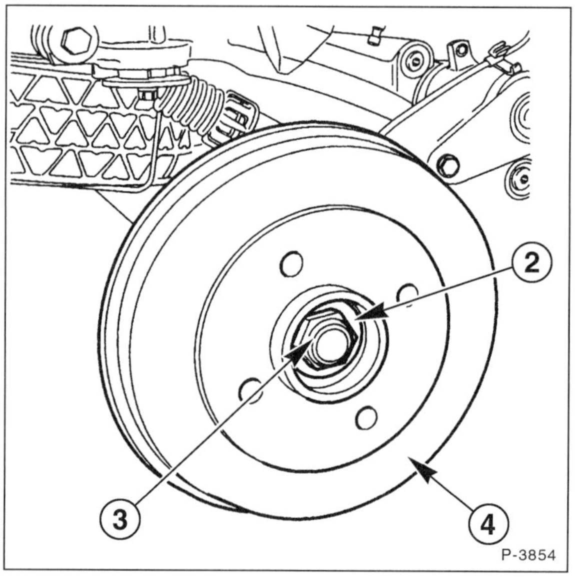

P-3854

- Bremstrommel –4– mit Radlager auf den Achsschenkel aufsetzen.
- Scheibe –2– zwischenlegen, **neue Mutter** –3– aufschrauben, noch nicht endgültig festziehen.
- Vorderrad anschrauben, dabei auf Markierung zur Radnabe achten.
- Fahrzeug ablassen.
- Radschrauben über Kreuz mit **90 Nm** festziehen.

Achtung: Sehr hohes Anzugsmoment der Radnabenmutter!

- Durch Helfer Fußbremse treten lassen und Radnabenmutter mit **200 Nm** festziehen.
- Bund der Nabenmutter –3– mit geeignetem Dorn mit der Nut des Achszapfens verstemmen (Verdrehsicherung).
- **Neue** Kappe mit Gummihammer vorsichtig auf Radnabe auftreiben.
- Handbremse einstellen, siehe Seite 154.

Hinterachse aus- und einbauen

Zum Ausbau werden ein hydraulischer Wagenheber oder eine Hebebühne benötigt, damit die Achse gleichmäßig abgesenkt werden kann. Das Zerlegen und Einstellen der Hinterachse sollte der Werkstatt vorbehalten bleiben.

Ausbau

- Rücksitzbank ausbauen, siehe Seite 256.
- Kofferraum-Teppichboden ausbauen, siehe Seite 252.
- Hintere Mittelkonsole ausbauen, siehe Seite 247.
- Handbremsseilzüge am Ausgleichbügel aushängen und aus dem Widerlager herausziehen.

Sicherheitshinweis
Beim Aufbocken des Fahrzeugs besteht Unfallgefahr! Deshalb vorher das Kapitel »Fahrzeug aufbocken« durchlesen.

- Fahrzeug hinten aufbocken.
- Abgasanlage hinter dem Katalysator ausbauen, siehe Seite 233.
- Ersatzrad ausbauen, siehe Seite 124.

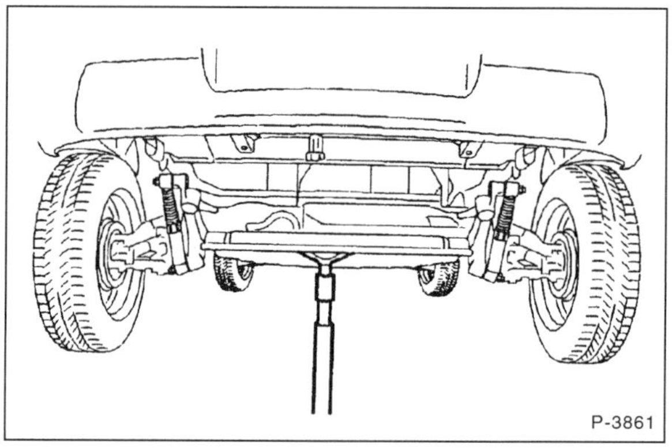
P-3861

- Hinterachskörper mit einem mittig unter dem Trägerrohr angesetzten hydraulischen Werkstattwagenheber abstützen, beziehungsweise bei Verwendung einer Hebebühne mit einem Hebebühnenlift abstützen.

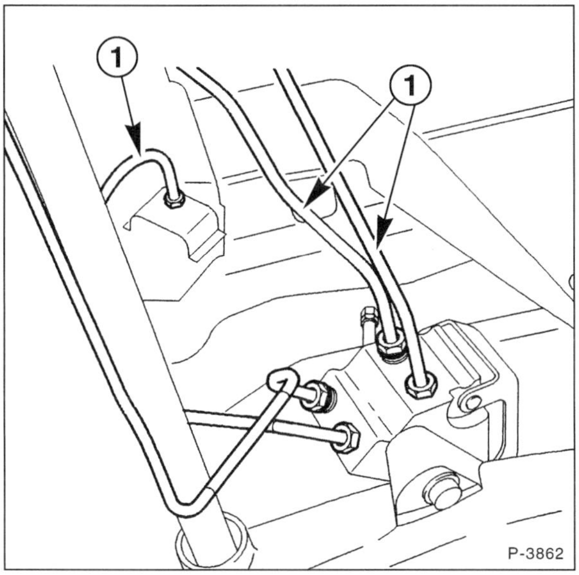

P-3862

- Bremsleitungen –1– am Bremskraftregler abschrauben.
- Leitungen nach dem Ausbau gleich verschließen, damit kein Schmutz eindringen kann. Beispielsweise kleine Plastiktüten drüberstülpen und mit Gummiringen sichern.

Achtung: Bremsflüssigkeit läuft aus, geeignetes Gefäß unterstellen. Regeln im Umgang mit Bremsflüssigkeit beachten, siehe Kapitel »Bremsanlage«.

- ABS-Radsensoren abklemmen.
- Hinterachse durch Helfer sichern. 4 Befestigungsschrauben –2– der Hinterachse herausschrauben, siehe Abbildung P-3864.
- Hinterachse vorsichtig absenken und komplett nach hinten unter dem Fahrzeug herausfahren.

Einbau

- Hinterachse von unten ansetzen und in Einbaulage bringen, dabei müssen alle Befestigungsöffnungen mit den Schraubenlöchern übereinstimmen.

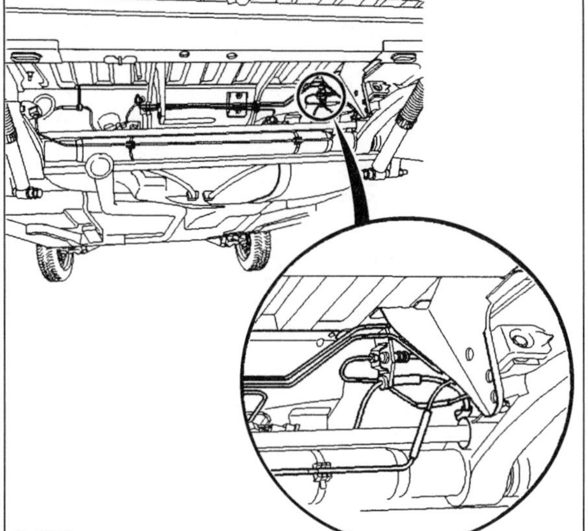
P-3863

Achtung: Darauf achten, dass beim Anheben der Hinterachse die Bremsleitungen nicht zwischen Karosserie und Achse eingeklemmt oder beschädigt werden.

- 4 Befestigungsschrauben leicht anschraube, nicht festziehen.

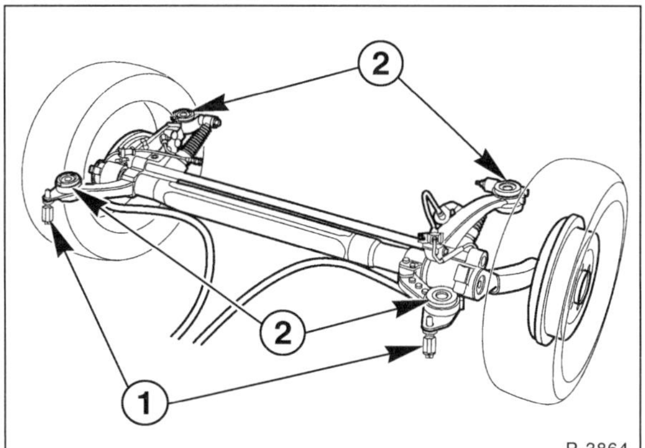

P-3864

- 2 Positionierungsstifte –1– vorn am Hinterachsträger zu dessen Positionierung einsetzen.
- 4 Befestigungsschrauben –2– mit **110 Nm** anziehen.
- 2 Stifte –1– entfernen.
- Bremsleitungen der Hinterachse wieder anschließen.
- ABS-Radsensoren anschließen.
- Abgasanlage einbauen, siehe Seite 233.
- Ersatzerad einbauen.
- **Achtung:** Bremsanlage entlüften, siehe Seite 156.
- Handbremsseilzüge an der Hinterradbremse und am Ausgleichbügel des Handbremshebels einhängen. Handbremse einstellen, siehe Seite 154.
- Hinterräder so ansetzen, dass die beim Ausbau angebrachten Markierungen übereinstimmen. Vorher Zentriersitz der Felge an der Radnabe mit Wälzlagerfett dünn einfetten. Radschrauben **nicht** fetten oder ölen. Korrodierte Radschrauben erneuern. Räder anschrauben. Fahrzeug ablassen und Radschrauben über Kreuz mit **90 Nm** festziehen.
- Hintere Mittelkonsole einbauen, siehe Seite 247.
- Rücksitzbank einbauen, siehe Seite 255.
- Kofferraum-Teppichboden einbauen, siehe Seite 252.

Achtung, Sicherheitskontrolle durchführen:

- Sind die Bremsschläuche festgezogen?
- Befindet sich der Bremsschlauch in der Halterung?
- Sind die Entlüftungsschrauben angezogen?
- Ist genügend Bremsflüssigkeit eingefüllt?
- Bei laufendem Motor Dichtheitskontrolle durchführen. Hierzu Bremspedal mit 200 bis 300 N (entspricht 20 bis 30 kg) etwa 10 Sekunden betätigen. Das Bremspedal darf nicht nachgeben. Sämtliche Anschlüsse auf Dichtheit kontrollieren.

Räder und Reifen

Aus dem Inhalt:

- Profiltiefe prüfen
- Räder austauschen
- Schneeketten
- Radschrauben anziehen
- Reifenpflege
- Fahrzeug aufbocken
- Reifencode
- Reifenfülldruck

Der PEUGEOT 206 ist je nach Modell und Ausstattung mit schlauchlosen Gürtelreifen sowie Felgen unterschiedlicher Größe ausgerüstet. Sofern Reifen montiert werden, die nicht in den Fahrzeugpapieren vermerkt sind, müssen sie in der EG-Übereinstimmungsbescheinigung (CoC = Certificate of Conformity) zum Fahrzeug stehen. Die Bescheinigung oder eine Kopie davon ist dann grundsätzlich im Fahrzeug mitzuführen. **Achtung:** Bei einigen Reifen-/Felgengrößen dürfen keine Schneeketten aufgezogen werden.

Neben der Felgenbreite und dem Felgendurchmesser ist bei einem Wechsel der Felge auch die Einpresstiefe zu beachten. Die Einpresstiefe ist das Maß von der Felgenmitte bis zur Anlagefläche der Radschüssel an die Bremsscheibe.

Alle Scheibenräder sind als Hump-Felgen ausgelegt. Der Hump ist ein in die Felgenschulter eingepresster Wulst, der auch bei extrem scharfer Kurvenfahrt nicht zulässt, dass der schlauchlose Reifen von der Felge gedrückt wird. **Achtung:** In die schlauchlosen Reifen darf kein Schlauch eingezogen werden.

Profiltiefe messen

Reifen dürfen aufgrund gesetzlicher Vorschriften bis zu einer Profiltiefe von 1,6 mm abgefahren werden, und zwar an der gesamten Reifenlauffläche gemessen. Aus Sicherheitsgründenempfiehlt es sich, die Sommerreifen bereits bei einer Profiltiefe von 2 mm und die Winterreifen bei einer Tiefe von 4 mm auszutauschen.

Die Tiefe des Reifenprofils ist in den Hauptprofilrillen an den am stärksten verschlissenen Stellen des Reifens zu messen. Im Profilgrund der Originalbereifung sind Abnutzungsindikatoren zu erkennen. Markierungen an den Reifenflanken durch die Buchstaben TWI (TWI = **T**read **W**ear **I**ndicator) oder Dreieckssymbole kennzeichnen die Lage der Verschleißanzeiger. Die Flächen der Abnutzungsindikatoren haben eine Höhe von 1,6 mm. Sie dürfen nicht in die Messung mit einbezogen werden. Für die Messwerte entscheidend ist das Maß an der Stelle mit der geringsten Profiltiefe –P–.

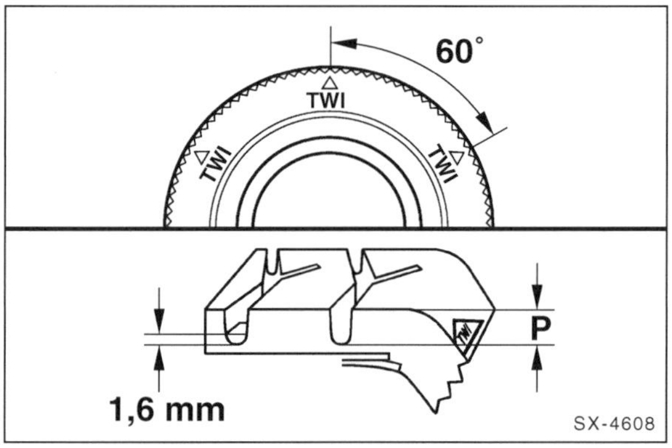

Reifenfülldruck

Der Reifenfülldruck wird vom Automobilhersteller in Abhängigkeit verschiedener Parameter festgelegt. Dazu zählen unter anderem die Fahrzeugbeladung und die Fahrzeug-Höchstgeschwindigkeit. Für den PEUGEOT 206 sind unterschiedliche Reifendimensionen und Felgengrößen vom Werk

Eine Auswahl von Reifen-/Felgenkombinationen für den PEUGEOT 206

Motor	Reifengröße	Scheibenrad (Felge)	Einpresstiefe in mm	Reifenfülldruck (Überdruck) in bar			
				halbe Zuladung		volle Zuladung	
				vorn	hinten	vorn	hinten
1,1-l/44 kW; 1,4-l/55 kW	175/65 R 14 T	5½Jx14	34	2,3	2,3	2,3	2,3
1,6-l/65 kW	175/65 R 14 H	5½Jx14	34	2,3	2,3	2,3	2,3
1,6-l 16V/80 kW; 2,0-l/99 kW	185/55 R 15 V	6Jx15	27	2,4	2,4	2,4	2,4
1,9-l/51 kW Diesel	175/65 R 14 T	5½Jx14	34	2,4	2,4	2,4	2,4
2,0-l HDi/66 kW Diesel	175/65 R 14 H	5½Jx14	34	2,4	2,4	2,4	2,4

zugelassen. Die abgedruckte Reifentabelle listet nur einen Querschnitt möglicher Reifen-/Felgenkombinationen auf. Eine komplette Liste aller zugelassenen Reifen und Felgen hat jede Fachwerkstatt.

Es ist wichtig, dass der für den jeweiligen Reifen festgelegte Reifenfülldruck eingehalten wird. Die Reifenfülldruckwerte stehen auf einem Aufkleber an der B-Säule unterhalb des Schließbügels für das Türschloss auf der Fahrerseite. Wird das Reifenformat gewechselt, sollten die neuen Fülldruckwerte auf diesem Aufkleber vermerkt werden. Auch bei der Verwendung von Winterreifen muss der vorgeschriebene Reifenfülldruck eingehalten werden. Für die Lebensdauer der Reifen und die Fahrzeugsicherheit ist das Einhalten des Reifenfülldrucks von großer Wichtigkeit. Reifenfülldruck deshalb alle 4 Wochen und vor jeder längeren Fahrt prüfen (auch Reserverad).

- Reifenfülldruckangaben beziehen sich auf **kalte** Reifen. Der sich bei längerer Fahrt einstellende und um ca. 0,2 bis 0,4 bar höhere Überdruck darf nicht reduziert werden. **Winterreifen** müssen mit einem um **0,2 bar höheren Überdruck** als Sommerreifen gefahren werden. Auf jeden Fall müssen die Reifenfülldrücke bei Winterreifen entsprechend den Vorgaben des Reifenherstellers eingehalten werden. Unterliegen die Winterreifen einer Geschwindigkeitsbeschränkung, muss ein Hinweis im Blickfeld des Fahrers angebracht werden (§ 36, Absatz 1 StVZO).
- Bei **Anhängerbetrieb** Reifenfülldruck auf den unter »volle Zuladung« angegebenen Wert erhöhen. Reifenfülldruck der Anhängerbereifung ebenfalls kontrollieren.
- Der Reifenfülldruck für das **Reserverad** entspricht dem höchsten für das Fahrzeug vorgesehenen Fülldruck. Sofern der PEUGEOT 206 mit einem **Notrad** ausgestattet ist, beträgt der Reifenfülldruck für dieses Ersatzrad 4,2 bar. **Achtung**: Das Notrad darf nur vorübergehend benutzt werden. Ist das Ersatz-Notrad montiert, darf die Höchstgeschwindigkeit von 80 km/h nicht überschritten werden. Der Reifen für das Notrad hat die Dimension 115/70R15.

Schneeketten

Schneeketten sind nur an den **Vorderrädern** zulässig. Um Beschädigungen an den Radvollblenden zu vermeiden, sollten diese bei Schneekettenbetrieb abgenommen werden. Nach Entfernen der Schneeketten, Radvollblenden wiedermontieren.

Mit Schneeketten darf in Deutschland nicht schneller als **50 km/h** gefahren werden. Auf schnee- und eisfreien Straßen sind die Schneeketten abzunehmen. Nur feingliedrige Schneeketten verwenden, die nicht mehr als 15 mm (einschließlich Kettenschloss) auftragen.

Austauschen der Räder/ Laufrichtung beachten

Es ist nicht zweckmäßig, bei einem Austausch der Räder die Drehrichtung der Reifen zu ändern, da sich die Reifen nur unter vorübergehend stärkerem Verschleiß der veränderten Drehrichtung anpassen. Bei einigen Reifen ist die Laufrichtung durch einen Pfeil auf der Reifenflanke vorgegeben, die Laufrichtung ist dann unbedingt einzuhalten.

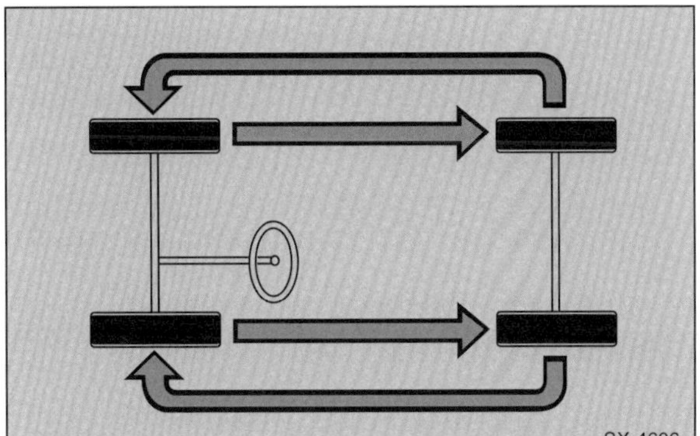

SX-4606

Bei größerem Verschleiß der vorderen Reifen empfiehlt es sich, die Vorderräder gegen die Hinterräder zu tauschen. Dadurch haben alle 4 Reifen etwa die gleiche Lebensdauer.

Sicherheitshinweise
Reifen nicht einzeln, sondern mindestens achsweise ersetzen. Reifen mit der größeren Profiltiefe **vorn** montieren. Am Fahrzeug dürfen nur Reifen gleicher Bauart verwendet werden. An einer Achse dürfen nur Reifen desselben Herstellers und mit derselben Profilausführung eingebaut werden. Reifen, die älter als 6 Jahre sind, nur im Notfall und bei vorsichtiger Fahrweise verwenden. Keine gebrauchten Reifen verwenden, deren Ursprung nicht bekannt ist. Beim Erneuern von Felge oder Reifen grundsätzlich das Gummiventil ersetzen.

SX-4609

- Bei Reifen mit **laufrichtungsgebundenem Profil**, erkennbar an Pfeilen auf der Reifenflanke in Laufrichtung, **muss** die Laufrichtung des Reifens **unbedingt** eingehalten werden. Dadurch werden optimale Laufeigenschaften bezüglich Aquaplaning, Haftvermögen, Geräusch und Abrieb sichergestellt.

- Falls ein laufrichtungsgebundenes Reserverad bei einer Reifenpanne einmal entgegen der Laufrichtung montiert werden muss, sollte dieser Einsatz nur vorübergehend sein. Insbesondere bei Nässe empfiehlt es sich, die Geschwindigkeit den Fahrbahnverhältnissen anzupassen.

Rad ausbauen

- Radschlüssel aus Fach in der Kofferraum-Heckwand herausholen.

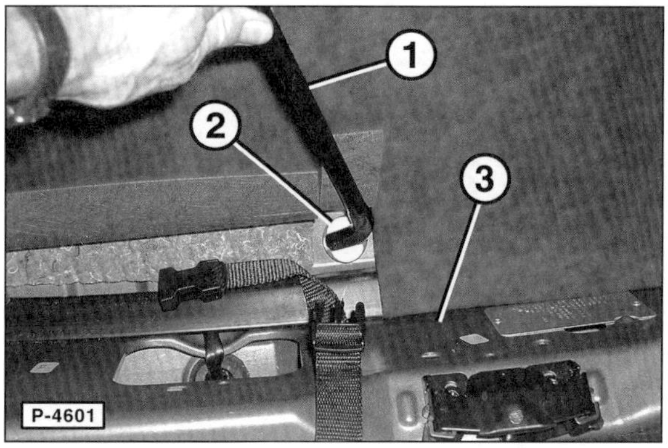

- Mit Radschlüssel –1– Befestigungsschraube –2– für Haltekorb des Ersatzrades lösen, nicht herausschrauben. 3– Kofferraum-Heckwand.
- Haltekorb des Ersatzrades von unten hochdrücken und vom Haken abhängen.
- Ersatzrad und darin gelagerten Staukasten aus Haltekorb ziehen; Bordwagenheber dem Kasten entnehmen.

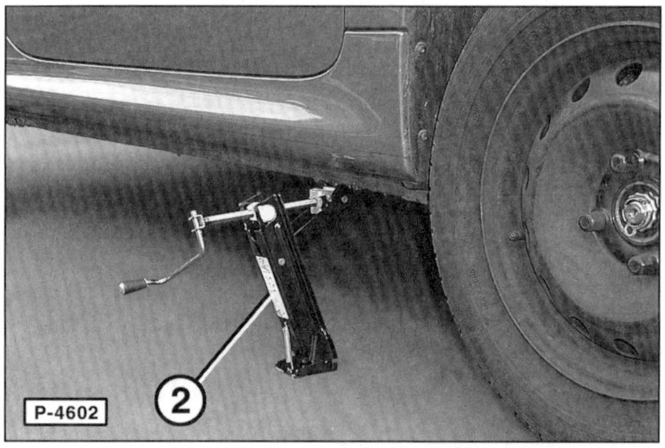

- Wagenheber –2– am senkrechten Steg des Unterholms im Bereich der eingeprägten Markierungen ansetzen.
- Wagenheber herunterkurbeln, bis er mit der ganzen Auflagefläche auf festen Untergrund steht.
- Fahrzeug gegen Wegrollen sichern. Dazu Handbremse anziehen, Rückwärtsgang oder Ersten Gang einlegen. Bei Fahrzeugen mit Automatikgetriebe Wählhebel in Stellung »P« legen. Außerdem einen Keil oder den Staukasten des Wagenhebers hinter das diagonal gegenüberliegende Rad legen. Dabei Keil immer an der von der Aufbockstelle wegzeigenden Seite unterlegen.
- Radblende abnehmen.
- Alufelgen: Verchromte Zierkappen von den Radschrauben abziehen. Dazu wird ein spezielles Werkzeug mitgeliefert.
- Stellung der Vorderräder zur Radnabe mit Farbe kennzeichnen. Dadurch kann das ausgewuchtete Rad wieder in derselben Position montiert werden.
- **Radschrauben bei auf dem Boden stehendem Fahrzeug ½ Umdrehung lösen, nicht abschrauben.**
- Fahrzeug mit dem Wagenheber so weit anheben, bis das Rad vom Boden abgehoben hat.
- Radschrauben herausdrehen und Rad abnehmen.

Rad montieren

- Zum Schutz gegen das Festrosten des Rades ist der Zentriersitz der Felge an der Radnabe vorn und hinten vor jeder Montage des jeweiligen Rades dünn mit Wälzlagerfett einzufetten.
- Verschmutzte Schrauben und Gewinde reinigen. Gewinde der Radschrauben **nicht** fetten oder ölen.
- Rad entsprechend der beim Ausbau angebrachten Markierung ansetzen. Radschrauben anschrauben und leicht über Kreuz anziehen.
- Fahrzeug absenken und Wagenheber entfernen.
- Radschrauben über Kreuz in mehreren Durchgängen anziehen. Zum Festziehen der Radschrauben sollte stets ein Drehmomentschlüssel verwendet werden. Dadurch wird sichergestellt, dass die Radschrauben gleichmäßig und fest angezogen sind. **Das Anzugsmoment beträgt für Stahl- und Leichtmetallfelgen 90 Nm.**
- Radvollblende im Bereich des Ventilausschnittes zuerst aufdrücken und anschließend gesamte Blende vollständig einrasten lassen.
- Felgen und Radschrauben sind aufeinander abgestimmt. Bei Umrüstung von Leichtmetallfelgen auf Stahlfelgen, zum Beispiel beim Wechsel auf Winterbereifung mit Stahlfelgen, müssen deshalb die dazugehörigen Radschrauben mit der richtigen Länge und Kalottenform verwendet werden. Der Festsitz der Räder und die Funktion der Bremsanlage hängen davon ab.

Achtung: Leichtmetallfelgen sind durch einen Klarlacküberzug gegen Korrosion geschützt. Beim Radwechsel darauf achten, dass die Schutzschicht nicht beschädigt wird, andernfalls mit Klarlack ausbessern.

- Wurde beim Radwechsel festgestellt, dass die Radschrauben korrodiert und schwergängig sind, müssen diese möglichst rasch erneuert werden. Bis dahin vorsichtshalber nur mit mäßiger Geschwindigkeit fahren.

Achtung: Durch einseitiges oder unterschiedlich starkes Anziehen der Radschrauben können das Rad und/oder die Radnabe verspannt werden.

- Nach dem Reifenwechsel unbedingt Reifenfülldruck prüfen und gegebenenfalls korrigieren.

Reifen- und Scheibenrad-Bezeichnungen/Herstellungsdatum

Reifen-Bezeichnungen

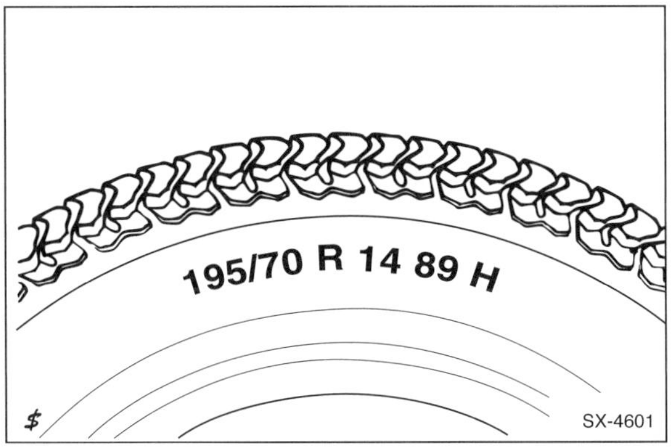

195 = Reifenbreite in mm.

/70 = Verhältnis Höhe zu Breite (die Höhe des Reifenquerschnitts beträgt 70 % von der Breite).

Fehlt eine Angabe des Querschnittverhältnisses (zum Beispiel 155 R 13), so handelt es sich um das »normale« Höhen-Breiten-Verhältnis. Es beträgt bei Gürtelreifen 82 %.

R = Radial-Bauart (= Gürtelreifen).

14 = Felgendurchmesser in Zoll.

89 = Tragfähigkeits-Kennzahl.

Achtung: Steht zwischen den Angaben 14 und 89 die Bezeichnung M+S, dann handelt es sich um einen Reifen mit Winterprofil.

H = Kennbuchstabe für zulässige Höchstgeschwindigkeit, H: bis 210 km/h.

Der Geschwindigkeitsbuchstabe steht hinter der Reifengröße. Die Geschwindigkeitsbuchstaben gelten sowohl für Sommer- als auch für Winterreifen.

Geschwindigkeits-Kennbuchstabe

Kennbuchstabe	Zulässige Höchstgeschwindigkeit
Q	160 km/h
S	180 km/h
T	190 km/h
H	210 km/h
V	240 km/h
W	270 km/h

Achtung: Steht hinter der Reifenbezeichnung das Wort »reinforced«, handelt es sich um einen Reifen in verstärkter Ausführung, beispielsweise für Vans und Transporter.

Reifen-Herstellungsdatum

Das Herstellungsdatum steht auf dem Reifen im Hersteller-Code.

Beispiel: DOT CUL2 UM8 1207 TUBELESS

DOT = Department of Transportation (US-Verkehrsministerium)
CU = Kürzel für Reifenhersteller
L2 = Reifengröße
UM8 = Reifenausführung
1207 = Herstellungsdatum = 12. Produktionswoche 2007
Hinweis: Falls anstelle der 4-stelligen Ziffer eine 3-stellige Ziffer gefolgt von einem ◁-Symbol aufgeführt ist, dann wurde der Reifen im vergangenen Jahrzehnt produziert. Die Bezeichnung 509◁ bedeutet beispielsweise: 50. Produktionswoche 1999.
TUBELESS = schlauchlos (TUBETYPE = Schlauchreifen)

Achtung: Neureifen müssen seit 10/98 zusätzlich mit einer ECE-Prüfnummer an der Reifenflanke versehen sein. Diese Prüfnummer weist nach, dass der Reifen dem ECE-Standard entspricht. Werden Reifen seit 10/98 **ohne** ECE-Prüfnummer montiert, erlischt die Allgemeine Betriebserlaubnis (ABE) des Fahrzeuges.

Scheibenrad-Bezeichnungen

Beispiel : 5½J x 15 H2, LK4/100, ET 43

5½ = Maulweite (Innenbreite) der Felge in Zoll.
J = Kennbuchstabe für Höhe und Kontur des Felgenhorns (B = niedrigere Hornform).
x = Kennzeichen für einteilige Tiefbettfelge.
15 = Felgen-Durchmesser in Zoll.
H2 = Felgenprofil an Außen- und Innenseite mit Hump-Schulter (Hump = Sicherheitswulst, damit der Reifen nicht von der Felge rutscht).
LK4 = Anzahl der Bohrungen in der Felge für die Radschrauben/-muttern (= Lochkreise).
100 = Lochkreis-Durchmesser in mm.
ET 43 = Einpresstiefe des Scheibenrades von 43 mm.

Auswuchten von Rädern

Die serienmäßigen Räder werden im Werk ausgewuchtet. Das Auswuchten ist notwendig, um unterschiedliche Gewichtsverteilung und Materialungenauigkeiten auszugleichen. Im Fahrbetrieb macht sich die Unwucht durch Trampel- und Flattererscheinungen bemerkbar. Das Lenkrad beginnt dann bei höherem Tempo zu zittern.

In der Regel tritt dieses Zittern nur in einem bestimmten Geschwindigkeitsbereich auf und verschwindet wieder bei niedrigerer und höherer Geschwindigkeit.

Solche Unwuchterscheinungen können mit der Zeit zu Schäden an Achsgelenken, Lenkgetriebe und Stoßdämpfern sowie am Reifenprofil führen.

Räder nach jeder Reifenreparatur und nach jeder Montage eines neuen Reifens auswuchten lassen, da sich durch Abnutzung und Reparatur die Gewichts- und Materialverteilung am Reifen ändert.

Reifenpflegetipps

Reifen haben ein »Gedächtnis«. Unsachgemäße Behandlung – und dazu zählt beispielsweise auch schon schnelles oder häufiges Überfahren von Bordstein- oder Schienenkanten – führt deshalb zu Reifenpannen, mitunter sogar erst nach längerer Laufleistung.

Reifen reinigen

- Reifen generell **nicht** mit einem Dampfstrahlgerät reinigen. Wird die Düse des Dampfstrahlers zu nahe an den Reifen gehalten, dann wird die Gummischicht innerhalb weniger Sekunden irreparabel zerstört, selbst bei Verwendung von kaltem Wasser. Ein auf diese Weise gereinigter Reifen sollte sicherheitshalber ersetzt werden.
- Ersetzt werden sollte auch ein Reifen, der über längere Zeit mit Öl, Fett oder Kraftstoff in Berührung kam. Der Reifen quillt an den betreffenden Stellen zunächst auf, nimmt jedoch später wieder seine normale Form an und sieht äußerlich unbeschädigt aus. Die Belastungsfähigkeit des Reifens nimmt aber ab.

Reifen lagern

- Reifen sollten kühl, dunkel und trocken aufbewahrt werden. Sie dürfen nicht mit Fett, Öl oder Kraftstoff in Berührung kommen.
- Räder liegend oder an den Felgen aufgehängt in der Garage oder im Keller lagern. Reifen, die nicht auf einer Felge montiert sind, sollten stehend aufbewahrt werden.
- Bevor die Räder abmontiert werden, Reifenfülldruck etwas erhöhen (ca. 0,3 – 0,5 bar).
- Für Winterreifen eigene Felgen verwenden, denn das Ummontieren der Reifen lohnt sich aus Kostengründen nicht.

Reifen einfahren

Neue Reifen haben vom Produktionsprozess her eine besonders glatte Oberfläche. Deshalb müssen neue Reifen – das gilt auch für das neue Ersatzrad – etwa 300 Kilometer mit mäßiger Geschwindigkeit und vorsichtiger Fahrweise eingefahren werden. Bei diesem Einfahren raut sich durch die beginnende Abnutzung die glatte Oberfläche auf, das Haftvermögen des Reifens verbessert sich.

Während der ersten 300 km sollte man mit neuen Reifen speziell auf Nässe besonders vorsichtig fahren.

Fehlerhafte Reifenabnutzung

- In erster Linie ist auf vorschriftsmäßigen Reifenfülldruck zu achten, wobei alle 4 Wochen und vor jeder längeren Fahrt eine Prüfung vorgenommen werden sollte.
- Reifenfülldruck nur bei kühlen Reifen prüfen. Der Reifenfülldruck steigt nämlich mit zunehmender Erhitzung bei schneller Fahrt an. Dennoch ist es völlig falsch, aus erhitzten Reifen Luft abzulassen.

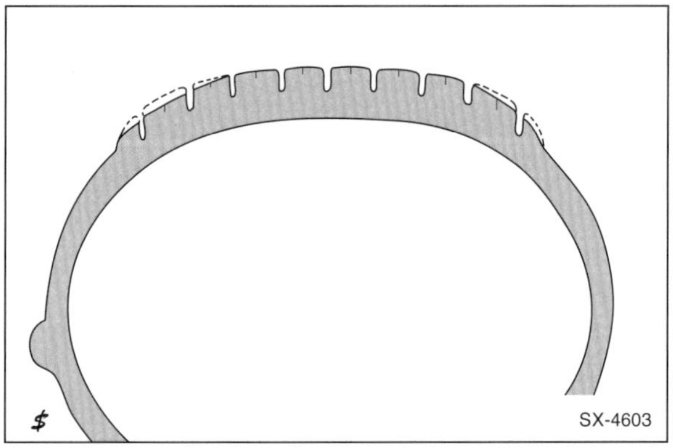

SX-4603

- An den Vorderrädern ist eine etwas größere Abnutzung der Reifenschultern gegenüber der Laufflächenmitte normal, wobei aufgrund der Straßenneigung die Abnutzung der zur Straßenmitte zeigenden Reifenschulter (linkes Rad: außen, rechtes Rad: innen) deutlicher ausgeprägt sein kann.
- Ungleichmäßiger Reifenverschleiß ist zumeist die Folge zu geringen oder zu hohen Reifenfülldrucks. Er kann auch auf Fehler in der Radeinstellung oder der Radauswuchtung sowie auf mangelhafte Stoßdämpfer oder Felgen zurückzuführen sein.
- Bei zu hohem Reifenfülldruck wird die Laufflächenmitte mehr abgenutzt, da der Reifen an der Lauffläche durch den hohen Innendruck mehr gewölbt ist.
- Bei zu niedrigem Reifenfülldruck liegt die Lauffläche an den Reifenschultern stärker auf, und die Laufflächenmitte wölbt sich nach innen durch. Dadurch ergibt sich ein stärkerer Reifenverschleiß der Reifenschultern.

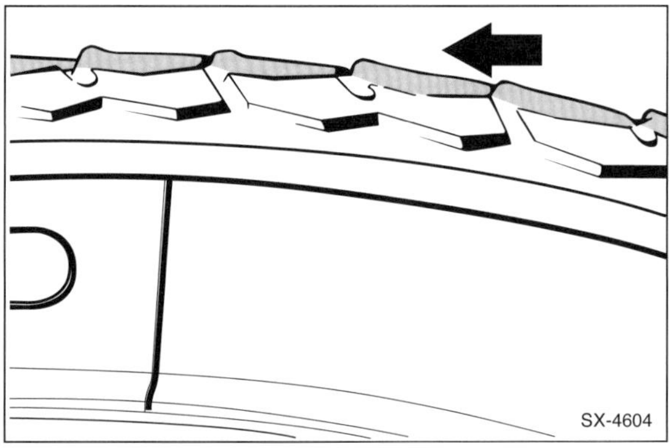

SX-4604

- Sägezahnförmige Abnutzung des Profils ist in der Regel auf eine Überbelastung des Fahrzeugs zurückzuführen.

Fahrzeug aufbocken

Für viele Wartungs- und Reparaturarbeiten muss das Fahrzeug aufgebockt beziehungsweise hochgehoben werden. In der Werkstatt wird der Wagen in der Regel mit der Hebebühne angehoben, man kann ihn jedoch auch mit dem Fahrzeug- oder Werkstatt-Wagenheber anheben. Grundsätzlich darf das Fahrzeug nur an bestimmten Aufnahmepunkten angehoben werden.

Sicherheitshinweis
Wenn unter dem Fahrzeug gearbeitet werden soll, muss es mit geeigneten Unterstellböcken sicher abgestützt werden. Wird das Fahrzeug nur mit Hilfe des Bordwagenhebers angehoben, darf lediglich ein Radwechsel durchgeführt werden. Arbeiten unter dem Fahrzeug sind verboten. **Lebensgefahr!**

- Das Fahrzeug nur in unbeladenem Zustand aufbocken.
- Fahrzeug nur auf ebener, fester Fläche aufbocken. Bei weichem Untergrund breite Bretter unter den Wagenheber und die Unterstellböcke legen, damit sich das Gewicht auf eine größere Fläche verteilt.
- Durch eine geeignete Gummi- oder Holzzwischenlage werden beim Anheben Beschädigungen an der Karosserie vermieden.
- Fahrzeug mit Unterstellböcken so abstützen, dass jeweils ein Unterstellbock-Bein seitlich nach außen zeigt.

Anhebe- und Aufbockpunkte

Der PEUGEOT 206 darf nur an den dafür bestimmten Punkten angehoben und aufgebockt werden, da sonst bleibende Verformungen am Fahrzeug nicht auszuschließen sind.

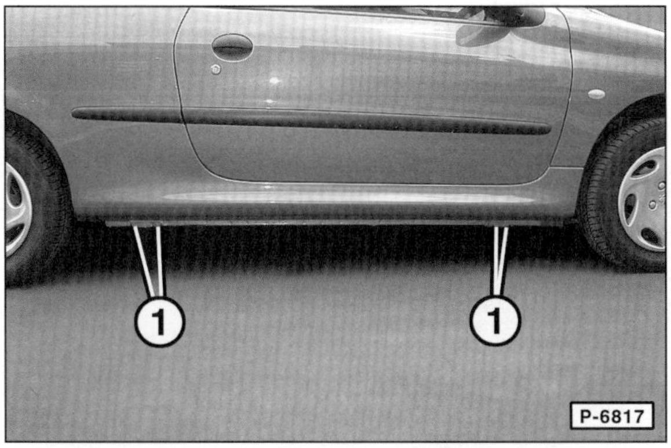

- Die Aufbockstellen sind am Unterholm des Fahrzeugs durch Einkerbungen im Blech –1– gekennzeichnet.

Anheben mit dem Bordwagenheber:

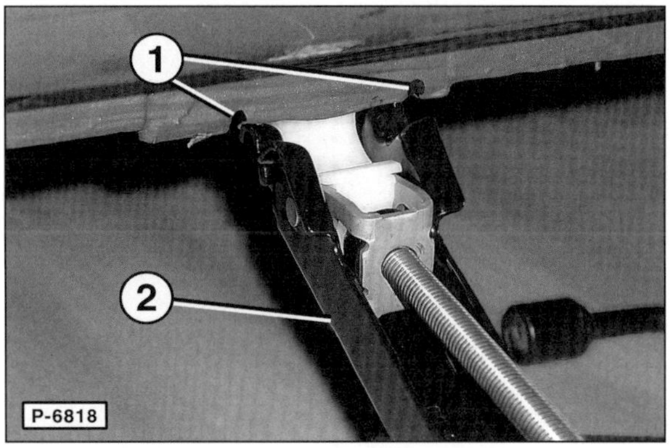

- Wagenheber –2– am senkrechten Steg des Unterholms im Bereich der eingeprägten Markierungen –1– ansetzen. Dabei muss der Steg in die Rille des Wagenhebers eingreifen.
- Bevor das Fahrzeug angehoben wird, Fahrzeug gegen Wegrollen sichern. Dazu einen Keil oder den Staukasten des Wagenhebers hinter das diagonal gegenüberliegende Rad legen. Dabei Keil immer an der von der Aufbockstelle wegzeigenden Seite unterlegen. Nicht auf die Feststellbremse verlassen, diese muss bei einigen Reparaturen gelöst werden.
- Wagenheber hochkurbeln bis das Rad vom Boden abgehoben hat.

Anheben mit der Hebebühne:

- Bei Verwendung einer Hebebühne die Ausleger an den gleichen Stellen ansetzen, wie beim Bordwagenheber.

Aufbocken:

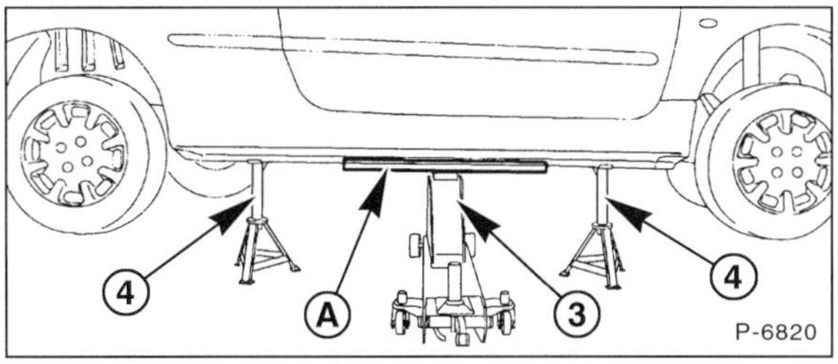

- Werkstattwagenheber –3– mit einem Querträger –A– seitlich am Falzrand ansetzen, siehe Abbildung, und Fahrzeug anheben.
- Unterstellböcke –4– an den Anhebepunkten für den Bordwagenwagenheber oder die Hebebühne unterstellen und Fahrzeug auf die Böcke ablassen.
- Fahrzeug auf der gegenüberliegenden Seite auf die gleiche Weise aufbocken. **Achtung:** Gegebenenfalls Fahrzeug wechselweise hochbocken. Beim Anheben zu große Höhenunterschiede der Fahrzeugseiten vermeiden.

Lenkung

Aus dem Inhalt:

- Airbag
- Airbag-Sicherheitshinweise
- Lenkrad
- Spurstange
- Spurstangenkopf
- Lenkgetriebe
- Gummimanschette
- Hydrauliksystem
- Servopumpe

Die Lenkung besteht im Wesentlichen aus dem Lenkrad, der Lenksäule, dem Zahnstangen-Lenkgetriebe und den Spurstangen. Die Lenksäule überträgt die Lenkbewegungen auf das Lenkgetriebe. Über eine Verzahnung im Lenkgetriebe wird die Zahnstange entsprechend dem Lenkradeinschlag nach links oder rechts bewegt. Spurstangen, die am mittig angebrachten Mitnehmer der Zahnstange befestigt sind, übertragen die Lenkkräfte über die Achsschenkel auf die Räder. Durch die mittige Anlenkung der Spurstangen wird beim Einfedern der Vorderräder nur eine geringe Spurveränderung verursacht. Dadurch werden das Fahrverhalten verbessert und der Reifenverschleiß reduziert.

Die Zahnstangenlenkung ist leichtgängig und spielfrei von Anschlag zu Anschlag. Sie ist wartungsfrei, jedoch muss die Dichtmanschette auf einwandfreien Zustand geprüft werden.

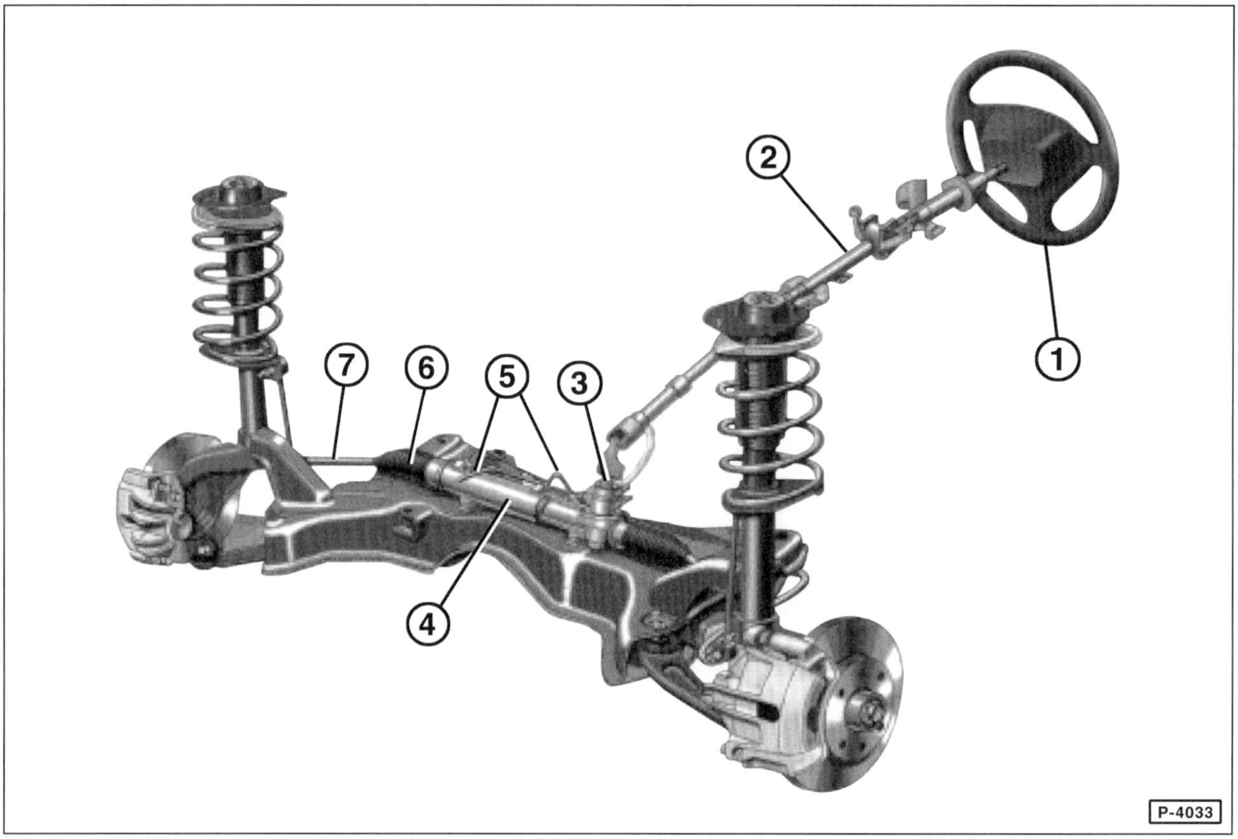

1 – Lenkrad
2 – Lenksäule
3 – Lenkspindel
4 – Lenkgetriebe
5 – Hydraulikleitungen
6 – Manschette
7 – Spurstange

Die Bedienung der Lenkung wird durch eine **hydraulische Lenkhilfe** (Servolenkung) erleichtert. Sie sorgt dafür, dass der Kraftaufwand beim Einschlagen der Lenkung möglichst gering gehalten wird.

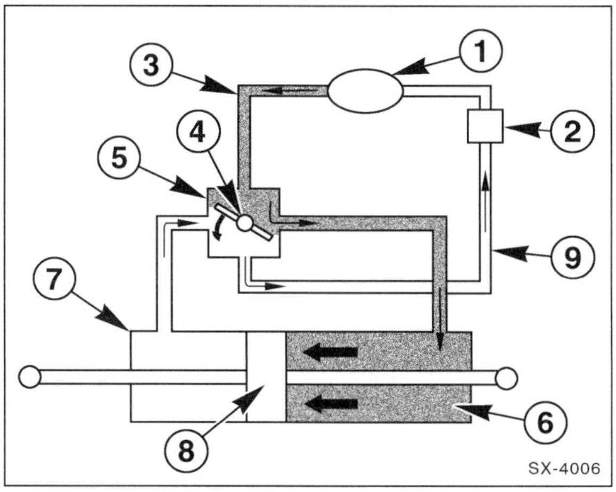

Die Lenkhilfe besteht aus der Servopumpe –1– , dem Vorratsbehälter –2– und den Öldruckleitungen –3–. Angetrieben wird die Servopumpe vom Motor über den Keilrippenriemen. Die Pumpe saugt das Hydrauliköl aus dem Vorratsbehälter und befördert es mit hohem Druck zum Steuerventil –4– im Lenkgetriebe –5–. Das Steuerventil ist mit der Lenkspindel mechanisch verbunden und leitet das Öl je nach Lenkeinschlag in die entsprechende Seite des Arbeitszylinders –6– im Zahnstangengehäuse –7–. Dort drückt das Öl gegen den Zahnstangenkolben –8– und unterstützt dadurch die Lenkbewegung. Gleichzeitig presst der Kolben das Öl auf der anderen Seite des Arbeitszylinders durch die Rücklaufleitung –9– zurück zum Vorratsbehälter.

Sicherheitshinweis
Schweiß- und Richtarbeiten an Bauteilen der Lenkung **sind nicht zulässig. Selbstsichernde Schrauben/Muttern** sowie korrodierte Schrauben/Muttern im Reparaturfall **immer ersetzen.**

Achtung: Die angegebenen Anzugsdrehmomente sind unbedingt einzuhalten. Bei mangelnder Erfahrung sollten Arbeiten an der Lenkung von einer PEUGEOT-Werkstatt durchgeführt werden.

Im Lenkrad ist der Fahrer-**Airbag** untergebracht. Der Airbag ist ein zusammengefalteter Luftsack, der im Fall einer Frontalkollision aufgeblasen wird und dadurch Oberkörper und Kopf des Fahrers vor einem Aufprall auf das Lenkrad schützt. Bei einer entsprechend starken Frontalkollision wird über ein Steuergerät eine kleine Sprengladung im Gasgenerator der Airbag-Einheit gezündet. Es entstehen Explosionsgase, die den Luftsack innerhalb weniger Millisekunden aufblasen. Diese Zeit reicht aus, um den Aufprall des nach vorn schnellenden Fahrer-Oberkörpers zu dämpfen. Der Airbag fällt anschließend innerhalb weniger Sekunden wieder in sich zusammen, da die Gase durch Austrittsöffnungen entweichen.

Airbag-Sicherheitshinweise

Das Airbag-System besteht aus dem Aufprallsensor, dem Gasgenerator und dem Airbag. Das Aufblasen des Airbags wird elektrisch ausgelöst.

Der PEUGEOT 206 ist mit einem Fahrer- und einem Beifahrer-Airbag sowie – je nach Ausstattung – mit Seitenairbags und Gurtstraffern ausgestattet. Die Einbaustellen der Airbags sind in der Regel durch die Aufschrift »AIRBAG« oder »SIDE AIRBAG« gekennzeichnet.

Wird auf dem Beifahrersitz ein gegen die Fahrtrichtung angeordneter Babysitz montiert, muss der Beifahrer-Airbag deaktiviert werden. Dafür ist in der linken Bedientafel neben dem Lenkrad ein Schalter angebracht, der mit dem Zündschlüssel in Stellung »OFF« gebracht wird. Beim Einschalten der Zündung leuchtet nun die Airbag-Kontrollleuchte im Kombiinstrument dauernd auf. Ein entsprechendes Warnschild (kein Babysitz vorn) an der rechten Seite des Handschuhfachs weist auf diesen Fall hin. Nach Ausbau des Babysitzes muss der Beifahrer-Airbag wieder aktiviert werden, indem der Schalter in der linken Bedientafel mit dem Zündschlüssel in Stellung »ON« gebracht wird.

Achtung: Aus Sicherheitsgründen keinerlei Arbeiten an Teilen durchführen, die zum Airbag- oder Gurtstraffer-System gehören.

Vor Aus- und Einbau der Fahrer-Airbag-Einheit folgende Hinweise unbedingt beachten:

- Batterie-Massekabel (–) bei ausgeschalteter Zündung abklemmen. **Achtung:** Falls das eingebaute Radio einen Diebstahlcode besitzt, wird dieser beim Abklemmen der Batterie gelöscht. Das Radio kann nur durch die Eingabe des richtigen Codes, durch die PEUGEOT-Werkstatt oder durch den Radio-Hersteller wieder in Betrieb genommen werden. Vor dem Abklemmen daher unbedingt den Diebstahlcode ermitteln.
- Minuspol (–) der Batterie isolieren, um versehentlichen Kontakt zu vermeiden.
- Nach dem Abklemmen der Batterie etwa 2 Minuten warten, bevor der Airbag ausgebaut wird. In dieser Zeit entlädt sich der Kondensator des Airbag-Systems.
- Räder in Geradeausstellung, Lenkrad in Mittelstellung bringen.
- Vor dem Abnehmen (Berühren) der Airbag-Einheit eventuelle elektrostatische Aufladung abbauen. Dazu kurz den Schließkeil der Tür oder die Karosserie anfassen.
- Beim Anklemmen der Batterie darf sich keine Person im Innenraum des Fahrzeuges aufhalten.

Allgemeine Hinweise:

- Niemals Airbag-Komponenten eines anderen Fahrzeugs oder ein anderes Lenkrad einbauen. Beim Austausch stets neue Teile verwenden.
- Selbst nach einem leichten Unfall, der nicht zum Auslösen des Airbags führte, Airbag- und Gurtstraffer-System von einer PEUGEOT-Werkstatt überprüfen lassen.

- Nach Auslösen eines Seitenairbags Vordersitz und Airbag-Steuergerät von einer PEUGEOT-Werkstatt ersetzen lassen.
- Das Airbag-System darf nur in der Fachwerkstatt geprüft werden. Keinesfalls mit Prüflampe, Voltmeter oder Ohmmeter prüfen.
- Airbag-System 10 Jahre nach Erstzulassung des Fahrzeugs von einer PEUGEOT-Werkstatt austauschen lassen.
- Airbag-Komponenten, die aus Unachtsamkeit auf eine harte Unterlage fallengelassen wurden, müssen ersetzt werden.
- Weisen Airbag-Komponenten Risse oder Beschädigungen auf, müssen sie ersetzt werden.
- Airbag-Komponenten vor großer Hitze und direkter Flammeneinwirkung schützen.
- Lenkradpolster vor Kontakt mit Wasser und Öl schützen. Sofort mit einem trockenem Lappen abwischen.
- Lenkradpolster niemals durchstechen und heftigen Stößen aussetzen.
- Die Airbag-Einheit ist im ausgebauten Zustand immer so abzulegen, dass die gepolsterte Seite nach oben zeigt.
- Bei Arbeitsunterbrechung die Airbag-Einheit nicht unbeaufsichtigt liegen lassen.
- Die Airbag-Einheit darf nicht zerlegt werden, bei einem Defekt ist sie immer komplett zu ersetzen. Da die Airbag-Einheit Explosivstoffe enthält, ist sie unter Verschluss oder geeigneter Aufsicht aufzubewahren.
- Vor Verschrotten des Fahrzeugs müssen die Airbag-Einheiten entsorgt werden. Die Entsorgung erfolgt nur durch eine Fachwerkstatt.
- Nach Einbau des Lenkradpolsters oder der Vordersitze mit Seitenairbag Funktion der Airbag-Kontrollleuchte im Kombiinstrument überprüfen.
- Bei Arbeiten am Fahrzeug mit einem Elektro-Schweißgerät zunächst die Steckverbinder des Lenkradpolsters unter der Lenksäule, des Beifahrer-Airbags links am Handschuhfach und der Seitenairbags unter den Vordersitzen abklemmen.

Sicherheitshinweise für den Fahrbetrieb

- Der Airbag ersetzt nicht das Anlegen des Sicherheitsgurtes. Die Fahrzeuginsassen müssen angeschnallt sein, nur dann werden sie bei einem Aufprall optimal geschützt.
- Zwischen Fahrzeuginsassen und Airbag dürfen sich keine Gegenstände oder Tiere befinden.
- Beim Fahren das Lenkrad nicht an den Speichen oder auf dem Mittelteil halten.
- Auf der Beifahrerseite nicht die Füße auf dem Armaturenbrett abstützen.
- Abdeckung des Beifahrer-Airbags nicht als Ablagefläche verwenden.
- Bei Ausstattung mit Seitenairbags: Vordersitze auf keinen Fall mit Schutzbezügen überziehen und nichts an den Rückenlehnen befestigen.
- Möglichst nicht rauchen, da das Aufblasen der Airbags Verbrennungen verursachen könnte.
- Komponenten von Autotelefon, Handy oder Funkgeräten möglichst weit entfernt von Sensoren, Steuergeräten und Kabeln des Airbag-Systems einbauen – Kabel von Funkantennen mindestens 20 cm entfernt.

Airbag-Kontrollleuchte überprüfen

- Zündschlüssel auf »M« drehen.
- Die Airbag- und Seitenairbag-Kontrollleuchten, wenn vorhanden, im Kombiinstrument müssen nun aufleuchten und nach 6 Sekunden wieder erlöschen.
- Wenn der Beifahrer-Airbag nicht aktiviert ist, bleibt die Airbag-Kontrollleuchte an.
- Wenn die Airbag-Kontrollleuchte blinkt, liegt eine Störung im Airbag-System vor.
- Bei einer Störung PEUGEOT-Werkstatt aufsuchen.

Achtung: Werden diese Hinweise nicht beachtet, oder werden Arbeiten nicht in der korrekten Reihenfolge durchgeführt, kann es zum ungewollten Auslösen oder im späteren Betrieb zum Ausfall des Airbag-Systems kommen.

Lenkgetriebe/Spurstangenkopf

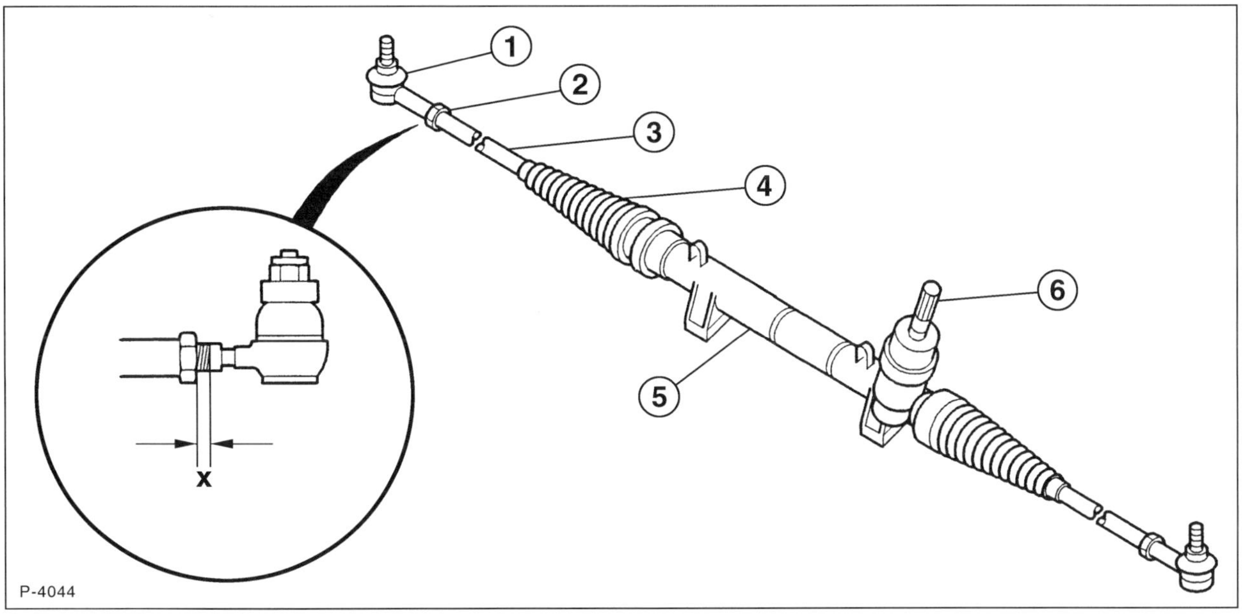

1 – Spurstangenkopf
2 – Kontermutter
3 – Spurstange
4 – Manschette
5 – Lenkgetriebegehäuse
6 – Lenkspindel
X – Spurvoreinstellung

Servolenkung

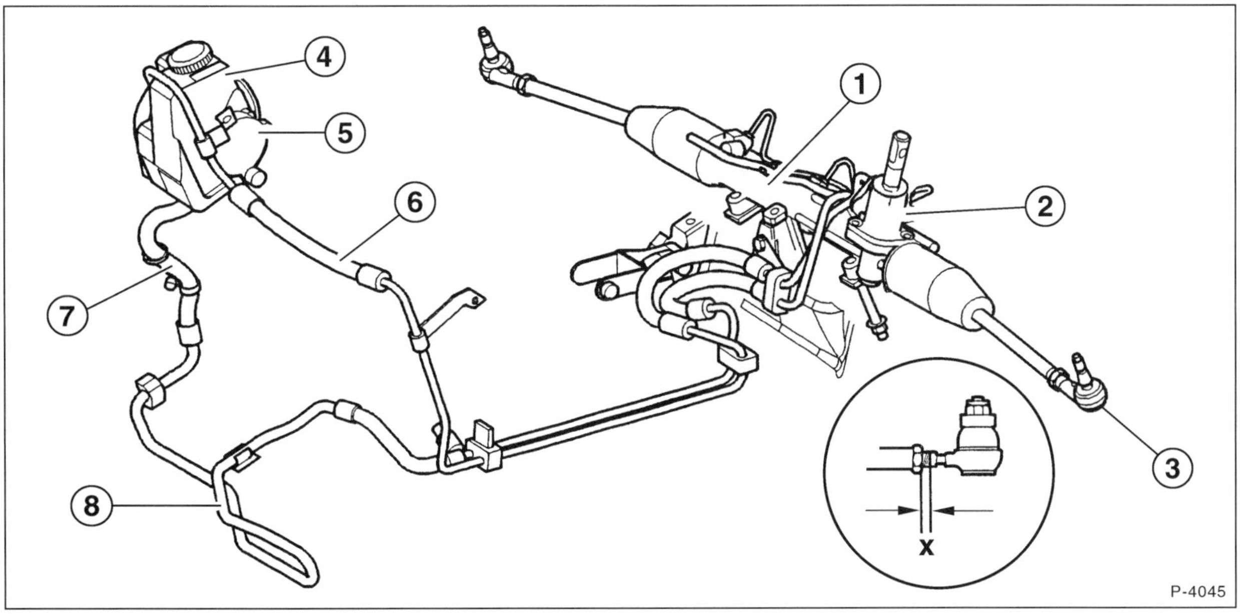

1 – Lenkgetriebegehäuse
2 – Steuerventil-Ritzel
3 – Spurstangenkopf
4 – Behälter
5 – Servopumpe
6 – Hochdruck-Schlauch (Vorlauf)
7 – Niederdruck-Schlauch (Rücklauf)
8 – Ölkühler für Servolenkung
X – Spurvoreinstellung

Servolenkgetriebe

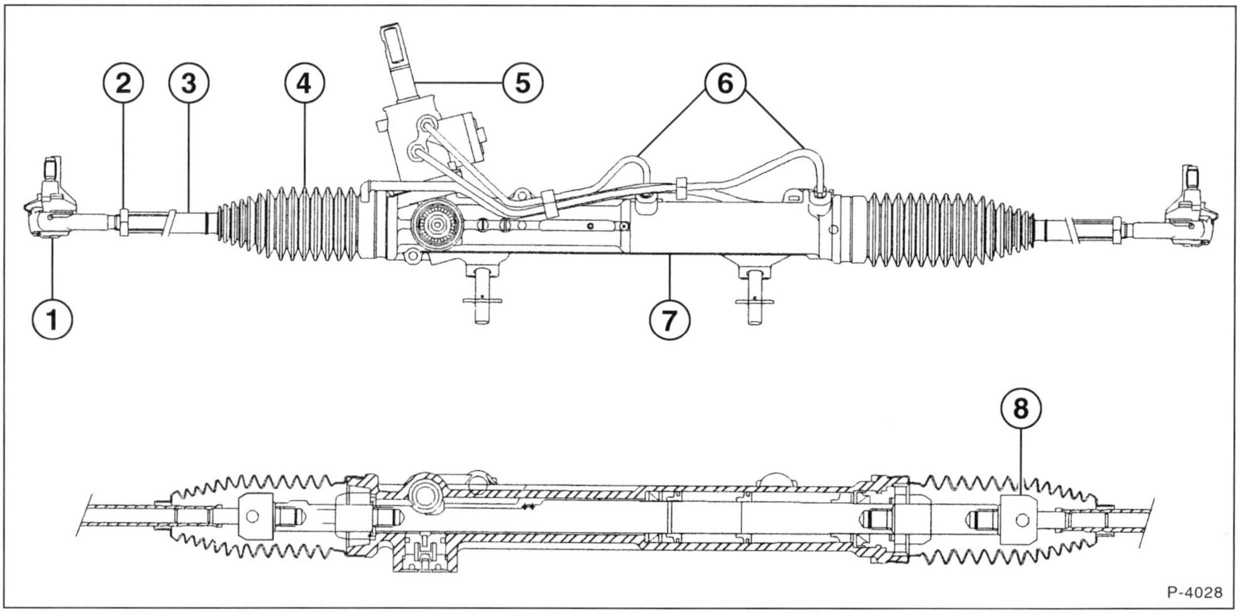

1 – **Spurstangenkopf**
2 – **Kontermutter**
3 – **Spurstange**
4 – **Manschette**
5 – **Lenkspindel**
6 – **Hydraulikleitungen**
7 – **Lenkgetriebegehäuse**
8 – **Inneres Spurstangengelenk**

Airbageinheit und Lenkrad aus- und einbauen

Ausbau

- Batterie-Massekabel (–) bei ausgeschalteter Zündung abklemmen. **Achtung:** Falls das eingebaute Radio einen Diebstahlcode besitzt, wird dieser beim Abklemmen der Batterie gelöscht. Das Radio kann nur durch die Eingabe des richtigen Codes, durch die PEUGEOT-Werkstatt oder durch den Radio-Hersteller wieder in Betrieb genommen werden. Vor dem Abklemmen daher unbedingt den Diebstahlcode ermitteln.
- Minuspol (–) der Batterie isolieren, um versehentlichen Kontakt zu vermeiden.
- Nach dem Abklemmen der Batterie etwa 2 Minuten warten, bevor der Airbag ausgebaut wird. In dieser Zeit entlädt sich der Kondensator des Airbag-Systems.

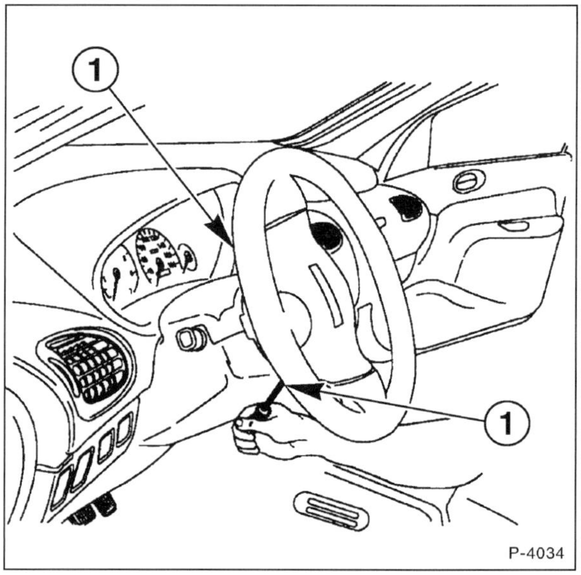

- Lenkrad so stellen, dass die Befestigungsschrauben –1– zugänglich sind.
- Schrauben –1– herausdrehen und entfernen.
- Räder in Geradeausstellung, Lenkrad in Mittelstellung bringen.
- Vor dem Abnehmen (Berühren) der Airbag-Einheit eventuelle elektrostatische Aufladung abbauen. Dazu kurz den Schließkeil der Tür oder die Karosserie anfassen.

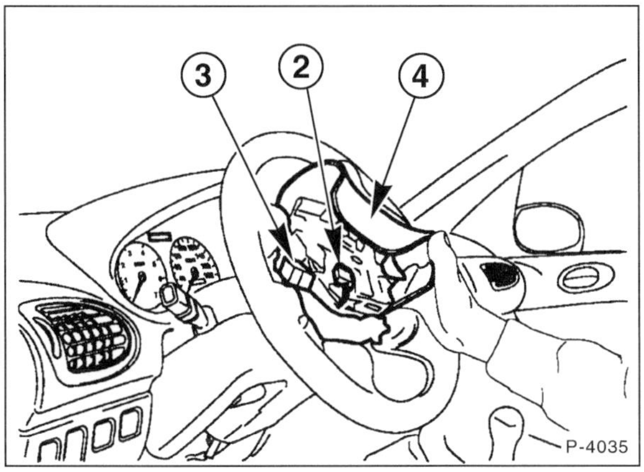

- Airbageinheit –4– vorsichtig herausziehen.
- Orangefarbenen Stecker –2– abklemmen.
- Schraubendreher in den Stecker –3– einführen und diesen abziehen.
- Airbageinheit –4– ausbauen.

Achtung: Aus Sicherheitsgründen muss die Airbageinheit mit dem Polster nach oben abgelegt werden.

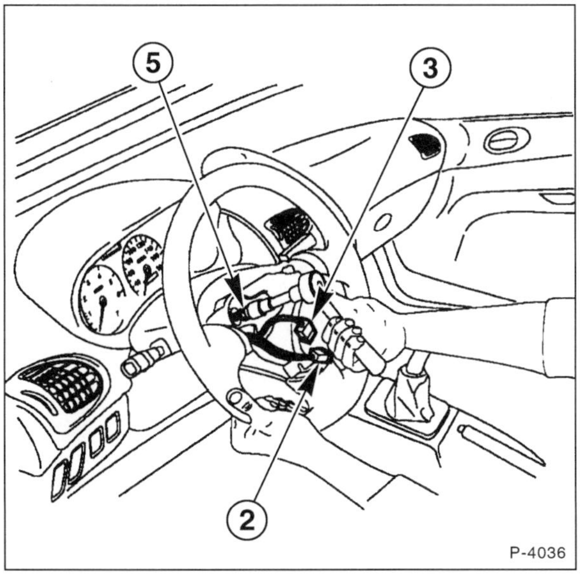

- Schraube –5– um einige Windungen lösen.
- Stellung des Lenkrades zur Lenkspindel markieren. Dazu mit einem Filzstift einen Strich über Lenkrad und Lenkspindel ziehen.
- Lenkrad mit den Handballen von der Lenksäule abschlagen. Dazu ist eine kräftige Person erforderlich, da das Lenkrad recht fest sitzt.
- Schraube –5– entfernen und das Lenkrad abnehmen.

Achtung: Darauf achten, dass die Stecker –2– und –3– bei der Durchführung durch das Lenkrad nicht abgerissen werden.

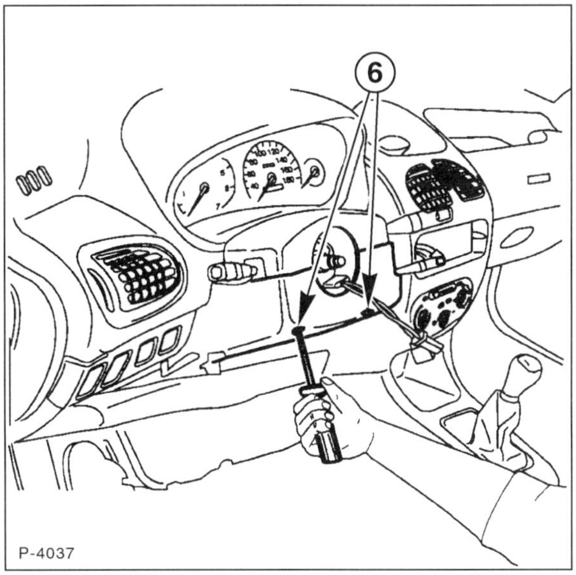

- 2 Torxschrauben –6– ausbauen.
- Die untere Verkleidung entfernen.
- Die obere Verkleidung anheben und durch Zug lösen.

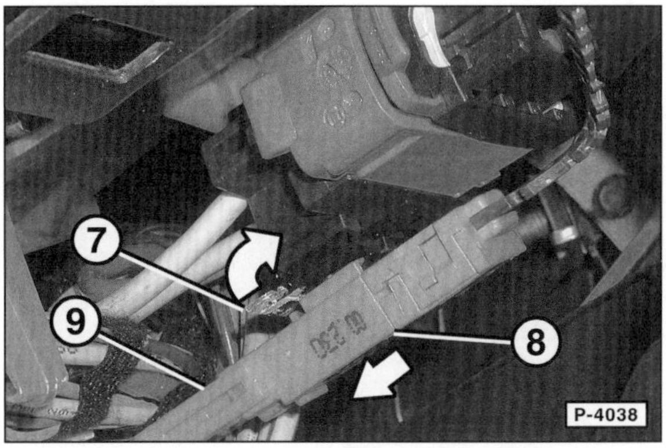

- Lasche –7– nach oben drücken und orangen Steckverbinder –8– nach unten aus der Schiene ziehen –Pfeile–.
- 2 Laschen –9– an den Steckerseiten eindrücken und Steckverbindung trennen.

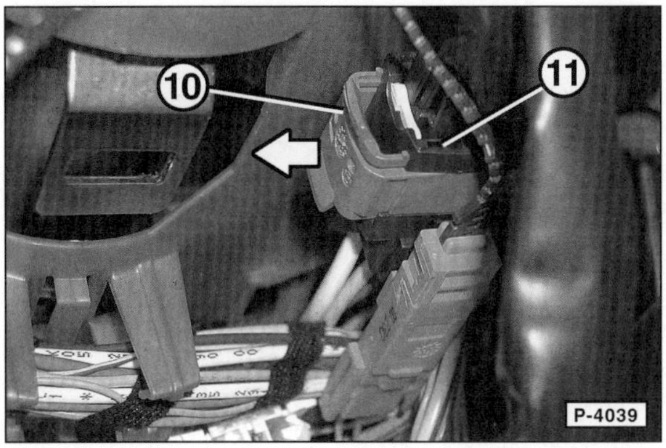

- Rote Kunststoffhaube –10– hoch ziehen und Steckverbindung –11– trennen.

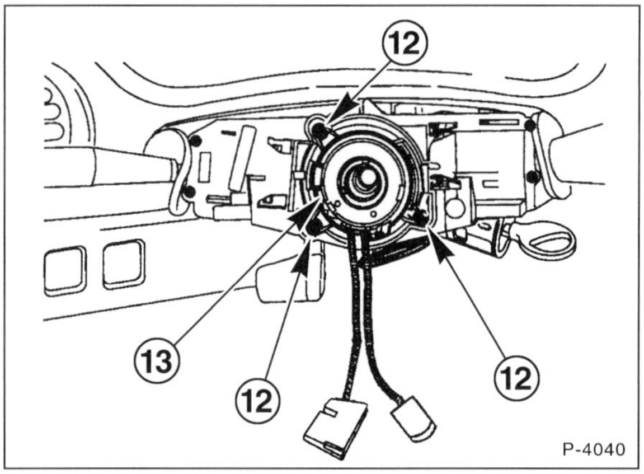

- 3 Torxschrauben –12– herausschrauben und die Leitungen durch den Träger des Kombischalters vom Drehkontakt –13– abklemmen.
- Drehkontakt ausbauen.

Einbau

- Leitungen durch den Träger des Kombischalters führen und an den Drehkontakt anklemmen.
- Lenkrad provisorisch auf die Lenksäule setzen und so einschlagen, dass die Räder in Geradeausstellung geraten. Danach Lenkrad wieder abnehmen.

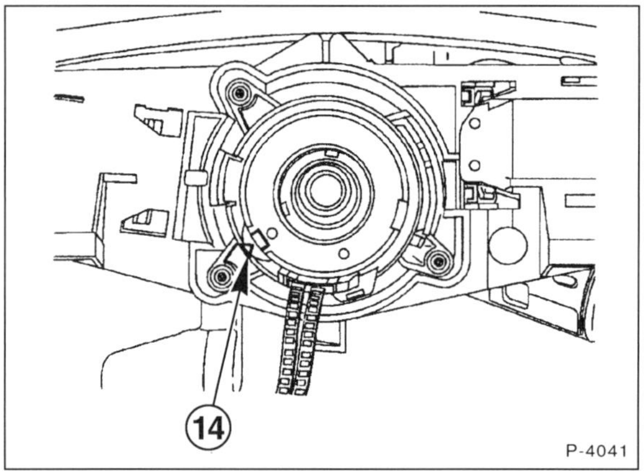

- Drehkontakt zentrieren, so dass sich die Spitzen –14– der Markierungsdreiecke gegenüberliegen, siehe Seite 90.

Hinweis: Die folgenden Ziffern im Text beziehen sich auf die Abbildungen P-4034 bis P-4040.

- Drehkontakt mit 3 Torxschrauben –12– festschrauben.
- Stecker –11– verbinden und rote Kunststoffhaube –10– zum Schließen der Verbindung nach unten drücken.
- Orangefarbenen Stecker –8– verbinden und in Trägerschiene schieben.
- Lenkstock-Verkleidung einbauen, siehe im Kapitel »Lenkstockschalter aus- und einbauen«, Seite 84.
- Lenkrad entsprechend der Markierung auf die Verzahnung der Lenksäule schieben.
- Schraube –5– ansetzen und mit **35 Nm** festschrauben.
- Airbageinheit vorsichtig in Lenkrad einsetzen und die Stecker –3– und –2– anklemmen.
- Lenkrad so einschlagen, dass die Befestigungsschrauben –1– eindrehbar sind. Mit **10 Nm** festziehen.

Achtung: Beim Anklemmen der Batterie darf sich keine Person im Innenraum des Fahrzeuges aufhalten.

- Batterie-Massekabel (–) bei ausgeschalteter Zündung anklemmen. **Nach Anklemmen der Batterie darf der Motor erst 10 Sekunden nach Einschalten der Zündung gestartet werden.** In dieser Zeit werden die elektronischen Systeme wieder aktiviert. Diebstahlcode für das Autoradio eingeben und Zeituhr einstellen.
- Probefahrt auf gerader Straße durchführen. Falls das Lenkrad bei Geradeausfahrt schräg steht, Lenkrad entsprechend umsetzen. Dies ist auch wichtig für eine einwandfreie Funktion der Blinkerrückstellung.

Spurstangengelenk aus- und einbauen

Ausbau

- Stellung des Vorderrades zur Radnabe mit Farbe kennzeichnen. Dadurch kann das ausgewuchtete Rad wieder in derselben Position montiert werden. Radschrauben lösen, dabei muss das Fahrzeug auf dem Boden stehen. Fahrzeug vorn aufbocken und Vorderrad abnehmen.

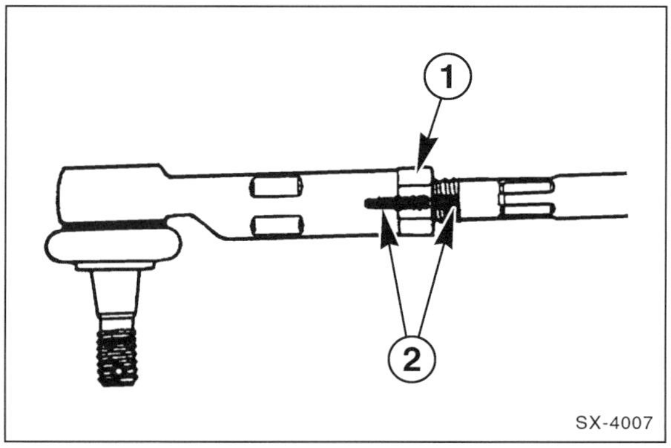

- Markierung –2– über Spurstange und Spurstangenkopf anbringen, damit die Kontermutter –1– beim späteren Einbau an derselben Position festgezogen werden kann.
- Selbstsichernde Mutter des Spurstangengelenks bis ans Ende des Gewindebolzens drehen; sie dient als Auflage für das Abziehwerkzeug und verhindert, dass das Gewinde beschädigt wird.

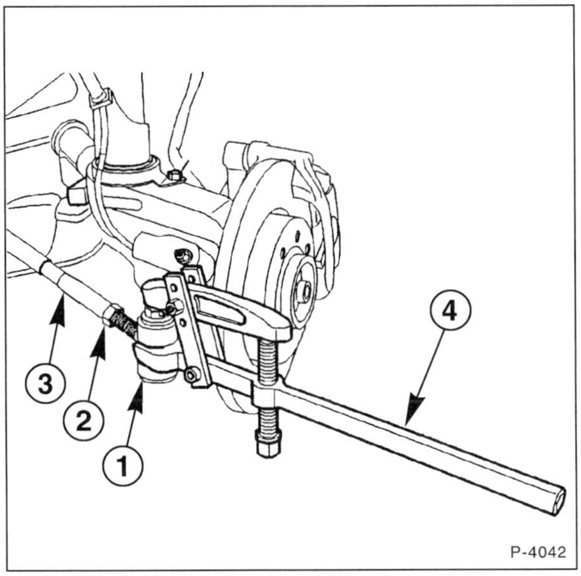

● Spurstangengelenk –1– mit Kugelgelenkausdrücker PEUGEOT-0903 AF oder HAZET 779-N –4– am Achsschenkel ausdrücken. Selbstsichernde Mutter abschrauben

● Kontermutter –2– lösen und Spurstangengelenk –1– von der Spurstange –3– abschrauben.

Achtung: Umdrehungen notieren, um Gelenk beim Einbau gleich weit aufschrauben zu können.

Einbau

● Spurstangengelenk entsprechend der gezählten Umdrehungen aufschrauben.

● Spurstangenkopf und Spurstange an der angebrachten Markierung ausrichten und Kontermutter –2– mit **45 Nm** anziehen. Dabei den Spurstangenkopf mit einem Maulschlüssel gegenhalten.

● Spurstangengelenk in den Lenkhebel einsetzen und **neue selbstsichernde Mutter** mit **35 Nm** festziehen.

● Vorderrad so ansetzen, dass die beim Ausbau angebrachten Markierungen übereinstimmen. Vorher Zentriersitz der Felge an der Radnabe mit Wälzlagerfett dünn einfetten. Radschrauben **nicht** fetten oder ölen. Schrauben mit korrodiertem Gewinde erneuern. Rad anschrauben. Fahrzeug ablassen und Radschrauben über Kreuz mit **90 Nm** festziehen.

● Spureinstellung in Fachwerkstatt überprüfen und wenn nötig, einstellen lassen.

Gummimanschette am Lenkgetriebe aus- und einbauen

Ausbau

● Stellung des Vorderrades zur Radnabe mit Farbe kennzeichnen. Dadurch kann das ausgewuchtete Rad wieder in derselben Position montiert werden. Radschrauben lösen, dabei muss das Fahrzeug auf dem Boden stehen. Fahrzeug vorn aufbocken und Vorderrad abnehmen.

● Spurstangengelenk ausbauen, siehe entsprechendes Kapitel.

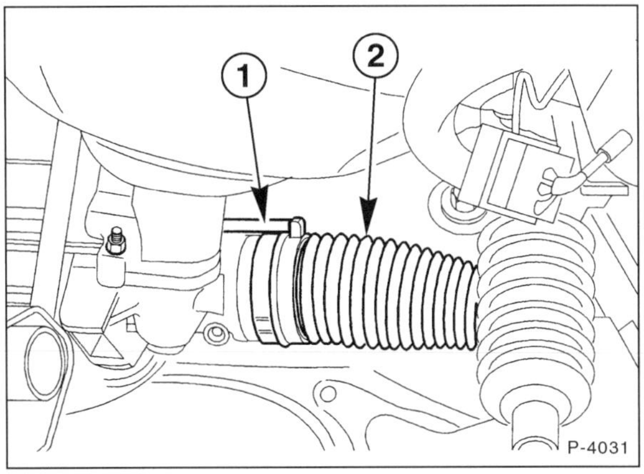

● Leitung –1– von der Manschette –2– lösen.

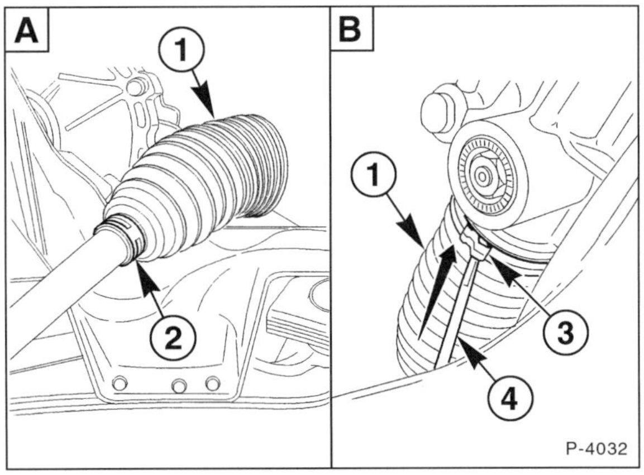

● Schlauchschellen –2– und –3– an beiden Enden der Manschette –1– mit einem Schraubendreher –4– aufbiegen.

● Gummimanschette –1– von Lenkgetriebe abziehen.

Achtung: Falls Schmutz in das Lenkgetriebe eingedrungen ist – wovon man in der Regel ausgehen kann, wenn bereits eine Zeitlang mit defekter Manschette gefahren wurde – Fettfüllung im Lenkgetriebe erneuern. Eingedrungene Schmutzpartikel, mit dem Fett vermischt, wirken wie Schleifpaste und können das Lenkgetriebe über kurz oder lang zerstören.

- Manschette ausbauen und vom Lenkgetriebe abziehen, Lenkrad langsam nach beiden Seiten drehen und dadurch das Schmierfett aus dem Lenkgetriebe herausdrücken. Das Fett wird dadurch zwar nicht ganz, aber doch in ausreichender Menge herausgedrückt.

Einbau

- Gummimanschette innen am Bund etwas fetten und über die Zahnstange aufziehen.
- Spezialfett für Lenkgetriebe von PEUGEOT oder TOTAL N3924/TOTAL N3945 seitlich in das Lenkgetriebe einfüllen. Dabei nur soviel Fett einfüllen, wie aus dem Lenkgetriebe entfernt wurde. Zur Erleichterung des Einfüllvorgangs Zahnstange hin- und herbewegen.

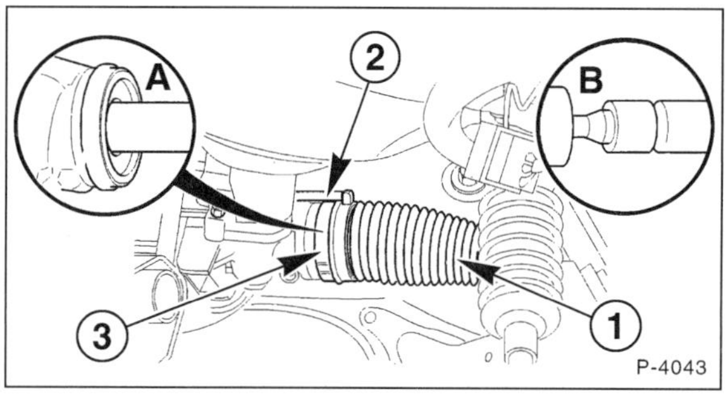

- Gummimanschette –1– auf das Lenkgetriebe aufziehen.

Achtung: Die Auflagen der Manschette –1– in –A– und –B– richtig anordnen.

- Manschette –1– mit großer Schlauchschelle –3– befestigen.
- Leitung –2– mit der Manschette verbinden.
- Kleine Schelle –2– anbringen, siehe Abbildung P-4032.
- Spurstangengelenk einbauen und mit **neuer selbstsichernden Mutter** und **35 Nm** befestigen, siehe entsprechendes Kapitel.
- Vorderrad so ansetzen, dass die beim Ausbau angebrachten Markierungen übereinstimmen. Vorher Zentriersitz der Felge an der Radnabe mit Wälzlagerfett dünn einfetten. Radschrauben **nicht** fetten oder ölen. Schrauben mit korrodiertem Gewinde erneuern. Rad anschrauben. Fahrzeug ablassen und Radschrauben über Kreuz mit **90 Nm** festziehen.
- In Fachwerkstatt Spur einstellen lassen.

Hydrauliksystem der Servolenkung entleeren, befüllen und entlüften

Luft im Hydrauliksystem macht die Lenkhilfe unwirksam. Die Luft kann in das System eindringen, wenn die Anlage bei Reparaturen geöffnet wurde, oder wenn durch Undichtkeiten der Flüssigkeitsstand soweit abgesunken ist, dass die Pumpe Luft ansaugt. Luft in der Hydraulikanlage der Lenkhilfe erkennt man auch daran, dass die Servolenkung beim Bewegen des Lenkrades ungewöhnlich laute Geräusche macht.

Achtung: Sorgfältig arbeiten, um das Eindringen von Schmutzteilchen zu vermeiden. Für Befüllung und Nachfüllung nur neues Öl verwenden. Die Hydraulikflüssigkeit darf vor dem Einfüllen nicht geschüttelt werden, da es sonst zur Luftblasenbildung kommen kann.

Entleerung

- Bei abgestelltem Motor den Verschlussdeckel am Behälter öffnen.

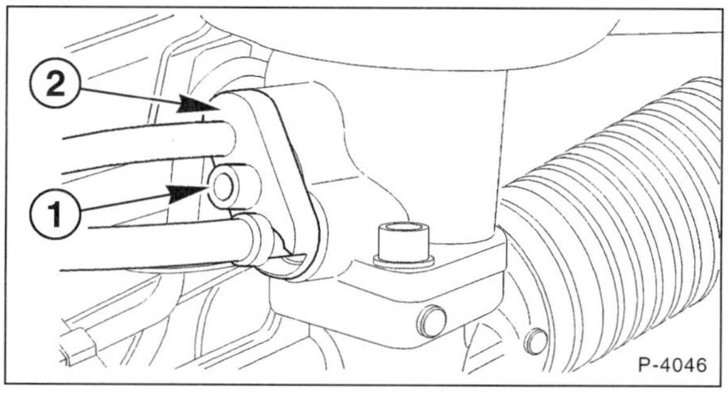

- Die Hydraulikleitungen im Bereich des Steuerventils lösen, dazu die Schraube –1– ausbauen.
- Mit einem flachen Schraubendreher den Bügel –2– vom Ventil lösen.

Achtung: Hydraulikflüssigkeit läuft aus, geeignetes Gefäß unterstellen.

- Lenkrad langsam in beide Richtungen von Anschlag zu Anschlag drehen. Wenn nötig, dabei das Fahrzeug vorn aufbocken und mit Unterstellböcken sichern.
- Abwarten, bis das Öl restlos abgelaufen ist.

Befüllung

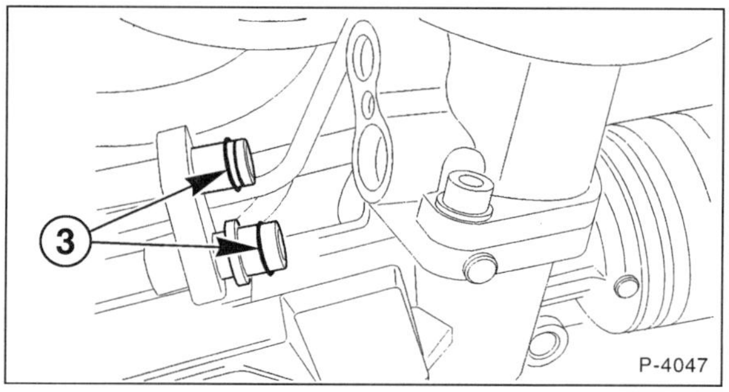

- Hydraulikleitungen mit **neuen** Dichtungen –3– am Steuerventil ansetzen und mit **20 Nm** festschrauben.

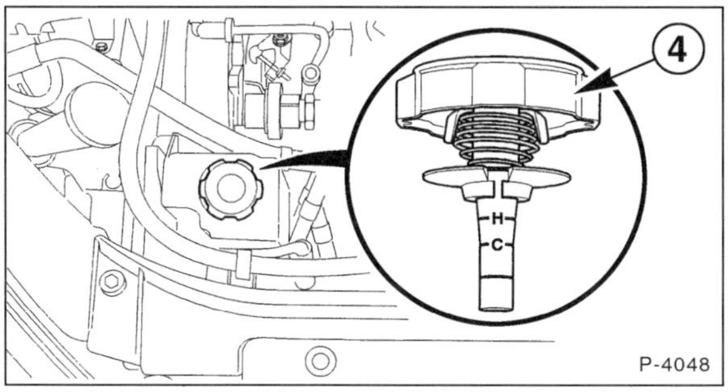

H – Höchststand bei warmem Hydrauliköl

C – Höchststand bei kaltem Hydrauliköl

- Vorratsbehälter der Servolenkung mit **neuem Öl** bis zur Marke –C– des Verschlussdeckels –4– füllen. Das entspricht einer Füllmenge von etwa 1 Liter.

Entlüftung

- Bei stehendem Motor das Lenkrad etwa 10-mal langsam in beide Richtungen von Anschlag zu Anschlag bewegen.
- Flüssigkeitsstand im Vorratsbehälter prüfen, gegebenenfalls Behälter bis zur Marke –C– nachfüllen.
- Motor starten und einige Minuten im Leerlauf drehen lassen.
- Lenkrad mehrmals in beide Richtungen von Anschlag zu Anschlag drehen. Dabei jedesmal Lenkrad für 3 Sekunden in Anschlagposition halten.
- Flüssigkeitsstand im Vorratsbehälter prüfen, gegebenenfalls Hydrauliköl auffüllen.
- Motor abstellen.
- Prüfen, ob das Öl im Behälter schäumt oder trübe wird. Gegebenenfalls Entlüftungsvorgang wiederholen.
- Nach einigen Minuten prüfen, ob der Flüssigkeitsstand im Behälter nach Abstellen des Motors um mehr als **5 mm** ansteigt. Falls ja, Entlüftungsvorgang wiederholen.
- Falls sich das Hydrauliksystem nicht entlüften läßt, muss die Servolenkung instand gesetzt werden (Werkstattarbeit).

Servopumpe aus- und einbauen

Ausbau

- Keilrippenriemen entspannen und abnehmen, siehe Seite 191.

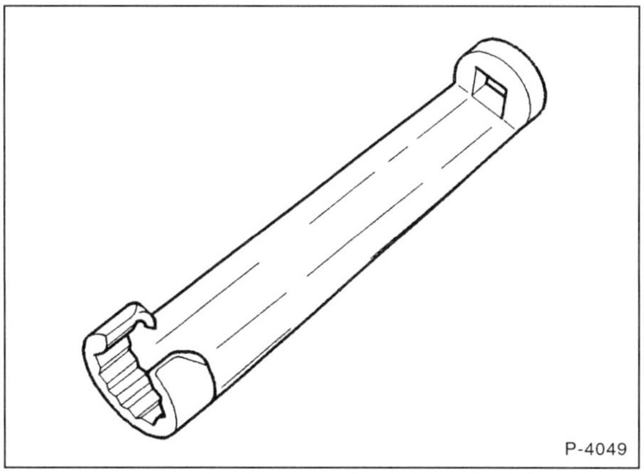

- Zum Öffnen der Hochdruckanschlüsse wird ein offener Steckschlüssel benötigt, zum Beispiel PEUGEOT-0720 E oder HAZET 4550-N.
- Hydrauliksystem entleeren, siehe entsprechendes Kapitel.

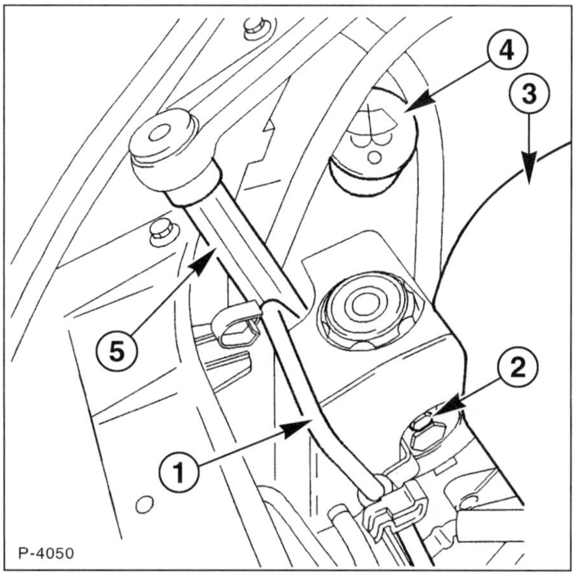

- Hochdruckleitung –1– mit Hilfe des Spezialwerkzeugs –5– lösen.
- Schraube –2– herausdrehen.
- Leitung –1– abnehmen und alle Öffnungen mit Kunststoffstopfen verschließen.

Achtung: Sorgfältig arbeiten, um das Eindringen von Schmutzteilchen zu vermieden.

- **Fahrzeuge mit HDi-Motor:** Motor-Abdeckblende –3– ausbauen.

- Einfüllstutzen des Scheibenwaschbehälters –4– ausbauen, siehe Seite 81.

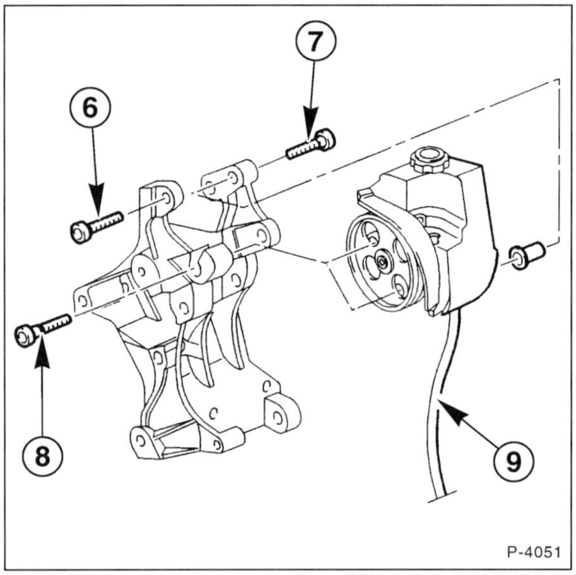

- Die Schrauben –6–, –7– und –8– abnehmen.
- Leitung –9– lösen und die Öffnungen verschliessen.
- Servopumpe herausnehmen.

Einbau

Die Ziffern im Text beziehen sich auf die Abbildungen P-4051 und P-4050

- Leitung –9– anschließen und mit **20 Nm** anziehen.
- Servopumpe in den Halter einsetzen und anschrauben.
- Schrauben –6–, –7– und –8– mit **20 Nm** festziehen.
- Schraube –2– mit **20 Nm** anziehen.

- Hochdruckleitung –1– mit Hilfe des Schlüssels PEUGEOT-0720 E oder HAZET 4550-N mit **20 Nm** festziehen. 2 – Hydraulikölbehälter.
- Falls ausgebaut, Motor-Abdeckblende und Einfüllstutzen des Scheibenwaschbehälters –4– einbauen.
- Keilrippenriemen –3– einbauen und spannen, siehe Seite 191.
- Hydrauliksystem befüllen und entlüften, siehe entsprechendes Kapitel.

Achtung: Sorgfältig arbeiten, um das Eindringen von Schmutzteilchen zu vermeiden. Für Befüllung und Nachfüllung nur frisches Öl verwenden. Die Hydraulikflüssigkeit darf vor dem Einfüllen nicht geschüttelt werden, da es sonst zur Luftblasenbildung kommen kann.

Bremsanlage

Aus dem Inhalt:

- Bremsbeläge wechseln
- Bremsscheibe wechseln
- Bremssattel
- Trommelbremse
- Bremse entlüften
- ABS
- Handbremse einstellen
- Bremskraftverstärker
- Bremslichtschalter

Das Bremssystem besteht aus dem Hauptbremszylinder mit Bremskraftverstärker, einer nachgeschalteten ABS-Einheit und den Radbremsen für die Vorder- und Hinterräder. Das hydraulische Bremssystem ist in zwei Kreise aufgeteilt, die diagonal wirken. Ein Bremskreis arbeitet vorn rechts und hinten links, der zweite vorn links und hinten rechts. Dadurch kann bei Ausfall eines Bremskreises, zum Beispiel durch Undichtigkeit, das Fahrzeug über den anderen Bremskreis zum Stehen gebracht werden. Der Druck für beide Bremskreise wird im Tandem-Hauptbremszylinder über das Bremspedal aufgebaut.

Der Bremsflüssigkeitsbehälter befindet sich im Motorraum über dem Hauptbremszylinder und versorgt das ganze Bremssystem mit Bremsflüssigkeit. Die Füllmenge des Behälters sollte regelmäßig kontrolliert werden.

Der Bremskraftverstärker speichert beim Benzinmotor einen Teil des vom Motor erzeugten Ansaug-Unterdruckes. Beim Betätigen des Bremspedals wird dann die Pedalkraft durch den Unterdruck verstärkt. Da beim Dieselmotor der Ansaug-Unterdruck nicht vorhanden ist, erzeugt eine Vakuumpumpe den Unterdruck für den Bremskraftverstärker. Die Vakuumpumpe ist am Zylinderkopf angeflanscht und wird über die Nockenwelle angetrieben.

Der PEUGEOT 206 ist generell vorne mit Scheibenbremsen und hinten mit Trommelbremsen ausgestattet; nur bei Fahrzeugen über 100 PS befinden sich auch an der Hinterachse Scheibenbremsen. Die Scheibenbremsen besitzen einen Faustsattel. Beim Faustsattel wird nur ein Kolben benötigt, um beide Bremsbeläge gegen die Bremsscheibe zu drücken.

Die Hinterrad-Trommelbremsen werden durch lastabhängige Doppel-Bremsdruckregler unterstützt. Sie sorgen dafür, dass beim scharfen Bremsen die Hinterräder bei unterschiedlicher Achslast nicht überbremst werden und blockieren.

Die Handbremse wirkt über Seilzüge auf die Hinterräder. Die Bremsbeläge der Hinterräder stellen sich automatisch nach, so dass eine Einstellung der Handbremse nur selten vorgenommen werden muss, zum Beispiel nach einer Reparatur.

Sicherheitshinweis
Das Arbeiten an der Bremsanlage erfordert peinliche Sauberkeit und exakte Arbeitsweise. Falls die nötige Arbeitserfahrung fehlt, sollten die Arbeiten an der Bremse von einer Fachwerkstatt durchgeführt werden.

Hinweis: Auf stark regennassen Fahrbahnen sollte während des Fahrens die Bremse von Zeit zu Zeit betätigt werden, um die Bremsscheiben von Rückständen zu befreien. Durch die Zentrifugalkraft während der Fahrt wird zwar das Wasser von den Bremsscheiben geschleudert, doch bleibt teilweise ein dünner Film von Gummiabrieb, Fett und Verschmutzungen zurück, der das Ansprechen der Bremse vermindert.

Eingebrannter Schmutz auf den Bremsbelägen und zugesetzte Regennuten in den Bremsbelägen führen zur Riefenbildung auf den Bremsscheiben. Dadurch kann eine verminderte Bremswirkung eintreten.

Sicherheitshinweis
Beim Reinigen der Bremsanlage fällt Bremsstaub an. Dieser Staub kann zu gesundheitlichen Schäden führen. Deshalb beim Reinigen der Bremsanlage darauf achten, dass der Bremsstaub nicht eingeatmet wird.

ABS

Der PEUGEOT 206 ist in Deutschland serienmäßig mit einem **A**nti-**B**lockier-**S**ystem von ITT ausgerüstet. Das ABS ist eine Regeleinrichtung im Bremssystem, die den Hydraulikdruck der Bremszylinder aller vier Räder während plötzlicher Bremsvorgänge oder beim Bremsen auf glatter Fahrbahn regelt und auf diese Weise ein Blockieren der Räder verhindert.

Das ABS zeichnet sich durch folgende Vorzüge aus:

- Bessere Lenkbarkeit beim Umfahren von Hindernissen auch bei Notbremsungen.
- Möglichkeit zum Anhalten bei Notbremsungen ohne Beeinträchtigung von Fahrstabilität und Lenkbarkeit auch in Kurven.

Sensoren an den Rädern übermitteln die jeweilige Radgeschwindigkeit an das ABS-Steuergerät. Aus diesen Signalen wird eine Durchschnittsgeschwindigkeit errechnet. Durch den Vergleich der Geschwindigkeit eines einzelnen Rades und der Durchschnittsgeschwindigkeit aller Räder erkennt das Steuergerät den Schlupfzustand jedes Rades und kann dadurch feststellen, ob sich ein Rad kurz vor dem Blockieren befindet. Das Hydrauliksystem verringert dann den Bremsdruck des jeweiligen Rades. Jedoch nur so weit, bis das Rad wieder geringfügig beschleunigt.

Dieser Vorgang wiederholt sich bei scharfem Bremsen für jedes einzelne Rad so lange, bis das Bremspedal zurückgenommen wird, beziehungsweise bis kurz vor Stillstand des Fahrzeuges.

Hinweise zum ABS

Nach dem Einschalten der Zündung muss die ABS-Lampe im Kombiinstrument drei Sekunden lang aufleuchten. Wenn die Lampe nicht erlischt, liegt eine Störung vor.

Eine Sicherheitsschaltung im elektronischen Steuergerät sorgt dafür, dass sich die Anlage bei einem Defekt (z. B. Kabelbruch) oder bei zu niedriger Betriebsspannung (Batteriespannung unter 10 Volt) selbst abschaltet. Die herkömmliche Bremsanlage bleibt dabei in Betrieb. Das Fahrzeug verhält sich dann beim Bremsen so, als ob keine ABS-Anlage eingebaut wäre.

Sicherheitshinweis
Wenn während der Fahrt die Kontrollleuchte für ABS leuchtet, können bei starkem Bremsen die Räder blockieren, da die Bremskraftregelung ausgefallen ist.

Leuchten eine oder mehrere Kontrolllampen im Kombiinstrument während der Fahrt auf, folgende Punkte beachten:

- Fahrzeug kurz anhalten, Motor abstellen und wieder starten.
- Batteriespannung prüfen. Wenn die Spannung unter 10,5 Volt liegt, Batterie laden.
- Prüfen, ob die Batterieklemmen richtig festgezogen sind und einwandfreien Kontakt haben.
- Fahrzeug aufbocken, Räder abnehmen, elektrische Leitungen zu den ABS-Sensoren auf äußere Beschädigungen (Scheuerstellen) prüfen. Weitere Prüfungen der ABS-Anlage sollten von einer Werkstatt durchgeführt werden.

Achtung: Vor Schweißarbeiten mit einem elektrischen Schweißgerät muss der Stecker von der Hydraulik-Steuereinheit im Motorraum abgezogen werden. Stecker nur bei ausgeschalteter Zündung abziehen.

Bremsanlage vorn

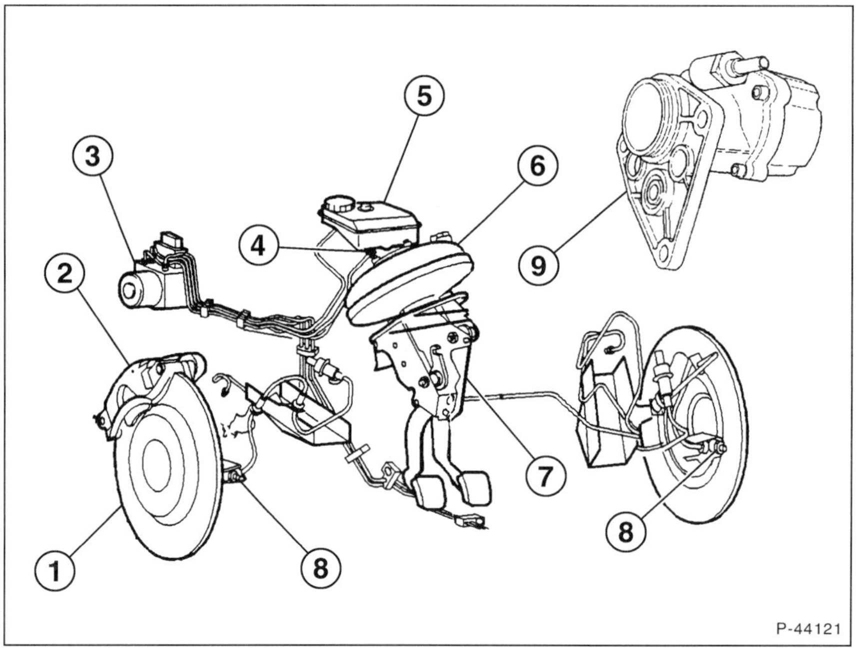

1 – Bremsscheibe
2 – Bremssattel
3 – ABS-Einheit
4 – Hauptbremszylinder
5 – Bremsflüssigkeitsbehälter
6 – Bremskraftverstärker
7 – Pedaleinheit
8 – ABS-Sensoren, 9 Nm
9 – Vakuumdruckpumpe
Nur bei Dieselfahrzeugen.

Technische Daten Bremsanlage

Scheibenbremse	vorn	vorn	vorn	hinten
Motor	1,1-/1,4-l/ 40/44/55 kW	1,6-l/65 kW 1,9-l/51 kW	1,6-/2,0-l 80/99/66 kW	1,6-/2,0-l 80/99 kW
Bremsentyp	BOSCH S5 ZO	BOSCH S5 ZO	BOSCH S5 ZO	BOSCH S4 G
Bremsbelag-Verschleißgrenze (ohne Rückenplatte)	2 mm	2 mm	2 mm	2 mm
Bremsscheibe	voll	innenbelüftet	innenbelüftet	voll
Bremsscheiben-Durchmesser	247 mm	247 mm	266 mm	247 mm
Bremsscheibendicke neu	13 mm	20,4 mm	20,4 mm	8 mm
Bremsscheiben-Verschleißgrenze	11 mm	18,4 mm	18,4 mm	6 mm
Maximaler Seitenschlag der Bremsscheibe	0,05 mm	0,05 mm	0,05 mm	0,05 mm
Handbrems-Hebelweg	–	–	–	2 Rasten

Trommelbremse	hinten	hinten
Motor	1,1-/1,4-/1,6-l/ 40/44/55/65 kW 1,9-/2,0-l/51/66 kW	Motoren ohne ABS
Bremsbelagdicke neu (ohne Bremsbacke)	3,4 mm	5,15 mm
Bremsbelag-Verschleißgrenze (ohne Bremsbacke)	1,0 mm	1,0 mm
Bremsbelagbreite	36,3 mm	30 mm
Innendurchmesser der Bremstrommel	203 mm	180 mm
Maximaler Innendurchmesser (Verschleißgrenze)	205 mm	183 mm
Maximale Rundlaufabweichung	0,07 mm	0,07 mm
Handbrems-Hebelweg	2 Rasten	2 Rasten

Bremsanlage hinten/Trommel- und Scheibenbremse

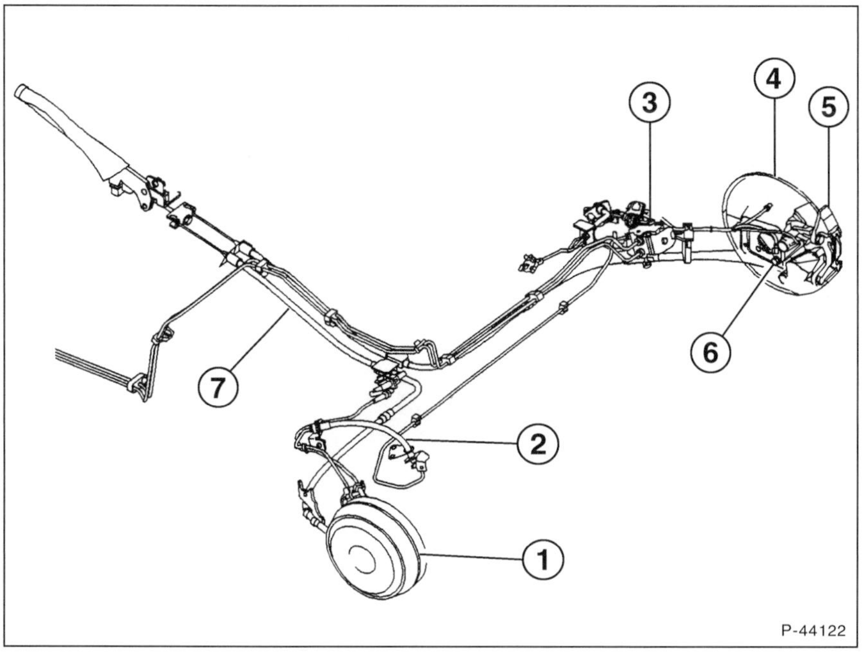

1 – Bremstrommel
2 – Bremsschlauch
3 – Bremsdruckregler
4 – Bremsscheibe
5 – Bremssattel
6 – ABS-Sensor, 9 Nm
7 – Handbremszug

Scheibenbremsbeläge vorn aus- und einbauen

Die Bremsbeläge sind Bestandteil der Allgemeinen Betriebserlaubnis (ABE), außerdem sind sie vom Werk auf das jeweilige Modell abgestimmt. Es empfiehlt sich deshalb, nur vom Automobilhersteller freigegebene Bremsbeläge zu verwenden. Diese Bremsbeläge haben eine Freigabenummer des Kraftfahrt-Bundesamtes (KBA).

Achtung: Sollen die Bremsbeläge wieder verwendet werden, so müssen sie beim Ausbau gekennzeichnet werden. Ein Wechsel der Beläge von der Außen- zur Innenseite und umgekehrt oder auch vom rechten zum linken Rad ist nicht zulässig. **Grundsätzlich alle Scheibenbremsbeläge vorn gleichzeitig ersetzen, auch wenn nur ein Belag die Verschleißgrenze erreicht hat.**

Ausbau

- Stellung der Vorderräder zur Radnabe mit Farbe kennzeichnen. Dadurch kann das ausgewuchtete Rad wieder in derselben Position montiert werden. Radschrauben lösen, dabei muss das Fahrzeug auf dem Boden stehen. Fahrzeug vorn aufbocken und Vorderräder abnehmen.

Sicherheitshinweis
Beim Aufbocken des Fahrzeugs besteht Unfallgefahr! Deshalb vorher das Kapitel »Fahrzeug aufbocken« durchlesen.

- Belagdicke durch die Kontrollöffnung des Bremssattels prüfen und beim Unterschreiten der Mindestdicke von 2 mm austauschen.

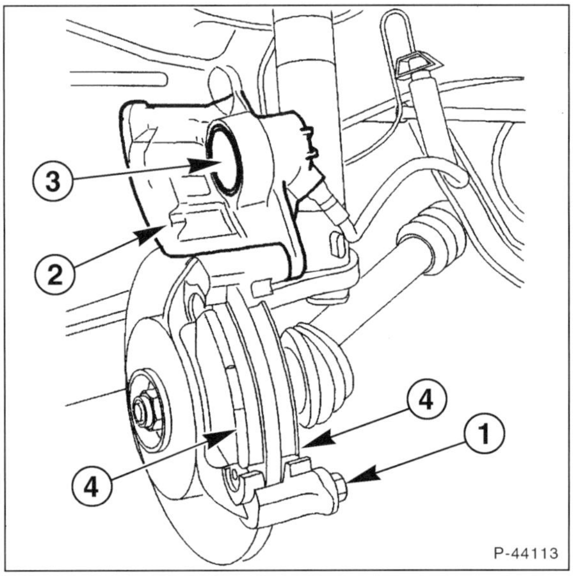

- Untere Halteschraube –1– herausdrehen und Bremssattel –2– hochklappen.

Hinweis: Der Bremsschlauch wird dabei nicht vom Bremssattel gelöst.

- Bremsbeläge –4– seitlich herausnehmen.

Achtung: Bei ausgebauten Bremsbelägen nicht auf das Bremspedal treten, sonst wird der Kolben –3– aus dem Gehäuse herausgedrückt. In diesem Fall Bremssattel komplett ausbauen und Kolben in der Werkstatt einsetzen lassen.

Einbau

- Führungsfläche beziehungsweise Sitz der Beläge am Bremssattelträger sowie Bremsscheibe mit einem Lappen und Spiritus reinigen. Keine mineralölhaltigen Lösungsmittel oder scharfkantigen Werkzeuge verwenden.

Achtung: Zum Reinigen der Bremse ausschließlich Spiritus verwenden.

- Vor Einbau der Beläge die Bremsscheibe durch Abtasten mit den Fingern auf Riefen untersuchen. Riefige Bremsscheiben können abgedreht werden (Werkstattarbeit), sofern sie noch eine ausreichende Dicke aufweisen, sonst ersetzen.
- Bremsscheibendicke messen, siehe Seite 147.
- Kolbenmanschette für Bremskolben –3– auf Anrisse prüfen. Eine beschädigte Kolbenmanschette umgehend ersetzen lassen, da eingedrungener Schmutz schnell zu Undichtigkeiten des Bremssattels führt. Der Bremssattel muss hierzu zerlegt werden (Werkstattarbeit).
- Überprüfen, ob Bremsflüssigkeit rund um den Bremskolben –3– austritt. Zustand und Sitz der Kolbenkappe überprüfen.
- Staubmanschetten über den Führungsstiften des Bremssattels ebenfalls prüfen und bei Beschädigung ersetzen.

Achtung: Bei hohem Bremsbelagverschleiß Leichtgängigkeit des Kolbens prüfen. Dazu einen Holzklotz in den Bremssattel einsetzen und durch einen Helfer langsam auf das Bremspedal treten lassen. Der Bremskolben muss sich leicht heraus- und hineindrücken lassen. Zur Prüfung muss der andere Bremssattel eingebaut sein. Darauf achten, dass der Bremskolben nicht ganz herausgedrückt wird. Bei schwergängigem Kolben Bremssattel instand setzen lassen (Werkstattarbeit).

- Bremskolben mit Rücksetzvorrichtung zurückdrücken. Es geht auch mit einem Hartholzstab (Hammerstiel), dabei jedoch besonders darauf achten, dass der Kolben nicht verkantet wird und Kolbenkappe sowie Kolbenmanschette nicht beschädigt werden.

Achtung: Beim Zurückdrücken des Kolbens wird Bremsflüssigkeit aus dem Bremszylinder in den Ausgleichbehälter gedrückt. Flüssigkeit im Behälter beobachten, eventuell Bremsflüssigkeit mit einem Saugheber absaugen.

Sicherheitshinweis
Zum Absaugen eine Entlüfter- oder Plastikflasche verwenden, die nur mit Bremsflüssigkeit in Berührung kommt. Keine Trinkflaschen verwenden! **Bremsflüssigkeit ist giftig und darf auf gar keinen Fall mit dem Mund über einen Schlauch abgesaugt werden. Saugheber verwenden.** Auch nach dem Belagwechsel darf die MAX-Marke am Bremsflüssigkeitsbehälter nicht überschritten werden, da sich die Flüssigkeit bei Erwärmung ausdehnt. Ausgelaufene Bremsflüssigkeit läuft am Hauptbremszylinder herunter, zerstört den Lack und führt zur Rostbildung.

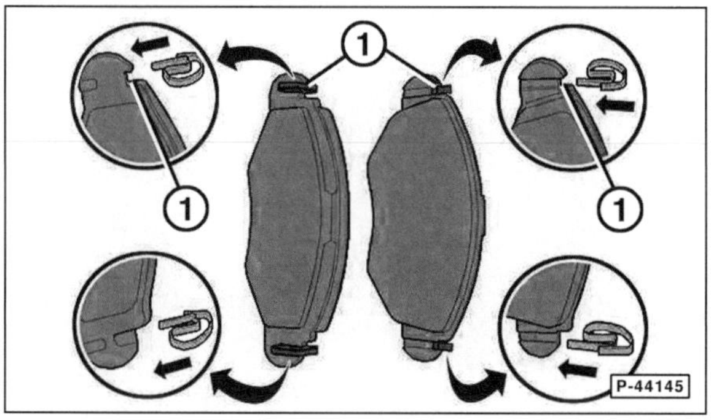

- Federn in die Nuten –1– der Bremsbeläge einsetzen.
- Bremsbeläge von der Seite her in den Bremssattel einschieben.

Achtung: Auf den Reibflächen von Bremsscheibe und Bremsbelägen darf sich keinerlei Fett oder Öl befinden.

- Bremssattel vorsichtig zurückschwenken, um Belastungen des oberen Bolzens zu vermeiden.
- **Neue** Halteschraube –1–, siehe Abbildung P-44113, mit Schraubensicherungsmittel bestreichen, zum Beispiel LOCTITE 243. Untere Halteschraube eindrehen und mit **30 Nm** festziehen.
- Vorderräder so ansetzen, dass die beim Ausbau angebrachten Markierungen übereinstimmen. Vorher Zentriersitz der Felge an der Radnabe mit Wälzlagerfett dünn einfetten. Radschrauben **nicht** fetten oder ölen. Schrauben mit korrodiertem Gewinde erneuern. Räder anschrauben. Fahrzeug ablassen und Radschrauben über Kreuz mit **90 Nm** festziehen.

Achtung: Bremspedal im Stand mehrmals kräftig niedertreten, bis fester Widerstand spürbar ist. Dadurch legen sich die Bremsbeläge an die Bremsscheiben an und nehmen einen dem Betriebszustand entsprechenden Sitz ein.

- Bremsflüssigkeitsstand im Ausgleichbehälter prüfen, gegebenenfalls bis zur MAX-Marke auffüllen.
- Neue Bremsbeläge vorsichtig einbremsen. Dazu Fahrzeug mehrmals von ca. 80 km/h auf 40 km/h mit geringem Pedaldruck abbremsen. Dazwischen Bremse etwas abkühlen lassen.

Achtung: Nach dem Einbau von neuen Bremsbelägen müssen diese eingebremst werden. Während einer Fahrtstrecke von rund 200 km sollten unnötige Vollbremsungen unterbleiben.

Hinweis: Bremsbeläge müssen in einigen Gemeinden als Sondermüll entsorgt werden. Die örtlichen Behörden geben darüber Auskunft, ob auch eine Entsorgung über den hausmüllähnlichen Gewerbemüll zulässig ist.

Achtung, Sicherheitskontrolle durchführen:
- Sind die Bremsschläuche festgezogen?
- Befindet sich der Bremsschlauch in der Halterung?
- Sind die Entlüftungsschrauben angezogen?
- Ist genügend Bremsflüssigkeit eingefüllt?
- Bei laufendem Motor Dichtheitskontrolle durchführen. Hierzu Bremspedal mit 200 bis 300 N (entspricht 20 bis 30 kg) etwa 10 Sekunden betätigen. Das Bremspedal darf nicht nachgeben. Sämtliche Anschlüsse auf Dichtheit kontrollieren.

Scheibenbremsbeläge hinten aus- und einbauen

Die Bremsbeläge sind Bestandteil der Allgemeinen Betriebserlaubnis (ABE), außerdem sind sie vom Werk auf das jeweilige Modell abgestimmt. Es empfiehlt sich deshalb, nur vom Automobilhersteller freigegebene Bremsbeläge zu verwenden. Diese Bremsbeläge haben eine Freigabenummer des Kraftfahrt-Bundesamtes (KBA).

Achtung: Sollen die Bremsbeläge wieder verwendet werden, so müssen sie beim Ausbau gekennzeichnet werden. Ein Wechsel der Beläge von der Außen- zur Innenseite und umgekehrt oder auch vom rechten zum linken Rad ist nicht zulässig. **Grundsätzlich alle Scheibenbremsbeläge hinten gleichzeitig ersetzen, auch wenn nur ein Belag die Verschleißgrenze erreicht hat.**

Ausbau

- Stellung der Hinterräder zur Radnabe mit Farbe kennzeichnen. Dadurch kann das ausgewuchtete Rad wieder in derselben Position montiert werden. Radschrauben lösen, dabei muss das Fahrzeug auf dem Boden stehen. Fahrzeug hinten aufbocken und Räder abnehmen.
- Belagdicke durch die Kontrollöffnung des Bremssattels prüfen und beim Unterschreiten der Mindestdicke von 2 mm austauschen.
- Handbremse lösen.

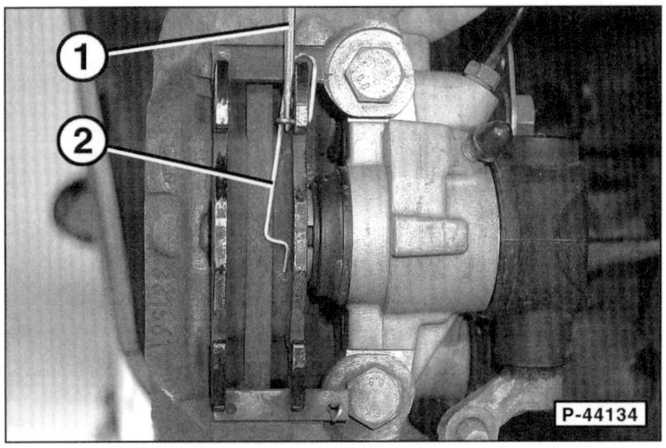

- Mit einem Schraubendreher –1– zwei Spannfedern –2– entriegeln und ausbauen.

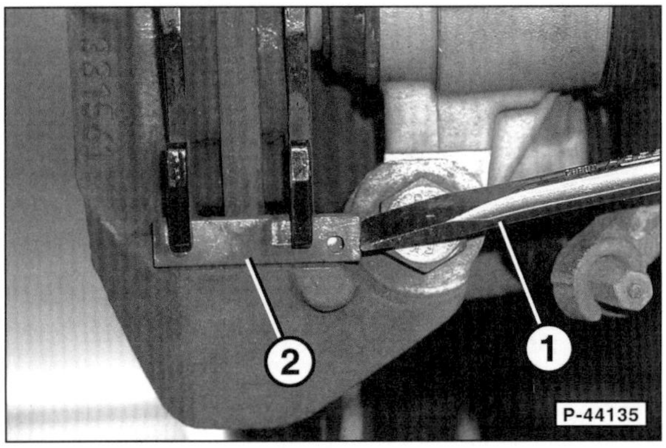

- Sicherungssplint aus dem Steg –2– herausziehen und Steg mit einem Schraubendreher –1– nach außen herausschlagen.
- Bremsklötze an der Unterkante der Trägerplatte aus der Halterung ziehen und ausbauen.

Achtung: Bei ausgebauten Bremsbelägen nicht auf das Bremspedal treten, sonst wird der Bremskolben aus dem Gehäuse herausgedrückt. In diesem Fall Bremssattel komplett ausbauen und Kolben in der Werkstatt einsetzen lassen.

Einbau

- Bremskolben zurückdrücken.
- Bremsklötze mit der Oberkante der Trägerplatte zwischen Bremssattel und Bremsscheibe einführen.
- Prüfen, ob sich die Nut des Bremssattelkolbens in waagerechter Stellung befindet, gegebenenfalls Bremssattelkolben entsprechend verdrehen.

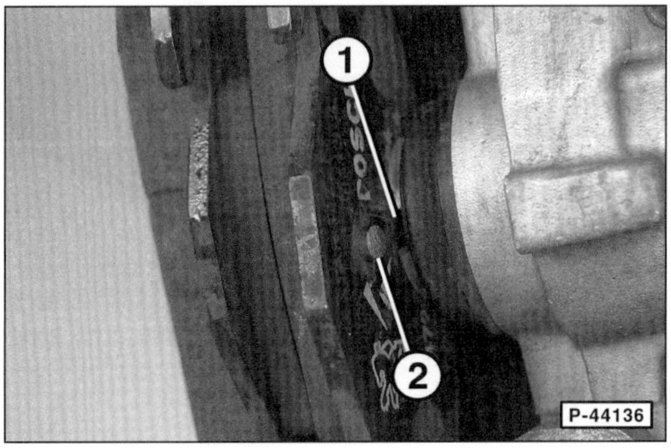

- Untere Kante nach unten schwenken und Bremsklötze in Halterung einsetzen. Darauf achten, dass die Nase –2– des inneren Bremsklotzes in die Nut –1– des Bremskolbens greift.

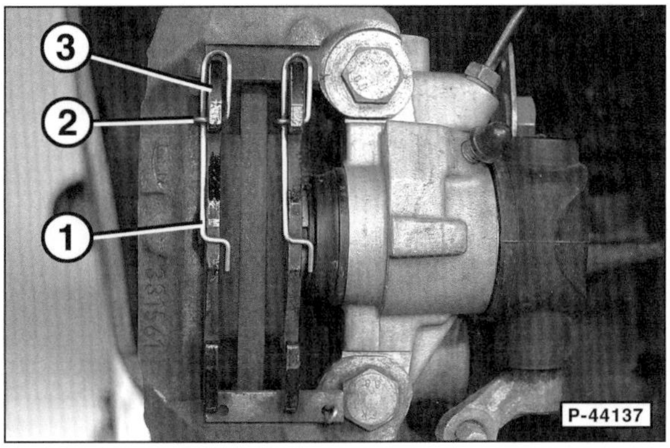

- **Neue Spannfedern** zunächst so zusammenfügen, dass das lange Federdrahtende –1– unter dem Drahtbügel –2– sitzt.
- Die dadurch gebildete Drahtöse um den oberen Haken –3– des Bremsklotzes legen und das lange Federdrahtende –1– so über den Bremsklotz legen, dass dieser unter Spannung gehalten wird.
- Steg zwischen Bremssattel und Bremsklötze bis zum Anschlag einschieben und mit Splint sichern.
- Hinterräder so ansetzen, dass die beim Ausbau angebrachten Markierungen übereinstimmen. Vorher Zentriersitz der Felge an der Radnabe mit Wälzlagerfett dünn einfetten. Radschrauben **nicht** fetten oder ölen. Schrauben mit korrodiertem Gewinde erneuern. Räder anschrauben. Fahrzeug ablassen und Radschrauben über Kreuz mit **90 Nm** festziehen.
- Bremspedal im Stand mehrmals kräftig niedertreten, bis fester Widerstand spürbar ist. Dadurch legen sich die Bremsbeläge an die Bremsscheiben an und nehmen einen dem Betriebszustand entsprechenden Sitz ein.

Achtung: Nach dem Einbau von neuen Bremsbelägen müssen diese eingebremst werden. Während einer Fahrtstrecke von rund 200 km sollten unnötige Vollbremsungen unterbleiben.

Achtung, Sicherheitskontrolle durchführen:
- Sind die Bremsschläuche festgezogen?
- Befindet sich der Bremsschlauch in der Halterung?
- Sind die Entlüftungsschrauben angezogen?
- Ist genügend Bremsflüssigkeit eingefüllt?
- Bei laufendem Motor Dichtheitskontrolle durchführen. Hierzu Bremspedal mit 200 bis 300 N (entspricht 20 bis 30 kg) etwa 10 Sekunden betätigen. Das Bremspedal darf nicht nachgeben. Sämtliche Anschlüsse auf Dichtheit kontrollieren.

Bremssattel vorn aus- und einbauen

Ausbau

- Stellung der Vorderräder zur Radnabe mit Farbe kennzeichnen. Dadurch kann das ausgewuchtete Rad wieder in derselben Position montiert werden. Radschrauben lösen, dabei muss das Fahrzeug auf dem Boden stehen. Fahrzeug vorn aufbocken und Vorderräder abnehmen.
- Bremsschlauch ausbauen, siehe entsprechendes Kapitel.

Sicherheitshinweis
Beim Öffnen des Bremskreises läuft Bremsflüssigkeit aus. Bremsflüssigkeit in einer Flasche sammeln, die ausschließlich für Bremsflüssigkeit vorgesehen ist. Man kann auch zuvor die Bremsflüssigkeit mit einem Saugheber aus dem Vorratsbehälter absaugen. Sicherheitshinweise zur Bremsflüssigkeit beachten, siehe Seite 156.

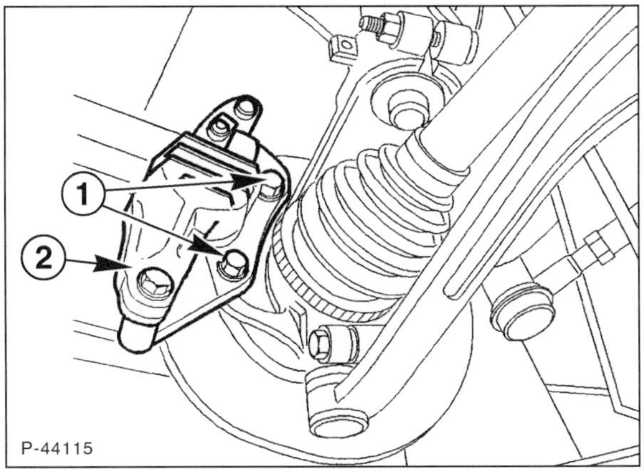

- 2 Halteschrauben –1– herausdrehen und Bremssattel –2– mit Bremsträger abnehmen.

Achtung: Hohes Lösemoment! Sicherstellen, dass das Fahrzeug sicher aufgebockt ist und der Drehmomentschlüsselgriff waagerecht angesetzt ist.

Hinweis: Wird der alte Bremssattel wieder eingebaut, sicherstellen, dass der Bremskolben nicht herausgedrückt wird.

Einbau

- Bremssattel –2– mit Bremsträger über die Bremsscheibe führen und mit **2 neuen** Halteschrauben –1– am Achsschenkel anschrauben. Vorher Schrauben mit Schraubensicherungsmittel bestreichen, zum Beispiel LOCTITE 243. Halteschrauben mit **105 Nm** festziehen.

Achtung: Hohes Anzugsmoment! Sicherstellen, dass das Fahrzeug sicher aufgebockt ist und der Drehmomentschlüsselgriff waagerecht angesetzt ist.

- Bremsschlauch einbauen, siehe entsprechendes Kapitel.

Achtung: Der Bremsschlauch darf nicht verdreht werden.

- Bremsanlage entlüften, siehe Seite 156.
- Räder so ansetzen, dass die beim Ausbau angebrachten Markierungen übereinstimmen. Vorher Zentriersitz der Felge an der Radnabe mit Wälzlagerfett dünn einfetten. Radmuttern **nicht** fetten oder ölen. Schrauben mit korrodiertem Gewinde erneuern. Räder anschrauben.

Achtung: Sicherstellen, dass der Bremsschlauch bei maximalem Lenkereinschlag das Rad nicht berührt.

- Fahrzeug ablassen und Radschrauben über Kreuz mit **90 Nm** festziehen.

Achtung: Bremspedal im Stand mehrmals kräftig niedertreten, bis fester Widerstand spürbar ist. Dadurch legen sich die Bremsbeläge an die Bremsscheiben an und nehmen einen dem Betriebszustand entsprechenden Sitz ein.

- Bremsflüssigkeitsstand im Ausgleichbehälter prüfen, gegebenenfalls bis zur MAX-Marke auffüllen.

Achtung, Sicherheitskontrolle durchführen:
- Sind die Bremsschläuche festgezogen?
- Befindet sich der Bremsschlauch in der Halterung?
- Sind die Entlüftungsschrauben angezogen?
- Ist genügend Bremsflüssigkeit eingefüllt?
- Bei laufendem Motor Dichtheitskontrolle durchführen. Hierzu Bremspedal mit 200 bis 300 N (entspricht 20 bis 30 kg) etwa 10 Sekunden betätigen. Das Bremspedal darf nicht nachgeben. Sämtliche Anschlüsse auf Dichtheit kontrollieren.

Bremssattel hinten aus- und einbauen

Ausbau

- Stellung der Hinterräder zur Radnabe mit Farbe kennzeichnen. Dadurch kann das ausgewuchtete Rad wieder in derselben Position montiert werden. Radschrauben lösen, dabei muss das Fahrzeug auf dem Boden stehen. Fahrzeug hinten aufbocken und Räder abnehmen.
- Bremsleitung von Bremsschlauch trennen, siehe im Kapitel »Bremsschlauch aus- und einbauen«.

Sicherheitshinweis
Beim Öffnen des Bremskreises läuft Bremsflüssigkeit aus. Bremsflüssigkeit in einer Flasche sammeln, die ausschließlich für Bremsflüssigkeit vorgesehen ist. Man kann auch zuvor die Bremsflüssigkeit mit einem Saugheber aus dem Vorratsbehälter absaugen. Sicherheitshinweise zur Bremsflüssigkeit beachten, siehe Seite 156.

- Bremsleitung aus Halterungen am Längslenker clipsen beziehungsweise herausziehen.

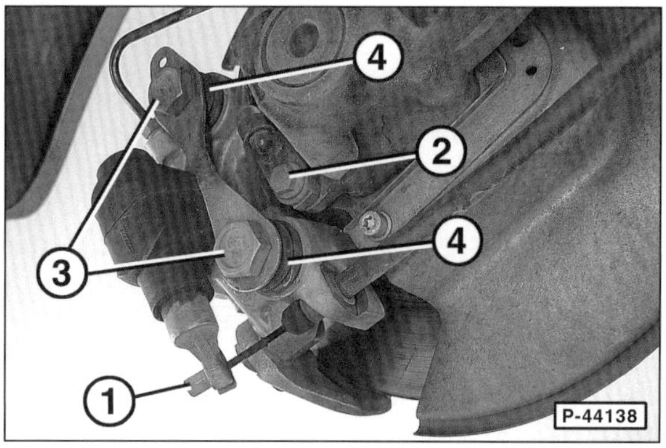

- Handbremse lösen und entspannen; Seilzug –1– am Bremssattel aushängen.
- Schraube –2– herausdrehen und ABS-Sensor ausbauen.
- 2 Halteschrauben –3– herausdrehen und Bremssattel abnehmen. 4 – Staubmanschetten für Bremssattel-Führungsstifte.

Achtung: Hohes Lösemoment! Sicherstellen, dass das Fahrzeug sicher aufgebockt ist und der Drehmomentschlüsselgriff waagerecht angesetzt ist.

Hinweis: Wird der alte Bremssattel wieder eingebaut, ist dafür zu sorgen, dass der Bremskolben nicht ausrückt.

Einbau

- Bremssattel über Bremsscheibe führen, mit 2 Halteschrauben –3– und **110 Nm** am Längslenker festschrauben.

Achtung: Hohes Anzugsmoment! Sicherstellen, dass das Fahrzeug sicher aufgebockt ist und der Drehmomentschlüsselgriff waagerecht angesetzt ist.

- Bremsleitung und Bremsschlauch verbinden, siehe im Kapitel »Bremsschlauch aus- und einbauen«.
- Bremsleitung in Halterungen am Längslenker clipsen.
- Handbremsseilzug –1– am Bremssattel einhängen; ABS-Sensor einbauen, Befestigungsschraube mit Schraubensicherungsmittel bestreichen, zum Beispiel LOCTITE 243, und mit **9 Nm** festschrauben.
- Handbremse einstellen, siehe entsprechendes Kapitel.
- Hinterräder so ansetzen, dass die beim Ausbau angebrachten Markierungen übereinstimmen. Vorher Zentriersitz der Felge an der Radnabe mit Wälzlagerfett dünn einfetten. Radschrauben **nicht** fetten oder ölen. Schrauben mit korrodiertem Gewinde erneuern. Räder anschrauben. Fahrzeug ablassen und Radschrauben über Kreuz mit **90 Nm** festziehen.
- Bremspedal im Stand mehrmals kräftig niedertreten, bis fester Widerstand spürbar ist. Dadurch legen sich die Bremsbeläge an die Bremsscheiben an und nehmen einen dem Betriebszustand entsprechenden Sitz ein.

Achtung: Nach dem Einbau von neuen Bremsbelägen müssen diese eingebremst werden. Während einer Fahrtstrecke von rund 200 km sollten unnötige Vollbremsungen unterbleiben.

Achtung, Sicherheitskontrolle durchführen:
- Sind die Bremsschläuche festgezogen?
- Befindet sich der Bremsschlauch in der Halterung?
- Sind die Entlüftungsschrauben angezogen?
- Ist genügend Bremsflüssigkeit eingefüllt?
- Bei laufendem Motor Dichtheitskontrolle durchführen. Hierzu Bremspedal mit 200 bis 300 N (entspricht 20 bis 30 kg) etwa 10 Sekunden betätigen. Das Bremspedal darf nicht nachgeben. Sämtliche Anschlüsse auf Dichtheit kontrollieren.

Bremsscheibe aus- und einbauen

Ausbau

- Stellung der Räder zur Radnabe mit Farbe kennzeichnen. Dadurch kann das ausgewuchtete Rad wieder in derselben Position montiert werden. Radschrauben lösen, dabei muss das Fahrzeug auf dem Boden stehen. Fahrzeug aufbocken und Räder abnehmen.
- **Hinterradbremse:** Handbremse lösen, Bremsschlauch und -leitung aus dem Halterungen auf der Hinterachse lösen.
- Bremsbeläge ausbauen, siehe entsprechendes Kapitel.
- Bremssattel ausbauen, siehe entsprechendes Kapitel.

Hinweis: Bremsschlauch, ABS-Sensor und Handbremsseil bei der Hinterradbremse brauchen nicht ausgebaut zu werden.

- Bremssattel mit angeschlossener Bremsleitung so aufhängen, dass der Bremsschlauch nicht verdreht und auf Zug beansprucht wird.
- Um ein Herausgleiten des Bremskolbens zu verhindern, Holzstück zwischen Bremskolben und Bremssattel klemmen.

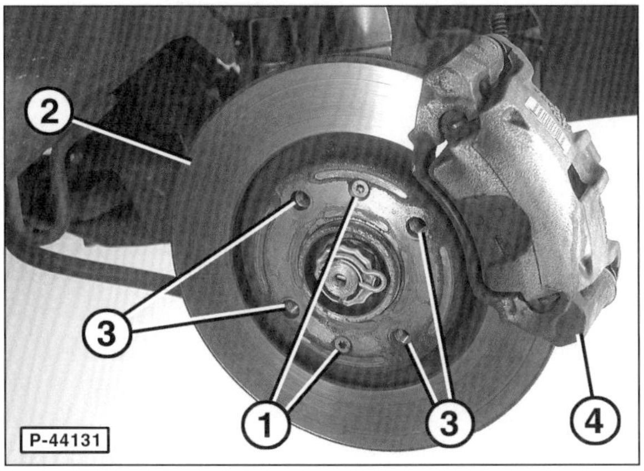

- Bremsscheibe –2– abschrauben –1–. Hinweis: Die Bremsscheibe kann mit einer oder 2 Schrauben –1– befestigt sein. 3 – Gewinde für Radschrauben, 4 – Bremssattel.
- Sitzt die Bremsscheibe fest auf der Nabe, mit handelsüblichem Abzieher abziehen.

Einbau

Um ein gleichmäßiges Bremsen beidseitig sicherzustellen, müssen beide Bremsscheiben die gleiche Oberfläche bezüglich Schliffbild und Rauhtiefe aufweisen. Deshalb **grundsätzlich beide** Bremsscheiben ersetzen, beziehungsweise abdrehen lassen.

Achtung: Wenn die Bremsscheiben ersetzt oder abgedreht werden, müssen gleichzeitig auch neue Bremsbeläge eingebaut werden.

- Falls vorhanden, Rost am Flansch der Bremsscheibe und der Vorderradnabe entfernen.
- Neue Bremsscheiben: Schutzlackierung mit einem Lappen und Verdünnung abwischen.
- Bremsscheibe auf Radnabe aufsetzen und Sicherungsschraube(n) mit **10 Nm** festschrauben.
- Bremssattel einbauen, siehe entsprechendes Kapitel.
- Bremsbeläge einbauen, siehe entsprechendes Kapitel.
- **Hinterradbremse:** Bremsschlauch und -leitung in die Halterungen auf der Hinterachse setzen.
- Räder so ansetzen, dass die beim Ausbau angebrachten Markierungen übereinstimmen. Vorher Zentriersitz der Felge an der Radnabe mit Wälzlagerfett dünn einfetten. Radschrauben **nicht** fetten oder ölen. Schrauben mit korrodiertem Gewinde erneuern. Räder anschrauben. Fahrzeug ablassen und Radschrauben über Kreuz mit **90 Nm** festziehen.

Achtung: Bremspedal im Stand mehrmals kräftig niedertreten, bis fester Widerstand spürbar ist. Dadurch legen sich die Bremsbeläge an die Bremsscheiben an und nehmen einen dem Betriebszustand entsprechenden Sitz ein.

- Bremsflüssigkeitsstand im Ausgleichbehälter prüfen, gegebenenfalls bis zur MAX-Marke auffüllen.
- Neue Bremsbeläge und Bremsscheiben vorsichtig einbremsen, dazu Fahrzeug mehrmals von ca. 80 km/h auf 40 km/h mit geringem Pedaldruck abbremsen. Dazwischen Bremse etwas abkühlen lassen.

Achtung: Nach dem Einbau von neuen Bremsbelägen müssen diese eingebremst werden. Während einer Fahrtstrecke von rund 200 km sollten unnötige Vollbremsungen unterbleiben.

Achtung, Sicherheitskontrolle durchführen:
- ◆ Sind die Bremsschläuche festgezogen?
- ◆ Befindet sich der Bremsschlauch in der Halterung?
- ◆ Sind die Entlüftungsschrauben angezogen?
- ◆ Ist genügend Bremsflüssigkeit eingefüllt?
- ◆ Bei laufendem Motor Dichtheitskontrolle durchführen. Hierzu Bremspedal mit 200 bis 300 N (entspricht 20 bis 30 kg) etwa 10 Sekunden betätigen. Das Bremspedal darf nicht nachgeben. Sämtliche Anschlüsse auf Dichtheit kontrollieren.

Bremsscheibe prüfen

Prüfen

- Stellung der Räder zur Radnabe mit Farbe kennzeichnen. Dadurch kann das ausgewuchtete Rad wieder in derselben Position montiert werden. Radschrauben lösen, dabei muss das Fahrzeug auf dem Boden stehen. Fahrzeug aufbocken und Räder abnehmen.

Sicherheitshinweis
Beim Aufbocken des Fahrzeugs besteht Unfallgefahr! Deshalb vorher das Kapitel »Fahrzeug aufbocken« durchlesen.

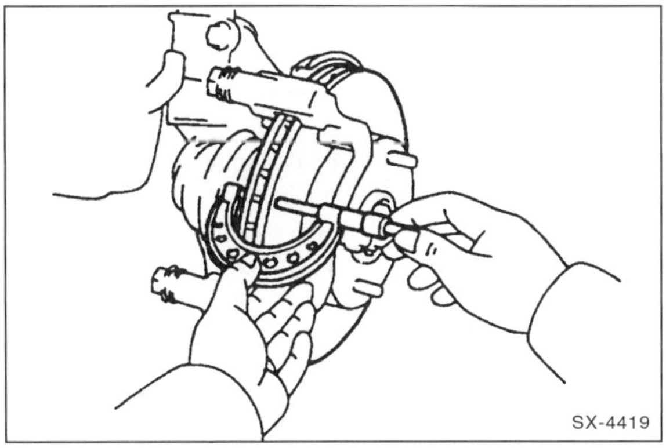

- Bremsscheibendicke immer an der dünnsten Stelle messen. Die Werkstätten benutzen dazu einen speziellen Messschieber, zum Beispiel HAZET 4956-1, oder eine Mikrometer-Bügelmessschraube, da sich durch die Abnutzung der Bremsscheibe ein Rand bildet.

Hinweis: Man kann die Bremsscheibendicke auch mit einem normalen Messschieber messen, allerdings muss dann auf jeder Seite der Bremsscheibe eine entsprechend starke Unterlage zwischengelegt werden (beispielsweise 2 Münzen). Um das exakte Maß der Bremsscheibendicke zu ermitteln, muss von dem gemessenen Wert die Dicke der Münzen beziehungsweise der Unterlage abgezogen werden.

Achtung: Messung an mehreren Punkten der Bremsscheibe vornehmen.

- Maße für Bremsscheibe, siehe Seite 141.
- Wird die Verschleißgrenze erreicht, Bremsscheibe erneuern.
- Bei größeren Rissen oder bei Riefen, die tiefer als 0,5 mm sind, Bremsscheibe erneuern.

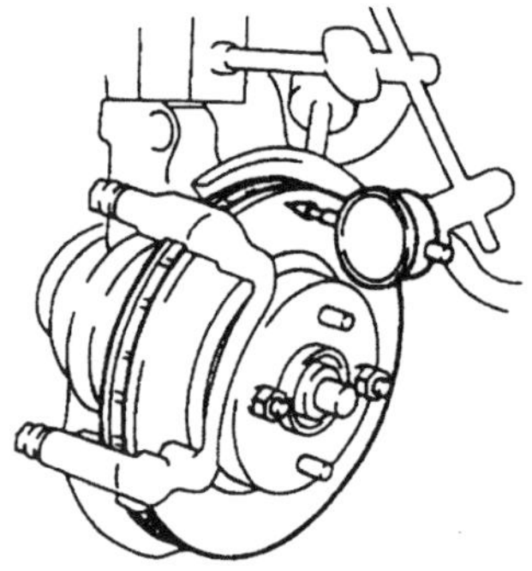

SX-4420

- Bremsscheibenschlag messen. Bremsscheibe mit Radmuttern festschrauben. Mit Messuhr 10 mm vom Außenrand den Schlag messen. Zulässiger Wert, siehe Tabelle auf Seite 136.
- Bei Überschreitung des zulässigen Wertes, Radlagerspiel überprüfen.
- Schlag durch Verdrehen der Bremsscheibe auf der Radnabe versuchen zu korrigieren, dazu muss der Bremssattel abgebaut werden, siehe entsprechendes Kapitel.
- Räder so ansetzen, dass die beim Ausbau angebrachten Markierungen übereinstimmen. Vorher Zentriersitz der Felge an der Radnabe mit Wälzlagerfett dünn einfetten. Radmuttern **nicht** fetten oder ölen. Schrauben mit korrodiertem Gewinde erneuern. Räder anschrauben. Fahrzeug ablassen und Radschrauben über Kreuz mit **90 Nm** festziehen.

Bremsbacken der Trommelbremse aus- und einbauen

Die Hinterrad-Trommelbremse stellt sich automatisch nach. Dabei verändert die Druckstange der Nachstellvorrichtung ihre Länge und sorgt für ein immer gleich bleibendes, konstruktiv vorgegebenenes Lüftspiel zwischen Bremstrommel und Bremsbacken. Für die automatische Nachstellung ist am Feststellbremshebel ein Nachstellhebel mit Zugfeder angeordnet, der die Druckstange verlängert.

Eingebaut werden im PEUGEOT 206 zwei verschiedene Trommelbrems-Fabrikate. Unterscheidungsmerkmal ist die Einbauposition der Nachstellhebel-Feder: Bei der LUCAS-Bremse sitzt sie senkrecht, bei der BOSCH-Bremse waagerecht oben beim Radbremszylinder.

Trommelbremse/Modell LUCAS

Ausbau

Achtung: Sollen die Bremsbeläge wieder verwendet werden, so müssen sie beim Ausbau gekennzeichnet werden. Ein Wechsel der Beläge vom rechten zum linken Rad und umgekehrt ist nicht zulässig. Der Wechsel kann zu ungleichmäßiger Bremswirkung führen. Grundsätzlich sollte man nur vom Hersteller freigegebene Bremsbeläge verwenden. Alle Bremsbeläge gleichzeitig ersetzen, auch wenn nur ein Belag die Verschleißgrenze erreicht hat.

- Stellung des Hinterrades zur Radnabe mit Farbe kennzeichnen. Dadurch kann das ausgewuchtete Rad wieder in derselben Position montiert werden. Beim Lösen der Radschrauben muss das Fahrzeug auf dem Boden stehen. Fahrzeug aufbocken und Rad abnehmen.

Sicherheitshinweis
Beim Aufbocken des Fahrzeugs besteht Unfallgefahr! Deshalb vorher das Kapitel »Fahrzeug aufbocken« durchlesen.

Achtung: Bremse immer nur an einer Seite ausbauen, damit die andere Seite als Vorlage beim Zusammenbau dienen kann. Spiegelbildliche Teile können so auch nicht verwechselt werden.

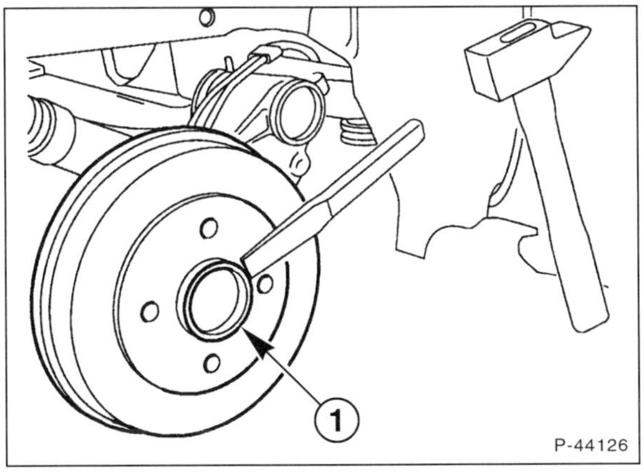

- Abdichtkappe –1– vorsichtig mit einem Hammer und einem Meißel von der Radnabe abhebeln.
- Mit geeignetem Dorn den Bund der Radnabenmutter aus der Nut des Achszapfens treiben.

Achtung: Sehr hohes Lösemoment, daher zweckmäßigerweise vorher Rad wieder anschrauben und Fahrzeug auf die Räder stellen, da es sonst von den Böcken rutschen kann. Nur stabiles Werkzeug verwenden.

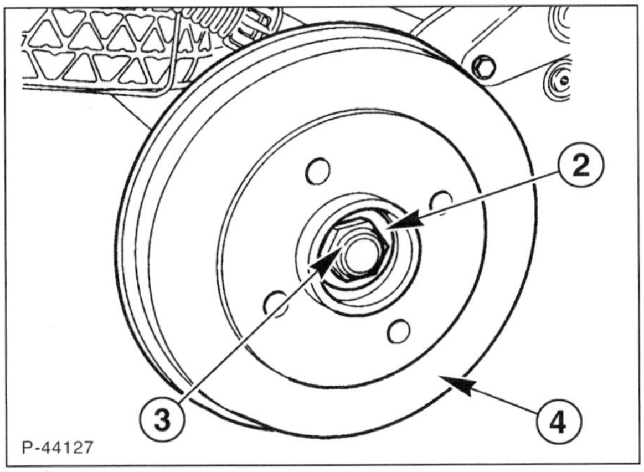

- Durch Helfer Fußbremse treten lassen. Nabenmutter –3– abschrauben und mit Unterlegscheibe –2– abnehmen.
- Fahrzeug erneut aufbocken und Hinterrad abnehmen.
- Handbremse lösen und entspannen.
- Bremstrommel –4– von Hand nach außen abziehen.

Achtung: Bei stark abgenützten Bremstrommeln bildet sich ein Rand, der das Abziehen der Bremstrommel behindert. In diesem Fall Handbremsseil am Handbremshebel ganz lösen, siehe Kapitel »Handbremse einstellen«.

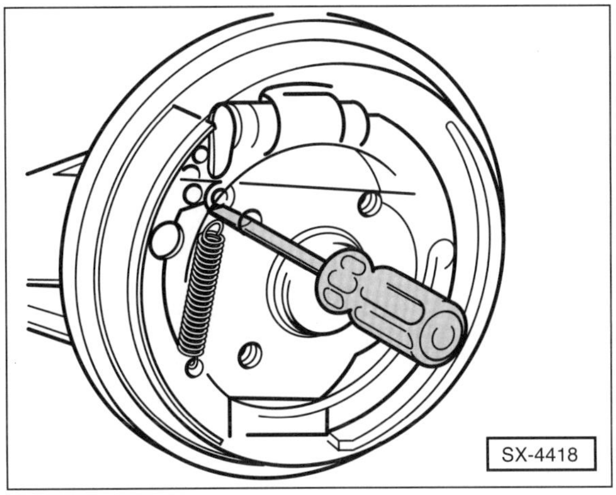

- Lässt sich die Bremstrommel immer noch nicht abziehen, geeigneten Dorn oder Schraubendreher durch eine Gewindebohrung für Radschrauben führen. Mit dem Dorn Hebel für die Handbremse an der hinteren Bremsbacke wegdrücken, um die Bremsbacken zurückzusetzen.

Achtung: Während die Bremstrommel ausgebaut ist, nicht auf die Fußbremse treten, da sonst die Bremskolben aus dem Radbremszylinder rutschen.

- Vor dem Ausbau der Rückzugfedern empfiehlt es sich, deren Einbaulage zu notieren. Dadurch wird das Einsetzen beim Einbau erleichtert.

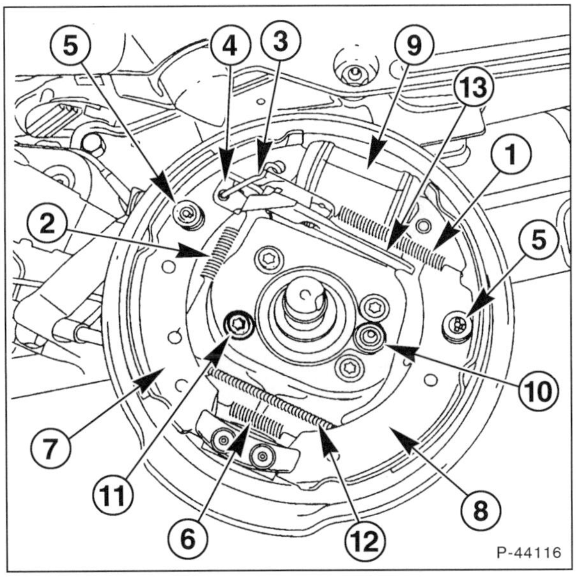

1 – Obere Rückholfeder
2 – Feder für Nachstellhebel
3 – Haken
4 – Nachstellhebel
5 – Federteller
6 – Untere Rückholfeder
7 – Vordere Bremsbacke
8 – Hintere Bremsbacke
9 – Radbremszylinder
10 – ABS-Sensor
11 – 4 Befestigungsschrauben der hinteren Bremsträgerplatte
12 – Handbrems-Seilzug
13 – Druckstange

- Obere Rückholfeder –1– sowie Feder für Nachstellhebel –2– mit einer Bremsfedernzange, zum Beispiel HAZET 797, aushängen.

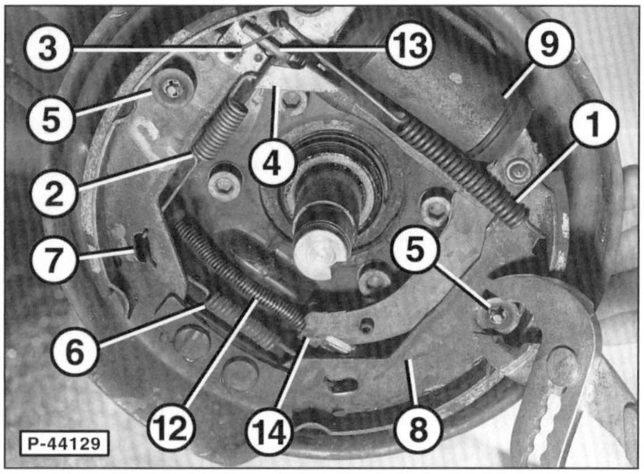

- Federteller –5– für Bremsbacken-Andrückfeder mit HAZET-Werkzeug 4963-1 beziehungsweise notfalls mit einer Wasserpumpenzange kräftig zurückdrücken und um 90° drehen. Während des Zurückdrückens von hinten am Bremsträger den Stift für den Federteller gegenhalten. Andrückfeder, Federteller und Stift entfernen.
- Zweite Bremsbacken-Andrückfeder auf die gleiche Weise ausbauen.
- Federspange oder Spanngurt oben um Radbremszylinder –9– legen, damit die Bremskolben nicht aus dem Bremszylinder herausfallen, siehe auch Abbildung P-44117. Beim Ausbau der Bremsbacken dürfen die Bremskolben nicht herausgezogen werden, da sonst Luft in das Bremssystem eindringt und die Bremse entlüftet werden muss.

Achtung: Die Manschetten des Radbremszylinders nicht beschädigen.

- Vordere Bremsbacke –7– sowie hintere Bremsbacke –8– zusammen mit Druckstange –13– und unterer Rückholfeder –6– nach vorne herausschwenken und ausbauen.
- Handbrems-Seilzug –12– am Bremshebel –14– der hinteren Bremsbacke –8– aushängen.
- Haken –3– ausbauen und Nachstellhebel –4– von der Spindel der Druckstange lösen.
- Druckstange –13– und untere Rückholfeder –6– an den Bremsbacken aushängen.

Einbau

Grundsätzlich alle 4 Bremsbacken ersetzen und gleiches Fabrikat verwenden. Bremstrommel und Bremsträger mit Staubsauger aussaugen und mit Spiritus reinigen.

Achtung: Der Bremsstaub kann gesundheitsschädlich sein, nicht einatmen! Solange die Bremsbacken ausgebaut sind, nicht auf die Fußbremse treten, da sonst die Bremskolben aus dem Radbremszylinder rutschen.

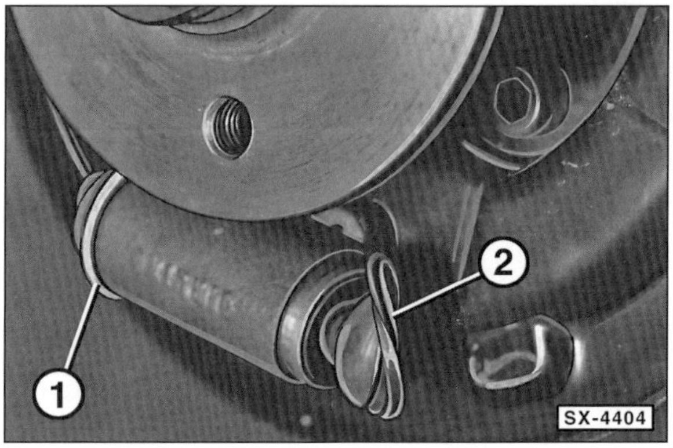

- Am Radbremszylinder die Staubmanschetten –1– und –2– von Hand oder mit einem stumpfen Gegenstand anheben. **Achtung:** Dabei darf der Bremskolben nicht herausgezogen werden. Wenn es dahinter trocken ist, Manschette wieder aufsetzen. Ist Bremsflüssigkeit ausgetreten, Radbremszylinder austauschen.
- Beschädigte Staubmanschetten ersetzen.
- Bremsfläche der Bremstrommel mit dem Finger auf Riefen prüfen. Riefige Bremstrommeln ersetzen oder ausdrehen.
- Innendurchmesser der Bremstrommel messen. Grundsätzlich sollen beide Bremstrommeln denselben Verschleißzustand haben. Wenn die Verschleißgrenze erreicht ist, beide Trommeln der Hinterachse ersetzen. Sollwerte und Verschleißgrenzen, siehe Kapitel »Technische Daten Bremsanlage«.
- Geringe Unebenheiten und Rostspuren an der Bremsfläche mit Schmirgelleinen (Körnung 150) beseitigen.

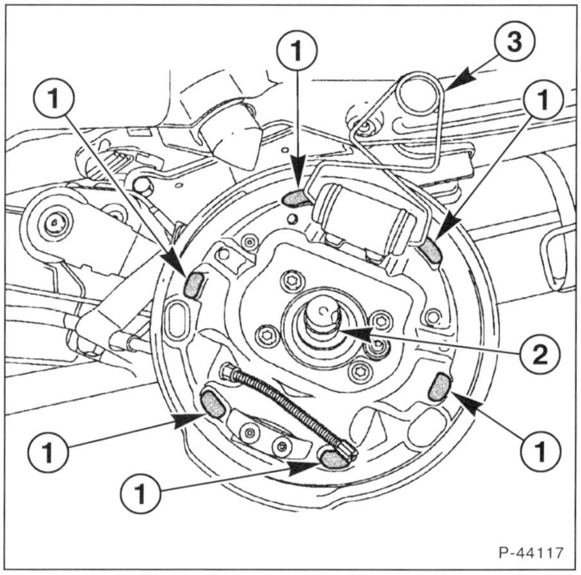

- Kontaktstellen –1– zwischen Bremsbacken und Bremsträger reinigen und vor dem Einbau der Bremsbacken dünn mit hitzebeständigem Molykote-Fett, zum Beispiel LUBRITHERM G200, bestreichen. 3 – Federspange am Radbremszylinder.

- Gewinde und Kontaktstellen der Nachstellspindel sowie die Achse des Nachstellhebels ebenfalls leicht einfetten.
- Gehäuse des ABS-Sensors –10–, siehe Abbildung P-44116, mit Fett bestreichen.

Achtung: Kein Fett auf Bremsbacken oder Bremsbeläge gelangen lassen.

- Dichtung –2– durch **neue** ersetzen, Dichtlippe und Welle einfetten.

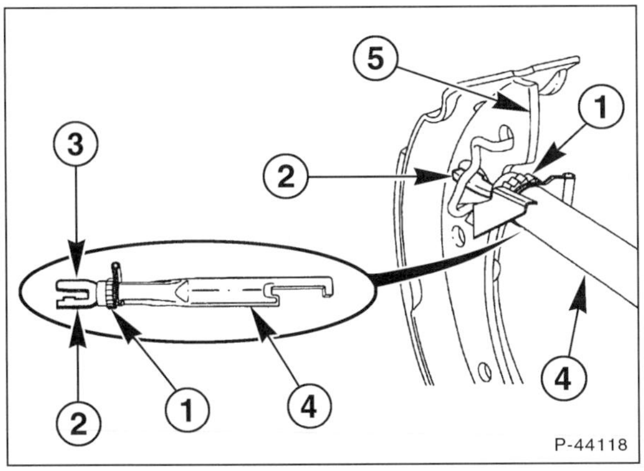

- Nachstellritzel –1– an der Druckstange –4– ganz zurückdrehen. Gewinde auf Leichtgängigkeit prüfen.
- Druckstange –4– so in die vordere Bremsbacke –5– einsetzen, dass der gezackte Zinken –2– der Druckstangengabel nach außen zeigt und der abgeschrägte Zinken –3– an der dem Fahrzeug zugewandten Seite sitzt.

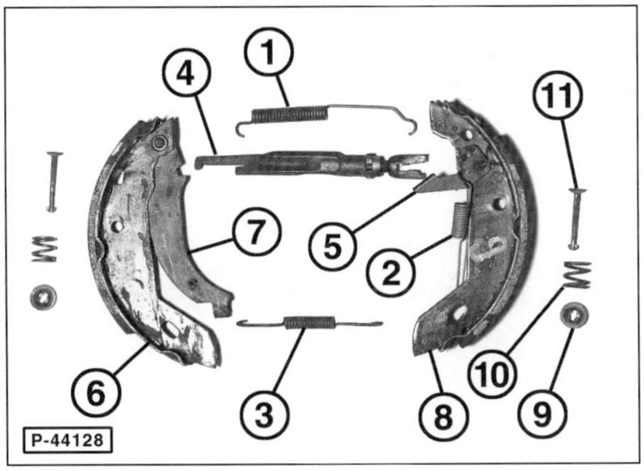

- Untere Rückholfeder –3– zwischen hintere und vordere Bremsbacke –6– und –8– setzen.
- Haken einbauen und Nachstellhebel –5– an die Spindel der Druckstange –4– setzen.

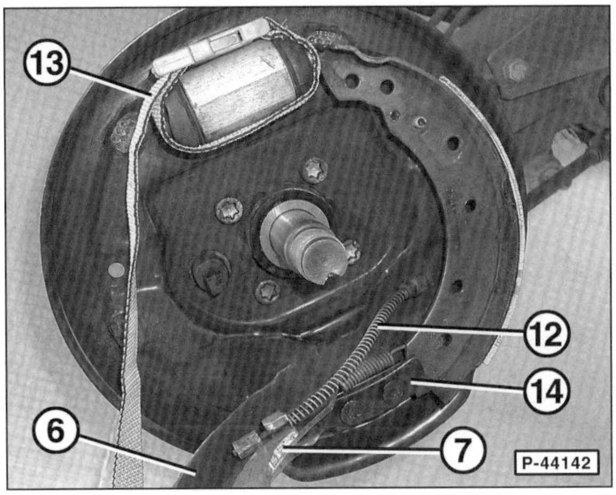

- Handbrems-Seilzug –12– am Bremshebel –7– der hinteren Bremsbacke –6– einhängen.
- Hintere Bremsbacke am Bremsträger ansetzen. Darauf achten, dass beide Bremsbacken hinter der unteren Haltelasche –14– sitzen.
- Federspange oder Spanngurt –13– am Radbremszylinder entfernen.
- Haltestift –11– einsetzen, Bremsbacken-Andrückfeder –10– mit Federteller –9– aufsetzen, siehe Abbildung P-44128, mit Wasserpumpenzange kräftig zurückdrücken und um 90° drehen. Während des Zurückdrückens von hinten am Bremsträger den Stift für Federteller mit einem Finger gegenhalten.
- Zweite Andrückfeder auf die gleiche Weise einbauen.
- Obere Rückholfeder –1– sowie Nachstellhebel-Feder –2–, siehe Abbildung P-44128, mit der Bremsfedernzange oder einem Schraubendreher einhängen.
- Kontrollieren, ob der Nachstellhebel in das Ritzel der Druckstange eingreift und die Rückholfedern richtig sitzen.
- Bremstrommel einbauen.
- Unterlegscheibe über den Achszapfen setzen.
- **Neue** Nabenmutter auf den Achszapfen drehen und handfest drehen.
- Rad so ansetzen, dass die beim Ausbau angebrachten Markierungen übereinstimmen. Vorher Zentriersitz der Felge an der Radnabe mit Wälzlagerfett dünn einfetten. Radschrauben **nicht** fetten oder ölen. Schrauben mit korrodiertem Gewinde erneuern. Hinterrad anschrauben. Fahrzeug ablassen.
- Nabenmutter mit **200 Nm** festziehen.
- Fahrzeug wieder aufbocken.

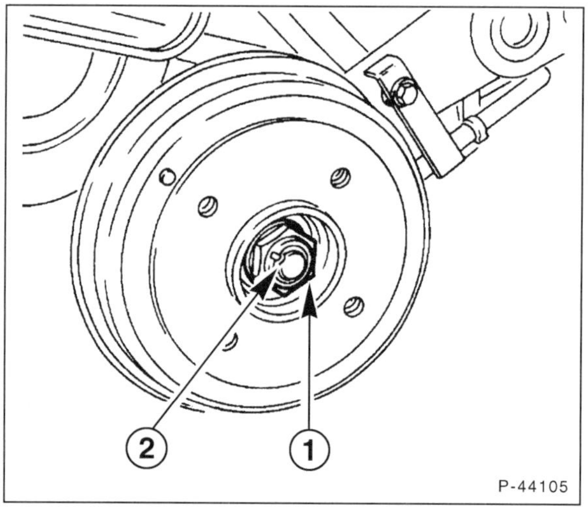

- Bund der Nabenmutter –1– mit Meißel oder Körner in die Kerbe des Achszapfens –2– schlagen (Verdrehsicherung).
- **Neue** Abdichtkappe mit Gummihammer über die Radnabe auftreiben.
- Fahrzeug ablassen.
- Radschrauben über Kreuz mit **90 Nm** festziehen.
- Wenn nötig Bremsanlage entlüften, siehe entsprechendes Kapitel.
- Grundlüftspiel der Hinterradbremse einstellen. Dazu Bremspedal bei laufendem Motor im Stand 40-mal langsam niedertreten, bis fester Widerstand spürbar ist.

Hinweis: Dadurch legen sich die Bremsbeläge an die Bremsscheiben an und nehmen einen dem Betriebszustand entsprechenden Sitz ein.

- Handbremse einstellen, siehe entsprechendes Kapitel.
- Bremsflüssigkeitsstand im Ausgleichbehälter prüfen, gegebenenfalls bis zur MAX-Marke auffüllen.
- Neue Bremsbeläge vorsichtig einbremsen, dazu Fahrzeug mehrmals von ca. 80 km/h auf 40 km/h mit geringem Pedaldruck abbremsen. Dazwischen Bremse etwas abkühlen lassen.

Achtung: Nach dem Einbau neuer Bremsbeläge müssen diese eingebremst werden. Während einer Fahrtstrecke von rund 200 km sollten unnötige Vollbremsungen unterbleiben.

Achtung, Sicherheitskontrolle durchführen:
- Sind die Bremsschläuche festgezogen?
- Befindet sich der Bremsschlauch in der Halterung?
- Sind die Entlüftungsschrauben angezogen?
- Ist genügend Bremsflüssigkeit eingefüllt?
- Bei laufendem Motor Dichtheitskontrolle durchführen. Hierzu Bremspedal mit 200 bis 300 N (entspricht 20 bis 30 kg) etwa 10 Sekunden betätigen. Das Bremspedal darf nicht nachgeben. Sämtliche Anschlüsse auf Dichtheit kontrollieren.

Speziell Trommelbremse/Modell BOSCH

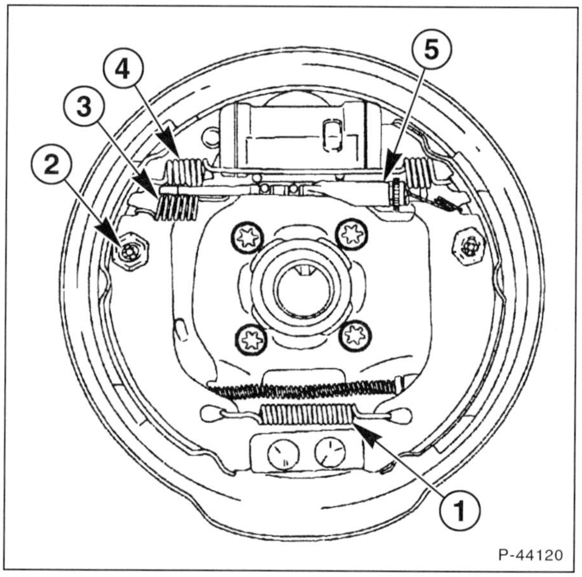

Der Aus- und Einbau der Bremsbacken bei der Trommelbremse/Modell BOSCH erfolgt im Prinzip auf die gleiche Weise wie bei dem Modell LUCAS. Mit der Ausnahme, dass zunächst die untere Rückholfeder –1– ausgehängt wird. Anschließend werden die Bremsbacken-Andrückfedern –2– mit den Federtellern ausgebaut. Danach werden die Bremsbacken mitsamt der oberen Rückholfeder –4– sowie der Nachstelleinheit –3– und –5– ausgebaut.

Radbremszylinder aus- und einbauen

Trommelbremse

Ausbau

- Bremsbacken ausbauen, siehe entsprechendes Kapitel.

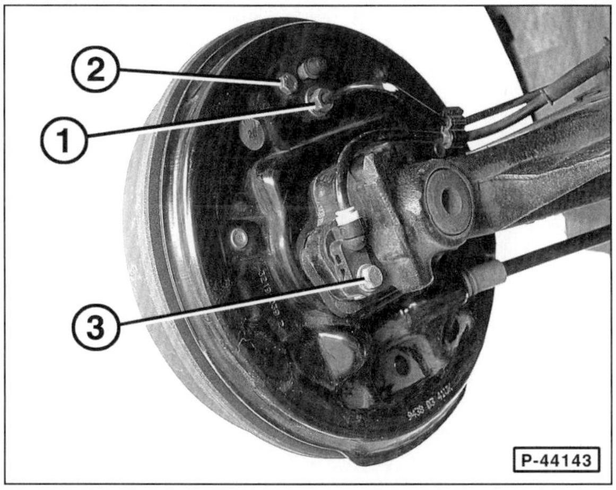

- Hohlschraube –1– für Bremsleitung lösen, nicht ganz abnehmen. 3 – Schraube für ABS-Sensor.
- Lappen unter das Bremsträgerblech legen.
- Schraube für Radbremszylinder –2– hinten am Bremsträger abschrauben.

Einbau

- Bremsleitung ausbauen und sofort am neuen Radbremszylinder handfest anschrauben. Dadurch ist sichergestellt, dass nur wenig Bremsflüssigkeit ausläuft.
- **Neue selbstsichernde Schraube** für Radbremszylinder einschrauben und mit **8 Nm** anziehen.
- Hohlschraube für Bremsleitung mit **15 Nm** anschrauben.
- Bremsbacken einbauen, siehe entsprechendes Kapitel.
- Bremsanlage entlüften, siehe entsprechendes Kapitel.

Achtung, Sicherheitskontrolle durchführen:

- ◆ Sind die Bremsschläuche festgezogen?
- ◆ Befindet sich der Bremsschlauch in der Halterung?
- ◆ Sind die Entlüftungsschrauben angezogen?
- ◆ Ist genügend Bremsflüssigkeit eingefüllt?
- ◆ Bei laufendem Motor Dichtheitskontrolle durchführen. Hierzu Bremspedal mit 200 bis 300 N (entspricht 20 bis 30 kg) etwa 10 Sekunden betätigen. Das Bremspedal darf nicht nachgeben. Sämtliche Anschlüsse auf Dichtheit kontrollieren.

Bremskraftverstärker prüfen

Der vom Fahrer aufgebrachte Bremsdruck wird über den Bremskraftverstärker durch den Saugrohrunterdruck verstärkt. Beim Dieselmotor wird der benötigte Unterdruck von einer am Motor angeflanschten Vakuumdruckpumpe erzeugt. Die Funktion ist zu überprüfen, wenn zum Erzielen einer ausreichenden Bremswirkung die Pedalkraft außergewöhnlich hoch ist.

- Bremspedal bei stehendem Motor mindestens 5-mal kräftig durchtreten, dann bei belastetem Bremspedal Motor starten. Das Bremspedal muss jetzt unter dem Fuß spürbar nachgeben.

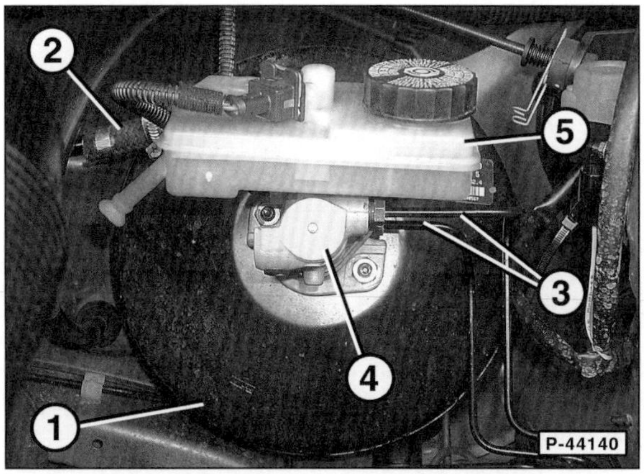

1 – Bremskraftverstärker
2 – Unterdruckschlauch
3 – Bremsleitungen
4 – Hauptbremszylinder
5 – Bremsflüssigkeitsbehälter

- Andernfalls Unterdruckschlauch –2– am Bremskraftverstärker –1– abziehen, Motor starten. Durch Fingerauflegen am Ende des Unterdruckschlauches prüfen, ob Unterdruck erzeugt wird. Der Bremskraftverstärker sitzt im Motorraum direkt an der Spritzwand.
- Ist kein Unterdruck vorhanden: Unterdruckschlauch auf Undichtigkeiten und Beschädigungen prüfen, gegebenenfalls ersetzen. Sämtliche Schellen fest anziehen.
- Ist Unterdruck vorhanden: Unterdruck messen, gegebenenfalls Bremsservo ersetzen lassen (Werkstattarbeit).

Handbremssystem

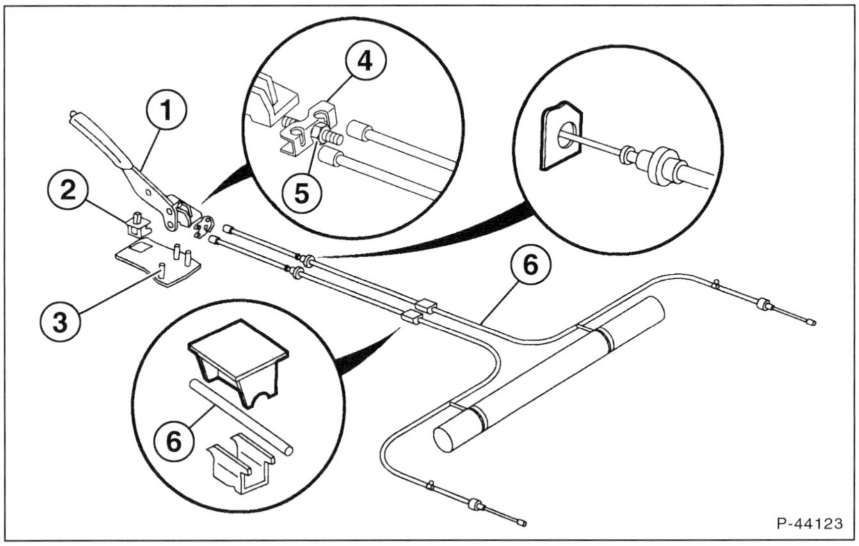

1 – Handbremshebel
2 – Schalter für Handbrems-Kontrollleuchte
3 – Gewindebolzen zur Befestigung des Handbremshebels
4 – Ausgleichbügel
5 – Feststellmutter
6 – Seilzüge

Handbremse einstellen

Achtung: Durch die automatische Nachstellung der Hinterradbremse ist ein Nachstellen der Handbremse in der Regel nicht erforderlich. Nur bei Ersatz der Handbremsseile und/oder der hinteren Bremsenteile muss die Handbremse neu eingestellt werden.

Einstellung prüfen

- Bremspedal mehrmals bei laufendem Motor betätigen, um eine richtige Selbstnachstellung der Bremse sicherzustellen. Motor abschalten.
- Handbremshebel lösen und danach langsam nach oben ziehen; dabei die Anzahl der Rasten zählen.
- Die Handbremse ist richtig eingestellt, wenn ab 2 Hebelrasten ein Widerstand spürbar wird und sich der Handbremshebel nicht weiter als 8 Rasten nach oben ziehen lässt. Bei Abweichung muss die Handbremse nachgestellt werden.
- Handbremse auf Leichtgängigkeit überprüfen.
- Prüfen, ob die Handbrems-Kontrollleuchte bei eingeschalteter Zündung ab der ersten Hebelraste aufleuchtet. Wenn nicht, entsprechenden elektrischen Schalter überprüfen, siehe Seite 92.

Einstellen

- Batterie-Massekabel (–) bei ausgeschalteter Zündung abklemmen. **Achtung:** Falls das eingebaute Radio einen Diebstahlcode besitzt, wird dieser beim Abklemmen der Batterie gelöscht. Das Radio kann nur durch die Eingabe des richtigen Codes, durch die PEUGEOT-Werkstatt oder durch den Radio-Hersteller wieder in Betrieb genommen werden. Vor dem Abklemmen daher unbedingt den Diebstahlcode ermitteln.
- Hintere Mittelkonsole ausbauen, siehe Seite 247.
- Richtige Verlegung der Handbremsseilzüge und einwandfreien Sitz in den Halterungen und Führungen prüfen.
- Handbremshebel lösen.

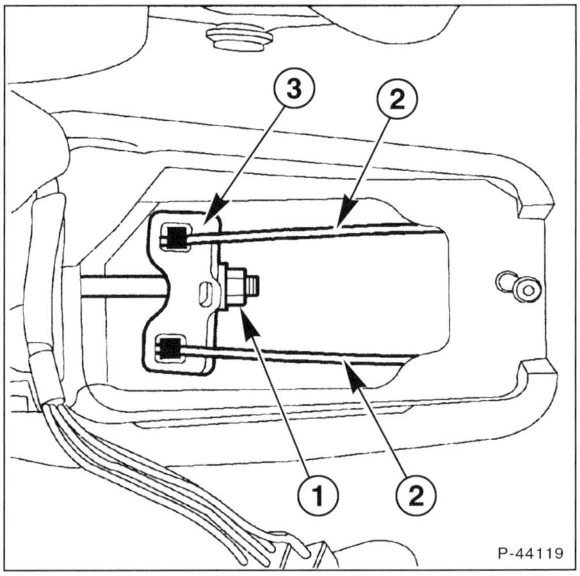

- Nachstellmutter –1– lösen und Seilzüge –2– entspannen. 3 – Ausgleichbügel.
- Batterie-Massekabel (–) bei ausgeschalteter Zündung anklemmen. **Nach Anklemmen der Batterie darf der Motor erst 10 Sekunden nach Einschalten der Zündung gestartet werden.** In dieser Zeit werden die elektronischen Systeme wieder aktiviert. Diebstahlcode für das Autoradio eingeben und Zeituhr einstellen.
- Bei laufendem Motor 40-mal auf das Bremspedal treten.
- Zündung ausschalten und Batterie erneut abklemmen.

- Nachstellmutter –1– leicht anziehen, bis sich die beiden Seilzüge –2– spannen.
- Fahrzeug hinten aufbocken, Räder müssen sich bei gelöster Handbremse frei drehen lassen.

Sicherheitshinweis
Beim Aufbocken des Fahrzeugs besteht Unfallgefahr! Deshalb vorher das Kapitel »Fahrzeug aufbocken« durchlesen.

- Handbremse mehrmals anziehen und wieder lösen.
- Handbremshebel um 2 Rasten anziehen.

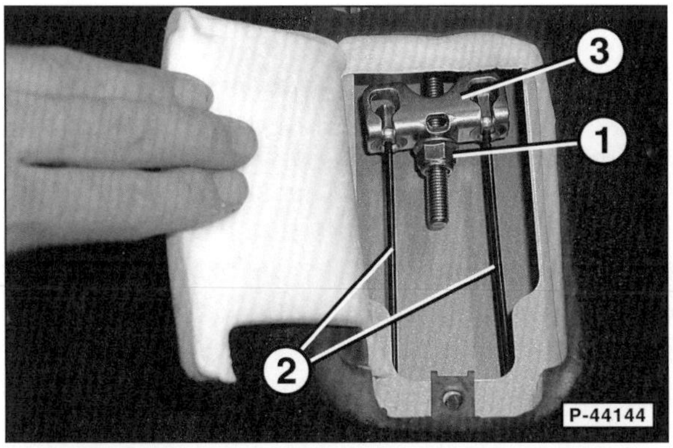

- Nachstellmutter –1– anziehen, bis die Bremsbeläge zu schleifen beginnen: Die Hinterräder müssen sich mit der Hand gerade noch drehen lassen.
- Handbremshebel weiter anziehen; der Hebelweg darf nicht weiter als 8 Rasten betragen.
- Prüfen, ob beide Seilzüge –2– gleichzeitig durch den Ausgleichbügel –3– bewegt werden.
- Handbremshebel wieder lösen: Die Hinterräder müssen sich mit der Hand frei drehen lassen.
- Fahrzeug ablassen, siehe Seite 127.
- Hintere Mittelkonsole einbauen, siehe Seite 247.
- Batterie-Massekabel (–) bei ausgeschalteter Zündung anklemmen. **Nach Anklemmen der Batterie darf der Motor erst 10 Sekunden nach Einschalten der Zündung gestartet werden.** In dieser Zeit werden die elektronischen Systeme wieder aktiviert. Diebstahlcode für das Autoradio eingeben und Zeituhr einstellen.

Pedaleinheit

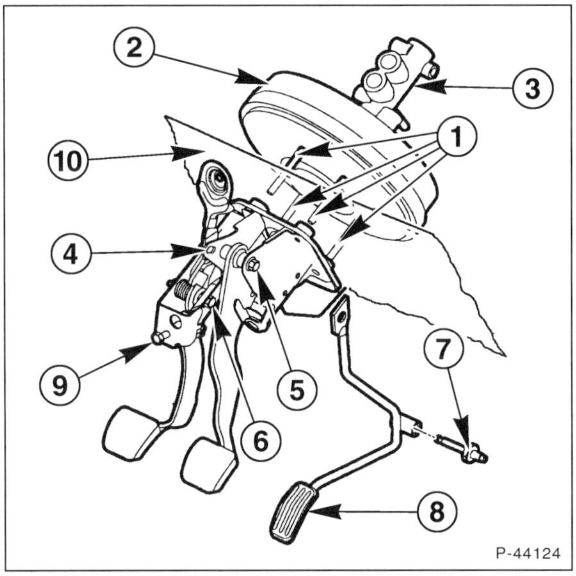

1 – Gewindebolzen, 20 Nm
2 – Bremskraftverstärker
3 – Hauptbremszylinder
4 – Obere Halteschraube für Pedaleinheit, 8 Nm
5 – Mutter der Bremspedalachse, 15 Nm
6 – Mutter der Kupplungspedalachse, 15 Nm
7 – Gaspedalachse, geclipst
8 – Gaspedal
9 – Anschlagschraube für Kupplungspedal
10 – Spritzwand

Die Pedaleinheit, bestehend aus Kupplungs- und Bremspedal, ist an 4 Gewindebolzen –1– des Bremskraftverstärkers –2– angeschraubt, die durch Öffnungen in der Spritzwand –10– geführt werden. Das Gaspedal –8– ist auf eine am Belüftungstunnel angeschraubte Achse –7– mit einem Clip befestigt.

Bremslichtschalter aus- und einbauen

Der Bremslichtschalter sitzt am Pedalbock. Bei Betätigung des Bremspedals schaltet der Schalter das Bremslicht ein. Da der Bremslichtschalter dem ABS-Steuergerät auch als Signalgeber dient, ist eine korrekte Funktion wichtig.

Ausbau

- Batterie-Massekabel (–) bei ausgeschalteter Zündung abklemmen. **Achtung:** Falls das eingebaute Radio einen Diebstahlcode besitzt, wird dieser beim Abklemmen der Batterie gelöscht. Das Radio kann nur durch die Eingabe des richtigen Codes, durch die PEUGEOT-Werkstatt oder durch den Radio-Hersteller wieder in Betrieb genommen werden. Vor dem Abklemmen daher unbedingt den Diebstahlcode ermitteln.

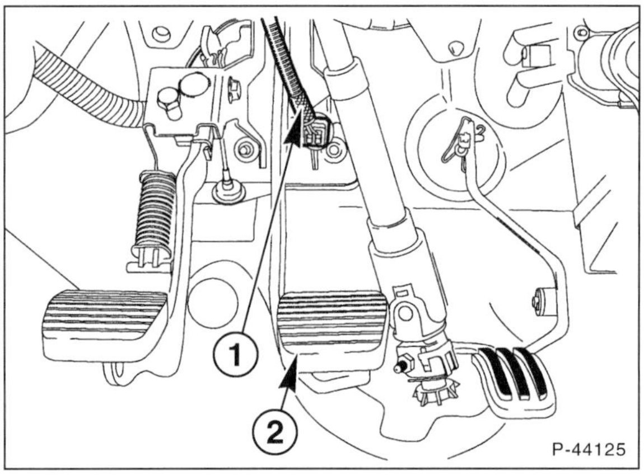

- Anschlusskabel –1– abklemmen und Schalter aus der Halterung herausziehen.

Einbau

- Bremspedal –2– mit der Hand nach unten drücken.
- Bremslichtschalter bis zum Anschlag in die Halterung stecken.
- Bremspedal –2– mit der Hand bis zum Anschlag nach oben ziehen.
- Bremspedal loslassen und in Ruheposition bringen, dadurch stellt sich der Bremslichtschalter selbsttätig ein.
- Anschlusskabel –1– anklemmen.
- Batterie-Massekabel (–) bei ausgeschalteter Zündung anklemmen. **Nach Anklemmen der Batterie darf der Motor erst 10 Sekunden nach Einschalten der Zündung gestartet werden.** In dieser Zeit werden die elektronischen Systeme wieder aktiviert. Diebstahlcode für das Autoradio eingeben und Zeituhr einstellen.
- Zündung einschalten, Bremspedal durchtreten und Funktion des Bremsschalters an den Bremsleuchten überprüfen.

Die Bremsflüssigkeit

Beim Umgang mit Bremsflüssigkeit ist zu beachten:

Sicherheitshinweis
Bremsflüssigkeit ist giftig. Keinesfalls Bremsflüssigkeit mit dem Mund über einen Schlauch absaugen. Bremsflüssigkeit nur in Behälter füllen, bei denen ein versehentlicher Genuss ausgeschlossen ist.

- Bremsflüssigkeit ist ätzend und darf deshalb nicht mit dem Autolack in Berührung kommen, gegebenenfalls sofort abwischen und mit viel Wasser abwaschen.
- Bremsflüssigkeit ist hygroskopisch, das heißt, sie nimmt aus der Luft Feuchtigkeit auf. Bremsflüssigkeit deshalb nur in geschlossenen Behältern aufbewahren.
- **Bremsflüssigkeit, die schon einmal im Bremssystem verwendet wurde, darf nicht wieder verwendet werden. Auch beim Entlüften der Bremsanlage nur neue Bremsflüssigkeit verwenden.**
- Bremsflüssigkeits-Spezifikation: **DOT4.**

Achtung: Die Bremsflüssigkeit muss stets oberhalb der Markierung DANGER des Bremsflüssigkeitsbehälters stehen.

- **Bremsflüssigkeit darf nicht mit Mineralöl in Berührung kommen.** Schon geringe Spuren Mineralöl machen die Bremsflüssigkeit unbrauchbar, beziehungsweise führen zum Ausfall des Bremssystems. Stopfen und Manschetten der Bremsanlage werden beschädigt, wenn sie mit mineralölhaltigen Mitteln zusammenkommen. Zum Reinigen keine mineralölhaltigen Putzlappen verwenden.
- Bremsflüssigkeit alle 2 Jahre wechseln, möglichst nach der kalten Jahreszeit.

Achtung: Bremsflüssigkeit ist ein Problemstoff und darf auf keinen Fall weggeschüttet oder dem Hausmüll mitgegeben werden. Kommunalverwaltungen informieren darüber, wo sich die nächste Problemstoff-Sammelstelle befindet.

Bremsanlage entlüften

Nach jeder Reparatur an der Bremse, bei der die Anlage geöffnet wurde, kann Luft in die Druckleitungen eingedrungen sein. Dann ist das Bremssystem zu entlüften. Luft ist auch dann in den Leitungen, wenn sich beim Treten des Bremspedals der Bremsdruck schwammig anfühlt. In diesem Fall muss die Undichtigkeit beseitigt und die Bremsanlage entlüftet werden.

In der Werkstatt wird die Bremse in der Regel mit einem Bremsenfüll- und Entlüftungsgerät entlüftet. **Hinweis:** Beim Einsatz dieses Gerätes darf ein Befülldruck von 1 bar nicht überschritten werden.

Es geht aber auch ohne das Prüfgerät. Die Bremsanlage wird dann durch Pumpen mit dem Bremspedal entlüftet, dazu ist eine zweite Person notwendig.

Muss die ganze Anlage entlüftet werden, jede Radbremse einzeln entlüften. Das ist immer dann der Fall, wenn Luft in jeden einzelnen Bremszylinder gedrungen ist. Falls nur ein Bremssattel erneuert beziehungsweise überholt wurde, genügt in der Regel das Entlüften des betreffenden Bremszylinders.

Sicherheitshinweis, Fahrzeuge mit ABS
Ist eine Kammer des Bremsflüssigkeit-Ausgleichbehälters komplett leer gelaufen (zum Beispiel bei Undichtigkeiten im Bremssystem oder wenn beim Entlüften vergessen wurde, Bremsflüssigkeit nachzufüllen), wird Luft angesaugt, die in die ABS-Hydraulikpumpe gelangt. Die Bremsanlage muss dann in der Werkstatt mit dem Entlüftungsgerät entlüftet werden.

Die Reihenfolge der Entlüftung: 1. Radbremse hinten rechts, 2. Radbremse hinten links, 3. Radbremse vorn rechts, 4. Radbremse vorn links.

Achtung: Entlüftungsventile vorsichtig öffnen, damit sie nicht abgedreht werden. Es empfiehlt sich, die Ventilgewinde ca. 2 Stunden vor dem Entlüften mit Rostlöser einzusprühen. Bei fest sitzenden Ventilen das Entlüften von einer Werkstatt durchführen lassen.

Achtung: Während des Entlüftens ab und zu den Ausgleichbehälter beobachten. Der Flüssigkeitsspiegel darf nicht zu weit sinken, sonst wird über den Ausgleichbehälter Luft angesaugt. **Immer nur neue Bremsflüssigkeit nachgießen! Bei Fahrzeugen mit Bremskraftregler während des Entlüftens der Hinterradbremse den Hebel des Reglers bewegen.**

- Staubkappe vom Entlüfterventil der Radbremse abnehmen. Entlüfterventil reinigen, sauberen Schlauch aufstecken, anderes Schlauchende in eine mit Bremsflüssigkeit halb voll gefüllte Flasche stecken. Einen geeigneten Entlüftungsschlüssel (HAZET 4968-x) sowie ein passendes Gefäß gibt es im Autozubehör-Handel.
- Von einer Hilfsperson Bremspedal so oft niedertreten lassen, »pumpen«, bis sich im Bremssystem Druck aufgebaut hat. Zu spüren am wachsenden Widerstand beim Betätigen des Pedals.
- Ist genügend Druck vorhanden, Bremspedal ganz durchgetreten lassen, Fuß auf dem Bremspedal halten lassen.

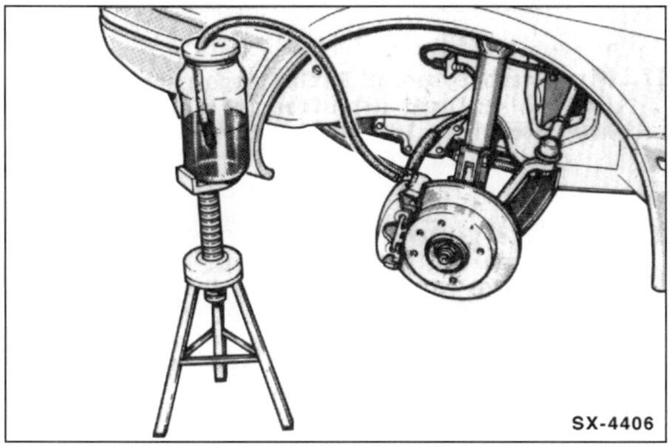
SX-4406

- Entlüfterventil an der Radbremse etwa eine halbe Umdrehung mit Ringschlüssel öffnen.
- Ausfließende Bremsflüssigkeit in der Flasche sammeln. Darauf achten, dass sich das Schlauchende in der Flasche ständig unterhalb des Flüssigkeitsspiegels befindet.
- Sobald der Flüssigkeitsdruck nachlässt, Entlüfterventil schließen.
- Pumpvorgang wiederholen, bis sich Druck aufgebaut hat. Bremspedal niedertreten, Fuß auf dem Bremspedal lassen, Entlüfterschraube öffnen, bis der Druck nachlässt, Entlüfterschraube schließen.
- Entlüftungsvorgang an einer Radbremse so lange wiederholen, bis sich in der Bremsflüssigkeit, die in die Entlüfterflasche strömt, keine Luftblasen mehr zeigen.
- Nach dem Entlüften Schlauch von Entlüfterschraube abziehen, Staubkappe auf Ventil stecken.
- Die Radbremsen an den anderen Rädern auf die gleiche Weise entlüften, Reihenfolge einhalten.
- Nach dem Entlüften den Ausgleichbehälter bis zur MAX-Markierung auffüllen.

Achtung, Sicherheitskontrolle durchführen:
- ◆ Sind die Bremsschläuche festgezogen?
- ◆ Befindet sich der Bremsschlauch in der Halterung?
- ◆ Sind die Entlüftungsschrauben angezogen?
- ◆ Ist genügend Bremsflüssigkeit eingefüllt?
- ◆ Bei laufendem Motor Dichtheitskontrolle durchführen. Hierzu Bremspedal mit 200 bis 300 N (entspricht 20 bis 30 kg) etwa 10 Sekunden betätigen. Das Bremspedal darf nicht nachgeben. Sämtliche Anschlüsse auf Dichtheit kontrollieren.

- Anschließend einige Bremsungen auf einer Straße ohne Verkehr durchführen. Dabei sollte mindestens einmal die Bremsregelung des ABS-Systems geprüft werden. Dazu Bremse stark betätigen, bis am spürbaren Pulsieren des Bremspedals der Beginn der Bremsregelung erkennbar ist.

Achtung: Falls der Bremspedalweg nach der Probefahrt zu groß ist, obwohl er direkt nach dem Entlüften in Ordnung war, dann ist möglicherweise Luft in der ABS-Hydraulikeinheit. In diesem Fall Bremsanlage umgehend in der Fachwerkstatt entlüften lassen.

Bremsschlauch aus- und einbauen

Das Bremsleitungssystem stellt die Verbindung vom Hauptbremszylinder zu den vier Radbremsen her.

Achtung: Die starren Bremsleitungen aus Metall sollen von einer Fachwerkstatt verlegt werden, da zur fachgerechten Montage einige Erfahrung nötig ist.

Als flexible Verbindungen zwischen den starren und beweglichen Fahrzeugteilen, beispielsweise den Bremssätteln, werden druckfeste Bremsschläuche verwendet. Diese müssen bei erkennbaren Schäden ausgewechselt werden.

Achtung: Bremsschläuche nicht mit Öl oder Petroleum in Berührung bringen, nicht lackieren oder mit Unterbodenschutz besprühen.

Sicherheitshinweis, Fahrzeuge mit ABS:
Ist eine Kammer des Bremsflüssigkeit-Ausgleichbehälters komplett leer gelaufen (zum Beispiel bei Undichtigkeiten im Bremssystem oder wenn beim Entlüften vergessen wurde, Bremsflüssigkeit nachzufüllen), wird Luft angesaugt, die in die ABS-Hydraulikpumpe gelangt. Die Bremsanlage muss dann in der Werkstatt mit dem Entlüftungsgerät entlüftet werden.

Achtung: Regeln im Umgang mit Bremsflüssigkeit beachten, siehe entsprechendes Kapitel.

Bremse vorn

Ausbau

- Stellung der Vorderräder zur Radnabe mit Farbe kennzeichnen. Dadurch kann das ausgewuchtete Rad wieder in derselben Position montiert werden. Radschrauben lösen, dabei muss das Fahrzeug auf dem Boden stehen. Fahrzeug vorn aufbocken und Vorderräder abnehmen.

Im **ersten Arbeitsschritt** wird die Verbindung des Bremsschlauches mit der Bremsleitung aufgetrennt.

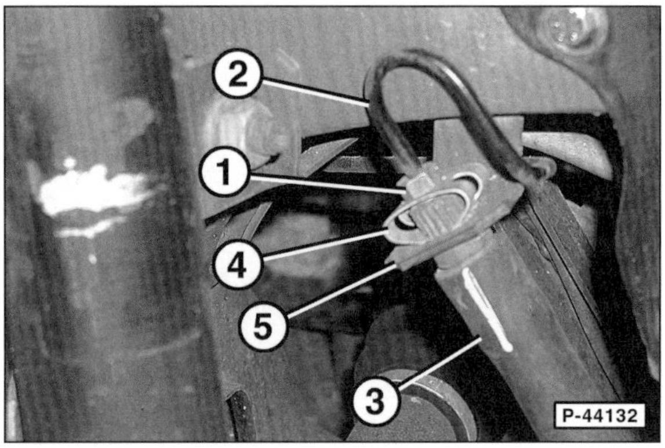

- Hohlschraube –1– herausdrehen und Bremsleitung –2– vom Bremsschlauch –3– trennen. Bremsleitung und Bremsschlauch sofort verschließen.
- Halteklammer –4– entfernen und Bremsschlauch aus der Halterung –5– ziehen.

Sicherheitshinweis
Beim Öffnen des Bremskreises läuft Bremsflüssigkeit aus. Bremsflüssigkeit in einer Flasche sammeln, die ausschließlich für Bremsflüssigkeit vorgesehen ist. Man kann auch zuvor die Bremsflüssigkeit mit einem Saugheber aus dem Vorratsbehälter absaugen.

Im **zweiten Arbeitsschritt** wird der Bremsschlauch aus dem Bremssattel herausgeschraubt.

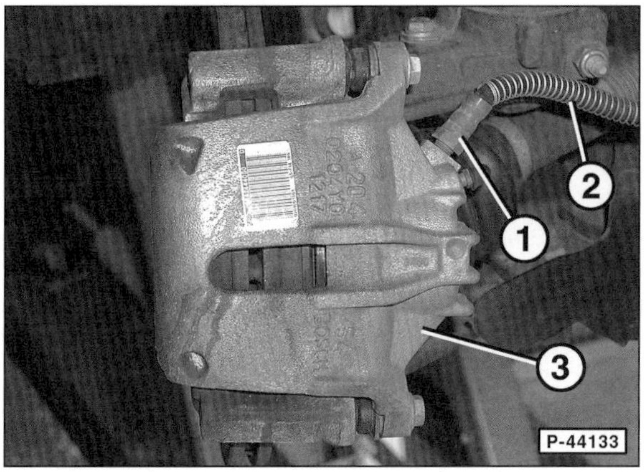

- Hohlschraube –1– herausdrehen und Bremsschlauch –2– aus dem Bremssattel –3– herausziehen.

Achtung: Aus der Anschlussöffnung des Bremssattels tritt Bremsflüssigkeit aus. Sicherheitshinweise beachten.

Einbau

Achtung: Nur vom Werk frei gegebene Bremsschläuche einbauen.

- Bremsschlauch in den Bremssattel setzen und mit Hohlschraube festschrauben; Anzugsmoment **15 Nm**.
- Bremsschlauch in die Halterung setzen und mit der Halteklammer sichern.
- Hohlschraube der Bremsleitung in das Anschlussstück des Bremsschlauches einschrauben und mit **15 Nm** festdrehen.

Achtung: Der Bremsschlauch darf nicht verdreht werden.

- Bremsanlage entlüften, siehe Seite 156.
- Räder so ansetzen, dass die beim Ausbau angebrachten Markierungen übereinstimmen. Vorher Zentriersitz der Felge an der Radnabe mit Wälzlagerfett dünn einfetten. Radmuttern **nicht** fetten oder ölen. Schrauben mit korrodiertem Gewinde erneuern. Räder anschrauben.

Achtung: Sicherstellen, dass der Bremsschlauch bei maximalem Lenkereinschlag das Rad nicht berührt.

- Fahrzeug ablassen und Radschrauben über Kreuz mit **90 Nm** festziehen.
- Bremsflüssigkeitsstand im Ausgleichbehälter prüfen, gegebenenfalls bis zur MAX-Marke auffüllen.

Achtung, Sicherheitskontrolle durchführen:
- Sind die Bremsschläuche festgezogen?
- Befindet sich der Bremsschlauch in der Halterung?
- Sind die Entlüftungsschrauben angezogen?
- Ist genügend Bremsflüssigkeit eingefüllt?
- Bei laufendem Motor Dichtheitskontrolle durchführen. Hierzu Bremspedal mit 200 bis 300 N (entspricht 20 bis 30 kg) etwa 10 Sekunden betätigen. Das Bremspedal darf nicht nachgeben. Sämtliche Anschlüsse auf Dichtheit kontrollieren.

Bremse hinten

Ausbau

Der Bremsschlauch ist hier nicht direkt am Bremssattel, beziehungsweise der Bremstrommel, angeschlossen, sondern dient als flexibles Zwischenstück in der Bremsleitung. Daher wird der Bremsschlauch an 2 Verbindungsstellen von der Bremsleitung getrennt.

- Stellung der Hinterräder zur Radnabe mit Farbe kennzeichnen. Dadurch kann das ausgewuchtete Rad wieder in derselben Position montiert werden. Radschrauben lösen, dabei muss das Fahrzeug auf dem Boden stehen. Fahrzeug vorn aufbocken und Hinterräder abnehmen.

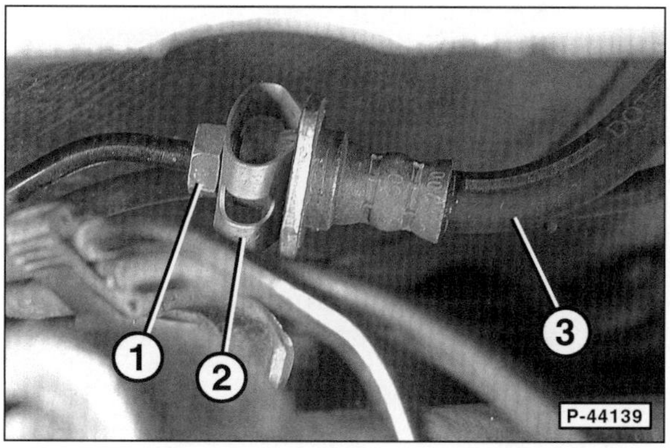

- Hohlschraube –1– herausdrehen und Bremsleitung vom Bremsschlauch –3– trennen. Bremsleitung und Bremsschlauch sofort verschließen.
- Halteklammer –2– entfernen und Bremsschlauch aus der Halterung ziehen.
- An zweiter Verbindungsstelle in gleicher Weise vorgehen und Bremsschlauch ausbauen.

Achtung: Aus den Anschlussöffnungen tritt Bremsflüssigkeit aus. Sicherheitshinweise beachten.

Einbau

Achtung: Nur vom Werk frei gegebene Bremsschläuche einbauen.

- Bremsschlauch an beiden Seiten in die Halterungen setzen und mit den Halteklammern sichern.
- Hohlschraube der Bremsleitung in das Anschlussstück des Bremsschlauches einschrauben und mit **15 Nm** festdrehen.
- An zweiter Verbindungsstelle in gleicher Weise vorgehen und Bremsschlauch einbauen.

Achtung: Der Bremsschlauch darf nicht verdreht werden.

- Bremsanlage entlüften, siehe Seite 156.
- Räder so ansetzen, dass die beim Ausbau angebrachten Markierungen übereinstimmen. Vorher Zentriersitz der Felge an der Radnabe mit Wälzlagerfett dünn einfetten. Radmuttern **nicht** fetten oder ölen. Schrauben mit korrodiertem Gewinde erneuern. Räder anschrauben. Fahrzeug ablassen und Radschrauben über Kreuz mit **90 Nm** festziehen.
- Bremsflüssigkeitsstand im Ausgleichbehälter prüfen, gegebenenfalls bis zur MAX-Marke auffüllen.

Achtung, Sicherheitskontrolle durchführen:
- Sind die Bremsschläuche festgezogen?
- Befindet sich der Bremsschlauch in der Halterung?
- Sind die Entlüftungsschrauben angezogen?
- Ist genügend Bremsflüssigkeit eingefüllt?
- Bei laufendem Motor Dichtheitskontrolle durchführen. Hierzu Bremspedal mit 200 bis 300 N (entspricht 20 bis 30 kg) etwa 10 Sekunden betätigen. Das Bremspedal darf nicht nachgeben. Sämtliche Anschlüsse auf Dichtheit kontrollieren.

Störungsdiagnose Bremse

Störung	Ursache	Abhilfe
Leerweg des Bremspedals zu groß.	Ein Bremskreis ausgefallen.	■ Bremskreise auf Flüssigkeitsverlust prüfen.
	Speziell bei Trommelbremse:	
	Nachstellautomatik klemmt.	■ Nachstelleinheit gangbar machen.
Bremspedal lässt sich weit und federnd durchtreten.	Luft im Bremssystem.	■ Bremse entlüften.
	Zu wenig Bremsflüssigkeit im Ausgleichbehälter.	■ Neue Bremsflüssigkeit nachfüllen, Bremse entlüften.
	Dampfblasenbildung. Tritt meist nach starker Beanspruchung auf, z. B. Passabfahrt.	■ Bremsflüssigkeit wechseln. Bremse entlüften.
Bremswirkung lässt nach und Bremspedal lässt sich durchtreten.	Undichte Leitung.	■ Leitungsanschlüsse nachziehen oder Leitung erneuern.
	Beschädigte Manschette im Haupt- oder Radbremszylinder.	■ Manschette erneuern. Gegebenenfalls Hauptbremszylinder beziehungsweise dessen Innenteile ersetzen lassen (Werkstattarbeit).
	Speziell bei Scheibenbremse:	
	Kolbendichtring beschädigt.	■ Bremssattel überholen lassen (Werkstattarbeit).
Schlechte Bremswirkung trotz hohen Fußdrucks.	Bremsbeläge verölt.	■ Bremsbeläge erneuern.
	Ungeeigneter oder verhärteter Bremsbelag.	■ Beläge erneuern. Nur Original-Bremsbeläge vom Automobilhersteller verwenden.
	Bremskraftverstärker defekt, Unterdruckleitung porös oder defekt.	■ Bremskraftverstärker und Unterdruckleitung prüfen. Bei Dieselmotoren Vakuumpumpe prüfen, gegebenenfalls ersetzen.
	Bremsbeläge abgenutzt.	■ Bremsbeläge erneuern.
Bremse zieht einseitig.	Unvorschriftsmäßiger Reifendruck.	■ Reifendruck prüfen und berichtigen.
	Bereifung ungleichmäßig abgefahren.	■ Abgefahrene Reifen ersetzen.
	Bremsbeläge verölt.	■ Bremsbeläge erneuern.
	Verschiedene Bremsbelagsorten auf einer Achse.	■ Beläge achsweise erneuern. Nur Original-Bremsbeläge vom Automobilhersteller verwenden.
	Schlechtes Tragbild der Bremsbeläge.	■ Bremsbeläge austauschen.
	Speziell bei Scheibenbremse:	
	Verschmutzte Bremssattelschächte.	■ Sitz- und Führungsflächen der Bremsbeläge im Bremssattel reinigen.
	Korrosion in den Bremssattelzylindern.	■ Bremssattel erneuern.
	Bremsbelag ungleichmäßig verschlissen.	■ Bremsbeläge erneuern (an beiden Rädern), Bremssättel auf Leichtgängigkeit prüfen.
	Speziell bei Trommelbremse:	
	Kolben in den Radbremszylindern schwergängig.	■ Radbremszylinder instand setzen lassen (Werkstattarbeit) oder erneuern.

Störung	Ursache	Abhilfe
Bremse zieht von selbst an.	Ausgleichsbohrung im Hauptbremszylinder verstopft.	■ Hauptbremszylinder reinigen und Innenteile erneuern lassen (Werkstattarbeit).
	Spiel zwischen Betätigungsstange und Hauptbremszylinderkolben zu gering.	■ Spiel prüfen lassen (Werkstattarbeit).
Bremsen erhitzen sich während der Fahrt.	Bremse zieht von selbst an.	■ Hauptbremszylinder reinigen, Innenteile erneuern und Spiel prüfen lassen (Werkstattarbeiten).
	Bremse schwergängig.	■ Bewegliche Teile der Trommelbremse schmieren. Bremssattel überholen lassen (Werkstattarbeit).
	Handbremsseil schwergängig.	■ Seil schmieren oder erneuern.
	Speziell bei Scheibenbremse:	
	Korrosion in den Bremsattelzylindern.	■ Bremsattel erneuern.
	Speziell bei Trommelbremse:	
	Bremsbacken-Rückzugfedern erlahmt.	■ Rückzugfedern erneuern.
Bremsen rattern.	Ungeeigneter Bremsbelag.	■ Beläge erneuern. Nur Original-Bremsbeläge vom Automobilhersteller verwenden.
	Speziell bei Scheibenbremse:	
	Bremsscheibe stellenweise korrodiert.	■ Scheibe mit Schleifklötzen sorgfältig glätten.
	Bremsscheibe hat Seitenschlag.	■ Scheibe nacharbeiten oder ersetzen.
	Speziell bei Trommelbremse:	
	Bremsbeläge verschlissen.	■ Beläge erneuern. Nur Original-Bremsbeläge vom Automobilhersteller verwenden.
	Bremstrommel unrund.	■ Bremstrommel ersetzen.
Räder lassen sich schwer von Hand drehen.	**Speziell bei Scheibenbremse:** Bremsbeläge lösen sich nicht von der Bremsscheibe, Korrosion in den Bremssattelzylindern.	■ Bremssattel überholen, eventuell austauschen.
	Speziell bei Trommelbremse:	
	Bremsbacken lösen sich nicht von der Bremstrommel, Rückholfeder gebrochen oder abgesprungen.	■ Neue Rückholfeder einbauen.
Ungleichmäßiger Belag-Verschleiß.	**Speziell bei Scheibenbremse:**	
	Ungeeigneter Bremsbelag.	■ Beläge erneuern. Nur Original-Bremsbeläge vom Automobilhersteller verwenden.
	Bremssattel verschmutzt.	■ Bremssattelschächte reinigen.
	Bremssattel klemmt.	■ Führungsbuchsen und -stifte gangbar machen.
	Kolben nicht leichtgängig.	■ Kolben gangbar machen (Werkstattarbeit).
	Bremssystem undicht.	■ Bremssystem auf Dichtigkeit prüfen.
Keilförmiger Bremsbelag-Verschleiß.	**Speziell bei Scheibenbremse:**	
	Bremsscheibe läuft nicht parallel zum Bremssattel.	■ Anlagefläche des Bremssattels prüfen.
	Korrosion in den Bremssätteln.	■ Verschmutzung beseitigen.

Störung	Ursache	Abhilfe
Bremse quietscht.	Oft auf atmosphärische Einflüsse (Luftfeuchtigkeit) zurückzuführen.	■ Keine Abhilfe erforderlich, wenn Quietschen nach längerem Stillstand des Wagens bei hoher Luftfeuchtigkeit auftritt, sich dann aber nach den ersten Bremsungen nicht wiederholt.
	Speziell bei Scheibenbremse:	
	Ungeeigneter Bremsbelag.	■ Beläge erneuern. Nur Original-Bremsbeläge vom Automobilhersteller verwenden
	Bremsscheibe läuft nicht parallel zum Bremssattel.	■ Anlagefläche des Bremssattels prüfen.
	Verschmutzte Schächte im Bremssattel.	■ Bremssattelschächte reinigen.
	Speziell bei Trommelbremse:	
	Ungeeigneter Bremsbelag oder Belag liegt nicht satt auf.	■ Beläge erneuern. Nur Original-Bremsbeläge vom Automobilhersteller verwenden.
	Bremse verschmutzt.	■ Bremsen reinigen.
	Rückholfedern zu schwach, gebrochen oder abgesprungen.	■ Rückholfedern erneuern.
Bremse pulsiert.	**ABS** in Funktion.	■ Normal, keine Abhilfe.
	Speziell bei Scheibenbremse:	
	Seitenschlag oder Dickentoleranz der Bremsscheibe zu groß.	■ Schlag und Toleranz prüfen. Scheibe nacharbeiten oder ersetzen.
	Bremsscheibe läuft nicht parallel zum Bremssattel.	■ Anlagefläche des Bremssattels prüfen.
	Speziell bei Trommelbremse:	
	Anlagefläche der Felge an der Bremstrommel nicht plan, dadurch Verzug der Bremstrommel.	■ Es kann versucht werden, die Felgen untereinander auszutauschen. Gegebenenfalls Felgen ersetzen.

Motor-Mechanik

Aus dem Inhalt:

- Zylinderkopfausbau
- Ventilspiel prüfen
- Zahnriemen spannen
- Keilrippenriemen wechseln
- Kompression prüfen

Der PEUGEOT 206 ist mit Benzinmotoren der Motorenbaureihen »TU« und »EW« sowie den Dieselmotoren »DW« und »DV« ausgestattet. Die wassergekühlten Reihenvierzylinder-Motoren sind im Motorraum quer zur Fahrtrichtung eingebaut.

Benzinmotor TU mit 1,1-/1,4-/1,6-l-Hubraum

Der Motorblock des 1,1- und 1,4-l-Motors ist aus Leichtmetall gefertigt und besitzt 4 eingepresste, nasse Laufbuchsen mit Runddichtringen. Bei hohem Verschleiß oder Riefen an den Laufflächen der Zylinder können einzelne oder alle Laufbuchsen mit den dazugehörigen Kolben ausgetauscht werden.

Der Motorblock des 1,6 l-Motors ist aus Grauguss hergestellt, die Zylinderbohrungen sind direkt in den Motorblock eingelassen.

Im unteren Teil des Motorblocks befindet sich die Kurbelwelle, die von 5 Kurbelwellenlagern abgestützt wird. Über Gleitlager sind die Pleuel, die die Verbindung zu den Kolben herstellt, mit der Kurbelwelle verbunden. Den unteren Abschluss des Motors bildet die Ölwanne, in der sich das zur Schmierung und Kühlung des Motors benötigte Motoröl sammelt. Oben auf dem Motorblock ist der Zylinderkopf aus Leichtmetall aufgeschraubt.

Im Zylinderkopf des 1,1-/1,4-/1,6-l-OHC-Benzinmotors steuert die 5-fach gelagerte, obenliegende Nockenwelle die Ein- und Auslassventile. Die Ventile sind V-förmig in Reihe angeordnet und werden über Rollenschlepphebel betätigt. Angetrieben wird die Nockenwelle durch einen wartungsfreien Zahnriemen von der Kurbelwelle. Ebenfalls durch den Zahn-

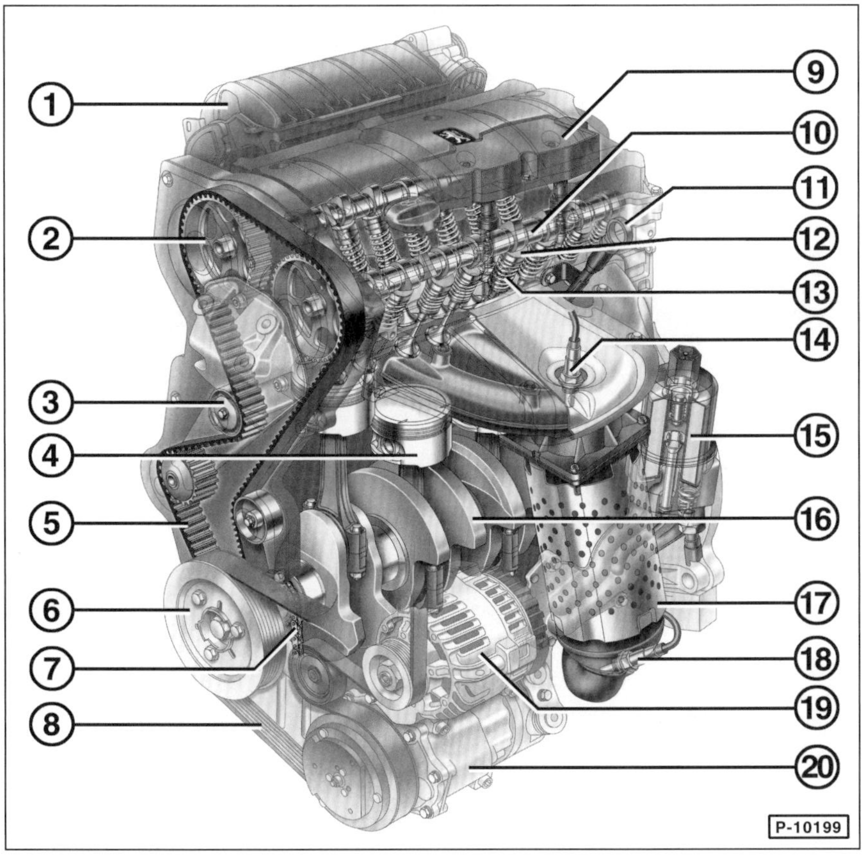

1,6-l-DOHC-Benzinmotor seit 12/00

1 – Sammelsaugrohr
2 – Nockenwellen-Zahnriemenrad
3 – Spannrolle
4 – Kolben
5 – Zahnriemen
6 – Kurbelwellen-Riemenscheibe
7 – Kette für Ölpumpenantrieb
8 – Keilrippenriemen
9 – Zylinderkopfdeckel
10 – Auslass-Nockenwelle
11 – Ölmessstab
12 – Tassenstößel
13 – Ventilfeder
14 – Lambdasonde 1
15 – Ölfilter
16 – Kurbelwelle
17 – Katalysator
18 – Lambdasonde 2
19 – Drehstrom-Generator
20 – Klimakompressor

riemen wird auch die seitlich im Motorblock sitzende Kühlmittelpumpe angetrieben.

Der 1,6-l-DOHC-Motor seit 12/00 ist mit 2 Nockenwellen ausgestattet, von denen eine die Einlassventile und die andere die Auslassventile über Tassenstößel betätigt.

Die Zahnrad-Ölpumpe ist unten in der Ölwanne an den Motorblock angeschraubt und wird durch eine kurze Rollenkette von der Kurbelwelle angetrieben.

Für die Aufbereitung eines zündfähigen Benzin-Luftgemisches und die Auslösung der Zündung sorgt ein vollelektronisches Motormanagement

Benzinmotor EW mit 2,0-l-Hubraum

Motorblock und Zylinderkopf sind aus einer Aluminiumlegierung gefertigt. Die Zylinderlaufbuchsen sind in den Motorblock eingegossen und können nicht ausgewechselt werden. Zwei Nockenwellen betätigen die hängenden Ventile, dabei wird jegliches Ventilspiel durch hydraulische Tassenstößel ausgeglichen. Über den Nockenwellen sitzen 2 separate Zylinderkopfdeckel. Angetrieben werden die Nockenwellen von der Kurbelwelle durch einen Zahnriemen. Eine automatische Zahnriemen-Spannrolle sorgt stets für gleich bleibende Riemenspannung.

Die Rotor-Ölpumpe sitzt vorn auf der Kurbelwelle und wird von dieser über 2 Abflachungen angetrieben.

Die Kühlmittelpumpe besteht aus Verbund-Kunststoff und wird durch den Zahnriemen angetrieben.

Dieselmotor

2,0-l-Dieselmotor DW10:

Der Motor besitzt einen Graugussblock und einen Zylinderkopf aus Leichtmetall. Das Nockenwellenlagergehäuse besteht ebenfalls aus Leichtmetall.

Hydraulische Ventilstößel gleichen das Ventilspiel zwischen Nockenwelle, Rollenschlepphebeln und Ventilen aus.

Die Common-Rail-Direkteinspritzung wird durch ein vollelektronisches BOSCH-Einspritzsystem gesteuert.

Weil der hohe Wirkungsgrad des Diesel-Direkteinspritzers eine vergleichsweise geringe Wärmeabstrahlung verursacht, ist zur Beheizung des Fahrzeuginnenraums ein zusätzliches elektrisches Heizgerät vorhanden.

1,4-l-Dieselmotor DV4:

Beim 1,4-l-Dieselmotor handelt es sich ebenfalls um einen Common-Rail-Direkteinspritzer. Im Gegensatz zum 2,0-l-Motor ist die Diesel-Hochdruckpumpe auf der, von der Zahnriemenseite her gesehen, linken Seite des Motors angeflanscht. Der Motorblock ist aus Druckgussaluminium gefertigt, die Lager und Zylinderlaufbuchsen aus Grauguss sind eingegossen.

1,9-l-Dieselmotor DW8:

Beim 1,9-l-Dieselmotor muss das Ventilspiel eingestellt werden. Dazu müssen die Einstellscheiben unter den Tassenstößeln gewechselt werden.

Für die Dieseleinspritzung sorgt ein teilelektronisches Einspritzsystem von LUCAS.

Untere Motorraumabdeckung aus- und einbauen

Dieselmotor

Ausbau

> **Sicherheitshinweis**
> Beim Aufbocken des Fahrzeugs besteht Unfallgefahr! Deshalb vorher das Kapitel »Fahrzeug aufbocken« durchlesen.

- Fahrzeug aufbocken.

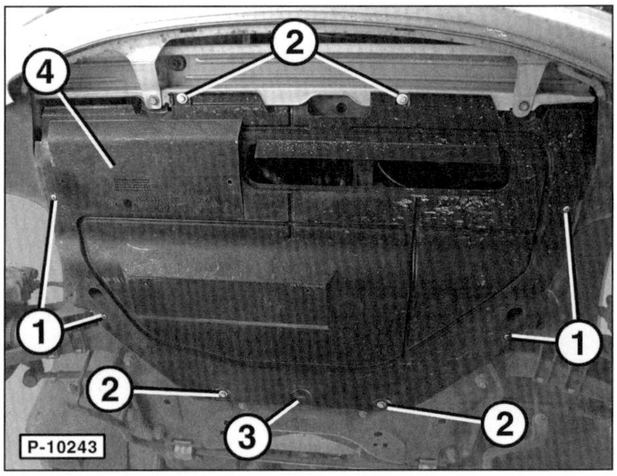

- Schraubclips –1– mit Kreuzschlitzschraubendreher durch Linksdrehen lösen. Clips verbleiben in der Abdeckung.
- Sechskantschrauben –2– herausschrauben.
- Untere Motorraumabdeckung –4– im hinteren Bereich nach unten ziehen und dabei Clip –3– herausziehen.
- Abdeckung nach hinten ziehen, dabei aus den vorderen Halterungen aushängen und abnehmen.

Einbau

- Abdeckung in die vorderen Halterungen einhängen und hinten mit einer Sechskantschraube anschrauben.
- Sämtliche Sechskantschrauben und Schraubclips reindrehen und festziehen.
- Clip –3– eindrücken.
- Fahrzeug ablassen.

Motor auf OT für Zylinder 1 stellen/ Motor durchdrehen

OT steht für Oberer Totpunkt. Das heißt, bei OT-Stellung für Zylinder 1 befindet sich der Kolben des 1. Zylinders am oberen Umkehrpunkt. Diese Stellung erreicht der Kolben beim Kompressions- und beim Auspufftakt. Die OT-Stellung beim Kompressionstakt nennt man auch Zünd-OT, weil bei normalem Motorlauf kurz vorher die Zündung erfolgt. Gezählt werden die Zylinder in der Reihenfolge von 1 bis 4. Der **1. Zylinder** befindet sich beim **PEUGEOT-Motor** auf der **Schwungrad-/Getriebeseite** des Motors, der 4. Zylinder auf der Zahnriemenseite. **Hinweis:** In Deutschland ist in der Regel eine umgekehrte Zählweise der Zylinder üblich, also Zylinder 1 auf der Zahnriemenseite, Zylinder 4 auf der Getriebeseite.

Um den Kolben eines Zylinders auf Zünd-OT zu stellen, muss die Motor-Kurbelwelle gedreht werden, bis die verschiedenen OT-Markierungen übereinstimmen. Dabei Kurbelwelle im Uhrzeigersinn langsam und gleichmäßig drehen.

Für das Durchdrehen der Kurbelwelle beziehungsweise des Motors bieten sich verschiedene Möglichkeiten an:

1. Getriebe in Leerlaufstellung schalten und Handbremse anziehen. Kurbelwelle an der Zentralschraube der Kurbelwellen-Riemenscheibe mit Knarre und Steckschlüsseleinsatz im Uhrzeigersinn durchdrehen. Es kann auch ein gekröpfter Ringschlüssel verwendet werden.

2. Fahrzeug seitlich vorn aufbocken. Fünften Gang einlegen, Handbremse anziehen. Angehobenes Vorderrad durchdrehen. Dadurch dreht sich auch die Motor-Kurbelwelle. Zum Drehen des Rades wird ein Helfer benötigt.

3. Fahrzeug auf ebene Fläche stellen. Fünften Gang einlegen. Fahrzeug langsam verschieben.

Achtung: Motor nicht an der Befestigungsschraube vom Nockenwellenrad durchdrehen. Dadurch wird der Zahnriemen überbeansprucht.

- Obere Zahnriemenabdeckung ausbauen, siehe Seite 166.

Benzinmotor

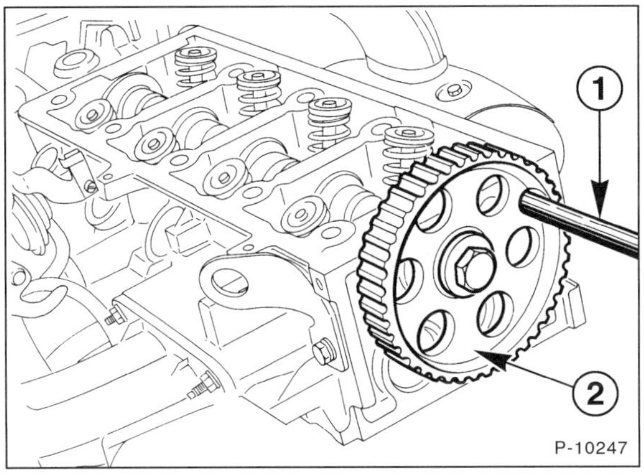

- Kurbelwelle durchdrehen, bis der Fixierstift –1– beziehungsweises ein Dorn mit 10 mm ∅ durch die Bohrung des Nockenwellenzahnrades –2– in die Bohrung des Zylinderkopfes eingesetzt werden kann. **Hinweis:** In der Abbildung ist das Nockenwellenzahnrad bei ausgebautem Zahnriemen und Zylinderkopf dargestellt.

Dieselmotor

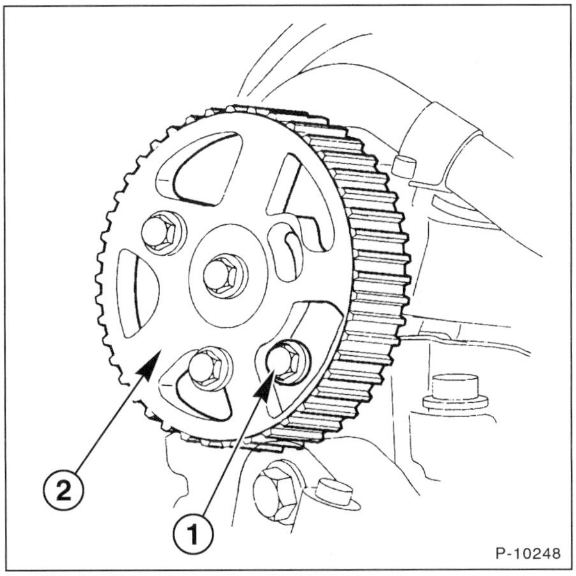

- Kurbelwelle durchdrehen, bis die Fixierschraube –1– (M8x80x125) durch die Bohrung des Nockenwellenzahnrades –2– in die Bohrung des Zylinderkopfes eingeschraubt werden kann. **Hinweis:** In der Abbildung ist das Nockenwellenzahnrad bei ausgebautem Zahnriemen dargestellt.

Zahnriemen aus- und einbauen

Benzinmotor

Die Beschreibung erfolgt für den 1,1-/1,4-/1,6-l-OHC-Motor. Abweichende Arbeitsschritte für den 1,6-/2,0-l-DOHC-Motor stehen am Ende des Kapitels.

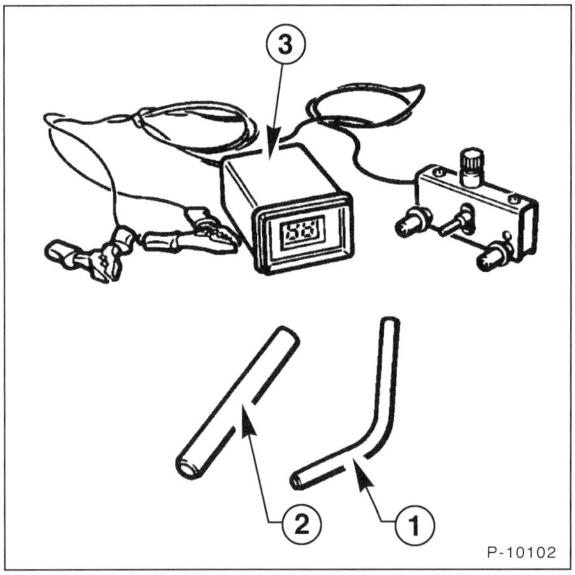

- **Erforderliches Spezialwerkzeug:** Feststellstift für Schwungrad –1–, ∅ 6 mm; Feststellstift für Nockenwellenzahnrad –2–, ∅ 10 mm; Riemenspannungs-Messgerät –3–, zum Beispiel SEEM C.TRONIC 105.5. Feststellstifte selbst herstellen beziehungsweise Bohrer oder Durchschläge mit geeignetem Durchmesser verwenden.

Ausbau

- Batterie-Massekabel (–) bei ausgeschalteter Zündung abklemmen. **Achtung:** Falls das eingebaute Radio einen Diebstahlcode besitzt, wird dieser beim Abklemmen der Batterie gelöscht. Das Radio kann anschließend nur durch die Eingabe des richtigen Codes oder durch die PEUGEOT-Werkstatt beziehungsweise den Radio-Hersteller wieder in Betrieb genommen werden. Vor dem Abklemmen daher unbedingt den Diebstahlcode ermitteln.
- Rechtes Vorderrad ausbauen. Zuvor Stellung des Rades zur Radnabe mit Farbe kennzeichnen. Dadurch kann das ausgewuchtete Rad wieder in derselben Position montiert werden. Radschrauben lösen, dabei muss das Fahrzeug auf dem Boden stehen. Fahrzeug vorn aufbocken und Vorderrad abnehmen.
- Rechten Innenkotflügel ausbauen, siehe Seite 261.
- Keilrippenriemen entspannen und ausbauen, siehe Seite 191.
- Drei Befestigungsschrauben für die Kurbelwellen-Riemenscheibe herausdrehen und Riemenscheibe abnehmen. Dabei Kurbelwelle an der Zentralschraube gegenhalten.
- Motor abfangen. Dazu handelsübliche Motorhebevorrichtung an den Kotflügelsicken anbauen. Es kann auch ein Motorkran verwendet werden. Geeignete Kette an der rechten Motorhebeöse einhängen. Motor etwas hochziehen, bis das rechte Motorlager entlastet ist.

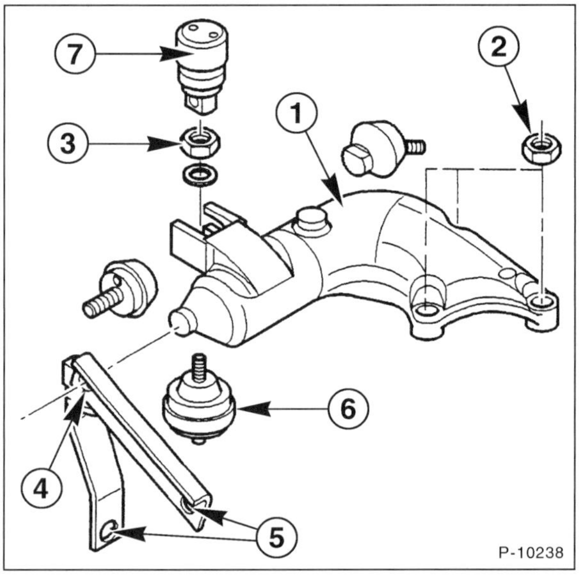

- Motorhalter –1– und Strebe –5– abschrauben und herausnehmen. 2/3/4 – Schrauben/Muttern, 6 – Motorlager, 7 – Schwingungsdämpfer.
- Kabelstrang lösen und zur Seite legen.
- Obere und untere Zahnriemen-Abdeckung mit 6 Schrauben abschrauben und herausnehmen.

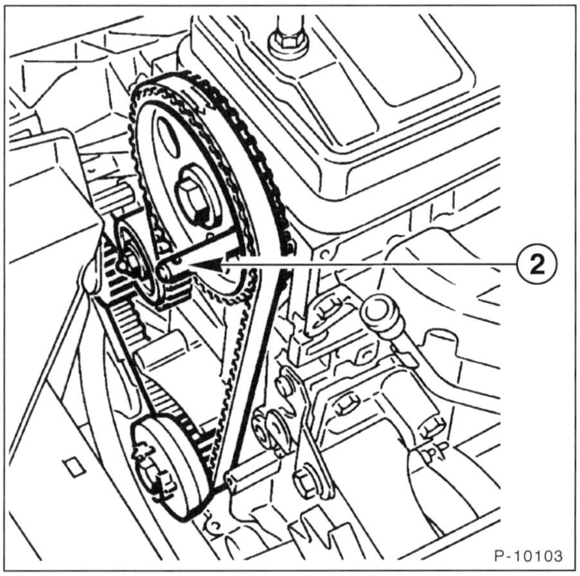

- Motorwellen in Einstelllage feststellen. Dazu Kurbelwelle an der Zentralschraube mit Stecknuss und Verlängerung in Motordrehrichtung weiterdrehen, bis der Fixierstift –2– für das Nockenwellenzahnrad eingesetzt werden kann. Der Motor dreht im Uhrzeigersinn, von der Zahnriemenseite aus gesehen.

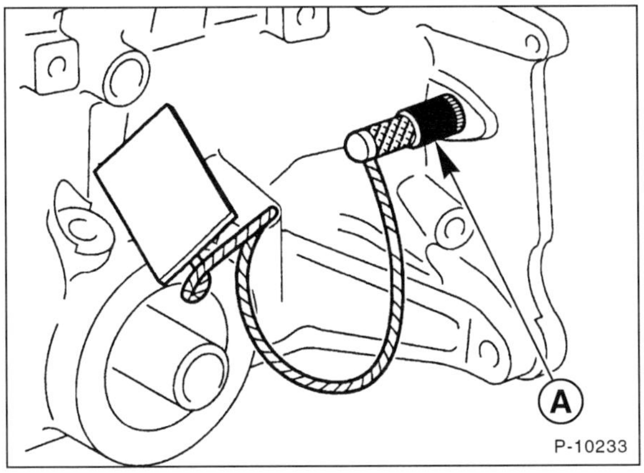

- In dieser Motorstellung zweiten Fixierstift –A– durch die Öffnung im Kurbelgehäuse in das Schwungrad einsetzen.
- Laufrichtung des Zahnriemens mit Kreide durch einen Pfeil auf dem Zahnriemen markieren.

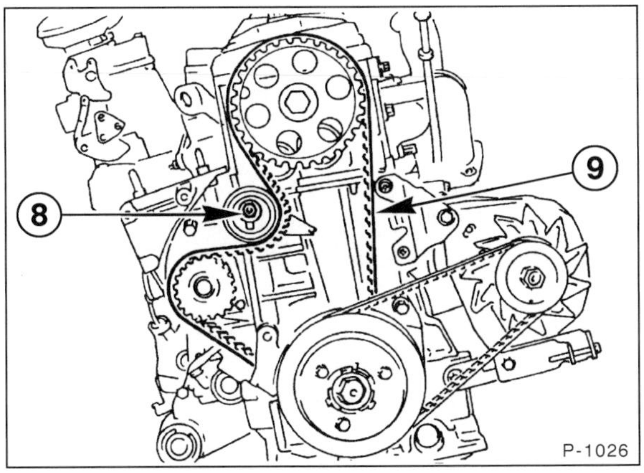

- Befestigungsmutter –8– für Spannrolle lösen. **Hinweis:** Je nach Motor kann auch eine Klemmschraube eingebaut sein.
- Zahnriemen –9– entspannen und abnehmen. **Achtung:** Dabei Zahnriemen nicht knicken. Eventuell geknickten Zahnriemen unbedingt ersetzen, da der Riemen im späteren Betrieb reißen und dadurch schwere Motorschäden verursachen kann.

Achtung: Bei ausgebautem Zahnriemen Kurbelwelle beziehungsweise Nockenwelle möglichst **nicht** verdrehen, sonst können an Kolben und Ventilen schwere Schäden entstehen. Fixierstifte nicht entfernen.

Zustand des Zahnriemens prüfen

Falls folgende Mängel festgestellt werden, Zahnriemen grundsätzlich ersetzen:

- Kühlflüssigkeit oder Motoröl auf dem Zahnriemen. Ursache dafür sind in der Regel undichte Wellendichtringe von Kurbel- oder Nockenwelle oder eine undichte Kühlmittelpumpe.
- Verhärteter Gummi auf der Riemenaußenseite. Der Riemen ist dann glänzend, unelastisch und so hart, dass bei fest angedrücktem Fingernagel kein Abdruck hinterlassen wird.
- Risse im Gummi auf der Außenseite.
- Risse oder abgelöstes Gewebe auf der Innenseite.
- Risse am Zahnfuß.
- Risse an der schmalen Riemenseite.
- Schmale Riemenseite stark abgenutzt.
- Stark abgenutzte Zähne. Gewebe der belasteten Zahnseite abgenutzt, ausgefranst, Gummi abgeblättert, Farbe auf weiß geändert. Zahnbreite reduziert.
- Ausgebrochene Zähne.

Einbau

Achtung: Nockenwelle und Kurbelwelle dürfen bei ausgebautem Zahnriemen grundsätzlich nicht mehr verdreht werden.

Falls die Nockenwelle jedoch im Rahmen anderer Arbeiten verdreht werden muss, unbedingt darauf achten, dass dabei kein Kolben im OT steht. Andernfalls drücken die Ventile beim Drehen der Nockenwelle auf den Kolben, wobei Kolben und Ventile beschädigt werden können. Um dies zu verhindern, Kurbelwelle um ca. 90° (¼ Umdrehung) vor- oder zurückdrehen. Dabei Kurbelwelle insgesamt nicht weiter als 90° verdrehen.

Bevor die Kurbelwelle wieder in OT-Stellung gebracht wird, darauf achten, dass sich die Nockenwelle in OT-Stellung befindet. Anschließend müssen sich die Fixierstifte wieder einsetzen lassen.

- Zahnriemenspannrolle von Hand drehen und auf Leichtgängigkeit und Spiel überprüfen, gegebenenfalls erneuern.

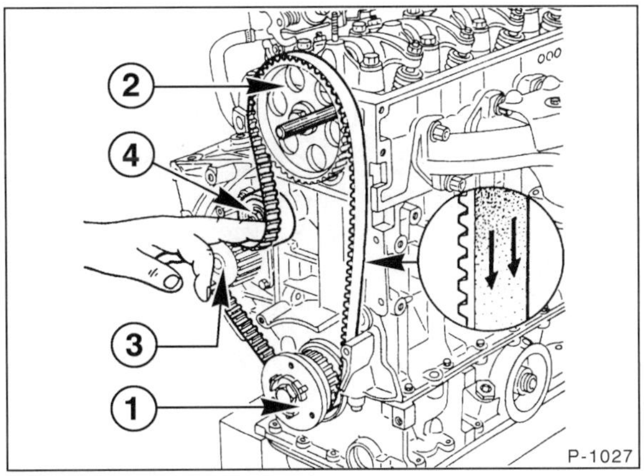

- Zahnriemen in folgender Reihenfolge auflegen: Am Kurbelwellen-Zahnriemenrad –1– beginnen, dann über das Nockenwellenzahnrad –2–, das Kühlmittelpumpen-Zahnriemenrad –3– und zuletzt über die Spannrolle –4– schieben. **Achtung:** Die durch Pfeile auf dem Zahnriemen gekennzeichnete Drehrichtung beachten. Alten Zahnriemen immer nur in der bisherigen Drehrichtung einbauen.

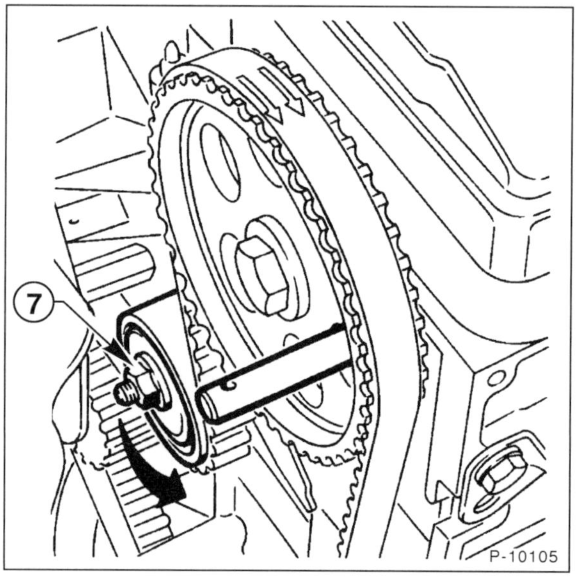

- Spannrolle von Hand entgegen dem Uhrzeigersinn –Pfeilrichtung– drehen und dadurch Zahnriemen vorspannen.
- Klemmmutter –7– mit **20 Nm** festziehen. **Hinweis:** Je nach Motor kann auch eine Klemmschraube eingebaut sein.
- Fixierstifte aus Nockenwellenzahnrad und Schwungrad herausziehen.

Spannen

- Kurbelwelle an der Zentralschraube um 2 Umdrehungen in Motordrehrichtung, also im Uhrzeigersinn, durchdrehen. Die Nockenwelle dreht sich dabei einmal um 360°. **Achtung:** Nicht am Nockenwellenzahnrad drehen, dadurch würde der Zahnriemen überbelastet.

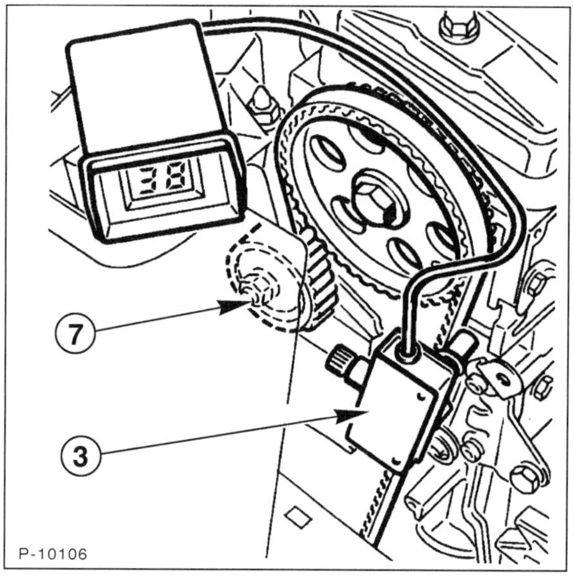

- Messgerät für Riemenspannung –3– auf der Zugseite des Zahnriemens ansetzen, siehe Abbildung.
- Befestigungsmutter –7– für Spannrolle lösen. **Hinweis:** Je nach Motor kann auch eine Klemmschraube eingebaut sein.
- Spannrolle mit Innensechskantschlüssel entgegen dem Uhrzeigersinn drehen, bis das Messgerät einen Wert von 44 SEEM-Einheiten anzeigt.
- Befestigungsmutter für Spannrolle mit **20 Nm** festziehen.
- Messgerät vom Zahnriemen abnehmen. Feststellstifte für Nockenwellenrad und Schwungrad herausnehmen.

Achtung: Steht das Messgerät für Riemenspannung nicht zur Verfügung (Ausland, Panne), kann die Zahnriemenspannung auch behelfsmäßig eingestellt werden. Dazu den Zahnriemen so spannen, dass er sich an der längsten Strecke zwischen zwei Riemenscheiben gerade noch um 90° verdrehen lässt. Dies gilt jedoch nur für einen neuen Zahnriemen. Gebrauchten Zahnriemen nicht so stark spannen. Es empfiehlt sich, den Motor ohne Zahnriemen-Abdeckung kurz laufen zu lassen. Ein pfeifender Zahnriemen ist in der Regel zu stark, ein flatternder Zahnriemen zu schwach gespannt. Nach dem behelfsmäßigen Einstellen der Riemenspannung muss jedoch umgehend die Spannung mit einem Prüfgerät überprüft und gegebenenfalls nachgestellt werden.

- Kurbelwelle an der Zentralschraube 4 Umdrehungen in Motordrehrichtung durchdrehen. Die Nockenwelle dreht sich dabei zweimal um 360°. **Achtung:** Nicht am Nockenwellenzahnrad drehen, dadurch würde der Zahnriemen überlastet.
- Eine Minute warten, damit sich der Zahnriemen setzen kann.
- Messgerät für Riemenspannung auf der Zugseite des Zahnriemens ansetzen.
- Die Befestigungsmutter für Spannrolle lösen.
- Spannrolle entgegen dem Uhrzeigersinn drehen, bis das Riemenspannmessgerät einen Wert von 40 SEEM-Einheiten für einen neuen Zahnriemen oder 36 SEEM-Einheiten für einen gebrauchten Zahnriemen anzeigt. Ein Zahnriemen gilt dann als gebraucht, wenn er länger als eine Stunde am Motor gelaufen ist.

Achtung: Der angegebene Messwert darf nicht überschritten werden. Wird der Messwert überschritten, muss das Messgerät abgenommen und die Einstellung nochmals neu begonnen werden.

- Befestigungsmutter für Spannrolle mit **20 Nm** anziehen.
- Messgerät vom Zahnriemen abnehmen.
- Kurbelwelle an der Zentralschraube 2 Umdrehungen in Motordrehrichtung durchdrehen. Die Nockenwelle dreht sich dabei einmal um 360°. **Achtung:** Nicht am Nockenwellenzahnrad drehen, dadurch würde der Zahnriemen überbelastet.
- Messgerät für Riemenspannung auf der Zugseite des Zahnriemens ansetzen.
- Der Messwert darf bei einem neuem Zahnriemen 51 ± 3 SEEM-Einheiten und bei einem gebrauchten Zahnriemen 45 ± 3 SEEM-Einheiten betragen. Wird der angegebene Wert nicht erreicht, muss die Einstellung wiederholt werden.

- Obere und untere Zahnriemen-Abdeckung einsetzen und mit **8 Nm** festschrauben.
- Motorhalter –1– mit **45 Nm** anschrauben –2/3/4–, siehe Abbildung P-10238 unter Ausbau. Weitere Anzugsdrehmomente: Position –5– = **25 Nm**, Motorlager –6– = **40 Nm.**
- Motor-Abfangvorrichtung ausbauen.
- Kurbelwellen-Riemenscheibe mit 3 Schrauben und **20 Nm** festschrauben. Dabei Kurbelwelle an der Zentralschraube gegenhalten.
- Keilrippenriemen einbauen und spannen, siehe Seite 191.
- Innenkotflügel vorn rechts einbauen, siehe Seite 261.
- Vorderrad so ansetzen, dass die beim Ausbau angebrachten Markierungen übereinstimmen. Vorher Zentriersitz der Felge an der Radnabe mit Wälzlagerfett dünn einfetten. Radschrauben **nicht** fetten oder ölen. Korrodierte Radschrauben erneuern. Räder anschrauben. Fahrzeug ablassen und Radschrauben über Kreuz mit **90 Nm** festziehen.
- Batterie-Massekabel (–) bei ausgeschalteter Zündung anklemmen. **Nach Anklemmen der Batterie darf der Motor erst 10 Sekunden nach Einschalten der Zündung gestartet werden.** In dieser Zeit werden die elektronischen Systeme wieder aktiviert. Diebstahlcode für das Autoradio eingeben und Zeituhr einstellen.
- Motor laufen lassen. Ein pfeifender Zahnriemen ist in der Regel zu stark gespannt.

Speziell 1,6-/2,0-l-DOHC-Benzinmotor

Ausbau

Hinweis: Die Abbildungen zeigen den 2,0-l-Motor, die Arbeitsweise beim 1,6-l-Motor ist ähnlich.

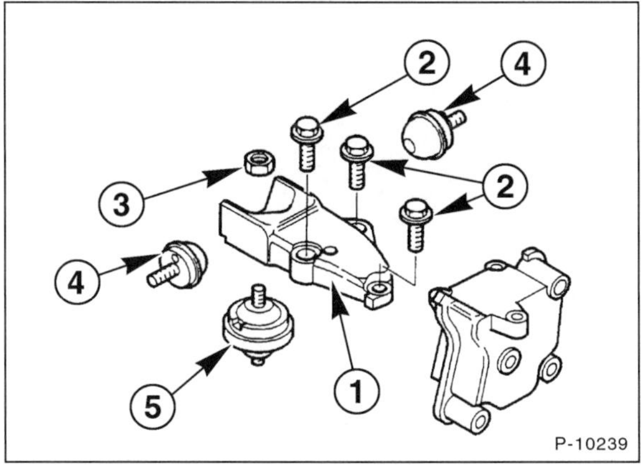

P-10239

- Motorhalter –1– abschrauben –2/3– und herausnehmen. 4 – Seitliche Anschläge, 5– Motorlager.

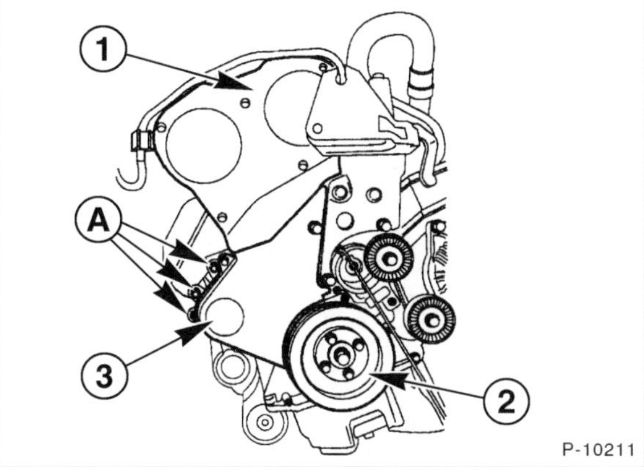

P-10211

- Obere Zahnriemen-Abdeckung –1– abschrauben.
- Kurbelwellen-Riemenscheibe –2– abschrauben.
- Untere Zahnriemen-Abdeckung –3– abschrauben und vorsichtig nach oben herausnehmen. **Achtung:** Die Schrauben –A– nicht lösen.

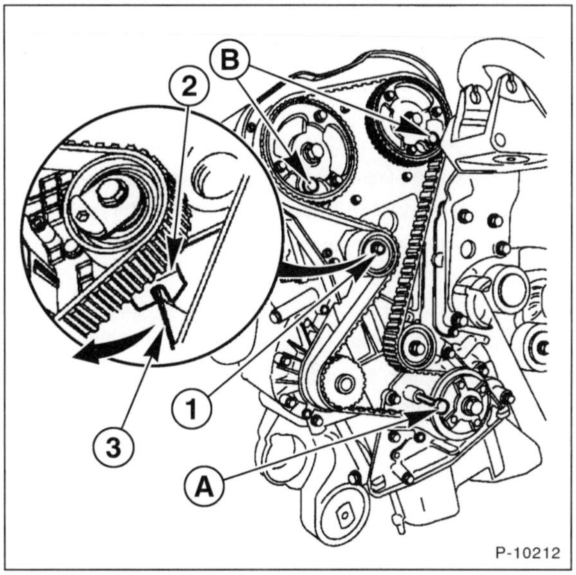

P-10212

- Motorwellen in Einstelllage feststellen. Kurbelwelle drehen und mit dem Dorn –A– durch die Bohrungen in der Riemenscheibe und im Motorblock arretieren. Einstellstifte –B– durch die Nockenwellenräder in den Zylinderkopf einstecken. **Achtung:** Wenn sich die Einstellstifte an den Nockenwellenrädern nicht einsetzen lassen, Kurbelwelle um eine vollständige Umdrehung weiterdrehen.
- Klemmschraube –1– vollständig lösen und Zahnriemen entspannen.
- Spannrollenhalter –2– von der Rippe –3– des Motorblocks abheben. Dadurch wird das Entspannen des Zahnriemens erleichtert.

Einbau

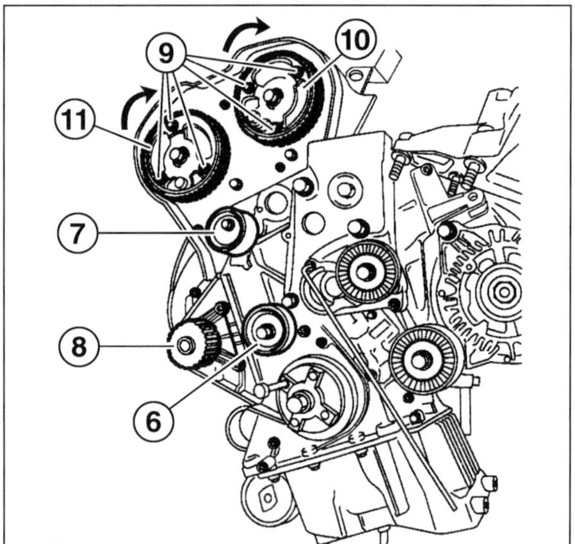

P-10213

- Umlenkrollen –6/7– und Antriebsrad –8– für Kühlmittelpumpe von Hand auf leichten Lauf, eventuelles Spiel und Fettspritzer prüfen. Bei Schwergängigkeit, Spiel, Laufgeräuschen oder Fettspritzern muss die jeweilige Rolle ersetzt werden. Anzugsdrehmoment bei Ersatz: 35 Nm.
- Schrauben –9– lösen und prüfen, ob sich die Nockenwellenräder –10– und –11– frei auf der Nabe drehen lassen.
- Schrauben –9– von Hand anziehen, dann um 1/6 Umdrehung (60°) lösen.
- Zahnriemenräder in Motordrehrichtung –Pfeilrichtung– gegen den Anschlag in den Langlöchern drehen.
- Zahnriemen am Kurbelwellen-Zahnrad auflegen und durch Helfer festhalten lassen. Die Fachwerkstatt fixiert den Zahnriemen mit einer Stahlklammer.

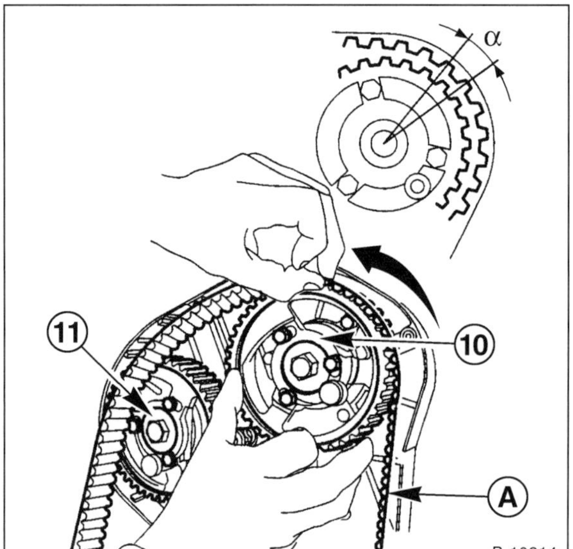

P-10214

- Zahnriemen, wie in der Abbildung gezeigt, mit gut gespanntem Riementrum –A– auf die Umlenkrolle und das Auslass-Nockenwellenrad –10– auflegen. Dabei das Zahnriemenrad geringfügig gegen die Motordrehrichtung drehen, um den Riemen aufzulegen. **Achtung:** Die Winkelverschiebung α des Zahnrades, bezogen auf den Riemen, darf eine Zahnbreite nicht überschreiten. Riementrum –A–: Zugseite des Zahnriemens zwischen Nockenwellenrad und Kurbelwellenrad.
- Zahnriemen am Einlass-Zahnrad –11– auf die gleiche Weise auflegen.
- Anschließend Zahnriemen auf die Spannrolle und das Zahnrad der Kühlmittelpumpe auflegen.

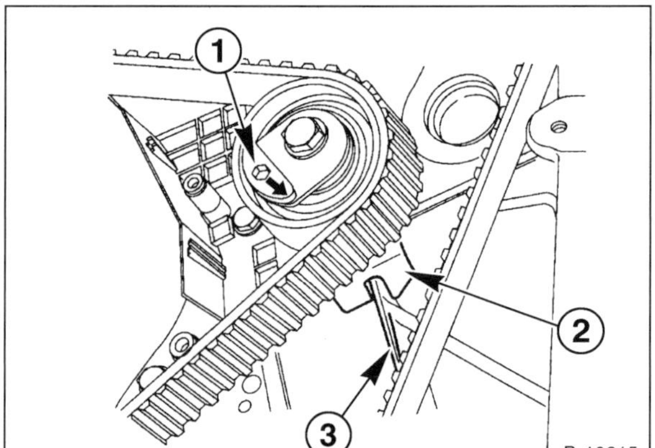

P-10215

- Spannrollenträger –2– in Einbaulage über die Rippe –3– des Motorblocks heben.
- Spannrolle am Innensechskant –1– gegen den Uhrzeigersinn in Pfeilrichtung drehen und dadurch Zahnriemen spannen.

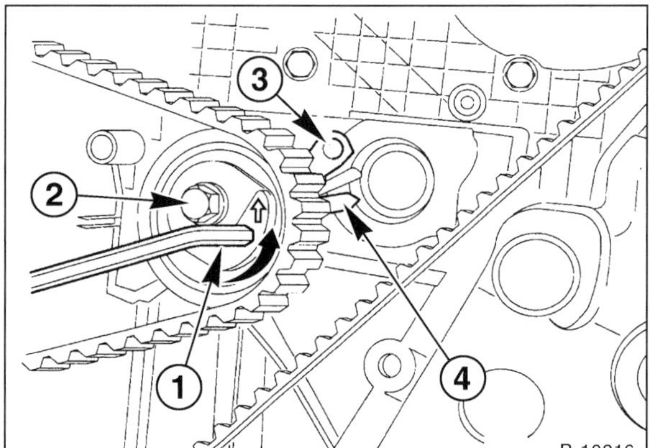

P-10216

- Zahnriemen auf maximale Vorspannung einstellen. Der Zeiger –4– befindet sich dann in der Position, wie in der Abbildung dargestellt.
- Spannrolle mit Innensechskantschlüssel –1– in dieser Stellung festhalten und Klemmschraube –2– mit **20 Nm** festziehen. **Achtung:** Die Spannrolle darf sich beim Anziehen der Klemmschraube nicht verdrehen.

- An jedem Nockenwellen-Zahnrad eine Schraube herausdrehen und prüfen, ob sich die Schrauben am Anschlag der Langlöcher befinden. Wenn dies der Fall ist, Zahnriemen abnehmen und erneut auflegen. **Achtung:** Die Schrauben dürfen **nicht** am Anschlag der Langlöcher anliegen.
- Schrauben der Nockenwellenräder mit **10 Nm** festziehen.
- Feststellstifte –A– und –B– herausziehen, siehe Abbildung P-10212.
- Kurbelwelle 6 Umdrehungen in Motordrehrichtung durchdrehen. **Achtung:** Kurbelwelle auf keinen Fall entgegen der Motordrehrichtung drehen.
- Geeigneten Einstellstift in das Loch –3– des Zahnriemenspanners stecken, siehe Abbildung P-10216.
- Klemmschraube –2– lösen, siehe Abbildung P-10216
- Spannrolle am Innensechskant entgegen der Pfeilrichtung drehen, bis der Zeiger –4– leicht am Einstellstift anliegt, siehe Abbildung P-10216
- Spannrolle mit Innensechskantschlüssel –1– in dieser Stellung festhalten und Klemmschraube –2– mit **20 Nm** festziehen. **Achtung:** Die Spannrolle darf sich beim Anziehen der Klemmschraube nicht verdrehen.
- Kurbelwelle mit dem Feststellstift –A– und Nockenwellennaben mit den Stiften –B– feststellen, siehe Abbildung P-10212.

Hinweis: Wenn sich die Stifte an den Nockenwellenrädern nicht einsetzen lassen, Befestigungsschrauben –9– lösen und Nockenwellennaben an den Zentralschrauben verdrehen, bis sich die Stifte einsetzen lassen, siehe Abbildung P-10213.

- An jedem Nockenwellen-Zahnrad eine Schraube herausdrehen und prüfen, ob sich die Schrauben am Anschlag der Langlöcher befinden. Wenn dies der Fall ist, Zahnriemen abnehmen und erneut auflegen. **Achtung:** Die Schrauben dürfen **nicht** am Anschlag der Langlöcher anliegen.
- Schrauben der Nockenwellenräder mit **10 Nm** festziehen.
- Feststellstifte –A– und –B– herausziehen, siehe Abbildung P-10212.
- Zahnriemen-Abdeckungen anschrauben.
- Kurbelwellen-Riemenscheibe mit **20 Nm** anschrauben.
- Motorhalter anschrauben. 3 Schrauben –2– mit **60 Nm** und Befestigungsmutter –3– mit **45 Nm** festziehen, siehe Abbildung P-10239.

Zylinderkopf aus- und einbauen/ Zylinderkopfdichtung ersetzen

Benzinmotor

Die Beschreibung erfolgt für den 1,1-/1,4-/1,6-l-OHC-Motor. Abweichende Arbeitsschritte für den 1,6-/2,0-l-DOHC-Motor stehen am Ende des Kapitels.

Zur Vermeidung von Lackschäden Kotflügelschoner oder entsprechende Decken an den Kotflügeln anbringen.

Je nach Motor, Baujahr und Ausstattung können die elektrischen Leitungen, beziehungsweise Unterdruck- und Kühlmittelschläuche, unterschiedlich im Motorraum verlegt sein. Da nicht auf jede Modellvariante detailliert eingegangen werden kann, empfiehlt es sich, die jeweilige Leitung vor dem Abziehen mit Klebeband zu kennzeichnen.

Zylinderkopf nur bei abgekühltem Motor ausbauen. Abgas- und Ansaugkrümmer bleiben angeschlossen.

Eine defekte Zylinderkopfdichtung ist an einem oder mehreren der folgenden Merkmale erkennbar:

- Leistungsverlust.
- Kühlflüssigkeitsverlust. Weiße Abgaswolken bei warmem Motor.
- Ölverlust.
- Kühlflüssigkeit im Motoröl, Ölstand nimmt nicht ab, sondern zu. Graue Farbe des Motoröls, Schaumbläschen am Ölmessstab, Öl dünnflüssig.
- Motoröl in der Kühlflüssigkeit.
- Kühlflüssigkeit sprudelt stark.
- Schlechte Kompression auf 2 benachbarten Zylindern.

Ausbau

- Batterie-Massekabel (–) bei ausgeschalteter Zündung abklemmen. **Achtung:** Falls das eingebaute Radio einen Diebstahlcode besitzt, wird dieser beim Abklemmen der Batterie gelöscht. Das Radio kann anschließend nur durch die Eingabe des richtigen Codes, durch die PEUGEOT-Werkstatt oder den Radio-Hersteller wieder in Betrieb genommen werden. Vor dem Abklemmen daher unbedingt den Diebstahlcode ermitteln.
- Zahnriemen ausbauen, siehe Seite 167.
- Luftfilter ausbauen, siehe Seite 215.
- Kühlflüssigkeit ablassen, siehe Seite 201.
- Gaszug am Drosselklappenhebel ausbauen, siehe Seite 216.
- Kraftstoffvor- und -rücklaufleitung am Kraftstoffverteilerrohr abbauen und mit geeignetem Stopfen verschließen.
- Leitung vom Temperaturgeber abziehen.
- Schlauchschellen lösen und Kühlmittelschläuche vom Thermostatgehäuse abziehen.
- Zündspule vom Zylinderkopf abbauen, siehe Seite 25/222.
- Sämtliche elektrische Leitungen und Schläuche vom Zylinderkopf abziehen.

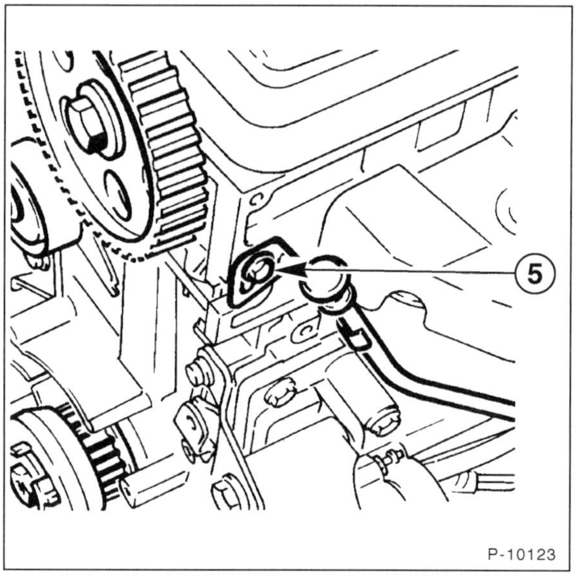

- Ölmessstab-Führungsrohr –5– vom Zylinderkopf abschrauben.
- Vorderes Abgasrohr/Katalysator vom Krümmer abschrauben und mit Draht aufhängen, damit es nicht herunterfallen kann.

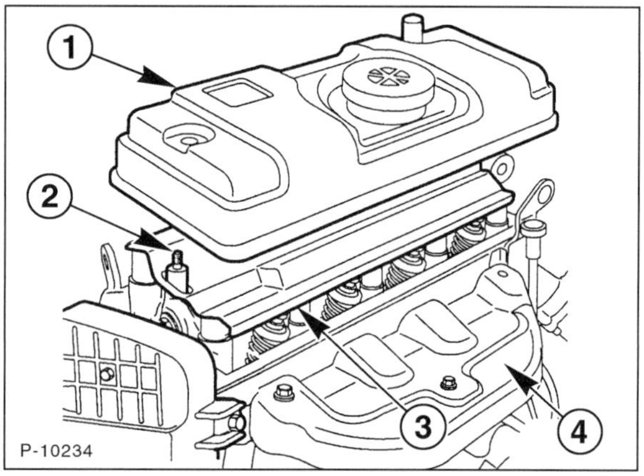

- Zylinderkopfdeckel –1– mit 2 Hutmuttern abschrauben und mit Dichtung abnehmen.
- 2 Distanzstücke –2– abnehmen und Leitblech –3– herausnehmen.
- Hitzeschild –4– abschrauben.

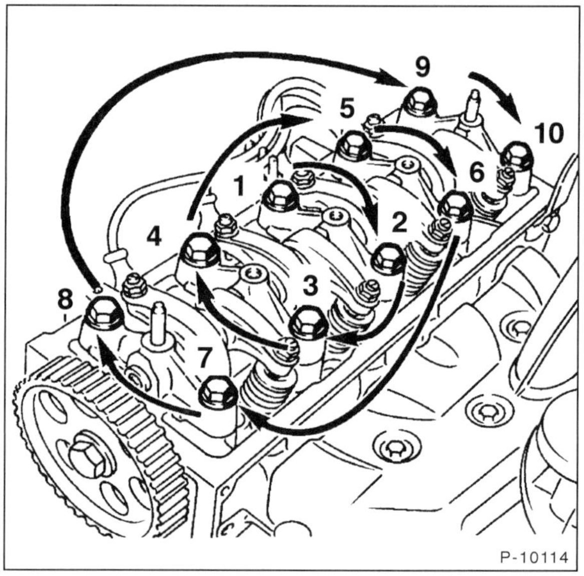

- Alle Zylinderkopfschrauben in umgekehrter Reihenfolge der Nummerierung, also von 10 nach 1, um ½ Umdrehung lösen. Anschließend alle Schrauben ganz herausdrehen.

Achtung: Wenn die Zylinderkopfschrauben in falscher Reihenfolge oder sofort ganz herausgeschraubt werden, kann sich der Zylinderkopf verziehen oder reißen.

- Schlepphebelwelle mit Lagerböcken und Schlepphebeln abnehmen.

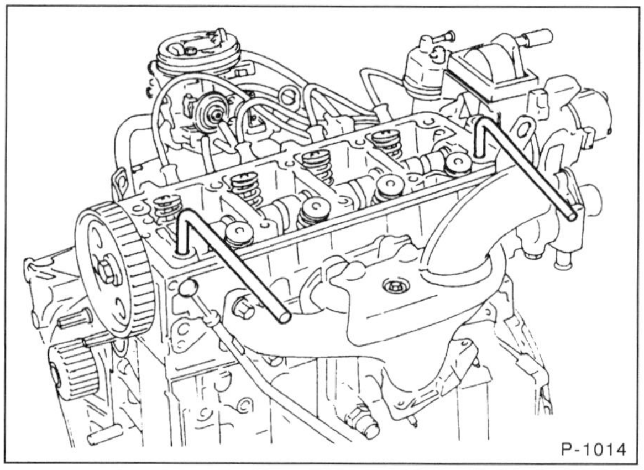

- Zylinderkopf mit Hilfe von 2 Hebeln, die um 90° abgewinkelt sind, lösen.

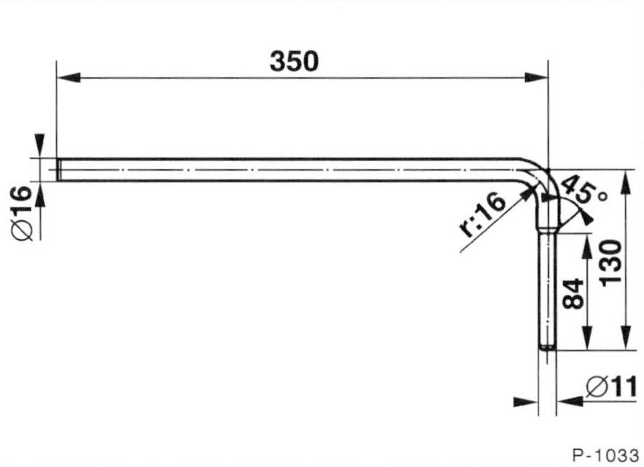

P-1033

- Die Zylinderkopf-Abhebewerkzeuge können nach der vorliegenden Abbildung auch selbst angefertigt werden; alle Maße in mm.
- Prüfen, ob sämtliche Schläuche und Leitungen, die vom Zylinderkopf zum Motor und Aufbau führen, abgezogen sind.
- Zylinderkopf komplett mit Ansaug- und Abgaskrümmer abheben.

Achtung: Zylinderkopf nach dem Ausbau nicht auf der Dichtfläche absetzen, dabei könnten voll geöffnete Ventile beschädigt werden. Deshalb Zylinderkopf auf 2 Holzleisten legen.

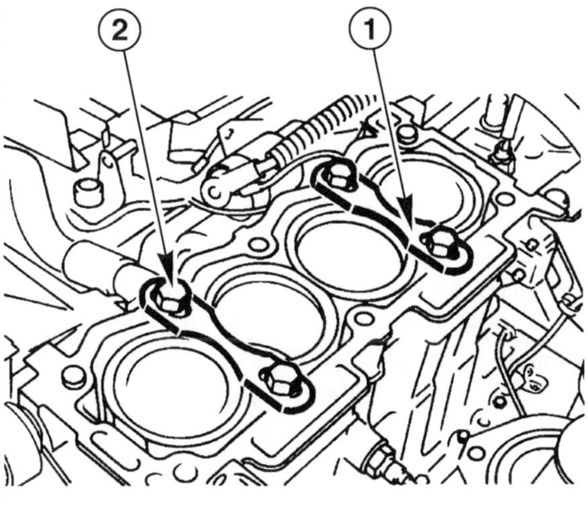

P-10115

- **1,1-/1,4-l-Benzinmotor:** In der Werkstatt werden die Laufbuchsen mit Zylinderkopfschrauben –2– und den beiden PEUGEOT-Laufbuchsenhaltern –1– fixiert, damit sich die Laufbuchsen beim Bewegen des Fahrzeugs beziehungsweise beim Durchdrehen des Motors nicht verkanten können. Wenn das Fahrzeug, solange der Zylinderkopf ausgebaut ist, nicht bewegt oder die Kurbelwelle nicht verdreht wird, kann dieser Arbeitsgang entfallen.

Einbau

Achtung: Die Bohrungen für die Zylinderkopfschrauben müssen frei von Öl- und Kühlmittelresten sein. Schraubendreher an der Spitze mit Lappen umwickeln und Flüssigkeit aufsaugen. Sonst baut sich Druck beim Einschrauben der neuen Schrauben auf, was zum Reißen des Motorblocks oder zu einem falschen Anzugsdrehmoment führen kann. Falls erforderlich, Gewindelöcher im Motorblock vorsichtig mit Gewindebohrer M10x150 reinigen.

- Motorblock-Dichtfläche mit einem geeigneten Schaber von Dichtungsresten reinigen. **Darauf achten, dass keine Dichtungsreste oder anderer Schmutz in die Motorblock-Öffnungen fällt.** Bohrungen mit einem Lappen verschließen. Zur Reinigung der Motorblock-Dichtfläche eventuell das Reinigungsmittel »Decabloc« verwenden. **Achtung:** Auf keinen Fall Schneidwerkzeuge oder Schleifmittel verwenden.
- Zylinderkopf-Dichtfläche reinigen.
- Zylinderkopf auf Risse, Zylinderlaufflächen auf Riefen überprüfen.

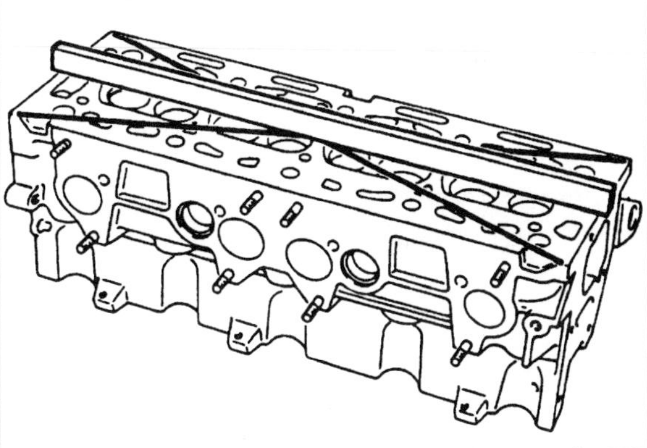
P-1087

- Zylinderkopf und Motorblock mit Stahllineal, zum Beispiel HAZET 2145-500, in Längs- und Querrichtung auf Planheit prüfen. Die zulässigen Unebenheiten dürfen maximal 0,05 mm nicht überschreiten, gegebenenfalls Zylinderkopf nacharbeiten lassen (Werkstattarbeit).
- Falls eingebaut, Laufbuchsenhalter abschrauben.

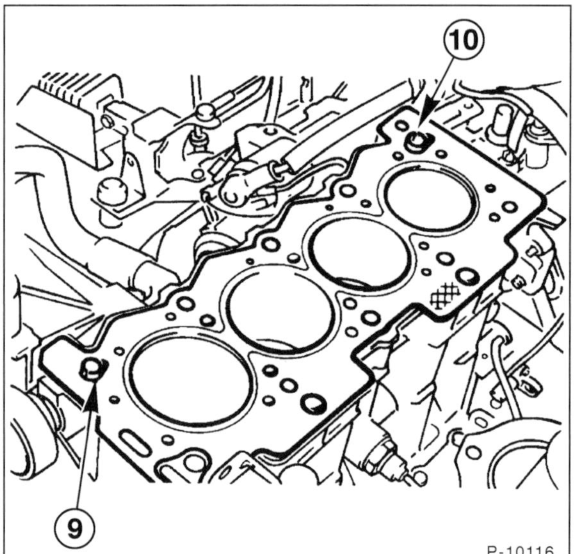

P-10116

- Kontrollieren, ob die Zentrierhülsen –9– und –10– eingesetzt sind.
- Zylinderkopfdichtung grundsätzlich ersetzen.
- Neue Dichtung ohne Dichtmittel so auflegen, dass keine Bohrungen verdeckt werden und die Herstelleraufschrift –schraffierte Fläche– beziehungsweise die Aufschrift »TOP« nach oben zeigt.
- Zylinderkopf aufsetzen, vorher Nockenwelle mit einem Stift feststellen.

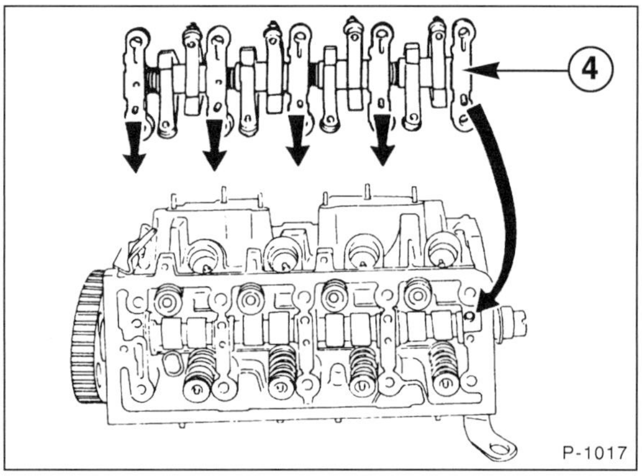

P-1017

- Schlepphebelgruppe –4– einbauen. Dabei darauf achten, dass die Zentrierhülsen vorhanden sind.
- Grundsätzlich empfiehlt es sich, die Zylinderkopfschrauben zu ersetzen. Allerdings können auch die bisherigen Zylinderkopfschrauben wieder verwendet werden. In diesem Fall das Gewinde sorgfältig abbürsten und Länge der Schrauben zwischen Unterkante Schraubenkopf und Gewindeende messen. Die Länge muss unter 176,5 mm liegen, sonst Schrauben ersetzen.
- Zylinderkopfschrauben an den Gewinden und unter den Schraubenköpfen mit sauberem Motoröl bestreichen, einsetzen und handfest anziehen.

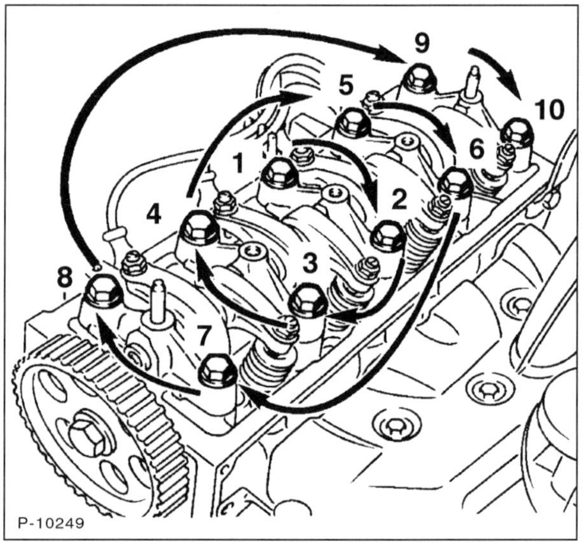

P-10249

Achtung: Das Anziehen der Zylinderkopfschrauben ist mit größter Sorgfalt durchzuführen. Vor dem Anziehen der Schrauben sollte der Drehmomentschlüssel auf seine Genauigkeit überprüft werden.

1,1-/1,4-l-Benzinmotor mit Leichtmetallblock

- Zylinderkopfschrauben gemäß der Reihenfolge von 1 bis 10 in **zwei Stufen** anziehen.

Achtung: Die Zylinderkopfschrauben in jeder Stufe jeweils in der Reihenfolge von 1 bis 10 anziehen.

1.Stufe: mit Drehmomentschlüssel **20 Nm**

2.Stufe: mit starrem Schlüssel **240° weiterdrehen**

Zum Anziehen der Zylinderkopfschrauben wird eine Winkelscheibe, zum Beispiel HAZET 6690, benötigt. Steht die Winkelscheibe nicht zur Verfügung, richtigen Anzugswinkel aus einem Stück Pappe ausschneiden. Schlüssel ansetzen, Pappe am Schlüsselarm anlegen und im richtigen Winkel eine Kreidemarkierung auf dem Motor oder auf umliegenden Bauteilen anbringen. Schlüssel drehen, bis der Schlüsselarm über der angezeichneten Winkelmarkierung steht.

Achtung: Anschließend dürfen die Zylinderkopfschrauben **nicht nachgezogen** werden.

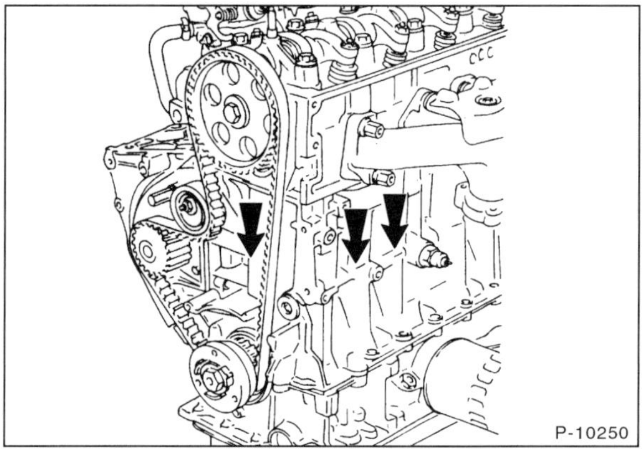

P-10250

- Zahnriemen auflegen, dabei Motordrehrichtungspfeile auf dem Riemen beachten, siehe Seite 166.

- Ventilspiel einstellen, siehe Seite 187.

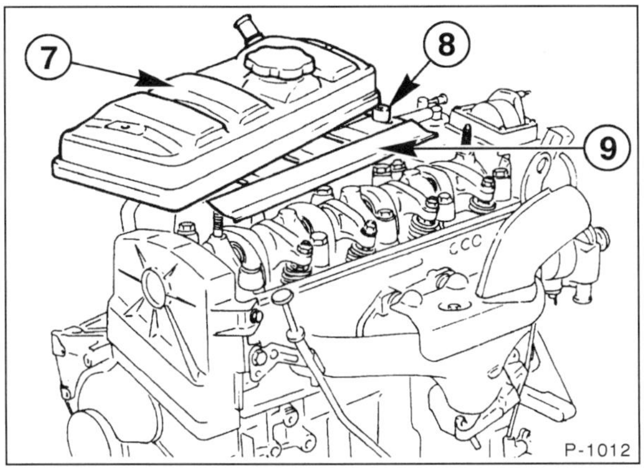

- Zylinderkopfdeckel einbauen. Dazu Leitblech –9– aufsetzen, Distanzstücke –8– über die Bolzen schieben, Zylinderkopfdeckel –7– auflegen und mit 2 Hutmuttern und 5 Nm, also ganz leicht anziehen.
- Führungsrohr für den Ölmessstab mit Loctite-Dichtmittel in den Ölfilterstutzen einsetzen und am Zylinderkopf mit 15 Nm anschrauben.
- Vorderes Abgasrohr mit neuer Metalldichtung aufsetzen und am Abgaskrümmer mit **neuen** Muttern und **35 Nm** wechselseitig anziehen.
- Hitzeschild für Abgaskrümmer anschrauben.
- Elektrische Leitungen aufstecken, siehe unter »Ausbau«.
- Unterdruckleitung für Bremskraftverstärker aufschieben.
- Gaszug am Drosselklappenhebel einhängen. Gaszug einstellen, siehe Seite 216.
- Kühlmittelschläuche am Thermostatgehäuse aufschieben und mit Schlauchschellen sichern.
- Zündspule am Zylinderkopf anbauen, siehe Seite 25/222.
- Kühlsystem auffüllen, siehe Kapitel »Wartung«.
- Luftfilter einbauen.
- Batterie-Massekabel (–) bei ausgeschalteter Zündung anklemmen. **Nach Anklemmen der Batterie darf der Motor erst 10 Sekunden nach Einschalten der Zündung gestartet werden.** In dieser Zeit werden die elektronischen Systeme wieder aktiviert. Diebstahlcode für das Autoradio eingeben und Zeituhr einstellen.
- Ölstand im Motor prüfen, gegebenenfalls Öl nachfüllen. Wurde der Zylinderkopf abgebaut aufgrund einer defekten Zylinderkopfdichtung, empfiehlt sich ein vorgezogener Ölwechsel einschließlich eines Ölfilterwechsels, da sich im Motoröl Kühlflüssigkeit befinden kann.
- Motor starten und warm laufen lassen.
- Kühlmittel auf Gefrierschutz prüfen und gegebenenfalls auffüllen, siehe Seite 201.

Achtung: Die Zylinderkopfschrauben dürfen **nicht** nachgezogen werden.

Speziell 1,6-l-Benzinmotor

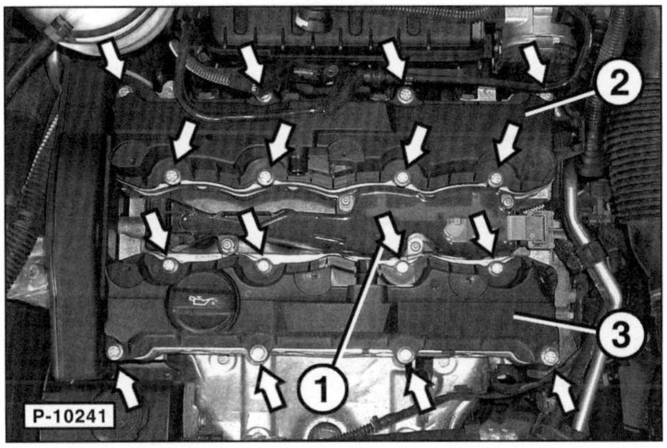

- **DOHC-Motor:** Zündspuleneinheit –1– ausbauen und Zündkerzen herausschrauben. Zylinderkopfdeckel –2– und –3– abschrauben –Pfeile–.

Anzugsmethode für Zylinderkopfschrauben 1,6-l-Benzinmotor (OHC und DOHC)

Für die Zylinderkopfschrauben wird beim 1,6-l-DOHC-Motor ein Außentorx-Steckschlüsseleinsatz E14 mit Verlängerung benötigt, zum Beispiel: HAZET 880-E14 mit 8822-10.

Achtung: Die Zylinderkopfschrauben in **jeder** Stufe jeweils in der **Reihenfolge von 1 bis 10** anziehen, siehe Abbildung P-10114.

1.Stufe: mit Drehmomentschlüssel **20 Nm**

2.Stufe: mit starrem Schlüssel **120° weiterdrehen**

3.Stufe: mit starrem Schlüssel **120° weiterdrehen**

Speziell 2,0-l-Benzinmotor

Ausbau

- Spannrolle für Zahnriemen ausbauen.
- Beide Zündspuleneinheiten über den Zündkerzen vom Zylinderkopf abschrauben.
- Haltegabel für Kühlmittelschläuche hinten am Kühlmitteleaustrittsgehäuse abschrauben.

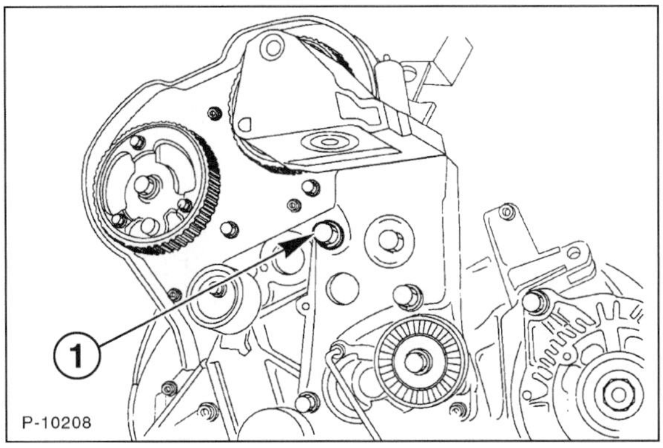

- Schraube –1– der Zwischenhalterung am Zylinderkopf herausdrehen.

Einbau

- Sicherstellen, dass in den Bohrungen für die Zylinderkopfschrauben –8– und –10– die Zentrierhülsen eingesetzt sind, siehe Abbildung P-10114.

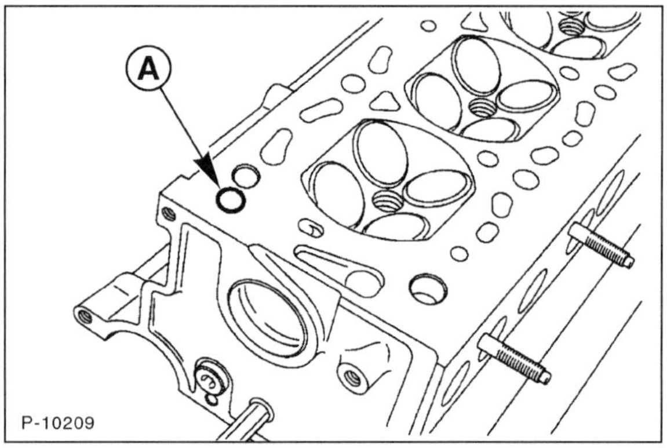

P-10209

- Ventil –A– im Zylinderkopf ersetzen.

Achtung: Wenn die Länge einer Zylinderkopfschraube 129 mm überschreitet, müssen sämtliche Schrauben erneuert werden. Es empfiehlt sich allerdings grundsätzlich, neue Zylinderkopfschrauben zu verwenden.

Anzugsmethode für Zylinderkopfschrauben

- Zylinderkopfschrauben gemäß der Reihenfolge in Abbildung P-10114 von 1 bis 10 in **drei Stufen** anziehen.

Achtung: Die Zylinderkopfschrauben in **jeder Stufe** jeweils in der Reihenfolge von **1 bis 10** anziehen.

1.Stufe: mit Drehmomentschlüssel **38 Nm**

2.Stufe: mit Drehmomentschlüssel **73 Nm**

3.Stufe: mit starrem Schlüssel **160° weiterdrehen**

Achtung: Die Vertiefungen über den hydraulischen Stößeln mit sauberem Motoröl füllen.

- Schraube für Zwischenhalterung am Zylinderkopf mit **45 Nm** festziehen.

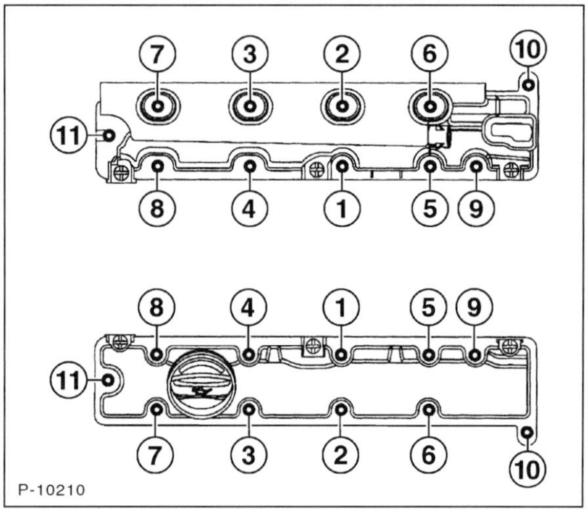

P-10210

- Beide Zylinderkopfdeckel mit neuen Dichtungen aufsetzen und in der angegebenen Reihenfolge mit **10 Nm** festziehen.

Nockenwelle aus- und einbauen

1,1-/1,4-l-Benzinmotor

Achtung: Werden Teile der Ventilsteuerung wieder verwendet, müssen diese an gleicher Stelle wieder eingebaut werden. Damit keine Verwechslungen vorkommen, empfiehlt es sich, ein entsprechendes Ablagebrett anzufertigen.

Ausbau

- Batterie-Massekabel (–) bei ausgeschalteter Zündung abklemmen. **Achtung:** Falls das eingebaute Radio einen Diebstahlcode besitzt, wird dieser beim Abklemmen der Batterie gelöscht. Das Radio kann anschließend nur durch die Eingabe des richtigen Codes, durch die PEUGEOT-Werkstatt oder den Radio-Hersteller wieder in Betrieb genommen werden. Vor dem Abklemmen daher unbedingt den Diebstahlcode ermitteln.

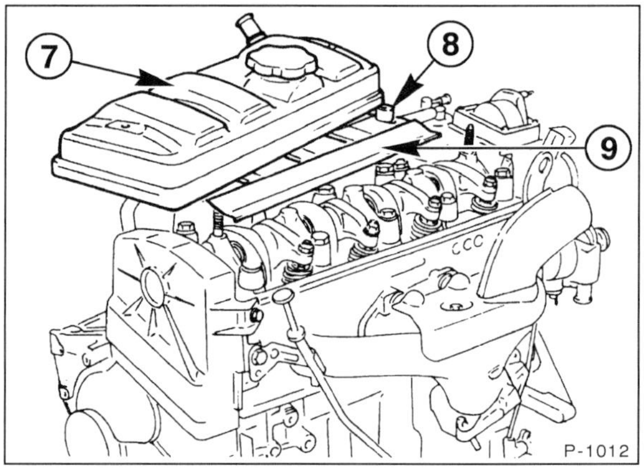

P-1012

- Zylinderkopfdeckel –7– mit 2 Hutmuttern abschrauben und mit Leitblech –9– sowie den 2 Distanzstücken –8– abnehmen.

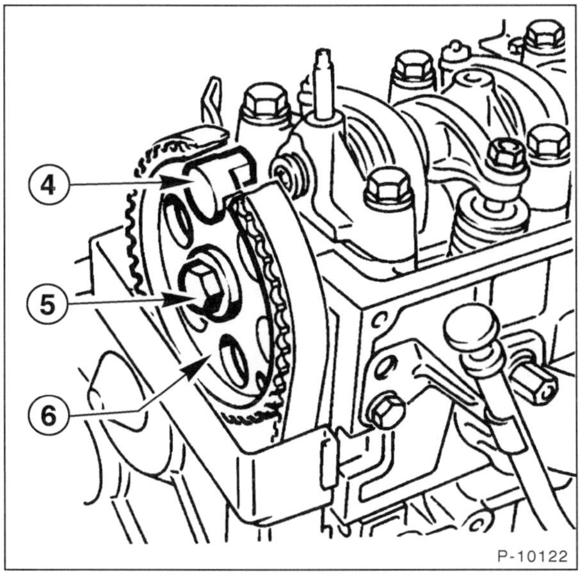

- Nockenwellenrad –6– von vorn mit einem Knebel oder Dorn arretieren. Dazu einen geeigneten Dorn oder sehr stabilen Schraubendreher durch eine Bohrung im Nockenwellenzahnrad schieben und auf der Oberkante des Zylinderkopfes abstützen. Um eine Beschädigung der Dichtfläche des Zylinderkopfes zu vermeiden, ein Stück Holz unterlegen. Schraubendreher festhalten und Befestigungsschraube –5– des Nockenwellenrades abschrauben. Nockenwellenrad abnehmen, gegebenenfalls mit leichten Schlägen eines Gummihammers abtreiben. Die PEUGEOT-Werkstatt benutzt anstelle eines Knebels das Spezialwerkzeug »7.0132Y« –4–.
- Zahnriemen ausbauen, siehe Seite 166.
- Zylinderkopf ausbauen, siehe Seite 171.
- Befestigungsschraube des Nockenwellenrades abschrauben und Nockenwellenrad abnehmen.
- Nockenwellen-Haltegabel abschrauben.

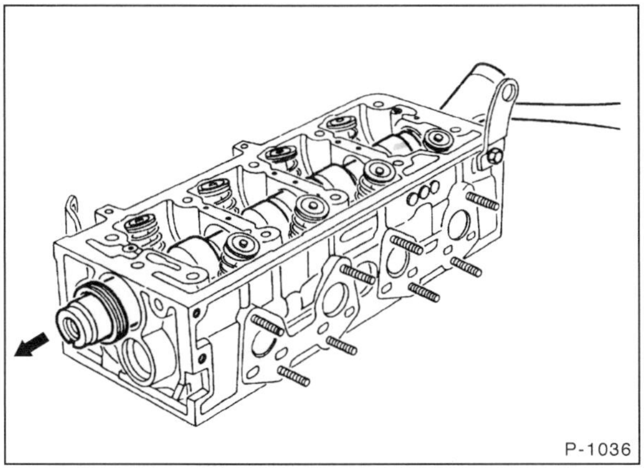

- Durch Schläge mit einem Gummihammer auf die dem Zahnriemenrad gegenüberliegende Seite der Nockenwelle (Getriebeseite des Motors) den vorderen Dichtring lösen.
- Nockenwelle vorsichtig zur Zahnriemenseite hin –Pfeilrichtung– herausziehen.

Einbau

- Nockenwellenlager ölen.
- Nockenwelle vorsichtig einführen.

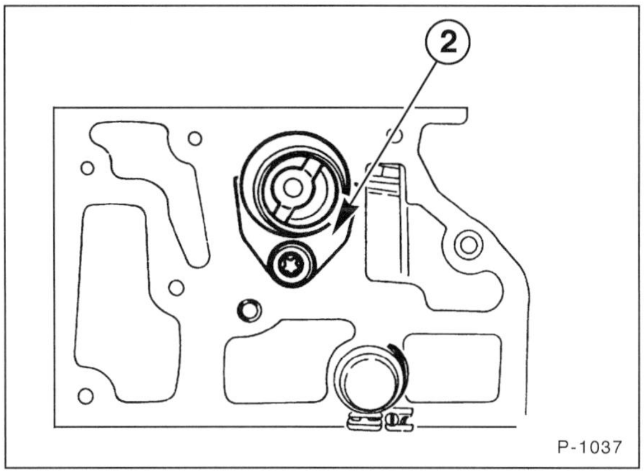

- Haltegabel –2– ansetzen und mit **15 Nm** festschrauben.

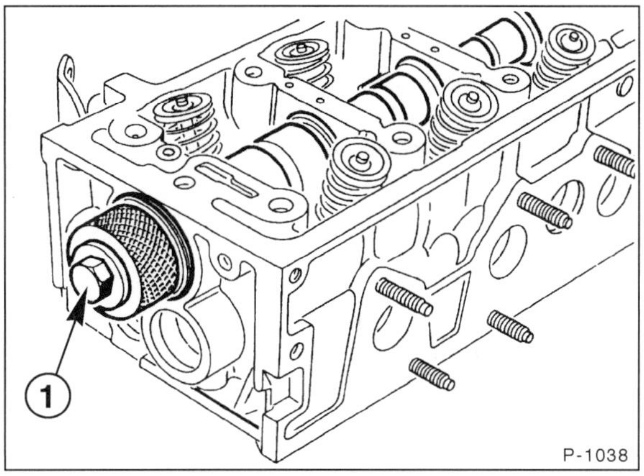

- Neuen Nockenwellen-Dichtring mit geeignetem Rohr bis zum Anschlag einziehen. Dabei müssen Innen- und Außendurchmesser des Rohres dem Dichtring entsprechen. Hinten auf das Rohr eine oder mehrere Unterlegscheiben auflegen und mit Hilfe der Befestigungsschraube –1– für das Nockenwellen-Zahnrad oder einer etwas längeren Schraube den Dichtring einziehen.
- Zylinderkopf einbauen, siehe Seite 171.
- Nockenwellenzahnrad ansetzen und handfest anschrauben.
- Zahnriemen einbauen und vorspannen, siehe Seite 166.
- Nockenwellenzahnrad mit einem Knebel blockieren und mit **80 Nm** festziehen. Die PEUGEOT-Werkstatt benutzt anstelle eines Knebels das Spezialwerkzeug 7.0132Y. **Achtung:** Um eine Beschädigung der Zylinderkopfdeckel-Dichtfläche zu vermeiden, muss ein Holz untergelegt werden.

- Kurbelwelle um 2 Umdrehungen weiterdrehen, Schwungrad arretieren und Zahnriemen endgültig spannen, siehe Seite 166.
- Ventilspiel einstellen, siehe Seite 187.

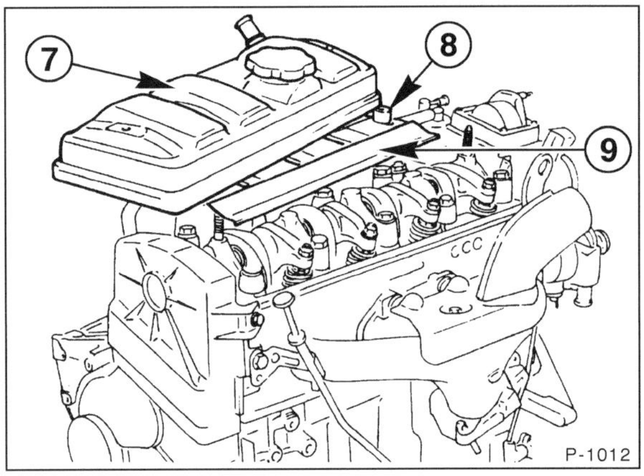

- Zylinderkopfdeckel einbauen. Dazu Leitblech –9– aufsetzen, Distanzstücke –8– über die Bolzen schieben, Zylinderkopfdeckel –7– auflegen und mit 2 Hutmuttern und 5 Nm, also ganz leicht anziehen.
- Batterie-Massekabel (–) bei ausgeschalteter Zündung anklemmen. **Nach Anklemmen der Batterie darf der Motor erst 10 Sekunden nach Einschalten der Zündung gestartet werden.** In dieser Zeit werden die elektronischen Systeme wieder aktiviert. Diebstahlcode für das Autoradio eingeben und Zeituhr einstellen.

Zahnriemen aus- und einbauen

1,9-l-Dieselmotor

Die Beschreibung erfolgt für den 1,9-l-Motor. Abweichende Arbeitsschritte für den 2,0-l-Motor stehen am Ende des Kapitels.

Ausbau

- Batterie-Massekabel (–) bei ausgeschalteter Zündung abklemmen. **Achtung:** Falls das eingebaute Radio einen Diebstahlcode besitzt, wird dieser beim Abklemmen der Batterie gelöscht. Das Radio kann anschließend nur durch die Eingabe des richtigen Codes, durch die PEUGEOT-Werkstatt oder den Radio-Hersteller wieder in Betrieb genommen werden. Vor dem Abklemmen daher unbedingt den Diebstahlcode ermitteln.
- Obere Motorabdeckung ausbauen.
- Kraftstoffleitungen auf der rechten Seite im Motorraum ausbauen.
- Kühlmittel-Entlüftungsschlauch zwischen Kühler und Ausgleichbehälter abziehen, vorher Schlauchschellen öffnen und zurückschieben.
- Motor-Steuergerät vor dem rechten Federbeindom ausbauen. Kabelstrang zur Seite legen.
- Rechtes Vorderrad ausbauen. Zuvor Stellung des Rades zur Radnabe mit Farbe kennzeichnen. Dadurch kann das ausgewuchtete Rad wieder in derselben Position montiert werden. Radschrauben lösen, dabei muss das Fahrzeug auf dem Boden stehen. Fahrzeug vorn aufbocken und Vorderrad abnehmen.
- Innenkotflügel vorn rechts ausbauen, siehe Seite 261.
- Keilrippenriemen ausbauen, siehe Seite 191.
- Spannrolle für Keilrippenriemen ausbauen.
- Vier Befestigungsschrauben für Kurbelwellen-Riemenscheibe herausdrehen und Riemenscheibe abnehmen. Dabei Kurbelwelle an der Zentralschraube gegenhalten.
- Kühler mit starkem Karton vor Beschädigungen schützen. Dazu Karton nach den Abmessungen des Kühlers zuschneiden und mit Draht am Kühler befestigen.

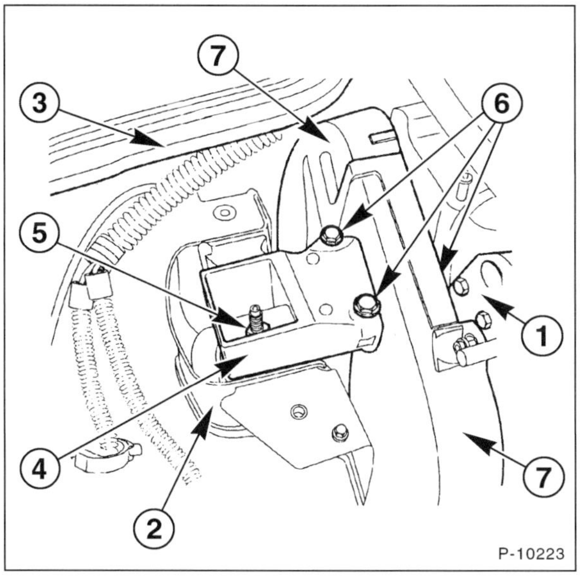

- Motor abfangen. Dazu handelsübliche Motorhebevorrichtung an den Kotflügelsicken anbauen. Es kann auch ein Motorkran verwendet werden. Geeignete Kette an der rechten Motorhebeöse –1– einhängen. Motor etwas hochziehen, bis das rechte Motorlager –2– entlastet ist.
- Dichtung –3– abnehmen.
- Motorhalter –4– mit einer Mutter –5– und 3 Schrauben –6– abschrauben.
- Obere Zahnriemen-Abdeckung –7– abschrauben und vorsichtig herausziehen.
- Untere Zahnriemen-Abdeckung abschrauben und herausnehmen.

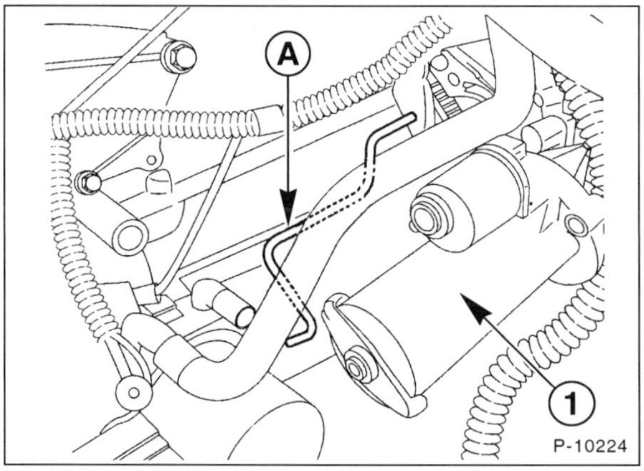

- Motorwellen in Einstellposition bringen. Dazu Kurbelwelle an der Zentralschraube drehen (Helfer), bis der Feststellstift –A– eingesetzt werden kann. **Hinweis:** Der Feststellstift ist so gebogen, dass der Anlasser –1– zum Feststellen des Schwungrades nicht ausgebaut werden muss. Steht das PEUGEOT-Werkzeug nicht zur Verfügung kann auch ein Bohrer mit geeignetem Durchmesser verwendet werden.

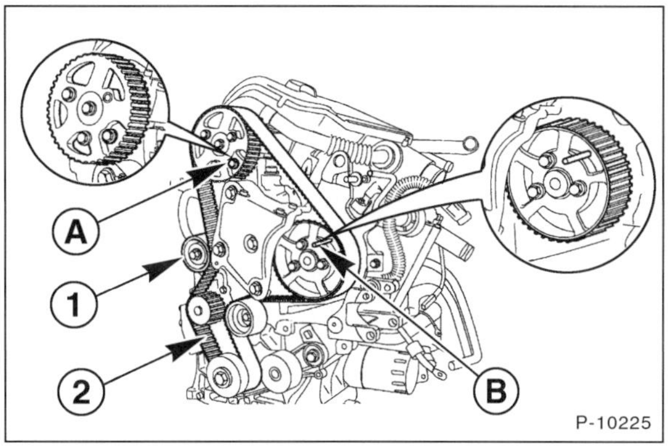

- Nockenwellen-Zahnrad mit Schraube –A–, M8x80x125, und Einspritzpumpen-Zahnrad mit Dorn –B– feststellen. Die Motorwellen sind damit in Einstelllage fixiert.
- Klemmschraube –1– lösen und Zahnriemen entspannen. Klemmschraube in ganz entspannter Stellung festziehen.
- Zahnriemen –2– abnehmen.
- Motor nach dem Abnehmen des Zahnriemens nicht mehr verdrehen, da sonst Schäden an Kolben und Ventilen entstehen können. Falls die Nockenwelle im Rahmen von anderen Reparaturarbeiten verdreht werden muss, vorher Kurbelwelle 1/4 Umdrehung vor oder nach der Einstelllage verdrehen. Dabei Kurbelwelle maximal 90° verdrehen.

Einbau

- Falls die Einstelllage des Motors nicht beibehalten wurde, zuerst die Nockenwelle, dann die Kurbelwelle in Einstelllage mit den Einstellstiften arretieren.

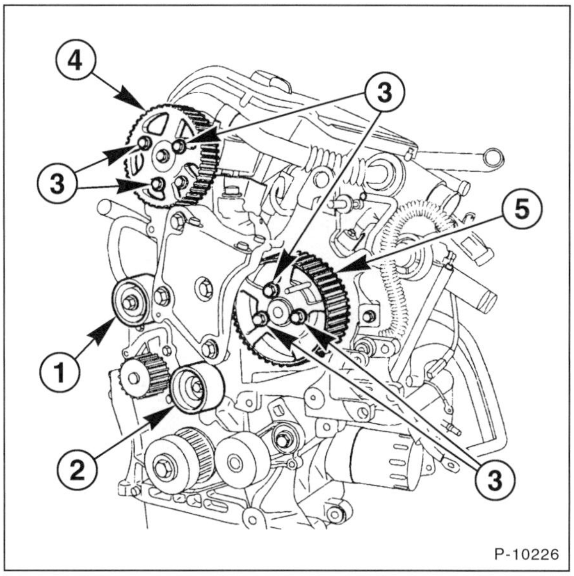

- Spannrolle –1– und Umlenkrolle –2– von Hand auf leichten Lauf, eventuelles Spiel und Fettspritzer prüfen. Bei Schwergängigkeit, Spiel, Laufgeräuschen oder Fettspritzern muss die jeweilige Rolle ersetzt werden.

- Schrauben –3– lösen und prüfen, ob sich Nockenwellenrad –4– und Einspritzpumpenrad –5– frei auf der Nabe drehen lassen.
- Schrauben –3– von Hand anziehen, dann um ⅙ Umdrehung (60°) lösen.
- Zahnriemenräder in Motordrehrichtung, also im Uhrzeigersinn, gegen den Anschlag in den Langlöchern drehen.

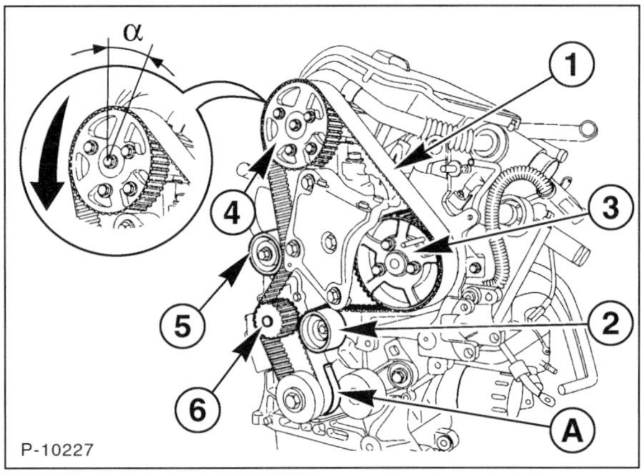

- **Neuen** Zahnriemen –1– am Kurbelwellen-Zahnrad auflegen und durch Helfer festhalten lassen. Die Fachwerkstatt fixiert den Zahnriemen mit einer Stahlklammer –A–.
- Zahnriemen auf Umlenkrolle –2– und Einspritzpumpenrad –3– auflegen. Dabei darauf achten, dass der Zahnriemen beim Auflegen gut gespannt ist.
- Zahnriemen, wie in der Abbildung gezeigt, mit gut gespanntem Riementrum –1– auf das Nockenwellenrad –4– auflegen. Dabei das Nockenwellenrad geringfügig gegen die Motordrehrichtung –Pfeilrichtung– drehen, um den Riemen aufzulegen. **Achtung:** Die Winkelverschiebung α des Zahnrades, bezogen auf den Riemen, darf eine Zahnbreite nicht überschreiten.
- Anschließend Zahnriemen auf die Spannrolle –5– und das Kühlmittelpumpen-Zahnrad –6– auflegen.
- Klemmschraube der Spannrolle lösen und Spannrolle am Zahnriemen zur Anlage bringen. Zahnriemen ganz leicht vorspannen und Klemmschraube mit **10 Nm** festziehen.

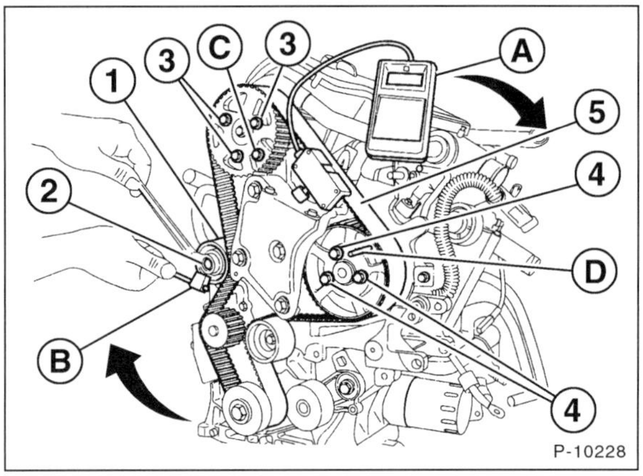

- Messgerät für Riemenspannung –A–, zum Beispiel SEEM C.TRONIC 105.5, auf der Zugseite des Zahnriemens ansetzen, siehe Abbildung.
- Spannrolle –1– mit PEUGEOT-Halter .01188-J1 –B– festhalten und Klemmmutter –2– für Spannrolle lösen.
- Spannrolle mit Halter –B– entgegen dem Uhrzeigersinn drehen, bis das Messgerät einen Wert von 106 ± 2 SEEM-Einheiten anzeigt.
- In dieser Stellung die Befestigungsmutter –2– mit **20 Nm** festziehen. C – Feststellschraube für Nockenwellenrad, D – Feststellstift für Einspritzpumpenrad, 3 – Befestigungsschrauben für Nockenwellenrad, 4 – Befestigungsschrauben für Einspritzpumpenrad, 5 – Zahnriemen.
- Messgerät vom Zahnriemen abnehmen.

Achtung: Steht das Messgerät für Riemenspannung nicht zur Verfügung (Ausland, Panne), kann die Zahnriemenspannung auch behelfsmäßig eingestellt werden. Dazu den Zahnriemen so spannen, dass er sich an der längsten Strecke zwischen zwei Riemenscheiben gerade noch um 90° verdrehen lässt. Dies gilt jedoch nur für einen neuen Zahnriemen. Gebrauchten Zahnriemen nicht so stark spannen. Es empfiehlt sich, den Motor ohne Zahnriemen-Abdeckung kurz laufen zu lassen. Ein pfeifender Zahnriemen ist in der Regel zu stark, ein flatternder Zahnriemen zu schwach gespannt. Nach dem behelfsmäßigen Einstellen der Riemenspannung muss jedoch umgehend die Spannung mit einem Prüfgerät überprüft und gegebenenfalls nachgestellt werden.

- Am Nockenwellenrad sowie am Einspritzpumpenrad je eine Schraube herausdrehen und prüfen, ob sich die Schrauben am Anschlag der Langlöcher befinden. Wenn dies der Fall ist, Zahnriemen abnehmen und erneut auflegen. **Achtung:** Die Schrauben dürfen **nicht** am Anschlag der Langlöcher anliegen.
- Schrauben der Nockenwellenräder mit **25 Nm** festziehen.
- Alle drei Feststellstifte entfernen.
- Kurbelwelle 8 Umdrehungen in Motordrehrichtung durchdrehen. **Achtung:** Kurbelwelle auf keinen Fall entgegen der Motordrehrichtung drehen.
- Nach 8 Kurbelwellenumdrehungen die Feststellstifte wieder einsetzen.
- Befestigungsschrauben von Nockenwellen- und Einspritzpumpen-Zahnrad lösen.
- Schrauben von Hand anziehen, dann um ⅙ Umdrehung (60°) lösen.
- Klemmschraube für Spannrolle lösen.
- Riemenspannungs-Messgerät anbauen.
- Spannrolle mit Halter gegen den Uhrzeigersinn drehen und Zahnriemenspannung auf 41 ± 2 SEEM-Einheiten einstellen.
- In dieser Stellung die Befestigungsmutter der Spannrolle mit **20 Nm** festziehen.
- Schrauben der Nockenwellenräder mit **25 Nm** festziehen.
- Messgerät vom Zahnriemen abnehmen und erneut aufsetzen.
- Riemenspannung prüfen. Der Messwert muss zwischen 38 und 42 SEEM-Einheiten liegen. Wenn der Wert außerhalb der angegebenen Toleranz liegt, Spannrolle lösen und letzten Spannvorgang wiederholen.

- Alle drei Feststellstifte entfernen.
- Kurbelwelle 2 Umdrehungen in Motordrehrichtung durchdrehen und Schwungrad feststellen. **Achtung:** Kurbelwelle auf keinen Fall entgegen der Motordrehrichtung drehen.
- Sichtprüfen, ob die Löcher in den Nockenwellen- und Einspritzpumpen-Naben gegenüber den entsprechenden Feststelllöchern um nicht mehr als 1 mm zueinander versetzt sind.
- Untere Zahnriemen-Abdeckung anschrauben.
- Obere Zahnriemen-Abdeckung einsetzen und anschrauben.
- Motorhalter anschrauben. 3 Schrauben mit **60 Nm** und Befestigungsmutter mit **45 Nm** festziehen.
- Motor-Abfangvorrichtung ausbauen.
- Vier Befestigungsschrauben für Kurbelwellen-Riemenscheibe einschrauben und mit **10 Nm** festziehen. Dabei Kurbelwelle an der Zentralschraube gegenhalten.
- Spannrolle für Keilrippenriemen einbauen.
- Keilrippenriemen einbauen und spannen, siehe Seite 191.
- Schutzkarton vom Kühler abnehmen.
- Innenkotflügel vorn rechts einbauen, siehe Seite 261.
- Vorderrad so ansetzen, dass die beim Ausbau angebrachten Markierungen übereinstimmen. Vorher Zentriersitz der Felge an der Radnabe mit Wälzlagerfett dünn einfetten. Radschrauben **nicht** fetten oder ölen. Korrodierte Radschrauben erneuern. Rad anschrauben. Fahrzeug ablassen und Radschrauben über Kreuz mit **90 Nm** festziehen.
- Dichtung im Motorraum aufdrücken.
- Motor-Steuergerät vor dem rechten Federbeindom einbauen.
- Kühlmittel-Entlüftungsschlauch zwischen Kühler und Ausgleichbehälter aufschieben und mit Schellen sichern.
- Kraftstoffleitungen einbauen.
- Obere Motorabdeckung einsetzen und mit **20 Nm** anschrauben.
- Batterie-Massekabel (–) bei ausgeschalteter Zündung anklemmen. **Nach Anklemmen der Batterie darf der Motor erst 10 Sekunden nach Einschalten der Zündung gestartet werden.** In dieser Zeit werden die elektronischen Systeme wieder aktiviert. Diebstahlcode für das Autoradio eingeben und Zeituhr einstellen.
- Motor laufen lassen. Ein pfeifender Zahnriemen ist in der Regel zu stark gespannt.

Speziell 2,0-l-Dieselmotor

Zahnriemen-Abdeckung

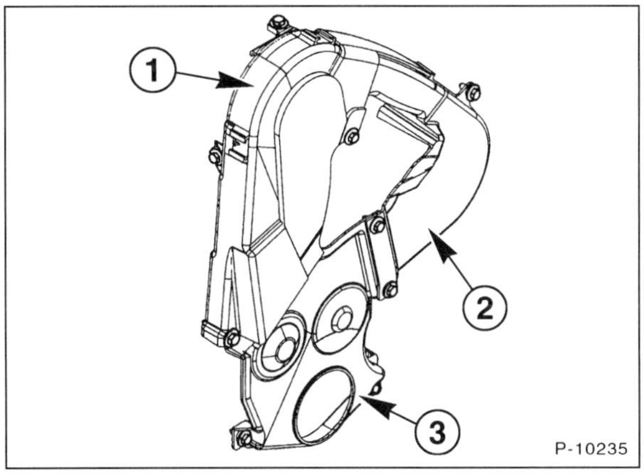

1 – Obere Zahnriemen-Abdeckung, 4 Befestigungspunkte
2 – Mittlere Zahnriemen-Abdeckung, 3 Befestigungspunkte
3 – Untere Zahnriemen-Abdeckung, 5 Befestigungspunkte

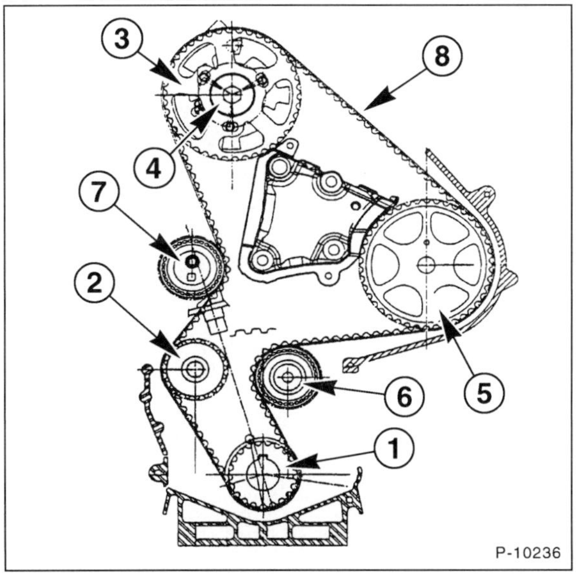

1 – Kurbelwellen-Zahnrad
2 – Kühlmittelpumpen-Zahnrad
3 – Nockenwellen-Zahnrad
4 – Nockenwellen-Nabe
5 – Einspritzpumpen-Zahnrad
6 – Umlenkrolle, Außendurchmesser: 60 mm
7 – Manuelle Spannrolle, Durchmesser: 60 mm, Exzenter-Radius: 7 mm
8 – Zahnriemen, Breite 25,4 mm

Zylinderkopf aus- und einbauen/ Zylinderkopfdichtung ersetzen

1,9-l-Dieselmotor

Die Beschreibung erfolgt für den 1,9-l-Motor. Abweichende Arbeitsschritte für den 2,0-l-Motor stehen am Ende des Kapitels.

Der Zylinderkopf kann bei eingebautem Motor ausgebaut werden. Abgas- und Ansaugkrümmer bleiben angeschlossen.

Eine defekte Zylinderkopfdichtung ist an verschiedenen Merkmalen erkennbar, siehe Seite 171.

Ausbau

- Batterie-Massekabel (–) bei ausgeschalteter Zündung abklemmen. **Achtung:** Falls das eingebaute Radio einen Diebstahlcode besitzt, wird dieser beim Abklemmen der Batterie gelöscht. Das Radio kann anschließend nur durch die Eingabe des richtigen Codes, durch die PEUGEOT-Werkstatt oder den Radio-Hersteller wieder in Betrieb genommen werden. Vor dem Abklemmen daher unbedingt den Diebstahlcode ermitteln.

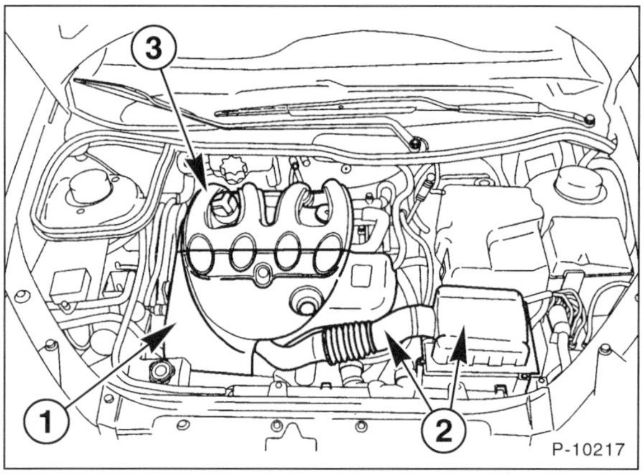

- Obere Motorabdeckung –1– ausbauen.
- Luftfilter mit Luftschlauch –2– ausbauen, siehe Seite 215.
- Oberteil Einlasskrümmer –3– ausbauen.
- Schlauch für Abgasrückführventil ausbauen.
- Vakuumpumpe von der linken Stirnseite des Zylinderkopfs abschrauben, Unterdruckschlauch abziehen und Pumpe herausnehmen.
- Kühlmittel ablassen, siehe Seite 201.
- Dieselkraftstoff vollständig aus dem Kraftstofffilter ablassen, siehe Seite 25.
- Alle elektrischen Leitungen, Schläuche und Seilzüge mit Tesaband markieren, am Zylinderkopf abbauen und zur Seite legen.

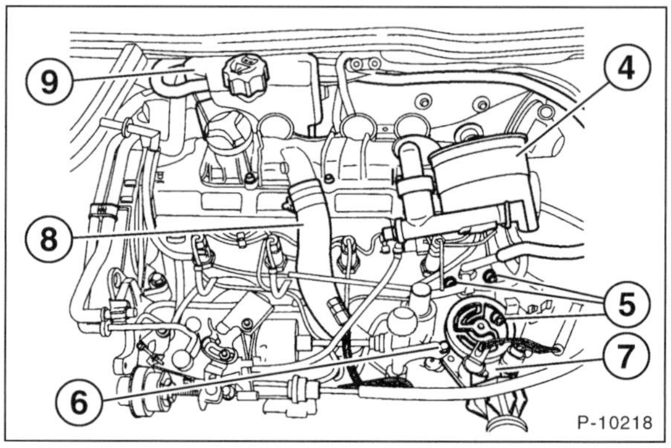

- Kraftstofffilter –4– komplett ausbauen.
- Schrauben –5– und Schraube –6– herausdrehen und Kühlmittelaustrittsgehäuse –7– abbauen.
- Leitung –8– abbauen.
- Kühlmittel-Ausgleichbehälter –9– ausbauen.
- Kühlmittelschlauch von der Heizung zum Zylinderkopf abziehen. Vorher Schelle lösen und zurückschieben.
- Zahnriemen ausbauen, siehe Seite 178.
- Nockenwellen-Zahnrad ausbauen, siehe Seite 185.

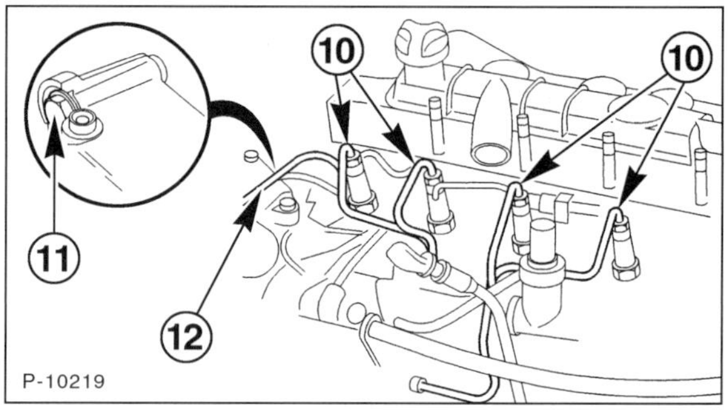

- Überwurfmuttern für Einspritzleitungen –10– an Düsen und Einspritzpumpe lösen. Leitungen komplett mit Haltern abnehmen. **Achtung:** Biegeform nicht verändern. Leitungsanschlüsse mit geeigneten Kappen verschließen und dadurch vor Verschmutzung schützen.
- Schraube –11– herausdrehen.
- Kraftstoff-Rücklaufleitung –12– abziehen.

Sicherheitshinweis
Beim Aufbocken des Fahrzeugs besteht Unfallgefahr! Deshalb vorher das Kapitel »Fahrzeug aufbocken« durchlesen.

- Fahrzeug aufbocken.
- Vorderes Abgasrohr abschrauben und mit einem Draht gegen Herunterfallen sichern, siehe Seite 233.
- Fahrzeug ablassen.

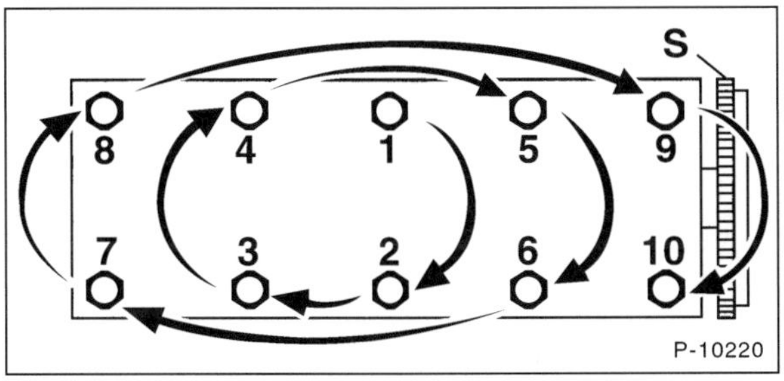

- Zylinderkopfschrauben in umgekehrter Reihenfolge der Nummerierung, also von 10 nach 1, herausdrehen. Dabei sämtliche Schrauben zunächst um eine halbe Umdrehung lösen, dann alle Schrauben in der gleichen Reihenfolge komplett herausdrehen. S – Schwungrad.

Achtung: Der Zylinderkopf muss vorher ausreichend abgekühlt, maximal handwarm, sein.

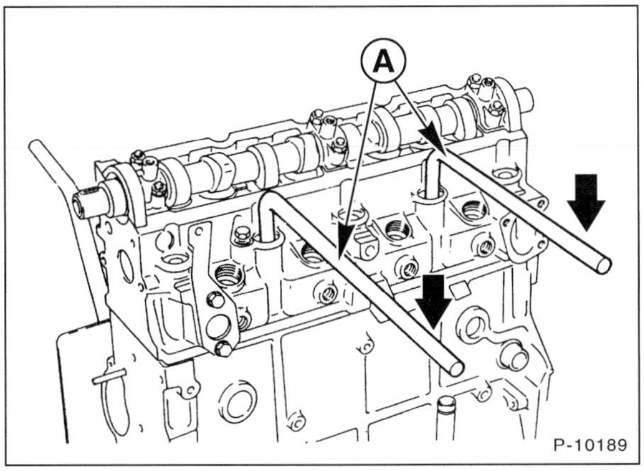

- Zylinderkopf mit Hilfe der beiden Hebel PEUGEOT-0.0149 –A– durch Kippen lösen, siehe auch Seite 168.
- Zylinderkopf mit Helfer abheben.

Achtung: Zylinderkopf nach dem Ausbau auf 2 Holzleisten legen und nicht auf der Dichtfläche absetzen; dabei könnten voll geöffnete Ventile beschädigt werden.

- Zentrierhülse für Zylinderkopf aus dem Motorblock herausnehmen.
- Zylinderkopfdichtung abnehmen.

Einbau

Achtung: Die Bohrungen für die Zylinderkopfschrauben müssen frei von Öl- und Kühlmittelresten sein. Schraubendreher mit Lappen umwickeln und Flüssigkeit aufsaugen. Sonst baut sich Druck beim Einschrauben der neuen Schrauben auf, was zum Reißen des Motorblocks oder zu einem falschen Anzugsdrehmoment führen kann. Falls erforderlich, Gewindelöcher im Motorblock vorsichtig mit einem Gewindebohrer 12 x 150 reinigen.

Bei geöffnetem Einspritzsystem möglichst wenig mit Druckluft arbeiten, Fahrzeug nicht bewegen. Geöffnete Bauteile verschließen oder abdecken, wenn die Reparatur nicht umgehend ausgeführt wird.

- Motorblock-Dichtfläche mit einem geeigneten Schaber von Dichtungsresten reinigen. **Darauf achten, dass keine Dichtungsreste oder anderer Schmutz in die Motorblock-Öffnungen fällt.** Bohrungen mit einem Lappen verschließen. Zur Reinigung der Motorblock-Dichtfläche eventuell das Reinigungsmittel »Decabloc« verwenden. **Achtung:** Auf keinen Fall Schneidwerkzeuge oder Schleifmittel verwenden.
- Zylinderkopf-Dichtfläche reinigen.

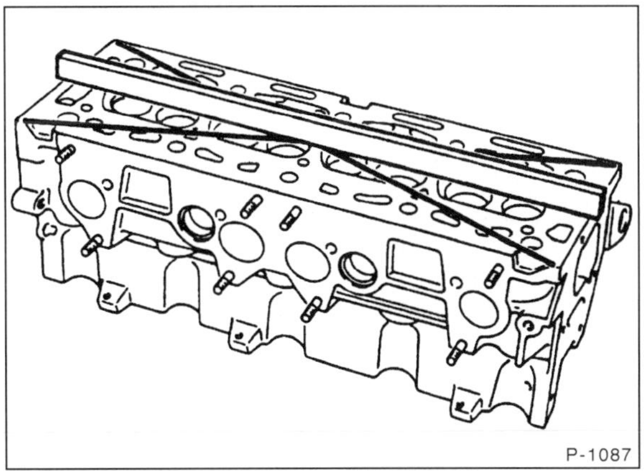

- Zylinderkopf und Motorblock mit Stahllineal in Längs- und Querrichtung auf Planheit prüfen. Der zulässige Wärmeverzug darf über die gesamte Länge gemessen nicht mehr als 0,07 mm betragen. **Achtung:** Die Zylinderkopf-Dichtfläche darf **nicht** abgedreht werden.
- Zylinderkopf auf Risse, Zylinderlaufflächen auf Riefen überprüfen.
- Folgende Teile auf einwandfreien Sitz und Zustand prüfen: Ventilsitze und Ventilführungen, Ventile, Ventilfedern, Wirbelkammern, Nockenwelle, Nockenwellenlager, Gewindelöcher.
- Neue Zylinderkopfdichtung mit gleicher Dicke, wie ausgebaut, so auflegen, dass keine Bohrungen verdeckt werden. Die Dicke der Zylinderkopfdichtung ist durch unterschiedliche Lochmarkierungen am Überstand gekennzeichnet. **Achtung:** Wurde der Zylinderkopf bearbeitet, müssen Brennkammerüberstand, Ventilrückstand und Kolbenüberstand geprüft werden. Entsprechend diesen Werten wird dann die Dicke der neuen Zylinderkopfdichtung bestimmt (Werkstattarbeit).
- Sicherstellen, dass sich Nockenwelle und Kurbelwelle in Einstelllage befinden, siehe unter »Zahnriemen aus- und einbauen«.
- Zentrierhülse in die Bohrung für die Zylinderkopfschraube 8 einsetzen, siehe Abbildung P-10220.
- Zylinderkopf aufsetzen.

- Grundsätzlich empfiehlt es sich, die Zylinderkopfschrauben zu ersetzen. Allerdings können auch die bisherigen Zylinderkopfschrauben wieder verwendet werden. In diesem Fall das Gewinde sorgfältig abbürsten und Länge der Schrauben zwischen Unterkante Schraubenkopf und Gewindeende messen. **Achtung:** Es gibt 2 Arten von Zylinderkopfschrauben: mit und ohne Nase am Gewindeende. Bei Schrauben ohne Nase darf das Maß 121,5 mm, bei Schrauben mit Nase das Maß 125,5 mm nicht überschritten werden. Sonst Zylinderkopfschrauben ersetzen.
- Gewinde sowie Auflagefläche der Scheibe mit »Molykote G Rapide Plus« bestreichen.

Achtung: Das Anziehen der Zylinderkopfschrauben ist mit größter Sorgfalt durchzuführen. Vor dem Anziehen der Schrauben sollte der Drehmomentschlüssel auf seine Genauigkeit überprüft werden. Außerdem wird zum Anziehen der Zylinderkopfschrauben eine Winkelscheibe, zum Beispiel HAZET 6690, benötigt. Steht die Winkelscheibe nicht zur Verfügung, Schlüssel so ansetzen, dass der Schlüsselarm parallel zur langen Seite des Zylinderkopfes steht. Schraube um ½ Umdrehung anziehen, bis der Schlüsselarm wieder parallel zur Zylinderkopflängsseite steht.

- Zylinderkopfschrauben mit **neuen** Scheiben von Hand einschrauben, dabei muss die gewölbte Seite der Scheiben nach oben zeigen.

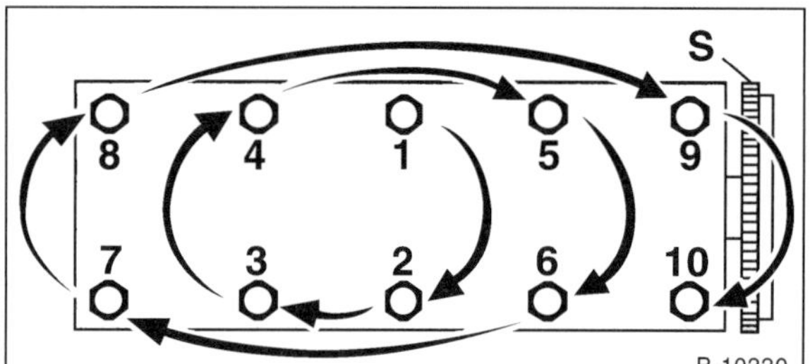

P-10220

- Zylinderkopfschrauben gemäß der Reihenfolge von 1 bis 10 in **drei Stufen** anziehen. Dabei die Zylinderkopfschrauben in jeder Stufe jeweils in der Reihenfolge von 1 bis 10 anziehen.

1.Stufe: mit Drehmomentschlüssel **20 Nm**

2.Stufe: mit Drehmomentschlüssel **60 Nm**

3.Stufe: mit starrem Schlüssel **180° weiterdrehen**

Achtung: Anschließend dürfen die Zylinderkopfschrauben **nicht** nachgezogen werden, auch nicht bei warmem Motor.

- Nockenwellen-Zahnrad mit **23 Nm** festschrauben.
- Zahnriemen einbauen, siehe Seite 178.

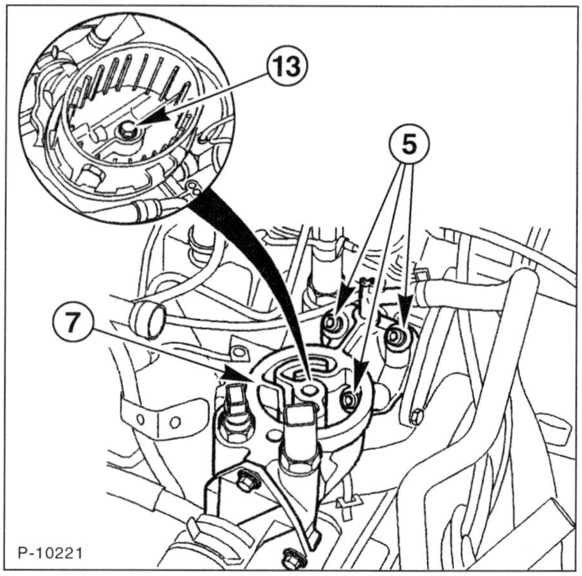

P-10221

- Kühlmittelaustrittsstutzen –7– mit neuer Dichtung ansetzen und mit **15 Nm** festschrauben –5–.
- Kraftstofffiltereinheit mit neuem Runddichtring einsetzen und mit **20 Nm** anschrauben –13–.
- Der weitere Einbau erfolgt in umgekehrter Ausbaureihenfolge.
- Dieselkraftstofffilter füllen, Kraftstoffsystem entlüften, siehe Seite 25.
- Kühlsystem auffüllen und entlüften.
- Batterie-Massekabel (–) bei ausgeschalteter Zündung anklemmen. **Nach Anklemmen der Batterie darf der Motor erst 10 Sekunden nach Einschalten der Zündung gestartet werden.** In dieser Zeit werden die elektronischen Systeme wieder aktiviert. Diebstahlcode für das Autoradio eingeben und Zeituhr einstellen.

Speziell 2,0-l-Dieselmotor

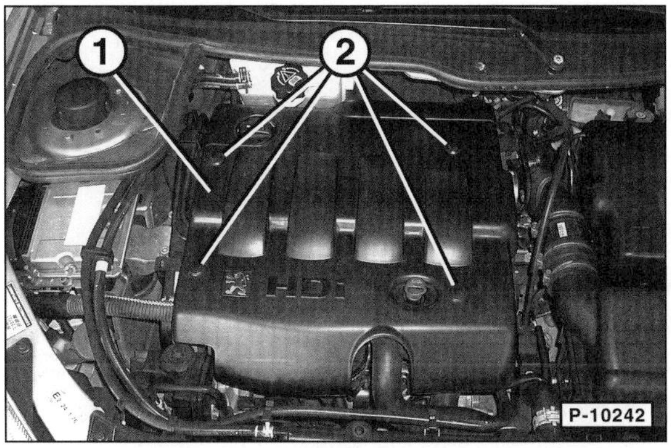

- Motorabdeckung –1– ausbauen. Dazu 4 Clips –2– um 90° (¼ Umdrehung) nach rechts oder links drehen und abziehen.

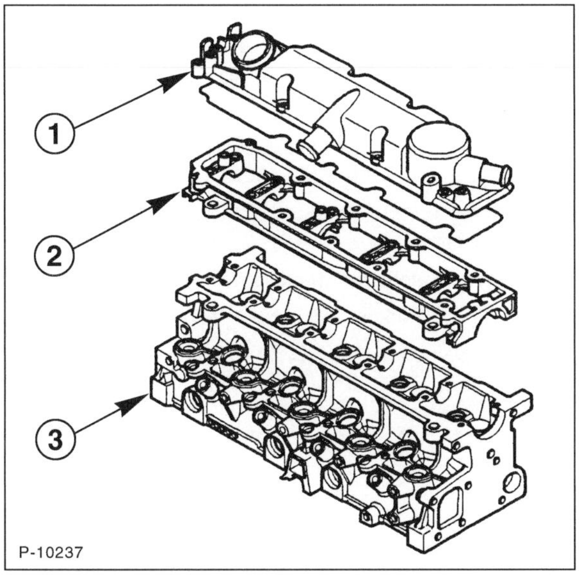

1 – Zylinderkopfdeckel
2 – Nockenwellengehäuse
3 – Zylinderkopf

Maximale Länge der Zylinderkopfschrauben: 133,4 mm

Anzugsmethode Zylinderkopf:

Achtung: Die Zylinderkopfschrauben in **jeder** Stufe jeweils in der **Reihenfolge von 1 bis 10** anziehen, siehe Abbildung P-10220.

1.Stufe: mit Drehmomentschlüssel **20 Nm**
2.Stufe: mit Drehmomentschlüssel **60 Nm**
3.Stufe: mit starrem Schlüssel **220° weiterdrehen**

Weitere Anzugsdrehmomente:

Zylinderkopfdeckel . . . . **8 Nm**
Saugrohr . . . . **23 Nm**
Abgaskrümmer . . . . **20 Nm**

Nockenwelle aus- und einbauen

1,9-l-Dieselmotor

Achtung: Werden Teile der Ventilsteuerung wieder verwendet, müssen diese an gleicher Stelle wieder eingebaut werden. Damit keine Verwechslungen vorkommen, empfiehlt es sich, ein entsprechendes Ablagebrett anzufertigen.

Ausbau

- Batterie-Massekabel (–) bei ausgeschalteter Zündung abklemmen. **Achtung:** Falls das eingebaute Radio einen Diebstahlcode besitzt, wird dieser beim Abklemmen der Batterie gelöscht. Das Radio kann anschließend nur durch die Eingabe des richtigen Codes, durch die PEUGEOT-Werkstatt oder den Radio-Hersteller wieder in Betrieb genommen werden. Vor dem Abklemmen daher unbedingt den Diebstahlcode ermitteln.
- Obere Motorabdeckung ausbauen.
- Luftfilter mit Luftschlauch ausbauen, siehe Seite 215.
- Oberteil Einlasskrümmer ausbauen.
- Schlauch für Abgasrückführventil ausbauen.
- Vakuumpumpe von der linken Stirnseite des Zylinderkopfs abschrauben, Unterdruckschlauch abziehen und Pumpe herausnehmen.
- Alle elektrischen Leitungen, Schläuche und Seilzüge mit Tesaband markieren, am Zylinderkopf abbauen und zur Seite legen.
- Zahnriemen ausbauen, siehe Seite 178.

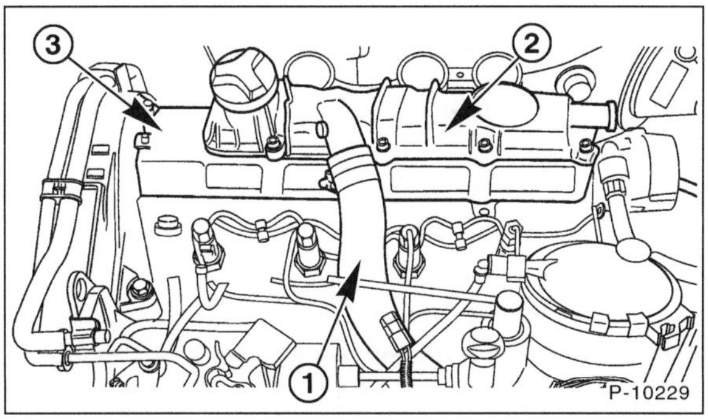

- Schlauch –1– abziehen, vorher Schelle lösen und zurückschieben.
- Oberen Zylinderkopfdeckel –2– abschrauben und abnehmen.
- Unteren Zylinderkopfdeckel –3– abschrauben und abnehmen.
- Nockenwellen-Zahnrad mit handelsüblichem Flanschhalter festhalten, Zentralschraube herausdrehen und Zahnriemenrad mit Nabe abnehmen.

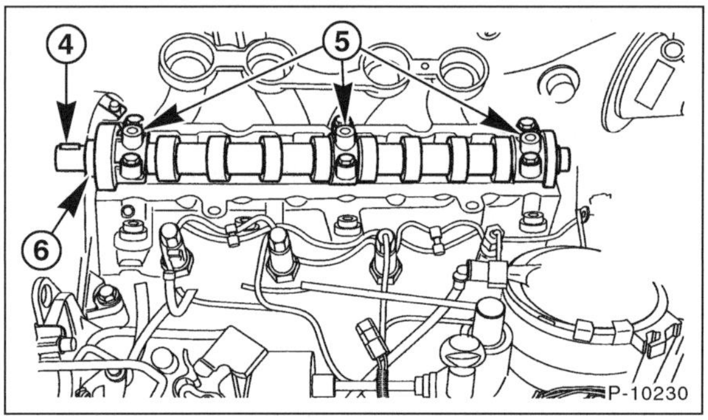

- Keil –4– aus der Nockenwelle –6– herausnehmen.
- Lagerdeckel –5– der Nockenwelle schrittweise lösen. Schrauben herausdrehen und Lagerdeckel abnehmen.
- Nockenwelle –6– herausnehmen.
- Wellendichtring abnehmen.
- Gegebenenfalls Tassenstößel mit den Einstellscheiben herausnehmen.

Einbau

- Falls eingebaut, Feststellstift für Schwungrad herausziehen.
- Kurbelwelle ¼ Umdrehung entgegen der Motordrehrichtung drehen. Dadurch stehen alle Kolben auf gleicher Höhe.
- Tassenstößel mit den entsprechenden Einstellscheiben an gleicher Stelle einsetzen, wie ausgebaut. **Achtung:** Werden Nockenwelle, Zylinderkopf oder Tassenstößel ersetzt, müssen zunächst Einstellscheiben mit 2,425 mm Stärke eingebaut werden.
- Lagerstellen und Nocken der Nockenwelle mit sauberem Motoröl ölen.
- Nockenwelle einsetzen.
- Lagerdeckel an denselben Stellen wie ausgebaut, einsetzen und leicht anschrauben.
- Anschließend die Lagerdeckel schrittweise vom mittleren Lager ausgehend in zwei Durchgängen festschrauben. Im ersten Durchgang mit 10 Nm festziehen und im zweiten Durchgang mit **20 Nm** festziehen.
- Ventilspiel prüfen und gegebenenfalls einstellen, siehe Seite 187.

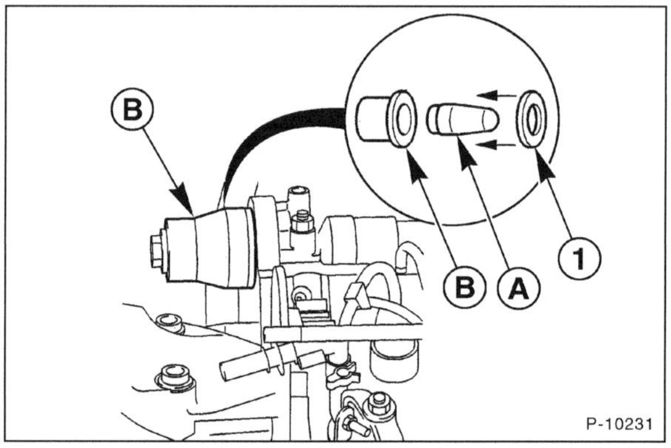

- Neuen Dichtring der Nockenwelle auftreiben. Die Fachwerkstatt setzt den Dichtring –1– mit dem Hilfswerkzeug –A– in das Werkzeug –B– und zieht damit den Dichtring in das Nockenwellenlager ein. Stehen die Hilfswerkzeuge nicht zur Verfügung, kann der Wellendichtring auch mit einem kurzen Rohr, welches einen identischen Außen- und Innendurchmesser wie der Dichtring aufweist, eingezogen werden. Dazu neuen Dichtring ansetzen und mit Rohr sowie einer passenden Schraube und geeigneten Unterlegscheiben gleichmäßig bis zum Anschlag einziehen.
- Keil in den Nockenwellenflansch einsetzen und Nockenwellen-Zahnrad mit Nabe aufschieben.
- Nockenwellenrad festhalten und Zentralschraube mit **45 Nm** festziehen.
- Zahnriemen einbauen, siehe Seite 178.
- Unteren Zylinderkopfdeckel mit **5 Nm** anschrauben.
- Oberen Zylinderkopfdeckel mit **8 Nm** anschrauben.

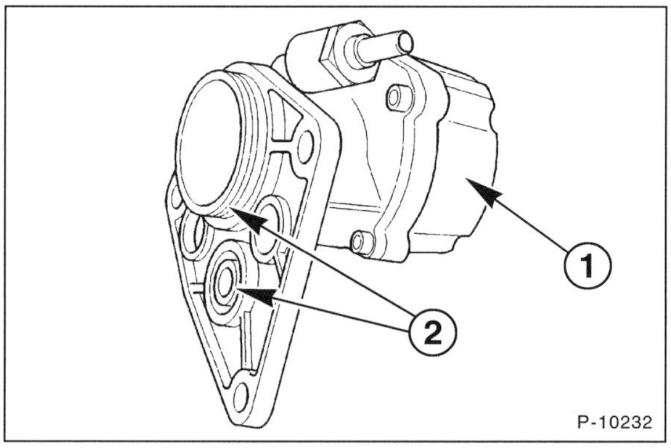

- Neue Runddichtringe –2– einölen und an der Vakuumpumpe –1– aufschieben.
- Vakuumpumpe ansetzen und mit **20 Nm** festschrauben.
- Der weitere Einbau erfolgt in umgekehrter Ausbaureihenfolge.
- Batterie-Massekabel (–) bei ausgeschalteter Zündung anklemmen. **Nach Anklemmen der Batterie darf der Motor erst 10 Sekunden nach Einschalten der Zündung gestartet werden.** In dieser Zeit werden die elektronischen Systeme wieder aktiviert. Diebstahlcode für das Autoradio eingeben und Zeituhr einstellen.

Ventilspiel prüfen/einstellen

Um unterschiedliche Wärmeausdehnungen im Ventiltrieb auszugleichen, muss ein gewisses Ventilspiel vorhanden sein. Beim 1,6-/2,0-l-DOHC-Benzinmotor gleichen hydraulische Tassenstößel, beim 2,0-l-Dieselmotor hydraulische Ventilstößel automatisch jegliches Ventilspiel aus.

Bei zu geringem Spiel verändern sich die Steuerzeiten, die Verdichtung ist schlecht, die Motorleistung nimmt ab und der Motorlauf ist unregelmäßig. In extremen Fällen können sich die Ventile verziehen oder die Ventile beziehungsweise Ventilsitze verbrennen.

Bei zu großem Spiel stellen sich starke mechanische Geräusche ein, die Steuerzeiten verändern sich, der Motor gibt wegen mangelhafter Zylinderfüllung weniger Leistung ab und der Motorlauf ist unregelmäßig.

Das Einstellen der Ventile hat nur dann den gewünschten Erfolg, wenn die Ventile einwandfrei abdichten, diese kein unzulässiges Spiel in den Ventilführungen haben und am Schaftende nicht eingeschlagen sind.

Das Ventilspiel ist jeweils nach Reparaturen, oder wenn Geräusche am Ventiltrieb auftreten, zu prüfen beziehungsweise einzustellen. Außerdem ist das Ventilspiel im Rahmen der Wartung zu prüfen.

Das Ventilspiel soll bei kaltem oder handwarmem Motor geprüft und eingestellt werden. Der Motor wird als »kalt« bezeichnet, wenn seine Temperatur der Umgebungstemperatur entspricht. Die Temperatur des handwarmen Motors muss unter +40° C liegen.

1,1-/1,4-/1,6-l-OHC-Benzinmotor

Ventilspiel

Einlassventile. . . . . . . 0,20 ± 0,05 mm (0,15 – 0,25 mm)
Auslassventile . . . . . . 0,40 ± 0,05 mm (0,35 – 0,45 mm)

Anordnung der Ventile

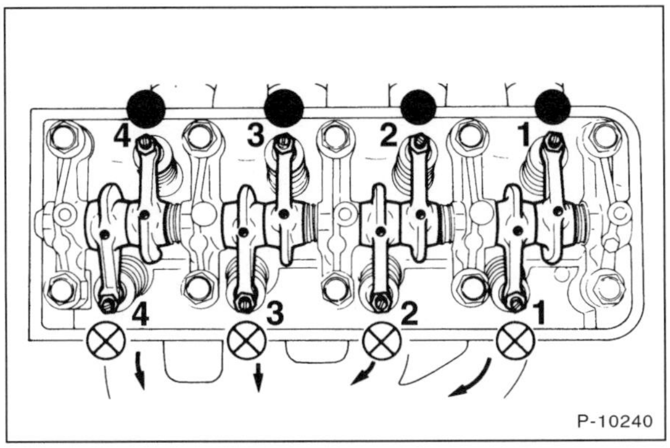

- Anordnung von **Einlassventilen ● und Auslassventilen** ⊗. Der Zylinder 1 befindet sich an der Getriebeseite des Motors.

Ventilspiel prüfen/einstellen

- Zylinderkopfdeckel ausbauen, siehe Seite 166.
- Motor an der Kurbelwelle verdrehen, bis der Nocken für das Auslassventil von Zylinder 1 nach oben zeigt. Dadurch wird das Auslassventil vollständig geöffnet. Motor durchdrehen, siehe Seite 165.
- Bei dieser Nockenwellenstellung kann das Ventilspiel am Einlassventil von Zylinder 3 und am Auslassventil von Zylinder 4 geprüft werden.

- Ventilspiel zwischen Einstellschraube und Ventilschaft mit einer Fühlerblattlehre prüfen. Das Ventilspiel ist richtig eingestellt, wenn sich die Fühlerblattlehre stramm durchziehen lässt, andernfalls Ventilspiel einstellen.
- Probehalber Fühlerblattlehre mit 0,05 mm Übermaß (über Sollwert) ansetzen, sie darf nicht mehr zwischen Einstellschraube und Ventilschaft passen.
- Zum Verstellen Kontermutter der Einstellschraube mit einem Maulschlüssel lösen und Einstellschraube mit Schraubendreher langsam und nur in kleinen Schritten verdrehen, bis sich die Fühlerblattlehre mit dem Sollwert saugend durchziehen lässt. **Hinweis:** Zum Verdrehen der M6-Einstellschraube wird ein Vierkantschlüssel benötigt.
- Einstellschraube mit Schraubendreher festhalten und Kontermutter festschrauben. Einstellung nochmals überprüfen. Anzugsdrehmoment für M6-Kontermutter: **9 Nm**; M9-Mutter: **18 Nm**.
- Nacheinander Ventilspiel für sämtliche Ventile prüfen und einstellen. Zur besseren Übersicht geprüftes Ventilspiel am Schlepphebel mit Farbstift kennzeichnen.

Prüf-/Einstellreihenfolge der Zylinder

Volle Ventilöffnung (Auslassventil)	Einstellung von	
	Einlassventil	Auslassventil
1	3	4
3	4	2
4	2	1
2	1	3

- Die Ventile können auch in unregelmäßiger Reihenfolge eingestellt werden: Motor verdrehen, bis an einem beliebigen Ventil der Nocken der Nockenwelle vom Schlepphebel wegweist. In dieser Stellung Spiel prüfen und gegebenenfalls korrigieren. Eingestellten Schlepphebel mit Farbstift kennzeichnen, nacheinander alle Ventile prüfen beziehungsweise einstellen.

Speziell 1,9-l-Dieselmotor

Ventilspiel

Einlassventile. . . . . . . 0,15 ± 0,07 mm (0,08 – 0,22 mm)
Auslassventile . . . . . . 0,30 ± 0,07 mm (0,23 – 0,37 mm)

Prüfen

- Luftfilter ausbauen, siehe Seite 215.
- Zylinderkopfdeckel ausbauen, siehe Seite 182.

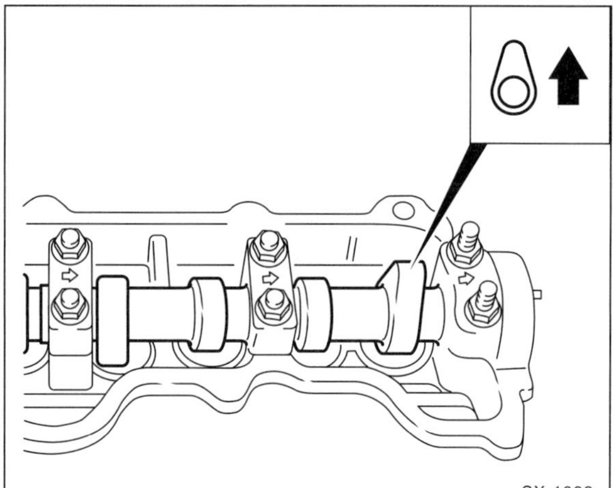
SX-1009

- Kurbelwelle und damit Nockenwelle drehen, bis der Nocken der Nockenwelle nach oben, also vom Ventil weg zeigt. **Achtung: Nicht** am Nockenwellenrad drehen.

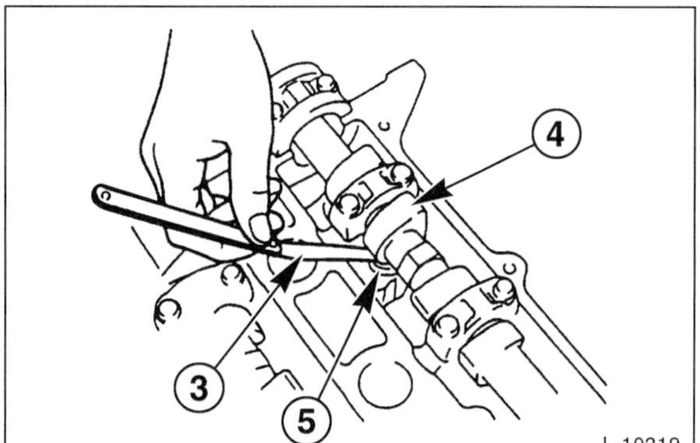

L-10219

- In dieser Stellung Ventilspiel mit Fühlerblattlehre prüfen. Dazu eine Fühlerblattlehre –3– zwischen Nocken –4– und Tassenstößel –5– schieben.
- Ein Fühlerblatt, dessen Dicke im Sollwertbereich liegt, muss sich saugend durchschieben lassen, andernfalls Ventilspiel einstellen.
- Falls das Ventilspiel eingestellt werden muss, Stärke des Fühlerblattes so lange wechseln, bis der Istwert des Ventilspiels ermittelt ist. Messwert notieren.
- Nocken des geprüften Ventils mit Farbstift kennzeichnen.
- Kurbelwelle weiterdrehen, bis der nächste Nocken nach oben zeigt und Spiel des nächsten Ventils prüfen. Die Reihenfolge der Ventilspielmessung ist egal. Die Kennzeichnung der Nocken erfolgt, damit man weiß, welches Ventilspiel schon kontrolliert wurde.

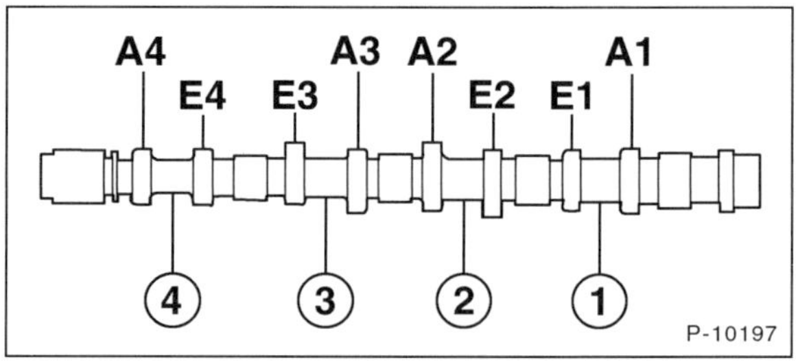

P-10197

- Die Abbildung zeigt die Anordnung der Ein- und Auslassventile. –A1– bezeichnet beispielsweise den Nocken für das Auslassventil von Zylinder 1, –E1– das Einlassventil von Zylinder 1. Zylinder 1 liegt an der Getriebeseite, Zylinder 4 an der Zahnriemenseite des Motors.

Einstellen

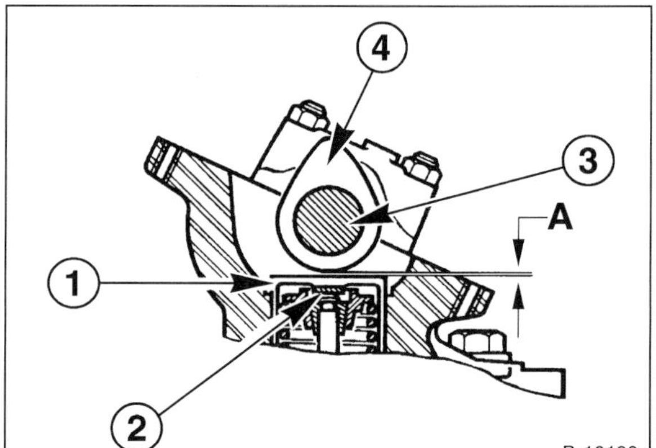

P-10198

Das Ventilspiel wird mittels Einstellscheiben –2– unterschiedlicher Dicke eingestellt. Die Einstellscheiben –2– befinden sich unten in den Tassenstößeln –1–. Zum Einstellen des Ventilspiels stehen als PEUGEOT-Ersatzteil Einstellscheiben von 2,425 mm bis 3,55 mm Dicke zur Verfügung, in Abstufungen von 0,075 mm. Da die Arbeit recht umfangreich ist und neben den Einstellscheiben auch ein Mikrometer erforderlich ist, empfiehlt es sich, bei wenig Erfahrung das Einstellen einer Fachwerkstatt zu überlassen. A – Ventilspiel, 3 – Nockenwelle, 4 – Nocken.

Bereits gelaufene Einstellscheiben können, wenn keine mechanische Beschädigungen vorliegen, wieder verwendet werden.

- Nockenwelle ausbauen, siehe Seite 185.

- Betreffenden Tassenstößel herausnehmen und Einstellscheibe herausnehmen. **Achtung:** Es empfiehlt sich, ein entsprechendes Ablagebrett anzufertigen, da die Tassenstößel an gleicher Stelle wieder eingebaut werden müssen.

Achtung: Werden Nockenwelle, Zylinderkopf oder Tassenstößel ersetzt, müssen zunächst Einstellscheiben mit 2,425 mm Stärke eingebaut werden.

Dicke der neuen Einstellscheibe ermitteln

- Mit einer Bügelmessschraube die Stärke der bisher eingebauten Einstellscheibe messen, Ergebnis notieren.

Zur Berechnung der Einstellscheibendicke folgende Formel anwenden:

$$N = T + (A - S)$$

N = Dicke der neu einzusetzenden Scheibe
T = Dicke der ausgebauten Scheibe
A = Gemessenes Ventilspiel
S = Sollwert des Ventilspiels, zum Beispiel Einlassventil: 0,15 mm.

- Neue Einstellscheibe mit Motoröl benetzen und in den Tassenstößel einlegen.

Hinweis: Mit zunehmender Laufleistung wird durch Setzen und Einschlagen der Ventile das Ventilspiel kleiner, das heißt, die vorhandene Einstellscheibe ist dann zu dick und muss durch eine dünnere ersetzt werden.

- Tassenstößel mit Einstellscheibe in den Zylinderkopf einsetzen.
- Auf diese Weise Spiel für alle einzustellenden Ventile korrigieren.
- Nockenwelle einbauen, siehe Seite 185.
- Luftfilter einbauen, siehe Seite 215.

Kompression prüfen

Die Kompressionsprüfung erlaubt Rückschlüsse über den Zustand des Motors. Und zwar lässt sich bei der Prüfung feststellen, ob die Ventile oder die Kolben (Kolbenringe) in Ordnung beziehungsweise verschlissen sind. Außerdem zeigen die Prüfwerte an, ob der Motor austauschreif ist beziehungsweise komplett überholt werden muss. Für die Prüfung wird ein Kompressionsdruckprüfer benötigt, der für Benzinmotoren recht preiswert in Fachgeschäften angeboten wird.

Achtung: Für den Dieselmotor wird ein Kompressionsdruckprüfer mit größerem Messbereich, bis ca. 40 bar, benötigt.

Der Druckunterschied zwischen den einzelnen Zylindern darf maximal 1,0 bar (Dieselmotor 1,5 bar) betragen. Falls ein oder mehrere Zylinder gegenüber den anderen einen Druckunterschied von mehr als 1,0 bar beziehungsweise 1,5 bar haben, ist dies ein Hinweis auf defekte Ventile, verschlissene Kolbenringe beziehungsweise Zylinderlaufbahnen. Ist die Verschleißgrenze erreicht, muss der Motor überholt beziehungsweise ausgetauscht werden.

Der Messwert für den Kompressionsdruck kann je nach verwendetem Messgerät und Anlasserdrehzahl unterschiedlich ausfallen. Als Soll-Richtwert gilt bei den Benzinmotoren 11-13 bar, beim Dieselmotor 20-25 bar Kompressionsdruck. Aussagefähiger ist der Druckunterschied zwischen den einzelnen Zylinder.

- ■ Zur Prüfung der Kompression den Motor warmfahren. Nach Erreichen der Kühlmittel-Betriebstemperatur noch etwa 5 km weiterfahren, damit auch eine ausreichende Motoröltemperatur +80° C sichergestellt ist.
- ■ Ventilspiel muss korrekt eingestellt sein, gegebenenfalls einstellen, siehe Seite 187.

Benzinmotor

- Zündung ausschalten.
- Sämtliche Zündkerzenstecker abziehen.
- Anschließend Zündkerzen-Nischen im Zylinderkopf mit Pressluft ausblasen, und alle Zündkerzen mit geeignetem Kerzenschlüssel herausschrauben.
- Stecker an den Einspritzventilen abziehen.
- Motor mit Anlasser durchdrehen, damit Rückstände und Ruß herausgeschleudert werden. **Achtung:** Getriebe in Leerlaufstellung bringen und Handbremse anziehen. Bei diesem Vorgang **nicht** über den Motor beugen, Verletzungsgefahr durch herausschleudernde Rußpartikel.
- Kompressionsdruckprüfer entsprechend der Bedienungsanleitung in die Zündkerzenöffnung drücken oder einschrauben.
- Von einem Helfer das Gaspedal ganz durchtreten lassen und während der ganzen Prüfung mit dem Fuß festhalten lassen.
- Anlasser ca. 4 Sekunden beziehungsweise so lange betätigen, bis kein Druckanstieg mehr auf dem Messgerät erfolgt. Die Batterie muss dabei voll geladen sein, die Drehzahl soll mindestens 300/min betragen.

- Nacheinander sämtliche Zylinder prüfen und vergleichen. Jeweils vorher das Messblatt im Kompressionsdruckschreiber in die neue Arbeitsstellung bringen.
- Anschließend Zündkerzen einschrauben und Zündkabel aufstecken, siehe Seite 28.
- Stecker an den Einspritzventilen aufstecken.

Dieselmotor

- Stecker –1– vom Absteller –2– an der Einspritzpumpe abziehen, damit kein Kraftstoff durch die Einspritzdüsen in den Brennraum eingespritzt wird.

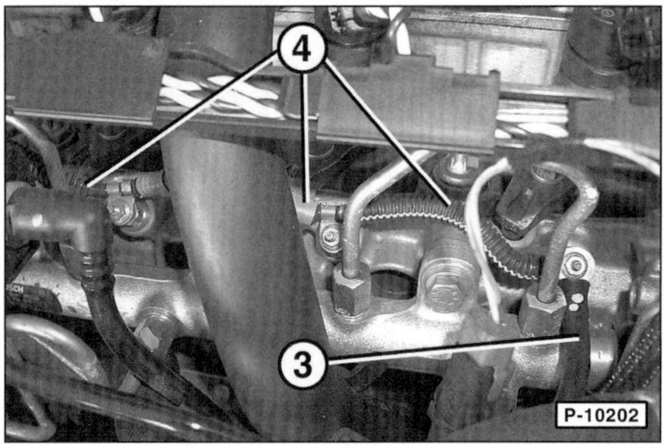

- Anschlusskabel –3– und Verbindungskabel –4– von den Glühkerzen abschrauben.

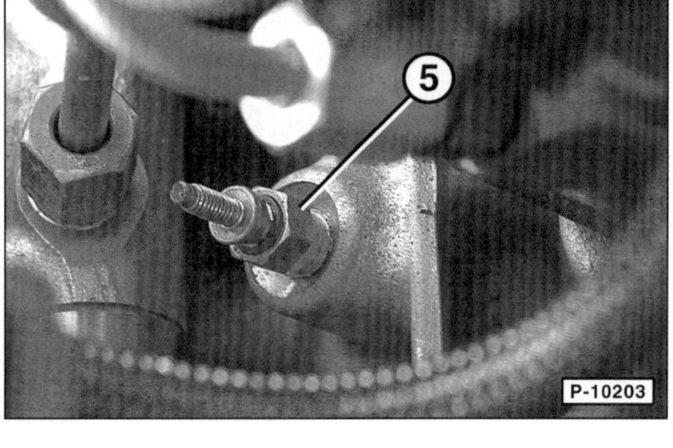

- Alle Glühkerzen –5– ausbauen, siehe Seite 226.
- Kompressionsdruckprüfer mit flexiblem Verbindungsschlauch anstelle einer Glühkerze einschrauben.
- Motor mit Anlasser so lange durchdrehen, bis der Messwert nicht mehr ansteigt. Dabei muss die Mindestdrehzahl des Motors bei 200/min liegen.
- Der gemessene Kompressionsdruck soll 22 bar nicht unterschreiten. Der Druckunterschied zwischen den einzelnen Zylindern darf maximal 1,5 bar betragen.
- Glühkerzen einschrauben, mit **22 Nm** festziehen und elektrische Leitungen anschließen.
- Leitung am Absteller montieren.

Keilrippenriemen aus- und einbauen/spannen

Die Nebenaggregate werden von einem Keilrippenriemen angetrieben. Der Keilrippenriemen verbindet die Kurbelwellen-Riemenscheibe mit den Riemenscheiben von Generator, Servopumpe und Klimakompressor.

Allgemeine Hinweise

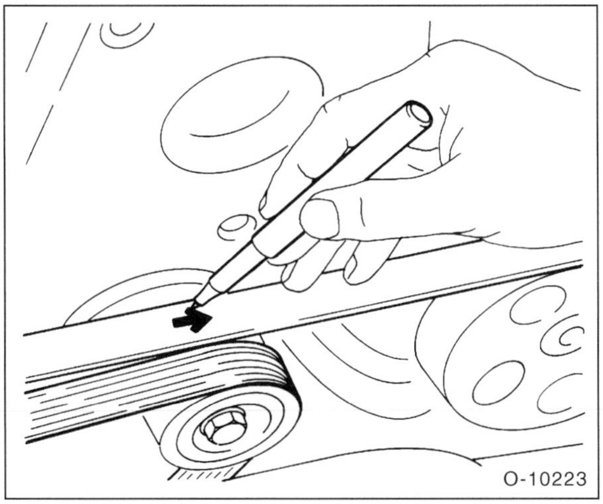

- Vor dem Ausbau Laufrichtung auf dem Keilrippenriemen mit einem Filzstift markieren. Der Riemen dreht sich im Uhrzeigersinn.

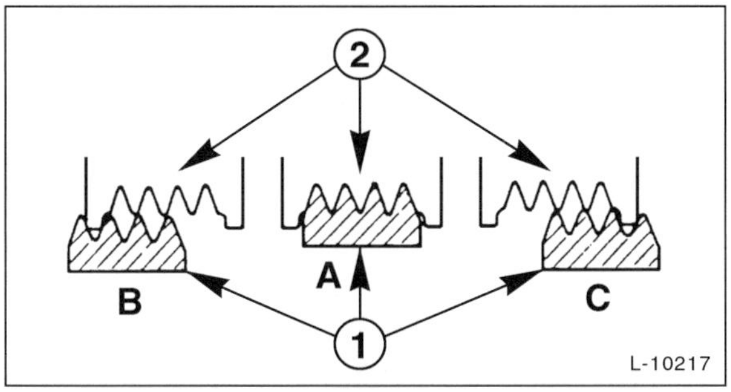

- Beim Auflegen des Keilrippenriemens darauf achten, dass die Längsrippen des Riemens –1– richtig in das Profil der Riemenscheiben –2– eingreifen –A–. Die Darstellungen –B– und –C– zeigen jeweils einen falsch aufgelegten Keilrippenriemen.

2,0-l-Benzinmotor

Ausbau

Hinweis: Zum Ausbau des Keilrippenriemens wird ein Feststellstift für die Spanneinheit benötigt. Die Fachwerkstatt verwendet den PEUGEOT-Feststellstift (-).0189-E.

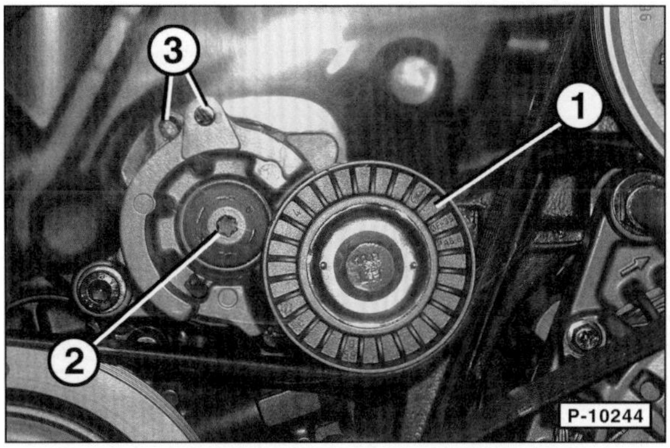

- Keilrippenriemen entspannen. Dazu Spannrolle –1– an der Innentorxaufnahme –2– so weit nach links drehen, bis die beiden Bohrungen –3– übereinander liegen. In dieser Stellung geeigneten Bohrer mit dem Schaft durch die Bohrungen stecken und dadurch Spannrolle arretieren.
- Keilrippenriemen abnehmen.

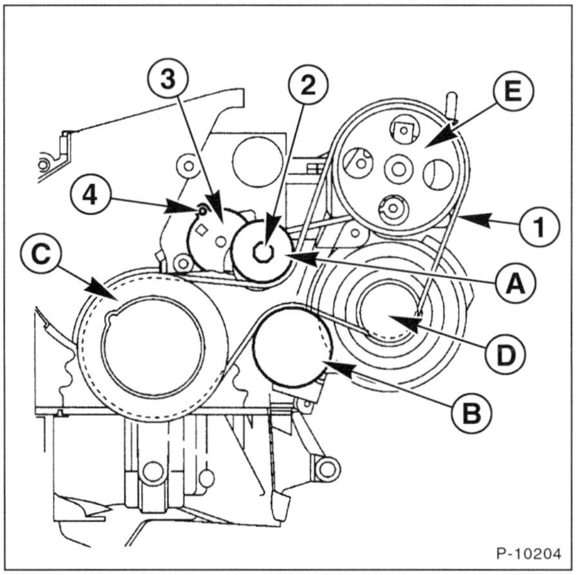

- Spannrolle –A– und Umlenkrolle –B– von Hand auf leichten Lauf und eventuelles Spiel prüfen. Bei Schwergängigkeit oder Spiel, jeweilige Rolle ersetzen. C – Kurbelwellen-Riemenscheibe, D – Generator-Riemenscheibe, E – Servopumpen-Riemenscheibe, 1 – Keilrippenriemen, 2 – Spannrolle, 3 – Spannvorrichtung, 4 – Arretierbohrung.

Einbau

- Keilrippenriemen auflegen, dabei Riemen zuletzt auf die Spannrolle –A– auflegen.

- Sichtprüfen, ob der Riemen richtig in den Nuten der Riemenscheiben liegt.
- Riemenspanner etwas nach links drehen und Feststellstift entnehmen. Anschließend Spanner langsam nach rechts drehen und dadurch Keilrippenriemen spannen.

Spannung des Keilrippenriemens

Hinweis: Die Riemenspannung wird je nach Motor und Ausstattung mit dem Riemenspannungs-Messgerät SEEM C.TRONIC 105.5 geprüft und eingestellt werden. Bei Fahrzeugen mit automatischem Riemenspanner entfällt dieser Vorgang. Das Messgerät SEEM C.TRONIC 105.5 wird auch zum Spannen des Zahnriemens benötigt, siehe Seite 166.

Motor	Antrieb	Spannungswerte	
		Neu	gebraucht
1,1-/1,4-/ 1,6-l-Benz.	nur Generator	81 (120)*	67 (90)*
	mit Servo **oder** Klima	138	103
	mit Servo **und** Klima	AUTO	AUTO
2,0-l-Benz.	–	AUTO	AUTO
1,9-l-Diesel	nur Generator	114	–
	mit Servo **oder** Klima	114	–
	mit Servo **und** Klima	AUTO	AUTO
2,0-l-Diesel	–	AUTO	AUTO

Die Riemenspannung wird immer zwischen den beiden Riemenscheiben gemessen, die am weitesten voneinander entfernt sind. AUTO: Für die richtige Riemenspannung sorgt ein automatischer Riemenspanner, die Riemenspannung kann manuell nicht eingestellt werden.

Als »gebraucht« bezeichnet man einen Keilrippenriemen, der bereits über eine Stunde gelaufen ist.

Riemenverlauf

1,1-/1,4-/1,6-l-Benzinmotor mit Servolenkung

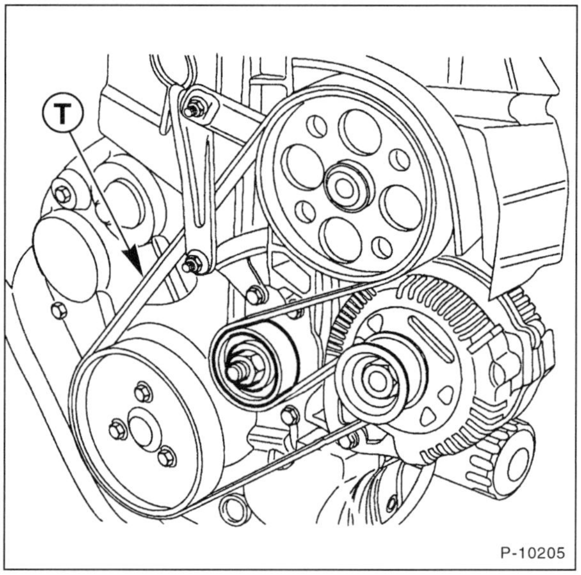

T = Messpunkt für Riemenspannungs-Messgerät.

1,9-l-Dieselmotor mit Klimakompressor

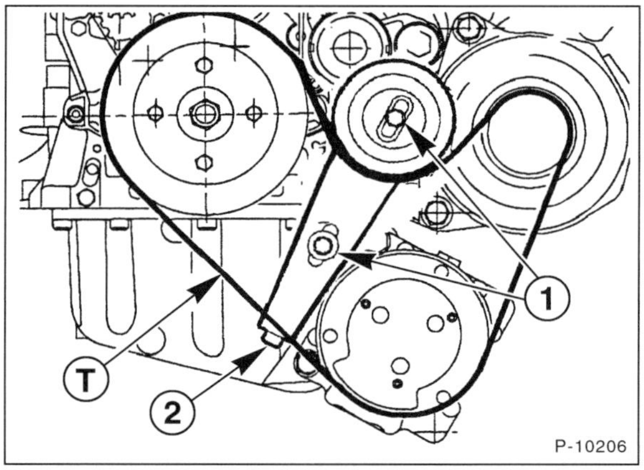

T = Messpunkt für Riemenspannungs-Messgerät.

- Spannung einstellen. Dazu die Klemmschrauben –1– lösen und Spannschraube –2– verdrehen. Bei richtig eingestellter Spannung die Klemmschrauben –1– festziehen.

2,0-l-Dieselmotor mit Servolenkung und Klimakompressor

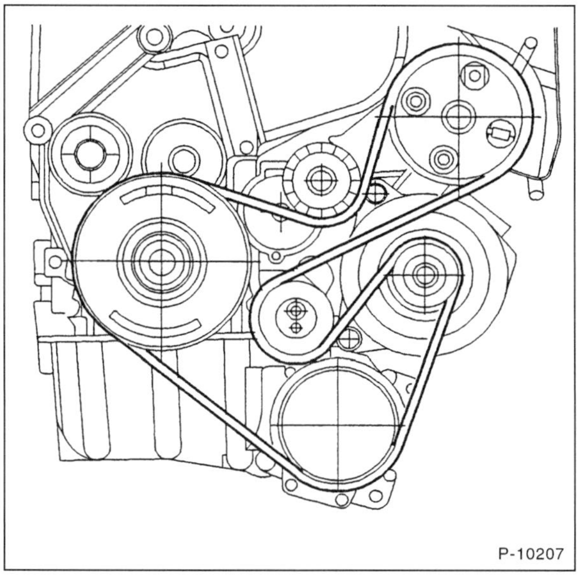

- Keilrippenriemen –1– entspannen. Dazu Klemmschraube –2– lösen und Spannrolle –3– an der Innenvierkantaufnahme –4– im Gegenuhrzeigersinn drehen. Bei entspanntem Keilrippenriemen Klemmschraube festziehen.

1,4-l-Dieselmotor mit Servolenkung und Klimakompressor

- Keilrippenriemen entspannen. Dazu Vierkant-Montierhebel in die Nut –1– des Spanners –2– einsetzen und Spanner im Uhrzeigersinn drehen, bis sich ein geeigneter Bohrerschaft am Spanner vorbei in die Bohrung –3– einsetzen lässt. Spanner etwas zurückdrehen, bis er am Bohrerschaft anliegt.

Motor starten

Alle Motoren

- **Schaltgetriebe:** Handbremse anziehen, Kupplung ganz durchtreten und halten, Schaltgetriebe in Leerlauf schalten. Besonders bei niedrigen Außentemperaturen erleichtert eine betätigte Kupplung das Starten, da die Reibung vom Getriebe entfällt.
- **Automatikgetriebe** in »P« stellen. Fußbremse treten und halten.

Achtung: Anlasser nicht länger als 30 Sekunden ununterbrochen betätigen, sonst können Anlasser und Verkabelung überhitzen.

Benzinmotor

- Zündschlüssel drehen und Anlasser betätigen, dabei **kein Gas geben**. Sobald der Motor läuft, Schlüssel loslassen. Wenn der Motor nicht innerhalb von 15 Sekunden anspringt, ca. 10 Sekunden warten und Startvorgang wiederholen. Springt der Motor nicht an oder bleibt sofort wieder stehen, Startvorgang mit halb getretenem Gaspedal, bei einem eventuell folgenden Startversuch mit ganz getretenem Gaspedal wiederholen.
- Grundsätzlich sofort losfahren, nur bei strengem Frost Motor ca. 30 Sekunden warm laufen lassen.

Achtung: Häufige vergebliche Startversuche hintereinander können den Katalysator schädigen, da unverbranntes Benzin in den Katalysator gelangt und bei Erwärmung explosionsartig verbrennt.

Dieselmotor

- **Bei kaltem Motor:** Zündung einschalten, bis die Vorglüh-Kontrolllampe erlischt. Sofort nach Verlöschen der Kontrolllampe Motor anlassen, dabei **kein Gas geben**. Setzen beim Starten nur unregelmäßige Zündungen ein, Anlasser so lange weiter betätigen (maximal ½ Minute), bis der Motor aus eigener Kraft durchläuft. Springt der Motor nicht an, Zündschlüssel in Stellung 0 zurückdrehen und ca. 30 Sekunden warten. Anschließend nochmals vorglühen und Startvorgang wie beschrieben wiederholen. Bei sehr niedrigen Umgebungstemperaturen Gaspedal beim Starten ganz durchtreten.

Achtung: Solange vorgeglüht wird, dürfen keine größeren elektrischen Verbraucher eingeschaltet sein, sonst wird die Batterie unnötig belastet.

Hinweis: Aufgrund der guten Kaltstarteigenschaften des **Diesel-Direkteinspritzers**, braucht bei diesem Motor in der Regel erst bei Außentemperaturen unter 0° C vorgeglüht zu werden.

- **Bei warmem Motor** braucht nicht vorgeglüht zu werden Motor sofort anlassen, kein Gas geben.

Störungsdiagnose Motor

Benzinmotor: Wenn der Motor nicht anspringt, Fehler systematisch einkreisen. Damit der Motor überhaupt anspringen kann, müssen immer zwei Grundvoraussetzungen erfüllt sein: Das Kraftstoff-Luftgemisch muss bis in die Zylinder gelangen und der Zündfunke muss an den Zündkerzenelektroden überschlagen. Als Erstes ist deshalb immer zu prüfen, ob überhaupt Kraftstoff gefördert wird. Wie man dabei vorgeht, steht in den Kapiteln »Kraftstoffanlage« und »Motormanagement«. Störungen in der Steuerelektronik lassen sich nur noch mit speziellen Messgeräten herausfinden.

Beim Dieselmotor Vorglüh- und Kraftstoffanlage prüfen.

Störung: Der Motor springt schlecht oder gar nicht an.

Ursache	Abhilfe
Sicherung defekt für: – Elektrische Kraftstoffpumpe, – Elektronische Einspritzanlage, – Vorglühanlage.	■ Sicherung prüfen, siehe »Elektrische Anlage«.
Benzinmotor: Zündanlage defekt.	■ Systemprüfung des Motormanagements (Werkstattarbeit).
Fehler im Motormanagement.	■ Motormanagement prüfen lassen (Werkstattarbeit).
Kraftstoffanlage defekt, verschmutzt.	■ Kraftstoffpumpe und -leitungen überprüfen.
Anlasser dreht zu langsam.	■ Batterie laden. Anlasserstromkreis überprüfen. Korrodierte Anschlüsse reinigen.
Wegfahrsperre sperrt den Motor.	■ Zündschlüssel wechseln, Wegfahrsperre überprüfen lassen.
Falsche Steuerzeiten.	■ Steuerzeiten überprüfen, Zahnriemen erneuern.
Zylinderkopfdichtung defekt.	■ Dichtung ersetzen.

Motor-Schmierung

Aus dem Inhalt:

- Ölvorschriften
- Ölverbrauch
- Ölkreislauf im Motor
- Öldruckkontrolle
- Ölwannenausbau
- Ölpumpe/Ölfilter

Für die Motor-Schmierung sind **Mehrbereichsöle** vorgeschrieben, so dass ein jahreszeitbedingter Ölwechsel (Sommer/Winter) nicht erforderlich ist. Mehrbereichsöle bauen auf einem dünnflüssigen Einbereichsöl auf (zum Beispiel: 10 W) und werden durch so genannte »Viskositätsindexverbesserer« im heißen Zustand stabilisiert. Dadurch ist sowohl für den kalten wie auch für den heißen Motor die richtige Schmierfähigkeit gegeben.

Die SAE-Bezeichnung gibt die Viskosität des Motoröls an. **SAE** = **S**ociety of **A**utomotive **E**ngineers.

Beispiel: SAE 10 W 40:

10 – Viskosität des Öls in kaltem Zustand. Je kleiner die Zahl, desto dünnflüssiger ist das kalte Motoröl.

W – Das Motoröl ist wintertauglich.

40 – Viskosität des Öls in heißem Zustand. Je größer die Zahl, desto dickflüssiger ist das heiße Motoröl.

Es können auch **Leichtlauföle** (Hochleistungsöle) verwendet werden. Dabei handelt es sich um Mehrbereichsöle, denen unter anderem Reibwertverminderer zugesetzt wurden, wodurch sich die Reibung innerhalb des Motors vermindert. Für das Leichtlauföl wird als Grundöl ein Synthetiköl verwendet.

Anwendungsbereich/Viskositätsklassen

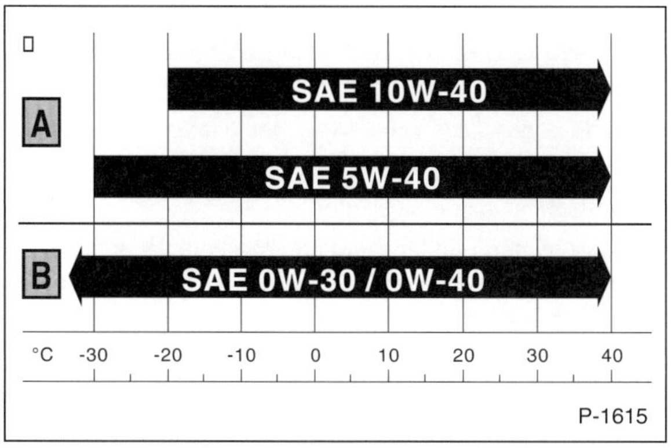

A – Benzin- und Dieselmotor
B – Benzinmotor

In der Abbildung wird die Motoröl-Viskosität in Abhängigkeit von der Außentemperatur dargestellt. Da die Einsatzbereiche benachbarter SAE-Klassen sich überschneiden, können kurzfristige Temperaturschwankungen unberücksichtigt bleiben. Es ist zulässig, Öle verschiedener Viskositätsklassen miteinander zu mischen, wenn einmal Öl nachgefüllt werden muss und die Außentemperaturen nicht mehr der Viskositätsklasse des im Motor befindlichen Öles entsprechen.

Zusatzschmiermittel – gleich welcher Art – sollen weder dem Kraftstoff noch den Schmierölen beigemischt werden.

Spezifikation des Motoröls

Die Qualität eines Motoröls wird durch Normen der Automobil- sowie der Ölhersteller gekennzeichnet.

Die Klassifikation der Motoröle amerikanischer Ölhersteller erfolgt nach dem **API**-System (**A**merican **P**etroleum **I**nstitut): Die Kennzeichnung erfolgt durch jeweils zwei Buchstaben. Der erste Buchstabe gibt den Anwendungsbereich an: **S** = Service, für **Ottomotoren** geeignet; **C** = Commercial, für **Dieselmotoren** geeignet. Der zweite Buchstabe gibt die Qualität in alphabetischer Reihenfolge an. Von höchster Qualität sind Öle der API-Spezifikation **SJ** für Ottomotoren und **CF** für Dieselmotoren.

Europäische Ölhersteller geben eine **ACEA**-Spezifikation an (API: Association des Constructeurs Européens de l'Automobile). Dabei wird insbesondere die europäische Motorentechnologie berücksichtigt. Öle für Benzinmotoren erhalten die Klassen ACEA A1-96 bis A3-96; Dieselmotoröle erhalten die Klassen B1-96 bis B3-96. **»96«** steht für den Beginn der Gültigkeit der ACEA-Klassifikation im Jahr 1996. Motoröle mit höheren Jahreszahlangaben können ebenfalls verwendet werden. Von höchster Qualität sind Öle **A3** für Benzin- und **B3** für Dieselmotoren.

Achtung: Motoröle, die vom Hersteller ausdrücklich als Öle für Dieselmotoren bezeichnet werden, sind für Ottomotoren nicht geeignet. Es gibt Öle, die sowohl für den Otto- als auch für den Dieselmotor geeignet sind. In diesem Fall sind beide Spezifikationen (Beispiel: ACEA A3/B3 oder API SH/CF) auf der Öldose vermerkt.

Das richtige Motoröl für den PEUGEOT 206

Benzinmotor: Mehrbereichsöl der ACEA-Spezifikation A3, notfalls API-SH/SJ.

Dieselmotor: Mehrbereichsöl der ACEA-Spezifikation B3, notfalls API-CD/CF.

Ölkreislauf

Die Motoren sind mit einer so genannten Druckumlaufschmierung ausgestattet.

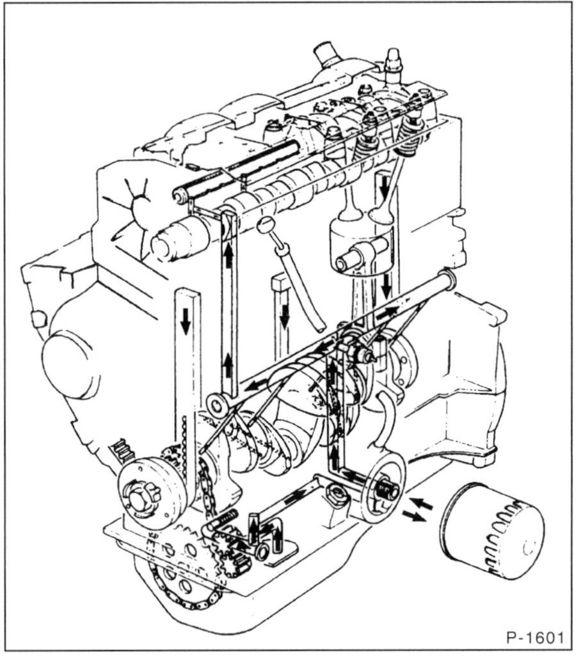

Die Ölpumpe saugt über ein Ölsieb das Motoröl aus der Ölwanne an und drückt es durch den Ölfilter. An der Druckseite der Ölpumpe befindet sich ein Überdruckventil (Druckregelventil). Bei zu hohem Öldruck öffnet das Ventil, und ein Teil des Öls kann in die Ölwanne zurückfließen.

Durch die Mittelachse der Filterpatrone gelangt das gefilterte Öl direkt in den Hauptölkanal. Dort sitzt auch der Öldruckschalter, der über die Öldruck-Kontrolllampe im Kombiinstrument dem Fahrer einen zu niedrigen Öldruck anzeigt. Bei einem verstopften Ölfilter leitet ein Kurzschlussventil das Öl direkt und ungefiltert in den Hauptölkanal.

Vom Hauptölkanal zweigen Kanäle ab zur Schmierung der Kurbelwellenlager. Durch schräge Bohrungen in der Kurbelwelle wird das Öl an die Pleuellager geleitet. Zur Kühlung der Kolbenböden wird aus Spritzdüsen Öl von unten gegen die Kolben gespritzt.

Gleichzeitig gelangt das Motoröl über Steigleitungen in den Zylinderkopf und versorgt dort Nockenwellenlager und Ventilsteuerung.

Bei bestimmten Motoren sowie bei Fahrzeugen mit Automatikgetriebe wird das heiße Motoröl durch einen zusätzlichen Ölkühler gekühlt. Der Ölkühler sitzt am Ölfilterflansch und ist an den Kühlmittelkreislauf angeschlossen.

Ölverbrauch

Bei einem Verbrennungsmotor versteht man unter dem Ölverbrauch diejenige Ölmenge, die als Folge des Verbrennungsvorganges verbraucht wird. Auf keinen Fall ist Ölverbrauch mit Ölverlust gleichzusetzen, wie er durch Undichtigkeiten an Ölwanne, Zylinderkopfdeckel usw. auftritt.

Normaler Ölverbrauch entsteht durch Verbrennung jeweils kleiner Mengen im Zylinder; durch Abführen von Verbrennungsrückständen und Abrieb-Partikeln. Zudem verschleißt das Öl durch hohe Temperaturen und hohe Drücke, denen es im Motor fortwährend ausgesetzt ist. Auch äußere Betriebsverhältnisse, wie Fahrweise sowie Fertigungstoleranzen haben einen Einfluss auf den Ölverbrauch. Der Ölverbrauch darf höchstens 1,0 l/1000 km betragen.

Achtung: Auf keinen Fall Öl über die »Maximal«-Markierung einfüllen. Wurde zu viel Öl eingefüllt, muss das überschüssige Öl abgelassen werden. Sonst kann der Katalysator beschädigt werden, da unverbranntes Öl in die Abgasanlage gelangt.

Öldruck prüfen

Der Öldruck muss geprüft werden, wenn bei laufendem Motor und korrektem Ölstand die Öldruckwarnleuchte anbleibt. Ölstand prüfen, siehe Seite 16.

- Fahrzeug warmfahren, die Öltemperatur soll ca. +80° C betragen. Ölstand kontrollieren.

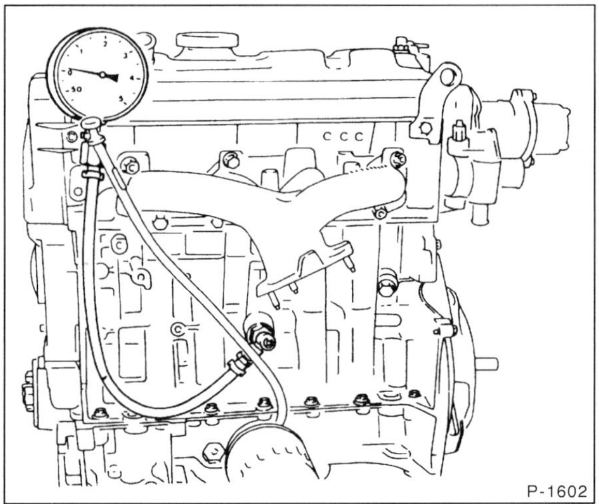

- Stecker vom Öldruckschalter abziehen und Öldruckschalter herausschrauben. Der Öldruckschalter befindet sich oberhalb oder unterhalb vom Ölfilter.
- Anstelle des Öldruckschalters geeignetes Manometer in den Motorblock einschrauben.
- Drehzahlmesser anschließen.
- Motor starten und langsam auf Prüfdrehzahl bringen. Bei einer Öltemperatur von +80° C muss folgender Mindest-Öldruck (bar) erreicht werden:

Prüfdrehzahl	1000/min	2000/min	3000/min	4000/min
Benzinmotor				
1,1-/1,4-l	2,0 bar	3,0 bar	–	4,0 bar
1,6-l	1,5 bar	3,0 bar	–	4,0 bar
2,0-l	3,4 bar	6,3 bar	6,9 bar	–
Dieselmotor				
1,9-l	1,8 bar	3,7 bar	–	4,5 bar
2,0-l	2,0 bar	2,8 bar	3,8 bar	4,0 bar

- Die durch den Öldruckschalter gesteuerte Ölwarnleuchte im Armaturenbrett leuchtet bei einem Öldruck unter 0,8 bar und erlischt, wenn der Öldruck auf über 0,8 bar steigt.
- Motor abstellen und Öldruckmanometer abbauen.
- Öldruckschalter mit neuem Dichtring einsetzen und anschrauben. Anzugsdrehmoment Benzinmotor: **25 Nm,** Dieselmotor: **30 Nm.**
- Falls der Öldruck vom Sollwert abweicht, siehe »Störungsdiagnose Ölkreislauf«.
- Drehzahlmesser entfernen.

Ölwanne/Ölfilter/Ölpumpe

1,1-/1,4-l-Benzinmotor

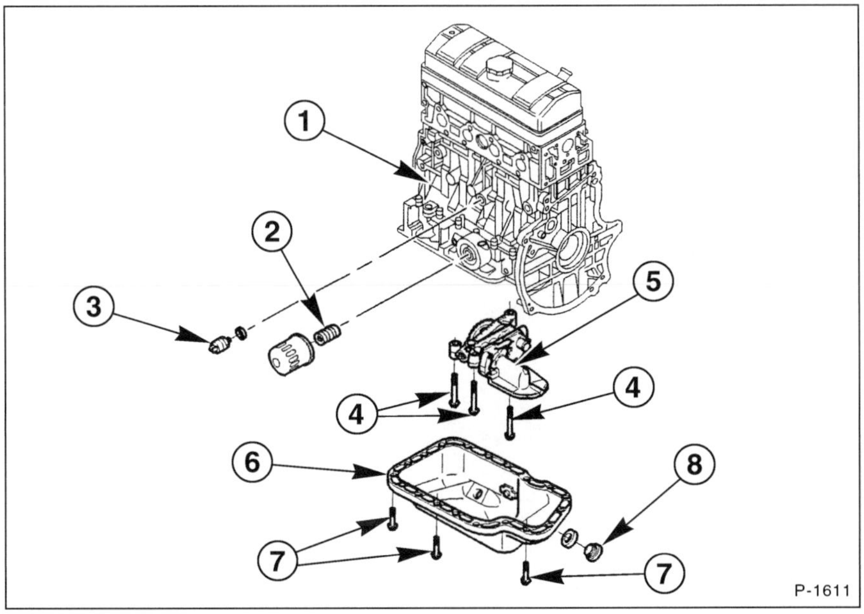

1 – Aluminium-Motorblock
2 – Filterstutzen, 8 Nm
3 – Öldruckschalter, 25 Nm
4 – Schrauben, 9 Nm
5 – Ölpumpe
6 – Ölwanne
7 – Schrauben, 8 Nm
8 – Ablassschraube

2,0-l-Dieselmotor

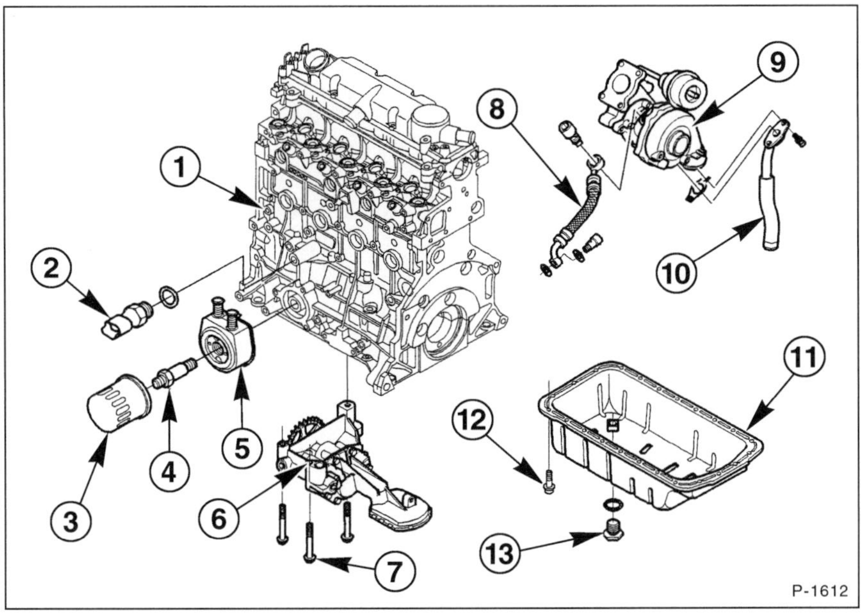

1 – Motorblock
2 – Öldruckschalter, 30 Nm
3 – Ölfilterpatrone
4 – Filterstutzen, 50 Nm
5 – Ölkühler
6 – Ölpumpe
7 – Schrauben, 16 Nm
8 – Ölzulaufleitung
9 – Turbolader
10 – Ölablaufleitung
11 – Ölwanne
12 – Schraube, 16 Nm
13 – Ablassschraube, 35 Nm

Ölwanne aus- und einbauen

2,0-l-Dieselmotor

Hinweis: Spezielle Hinweise für den 1,6-l-DOHC-Benzinmotor stehen am Ende des Kapitels.

Ausbau

- Batterie-Massekabel (–) bei ausgeschalteter Zündung abklemmen. **Achtung:** Falls das eingebaute Radio einen Diebstahlcode besitzt, wird dieser beim Abklemmen der Batterie gelöscht. Das Radio kann anschließend nur durch die Eingabe des richtigen Codes, durch die PEUGEOT-Werkstatt oder den Radio-Hersteller wieder in Betrieb genommen werden. Vor dem Abklemmen daher unbedingt den Diebstahlcode ermitteln.

Sicherheitshinweis
Beim Aufbocken des Fahrzeugs besteht Unfallgefahr! Deshalb vorher das Kapitel »Fahrzeug aufbocken« durchlesen.

- Fahrzeug aufbocken.
- Untere Motorabdeckung ausbauen, siehe Seite 165.
- Motoröl ablassen, siehe Seite 18.

- Kupplungsabdeckblech –1– mit 2 Schrauben abschrauben.
- Leitungen für Klimaanlage am Halter –2– aushängen.
- Ölwanne –3– abschrauben –Pfeile– und nach unten abnehmen. **Hinweis:** Von den 4 Schrauben auf der getriebeseitigen Stirnseite sind nicht alle Schrauben in der Abbildung sichtbar. Je nach Ausstattung ist die Ölwanne an der Getriebeseite mit Muttern befestigt.

Einbau

- Passflächen von Motorblock und Ölwanne reinigen. Alte Dichtmasse mit einem Rasiermesser oder einem Dichtmittelschaber restlos entfernen. Darauf achten, dass die Dichtflächen nicht zerkratzt oder beschädigt werden.
- Dichtflächen an Ölwanne und Motorblock mit Fettlöser abreiben und trocknen. Als Reinigungsmittel kann beispielsweise Spiritus oder Aceton verwendet werden.
- Auf die Dichtfläche der Ölwanne eine gleichmäßige dünne Schicht Dichtmasse auftragen, beispielsweise PEUGEOT-Silikondichtmasse-E10 oder LOCTITE-Silikon-Blau-RTV.
- Ölwanne ansetzen und handfest anschrauben. Anschließend die 23 Schrauben über Kreuz mit **16 Nm** festziehen.
- Kupplungsabdeckblech anschrauben.
- Leitungen für Klimaanlage am Halter einhängen.
- Untere Motorabdeckung einbauen.
- Fahrzeug ablassen.
- Batterie-Massekabel (–) bei ausgeschalteter Zündung anklemmen. **Nach Anklemmen der Batterie darf der Motor erst 10 Sekunden nach Einschalten der Zündung gestartet werden.** In dieser Zeit werden die elektronischen Systeme wieder aktiviert. Diebstahlcode für das Autoradio eingeben und Zeituhr einstellen.

Speziell 1,6-l-DOHC-Benzinmotor

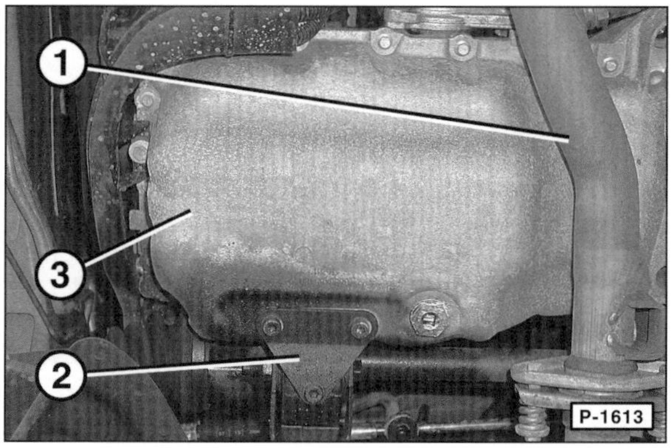

- Vorderes Abgasrohr –1– ausbauen, siehe Seite 233.
- Halter –2– abschrauben.
- Ölwanne –3– abschrauben und nach unten abnehmen. Festsitzende Ölwanne mit Schraubendreher seitlich vorsichtig abdrücken. Anzugsdrehmoment der Ölwannenschrauben: **8 Nm.**

Störungsdiagnose Ölkreislauf

Störung	Ursache	Abhilfe
Öldruck-Kontrolllicht im Kombiinstrument leuchtet nicht nach Einschalten der Zündung.	Öldruckschalter defekt.	■ Zündung einschalten, Leitung vom Öldruckschalter abziehen und gegen Masse halten. Wenn die Kontrolllampe leuchtet, Schalter ersetzen.
	Strom zum Schalter unterbrochen, Kontakte korrodiert.	■ Elektrische Leitung und Anschlüsse prüfen.
	Kontrolllampe defekt.	■ Kontrolllampe ersetzen.
Kontrolllicht verlischt nicht nach Anspringen des Motors.	Öl sehr warm.	■ Unbedenklich, wenn Kontrolllicht beim Gas geben verlischt.
Kontrolllicht verlischt nicht beim Gas geben bzw. leuchtet während der Fahrt.	Öldruck zu gering.	■ Ölstand prüfen, ggf. auffüllen; Öldruck nach Vorschrift prüfen.
	Elektrische Leitung zum Öldruckschalter hat Kurzschluss gegenüber Masse.	■ Kabel am Schalter abziehen und isoliert ablegen, nicht gegen Masse legen. Zündung einschalten. Wenn die Kontrolllampe aufleuchtet, Leitung überprüfen.
	Öldruckschalter defekt.	■ Schalter auswechseln.
Zu niedriger Öldruck im gesamten Drehzahlbereich.	Zu wenig Öl im Motor.	■ Motoröl nachfüllen.
	Ansaugsieb in der Saugglocke verschmutzt, Saugrohr gebrochen.	■ Ölwanne ausbauen, Ansaugsieb reinigen, gegebenenfalls Saugrohr ersetzen.
	Ölpumpe verschlissen.	■ Ölpumpe ausbauen und prüfen, gegebenenfalls ersetzen lassen.
	Lagerschaden.	■ Motor demontieren.
Zu niedriger Öldruck im unteren Drehzahlbereich.	Öldruckregelventil klemmt in offenem Zustand durch Verschmutzung.	■ Öldruckregelventil ausbauen und prüfen.
Zu hoher Öldruck bei Drehzahlen über 2.000/min.	Öldruckregelventil öffnet nicht wegen Verschmutzung.	■ Öldruckregelventil ausbauen und prüfen.

Motor-Kühlung

Aus dem Inhalt:

- Kühlmittelkreislauf
- Kühler
- Frostschutz mischen
- Kühlmittelpumpe
- Kühlmittel wechseln
- Kühlsystem prüfen

Kühlmittelkreislauf

Das Kühlsystem besteht im Wesentlichen aus dem Kühler, der Kühlmittelpumpe, dem Thermostat und einem elektrisch betriebenen Lüfter.

Der Kühlmittelkreislauf wird thermostatisch geregelt. Solange der Motor kalt ist, zirkuliert das Kühlmittel nur im Motorblock. Mit zunehmender Erwärmung der Kühlflüssigkeit öffnet sich der Thermostat und leitet den Kühlmittelstrom durch den Kühler. Das Kühlmittel wird von der Kühlmittelpumpe bewegt, die durch den Zahnriemen der Motorsteuerung angetrieben wird. Die Kühlflüssigkeit durchströmt den Kühler und wird dabei durch den an den Kühlrippen vorbeistreichenden Fahrtwind abgekühlt.

Bei hohen Kühlmitteltemperaturen sorgt ein elektrisch angetriebener Lüfter für zusätzliche Kühlung. Sobald die Kühlmitteltemperatur einen Wert von etwa 97° C überschreitet, wird je nach Ausstattung über einen Temperaturschalter oder ein Relais der Elektrolüfter zugeschaltet. Sinkt die Kühlmitteltemperatur anschließend wieder, wird der Lüfter ausgeschaltet.

Der Kühlmittel-Ausgleichbehälter sitzt rechts hinten oder links vorn im Motorraum und dient als Vorratsbehälter für die Kühlflüssigkeit. Er fängt die sich durch Erwärmung ausdehnende Kühlflüssigkeit auf und gibt sie beim Abkühlen des Motors wieder in den Kühlkreislauf zurück. Nachgefüllt wird das Kühlmittel über den Ausgleichbehälter.

Achtung: Bei Arbeiten am Kühlsystem unbedingt darauf achten, dass **kein Kühlmittel auf den Zahnriemen oder**

A – 1,1-/1,4-/1,6-l-Benzinmotor mit Schaltgetriebe **B – 2,0-l-Dieselmotor**

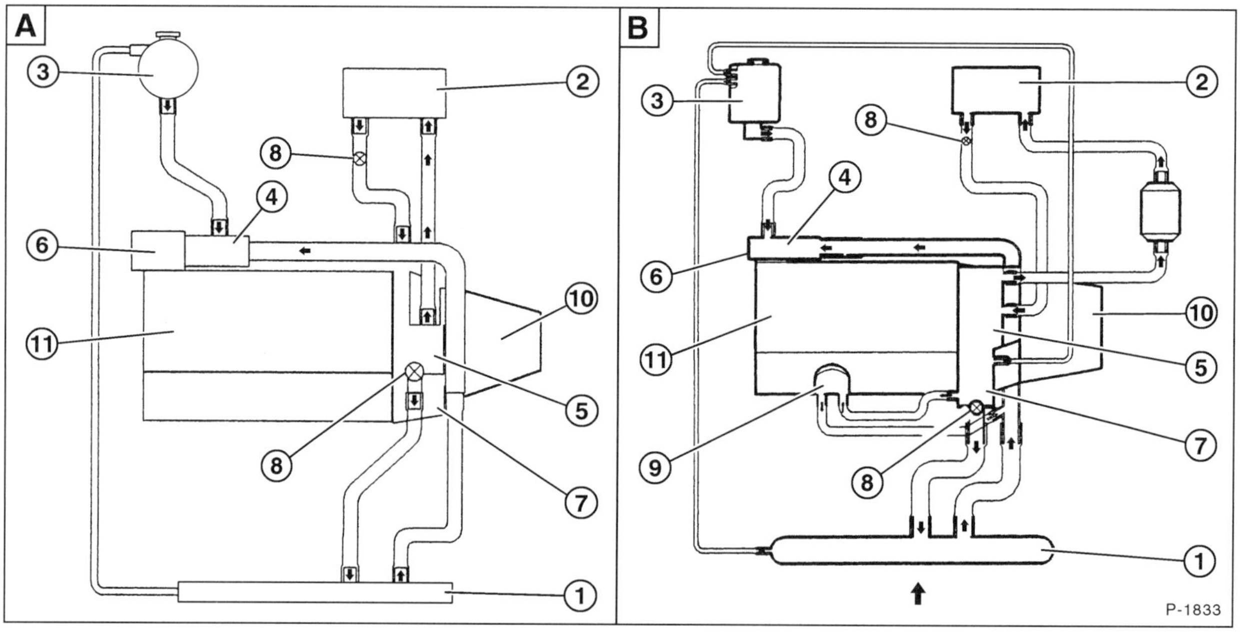

1 – Kühler
2 – Wärmetauscher für Heizung
3 – Ausgleichbehälter
4 – Kühlmittel-Austrittsgehäuse
5 – Kühlmittel-Austrittsgehäuse
6 – Kühlmittelpumpe
7 – Thermostat (Kühlmittelregler)
8 – Entlüftungsschraube
9 – Ölkühler
10 – Getriebe
11 – Motor

auf den Keilrippenriemen gelangt. Der Glykolanteil des Kühlmittels kann das Gewebe des Riemens so schädigen, dass der Riemen nach einiger Betriebszeit reißt, wodurch schwer wiegende Motorschäden auftreten können.

Sicherheitshinweis
Vor Arbeiten im Motorraum, insbesondere im Bereich des Kühlerlüfters unbedingt Zündung ausschalten beziehungsweise Batterie-Massekabel (–) abklemmen oder Steckverbindung für Kühlerlüfter trennen. Der Kühlerlüfter kann bei Stauwärme im Motorraum bei eingeschalteter Zündung plötzlich selbsttätig anlaufen. Verletzungsgefahr im Lüfterbereich!

Kühler-Frostschutzmittel

Das Motorkühlsystem wird vom Werk mit einer Mischung aus Wasser und Kühlkonzentrat befüllt. Das Kühlkonzentrat verhindert Frost- und Korrosionsschäden am Kühlsystem und hebt außerdem die Siedetemperatur der Kühlflüssigkeit an. Deshalb muss das Motorkühlsystem unbedingt ganzjährig mit der Kühlerfrost- und Korrosionsschutzmischung gefüllt sein.

Da der Korrosionsschutzanteil in der Kühlflüssigkeit nach einiger Zeit an Wirkung verliert, muss diese im Rahmen der Wartung ausgetauscht werden, siehe Kapitel »Wartung«. Die Kühlflüssigkeit sollte auch gewechselt werden, wenn Aluminiumteile innerhalb des Kühlsystems, wie zum Beispiel der Zylinderkopf oder die Kühlmittelpumpe, erneuert wurden.

Es sollte ein von PEUGEOT freigegebenes Kühlkonzentrat (Frost- und Korrosionsschutzmittel) verwendet werden, zum Beispiel »GLYSANTIN G33« oder »REVKOGEL 2000«.

Achtung: Im Handel sind silikathaltige Frostschutzmittel, erkennbar an der blaugrünen Farbe, und silikatfreie Frostschutzmittel, erkennbar an der roten Farbe, erhältlich. Diese unterschiedlichen Frostschutzmittel dürfen auf keinen Fall gemischt werden, sonst können Motorschäden auftreten.

Das **richtige Mischungsverhältnis** zwischen Kühlkonzentrat und Wasser beträgt **1:1.** Der Frostschutz reicht dann bis mindestens –35° C. Das Kühlkonzentrat sollte mit sauberem, kalkarmem Wasser in Trinkwasserqualität gemischt werden.

Achtung: Der Anteil des Kühlkonzentrates an der Kühlflüssigkeit darf auf keinen Fall über 60 % liegen, da sich dadurch der Wirkungsgrad des Kühlsystems verringert.

Kühlmittel ablassen und auffüllen

Falls bei Reparaturen der Zylinderkopf, die Zylinderkopfdichtung, der Kühler, der Wärmetauscher oder der Motor ersetzt wurden, muss die Kühlflüssigkeit auf jeden Fall ersetzt werden. Das ist erforderlich, weil sich die Korrosionsschutzanteile in der Einlaufphase an den neuen Leichtmetallteilen absetzen und somit eine dauerhafte Korrosionsschutzschicht bilden. Bei gebrauchter Kühlflüssigkeit ist der Korrosionsschutzanteil in der Regel nicht mehr groß genug, um eine ausreichende Schutzschicht an den neuen Teilen zu bilden.

Außerdem ist ein Wechsel des Kühlmittels im Rahmen der Wartung erforderlich.

Hinweis: Kühlmittel ist leicht giftig. Gemeinde- und Stadtverwaltungen informieren darüber, wie das alte Kühlmittel entsorgt werden soll.

Ablassen

- Heizungsregler im Fahrzeug-Innenraum bis zum Anschlag auf »warm« stellen.

Sicherheitshinweis
Beim Aufbocken des Fahrzeugs besteht Unfallgefahr! Deshalb vorher das Kapitel »Fahrzeug aufbocken« durchlesen.

- Fahrzeug waagerecht aufbocken.

Sicherheitshinweis
Bei heißem Motor vor dem Öffnen des Kühlers oder des Ausgleichbehälters einen dicken Lappen auflegen, um Verbrühungen durch heiße Kühlflüssigkeit oder Dampf zu vermeiden. Deckel nur bei Kühlmitteltemperaturen unter +90° C abnehmen.

- Verschlussdeckel –1– am Ausgleichbehälter –2– öffnen. Dazu Lappen über den Verschlussdeckel legen. Deckel etwas nach links drehen und eventuellen Überdruck im Kühlsystem entweichen lassen. Anschließend Deckel ganz abschrauben. **Hinweis:** Beim 1,4-l-Dieselmotor befindet sich der Ausgleichbehälter vor der Batterie.

● Sauberes Auffanggefäß unter den Kühler und unter den Motorblock stellen.

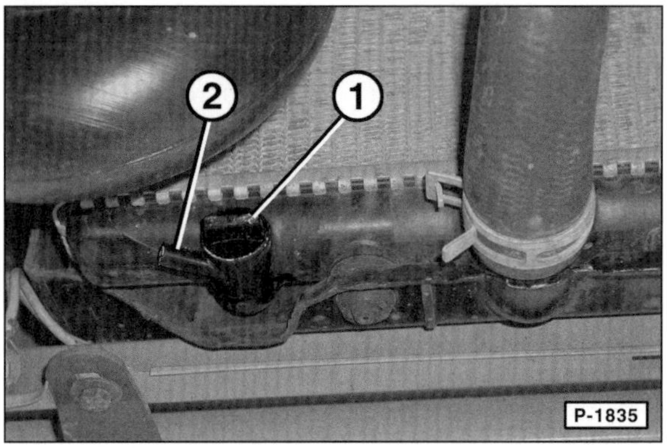

P-1835

● Ablassschraube –1– am Kühler öffnen. Kühlflüssigkeit in das Auffanggefäß abfließen lassen. **Hinweis:** Damit die Kühlflüssigkeit gezielt abläuft, geeigneten Schlauch über den Stutzen –2– schieben.

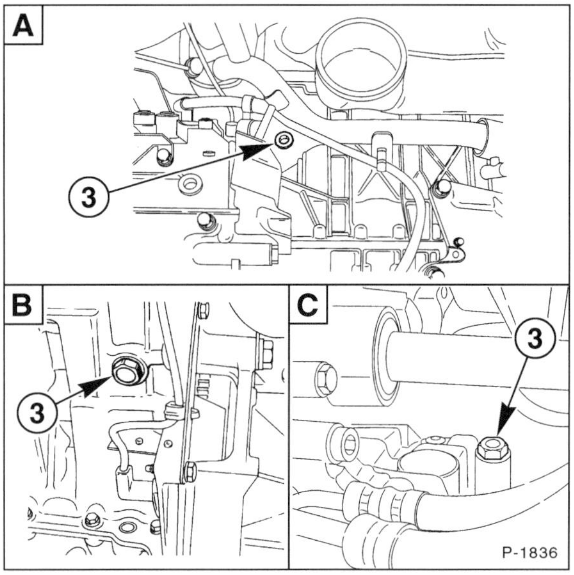

P-1836

● Ablassschraube –3– am Motorblock öffnen. Kühlflüssigkeit in das Auffanggefäß abfließen lassen. A – 2,0-l-Benzinmotor, B – 1,1-/1,4-/1,6-l-Benzinmotor, C – 1,9-l-Dieselmotor.

● Kühlmittel ganz ablaufen lassen.

● Kühlsystem mit klarem Wasser spülen, bis im ablaufenden Wasser keine Farbspuren mehr erkennbar sind. Kühlsystem vollständig leer laufen lassen.

● Ablassschraube an Kühler und Motorblock zuschrauben.

● Fahrzeug ablassen.

Auffüllen

● Neue Kühlflüssigkeit mischen.

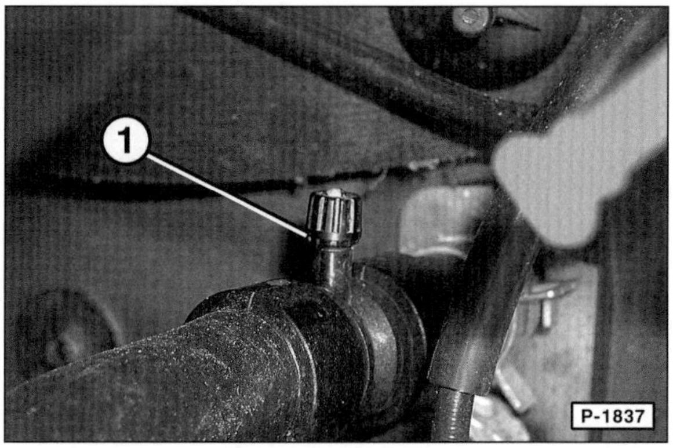

P-1837

● Alle Entlüftungsschrauben –1– sowie die Ablassschraube am Kühler ¼ Umdrehung öffnen. Lage der Entlüftungsschrauben, siehe Abbildung P-1833 auf Seite 195.

● Ausgleichbehälter abbauen und so weit hochhängen, wie es die angeschlossenen Schläuche erlauben. **Hinweis:** Die Fachwerkstatt schraubt zum Auffüllen und Entlüften einen speziellen Auffüllbehälter auf den Ausgleichbehälter auf.

● Kühlmittel über den Ausgleichbehälter langsam einfüllen.

● Ablassschraube und Entlüftungsschrauben schließen, sobald dort Kühlmittel austritt. **Achtung:** Kühlmittel langsam einfüllen, damit sich keine Luftpolster bilden können.

● Kühlmittel im Ausgleichbehälter bis zur MAX-Markierung auffüllen.

Entlüften

● Motor bei abgenommenem Verschlussdeckel anlassen und im Leerlauf laufen lassen, bis der untere Kühlerschlauch warm wird.

● Motor mit einer Drehzahl von 1500 bis 2000/min laufen lassen, bis der Kühlerlüfter 2-mal ein- und ausgeschaltet hat.

● Anschließend den Motor sofort abstellen.

● Kühlmittelstand bis zur MAX-Markierung ergänzen.

● Ausgleichbehälter verschließen und einbauen.

● Kühlsystem, insbesondere Schlauchanschlüsse sowie Ablassschraube und Kühlmittelpumpe, auf Dichtheit sichtprüfen.

Thermostat aus- und einbauen

Benzinmotor

Ausbau

- Kühlmittel ablassen und auffangen. **Achtung:** Die Kühlflüssigkeit braucht nicht vollständig abgelassen zu werden. Es reicht, wenn der Kühlflüssigkeitsspiegel unterhalb vom Thermostatgehäuse liegt.
- Oberen Kühlerschlauch vom Kühlmittelaustrittsstutzen abziehen Dazu Federband-Schlauchschellen mit Flachzange oder Spezialzange HAZET 798-5 spreizen und zurückschieben.

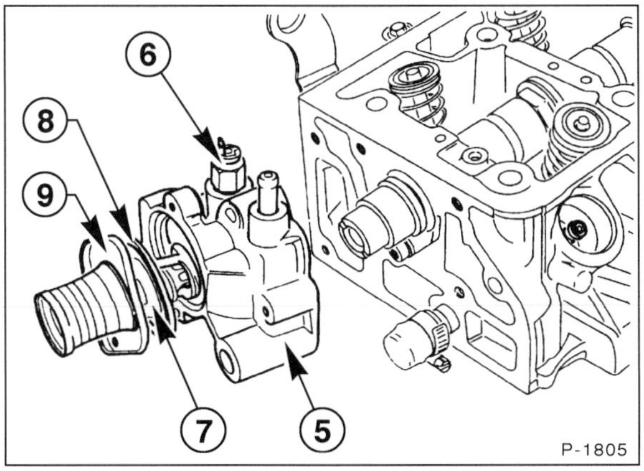

P-1805

- Thermostatdeckel (Kühlmittelaustrittsstutzen) –9– abschrauben.
- Thermostat –7– herausnehmen und prüfen, gegebenenfalls ersetzen.

Hinweis: Das Thermostatgehäuse –5– befindet sich an der getriebeseitigen Stirnseite des Zylinderkopfes. Je nach Motorausführung kann es im Aussehen von der Abbildung abweichen. Kühlmittelstutzen mit integriertem Thermostat können nur komplett ersetzt werden. 6 – Kühlmittel-Temperaturfühler, 8 – Dichtung.

Einbau

- Dichtfläche sorgfältig reinigen.
- Thermostat –7– mit neuem Dichtring –8– einsetzen.
- Dichtflächen für Thermostatdeckel dünn und gleichmäßig mit Dichtmasse bestreichen. Deckel aufsetzen und mit **8 Nm** anschrauben. Zum Abdichten kann PEUGEOT-Silikondichtmasse-E10 oder LOCTITE-Silikon-Blau-RTV verwendet werden.
- Kühlerschlauch am Kühlmittelstutzen aufschieben und mit Schlauchschelle sichern.
- Kühlmittel auffüllen und Kühlsystem entlüften. Vorher Frostschutz der Kühlflüssigkeit überprüfen, siehe Seite 201.

Speziell 1,9-/2,0-l-Dieselmotor

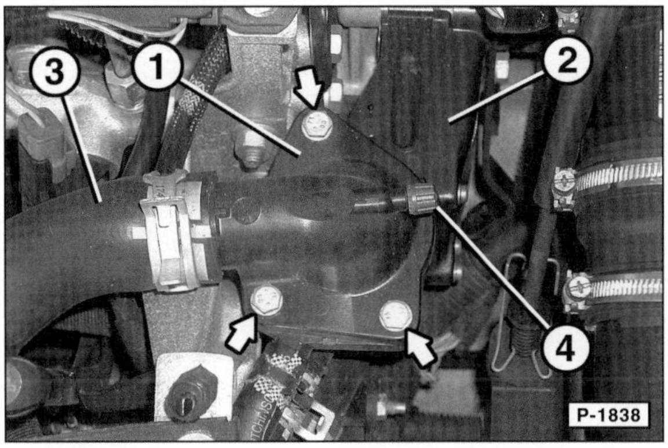

P-1838

- Thermostatdeckel –1– vom Thermostatgehäuse –2– abschrauben –Pfeile– und mit angeschlossenem Kühlmittelschlauch –3– zur Seite legen. 4 – Entlüftungsschraube.
- Thermostat herausnehmen und prüfen.

Thermostat prüfen

Der Thermostat öffnet mit zunehmender Erwärmung des Motors den großen Kühlmittelkreislauf. Bleibt der Thermostat durch einen Defekt geschlossen, wird der Motor zu heiß. Erkennbar ist das an einer im Warnfeld stehenden Kühlmittel-Temperaturanzeige, während gleichzeitig der Kühler kalt bleibt. Ein defekter Thermostat kann aber auch nach dem Abkühlen der Kühlflüssigkeit weiterhin geöffnet bleiben. Dies erkennt man daran, dass der Motor nicht mehr seine Betriebstemperatur erreicht beziehungsweise dass der Zeiger der Kühlmittel-Temperaturanzeige langsamer ansteigt als bisher oder im Winter die Heizleistung nachlässt.

Prüfen

- Thermostat ausbauen.

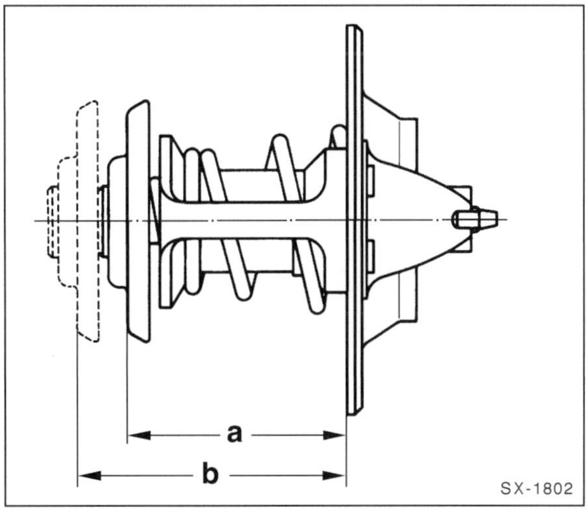

SX-1802

- Höhe des Thermostats bei einer Umgebungstemperatur von ca. +20° C messen. Gemessenen Wert als Maß »a« notieren.

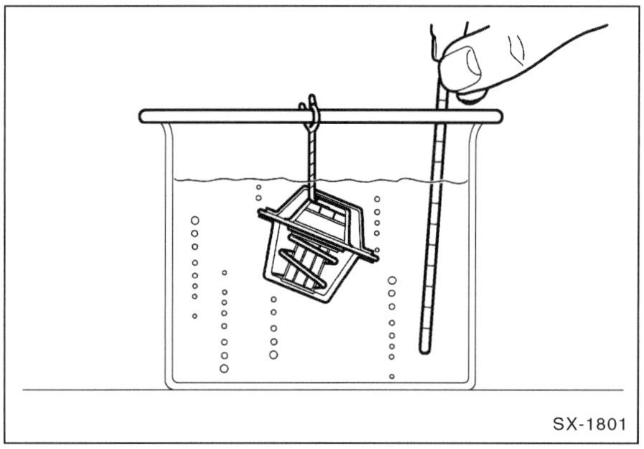

- Thermostat im Wasserbad langsam erwärmen. Dabei darf der Thermostat nicht die Wände des Behälters berühren. Der Thermostat muss vollständig eingetaucht sein. Temperatur mit einem geeigneten Thermometer kontrollieren.
- Sobald das Wasser die Öffnungstemperatur erreicht, muss der Thermostat mit dem Öffnen der Regelklappe beginnen. Die Öffnungstemperatur ist in der Regel auf dem Thermostat eingeprägt.

Motor	Öffnungstemperatur
Benziner	+89° C
Diesel	+83° C

- Wasser weiter bis auf +100° C erwärmen. Thermostat herausnehmen, die Höhe messen. Gemessenen Wert als Maß »b« notieren.
- Öffnungshub errechnen: Dazu das Maß »a« von Maß »b« abziehen (b – a = Öffnungshub). Errechneten Öffnungshub mit Sollwert von ca. 7 mm vergleichen.
- Anschließend prüfen, ob sich der Regler beim Abkühlen wieder ganz schließt, andernfalls Regler ersetzen.

Kühlsystem auf Dichtheit prüfen

Undichtigkeiten im Kühlsystem sowie die Funktion des Überdruckventils im Verschlussdeckel des Ausgleichbehälters können mit einem handelsüblichen Druckprüfgerät überprüft werden, zum Beispiel HAZET 4800.

- Motor warm fahren, bis die Kühlmitteltemperatur-Anzeige normale Betriebstemperatur anzeigt.

Sicherheitshinweis
Bei heißem Motor vor dem Öffnen des Ausgleichbehälters einen dicken Lappen auflegen, um Verbrühungen durch heiße Kühlflüssigkeit oder Dampf zu vermeiden. Den Deckel nur bei Kühlmitteltemperaturen unter +90° C abnehmen.

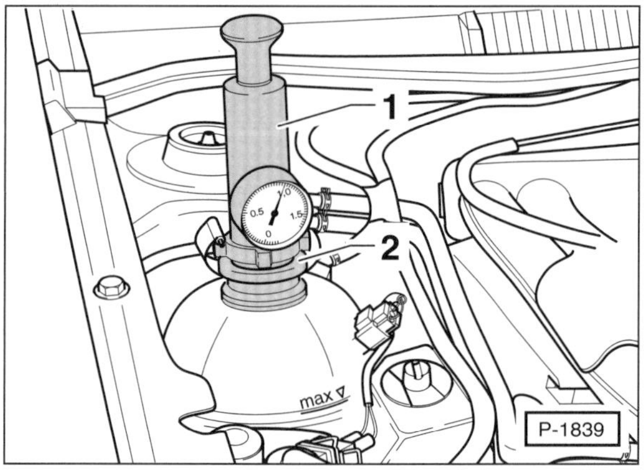

- Handelsübliches Druckprüfgerät –1– mit Adapter –2– am Einfüllstutzen des Kühlmittel-Ausgleichbehälters anschließen. **Hinweis:** In der Abbildung ist nicht der PEUGEOT 206 dargestellt.
- Mit der Handpumpe des Gerätes einen Überdruck von ca. 1,4 bar erzeugen und halten. Fällt der Druck ab, Kühlsystem auf Undichtigkeit sichtprüfen und Leckstelle beseitigen.

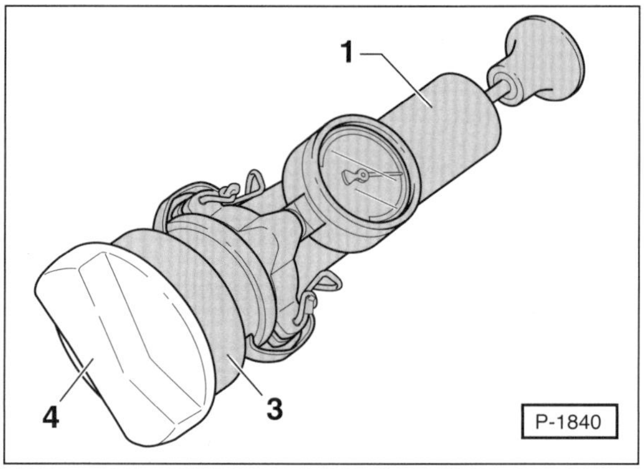

- Zum Überprüfen des Überdruckventils im Verschlussdeckel des Kühlmittel-Ausgleichbehälters das Prüfgerät –1– mit dem Adapter –3– auf den Verschlussdeckel –4– aufsetzen. Überdruck mit der Handpumpe erzeugen. Bei einem Überdruck von 1,5 bar muss das Überdruckventil öffnen.

Kühlmittelpumpe aus- und einbauen

Beschrieben wird der Aus- und Einbau beim Dieselmotor. Hinweise für die anderen Motoren am Kapitelende beachten.

Ausbau

- Kühlmittel ablassen, siehe entsprechendes Kapitel.
- Zahnriemen ausbauen, siehe Seite 178.

- Kühlmittelpumpe –1– abschrauben –Pfeile– und herausnehmen. Die Abbildung zeigt den Dieselmotor.
- Dichtung abnehmen.

Einbau

- Dichtflächen an Kühlmittelpumpe und Motorblock mit Fettlöser abreiben und trocknen. Als Reinigungsmittel kann beispielsweise Spiritus oder Aceton verwendet werden.
- Kühlmittelpumpe mit **neuer** Dichtung ansetzen und wechselweise mit **15 Nm** festschrauben.
- Zahnriemen einbauen, siehe Seite 178.
- Kühlmittel auffüllen und Kühlsystem entlüften, siehe entsprechendes Kapitel.

Speziell Benzinmotor

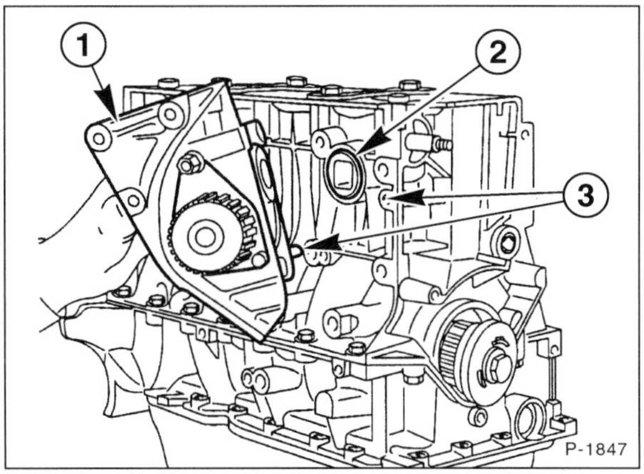

1,1-/1,4-l-Motor: 1 – Kühlmittelpumpe; 2 – Dichtring, immer erneuern; 3 – Passstift. Anzugsdrehmomente: M10-Schrauben – **65 Nm**, M6-Schrauben – **30 Nm.**

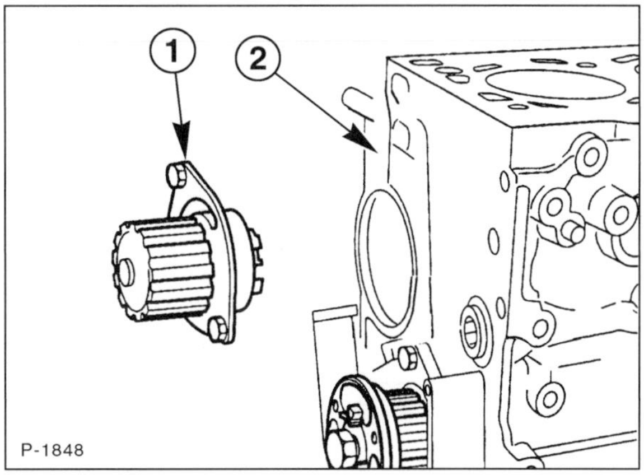

1,6-l-Motor: 1 – Kühlmittelpumpe, Dichtring immer erneuern; 2 – Motorblock. Anzugsdrehmoment: **18 Nm.**

Kühler aus- und einbauen

Nach längerer Laufzeit des Fahrzeuges können sich die dünnen Kanäle im Kühler durch Rückstände im Kühlmittel und durch Kalkablagerungen zusetzen. Dadurch lässt die Kühlleistung stark nach und der Motor wird zu warm. In diesem Fall hilft nur ein Austausch des Kühlers.

Ausbau

- Batterie-Massekabel (–) bei ausgeschalteter Zündung abklemmen. **Achtung:** Falls das eingebaute Radio einen Diebstahlcode besitzt, wird dieser beim Abklemmen der Batterie gelöscht. Das Radio kann anschließend nur durch die Eingabe des richtigen Codes, durch die PEUGEOT-Werkstatt oder den Radio-Hersteller wieder in Betrieb genommen werden. Vor dem Abklemmen daher unbedingt den Diebstahlcode ermitteln.
- **Dieselmotor:** Untere Motorabdeckung ausbauen, siehe Seite 164.

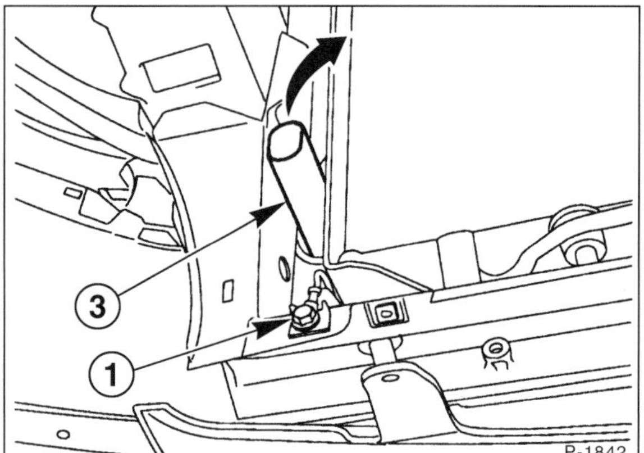

P-1842

- Von unten das Massekabel –1– abschrauben.
- Je nach Ausstattung die Leitung –3– eine ¾ Umdrehung nach oben schwenken und herausnehmen.
- Kühlmittel ablassen, siehe entsprechendes Kapitel.

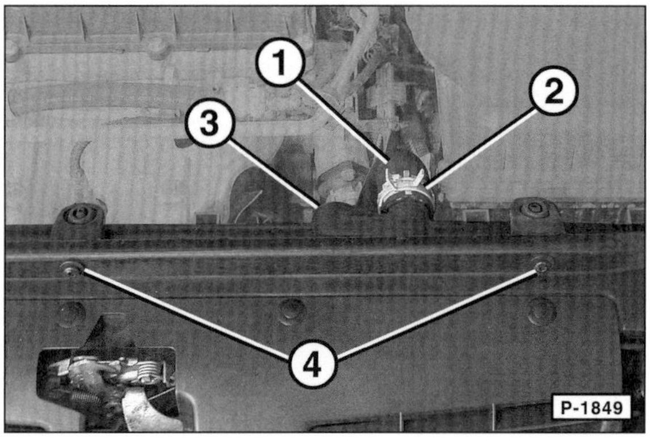

P-1849

- Kühlerschläuche oben –1– und unten vom Kühler abziehen. Vorher Federbandschellen –2– mit Flachzange oder Spezialzange HAZET 798-5 öffnen und zurückschieben.

■ **1,1-/1,4-/1,6-l-Benzinmotor ohne Klimaanlage:** Stecker vom Temperaturschalter an Position –3– abziehen. **Hinweis:** Am abgebildeten Kühler ist kein Temperaturschalter eingebaut.

- Obere Kühlerhalter abschrauben –4–.
- Kühler nach hinten schwenken, aus der unteren Halterung herausziehen und mit Lüfter nach oben herausnehmen.

Hinweis: Falls sich der Kühler auf diese Weise aus Platzgründen nicht herausnehmen lässt, oberen Querträger ausbauen, siehe unter »Spezielle Hinweise für den Dieselmotor mit Klimaanlage« am Kapitelende.

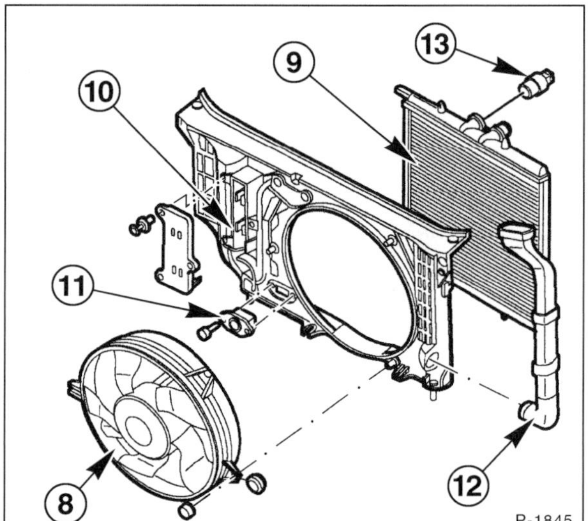

P-1845

- Lüfter –8– vom Kühlergehäuse abschrauben. 9 – Kühler; 10 – Lüfterrelais; 11 – Widerstand für 2-Stufen-Schaltung; 12 – Luftleitung für Batteriekühlung beim Dieselmotor oder Fahrzeugen mit Klimaanlage; 13 – Temperaturschalter, nur bei bestimmten Ausstattungen vorhanden.

Einbau

- Lüfter am Kühlergehäuse anschrauben.
- Kühler in die unteren Halterungen einsetzen, nach vorn schwenken und anschrauben.
- Falls ausgebaut, Stecker für Temperaturschalter aufstecken.
- Oberen und unteren Kühlerschlauch aufschieben und mit Schellen sichern.
- Je nach Ausstattung die Leitung –3– einsetzen, siehe Abbildung P-1842.
- Von unten das Massekabel anschrauben.
- **Dieselmotor:** Untere Motorabdeckung einbauen, siehe Seite 164.
- Batterie-Massekabel (–) bei ausgeschalteter Zündung anklemmen. **Nach Anklemmen der Batterie darf der Motor erst 10 Sekunden nach Einschalten der Zündung gestartet werden.** In dieser Zeit werden die elektronischen Systeme wieder aktiviert. Diebstahlcode für das Autoradio eingeben und Zeituhr einstellen.
- Kühlmittel auffüllen, siehe entsprechendes Kapitel.

1,4-l-Dieselmotor

Ausbau

- Batterie-Massekabel bei ausgeschalteter Zündung abklemmen, siehe Seite 58.
- Fahrzeug aufbocken, siehe Seite 127.
- Kühlmittel ablassen, siehe Seite 201.
- Vorderen Stoßfänger ausbauen, siehe Seite 259.
- Beide Scheinwerfer ausbauen, siehe Seite 84.

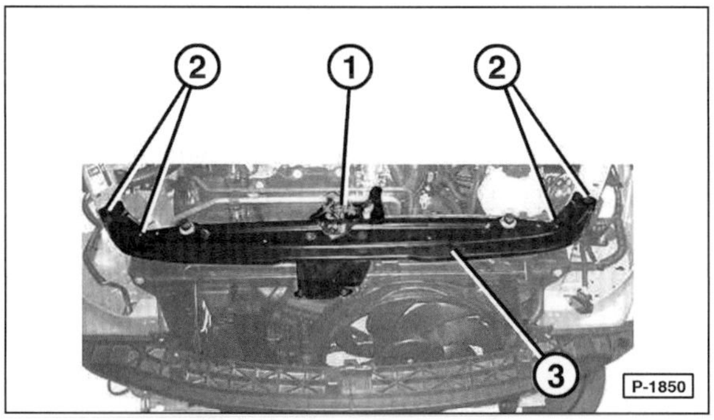

- Motorhaubenschloss –1– ausbauen, siehe Seite 263.
- Luftresonator ausbauen.
- 4 Schrauben –2– herausdrehen.
- Schlossträger –3– herausnehmen.

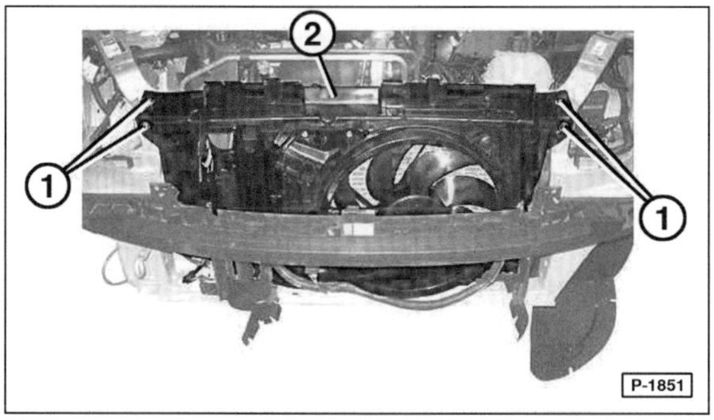

- Kühlmittelleitung vom Kühler zum Ausgleichbehälter ausbauen.
- Am oberen Kühlerschlauch die Schelle öffnen und zurückschieben.
- Oberen Kühlerschlauch vom Kühler abziehen.
- 4 Clips –1– lösen.
- Blende –2– vom Kühler abnehmen.
- Steckverbindung für Kühlerlüfter trennen.

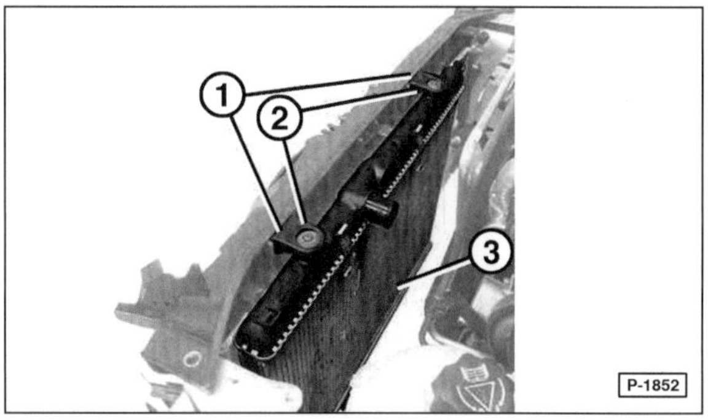

- Schrauben –1– der Kühlerhalterungen –2– herausdrehen.
- Kühlerhalterungen abnehmen.
- Kühler –3– mit Lüfter herausnehmen.

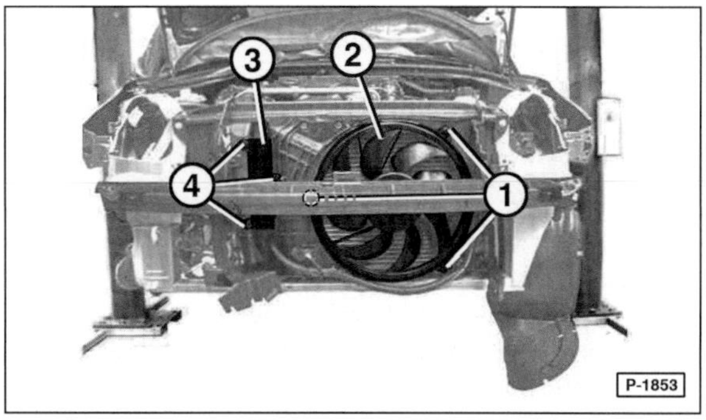

- Wenn der Lüfter vom Kühler getrennt werden soll, Schrauben –1– herausdrehen und Lüfter –2– abnehmen.
- Gegebenenfalls Abdeckung –3– abbauen, dazu 3 Clips –4– lösen.

Einbau

- Der Einbau erfolgt in umgekehrter Ausbaureihenfolge.

1,9-/2,0-l-Dieselmotor mit Klimaanlage

Ausbau

Hinweis: Hier sind nur die abweichenden Arbeitsschritte aufgeführt.

- Kühlergrill komplett ausbauen, siehe Seite 258.
- Luftfilter mit Luftschläuchen ausbauen, siehe Seite 215.

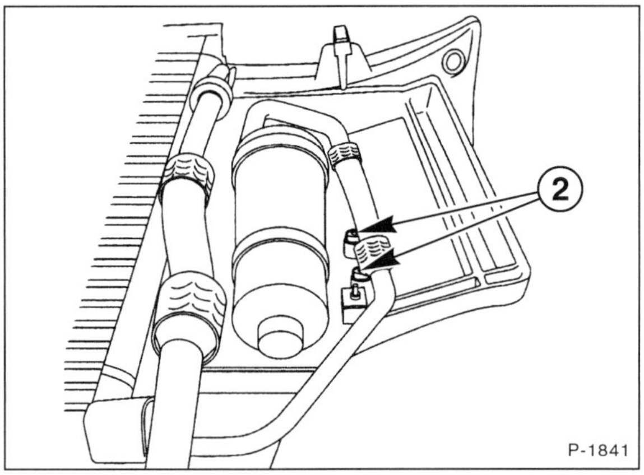

P-1841

- Schrauben –2– für Entfeuchtungsbehälter herausdrehen. Kondensator mit Entfeuchtungsbehälter abnehmen und mit Draht aufhängen. **Achtung:** Kältemittelkreislauf der Klimaanlage auf keinen Fall öffnen. Verdunstendes Kältemittel kann auf der Haut Erfrierungen hervorrufen.

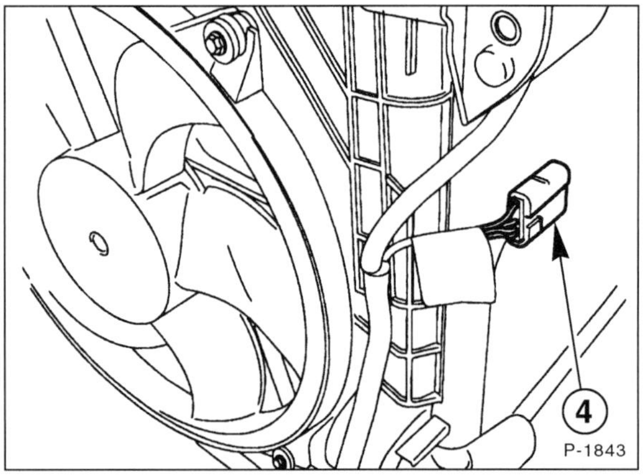

P-1843

- Stecker –4– abziehen.

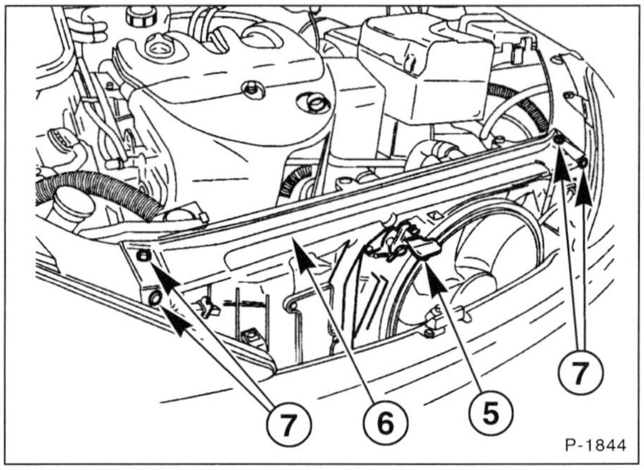

P-1844

- Motorhaubenschloss –5– ausbauen, siehe Seite 263.
- Oberen Querträger –6– abschrauben –7– und herausnehmen.
- Kühler mit Lüfter nach oben herausziehen.

Einbau

- Oberen Querträger so ansetzen, dass der Kühler in die oberen Halterungen eingreift. Querträger anschrauben.
- Motorhaubenschloss einbauen, siehe Seite 263.
- Stecker aufschieben.
- Leitung –7– einsetzen, siehe Abbildung P-1842.
- Kondensator mit Entfeuchtungsbehälter einsetzen und anschrauben.
- Luftfilter mit Luftschläuchen einbauen, siehe Seite 215.
- Kühlergrill einbauen, siehe Seite 258.

Temperaturschalter aus- und einbauen/prüfen

1,1-/1,4-/1,6-l-Benzinmotor ohne Klimaanlage

Der Temperaturschalter ist am Kühler eingeschraubt und schaltet den Kühlerlüfter zu, wenn die Kühlflüssigkeit eine bestimmte Temperatur erreicht hat. Der Temperaturschalter ist zu prüfen, wenn bei heißem Kühler der Elektrolüfter nicht einschaltet. **Prüfvoraussetzungen:** Thermostat und Überdruckventil im Kühler-Verschlussdeckel sind in Ordnung. Bei einem Defekt an diesen Teilen kann der Temperaturschalter den Lüfter nicht zuschalten, weil er dann nicht durch die Kühlflüssigkeit erwärmt wird.

Ausbau

- Kühlmittel teilweise ablassen, siehe entsprechendes Kapitel.
- Temperaturschalter herausschrauben.

Prüfen

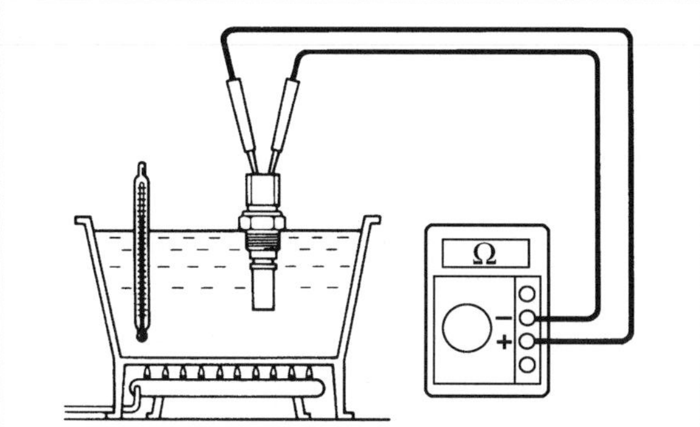

G-1830

- Ohmmeter an die Kontakte des Temperaturschalters anschließen und Widerstand prüfen. Unter 97° C muss der Widerstand ∞ Ω betragen, es darf also kein Durchgang vorhanden sein.
- Wasser auf über 97° C erwärmen und Temperaturschalter bis zum Gewinde in das heiße Wasser tauchen. Widerstand messen. Über 97° C muss der Widerstand 0 Ω betragen, es muss also Durchgang vorhanden sein.

Einbau

- Temperaturschalter mit **neuem** O-Ring anschrauben.
- Kühlmittel auffüllen, Kühlsystem entlüften, siehe entsprechendes Kapitel.

Störungsdiagnose Motor-Kühlung

Störung: Die Kühlmitteltemperatur ist zu hoch, Anzeige steht im Warnfeld, die Kontrollleuchte leuchtet auf.

Ursache	Abhilfe
Zu wenig Kühlflüssigkeit im Kreislauf.	■ Ausgleichbehälter muss bis zur MIN-Markierung voll sein. Gegebenenfalls Kühlmittel nachfüllen,bis zur MAX-Markierung. Kühlsystem auf Dichtheit prüfen.
Thermostat (Kühlmittelregler) öffnet nicht, Kühlflüssigkeit zirkuliert nur im kleinen Kreislauf.	■ Prüfen, ob der obere Kühlmittelschlauch am Kühler warm wird. Wenn nicht, Thermostat ausbauen und prüfen, gegebenenfalls Thermostat ersetzen.
Kühlerlamellen verschmutzt.	■ Kühler von der Motorseite her mit Pressluft durchblasen.
Kühler innen durch Kalkablagerungen oder Rost zugesetzt. Kühler wird nur im oberen Teil warm, unterer Kühlerschlauch wird nicht warm.	■ Kühler erneuern.
Elektrolüfter läuft nicht.	■ Stecker am Lüftermotor auf festen Sitz und guten Kontakt prüfen. **Achtung:** Verletzungsgefahr durch drehenden Lüfter! ■ **1,1-/1,4-/1,6-l-Benzinmotor ohne Klimaanlage:** Temperaturschalter prüfen. **Unterwegs:** Stecker abziehen und die Kontakte am Stecker überbrücken. Der Lüfter läuft dann immer mit, solange die Zündung eingeschaltet ist. In der Regel ist die Zusatzkühlung durch den Lüfter nur im Stadt- und Kurzstreckenverkehr erforderlich. ■ Lüfterrelais prüfen. ■ Prüfen, ob Spannung am Stecker für Lüftermotor anliegt (Zündung eingeschaltet, Motor heiß bzw. Temperaturschalter überbrückt). Wenn ja, Lüftermotor ersetzen.
Kühler-Verschlussdeckel defekt.	■ Druckprüfung des Kühlsystems und des Deckels durchführen. Deckeldichtung auf Beschädigung prüfen.
Kühlmitteltemperatur-Anzeige defekt.	■ Geber überprüfen. Kombiinstrument prüfen lassen.
Kühlmittelpumpe defekt.	■ Kühlmittelpumpe ausbauen und überprüfen.

Kraftstoffanlage

Aus dem Inhalt:

- Tank/Tankgeber
- Kraftstoff sparen
- Kraftstoffdruck abbauen
- Kraftstoffpumpe
- Gaszugbetätigung
- Luftfilter

Zur Kraftstoffanlage zählen der Kraftstoffvorratsbehälter (Kraftstofftank), die Kraftstoffpumpe und die Kraftstoffleitungen sowie Kraftstoff- und Luftfilter. Die Benzin- und Diesel-Einspritzanlage wird im Kapitel »Motormanagement« beschrieben. Hinweise zum Kraftstofffilter befinden sich ebenfalls im Kapitel »Wartungsarbeiten«.

Der Kraftstoffvorratsbehälter hat einen Inhalt von ca. 50 Litern und ist unter den Rücksitzen angeordnet. Der jeweilige Kraftstoffvorrat wird dem Fahrer im Kombiinstrument angezeigt. Über ein Entlüftungssystem wird der Tank belüftet. Die schädlichen Benzindämpfe der Tankentlüftung werden in einem Aktivkohlespeicher aufgefangen und dem Motor kontrolliert zur Verbrennung zugeführt.

Kraftstoff sparen beim Fahren

Wesentlichen Einfluss auf den Kraftstoffverbrauch hat die Fahrweise des Fahrzeuglenkers. Hier einige Tipps für den intelligenten Umgang mit dem Gaspedal:

- Nach dem Motorstart gleich losfahren, auch bei Frost.
- Motor abschalten bei voraussichtlichen Stopps über 40 Sekunden Dauer.
- Im höchstmöglichen Gang fahren.
- Möglichst gleichmäßige Geschwindigkeiten über längere Strecken fahren, hohe Geschwindigkeiten meiden. Vorausschauend fahren. Nicht unnötig bremsen.
- Keine unnötige Zuladung mitführen, Aufbauten am Fahrzeug, beispielsweise Dachgepäckträger, möglichst abbauen.
- Immer mit richtigem, nie mit zu niedrigem Reifendruck fahren.

Sicherheits- und Sauberkeitsregeln bei Arbeiten an der Kraftstoffversorgung

Bei Arbeiten an der Kraftstoffversorgung sind die folgenden Regeln zur Sicherheit und Sauberkeit sorgfältig zu beachten:

Sicherheitshinweise

- **Kein offenes Feuer, nicht rauchen, keine glühenden oder sehr heißen Teile in die Nähe des Arbeitsplatzes bringen. Unfallgefahr! Feuerlöscher bereitstellen.**
- **Unbedingt für gute Belüftung des Arbeitsplatzes sorgen. Kraftstoffdämpfe sind giftig.**
- Das Kraftstoffsystem steht unter Druck. Beim Öffnen der Anlage kann Kraftstoff herausspritzen, daher austretenden Kraftstoff mit einem Lappen auffangen. **Schutzbrille tragen.**

- Verbindungsstellen und deren Umgebung vor dem Lösen gründlich reinigen.
- Ausgebaute Teile auf einer sauberen Unterlage ablegen und abdecken. Folie oder Papier verwenden. Keine fasernden Lappen benutzen!
- Geöffnete Bauteile sorgfältig abdecken beziehungsweise verschließen, wenn die Reparatur nicht umgehend ausgeführt wird.
- Ersatzteile erst unmittelbar vor dem Einbau aus der Verpackung nehmen. Nur saubere Teile einbauen.
- Bei geöffneter Kraftstoffanlage möglichst nicht mit Druckluft arbeiten. Das Fahrzeug möglichst nicht bewegen.
- Keine silikonhaltigen Dichtmittel verwenden. Vom Motor angesaugte Spuren von Silikonbestandteilen werden im Motor nicht verbrannt und schädigen die Lambdasonde(n).

Kraftstoffvorratsbehälter/Kraftstofffilter/Tankgeber/Kraftstoffkühler

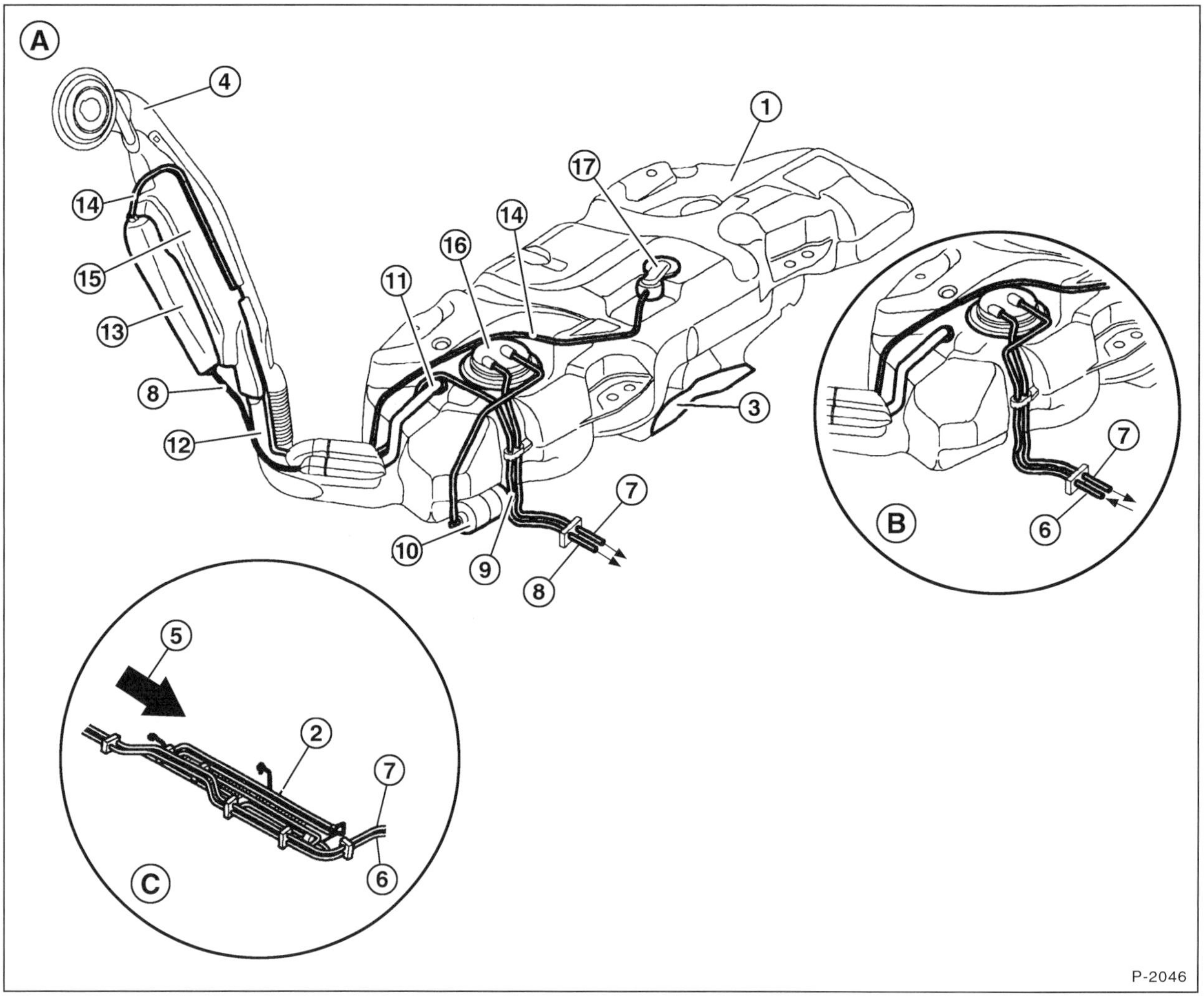

1 – **Kraftstoffvorratsbehälter (Tank)**
Tankinhalt ca. 50 Liter.

2 – **Kraftstoffkühler**
Nur 2,0-l-Dieselmotor; am Unterboden des Fahrzeuges.

3 – **Hitzeschild**

4 – **Kraftstoff-Einfüllstutzen**

5 – **vom Tank**

6 – **Rücklaufleitung zum Tank**
Nur Dieselmotor.

7 – **Vorlaufleitung zum Motor**

8 – **Entlüftungsleitung zum Aktivkohlefilter**
Nur Benzinmotor.

9 – **3-Wege-Anschluss**
Nur Benzinmotor.

10 – **Kraftstofffilter**
Nur Benzinmotor.

11 – **Entlüftungsöffnung**

12 – **Entlüftungsschlauch**

13 – **Belüftungsvolumen**

14 – **Belüftungsschlauch**

15 – **Entlüftungsvolumen**

16 – **Tankgeber**
1,9-l-Dieselmotor.

16 – **Kraftstoffpumpe mit Tankgeber**
Benzinmotor und 1,4-/2,0-l-Dieselmotor.

17 – **Mehrfunktionsventil**

A – **Benzinmotor**
B – **Dieselmotor**
C – **2,0-l-Dieselmotor**

Sicherheitshinweise

Achtung: Kraftstoffbehälter nur ausbauen, wenn eine geeignete Pumpe zum Absaugen des Kraftstoffs vorhanden ist. Kraftstoff nicht über einen Schlauch mit dem Mund absaugen. **Die folgenden Sicherheitsmaßnahmen zum Entleeren des Kraftstoffbehälters sind unbedingt zu beachten:**

- **Kraftstoffbehälter nicht entleeren, wenn das Fahrzeug über einer Grube steht.**
- **Kein offenes Feuer oder Funkenbildung in der Nähe des Arbeitsplatzes! Nicht rauchen!**
- **CO_2-Feuerlöscher bereithalten.**
- **Bindemittel bereithalten, um ausgelaufenen Kraftstoff aufzusaugen.**
- **Für gute Belüftung des Arbeitsplatzes sorgen. Kraftstoffdämpfe sind giftig und sehr leicht entflammbar!**

Kraftstoffdruck abbauen

Benzinmotor

Das Kraftstoffsystem steht auch nach Abstellen des Motors unter Druck. Vor Öffnen des Kraftstoffsystems muss auf jeden Fall der Kraftstoffdruck abgebaut werden.

Sicherheitshinweis
Unbedingt auf gute Belüftung des Arbeitsplatzes achten. Kraftstoffdämpfe sind giftig, kein offenes Feuer, Brandgefahr! Feuerlöscher bereitstellen.

Kraftstoffdruck abbauen

- Motor starten und im Leerlauf laufen lassen.
- Sicherungskasten im Motorraum neben der Batterie öffnen.
- Bei laufendem Motor die Sicherung F25 für die Kraftstoffpumpe herausziehen.
- Sobald der Motor ausgegangen ist, Zündung ausschalten. Damit ist der Kraftstoffdruck abgebaut.
- Sicherung F25 einsetzen und Deckel für Sicherungskasten schließen.

Achtung: Vor dem Abziehen von Kraftstoffschläuchen oder Lösen von Schraubverbindungen im Kraftstoffsystem einen Lappen über die Anschlussstelle legen, um Kraftstoffspritzer zu vermeiden. Eventuell auslaufenden Kraftstoff mit einem Lappen auffangen. Abgezogene Kraftstoffschläuche mit kleinen Plastiktüten und Gummiringen verschließen, damit kein Schmutz eindringen kann.

---

2. Möglichkeit zum Abbau des Kraftstoffdruckes

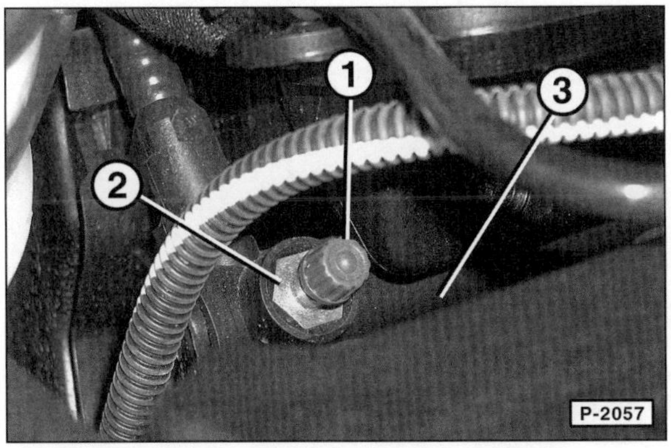

- Die Fachwerkstatt baut den Kraftstoffdruck am Verteilerrohr ab.
- Dazu Kappe –1– abschrauben.
- Hilfsschlauch mit Ventil, zum Beispiel PEUGEOT/SHRADER-.0141-T1, am Anschluss –2– des Verteilerrohres –3– aufschrauben.
- Ventil öffnen und etwas Kraftstoff in ein geeignetes Auffanggefäß ablaufen lassen.

Kraftstoffpumpe/Tankgeber aus- und einbauen

Benzinmotor und 1,4-/2,0-l-Dieselmotor: Die elektrische Kraftstoffpumpe befindet sich zusammen mit dem Tankgeber unter den Rücksitzen direkt im Tank.

1,9-l-Dieselmotor: Da der Kraftstoff von der Diesel-Einspritzpumpe direkt angesaugt wird, befindet sich nur der Tankgeber unter den Rücksitzen im Tank.

Vor dem Ausbau von Kraftstoffpumpe und/oder Tankgeber den Tank möglichst leer fahren. Zur Belüftung des Arbeitsplatzes kann auch ein Radiallüfter verwendet werden, **dessen Motor außerhalb des Luftstromes liegt.**

Sicherheitshinweis
Beim Ausbau der Kraftstoffpumpe kann etwas Kraftstoff austreten. Kraftstoffdämpfe sind giftig und feuergefährlich, deshalb auf besonders gute Belüftung des Arbeitsplatzes achten. Hautkontakt mit Kraftstoff vermeiden. Kraftstoffbeständige Handschuhe tragen. Kein offenes Feuer, Brandgefahr! Feuerlöscher bereitstellen.

Ausbau

- Batterie-Massekabel (–) bei ausgeschalteter Zündung abklemmen. **Achtung:** Falls das eingebaute Radio einen Diebstahlcode besitzt, wird dieser beim Abklemmen der Batterie gelöscht. Das Radio kann anschließend nur durch die Eingabe des richtigen Codes, durch die PEUGEOT-Werkstatt oder den Radio-Hersteller wieder in Betrieb genommen werden. Vor dem Abklemmen daher unbedingt den Diebstahlcode ermitteln.
- Rücksitzbank umklappen.

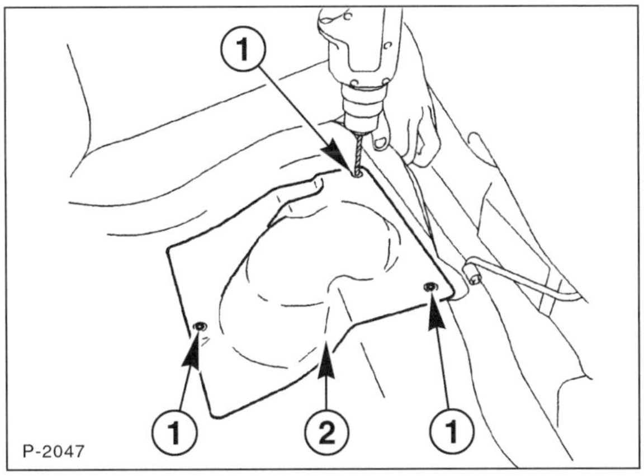

- 3 Nieten –1– mit einem Bohrer ∅ 5 mm aufbohren. **Achtung:** Dabei die Eindringtiefe des Bohrers mit einem Anschlag auf 10 mm begrenzen.
- Abdeckblech –2– abnehmen.

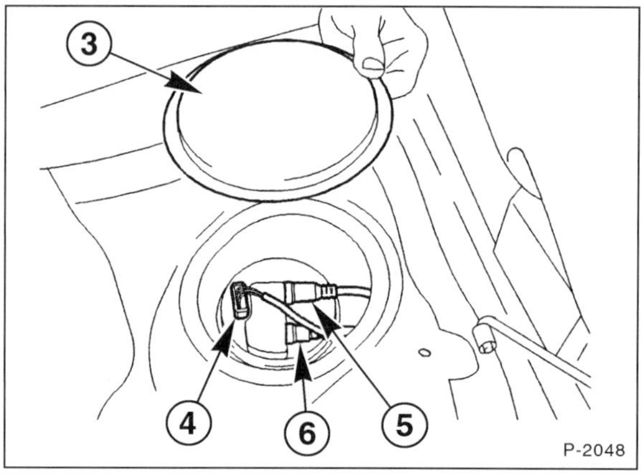

- Schutzabdeckung –3– abnehmen.
- Stecker und Schlauchanschlüsse mit einem Lappen reinigen.

Sicherheitshinweis
Falls zum Anlegen der Batteriespannung an die Kraftstoffpumpe nicht die Fahrzeugbatterie verwendet wird, Batterie möglichst weit entfernt von der Kraftstoffpumpe aufstellen. Hilfskabel grundsätzlich an der Batterie zuletzt anschließen.

- Funktion der Kraftstoffpumpe prüfen. Dazu mit einem Hilfskabel kurzzeitig Batteriespannung an die Pumpe anlegen. Dabei das Pluskabel (+) mit der Klemme 3 und das Minuskabel (–) mit der Klemme 4 am Anschlussstecker der Kraftstoffpumpe verbinden. Die Pumpe muss hörbar anlaufen. **Achtung:** Pumpe maximal 10 Sekunden laufen lassen, um ein Durchbrennen der Wicklung zu vermeiden.
- Stecker –4– abziehen.
- Krafstoff-Vorlaufleitung –5– und -Rücklaufleitung –6– abziehen. Dazu Kunststoffclip eindrücken.

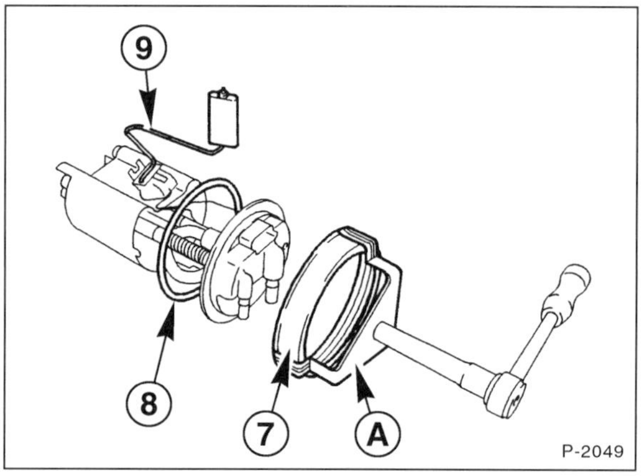

- Haltering –7– mit Spezialwerkzeug PEUGEOT-.1601 –A– lösen und abschrauben. Steht das Spezialwerkzeug nicht zur Verfügung, Haltering mit Holzstange und leichten Hammerschlägen lösen. **Achtung:** Keine Metallstange verwenden, wegen der Gefahr von Funkenbildung durch die Hammerschläge.
- Kraftstoffpumpe und/oder Tankgeber vorsichtig aus dem Tank herausziehen. Darauf achten, dass beim Herausziehen der Schwimmerarm –9– des Tankgebers nicht beschädigt wird. Herabtropfenden Kraftstoff mit geeignetem Gefäß und dickem Lappen auffangen.

Einbau

- Kraftstoffpumpe/Tankgeber mit **neuer** Dichtung –8– vorsichtig in den Tank einsetzen. Dabei darauf achten, dass der Schwimmerarm nicht beschädigt oder verbogen wird.

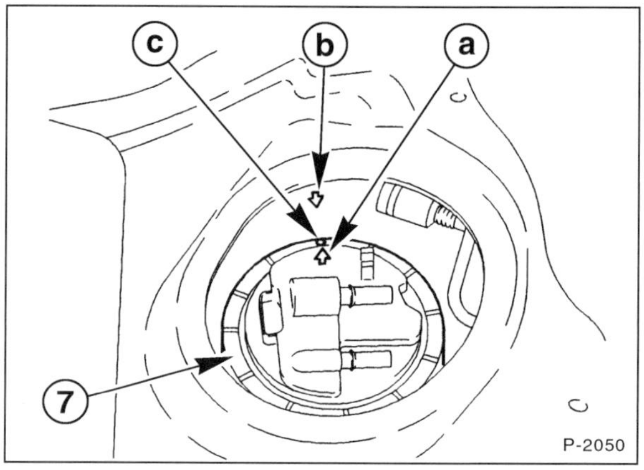

- Kraftstoffpumpe/Tankgeber im Tank so ausrichten, dass der Pfeil –a– gegenüber dem Pfeil –b– steht.
- Haltering –7– ansetzen und handfest anschrauben. Haltering mit Spezialwerkzeug weiterdrehen, bis die Markierung –c– mit den Pfeilen –a– und –b– fluchtet.

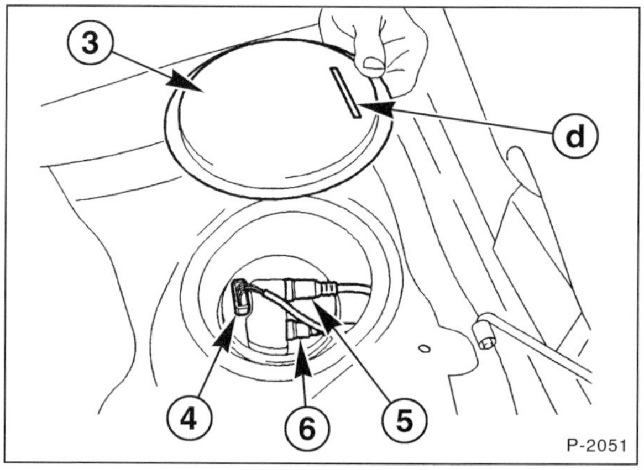

- Kraftstoff-Vorlaufleitung –5– und -Rücklaufleitung –6– aufstecken und einrasten.
- Stecker –4– aufstecken.
- Schutzabdeckung –3– so auflegen, dass die Kerbe –d–, in Fahrtrichtung gesehen, nach vorn zeigt.
- Abdeckblech annieten oder mit Blechschrauben anschrauben.
- Rücksitzbank zurückklappen.
- Batterie-Massekabel (–) bei ausgeschalteter Zündung anklemmen. **Nach Anklemmen der Batterie darf der Motor erst 10 Sekunden nach Einschalten der Zündung gestartet werden.** Diebstahlcode für das Autoradio eingeben und Zeituhr einstellen.

Luftfilter aus- und einbauen

Ausbau

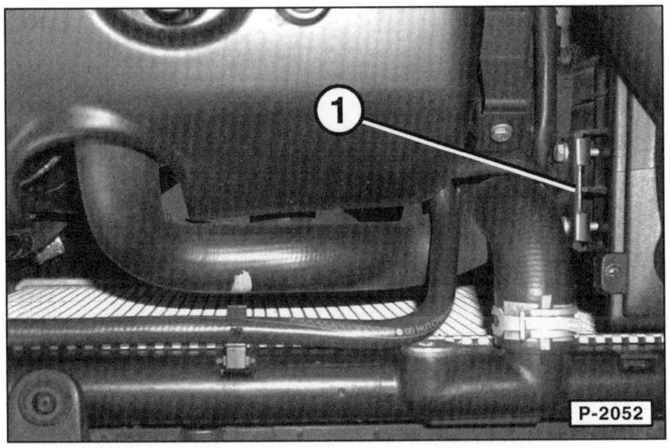

- **Dieselmotor:** Luftfilterhalter –1– abschrauben.

- Schelle –2– öffnen und Luftschlauch –3– abziehen. 4 – Luftfilter.

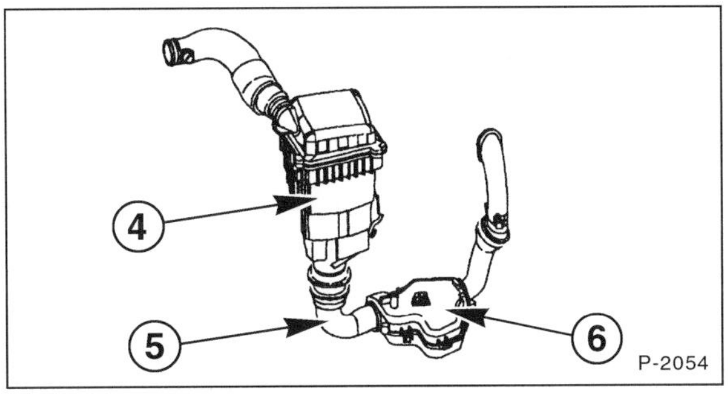

- Luftfiltergehäuse –4– aus dem Verbindungsrohr –5– herausziehen und komplett nach oben herausnehmen. 6 – Dämpfergehäuses beim Benzinmotor.

Einbau

- Luftfiltergehäuse in das Verbindungsrohr einsetzen.
- Luftschlauch aufschieben und mit Schraubschelle sichern.
- **Dieselmotor:** Luftfilterhalter anschrauben.

Gaszug im Motorraum aus- und einbauen/einstellen

Achtung: Der Gaszug ist sehr knickempfindlich und daher beim Einbau besonders sorgfältig zu behandeln. Ein einziger leichter Knick kann zum späteren Bruch im Fahrbetrieb führen. Ein einmal geknickter Zug darf auf keinen Fall eingebaut werden.

Hinweis: In den Abbildungen ist der 1,6-l-DOHC-Motor dargestellt. Bei diesem Motor führt der Gaszug vom Gaspedal zu einem Pedalwertgeber im Motorraum. Von dort wird die Gaspedalstellung durch elektrische Impulse an das Motor-Steuergerät weitergeleitet. Bei den anderen Motoren führt der Gaszug vom Gaspedal direkt zum Drosselklappenhebel. Der Aus- und Einbau des Gaszuges ist bei allen Motoren gleich.

Ausbau

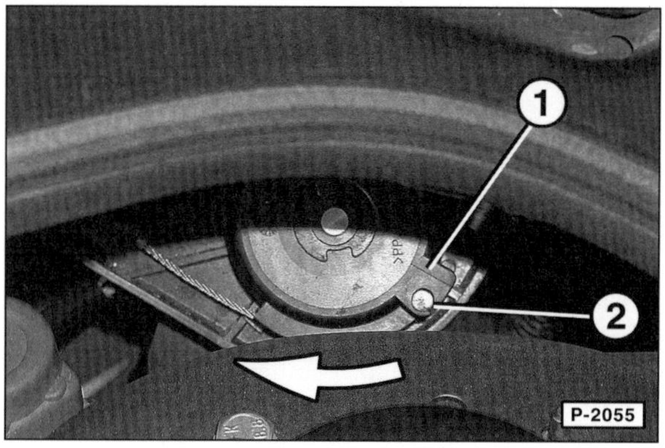

- Segment –1– in Pfeilrichtung drücken und Nippel des Gaszugs –2– aushängen.

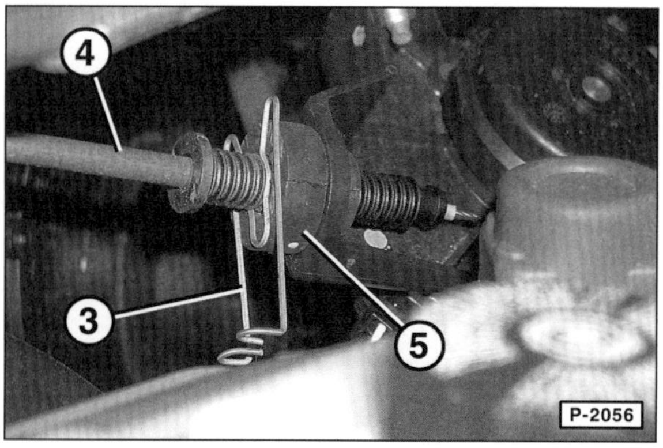

- Raste für Einstellklammer –3– mit Farbe markieren und Klammer abziehen.
- Gaszug –4– durch die Führung –5– herausziehen.

Einbau

- Der Einbau erfolgt in umgekehrter Ausbaureihenfolge. Einstellklammer an der markierten Stelle einstecken.

Einstellen

- Einstellklammer herausziehen und Gaszug aus der Führung so weit herausziehen, bis sich das Segment bewegt. Gaszug etwas zurückschieben und Einstellklammer einsetzen.

Motormanagement

Aus dem Inhalt:

- Benzineinspritzung
- Systemübersicht
- Zündung
- Dieseleinspritzung
- Diesel-Vorglühanlage

Im Kapitel »Motormanagement« sind die Themen »Benzin-Einspritzanlage«, »Zündanlage« und »Diesel-Einspritzanlage« zusammengefasst.

Benzin-Einspritz- und Zündanlage

Das elektronische Motormanagement regelt die Kraftstoffzuteilung und das Zündsystem. Die Vorteile des elektronischen Motormanagements:

- Genau dosierte Kraftstoffmenge in jedem Betriebszustand des Motors, dadurch geringer Verbrauch bei guten Fahrleistungen.
- Reduzierung der Abgas-Schadstoffe durch exakte Kraftstoffzumessung und den Einsatz eines geregelten Katalysators.
- Eigendiagnose des Motormanagements, dadurch schnelleres Auffinden von Defekten. Das System ist mit einem Fehlerspeicher ausgestattet. Treten während des Betriebs Defekte auf, werden diese im Speicher abgelegt. Sollte der Motor nicht einwandfrei arbeiten, kann die Fachwerkstatt gegen Kostenerstattung eine Fehlerliste ausdrucken, damit gegebenenfalls der Defekt dann selbst behoben werden kann.

Das Steuergerät entspricht einem kleinen, sehr schnell arbeitenden Computer. Es bestimmt den optimalen Zündzeitpunkt, den Einspritzzeitpunkt und die Kraftstoff-Einspritzmenge. Dabei erfolgt eine Abstimmung des Steuergeräts mit anderen Fahrzeugsystemen, beispielsweise der Getriebesteuerung oder der Wegfahrsperre.

Die Bauteile des Zünd- und Einspritzsystems sind langzeitstabil und praktisch wartungsfrei. Nur der Luftfiltereinsatz sowie die Zündkerzen müssen im Rahmen der Wartung gewechselt werden. Wesentliche Einstell- und Reparaturarbeiten können nur mit Hilfe von teuren Prüfgeräten durchgeführt werden, so dass diese Arbeiten nur noch von entsprechend ausgerüsteten Fachwerkstätten ausgeführt werden können.

Sicherheitsmaßnahmen bei Arbeiten am Zünd- und Einspritzsystem

Das Kraftstoffsystem steht unter Druck! Bevor Schlauchverbindungen gelöst werden, Kraftstoffdruck abbauen, siehe Seite 213.

Beim Trennen der Schlauchverbindungen sicherheitshalber einen dicken Putzlappen um die Verbindungsstelle legen.
Um Verletzungen von Personen und/oder eine Zerstörung der Einspritz- und Zündanlage zu vermeiden, ist Folgendes zu beachten:

- Zündleitungen bei laufendem Motor beziehungsweise bei Anlassdrehzahl nicht berühren oder abziehen.
- Leitungen der Einspritz- und Zündanlage –auch Messgeräteleitungen– nur bei ausgeschalteter Zündung ab- und anklemmen.
- Personen mit einem Herzschrittmacher sollen keine Arbeiten an der elektronischen Zündanlage durchführen.
- Bei der Kompressionsdruckprüfung darf kein Kraftstoff eingespritzt werden, daher Hinweise im Kapitel »Kompressionsdruck prüfen« beachten.

Achtung: Bei Arbeiten am Einspritzteil des Systems sind auch die allgemeinen Sicherheits- und Sauberkeitsregeln zu beachten, siehe Kapitel »Kraftstoffanlage«.

Diesel-Einspritzanlage

Die Dieseleinspritzung wird beim 1,4-/2,0-l-Motor vollelektronisch durch das Motormanagement geregelt. Die Vorteile sind:

- Eigendiagnose des Motormanagements, dadurch schnelleres Auffinden von Defekten.
- Genau dosierte Kraftstoffmenge. Dadurch Reduzierung der Abgas-Schadstoffe und geringer Verbrauch.
- Das Einstellen von Leerlaufdrehzahl und Abregeldrehzahl ist nicht erforderlich.

Die Bauteile des Motormanagements sind langzeitstabil und praktisch wartungsfrei. Nur der Motor-Luftfiltereinsatz und der Kraftstofffilter müssen im Rahmen der Wartung gewechselt werden.

Benzin-Einspritzanlage

Funktion des Motormanagements beim Benzinmotor

Der Kraftstoff wird aus dem Kraftstoffvorratsbehälter (Tank) von der elektrischen Kraftstoffpumpe angesaugt und über den vor dem Tank angebrachten Kraftstofffilter zum Kraftstoffverteiler gefördert. Ein Druckregler sorgt dafür, dass der Druck im Kraftstoffsystem konstant bei etwa 3,5 ± 0,2 bar gehalten wird.

Über elektrisch angesteuerte Einspritzventile wird der Kraftstoff stoßweise in das Ansaugrohr direkt vor die Einlassventile des Motors gespritzt. Das Motor-Steuergerät regelt die Einspritzzeit und dadurch die Einspritzmenge.

Die Verbrennungsluft wird vom Motor über den Luftfilter angesaugt und gelangt durch das Drosselklappenteil sowie das Ansaugrohr bis zu den Einlassventilen. Geregelt wird die Luftmenge durch die Drosselklappe, die durch den Gaszug oder über einen Schrittmotor vom Motor-Steuergerät betätigt wird. Die angesaugte Luftmenge wird von einem **Luftmassenmesser** gemessen. Im Gehäuse des Luftmassenmessers befindet sich eine dünne, elektrisch beheizte Platte, die durch die vorbeistreichende Ansaugluft abgekühlt wird. Die Steuerelektronik regelt den Heizstrom so, dass die Temperatur der Platte konstant bleibt. Steigt beispielsweise die Menge der angesaugten Luft, neigt das erhitzte Bauteil zum Abkühlen. Daraufhin wird der Heizstrom sofort erhöht, damit die Temperatur gleich bleibt. Anhand der Schwankungen des Heizstromes erkennt das Motor-Steuergerät den Lastzustand des Motors und regelt dementsprechend die Einspritzmenge.

Das Motor-Steuergerät ist ein kleiner, sehr schnell arbeitender Computer. Es bestimmt den optimalen Zündzeitpunkt, den Einspritzzeitpunkt und die Einspritzmenge.

Informationen von weiteren Sensoren (Fühlern) und Befehle an Aktoren (Stellglieder) sorgen in jeder Fahrsituation für einen optimalen Motorbetrieb. Fallen wichtige Sensoren aus, schaltet das Steuergerät auf ein Notlaufprogramm um, damit Motorschäden vermieden werden und weitergefahren werden kann. In diesem Fall ruckelt der Motor und neigt beim Gas geben zum Absterben.

Sensoren und Aktoren der Einspritzanlage

- Der **Ansaugluft-Temperaturfühler** befindet sich je nach Motor am Ansaugkrümmer.
- Der **Ansaugunterdruckfühler** misst den Unterdruck im Ansaugkrümmer.
- Das **Drosselklappen-Potentiometer** übermittelt dem Steuergerät die Winkelstellung der Drosselklappe.
- Die Tankentlüftung besteht aus dem **Aktivkohlebehälter** und einem **Magnetventil.** Im Aktivkohlebehälter werden Kraftstoffdämpfe gespeichert, die sich durch Erwärmung des Kraftstoffs im Tank bilden. Bei laufendem Motor werden die Kraftstoffdämpfe aus dem Aktivkohlebehälter abgesaugt und dem Motor zur Verbrennung zugeführt.
- Die **Lambdasonde** (Sauerstoffsensor) dient zur Regelung der Abgaszusammensetzung. Sie misst den Sauerstoffgehalt im Abgasstrom und schickt entsprechende Spannungssignale an das Motor-Steuergerät. Je nach Motor können 2 Lambdasonden vorhanden sein, dann ist eine vor und die andere nach dem Katalysator angeordnet.
- Das **Leerlaufregelventil** reguliert bei kaltem Motor die Leerlaufluftmenge unter Umgehung der Drosselklappe.
- Der **Klopfsensor** ist hinten in den Motorblock eingeschraubt. Er verhindert, dass schädliche, klopfende Verbrennungen auftreten können. Dadurch kann der Zündzeitpunkt an der Klopfgrenze gehalten werden, wodurch die Energie des Kraftstoffes besser ausgenutzt und somit der Kraftstoffverbrauch reduziert wird.

Schemazeichnung der BOSCH-Benzin-Einspritzung

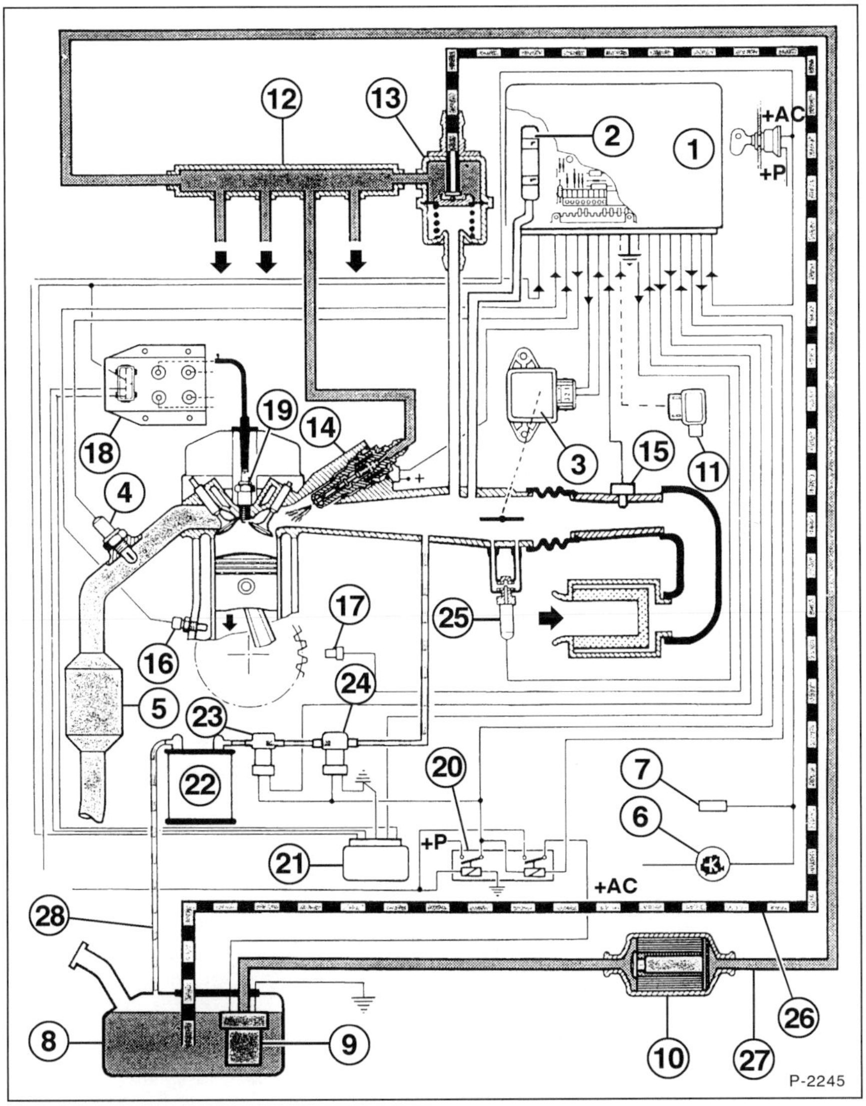

1 – **Motor-Steuergerät**
2 – **Ansaugunterdruckfühler**
3 – **Drosselklappen-Potentiometer**
4 – **Lambdasonde**
5 – **Katalysator**
6 – **Motor-Warnleuchte**
7 – **Diagnosestecker**
8 – **Kraftstoffvorratsbehälter (Tank)**
9 – **Kraftstoffpumpe**
10 – **Kraftstofffilter**
11 – **Potentiometer für Gemisch-einstellung**
Nicht beim PEUGEOT 206.
12 – **Kraftstoff-Verteilerrohr**
13 – **Druckregler**
14 – **Einspritzventil**
15 – **Ansaugluft-Temperaturfühler**
16 – **Motor-Temperaturfühler**
17 – **Drehzahl- und Bezugs-markengeber**
18 – **Zündspule**
19 – **Zündkerzen**
20 – **Einspritzrelais**
21 – **Zündschaltgerät**
Nicht beim PEUGEOT 206.
22 – **Aktivkohlebehälter**
23 – **Magnetventil**
24 – **Sperrventil**
25 – **Leerlaufregelventil**
26 – **Kraftstoff-Rücklaufleitung**
27 – **Kraftstoff-Vorlaufleitung**
28 – **Entlüftungsleitung für Aktiv-kohlesystem**

Technische Daten Benzin-Einspritzung

Motor	1.1 l	1.1 l	1.4 l	1.4 l	1.6 l	1.6 l 16V	2.0 l 16V
Motorbezeichnung	TU1 JP	TU1 JP	TU3 JP	TU3 JP	TU5 JP	TU5 JP4	EW10 J4
Motortyp	HFY	HFZ	KFX	KFX	NFZ	NFU	RFR
Einspritzanlage Fabrikat	MAGNETI-MARELLI			BOSCH	BOSCH	BOSCH	MAGN.MA.
Einspritzanlage Typ	1AP	1AP	1AP	MP7.3	MP7.2	ME7.4.4	4.8P
Kraftstoffdruck bar	3,5	3,5	3,5	3,5	3,5	3,5	3,5
Widerstand Einspritzventil Ω	13 – 16	13 – 16	13 – 16	13 – 16	13 – 16	13 – 16	13 – 16
Abschaltdrehzahl 1/min	6400	6400	6400	6400	6200	6200	6550
Leerlaufdrehzahl 1/min	850 ± 50	850 ± 50	850 ± 50	850 ± 50	850 ± 50	850 ± 50	700 ± 50

Leerlaufdrehzahl/Zündzeitpunkt/ CO-Gehalt prüfen/einstellen

Im Rahmen der Wartung ist es nicht mehr erforderlich, Leerlaufdrehzahl, Zündzeitpunkt und CO-Gehalt einzustellen, da die Werte elektronisch permanent nachgeregelt werden.

Falls die tatsächlichen Betriebswerte von den Sollwerten abweichen, liegt die Ursache in defekten Bauteilen, die ersetzt werden müssen. Eine fachgerechte Prüfung des Motormanagements ist nur mit speziellen Diagnosegeräten möglich.

Allgemeine Prüfung der Benzin-Einspritzanlage

Für eine systematische Fehlersuche beziehungsweise Fehlerbehebung sind markenspezifische Messgeräte erforderlich. Diese Messgeräte sind sehr teuer und in der Regel nur in der Fachwerkstatt vorhanden. Deshalb wird hier nur eine Grundprüfung beschrieben:

- Batterie prüfen, siehe Seite 58.
- Alle Sicherungen prüfen, siehe Seite 55.
- Sämtliche Stecker und Steckverbindungen des betroffenen elektronischen Systems abziehen und aufstecken. Festen Sitz der Steckverbindungen und Fixierung der Kabel im Motorraum prüfen.
- Alle Masseverbindungen auf festen Sitz und einwandfreien Kontakt prüfen.
- Schläuche und Leitungen auf Undichtigkeiten prüfen. Dabei auf Porosität und Risse achten. Lockere Anschlüsse befestigen.

Einspritzventile prüfen/ aus- und einbauen

Die Einspritzventile spritzen den Kraftstoff intermittierend ein, das heißt, jedes Ventil öffnet und schließt entsprechend den Signalen vom Motor-Steuergerät. Dabei spritzt das Ventil den Kraftstoff kegelförmig ein und schließt nach dem Abspritzen dicht ab. Undichte Ventile bewirken Heißstartschwierigkeiten. Defekte Einspritzventile lassen den Motor bisweilen nachdieseln und führen zu Motoraussetzern.

Beschrieben wird die Prüfung in eingebautem Zustand.

Funktionsprüfung

- Motor starten und im Leerlauf laufen lassen.
- Mit einem Stethoskop bei laufendem Motor jedes einzelne Ventil prüfen, ob es klackert. Dieses Klackern kommt durch das Öffnen und Schließen des Ventils zustande.
- Steht kein Stethoskop zur Verfügung, kann man auch mit einem Schraubendreher oder einem Finger die Vibrationen fühlen, wenn das Einspritzventil arbeitet.
- Werden keine oder außergewöhnliche Betriebsgeräusche festgestellt, so sind die Steckverbindung, das Signal vom Steuergerät (Werkstattarbeit) oder der Widerstand des Einspritzventils zu prüfen.

Widerstand prüfen

- Zündung ausschalten.

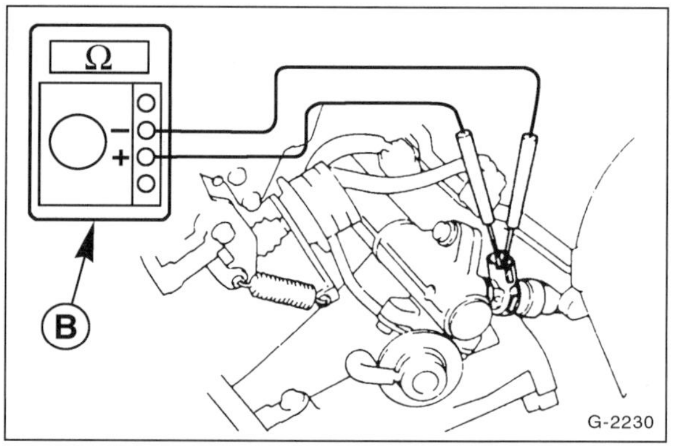

- Mit einem Ohmmeter –B– den Widerstand für alle Einspritzventile am Anschluss prüfen.
  Sollwert bei kaltem Einspritzventil: **13 – 16 Ω.**
- Wird dieser Sollwert nicht erreicht, Einspritzventil erneuern.
- Um den Einspritzstrahl und die Dichtigkeit des Einspritzventils zu prüfen, sind Spezialwerkzeuge erforderlich, die nur in einer Fachwerkstatt zur Verfügung stehen.

Ausbau

- Kraftstoffdruck abbauen, siehe Seite 213.
- Kraftstoff- und Unterdruckleitungen vom Verteilerrohr abziehen.
- Stecker von den Einspritzventilen abziehen.

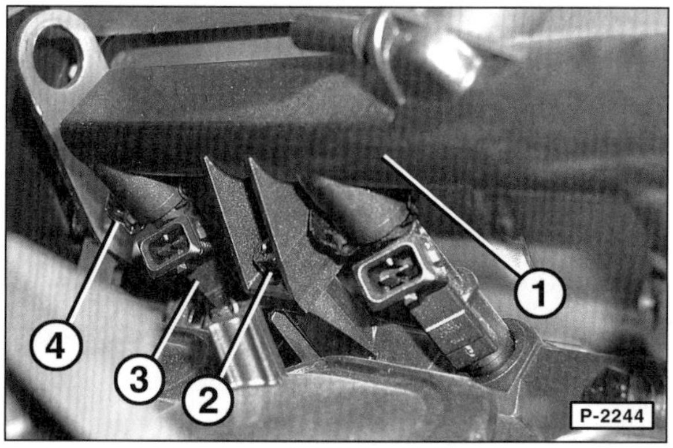

- Verteilerrohr –1– mit 2 Schrauben abschrauben –2– und mit Einspritzventilen –3– herausziehen. **Hinweis:** Das Verteilerrohr ist nicht komplett dargestellt.
- Halteklammern –4– abziehen und Einspritzventile aus dem Verteilerrohr herausziehen.
- Dichtringe der Einspritzventile auf Beschädigungen prüfen, gegebenenfalls ersetzen.

Einbau

- Der Einbau erfolgt in umgekehrter Ausbaureihenfolge.

Störungsdiagnose Benzin-Einspritzanlage

Störungen in der Steuerelektronik lassen sich praktisch nur noch mit speziellen Messgeräten herausfinden. Bevor anhand der Störungsdiagnose ein anderweitiger Fehler aufgespürt wird, müssen folgende **Prüfvoraussetzungen** erfüllt sein:

Bedienungsfehler beim Starten ausschließen. Sowohl für den kalten wie warmen Motor gilt: Gaspedal während des Startvorganges nicht betätigen. Korrekter Startvorgang siehe Seite 194.

Kraftstoff im Tank, Motor mechanisch in Ordnung, Batterie geladen, Anlasser dreht mit ausreichender Drehzahl, Zündanlage ist in Ordnung, keine Undichtigkeiten an der Kraftstoffanlage, Verschmutzungen im Kraftstoffsystem ausgeschlossen, Kurbelgehäuse-Entlüftung in Ordnung, elektrische Masseverbindungen (Motor-Getriebe-Aufbau) vorhanden. Fehlerspeicher abfragen (Werkstattarbeit). **Achtung:** Wenn Kraftstoffleitungen gelöst werden, müssen diese vorher mit Kaltreiniger oder Benzin gesäubert werden. Kraftstoffdruck abbauen, anschließend dicken Lappen darüber legen, um eventuelle Kraftstoffspritzer aufzufangen. Schutzbrille tragen, siehe auch Seite 205.

Störung	Ursache	Abhilfe
Motor springt nicht an.	Elektro-Kraftstoffpumpe läuft beim Betätigen des Anlassers nicht an. Am Kraftstoff-Einfüllstutzen sind bei abgenommenem Tankdeckel keine Laufgeräusche hörbar.	■ Prüfen, ob Spannung an der Pumpe anliegt. Elektrische Kontakte auf gute Leitfähigkeit überprüfen.
	Sicherung für Kraftstoffpumpe defekt.	■ Sicherung überprüfen.
	Hauptrelais der Einspritzanlage defekt.	■ Relais überprüfen.
	Einspritzventile erhalten keine Spannung.	■ Stecker von den Einspritzventilen abziehen, Diodenprüflampe an Zuleitung anschließen und Starter betätigen. Prüflampe muss flackern.
Der kalte Motor springt schlecht an, läuft unrund.	Temperaturfühler defekt.	■ Temperaturfühler Kühlmittel/Ansaugluft prüfen.
Der Motor setzt aus.	Elektrische Verbindungen zur Kraftstoffpumpe zeitweise unterbrochen.	■ Steckverbindungen und Anschlüsse an der Kraftstoffpumpe und am Hauptrelais der Einspritzanlage auf gute Leitfähigkeit prüfen.
	Kraftstofffilter verstopft.	■ Kraftstofffilter erneuern.
	Kraftstoffpumpe defekt.	■ Kraftstoffpumpe prüfen, ggf. erneuern.
	Einspritzventil defekt.	■ Einspritzventile prüfen, erneuern.
Der Motor hat Übergangsstörungen.	Luftansaugsystem undicht.	■ Ansaugsystem prüfen. Dazu Motor im Leerlauf drehen lassen und Dichtstellen sowie Anschlüsse im Ansaugtrakt mit handelsüblichem Startbenzin besprühen. Wenn sich die Drehzahl kurzfristig erhöht, undichte Stelle beseitigen. **Achtung:** Benzindämpfe sind giftig, nicht einatmen!
	Kraftstoffsystem undicht.	■ Sichtprüfung an allen Verbindungsstellen im Bereich des Motors und der elektrischen Kraftstoffpumpe. Alle Anschlüsse nachziehen.
Der heiße Motor springt nicht an.	Druck im Kraftstoffsystem zu hoch.	■ Kraftstoffdruck prüfen, gegebenenfalls Druckregler ersetzen.
	Rücklaufleitung zwischen Druckregler und Tank verstopft oder geknickt.	■ Leitung reinigen oder ersetzen.

Zündanlage

Zündsystem

Das Zündsystem erzeugt einen Zündfunken, der das angesaugte Kraftstoff-/Luftgemisch zündet. Dazu wird in der Zündspule die Batteriespannung von 12 Volt auf über 30.000 Volt umgeformt.

Das Zündsystem besteht aus den vier Zündkerzen, den Zündkerzensteckern und den Zündspulen.

Der Zündfunken wird durch das Motor-Steuergerät mit Hilfe der Direktzündung ausgelöst. Dabei erfolgt die Verteilung des Zündstromes auf die einzelnen Zündkerzen durch elektronische Bauteile, die den mechanisch arbeitenden Verteiler mit Verteilerläufer ersetzen. Die beiden Zündspulen sind in einem Gehäuse vergossen und sitzen mit den integrierten Zündkerzensteckern direkt über den Zündkerzen.

Der Zündzeitpunkt kann bei den 1,4-/1,6- und 2,0-l-Benzinmotoren nicht eingestellt werden.

Das Zündsystem arbeitet verschleiß- und wartungsfrei. Nur die Zündkerzen müssen regelmäßig erneuert werden.

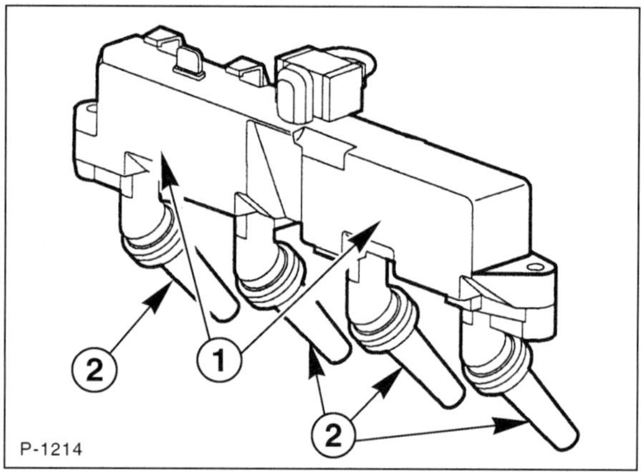

1,1-/1,4-/1,6-l-OHC-Motor: 1 – Zündspulen, 2 – Zündkerzenstecker.

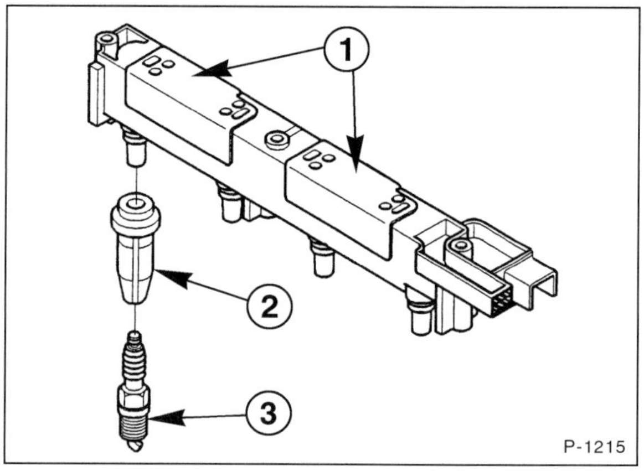

2,0-l-DOHC-Motor: 1 – Zündspulen, 2 – Zündkerzenstecker, 3 – Zündkerze.

● Zündspulen sowie Zündkerzen aus- und einbauen, siehe Seite 28.

Zündkerzentechnik

Die Zündkerze besteht aus der Mittel-Elektrode, dem Isolator mit Gehäuse und der oder den Masse-Elektrode(n). Zwischen Mittel- und Masse-Elektrode springt der Zündfunke über, der das Kraftstoff-/Luftgemisch entzündet. Man sollte niemals vom vorgeschriebenen Zündkerzentyp abweichen, der unter anderem von der Wärmewert-Kennzahl bestimmt wird.

Die Wärmewert-Kennzahl gibt den Grad der Wärmebelastbarkeit einer Zündkerze an. Je niedriger die Wärmewert-Kennzahl einer Kerze ist, desto höher ist die Wärmebelastbarkeit. Die Kerze kann also die Wärme besser ableiten, wodurch schädliche Glühzündungen (Motorklopfen) verhindert werden. Eine Kerze mit hoher Wärmebelastbarkeit hat allerdings den Nachteil, dass ihre Selbstreinigungstemperatur ebenfalls höher liegt. Sie neigt daher schneller zum Verrußen, insbesondere dann, wenn der Motor häufig seine Betriebstemperatur während der Fahrt nicht erreicht (Stadtverkehr, Kurzstreckenverkehr im Winter).

Der richtige Zündkerzen-Wärmewert wird vom Automobilhersteller festgelegt. Es gibt Zündkerzen mit einem oder mehreren Polen, mit unterschiedlicher Gewindelänge und unterschiedlichem Gewindedurchmesser. Beim Auswechseln von Zündkerzen ist es deshalb wichtig, dass nur solche Kerzen verwendet werden, die der Vorschrift des Automobilherstellers entsprechen.

Die durchschnittliche Lebensdauer von Zündkerzen ist recht unterschiedlich. Dabei spielt auch der Elektrodenwerkstoff eine wichtige Rolle. Die Chrom-Nickel-Legierung zeichnet sich durch sehr hohe Wärmeableitung und hohe Korrosionsfestigkeit aus; Silber bietet das beste Wärmeleitvermögen aller Metalle und Platin-Elektroden verfügen über eine hohe Korrosions- und Abbrandfestigkeit. Die Lebensdauer von Zündkerzen beträgt zwischen 30.000 Kilometer und bis zu 100.000 Kilometer, je nachdem, welcher Elektrodenwerkstoff verwendet wurde und ob ein- oder mehrpolige Zündkerzen zum Einsatz kommen.

Je nach Bauart der Motoren unterscheidet man zwischen zwei verschiedenen Abdichtungsarten zwischen Zündkerze und Zylinderkopf.

Der Flachdichtsitz hat einen unverlierbaren Außendichtring, der am Kerzenkörper angebracht ist. Beim Kegeldichtsitz ist keine zusätzliche Dichtung erforderlich. Bei beengten Einbauverhältnissen werden häufig Zündkerzen mit Flachdichtsitz und kleiner Schlüsselweite des Sechskants verwendet oder aber man verwendet Kegeldichtsitzkerzen, die aufgrund ihrer kompakten Bauart kleinere Außenmaße haben.
Beim PEUGEOT 206 müssen die Zündkerzen im Rahmen der Wartung gewechselt werden, siehe Kapitel »Wartung«.

Technische Daten Zündung

Motor		1.1 l	1.1 l	1.4 l	1.4 l	1.6 l	1.6 l 16V	2.0 l 16V
Motorbezeichnung		TU1 JP	TU1 JP	TU3 JP	TU3 JP	TU5 JP	TU5 JP4	EW10 J4
Motortyp		HFY	HFZ	KFX	KFX	NFZ	NFU	RFR
Einspritzanlage	Fabrikat	MAGNETI-MARELLI			BOSCH	BOSCH	BOSCH	MAGN.MA.
Einspritzanlage	Typ	1AP	1AP	1AP	MP7.3	MP7.2	ME7.4.4	4.8P
Zündzeitpunkt	° vor OT	4° ± 10°	4° ± 10°	7° ± 5°	7° ± 5°	7° ± 5°	–	7° ± 10°
Primärwiderstand der Zündspule	Ω	0,50 – 0,66	0,50 – 0,66	0,54 – 0,66	0,54 – 0,66	0,54 – 0,66	–	0,50 – 0,70

Achtung: Die technische Entwicklung geht ständig weiter. Es kann sein, dass inzwischen für einzelne Motoren andere Zündkerzenwerte gelten und daher die Tabelle möglicherweise nicht auf dem neuesten Stand ist. Um die aktuelle Zündkerze für Ihren Fahrzeugmotor zu ermitteln, benötigt der Fachhandel die **Fahrzeug-Ident-Nummer** (FIN) sowie die **3 Schlüsselnummern** aus dem Kfz-Schein. Diese Nummern sollten beim Kauf von Zündkerzen angegeben werden.

Diesel-Einspritzanlage

Diesel-Einspritzverfahren

Beim Dieselmotor wird reine Luft in die Zylinder angesaugt und dort sehr hoch verdichtet. Dadurch steigt die Temperatur in den Zylindern über die Zündtemperatur des Dieselöls an. Wenn der Kolben kurz vor dem Oberen Totpunkt steht, wird in die hochverdichtete und etwa +600° C heiße Luft Dieselöl eingespritzt. Das Dieselöl zündet von selbst, Zündkerzen sind also nicht erforderlich.

Bei sehr kaltem Motor kann es vorkommen, dass durch die Verdichtung die Zündtemperatur nicht erreicht wird. In diesem Fall muss vorgeglüht werden. Dazu befindet sich in jedem Brennraum eine Glühkerze, die den Brennraum aufheizt. Die Dauer des Vorglühens ist abhängig von der Umgebungstemperatur und wird durch das Motor-Steuergerät über ein Vorglührelais gesteuert.

Der Kraftstoff wird von der Verteiler-Einspritzpumpe gefördert. In der Einspritzpumpe wird der für die Dieseleinspritzung erforderliche hohe Druck aufgebaut und der Kraftstoff entsprechend der Zündfolge auf die einzelnen Zylinder verteilt.

Für die Einspritzung beim Dieselmotor gibt es 3 unterschiedliche Verfahren: Die Wirbel- oder Vorkammereinspritzung sowie die Direkteinspritzung.

Bei der **Wirbel- oder Vorkammereinspritzung** wird der Kraftstoff in die Vorkammer des betreffenden Zylinders mit einem Druck von 140 – 160 bar eingespritzt. Das heiße Gemisch entzündet sich sofort. Die Sauerstoffmenge, die in der Vorkammer vorhanden ist, reicht aber nur zur Verbrennung eines Teils des eingespritzten Kraftstoffs. Der übrige, unverbrannte Teil wird durch den bei der Verbrennung entstandenen Überdruck in den Verbrennungsraum geblasen. Dort verbrennt der Kraftstoff vollständig.

Bei der **Direkteinspritzung** wird der Kraftstoff direkt in den Brennraum eingespritzt, und zwar in eine Mulde im Kolben. Das Motor-Steuergerät regelt dabei die Einspritzmenge vollelektronisch. Die Vorteile sind: Höhere Leistung bei geringerem Kraftstoffverbrauch.

Bevor der Kraftstoff in die Einspritzpumpe/Hochdruckpumpe gelangt, wird er im Kraftstofffilter von Verunreinigungen und Wasser befreit. Daher ist es äußerst wichtig, den Kraftstofffilter im Rahmen der Wartung regelmäßig auszuwechseln.

Die Einspritzpumpe/Hochdruckpumpe ist wartungsfrei. Alle beweglichen Teile werden mit Dieselöl geschmiert. Angetrieben wird die Einspritzpumpe durch die Kurbelwelle über einen Zahnriemen.

Funktionsweise der Diesel-Einspritzanlage

1,9-l-Motor

In der Diesel-Einspritzpumpe wird der Einspritzdruck aufgebaut und der Kraftstoff über die Einspritzleitungen und die Einspritzdüsen in die Wirbelkammern der einzelnen Zylinder eingespritzt.

1,4-/2,0-l-Motor

Die Verbrennungsluft wird vom Motor über den Luftfilter angesaugt und durch einen Abgasturbolader verdichtet.

Eine elektrische Kraftstoffpumpe fördert den Dieselkraftstoff aus dem Tank zur Hochdruckpumpe. Diese baut bereits bei niedrigen Motordrehzahlen einen konstant hohen Druck auf von über 1300 bar beim 2,0-l-Motor und über 1500 bar beim 1,4-l-Motor.

Von der Hochdruckpumpe führt eine gemeinsame Kraftstoffleitung (Common Rail) zu den einzelnen Zylindern. Die gemeinsame Kraftstoffleitung dient als Druckspeicher und verteilt den Kraftstoff mit konstantem Druck an die Einspritzventile. Die erforderliche Kraftstoff-Einspritzmenge wird vom Motor-Steuergerät über die elektromagnetischen Einspritzventile den einzelnen Zylindern exakt zugeteilt. Schließt der Mikrocomputer des Motor-Steuergeräts beispielsweise die Magnetventile, ist die Kraftstoffeinspritzung sofort wieder beendet. Mit anderen Worten: Druckerzeugung und Kraftstoffeinspritzung erfolgen unabhängig voneinander. Das hat den Vorteil, dass die Einspritzung bedarfs- und abgasoptimiert, aber unabhängig von der Motordrehzahl erfolgen kann.

Der Kraftstoff wird mit Mehrstrahl-Einspritzventilen in 2 Stufen eingespritzt. Zunächst erfolgt eine Voreinspritzung von einer geringen Menge Kraftstoff, wodurch die Zündbedingungen für die Hauptkraftstoffmenge verbessert werden. Daraus resultiert eine weichere und damit auch leisere Verbrennung, ähnlich wie bei der Wirbelkammereinspritzung.

Winterbetrieb

Mit abnehmenden Außentemperaturen verringert sich das Fließvermögen des Dieselkraftstoffes durch Paraffin-Ausscheidung. Der Dieselkraftstoff kann dickflüssig wie Honig werden und den Kraftstofffilter verstopfen. Aus diesem Grund werden von den Mineralölfirmen dem Diesel im Winter Zusätze beigemischt, die das Fließverhalten heraufsetzen und ein Starten bis etwa –22° C garantieren.

Damit der Kraftstofffilter bei niedrigen Außentemperaturen nicht verstopfen kann, wird der Kraftstoff über einen Kühlmittel-Wärmetauscher geleitet.

Diesel-Vorglühanlage

Bei kaltem Motor wird die Selbstzündungstemperatur durch die Verdichtung allein nicht erreicht, deshalb muss der Motor vorgeglüht werden.

Zu diesem Zweck ist in jeden Brennraum eine Stabglühkerze eingeschraubt. Die Glühkerze besteht im wesentlichen aus einem Gehäuse mit eingepresstem Heizstab. Sobald Spannung anliegt, heizt sich die Heizwicklung im Heizstab innerhalb weniger Sekunden bis auf über +850° C auf, wodurch die Vorglühdauer bis zum Anlassen selten länger als 10 Sekunden beträgt. Wenn die Vorglüh-Kontrollleuchte an der Armaturentafel erlischt, kann der Motor gestartet werden.

Die Dauer des Vorglühens wird durch das Vorglüh-Steuergerät und das Motor-Steuergerät geregelt, welches durch einen Kühlmittel-Temperaturgeber die Information über die aktuelle Motortemperatur abfragt. Das Motor-Steuergerät entscheidet anhand der übermittelten Daten, wie lange und wie viel Strom den Glühkerzen zugeführt wird.

Hinweis: Aufgrund der guten Kaltstarteigenschaften des Direkteinspritzers ist ein Vorglühen beim 1,4-/2,0-l-Dieselmotor überwiegend erst bei Temperaturen unter ca. 0° C erforderlich.

Glühkerzen prüfen

Wenn Schwierigkeiten beim Anlassen des Motors auftreten, sämtliche Glühkerzen auf einwandfreie Funktion prüfen.

Prüfvoraussetzung: Motor ist kalt (Umgebungstemperatur). Batterie voll geladen, die Batteriespannung muss mindestens 11,5 Volt betragen.

Stromzufuhr prüfen

Diese Kontrolle kann bei eingebauten Glühkerzen durchgeführt werden.

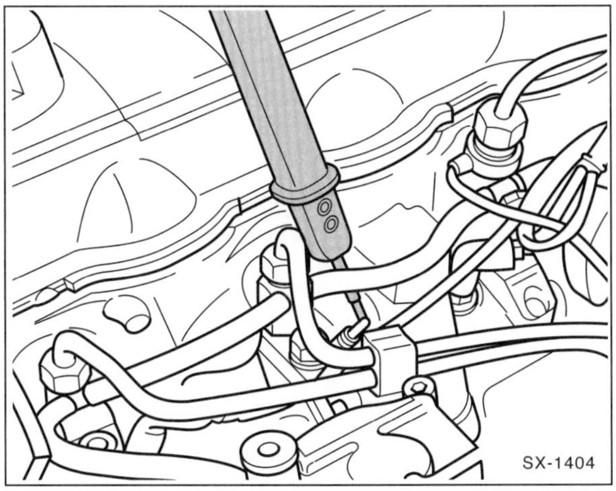
SX-1404

- Prüflampe parallel zwischen Stromschiene (Verbindungskabel) der Glühkerzen und Masse halten.
- Zündung einschalten, Motor vorglühen. Zündschlüssel auf Vorglühstellung lassen und Prüflampe beobachten.
- Die Prüflampe muss aufleuchten und nach einigen Sekunden erlöschen.
- Anschlusskabel und Stromschiene anklemmen.

Hinweis 1,9-l-Motor: Wird kein Fehler gefunden, obwohl der Motor schlecht anspringt, Glühkerzen beim Vorglühen sichtprüfen. Dazu Einspritzdüsen ausbauen und durch die Öffnungen Glühkerzen beobachten.

Glühkerzen prüfen

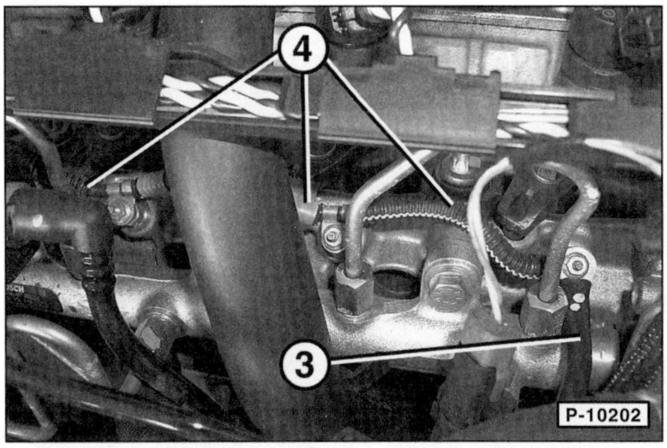

P-10202

- Anschlusskabel –3– und Verbindungskabel –4– von den Glühkerzen abschrauben.

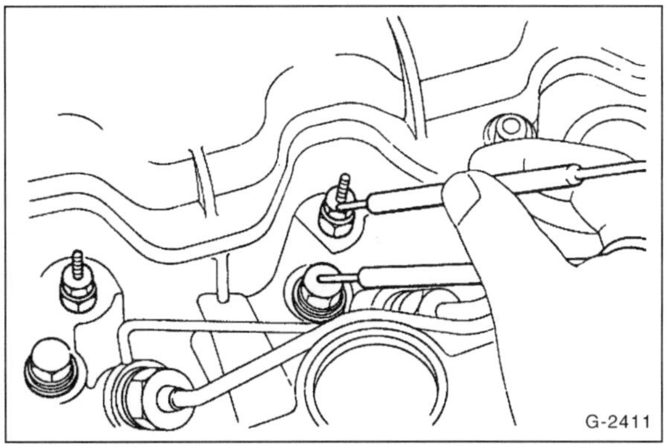
G-2411

- Ohmmeter nacheinander an jede Glühkerze anlegen und prüfen, ob zwischen Motorblock und Glühkerzenanschluss Stromdurchgang vorhanden ist.
- Wird kein Stromdurchgang angezeigt, ist die Glühkerze defekt und muss ersetzt werden.
- Anschlusskabel und Verbindungskabel anklemmen.

Glühkerzen aus- und einbauen

Ausbau

- Batterie-Massekabel (–) bei ausgeschalteter Zündung abklemmen. **Achtung:** Falls das eingebaute Radio einen Diebstahlcode besitzt, wird dieser beim Abklemmen der Batterie gelöscht. Das Radio kann anschließend nur durch die Eingabe des richtigen Codes, durch die PEUGEOT-Werkstatt oder den Radio-Hersteller wieder in Betrieb genommen werden. Vor dem Abklemmen daher unbedingt den Diebstahlcode ermitteln.

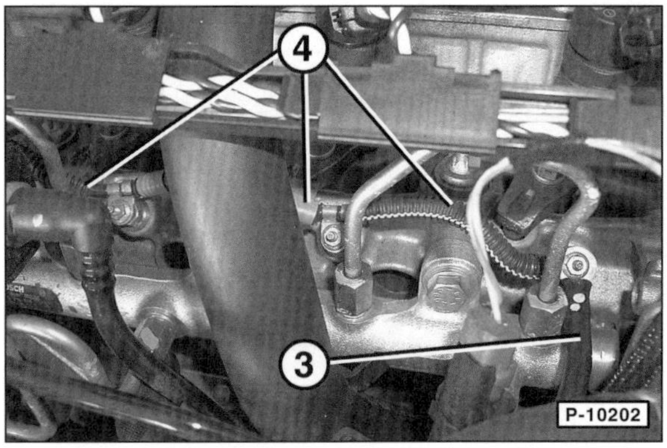

P-10202

- Anschlusskabel –3– und Verbindungskabel –4– von den Glühkerzen abschrauben. Sichtprüfen, ob das Anschlusskabel gebrochen oder beschädigt ist. Ohmmeter an beiden Enden anschließen und Anschlusskabel und Verbindungskabel auf Durchgang prüfen.

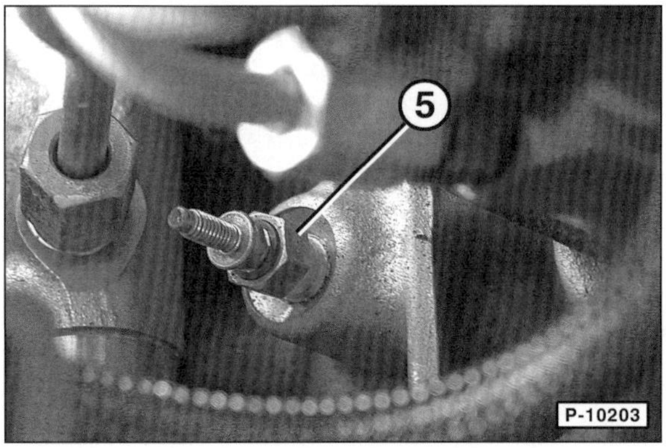

P-10203

- Alle Glühkerzen –5– aus dem Zylinderkopf herausschrauben.
- Glühkerzen sichtprüfen, dabei Hinweise zu »Glühkerzen mit verbrannten Glühstiften« beachten.

Einbau

- Glühkerze einschrauben und festziehen. Anzugsdrehmoment 1,9-l-Motor: **23 Nm;** 2,0-l-Motor: **10 Nm**.

Achtung: Das Anzugsdrehmoment darf **nicht** überschritten werden, da sonst der Glühstab beschädigt wird und die Glühkerze vorzeitig ausfällt. Darauf achten, dass kein Öl oder Kraftstoff an die Glühkerze gelangt. Bei verbrannten Glühstiften Hinweise beachten.

- Verbindungskabel ganz leicht mit 2,5 Nm anschrauben.
- Batterie-Massekabel (–) bei ausgeschalteter Zündung anklemmen. **Nach Anklemmen der Batterie darf der Motor erst 10 Sekunden nach Einschalten der Zündung gestartet werden.** In dieser Zeit werden die elektronischen Systeme wieder aktiviert. Diebstahlcode für das Autoradio eingeben und Zeituhr einstellen.

Glühkerzen mit verbrannten Glühstiften

Verbrannte Glühstifte von Glühkerzen sind häufig Folgeschäden von Düsenstörungen. Derartige Schäden sind nicht auf Mängel in oder an der Glühkerze zurückzuführen.

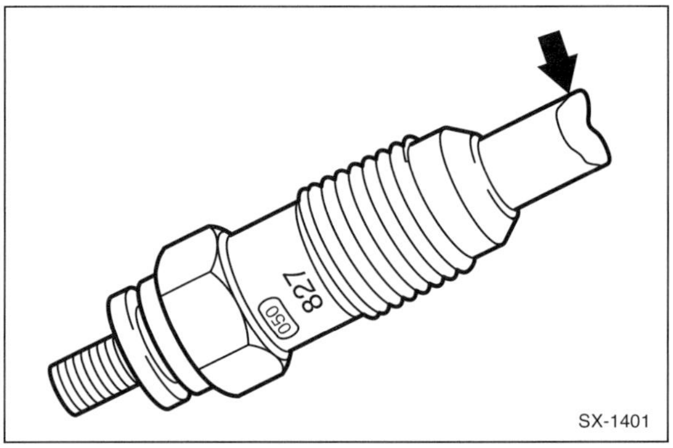

SX-1401

Werden im Beanstandungsfall derartige Glühkerzen gefunden –Pfeil–, genügt es nicht, diese nur zu ersetzen. Es muss auch eine Überprüfung der Einspritzdüsen auf Abspritzdruck und Dichtigkeit erfolgen (Werkstattarbeit).

Common-Rail-Direkteinspritzsystem

2,0-l-Dieselmotor

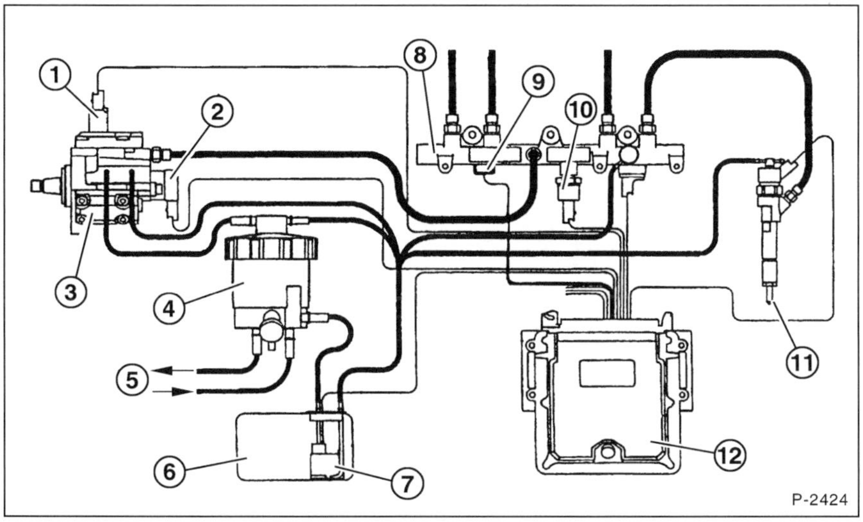

P-2424

1 – **Sperrventil**
Für 3. Druckstufe in der Hochdruckpumpe.
2 – **Kraftstoff-Hochdruckregler**
3 – **Hochdruckpumpe**
4 – **Diesel-Kraftstofffilter**
5 – **Zum Kühlmittelflansch**
6 – **Kraftstoffvorratsbehälter (Tank)**
7 – **Elektrische Kraftstoff-Vorförderpumpe**
8 – **Einspritz-Verteilerrohr (Common Rail)**
9 – **Kraftstoff-Temperaturgeber**
10 – **Kraftstoff-Druckgeber**
11 – **Einspritzventil**
12 – **Motor-Steuergerät**

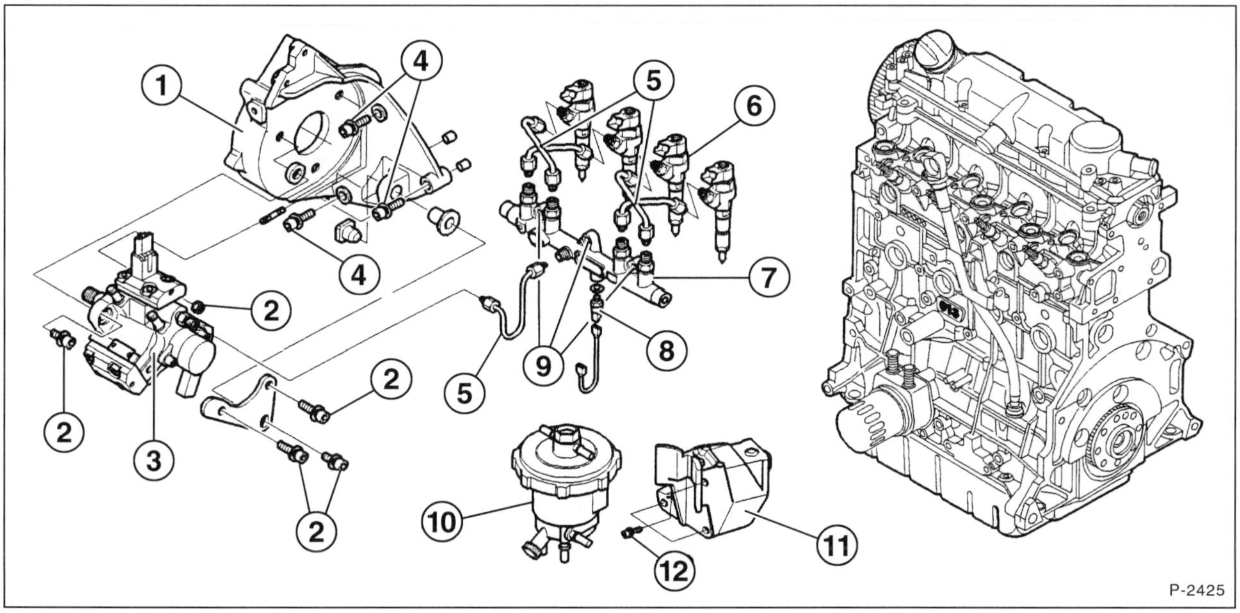

P-2425

1 – **Einspritzpumpen-Träger**
2 – **Schrauben, 23 Nm**
3 – **Einspritzpumpe**
4 – **Schrauben 20 Nm**
5 – **Hochdruckleitungen**
6 – **Einspritzventil**
7 – **Einspritz-Verteilerrohr (Common Rail)**
8 – **Diesel-Hochdruckgeber**
9 – **Befestigung Einspritz-Verteilerrohr (Common Rail), 23 Nm**
10 – **Kraftstofffilter**
11 – **Halter für Kraftstofffilter**
12 – **Schraube, 18 Nm**

Einspritzdüse/Einspritzventil

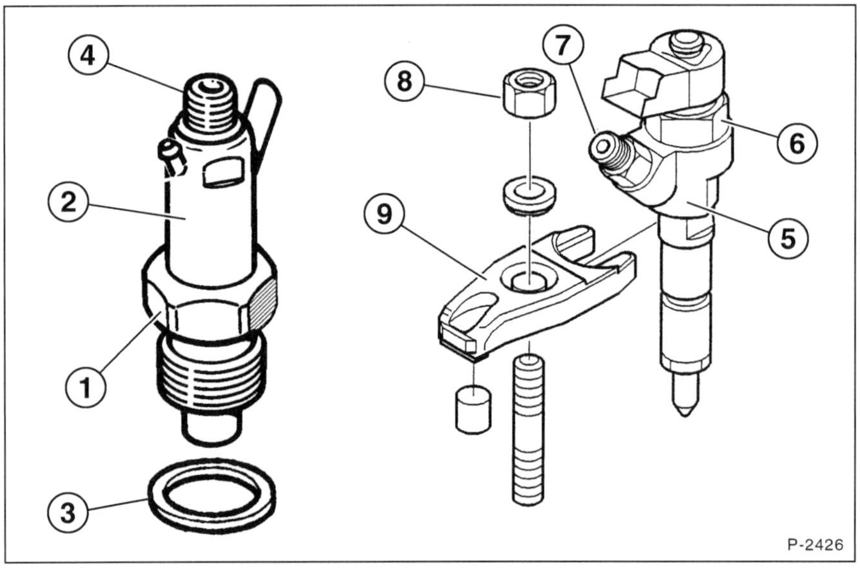

1 – **Einspritzdüse, 90 Nm**
1,9-l-Dieselmotor.

2 – **Zusammenbau Injektor, 35 Nm +15°**

3 – **Dichtscheibe**
Immer ersetzen.

4 – **Anschuss für Überwurfmutter der Einspritzleitung, 25 Nm**

5 – **Einspritzventil**
1,4-/2,0-l-Dieselmotor.

6 – **Mutter**
Nicht lösen!

7 – **Anschuss für Überwurfmutter der Hochdruckleitung, 20 Nm**

8 – **Mutter, 30 Nm**

9 – **Haltebügel**

Einspritzdüsen aus- und einbauen

1,9-l-Dieselmotor

Defekte Einspritzdüsen können zu starkem Klopfen des Motors führen und Lagerschäden vermuten lassen. Bei derartigen Beanstandungen Motor im Leerlauf laufen lassen und Einspritzleitungs-Überwurfmuttern der Reihe nach lösen. Verschwindet das Klopfen nach dem Lösen einer Überwurfmutter, so zeigt dies eine defekte Düse an.

Defekte Düsen macht man auch ausfindig, indem man der Reihe nach die Einspritzleitungs-Überwurfmuttern löst, während der Motor in schnellerem Leerlauf dreht. Bleibt die Motordrehzahl nach Lösen einer Überwurfmutter konstant, zeigt dies eine defekte Düse an. Geprüft werden kann die Einspritzdüse mit Hilfe eines Manometers (Werkstattarbeit).

Die ersten Anzeichen von Düsenstörungen treten wie folgt auf:

- Fehlzündungen
- Klopfen in einem oder mehreren Zylindern
- Motor überhitzt
- Leistungsabfall des Motors
- Übermäßig starker schwarzer Auspuffqualm
- Hoher Kraftstoffverbrauch

Ausbau

- Batterie-Massekabel (–) bei ausgeschalteter Zündung abklemmen. **Achtung:** Falls das eingebaute Radio einen Diebstahlcode besitzt, wird dieser beim Abklemmen der Batterie gelöscht. Das Radio kann anschließend nur durch die Eingabe des richtigen Codes, durch die PEUGEOT-Werkstatt oder den Radio-Hersteller wieder in Betrieb genommen werden. Vor dem Abklemmen daher unbedingt den Diebstahlcode ermitteln.

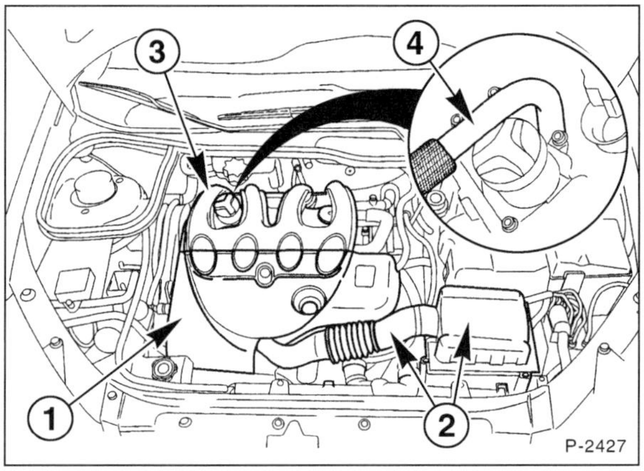

- Obere Motorabdeckung –1– abbauen.
- Luftfilter mit Luftschlauch zum Motor –2– ausbauen, siehe Seite 213.
- Ansaugkrümmer-Oberteil –3– abschrauben und herausnehmen.
- Schlauch für Abgasrückführventil –4– abziehen.
- Einspritzleitungen und Kraftstoff-Rücklaufleitungen sorgfältig von außen mit Kaltreiniger oder Dieselkraftstoff reinigen.

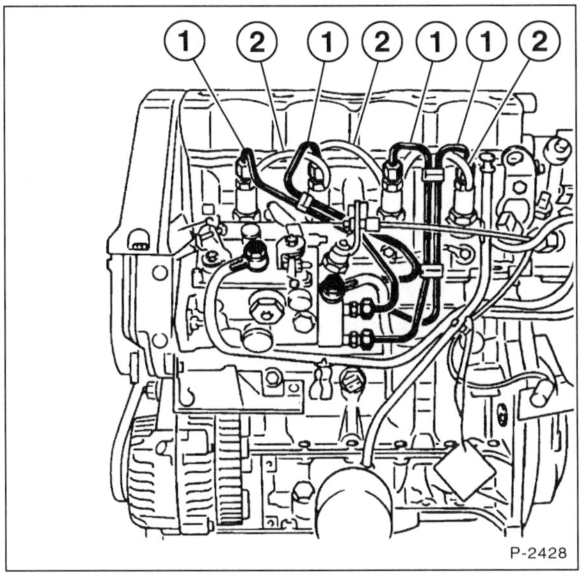

- Einspritzleitungen –1– komplett ausbauen, dazu Überwurfmuttern an Pumpe und Einspritzdüsen mit offenem Ringschlüssel, zum Beispiel HAZET 4681-N, lösen.

Achtung: Anschlüsse zum Schutz vor Verschmutzung mit Verschlusskappen verschließen. Biegeform der Einspritzleitungen nicht verändern.

- Die Kraftstoff-Rücklaufschläuche –2– von den Einspritzdüsen abziehen. Anschlüsse mit Verschlusskappen versehen.

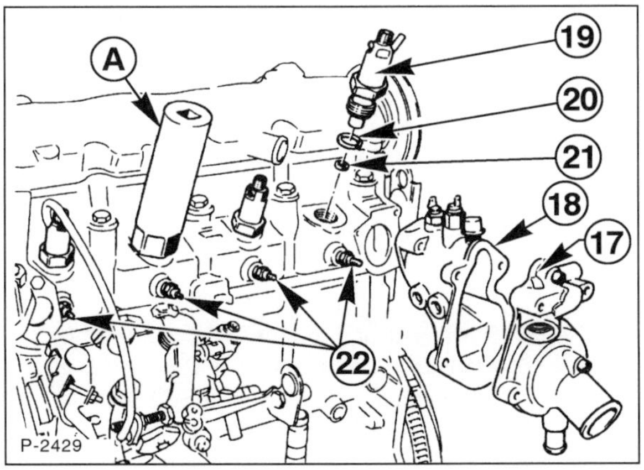

- Einspritzdüsen –19– mit Steckschlüsseleinsatz SW 27, zum Beispiel HAZET 4555 oder PEUGEOT-.0149 –A–, abschrauben und mit Dichtscheiben –20– abnehmen.

Einbau

- Falls vorhanden, Wärmeschutzdichtungen –21– ersetzen. Die gewölbte Seite der Wärmeschutzdichtung muss nach oben zeigen.
- Grundsätzlich **neue** und Dichtscheiben –20– zwischen Zylinderkopf und Einspritzventil einsetzen. Zusätzlich abgebildete Teile: 17 – Kühlmittelstutzen, 18 – Thermostatgehäuse, 22 – Glühkerzen.
- Einspritzdüsen mit **90 Nm** festziehen.
- Einspritzleitungen mit **25 Nm** festziehen.
- Die Kraftstoff-Rücklaufschläuche aufschieben.
- Schlauch für Abgasrückführventil aufstecken.
- Ansaugkrümmer-Oberteil einsetzen und wechselweise anschrauben. Anzugsdrehmoment M8-Schrauben: **18 Nm**; M6-Schrauben: **8 Nm**.
- Luftfilter mit Luftschlauch einbauen, siehe Seite 213.
- Obere Motorabdeckung anbauen.
- Batterie-Massekabel (–) bei ausgeschalteter Zündung anklemmen. **Nach Anklemmen der Batterie darf der Motor erst 10 Sekunden nach Einschalten der Zündung gestartet werden.** In dieser Zeit werden die elektronischen Systeme wieder aktiviert. Diebstahlcode für das Autoradio eingeben und Zeituhr einstellen.

Technische Daten Dieseleinspritzung

Motor	1.9 l D	2.0 l HDi
Motorbezeichnung	DW8	DW10 TD
Motortyp	WJZ/WJY	RHY
Einspritzanlage Fabrikat	LUCAS	BOSCH
Einspritzanlage Typ	DCN2	EDC 15C2
Abspritzdruck bar	135 ± 5	1350
Abschaltdrehzahl 1/min	–	5000
Leerlaufdrehzahl 1/min mit Klimaanlage 1/min	800 ± 25 875 ± 25	800 ± 20
Abgastrübung	2,01/1,77	1,76
Widerstand Einspritzventil Ω	–	≤ 0,42

Störungsdiagnose Diesel-Einspritzanlage

Bevor anhand der Störungsdiagnose der Fehler aufgespürt wird, müssen folgende Prüfvoraussetzungen erfüllt sein: Bedienungsfehler beim Starten ausgeschlossen. Kraftstoff im Tank, Kraftstoffanlage entlüftet, Kompression in Ordnung, Batterie geladen, Anlasser dreht mit ausreichender Drehzahl. Störungen in der Steuerelektronik lassen sich praktisch nur noch mit speziellen Messgeräten herausfinden. **Achtung:** Wenn Kraftstoffleitungen gelöst werden, diese vorher mit Kaltreiniger säubern.

Störung	Ursache	Abhilfe
1. Motor springt nicht oder schlecht an.	1. Motor glüht nicht vor.	■ Vorglühanlage prüfen.
	2. Elektromagnetischer Absteller erhält keine Spannung.	■ Spannungsprüfer an Absteller anschließen, Zündung einschalten. Leuchtdiode muss leuchten, sonst Leitungsunterbrechung ermitteln und beseitigen.
	3. Elektromagnetischer Absteller lose, defekt.	■ Absteller auf festen Sitz und Massekontakt prüfen. Zündung abwechselnd ein- und ausschalten, dabei muss der Absteller klicken.
	4. Kraftstoffversorgung defekt.	■ Prüfen, ob Kraftstoff gefördert wird.
	a) Kraftstoffleitungen geknickt, verstopft, undicht, porös.	■ Kraftstoffleitungen reinigen bzw. ersetzen.
	b) Kraftstofffilter verstopft.	■ Kraftstofffilter ersetzen.
	c) Tankbelüftung verschlossen. Kraftstoffsieb im Tank verschmutzt.	■ Reinigen.
	5. Einspritzdüsen defekt (1,9-l).	■ Einspritzdüsen prüfen, Überwurfmuttern nacheinander vorsichtig lösen und prüfen, ob Kraftstoff austritt. **Achtung:** Spritzgefahr!
	6. Einspritzpumpe defekt (1,9-l).	■ Versuchsweise neue Pumpe einbauen (Werkstattarbeit).
2. Motor ruckelt im Leerlauf, beim Anfahren.	1. Kraftstoffschläuche am Kraftstofffilter lose.	■ Kraftstoffschläuche ersetzen, mit Schlauchschellen befestigen, Hohlschrauben festziehen.
	2. Wie unter 1.4–6.	■ Wie unter 1.4–6.
3. Kraftstoffverbrauch zu hoch.	1. Luftfilter verschmutzt.	■ Filtereinsatz ersetzen.
	2. Kraftstoffanlage undicht.	■ Sichtprüfung an allen Kraftstoffleitungen (Saug- Rücklauf- und Einspritzleitungen), Kraftstofffilter und Einspritzpumpe durchführen.
	3. Rücklaufleitung verstopft.	■ Rücklaufleitung von Einspritzpumpe zum Kraftstoffvorratsbehälter mit Luft durchblasen. Überströmdrossel in der Hohlschraube der Rücklaufleitung ersetzen.
	4. Leerlaufdrehzahl zu hoch.	■ Leerlaufdrehzahl einstellen (Werkstattarbeit).
4. Vorglühkontrolllampe leuchtet nicht auf.	1. Glühlampe im Kombiinstrument defekt.	■ Lampe ersetzen.
	2. Vorglühung/Glühkerzen defekt.	■ Glühkerzen prüfen.

Abgasanlage

Aus dem Inhalt:

- Katalysatorsysteme
- Lambdasonde
- Abgasanlage demontieren
- Abgasanlage prüfen

Die Abgasanlage besteht aus Abgaskrümmer, Katalysator, vorderem Abgasrohr, mittlerem Schalldämpfer und Nachschalldämpfer. Der Benziner besitzt 2 Lambdasonden zur Abgasregelung, die in die Abgasrohre vor und hinter dem Katalysator eingeschraubt sind.

Bei einer Reparatur lassen sich sämtliche Teile einzeln auswechseln.

Katalysatorschäden vermeiden

Um Beschädigungen am Katalysator zu vermeiden, sind folgende Hinweise unbedingt zu beachten:

Benzinmotor

- Grundsätzlich nur **bleifreies** Benzin tanken.
- Das Anlassen des Motors durch **Anschieben** oder Anschleppen darf nur in **einem** Versuch über eine Strecke von etwa 50 Metern erfolgen. Besser: Starthilfekabel verwenden. Unverbrannter Kraftstoff könnte bei einer Zündung zur Überhitzung des Katalysators und zu seiner Zerstörung führen. Ist der Motor **betriebswarm**, darf er **nicht** angeschoben oder angeschleppt werden.
- Bei Startschwierigkeiten nicht unnötig lange den Anlasser betätigen. Während des Anlassens wird permanent Kraftstoff eingespritzt. Fehlerursache ermitteln und beseitigen.
- Kraftstofftank nie ganz leerfahren.
- Treten Zündaussetzer auf, hohe Motordrehzahlen vermeiden und Fehler umgehend beheben.
- Nur die vorgeschriebenen Zündkerzen verwenden.
- Keine Funkenprüfung mit abgezogenem Zündkerzenstecker durchführen.
- Es darf kein Zylindervergleich (Balancetest) durch Zündabschaltung eines Zylinders durchgeführt werden. Bei Zündabschaltung der einzelnen Zylinder – auch über Motortester – gelangt unverbrannter Kraftstoff in den Katalysator.

Benzin- und Dieselmotor

- Fahrzeug nicht über trockenem Laub oder Gras beziehungsweise auf einem Stoppelfeld abstellen. Die Abgasanlage wird im Bereich des Katalysators sehr heiß und strahlt die Wärme auch nach Abstellen des Motors noch ab.
- Keinen Unterbodenschutz an Abgasrohren auftragen.
- Die Hitzeschilde der Abgasanlage nicht verändern.
- Beim Ein- oder Nachfüllen von Motoröl besonders darauf achten, dass auf keinen Fall die Maximum-Markierung am Ölmessstab (obere Einkerbung) überschritten wird. Das überschüssige Öl gelangt sonst aufgrund unvollständiger Verbrennung in den Katalysator und kann das Edelmetall beschädigen oder den Katalysator vollständig zerstören.

Funktion des Katalysators

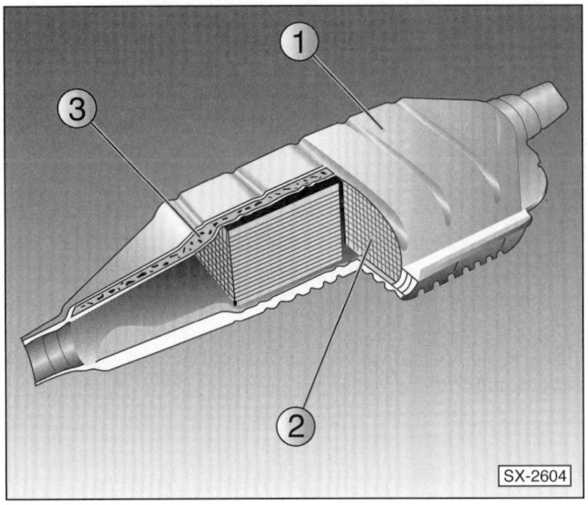

Der Katalysator dient zur Abgasreinigung. Er besteht aus einem Keramik-Wabenkörper –2–, der mit einer Trägerschicht überzogen ist. Auf der Trägerschicht befinden sich Edelmetallsalze, die den Umwandlungsprozess bewirken. Im Gehäuse –1– wird der Katalysator durch eine Isolations-Stützmatte –3– fixiert, die außerdem Wärmeausdehnungen ausgleicht.

Benzinmotor

In Verbindung mit der elektronischen Einspritzanlage und der Lambdasonde wird die Kraftstoffmenge für die Verbrennung dosiert, damit der Katalysator die Schadstoffe reduzieren kann. Bei der Lambdasonde handelt es sich um einen elektrischen Messfühler, der den Restgehalt an Sauerstoff im Abgas durch elektrische Spannungsschwankungen anzeigt und Rückschlüsse auf die Zusammensetzung des Luft-Benzingemisches ermöglicht. Dadurch kann die Steuereinheit der Einspritzanlage das Kraftstoff-Luftverhältnis in Bruchteilen von Sekunden ständig verändern. Das ist erforderlich, da sich die Betriebsverhältnisse (Leerlauf, Vollgas) ständig ändern, und weil nur dann eine optimale Nachverbrennung im Katalysator erfolgt, wenn noch genügend Benzin-Anteile im Motor-Abgas vorhanden sind.

Katalysator beim Dieselmotor

Beim Dieselmotor kommt ein ungeregelter Katalysator zum Einsatz, da ein Dieselmotor immer mehr Luft zugeführt bekommt, als für die reine Verbrennung notwendig ist.

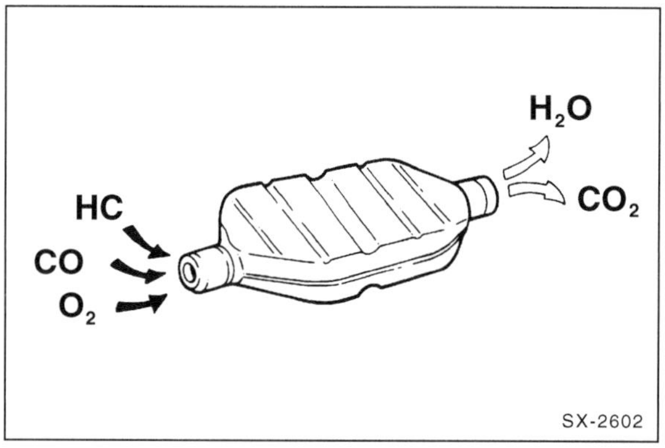

Dieser Katalysator wandelt die im Abgas befindlichen giftigen Kohlenmonoxide und Kohlenwasserstoffverbindungen in Kohlendioxid (CO_2) und Wasser (H_2O) um. Außerdem vermindert sich der dieseltypische Abgasgeruch.

Der höhere Anteil von Stickoxiden (NO_X) im Abgas der Dieselmotoren wird durch ein zusätzliches Abgas-Rückführungssystem (EGR-System, **EGR** = **E**xhaust **G**as **R**ecirculation) auf geringem Niveau gehalten.

Das Abgasrückführungsventil (EGR-Ventil) sitzt am Ansaugkrümmer und wird über Unterdruck angesteuert. Dadurch kann bei heißem Motor ein Teil der Abgase in die Verbrennungsräume des Motors zurückgeführt werden, um die Verbrennungstemperatur zu mindern und dadurch den Schadstoffanteil der Abgase zu reduzieren.

Abgasturbolader

2,0-l-Dieselmotor HDi (66 kW)

Der 66-kW-Dieselmotor ist mit einem Abgasturbolader ausgerüstet. Beim Turbolader sitzen auf einer Welle zwei Turbinenräder, die in zwei voneinander getrennten Gehäusen untergebracht sind. Für den Antrieb der Turbinenräder sorgen die Abgase. Sie bringen die Laderwelle auf bis zu 120.000 Umdrehungen in der Minute. Und da Abgas- und Frischluftrotor auf gleicher Welle sitzen, wird mit gleicher Drehzahl Frischluft in die Zylinder gedrückt. Zur Schmierung ist der Lader an den Ölkreislauf des Motors angeschlossen.

Aufgrund des guten Füllungsgrades lassen sich bei vorhandenen Motoren Leistungszuwachsraten von bis zu 100 Prozent verwirklichen. Neben der Motorleistung steigt bei der Verwendung eines Abgasladers auch das Drehmoment an. Abhängig ist der Leistungszuwachs unter anderem vom Ladedruck, der beim 2,0-l-Dieselmotor 1,0 bar beträgt. Der Ladedruck wird über einen Druckfühler laufend vom Motor-Steuergerät überprüft und geregelt. Dadurch ist auch sichergestellt, dass ein maximaler Ladedruck nicht überschritten wird.

Zwischen Turbolader und Einlasskanal des Motors befindet sich ein Ladeluftkühler, der die vorverdichtete Luft abkühlt. Dadurch wird die Leistung erhöht, weil kühle Luft durch die höhere Luftdichte einen höheren Sauerstoffanteil besitzt.

Gegenüber dem Ottomotor ist es beim Dieseltriebwerk nicht erforderlich, aufgrund der Aufladung die normale Verdichtung zu verringern, so dass auch im unteren Drehzahlbereich der eingespritzte Kraftstoff vollständig ausgenutzt wird.

Der Turbolader ist ein äußerst präzise hergestelltes Bauteil. Deshalb wird er in der Regel bei einem Defekt komplett ausgetauscht.

Abgasanlage aus- und einbauen

Hinweis: Es wird der Aus- und Einbau der Abgasanlage beim 1,6-Liter-Benzinmotor seit 12/00 beschrieben.

Ausbau

- Fahrzeug aufbocken. Falls vorhanden, untere Motorraumabdeckung ausbauen, siehe Seite 164.

Sicherheitshinweis
Beim Aufbocken des Fahrzeugs besteht Unfallgefahr! Deshalb das Kapitel »Fahrzeug aufbocken« durchlesen.

- Sämtliche Schraubverbindungen der Abgasanlage mit Rost lösendem Mittel einsprühen. Rostlöser einige Zeit einwirken lassen.
- Abgasanlage mit Holzunterlagen abstützen.
- **Benzinmotor:** Steckverbindung der Lambdasonde trennen, die hinter dem Katalysator im Abgasrohr steckt. Lambdasonde ausbauen, siehe entsprechendes Kapitel.

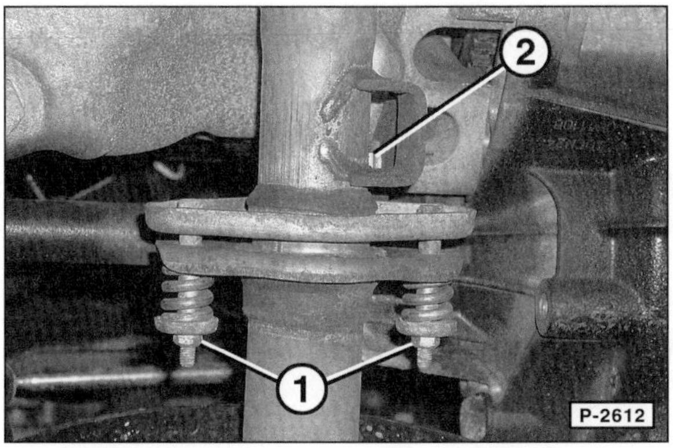

- 2 Muttern –1– am Gelenkflansch abschrauben. Unterlegscheiben und Federn abnehmen.
- Befestigungsschraube –2– über dem Abgasrohr herausdrehen.
- Abgasrohre am Flansch voneinander trennen.

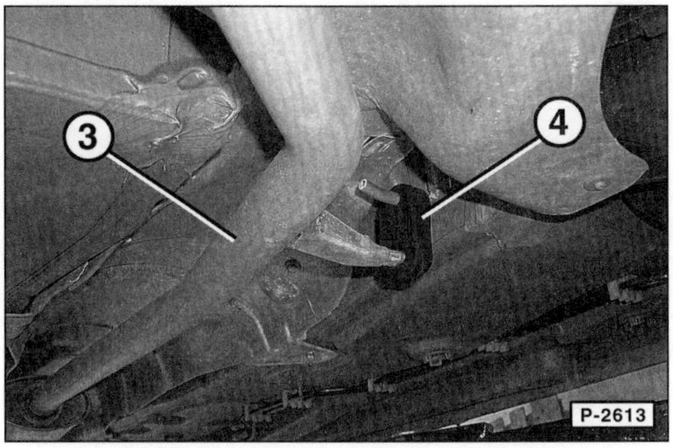

- Hinteres Abgasrohr –3– sowie Nachschalldämpfer aus der Gummihalterung –4– herausziehen und Abgasanlage abnehmen.

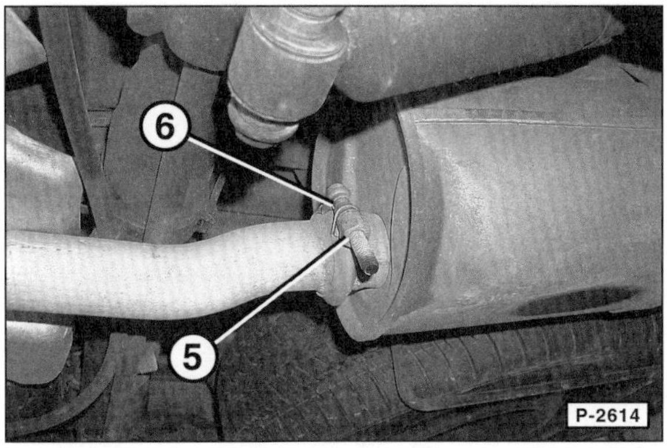

- Mutter –5– abschrauben, Schelle –6– spreizen und Abgasrohr vom Nachschalldämpfer trennen. In gleicher Weise mittleren Schalldämpfer vom mittleren Abgasrohr trennen.

Hinweis: Falls sich Schrauben und Schellen nicht lösen lassen, Abgasanlage in ausgebautem Zustand an den Verbindungsstellen mit einem Schweißbrenner erhitzen. Zuvor Abgasrohr auf eine feuerfeste Unterlage legen. **Achtung:** Brandgefahr.

- Je nach Fahrzeugmodell Hitzeschild mit 2 Muttern vom Abgaskrümmer abschrauben.

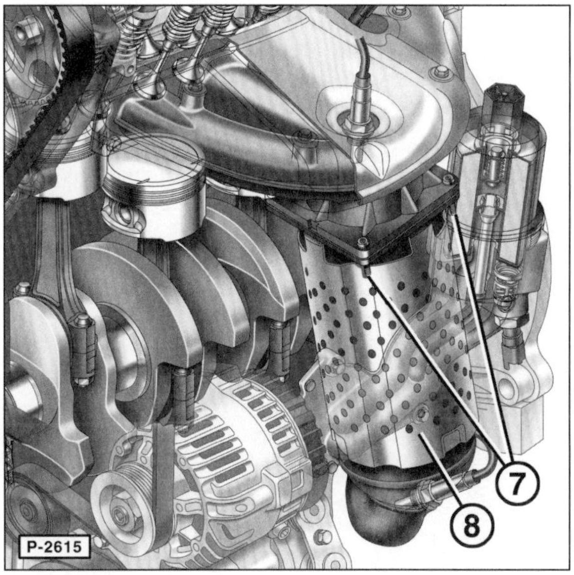

- Katalysator –8– mit 4 Schrauben –7– vom Abgaskrümmer abschrauben und nach unten aus dem Motorraum ziehen.

Achtung: Der Katalysator ist stoßempfindlich, nicht dagegen schlagen oder fallen lassen.

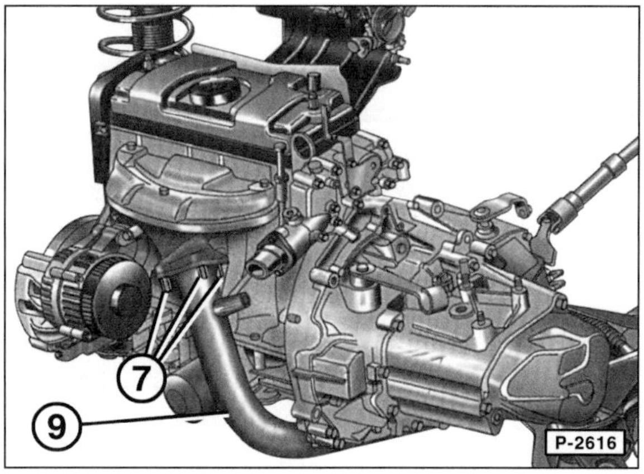

- **Fahrzeuge mit Katalysator unter dem Bodenblech:** Vorderes Abgasrohr –9– mit 4 Muttern –7– vom Abgaskrümmer abschrauben und nach unten aus dem Motorraum ziehen. **Hinweis:** Der Katalysator befindet sich hinter dem Gelenkflansch des vorderen Abgasrohres. Vor dem Ausbau des Katalysators vordere und hintere Lambdasonde ausbauen, siehe entsprechendes Kapitel.

Hinweis: Die Teile der Abgasanlage können auch einzeln ausgebaut werden.

Einbau

Achtung: Beim Einbau von Teilen der Abgasanlage darauf achten, dass die Rohre dicht zusammengefügt werden. Sonst kann es bei der Abgasuntersuchung (AU) zu Fehlmessungen kommen.

Hinweis: Es empfiehlt sich, nach jeder Demontage sämtliche Schrauben, Muttern und Dichtungen zu erneuern**.** Gummihalterungen sichtprüfen, bei Prosität oder starker Verformung, Gummihalterungen auswechseln

- Gewinde der Schrauben mit Hochtemperaturpaste einstreichen, zum Beispiel mit Liqui Moly LM-508-ASC (Kupferpaste). Die Schrauben lassen sich dann bei einer Reparatur leichter lösen.
- Werden Abgasrohre nicht erneuert, Dichtflächen vor dem Zusammenfügen mit Schmirgelleinen von Verbrennungsrückständen und Dichtungsresten reinigen.
- Abgasanlage montieren, Schrauben noch nicht anziehen.
- Vordere Abgasanlage am Krümmer mit **neuer** Dichtung ansetzen. **Neue** Muttern beziehungsweise Schrauben gleichmäßig beiziehen, noch nicht festziehen.
- Hitzeschild mit 2 Muttern am Abgaskrümmer anschrauben.
- Abgasanlage in die Gummihalterungen einhängen.
- Abgasrohre am Gelenkflansch zusammenstecken, Federn sowie Unterlegscheiben über die Gewindebolzen schieben und 2 **neue** Muttern anschrauben.
- Befestigungsschraube –2– über dem Abgasrohr eindrehen, siehe Abbildung P-2612.
- Vor dem Anziehen der Schraubverbindungen die Abgasanlage entsprechend dem Verlauf des Wagenbodens spannungsfrei ausrichten. Darauf achten, dass überall ausreichend Abstand von mindestens 25 mm zwischen Abgasanlage und Aufbau vorhanden ist und die Gummihalter gleichmäßig belastet werden.
- Alle Schrauben und Muttern festziehen.
- **Benzinmotor:** Lambdasonde(n) einbauen und Steckverbindung(en) anklemmen, siehe entsprechendes Kapitel.
- Fahrzeug ablassen.
- Abgasanlage auf Dichtigkeit prüfen, siehe entsprechendes Kapitel.

Abgasanlage 2,0-Liter Dieselmotor

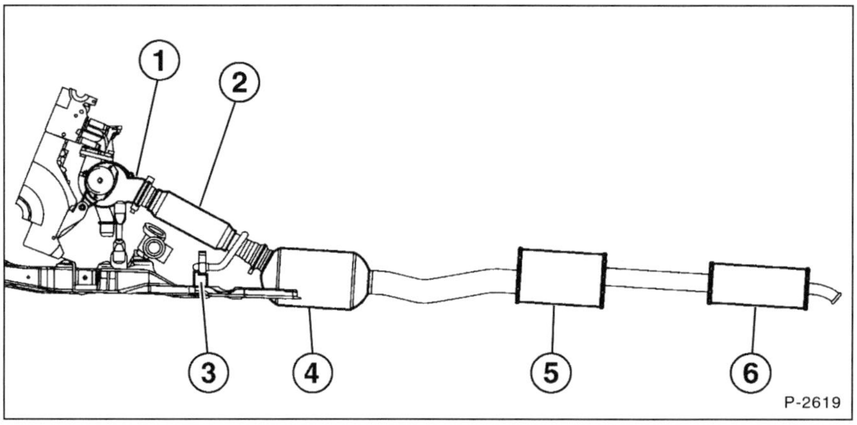

1 – Turbolader
2 – Flexibles Abgasrohr
3 – Gummilager
4 – Katalysator
5 – Mittlerer Schalldämpfer
6 – Nachschalldämpfer

Abgasanlage auf Dichtigkeit prüfen

Bei Fahrzeugen mit geregeltem Katalysator können Undichtigkeiten der Abgasanlage vor der Lambdasonde zu folgenden Störungen führen:

- Startschwierigkeiten.
- Motor schüttelt im Leerlauf, geht aus.
- Motor ruckelt beim Beschleunigen.
- Verschlechterte Abgaswerte.

Dichtigkeit prüfen

Prüfvoraussetzung: Motor kalt oder handwarm.

- Motor starten und bei laufendem Motor Abgasanlage mit einem Lappen verschließen.
- Abgasanlage auf Undichtigkeit abhören. Gegebenenfalls Verbindungsstellen Zylinderkopf/Abgaskrümmer und Krümmer/Abgasrohr vorn beziehungsweise Krümmer/Turbolader/Abgasrohr vorn mit handelsüblichem »Leck-Suchspray« einsprühen und auf Blasenbildung sichtprüfen.
- Undichtigkeit beseitigen.

Lambdasonde aus- und einbauen

1,6-Liter-Benzinmotor seit 12/00

Die beiden Lambdasonden steuern die Abgaszusammensetzung für den Motor. Eine Sonde ist in das Abgasrohr vor dem Katalysator eingeschraubt, die zweite in das Abgasrohr hinter dem Katalysator.

Achtung: Die Anschlusskabel der Lambdasonden dürfen nicht repariert oder gelötet werden. Ist ein Kabel beschädigt, Lambdasonde komplett ersetzen.

Ausbau

- Elektrische Steckverbindungen der Lambdasonden trennen. Dazu jeweils roten Sicherungsclip am grünen und blauen Stecker hochziehen und Steckverbindung trennen.

- Mit offenem Steckschlüssel-Einsatz, zum Beispiel HAZET 4680-1, vordere Lambdasonde –1– aus dem Abgaskrümmer herausschrauben.

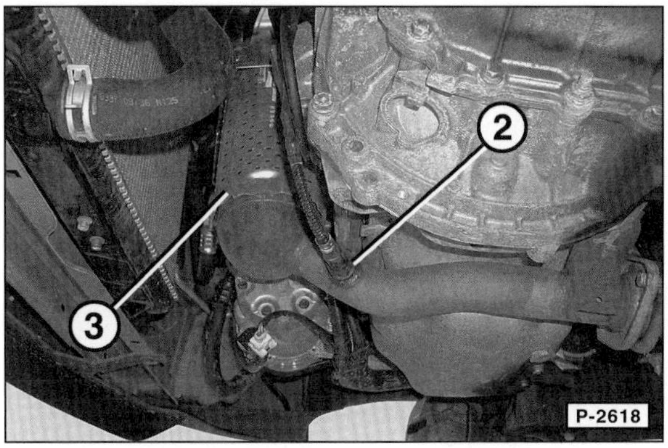

- Mit offenem Steckschlüsseleinsatz, zum Beispiel HAZET 4680-1, hintere Lambdasonde –2– aus dem Abgasrohr hinter dem Katalysator –3– herausschrauben.

Einbau

Achtung: Bei Ersatz der Lambdasonde nur gleiche Ausführung verwenden.

- Gewinde säubern.
- Gewinde der Lambdasonde mit BOSCH-Lambdasondenfett bestreichen. **Achtung:** Das Fett darf nicht an die Schlitze, beziehungsweise Bohrungen des Sondenkörpers kommen. Sondenkörper der neuen Lambdasonde möglichst nicht berühren, nicht verschmutzen. **Hinweis:** Neue Sonden sind schon mit diesem Fett versehen.

Achtung: Wird die Sonde ohne das Hochtemperatur-Spezialfett eingeschraubt, frisst sich das Gewinde mit der Zeit fest. Die Lambdasonde lässt sich nach längerer Laufzeit nicht mehr herausschrauben.

- Lambdasonden einschrauben und mit **30 Nm** festziehen.
- Stecker für Lambdasondenleitungen verbinden, rote Kunststoffclips herunterdrücken.

Kupplung

Aus dem Inhalt:

- **Kupplungseinheit**
- **Kupplungsscheibe**
- **Ausrücklager**
- **Kupplungsseil**

Die Kupplung trennt beim Schalten der Gänge den Kraftschluss zwischen Motor und Getriebe und stellt beim Anfahren durch Reibung für einen ruckfreien Kraftschluss her.

Die Kupplung besteht aus der Kupplungsdruckplatte, der Kupplungsmitnehmerscheibe, dem Ausrücklager und dem Kupplungsseilzug beziehungsweise der Kupplungshydraullik.

Die Kupplungsdruckplatte ist fest mit dem Schwungrad verschraubt, das wiederum an der Kurbelwelle des Motors angeflanscht ist. Zwischen der Kupplungsdruckplatte und dem Schwungrad befindet sich die Kupplungsmitnehmerscheibe, die von der Kupplungsdruckplatte gegen das Schwungrad gepresst wird. Die Kupplungsscheibe ist über eine Verzahnung fest mit der Getriebewelle verbunden.

Beim Niedertreten des Kupplungspedals (auskuppeln) wird über Kupplungsseil und Ausrückhebel das Ausrücklager gegen die Feder der Druckplatte gedrückt. Dadurch entspannt sich die Kupplungsdruckplatte, und die Kupplungsscheibe wird nicht mehr gegen die Schwungscheibe gepresst. Der Kraftschluss zwischen Motor und Getriebe ist aufgehoben.

Bei jedem Ein- und Auskuppeln wird durch den leichten Schleifvorgang etwas Reibbelag von der Kupplungsscheibe abgeschliffen. Die Kupplungsscheibe ist also ein Verschleißteil, doch hat sie eine mittlere Lebensdauer von über 100.000 Kilometern. Der Verschleiß hängt im Wesentlichen von der Belastung (Anhängerbetrieb) und der Fahrweise ab. Die Kupplung des PEUGEOT 206 ist wartungsfrei, da sie sich automatisch nachstellt.

Je nach Motor ist anstelle des Kupplungsseils eine hydraulische Kupplungsbetätigung eingebaut.

Kupplungseinheit

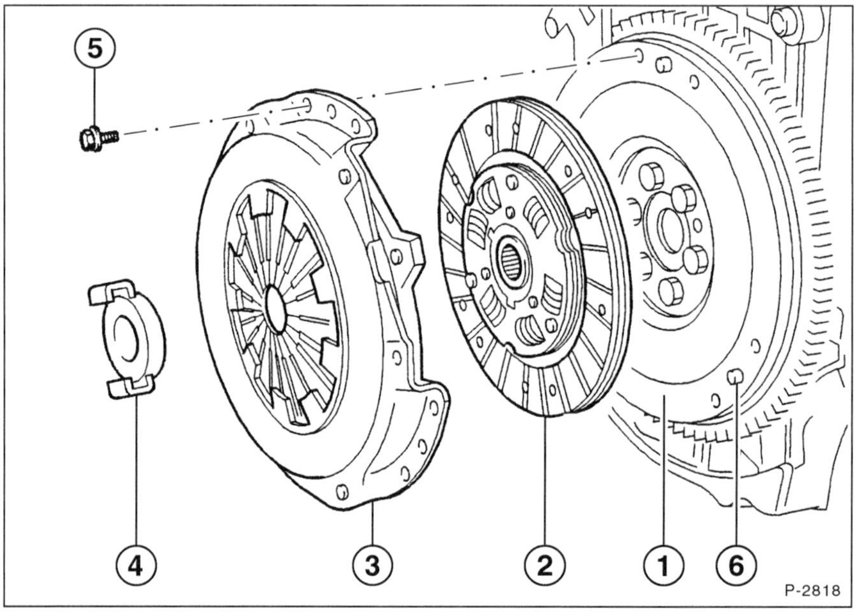

1 – **Schwungrad**
2 – **Kupplungsscheibe,** Einbaulage beachten: Federkäfig zeigt zur Druckplatte.
3 – **Druckplatte**
4 – **Ausrücklager**
5 – **Befestigungsschrauben,** Benzin-Motoren bis 1,6 Liter Hubraum: **15 Nm**, sonst **20 Nm**.
6 – **Zentrierstift**

Kupplung aus- und einbauen/prüfen

Ausbau

- Getriebe ausbauen, siehe Seite 242.
- Bei Wiederverwendung der Druckplatte mit Filzstift oder Reißnadel Sitz der Druckplatte auf dem Schwungrad markieren.
- Damit das Schwungrad beim Lösen der Befestigungsschrauben nicht mitdreht, Schwungrad am Zahnkranz arretieren. Die Fachwerkstatt verwendet hierzu ein Spezialwerkzeug. Steht dieses nicht zur Verfügung, Schwungrad durch Helfer mit 2 Schraubendrehern arretieren lassen. Dazu einen Schraubendreher eine Bohrung neben dem Schwungrad stecken, den anderen Schraubendreher rechtwinklig dazu mit der Klinge in eine Zahnkranz-Nut einsetzen. Beim Lösen der Befestigungsschrauben stützt sich der zweite Schraubendreher gegen den ersten ab und verhindert dadurch ein Mitdrehen des Schwungrades.
- Schrauben in mehreren Durchgängen um jeweils 1 Umdrehung lösen, bis die Druckplatte entspannt ist.

Achtung: Wenn die Schrauben sofort ganz gelöst werden, kann die Membranfeder beschädigt werden.

- Schrauben ganz herausdrehen.
- Druckplatte und Kupplungsscheibe herausnehmen. **Achtung:** Druckplatte und Kupplungsscheibe beim Herausnehmen nicht fallen lassen, sonst können nach dem Einbau Rupf- und Trennschwierigkeiten auftreten.

Prüfen

Werden die alten Kupplungsteile eingebaut, so müssen diese zuvor geprüft werden.

Druckplatte

- Druckplatte auf Brandrisse und Riefen prüfen.

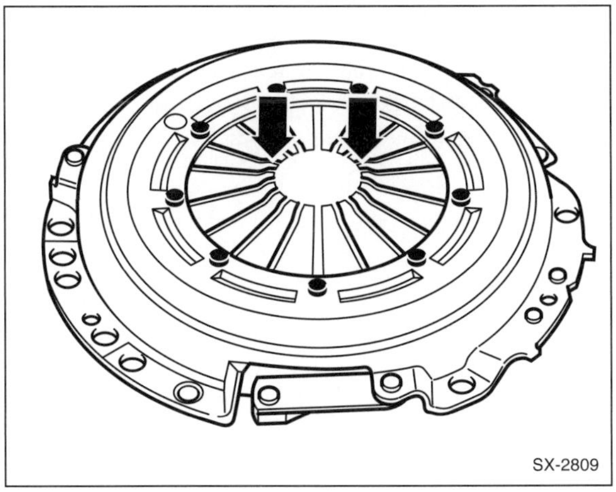

SX-2809

- Membranfedern –Pfeile– auf Brüche und Verschleiß prüfen.
- Federverbindungen zwischen Druckplatte und Deckel auf Risse sowie Nietbefestigungen auf festen Sitz prüfen. Kupplungen mit beschädigten oder losen Nietverbindungen ersetzen.

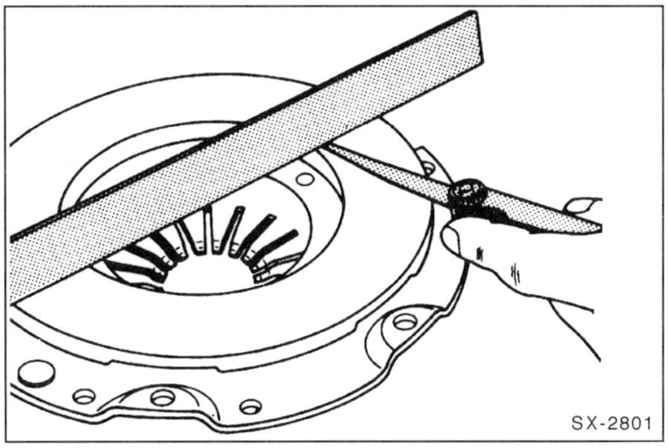

SX-2801

- Auflagefläche der Druckplatte auf Risse, Brandstellen und Verschleiß prüfen. Eine Druckplatte, die bis zu **0,3 mm** nach innen durchgebogen ist, darf noch eingebaut werden. Die Prüfung erfolgt mit Lineal und Fühlerblattlehre.
- Wenn nötig, Auflagefläche der Druckplatte mit sehr feinem Schmirgelleinen abziehen.

Schwungrad

- Schwungrad auf Brandrisse und Riefen prüfen.
- Wenn nötig, Schwungrad mit sehr feinem Schmirgelleinen abziehen.
- Bei Rupf- und Trennschwierigkeiten der Kupplung Schwungradschlag messen (Werkstattarbeit); maximal zulässiger Schlag: **0,1 mm**. Wird der Wert nicht eingehalten Schwungrad austauschen.

Kupplungsscheibe

- Verölte, verfettete oder mechanisch beschädigte Kupplungsscheibe austauschen. Ebenso bei Belagrissen.

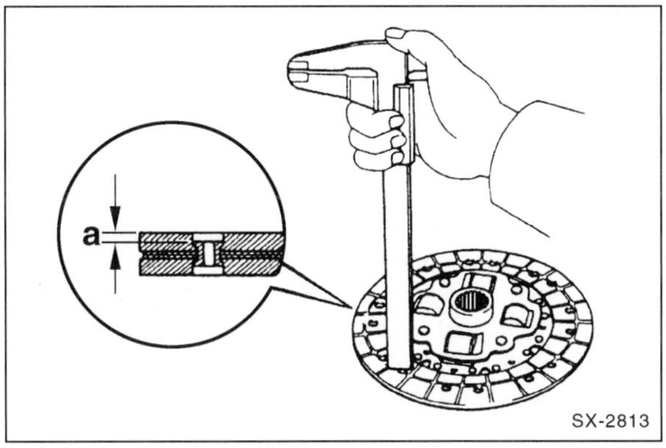

SX-2813

- Belagstärke der Kupplungsscheibe mit Schieblehre messen. Der Abstand der Reibfläche zu den Nietköpfen muss mindestens **a = 0,3 mm** betragen, sonst Kupplungsscheibe auswechseln.
- Geringfügige Kratzer oder Brandspuren auf der Kupplungsscheibe mit Schleifpapier glätten.
- Schlag der Kupplungsscheibe messen (Werkstattarbeit); maximal zulässiger Schlag: **0,25 mm**. Wird der Wert nicht eingehalten, Kupplungsscheibe austauschen.

Einbau

Achtung: Werden Neuteile eingebaut, unbedingt Kupplungsdruckplatte und Kupplungsscheibe anhand Motorkennbuchstaben, Motornummer und Getriebe-Kennbuchstaben nach dem Ersatzteilkatalog zuordnen lassen, damit keine falschen Teile eingebaut werden.

Werden die bisherigen Kupplungsteile eingebaut, so müssen diese zuvor geprüft werden.

- Vor dem Einbau einer neuen Druckplatte, Korrosionsschutzfett an der Auflagefläche restlos entfernen. An den anderen Stellen darf das Fett auf keinen Fall entfernt werden, da sonst die Lebensdauer der Kupplung erheblich verkürzt wird.
- Schwungrad und Auflagefläche der Druckplatte mit in Spiritus getränktem Lappen auswischen.
- Kerbverzahnung der Kupplungsscheibe von Korrosion reinigen. Zahnkranz der Getriebeantriebswelle hauchdünn mit Molybdän-Lithiumfett schmieren. Danach Kupplungsscheibe auf der Antriebswelle hin- und herbewegen, bis die Nabe auf der Welle leichtgängig ist. Überschüssiges Fett unbedingt entfernen.
- Zentrierstifte –6– am Schwungrad auf festen Sitz prüfen, siehe Abbildung P-2818.
- Bei hoher Fahrleistung empfiehlt es sich generell, das Kupplungs-Ausrücklager auszutauschen.

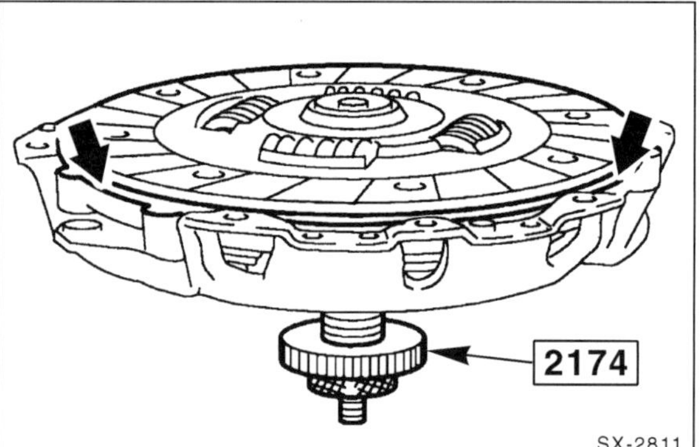

SX-2811

- Passenden Zentrierdorn in die Kupplungsscheibe stecken und zusammen mittig in das Schwungrad einsetzen; dabei zeigt die flache Seite der Kupplungsscheibe zum Schwungrad. Sitzt die Kupplungsscheibe nicht zentrisch, kann die Getriebeantriebswelle später nicht eingeführt werden. Als Zentrierwerkzeug eignet sich eine alte Getriebe-Antriebswelle oder HAZET 2174. **Hinweis:** Wird das HAZET-Werkzeug verwendet, muss die Kupplungsscheibe zusammen mit der Druckplatte am Schwungrad angesetzt werden.

Hinweis: Kupplungsscheibe so auf das Schwungrad setzen, dass der Federkäfig der Kupplungsscheibe zur Druckplatte zeigt.

- Druckplatte auf Schwungrad setzen und mit Hilfe der Zentrierstifte und dem Zentrierdorn einpassen.

Achtung: Die Druckplatte muss vollständig am Schwungrad anliegen und darf sich nicht verkanten. Erst dann dürfen die Befestigungsschrauben eingesetzt werden. Auf keinen Fall die Druckplatte mit den Schrauben heranziehen! Bei falscher Vorgehensweise besteht die Gefahr, dass die Zentrierbohrungen der Druckplatte und die Zentrierstifte am Schwungrad beschädigt werden.

- Beim Einbau darauf achten, dass die beim Ausbau angebrachten Markierungen auf Schwungrad und alter Druckplatte miteinander fluchten.
- Befestigungsschrauben für Kupplungsdruckplatte einschrauben und nacheinander zunächst mit 1 bis 1½ Umdrehungen anziehen. Der Zentrierdorn bleibt weiterhin eingesteckt.
- Damit das Schwungrad beim Festziehen der Befestigungsschrauben nicht mitdreht, Schwungrad am Zahnkranz von einem Helfer mit zwei Schraubendrehern festhalten lassen.
- Danach Schrauben festziehen; Anzugsmoment bei Benzinmotoren bis 1,6 Liter Hubraum **15 Nm**, bei den anderen Motorentypen **20 Nm**.
- Zentrierdorn und Schraubendreher vom Schwungrad entfernen.

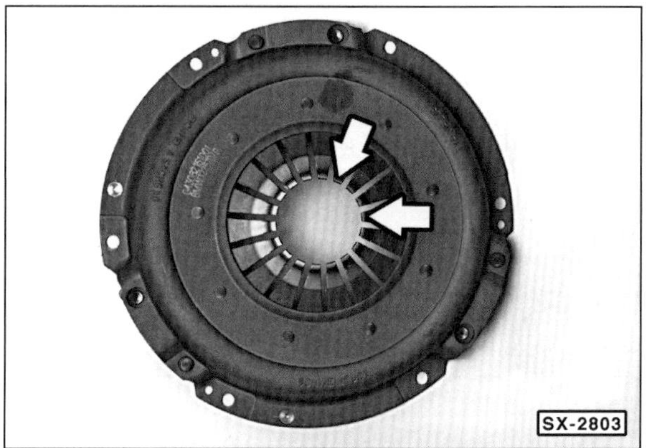

SX-2803

- Ausrichtung der Membranfederspitzen –Pfeile– prüfen. Beträgt die maximale Abweichung der Spitzen voneinander mehr als **0,5 mm**, Federn mit einem geeigneten Werkzeug nachbiegen.
- Getriebe einbauen, siehe Seite 242.

Kupplungs-Ausrücklager aus- und einbauen/prüfen

Im Fahrbetrieb macht sich ein defektes Ausrücklager durch Geräusche bei getretenem Kupplungspedal bemerkbar.

Ausbau

- Getriebe ausbauen, siehe Seite 242.

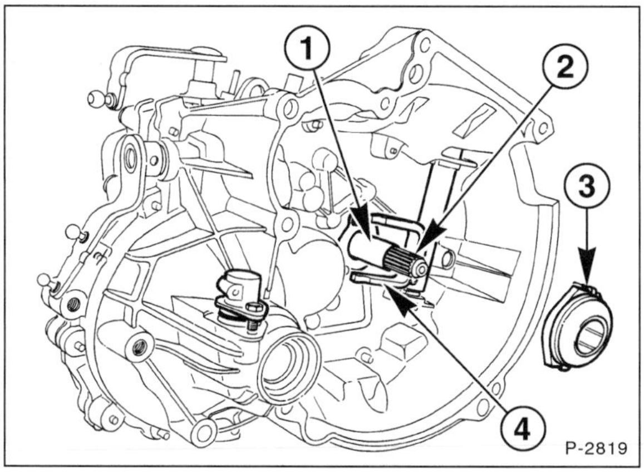

- Ausrücklager –3– vom Führungsrohr –1– der Getriebeantriebswelle abziehen und gleichzeitig von der Ausrückgabel –4– trennen. 2 – Zahnkranz der Getriebeantriebswelle.

Prüfen

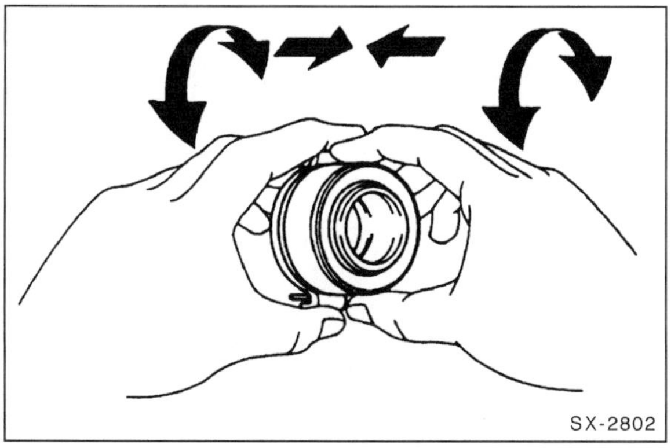

- Ausrücklager zusammendrücken und gleichzeitig drehen. Läuft das Lager rauh, neues Lager einbauen. **Achtung:** Das Lager ist dauergeschmiert und darf weder gereinigt noch nachgefettet werden.
- Gleitflächen auf Verschleiß, Korrosion und Beschädigungen überprüfen.

Einbau

- Führungsrohr –1– des Ausrücklagers sowie Zahnkranz –2– der Getriebeantriebswelle mit Molykote-Fett BR 2 PLUS bestreichen.

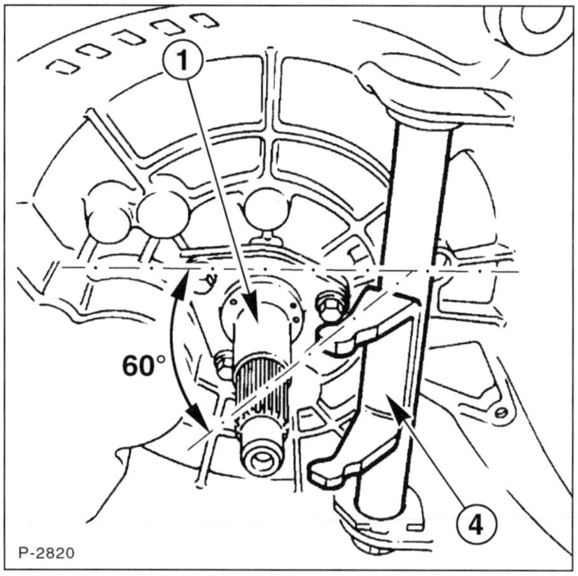

- Schenkel der Ausrückgabel –4– in einem Winkel von 60° zur Auflagefläche des Kupplungsgehäuses anordnen.
- Ausrücklager in Ausrückgabel –4– einhängen und gleichzeitig über Führungsrohr –1– schieben.
- Getriebe einbauen, siehe Seite 242.

Hinweis: Beim Zusammenbau von Motor und Getriebe darauf achten, dass das Ausrücklager zwischen Ausrückgabel und Kupplungsdruckplatte liegt.

Kupplungszug aushängen

Der Kupplungszug braucht nicht nachgestellt zu werden, da er mit einer automatischen Nachstellvorrichtung versehen ist.

Ausbau

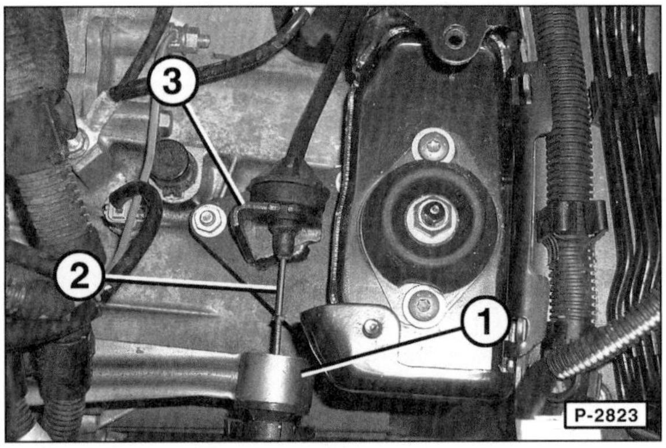

Beim Ausbau des Getriebes muss der Kupplungszug –2– am Ausrückhebel –1– und aus dem Gegenlager –3– ausgehängt werden.

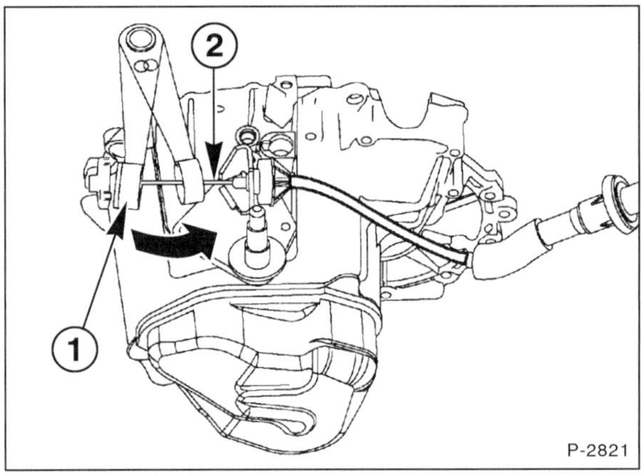

- Ausrückhebel –1– nach hinten drücken, um den Kupplungszug –2– zu entspannen, siehe Pfeil.

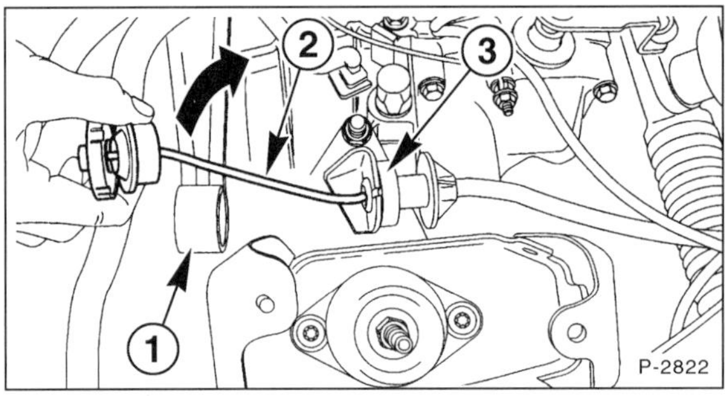

- Kupplungszug –2– aus dem Spalt des Ausrückhebels –1– ziehen –Pfeil– und Ausrückhebel loslassen.
- Kupplungszug –2– aus dem Spalt des Gegenlagers –3– ziehen.

Einbau

- Kupplungszug –2– in den Spalt des Gegenlagers –3– einsetzen, dabei auf richtigen Sitz der Gummidurchführung in der Bohrung des Gegenlagers achten.
- Ausrückhebel –1– nach hinten drücken, Kupplungszug durch den Spalt des Ausrückhebels –1– führen und einhängen. Ausrückhebel loslassen.
- Kupplungspedal mehrmals niederdrücken, um die automatische Nachstellung wirken zu lassen.
- Kupplungsbetätigung durch Niederdrücken des Kupplungspedals überprüfen, dabei auf sauberes Schalten der Gänge achten.

Störungsdiagnose Kupplung

Störung	Ursache	Abhilfe
Kupplung rupft.	Motor- und Getriebelager defekt.	■ Prüfen, gegebenenfalls auswechseln.
	Getriebe liegt in der Aufhängung nicht fest.	■ Befestigungsschrauben nachziehen.
	Kupplungszug falsch verlegt	■ Seilzugführung kontrollieren, gegebenenfalls in Ordnung bringen.
	Druckplatte trägt ungleichmäßig.	■ Druckplatte auswechseln.
	Kupplungsscheibe verschlissen oder verölt.	■ Original-Kupplungsscheibe einbauen.
	Ausrücker drückt einseitig.	■ Ausrückgabel und Ausrücklager prüfen, fetten.
	Kurbelwelle fluchtet nicht zur Getriebeantriebswelle.	■ Zentrierflächen von Motor und Getriebe überprüfen.
Kupplung rutscht.	Kupplungsscheibe verschlissen.	■ Dicke der Kupplungsscheibe prüfen, gegebenenfalls auswechseln.
	Spannung der Membranfeder zu gering.	■ Druckplatte auswechseln.
	Belag verhärtet oder verölt.	■ Kupplungsscheibe austauschen.
	Kupplung wurde überhitzt.	■ Originalteil einbauen.
Kupplung trennt nicht richtig. Gänge lassen sich schwer oder gar nicht einlegen.	Belag durch Abrieb verklebt.	■ Kupplungsscheibe austauschen.
	Kupplungsscheibe hat Seitenschlag.	■ Kupplungsscheibe prüfen lassen, ersetzen.
	Kupplungsscheibe klemmt auf der Antriebswelle, Kerbverzahnung trocken oder verklebt.	■ Kerbverzahnung reinigen, entgraten, ggf. Rost entfernen und mit Molykote-Fett BR 2 PLUS schmieren.
	Kupplungspedal erreicht den Begrenzungsanschlag nicht.	■ Prüfen, ob Begrenzungsanschlag erreicht wird, gegebenenfalls Fußmatte ausschneiden.
	Führungslager für die Getriebeantriebswelle in der Kurbelwelle defekt.	■ Führungslager in der Kurbelwelle ersetzen.
	Druckplatte defekt.	■ Druckplatte ersetzen.
	Kupplungsscheibe stark verbogen, oder Belag gebrochen.	■ Kupplungsscheibe ersetzen.
Kupplungspedal schwergängig.	Pedalachse oder Kupplungsseil zu wenig geschmiert.	■ Pedalachse/Kupplungsseil schmieren oder ersetzen.
Geräusch bei betätigtem Kupplungspedal.	Ausrücklager defekt.	■ Ausrücklager prüfen, ersetzen.
	Kupplungsscheibe schlägt an die Druckplatte.	■ Kupplungsscheibe auswechseln.
Auf- und abschwellendes Geräusch bei Zug- oder Schubzustand, oder wenn das Fahrzeug in ausgekuppeltem Zustand rollt.	Torsionsdämpfer der Kupplungsscheibe schwergängig.	■ Kupplungsscheibe erneuern.
	Nietverbindungen der Kupplungsscheibe locker.	■ Kupplung ersetzen.
	Unwucht der Kupplung zu groß.	■ Kupplung ersetzen.

Getriebe/Schaltung

Aus dem Inhalt:

■ **Getriebeausbau**

■ **Schaltung**

■ **Automatikgetriebe**

Je nach Motorisierung werden im PEUGEOT 206 verschiedene Schalt- und Automatikgetriebe eingebaut:

- **Getriebe MA 5:** für Motoren bis 1,6 Liter Hubraum.
- **Getriebe BE 4/5:** für Motoren ab 1,9 Liter Hubraum.
- **Automatikgetriebe AL 4:** für 1,4- und 1,6-l/16V- Benzinmotoren.

Getriebe aus- und einbauen

Das Getriebe kann ohne Ausbau des Motors nach unten ausgebaut werden. Ein Ausbau ist dann erforderlich, wenn die Kupplung ausgewechselt werden soll oder wenn das Getriebe erneuert beziehungsweise überholt werden muss. Da es jedoch in keinem Fall anzuraten ist, Reparaturen am Getriebe mit Heimwerkermitteln in Angriff zu nehmen, wird hier lediglich der Ausbau des Aggregates beschrieben.

Für den Ausbau des Getriebes muss das Fahrzeug ausreichend hoch aufgebockt werden. Außerdem ist zum Ablassen des Getriebes ein geeigneter Werkstattwagenheber erforderlich. Zum Abstützen des Motorblocks benötigt man genügend hohe Unterstellböcke oder eine Haltevorrichtung, an der der Motorblock aufgehängt werden kann.

Ausbau

- Batterie-Massekabel (–) bei ausgeschalteter Zündung abklemmen. **Achtung:** Falls das eingebaute Radio einen Diebstahlcode besitzt, wird dieser beim Abklemmen der Batterie gelöscht. Das Radio kann nur durch die Eingabe des richtigen Codes, durch die PEUGEOT-Werkstatt oder durch den Radio-Hersteller wieder in Betrieb genommen werden. Vor dem Abklemmen daher unbedingt den Diebstahlcode ermitteln.
- Batterie ausbauen, siehe Seite 58.
- Batterieaufnahmekasten ausbauen. Dazu 4 Schrauben herausdrehen und Batteriekasten herausnehmen.

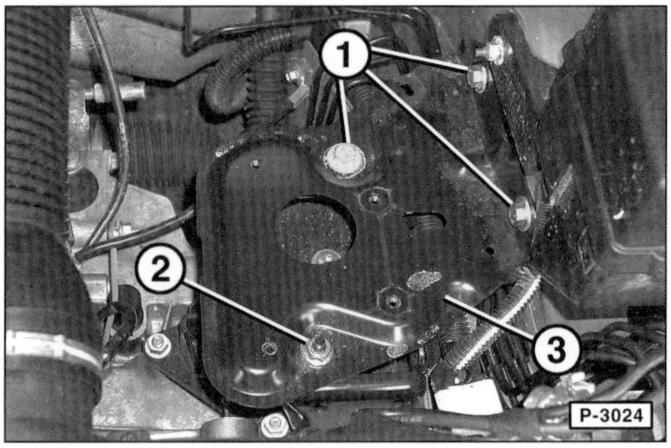

- 3 Schrauben –1– herausdrehen, Mutter –2– abschrauben und Batterietragblech –3– ausbauen.
- Je nach Fahrzeugmodell Luftfilter und Lufteintrittsschlauch ausbauen, siehe Seite 215.
- Sämtliche elektrischen Stecker am Getriebe abziehen.
- Massekabel am Getriebe abschrauben.
- Schaltgestänge ausbauen, siehe in Kapitel »Schaltung«.

- Kupplungszug –4– am Ausrückhebel aushängen, siehe Seite 240.

- **Fahrzeuge mit hydraulischer Kupplungsbetätigung:** Kupplungsnehmerzylinder –6– in Pfeilrichtung gegen das Getriebe drücken, drehen und aus dem Getriebe ziehen. Kupplungsnehmerzylinder mit ansgeschlossener Hydraulikleitung und Draht vorsichtig aufhängen. **Hinweis:** Die Abbildung zeigt das Getriebe eines Ausstellungs-Motors.
- Stellung der Vorderräder zur Radnabe mit Farbe kennzeichnen. Dadurch kann das ausgewuchtete Rad wieder in derselben Position montiert werden. Radschrauben lösen, dabei muss das Fahrzeug auf dem Boden stehen. Fahrzeug vorn aufbocken und Vorderräder abnehmen.
- **Dieselfahrzeuge:** Untere Motorraumabdeckung ausbauen, siehe Seite 164.
- Innenkotflügel ausbauen, siehe Seite 261.
- Getriebeöl ablassen, siehe Seite 245.
- Je nach Motortyp vorderes Abgasrohr und/oder Katalysator ausbauen, siehe Seite 233.
- Beide Achsgelenke vom Achsschenkel abbauen, siehe Seite 105.
- Gelenkwellen und Zwischenwelle vom Getriebe abbauen, siehe Seite 109.
- Rechte und linke Radseite: Holzklotz zwischen Achsschenkel und Querlenker einsetzen, um die Antriebswellen aus den Antriebsausgängen des Getriebes zu halten.
- Anlasser ausbauen, siehe Seite 68.

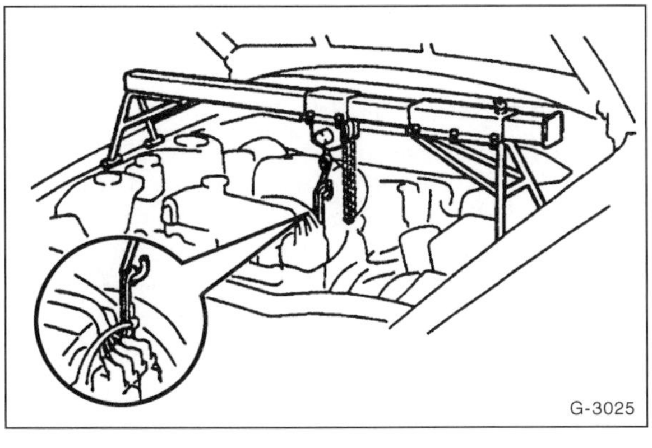

- Handelsübliche Motor-Haltevorrichtung in den Kotflügelsicken lagern und Motor an einen Haken hängen. Zugbefestigung auf Spannung bringen.
- Befestigungsmutter –5– der Getriebehalterung am linken Gummilager losschrauben, siehe Abbildung P-3025.
- Motor-/Getriebeblock etwas nach unten senken.

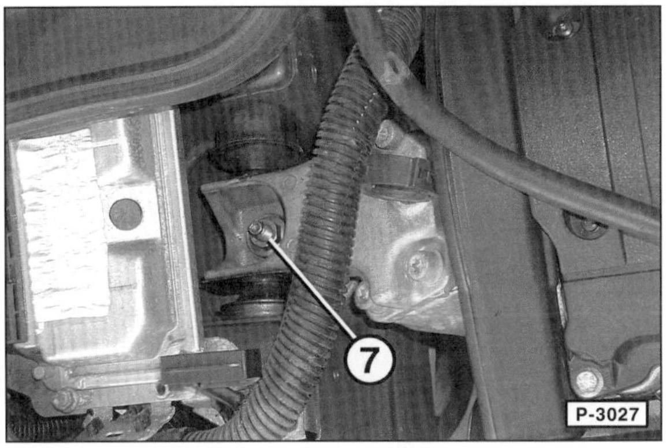

- Wenn nötig, Mutter –7– des rechten Motor-Gummilagers losschrauben.

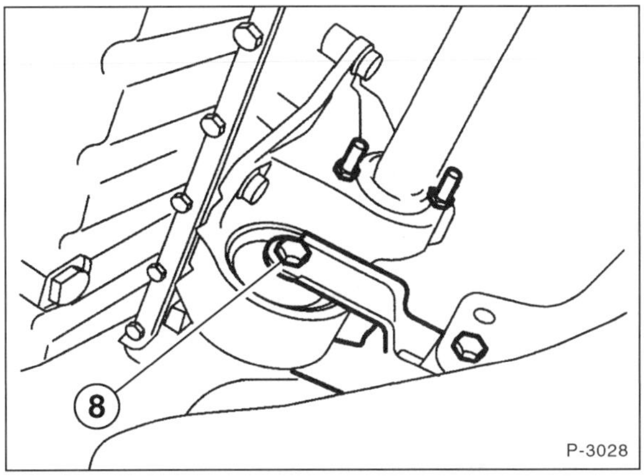

- Wenn nötig, Mutter lösen und Schraube –8– aus unterem Motorlager herausziehen.
- Getriebe mit einem Wagenheber abstützen. **Achtung:** Zum Schutz Holzbrett zwischen Getriebe und Wagenheber legen.

- Obere Halteschrauben –9– des Getriebes und untere Halteschrauben aus dem Motorblock herausschrauben. Die Abbildung zeigt das Getriebe BE 4/5 bei ausgebauter Motor-/Getriebe-Einheit.

- Getriebe vom Motorblock trennen, dabei Getriebe mit dem Wagenheber langsam absenken und nach unten aus dem Motorraum herausnehmen.

Einbau

- **Neue** Dichtringe in die Achsantriebsausgänge einschlagen, siehe Seite 110.
- Raum zwischen den Dichtlippen der Dichtringe mit Mehrzweckfett füllen.
- Prüfen, ob die Zentrierhülsen am Motorblock vorhanden sind; gegebenenfalls einsetzen.
- Ausrücklager-Führungsrohr sowie Schenkel der Ausrückgabel mit Molykote-Fett BR2 PLUS bestreichen.
- Getriebe von unten in den Motorraum heben und auf Wagenheber aufstützen. Getriebe mit Wagenheber bis auf Einbauposition anheben.
- Zahnkranz der Getriebeantriebswelle in die Verzahnung von Kupplungsscheibe und Schwungrad einschieben. Falls die Getriebeantriebswelle nicht in die Kupplungsscheibe einrastet, Getriebeantriebswelle am Flansch für die Gelenkwelle mit der Hand verdrehen.

Hinweis: Beim Zusammenbau von Motor und Getriebe darauf achten, dass das Ausrücklager zwischen Ausrückgabel und Kupplungsdruckplatte liegt.

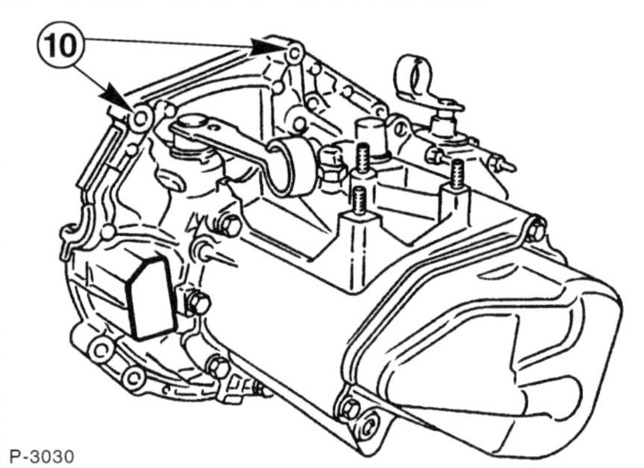

P-3030

- Getriebe am Motorblock ansetzen und obere Halteschrauben –10– sowie untere Halteschrauben eindrehen. Die Abbildung zeigt das Getriebe MA 5.
- Getriebeschrauben festziehen.
  Anzugsdrehmomente:
  Getriebe MA 5: . . . . **40 Nm**
  Getriebe BE 4/5: . . . . **55 Nm**
  Automatikgetriebe AL 4: . . . . **35 Nm**
- Lage der Ausrückgabel überprüfen: Die Achse des Splintlochs am Ausrückhebel muss parallel zur Auflagefläche des Kupplungsgehäuses verlaufen; dabei auf geringes Winkelspiel der Ausrückgabelachse achten.
- Mit Motor-Haltevorrichtung Motor-/Getriebeblock anheben und Befestigungsmutter –5– der Getriebehalterung einschrauben, siehe Abbildung P-3025.
- Wenn nötig, Mutter –7– des rechten Motorlagers auf den Bolzen schrauben sowie Schraube –8– in unteres Motorlager einschieben und Mutter aufdrehen.
- Mutter –5– der Getriebehalterung mit **65 Nm** anziehen.
- Mutter –7– des rechten Motorlagers mit **45 Nm** anziehen.
- Mutter –8– des unteren Motorlagers mit **50 Nm** anziehen.
- Motor-Haltevorrichtung entfernen.
- Anlasser einbauen, siehe Seite 68.
- Gelenkwellen und Zwischenwelle einbauen, siehe Seite 109.
- Achsgelenke einbauen, siehe Seite 106.
- Vorderes Abgasrohr beziehungsweise Katalysator einbauen, siehe Seite 233.
- Getriebeöl einfüllen, siehe Seite 245.
- Innenkotflügel und, wenn nötig, untere Motorabdeckung einbauen, siehe Seite 260.
- Vorderräder so ansetzen, dass die beim Ausbau angebrachten Markierungen übereinstimmen. Vorher Zentriersitz der Felge an der Radnabe mit Wälzlagerfett dünn einfetten. Radschrauben **nicht** fetten oder ölen. Schrauben mit korrodiertem Gewinde erneuern. Räder anschrauben. Fahrzeug ablassen und Radschrauben über Kreuz mit **90 Nm** festziehen.
- Kupplungszug am Ausrückhebel einhängen, siehe Seite 240.
- **Fahrzeuge mit hydraulischer Kupplungsbetätigung:** Kupplungsnehmerzylinder in das Getriebe einsetzen und durch Drehen im Getriebeblock einrasten lassen.
- Schaltgestänge einbauen, siehe in Kapitel »Schaltung«.
- Massekabel am Getriebe anschrauben.
- Sämtliche elektrischen Stecker am Getriebe anklemmen; dabei auf Befestigung und Verlegung der Kabelstränge achten.
- Je nach Fahrzeugmodell Luftfilter und Lufteintrittsschlauch einbauen, siehe Seite 215.
- Batterietragblech einsetzen und mit 3 Schrauben und einer Mutter befestigen. Schrauben und Mutter mit **20 Nm** festziehen.
- Batterieaufnahmekasten einbauen und mit 4 Schrauben befestigen.
- Batterie einbauen, siehe Seite 58.
- Batterie-Massekabel (–) bei ausgeschalteter Zündung anklemmen. **Nach Anklemmen der Batterie darf der Motor erst 10 Sekunden nach Einschalten der Zündung gestartet werden.** In dieser Zeit werden die elektronischen Systeme wieder aktiviert. Diebstahlcode für das Autoradio eingeben und Zeituhr einstellen.
- Vorderradspur kontrollieren lassen (Werkstattarbeit).
- Probefahrt durchführen, dabei auf ungewöhnliche Geräusche achten. Prüfen, ob die Gänge weich geschaltet werden.

Schaltung

Die Schaltung besteht aus Schalthebel, Schaltgehäuse, Schaltstab, Schaltstangen und Umlenkhebeln. Beim Einlegen eines Ganges wird zwischen der Querbewegung sowie der Längsbewegung unterschieden. Beide Bewegungen werden über die Schaltstangen und entprechende Umlenkhebel auf das Getriebe übertragen.

Achtung: Vor Abbau des Schaltgestänges vom Getriebe die Einbauposition der Schaltstangen markieren und notieren.

Schaltgestänge Getriebe MA 5

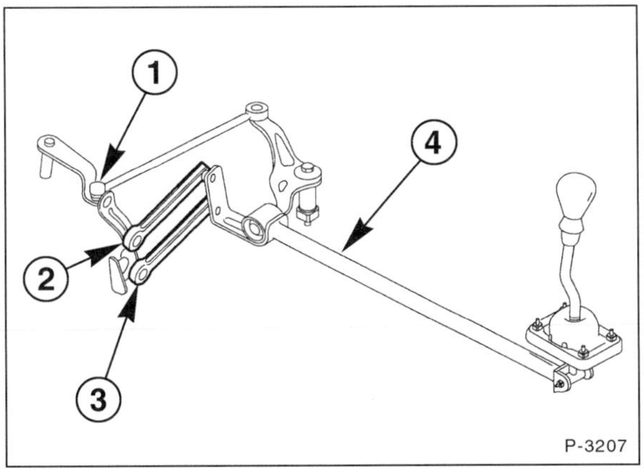

Schaltgestänge Getriebe BE 4/5

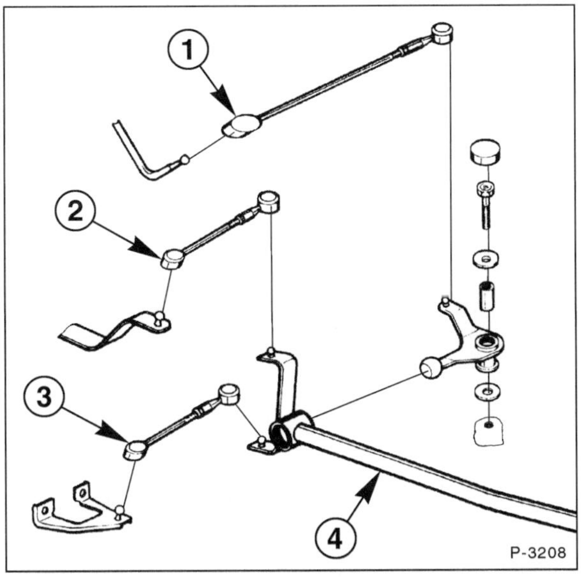

- Beim Ausbau Kugelköpfe der Umlenkhebel aus den Kugelpfannen der Schaltstangen an den Stellen –1– bis –3– heraushebeln. In der Fachwerkstatt verwendet man dazu spezielle Ausbau-Gabeln, zum Beispiel PEUGEOT 0216-G1/2. 4 – Schaltstab.
- Beim Einbau Kugelpfannen der Schaltstangen auf die Kugelköpfe der Umlenkhebel aufdrücken.

Getriebeöl wechseln

Schaltgetriebe

Ablassen

- Linken Innenkotflügel ausbauen, siehe Seite 260.
- **Dieselfahrzeuge:** Untere Motorraumabdeckung ausbauen, siehe Seite 164.

Hinweis: Abbildungen von Getriebeöl-Ablassschraube und Ölstandkontrollschraube beachten, siehe Seite 31.

- Geeignetes Gefäß für etwa 2 Liter Getriebeöl unter die Getriebeöl-Ablassschraube stellen.
- Ablassschraube herausdrehen und Getriebeöl ablassen.
- Anschließend Ablassschraube mit **neuem** Dichtring einschrauben. Anzugsdrehmoment Getriebe MA 5: **25 Nm**; Getriebe BE 4/5: **35 Nm**.

Auffüllen

- Ölstandkontrollschraube herausdrehen und etwa **2 Liter** Getriebeöl einfüllen, bis der Ölstand an der Unterkante der Bohrung liegt oder bis zu 5 mm darunter.
- Ölstandskontrollschraube mit **neuem** Dichtring und **25 Nm** festziehen.
- Falls ausgebaut, untere Motorraumabdeckung einbauen, siehe Seite 164.
- Linken Innenkotflügel einbauen, siehe Seite 260.

Automatikgetriebe

Das Automatikgetriebe AL 4 wird beim PEUGEOT 206 zusammen mit dem 1,4-l-Benzinmotor und dem 1,6-l-DOHC-Benzinmotor eingebaut.

Schaltpunkte und Schaltverhalten werden vom Steuergerät geregelt, das im Motorraum zwischen dem Hauptbremszylinder und der Batterie eingebaut ist.

Seilzugbetätigung

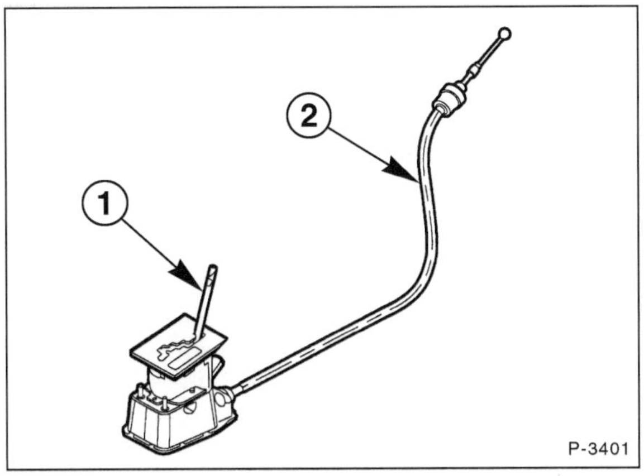

1 – Wählhebel **2 – Seilzug**

Innenausstattung

Aus dem Inhalt:

- Mittelkonsole
- Türverkleidung
- Rücksitzlehne ausbauen
- Abdeckungen/Blenden
- Innenverkleidungen
- Teppichboden
- Handschuhfach
- Sitze ausbauen
- Sicherheitsgurte

Wichtige Arbeits- und Sicherheitshinweise

Werden Arbeiten an der Innenausstattung ausgeführt, sind folgende Hinweise unbedingt zu beachten:

- Es empfiehlt sich, zum Abhebeln von Kunststoffverkleidungen und -blenden einen Kunststoffkeil zu verwenden, zum Beispiel HAZET 1965-20.
- Clips, die beim Ausbau von Verkleidungen beschädigt werden, immer erneuern.
- Sitze, Sicherheitsgurte und Airbags sind sicherheitsrelevante Bauteile. **Aus Sicherheitsgründen nur die hier beschriebenen Arbeiten durchführen. Komplexere Arbeiten nicht in Eigenregie vornehmen, sondern bei einer Fachwerkstatt durchführen lassen.**
- Die Fenster- und Türsäulen der Karosserie werden von vorn nach hinten als A-, B- und C-Säulen bezeichnet.

Achtung: Wenn im Rahmen von Arbeiten an der Karosserie auch Arbeiten an der elektrischen Anlage durchgeführt werden, **grundsätzlich** das Batterie-Massekabel (–) abklemmen. Dazu Hinweise im Kapitel »Batterie aus- und einbauen« durchlesen. Als Arbeit an der elektrischen Anlage ist dabei schon zu betrachten, wenn eine elektrische Leitung vom Anschluss abgezogen beziehungsweise abgeklemmt wird.

Achtung: Airbag-Sicherheitshinweise unbedingt beachten, insbesondere bei Arbeiten an der Armaturentafel, an der Mittelkonsole und an den Sitzen mit Seitenairbag, siehe Kapitel »Lenkung«. Auch die Hinweise zu den Gurtstraffern beachten, siehe Seite 256.

Um ein Auslösen des Airbags zu verhindern, ist vor dem Trennen von Kabeln des Airbag-Systems die Zündung auszuschalten und dann zuerst das Batterie-Massekabel (–) und anschließend das Batterie-Pluskabel (+) von der Batterie abzuklemmen. Außerdem muss aus Sicherheitsgründen der Minuspol von der Batterie isoliert werden, siehe Seite 129.

Spreizclip aus- und einbauen

Zahlreiche Abdeckungen und Verkleidungen aus Kunststoff sind mit Spreizclips befestigt.

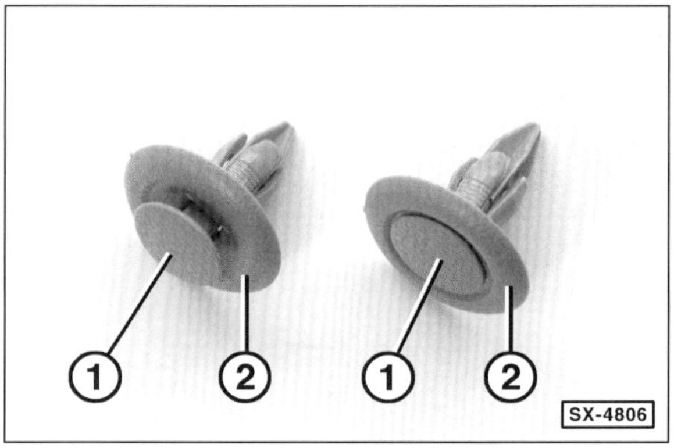

Der Spreizclip besteht aus dem eigentlichen Clip –2– und dem Spreizkern –1–. Der Spreizkern wird in die Bohrung des Clips gedrückt, wodurch die Clipnasen gespreizt werden. Dadurch ist der Clip in Einbauposition gesichert.

Ausbau

- Spreizkern –1– mit einem kleinen Schraubendreher oder mit den Fingernägeln etwas aus dem Clip –2– herausziehen. Dadurch werden die Clipnasen entlastet.
- Clip –2– komplett herausziehen.

Einbau

- Clip mit herausgezogenem Spreizkern in die Öffnung hineinstecken.
- Spreizkern hineindrücken. Der Spreizclip ist nun fixiert.

Halteclips aus- und einbauen

Die Verkleidungen an den Türen und Seiten des PEUGEOT 206 sind zum Teil mit Halteclips aus Kunststoff befestigt

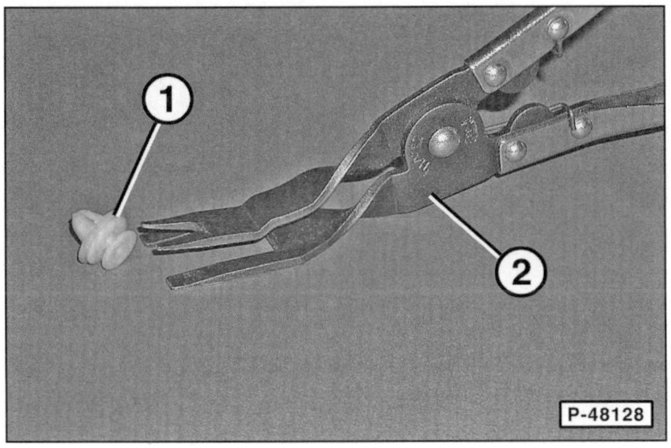

- Spitze der Lösezange HAZET 799-4 –2– unter die Verkleidung führen.
- Durch kräftiges Zusammendrücken von den Griffenden der Zange Halteclip –1– aus der Karosserie ziehen.

Mittelkonsole aus- und einbauen

Hintere Mittelkonsole aus- und einbauen

Ausbau

- Zündung ausschalten.
- Falls vorhanden, Schalter für elektrische Fensterheber ausbauen, siehe Seite 91.

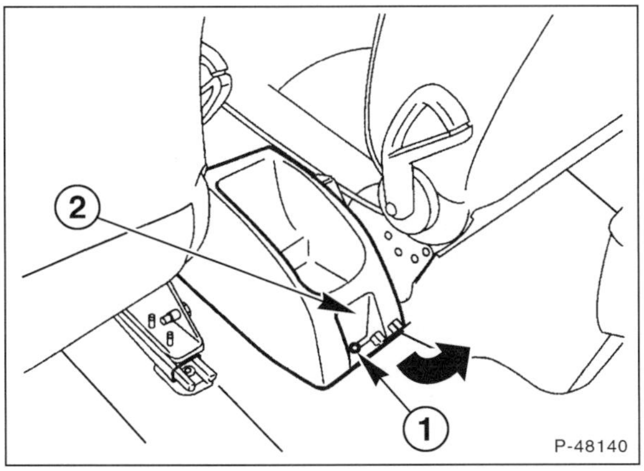

- Schraubendreher oben an die hinten sitzende Klappe –2– der Mittelkonsole ansetzen und Klappe aufhebeln.
- Torxschraube –1– herausdrehen, hintere Mittelkonsole nach hinten ziehen und aus der Halterung lösen.

Einbau

- Hintere Mittelkonsole von hinten so an die vordere Mittelkonsole ansetzen, dass die Lasche unter die vordere Mittelkonsole eingreift und der Handbremshebel in die Aussparung eingeführt wird.
- Torxschraube eindrehen und Klappe schließen.
- Falls ausgebaut, Schalter für elektrische Fensterheber einbauen.

Vordere Mittelkonsole aus- und einbauen

Ausbau

- Hintere Mittelkonsole ausbauen.

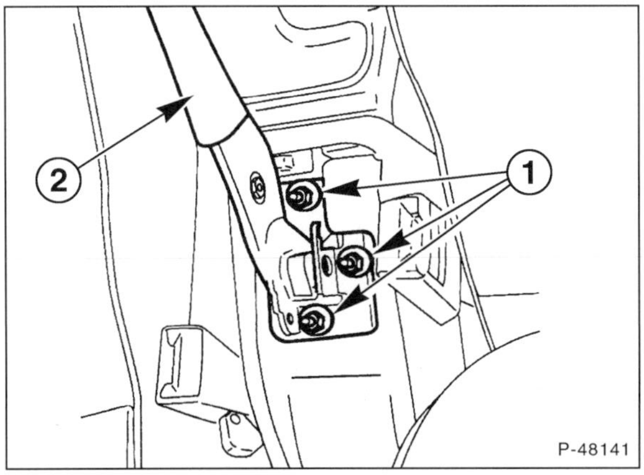

- 3 Befestigungsmuttern –1– lösen, Handbremshebel –2– anheben und nach hinten drücken. Gegebenenfalls Handbrems-Seilzug entspannen, siehe Seite 154.

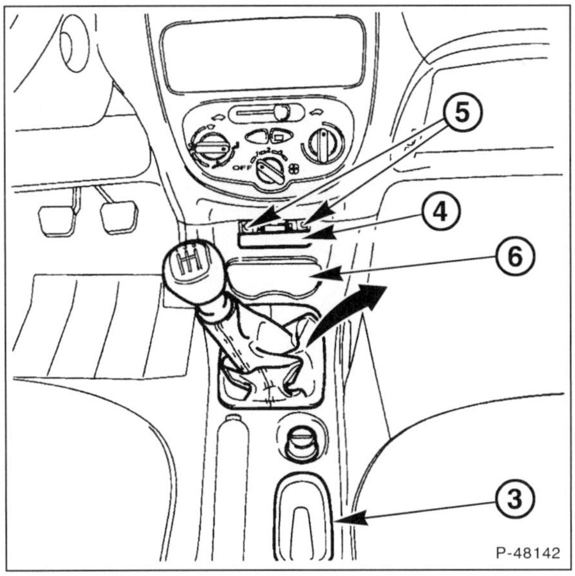

- Je nach Ausstattung Schalterfeld –3– oder Münzenfach ausbauen, siehe Seite 91.

● Schraubenschlüssel durch die Öffnung des Schalterfeldes oder Münzenfachs führen und Befestigungsmutter herausdrehen.

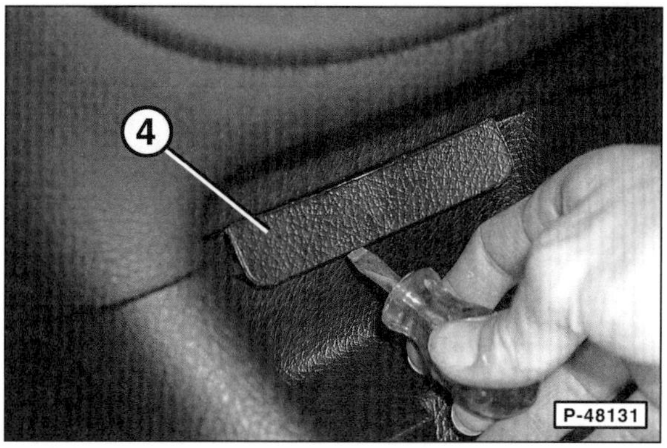

● Abdeckung –4– oberhalb des Aschenbechers mit einem Schraubendreher von unten aufhebeln und aufklappen.

● 2 Torxschrauben –5– hinter der Abdeckung herausdrehen, siehe Abbildung P-48142.

● Aschenbecher –6– herausziehen. Mit Schraubendreher Glühlampe der Aschenbecherbeleuchtung aus der Halterung hebeln, siehe Abbildung P-48142.

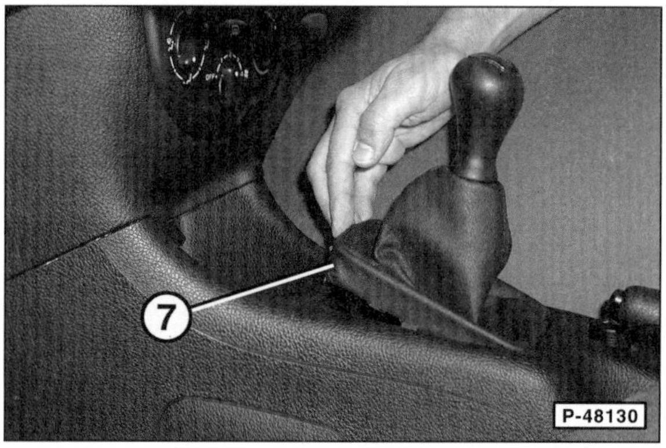

● Rahmen –7– der Schalthebelmanschette mit einem Kunststoffkeil, zum Beispiel HAZET 1965-20, von vorne heraushebeln.

● Schalthebelmanschette –8– über den Knauf stülpen.

● Konsole nach hinten ziehen und anheben, dabei den vorderen Konsolenteil aus der Halterung in der Instrumententafel lösen.

● Schalthebel und Manschette durch die Öffnung nach unten ziehen, Konsole zur Seite neigen und Steckverbindung des Zigarrettenanzünders abklemmen.

● Vordere Mittelkonsole herausnehmen.

Einbau

● Mittelkonsole an die Einbaustelle legen und von unten die Steckverbindung an den Zigarrettenanzünder anklemmen.

● Schalthebel und Manschette durch die Öffnung der Konsole führen.

● Konsole so an die Instrumententafel ansetzen, dass die Haken in die Halterungen greifen. Dabei werden die vorderen Seitenteile der Konsole unter die Instrumentenabdeckung geschoben.

● 2 Torxschrauben vorne eindrehen, festziehen und Abdeckung zuklappen.

● Befestigungsmutter aufs Gewinde schrauben und festziehen.

● Glühlampe der Aschenbecherbeleuchtung in die Halterung setzen und Aschenbecher einsetzen.

● Steckverbindung an der Schalterrückseite anklemmen und Schalterfeld in Konsole einsetzen.

● Schalthebelmanschette hinten einhängen und vorne durch Andrücken einsetzen.

● Handbremshebel einsetzen und mit 3 Muttern befestigen. Gegebenenfalls Handbremse einstellen, siehe Seite 154.

● Hintere Mittelkonsole einbauen.

Handschuhfach aus- und einbauen

Ausbau

- Deckel des Handschuhfachs öffnen.

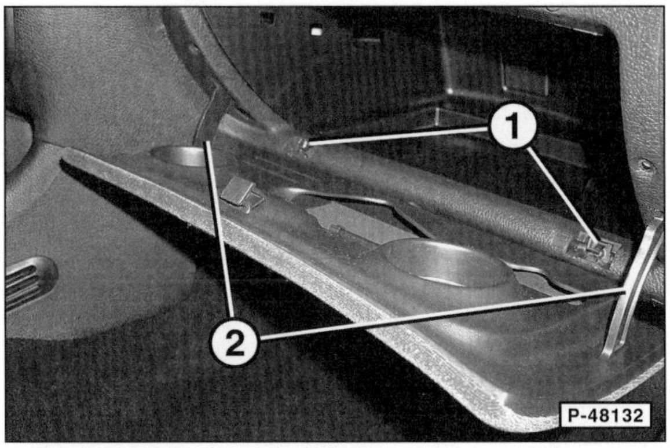

- Deckel an der unteren Kante greifen und mit einem Ruck aus dem Scharnier –1– ziehen.
- Deckel nach oben schwenken –Pfeil– und dabei Führungsschienen –2– aus den Gleitöffnungen ziehen.
- In den Scharnieren –1– eingesetzte Schrauben herausdrehen.

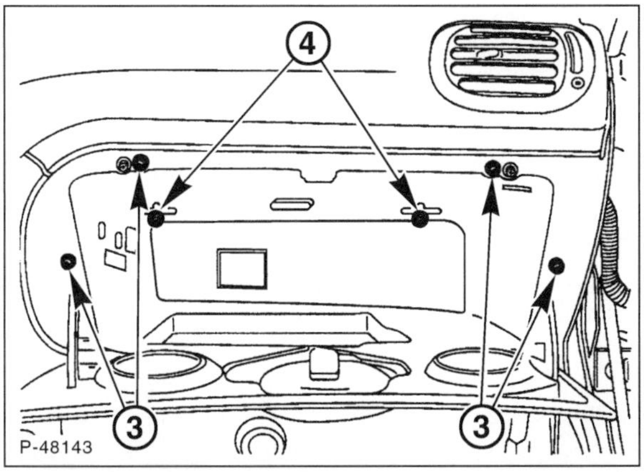

- Torxschrauben –3– aus dem Kastenrahmen herausdrehen.
- 2 Muttern –4– herausschrauben und Handschuhfach von den Gewindebolzen lösen.
- Handschuhfach nach vorne drücken, schwenken und nach unten aus dem Einbauschacht herausnehmen. Dabei darauf achten, dass die Kabelstränge und Züge der Heizungseinheit nicht beschädigt werden.

Einbau

- Handschuhfach mit Öffnung nach vorne um den Steg des Kastenrahmens herumschwenken, so dass die Öffnung zunächst nach oben zeigt und dann nach hinten in der richtigen Einbauposition gerichtet ist.
- Darauf achten, dass das Antennenkabel über dem Handschuhfach und hinter den Kunststoffgewinden der Befestigungsschrauben geführt wird.
- Gewindebolzen an der Decke des Einbauschachtes durch Bohrungen im Handschuhfach führen.
- 2 Muttern –4– im Kasteninnern auf die Bolzen schrauben.
- Torxschrauben –3– in den Kastenrahmen eindrehen.
- Schrauben in die Scharniere –1– eindrehen.
- Führungsschienen –2– in die Gleitöffnungen schieben.
- Deckel halb schließen und durch Drücken unten in den Scharnieren einrasten lassen.

Blende für Radio und Heizungs-Bedieneinheit aus- und einbauen

Ausbau

- Mit der Hand unter die Anzeigehaube greifen und diese durch Zug aus der Arretierung lösen, siehe Seite 88.
- Stecker vom Warnblinklichtschalter abklemmen und Anzeigehaube ausbauen.
- Wenn nötig, Radio ausbauen, siehe Seite 92.

Hinweis: Es ist auch möglich, die Blende mit eingesetztem Radio auszubauen. Dabei darauf achten, dass die Anschlussstecker und das Antennenkabel abgeklemmt werden.

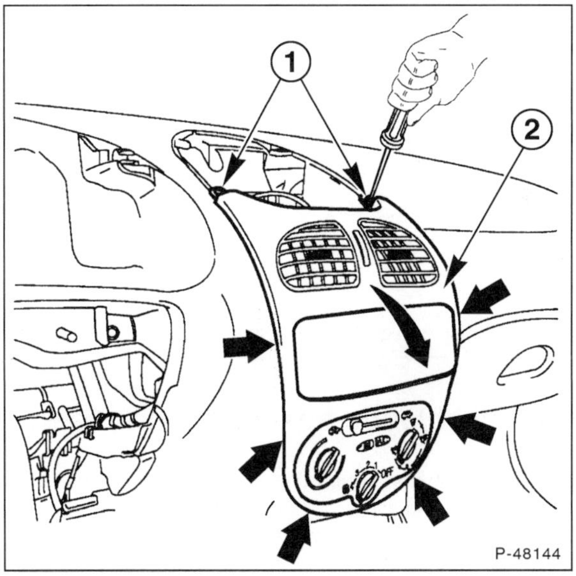

- 2 Torxschrauben –1– herausdrehen, Blende –2– an den Clips –Pfeile– vorsichtig lösen und Blende ausbauen, siehe großen Pfeil.

Einbau

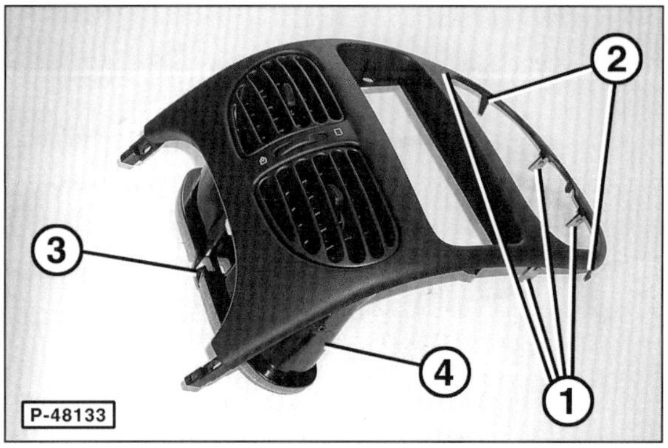

- Blende so ansetzen, dass zunächst die unteren Clips –1–, dann die Führungsnasen –2– und zuletzt der Clip –3– am Luftauslasskanal –4– in den Halterungen einrasten.
- Blende mit 2 Torxschrauben befestigen.
- Wenn nötig, Radio einbauen und Anschlussstecker sowie Antennenkabel anklemmen, siehe Seite 92.
- Stecker an Warnblinklichtschalter anklemmen und Anzeigehaube einbauen, siehe Seite 91.

Untere Armaturbrett-Abdeckung aus- und einbauen

Ausbau

- Verschlussschraube mit einer Münze um ¼ Umdrehung drehen und untere Armaturbrett-Abdeckung unter dem Lenkrad öffnen.
- Abdeckung durch Zug unten aus den Cliphalterungen rechts und links lösen und herausnehmen.

Einbau

- Der Einbau erfolgt in umgekehrter Reihenfolge.

Dreiecksblende aus- und einbauen

Um den Außenspiegel und den in der vorderen Tür eingesetzten Hochtonlautsprecher auszubauen, muss vorher die Dreiecksblende aus dem Fensterrahmen ausgebaut werden.

Ausbau

- Schraubendreher an der Spitze der Blende zwischen Fensterrahmen der Vordertür und Blende führen. Die Spitze des Schraubendrehers vorher mit Klebeband umwickeln.
- Dreiecksblende an der Spitze abhebeln.
- Anschließend Blende unten aus der Halterung (2 Clips) ziehen und Dreiecksblende ausbauen. Dabei darauf achten, dass das Anschlusskabel des je nach Ausstattung eingesetzten Hochtonlautsprechers nicht abgerissen wird.
- Hochtonlautsprecher ausbauen, siehe 89.

Einbau

- Hochtonlautsprecher in Blende einbauen, siehe 89.

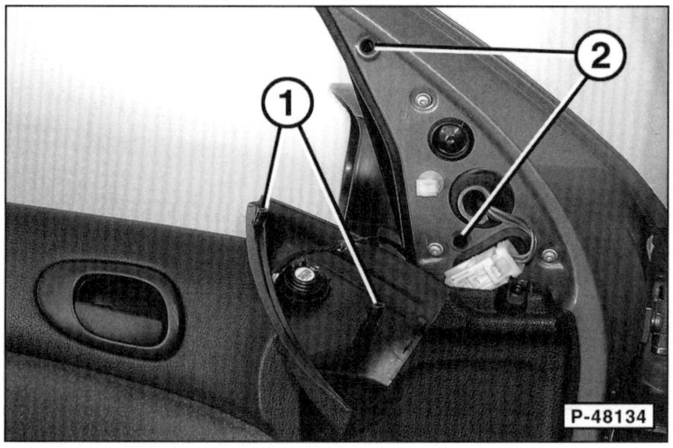

- Dreiecksblende so in Ecke des Fensterrahmens einsetzen, dass die Führungsnasen –1– in die Bohrungen –2– greifen.
- Dreiecksblende fest andrücken und Clips einrasten lassen.

Teppichboden aus- und einbauen

Ausbau

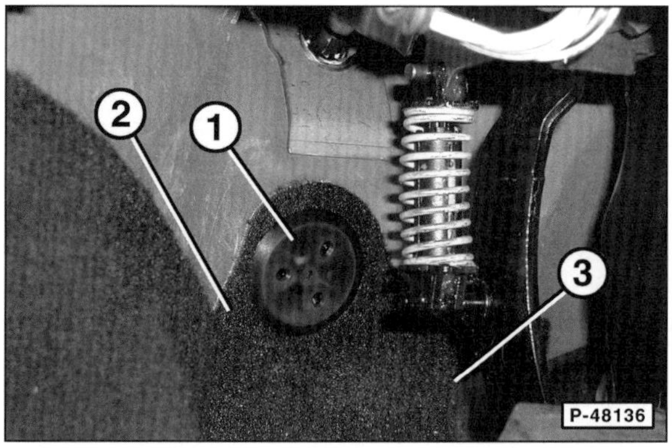

- Gummistopfen –1– (Anschlag des Kupplungspedals –3–) herausziehen und Teppichboden –2– hinter Pedaleinheit hervorziehen.
- Mehrere Clips an den Seiten des linken und rechten Fußraums herausziehen.

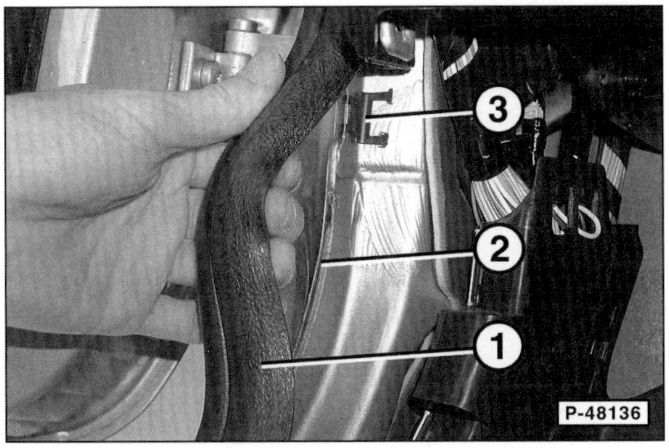

- Gummidichtband –1– mit der Hand von dem Falz –2– des Türschwellers abheben, dabei im vorderen Türknick der A-Säule beginnen.
- Teppich aus der Zahnverhakung –3– ziehen.

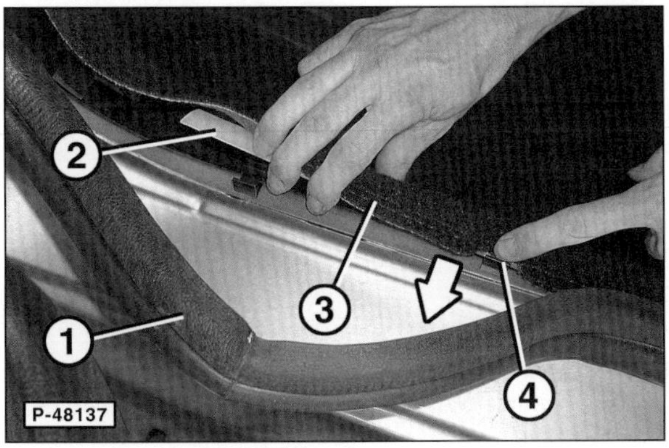

- Clip –4– nach außen drücken –Pfeil– und Kunststoff-Versteifung –2– zusammen mit dem Teppich –3– vom Türschweller lösen.
- Teppich –3– von den Seiten und dem Boden lösen.

Einbau

- Der Einbau erfolgt in umgekehrter Reihenfolge.
- Beim Einbau des Gummidichtbandes –1– darauf achten, dass die Gummilippe stets über der Teppichkante liegt.

Kofferraum-Verkleidung aus- und einbauen

Seitliche Verkleidung unten

Ausbau

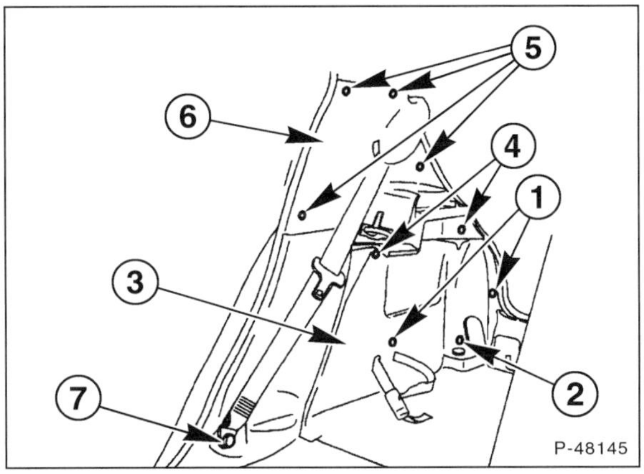

- 2 Clips –1– herausziehen und 1 Torxschraube –2– herausdrehen.
- Verkleidung –3– hinter der Rückenlehne, der oberen Verkleidung –6– sowie unter dem Gummidichtband der Heckklappe hervorziehen.
- Verkleidung ausbauen.

Einbau

- Verkleidung an den Seiten anlegen und mit 2 Clips befestigen. 1 Torxschraube eindrehen.
- Verkleidung hinter der Rückenlehne, der oberen Verkleidung sowie unter dem Gummidichtband der Heckklappe einlegen. Darauf achten, dass das Gummidichtband stets über der Verkleidung liegt.

Seitliche Verkleidung oben

Die oberen Kunststoff-Verkleidungsschalen bilden unter anderem die Auflage für die Hutablage. Die Ziffern beziehen sich auf die Abbildung P-48145.

Ausbau

- Seitliche Verkleidung unten –3– ausbauen.
- Linke Seite: Kofferraumleuchte ausbauen und abklemmen, siehe Seite 82.
- Untere Befestigungsschraube –7– des hinteren Sicherheitsgurtes herausdrehen und Gurt aus der Öffnung in der Verkleidung –6– fädeln.
- 2 Torxschrauben –4– herausdrehen.
- Von unten hinter die Verkleidung –6– greifen und obere Clips –5– nacheinander aus der Karosserie lösen.
- Obere Verkleidung –6– ausbauen.

Einbau

- Obere Verkleidung –6– so einbauen, dass die 2 Führungsnasen in die entsprechenden Bohrungen greifen.
- Obere Clips –5– einrasten lassen und Verkleidung mit 2 Torxschrauben –4– befestigen.
- Sicherheitsgurt durch Öffnung in der Verkleidung fädeln und mit Schraube –7– befestigen. Schraube –7– mit **30 Nm** festziehen.
- Linke Seite: Kofferraumleuchte einbauen und anklemmen, siehe Seite 82.
- Seitliche Verkleidung unten –3– einbauen.

Teppichboden im Kofferraum

Ausbau

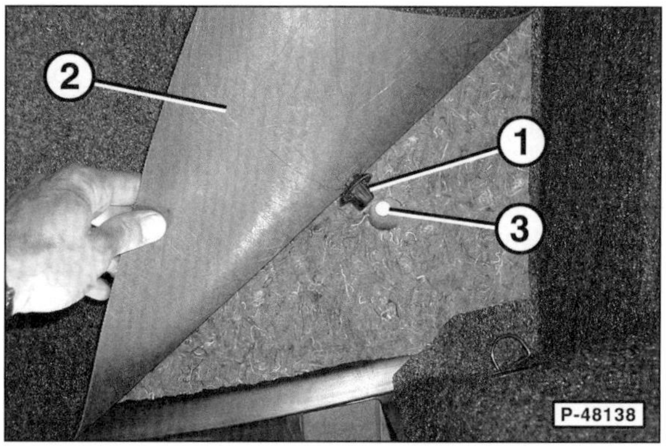

- Warndreieck und Erste-Hilfe-Kasten ausbauen.
- Unter den Kofferraumkasten greifen und 2 Stopfen –1– von außen nach oben durch die Bohrungen –3– drücken.
- Teppichboden –2– unter der Rücksitzbank hervorziehen und ausbauen.

Einbau

- Der Einbau erfolgt in umgekehrter Reihenfolge.

Türverkleidung aus- und einbauen

Beschrieben wird der Ausbau an der vorderen Tür. Der Ausbau der Verkleidung an der hinteren Tür erfolgt beim Fünftürer in ähnlicher Weise.

Hinweis: Die Ziffern im Text beziehen sich auf die Abbildungen P-48146 bis P-48150.

Ausbau

- Tür öffnen und Fenster ganz nach unten absenken.

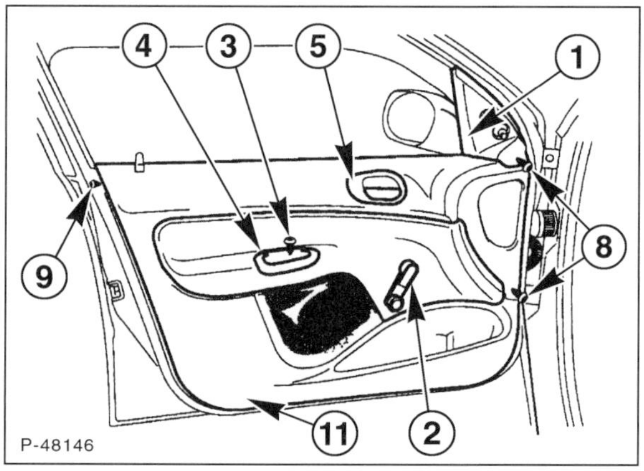

- Dreiecksblende –1– ausbauen, siehe entsprechendes Kapitel.
- Je nach Ausstattung Fensterkurbel –2– ausbauen.
- Torx-Blechschraube –3– herausdrehen und Griffschale –4– abnehmen.

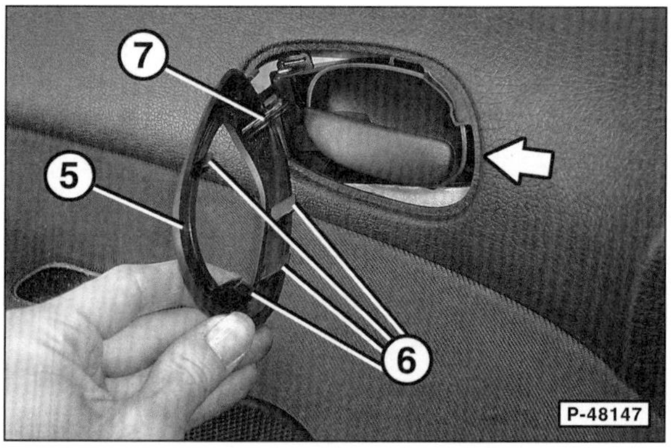

- Mit den Fingernägeln oder einem Kunststoffkeil, zum Beispiel HAZET 1965-20, Blende –5– des Türöffners von vorne aufhebeln –Pfeil–. 6 – Haltelaschen, 7 – Führungsnase.
- 2 Torx-Blechschrauben –8– und 1 Gewindeschraube –9– herausdrehen.

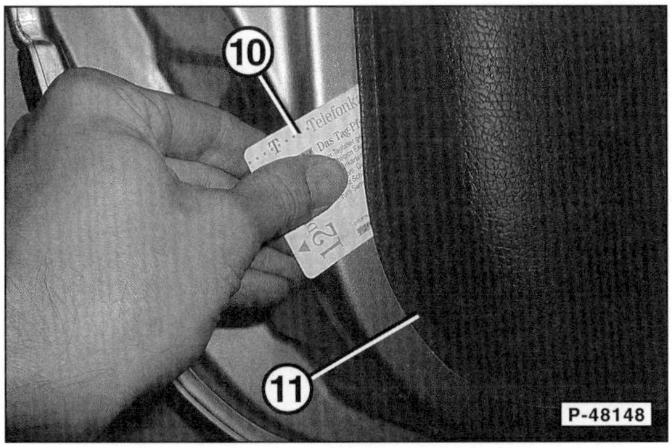

- Alte Telefonkarte –10– zwischen Türrahmen und Verkleidung –11– schieben und entlang der seitlichen und unteren Verkleidungskante ziehen, um die Kunststoff-Halteclips zu orten.

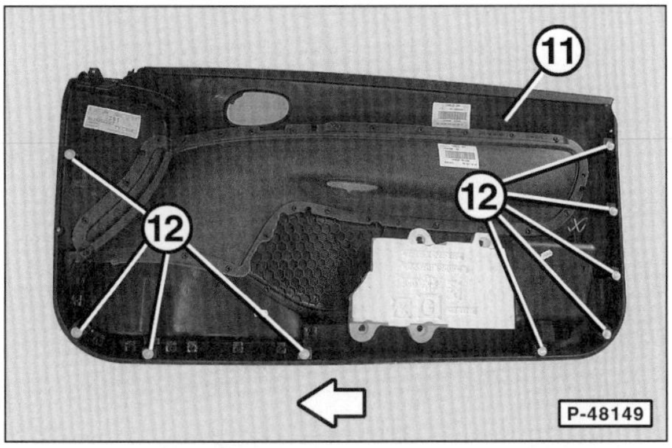

- Lösezange HAZET 799-4 zwischen Türrahmen und Verkleidung –11– schieben und Halteclips –12– nacheinander aus dem Türrahmen ziehen. Dabei die Telefonkarte oder einen Lappen als schützende Unterlage benutzen. Der Pfeil zeigt in Fahrtrichtung.
- Gelöste Verkleidung nach oben drücken und aus der Fensterführung lösen.
- Türverkleidung herausnehmen.

Einbau

- Türverkleidung von oben so in den Türrahmen einsetzen, dass der obere Teil in den Türfalz eingreift.

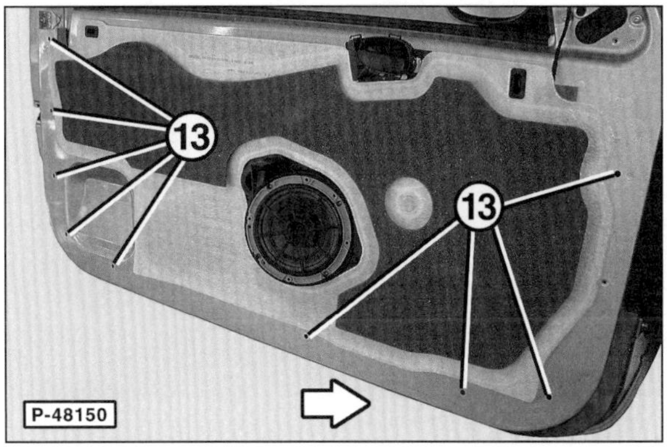

- Türverkleidung mit den Halteclips nacheinander in die Bohrungen –13– drücken und mit 2 Blechschrauben und 1 Gewindeschraube befestigen. Der Pfeil zeigt in Fahrtrichtung.
- Blende –5– des Türöffners so einsetzen, dass die Führungsnase –7– in die Aussparung greift. Blende festdrücken.
- Griffschale –4– in Verkleidung einsetzen und mit Blechschraube –3– befestigen.
- Je nach Ausstattung Fensterkurbel –2– einbauen.
- Dreiecksblende –1– einbauen, siehe entsprechendes Kapitel.

Seitenverkleidung hinten aus- und einbauen

Fahrzeuge mit 3 Türen

Ausbau

- Rücksitzbank und Rücksitzlehne ausbauen, siehe entsprechendes Kapitel.
- Obere seitliche Verkleidung im Kofferraum ausbauen, siehe entsprechendes Kapitel.
- Ablagefach der Seitenverkleidung nach oben drücken, aus der Halterung ziehen und ausbauen.
- Vorderer und hinterer Sicherheitsgurt: Kappen abziehen und Schrauben der unteren Haltepunkte herausdrehen.
- Rückfenster öffnen, Dichtungsband anheben und Seitenverkleidung hervorziehen.
- Dichtungsband des vorderen Türschwellers sowie der B-Säule anheben und Seitenverkleidung hervorziehen.

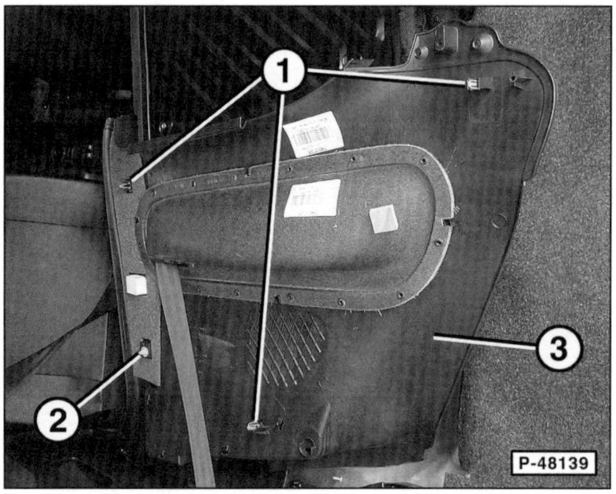

- Hinter die Seitenverkleidung –3– greifen und Halteclips –1–, –2– nacheinander aus der Karosserie ziehen.
- Obere Verkleidung der B-Säule aus der Cliphalterung ziehen und zusammen mit der Gurthöhen-Verschiebeschiene nach oben drücken.
- Seitenverkleidung –3– hinter der oberen Säulenverkleidung hervorziehen und ausbauen.

Einbau

- Seitenverkleidung –3– an die Seitenwand ansetzen und untersten Halteclip in Bohrung drücken.
- Seitenverkleidung –3– hinter die obere Säulenverkleidung schieben und übrige Halteclips in die Bohrungen drücken. **Achtung:** Clip –2– ist in der Höhe verschiebbar und kann zerbrechen, wenn die Bohrung nicht genau getroffen wird.
- Obere Säulenverkleidung zusammen mit der Gurthöhen-Verschiebeschiene nach unten ziehen und Halteclips eindrücken.
- Dichtungsbänder an Rückfenster, B-Säule und Türschweller über den jeweiligen Falz legen; dabei Dichtungslippen über die Seitenverkleidung stülpen.
- Vorderer und hinterer Sicherheitsgurt: Schrauben der unteren Haltepunkte eindrehen und mit **30 Nm** festziehen; Kappen aufsetzen.
- Ablagefach der Seitenverkleidung in die Halterung setzen und nach unten drücken.
- Obere seitliche Verkleidung im Kofferraum einbauen, siehe entsprechendes Kapitel.
- Rücksitzbank und Rücksitzlehne einbauen, siehe entsprechendes Kapitel.

Vordersitze aus- und einbauen

Ausbau

Fahrzeuge mit Seitenairbag

Achtung: Vor Ausbau eines Sitzes mit Seitenairbag unbedingt Airbag-Sicherheitshinweise durchlesen, siehe Seite 129.

- Batterie-Massekabel (–) bei ausgeschalteter Zündung abklemmen. **Achtung:** Falls das eingebaute Radio einen Diebstahlcode besitzt, wird dieser beim Abklemmen der Batterie gelöscht. Das Radio kann nur durch die Eingabe des richtigen Codes, durch die PEUGEOT-Werkstatt oder durch den Radio-Hersteller wieder in Betrieb genommen werden. Vor dem Abklemmen daher unbedingt den Diebstahlcode ermitteln.
- Minuspol (–) der Batterie mit Klebeband isolieren, um versehentlichen Kontakt zu vermeiden.
- 2 Minuten warten, bis sich der Kondensator des Airbag-Systems entladen hat.

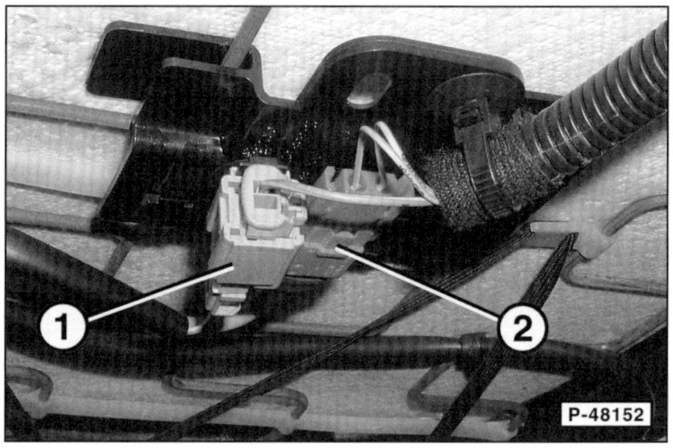

- Grünen –1– und roten –2– Steckverbinder unter dem Sitz abklemmen.

Alle Fahrzeuge

- Sitz so weit wie möglich nach vorne schieben.

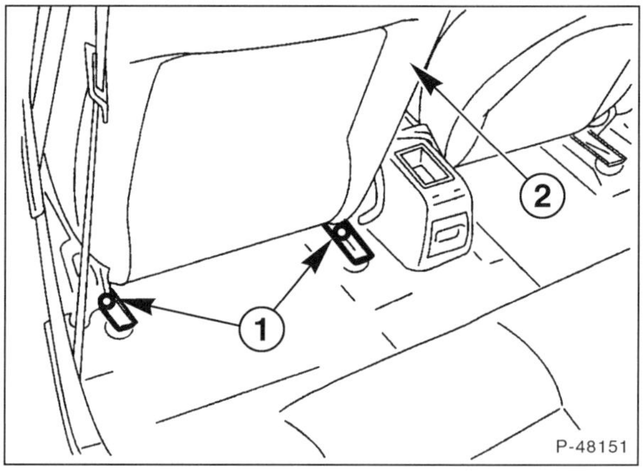

- 2 Torxschrauben –1– an den Gleitschienen hinten herausdrehen.

- Sitz –2– so weit wie möglich nach hinten schieben.
- 2 Torxschrauben an den Gleitschienen vorne herausdrehen.
- Sitz ausbauen.

Einbau

- Sitz auf die Gleitschienen setzen, und zwar so weit wie möglich nach hinten gestellt.
- 2 Torxschrauben vorne an den Gleitschienen eindrehen.
- Sitz so weit wie möglich nach vorne schieben.

Achtung: Bei Fahrzeugen mit 3 Türen den Sitz nicht durch Betätigen des Hebels zum Herunterklappen der Rückenlehne verschieben.

- 2 Torxschrauben hinten an den Gleitschienen eindrehen.
- Zunächst die vorderen Schrauben, danach die hinteren mit **25 Nm** festziehen.

Fahrzeuge mit Seitenairbag

- Roten und grünen Steckverbinder unter dem Sitz anklemmen.

Achtung: Beim Anklemmen der Batterie darf sich keine Person im Innenraum des Fahrzeuges aufhalten.

- Isolierband von Minuspol (–) der Batterie entfernen.
- Batterie-Massekabel (–) bei ausgeschalteter Zündung anklemmen. **Nach Anklemmen der Batterie darf der Motor erst 10 Sekunden nach Einschalten der Zündung gestartet werden.** In dieser Zeit werden die elektronischen Systeme wieder aktiviert. Diebstahlcode für das Autoradio eingeben und Zeituhr einstellen.

Achtung: Nach Einbau eines Sitzes mit Seitenairbag muss die Funktion der Airbag-Kontrollleuchte im Kombiinstrument überprüft werden, siehe Seite 130.

Rücksitz/Lehne aus- und einbauen

Rücksitzbank

Ausbau

- Von vorne unter die Rücksitzbank greifen und diese mit einem Ruck nach oben aus der Arretierung lösen.

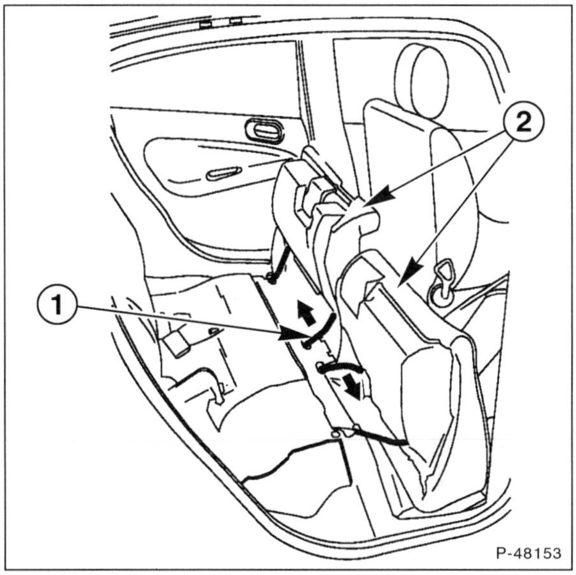

- Rücksitzbank nach vorne gegen die Vordersitze klappen.
- Erste Gelenkstange –1– durch Druck nach innen –Pfeil– aus der Gelenköse lösen.
- Zweite Gelenkstange aus der Gelenköse ziehen und Rücksitzbank –2– herausnehmen.

Einbau

- Der Einbau erfolgt in umgekehrter Ausbaureihenfolge.
- Nach dem Einbau Verschlüsse der Sicherheitsgurte hinter der Rücksitzbank hervorziehen.

Rücksitzlehne

Ausbau

Hinweis: Die ⅔-Lehne muss vor der ⅓-Lehne ausgebaut werden.

- Rücksitzbank ausbauen.
- Rücksitzlehne entriegeln.

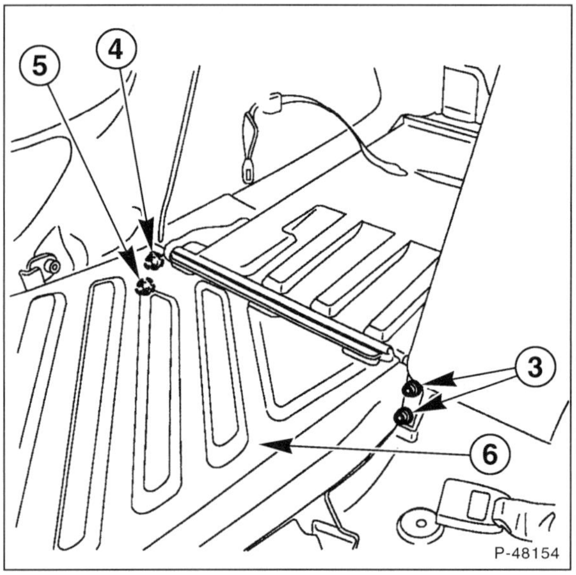

- 2 Schrauben –3– in der Mitte der Lehnen herausdrehen.
- Schraube –4– an der Seite herausdrehen und Rücksitzlehne –6– ausbauen.

Einbau

- Rücksitzlehne –6– so einsetzen, dass der Führungsbolzen –5– an der Seite in die Bohrung der Lehnenbefestigung greift.
- 1 Schraube –4– an der Seite sowie 2 Schrauben –3– in der Mitte der Lehnen eindrehen und mit **25 Nm** anziehen.
- Rücksitzlehne verriegeln.
- Rücksitzbank einbauen.
- Nach dem Einbau auf richtige Verlegung und Führung der Sicherheitsgurte achten.

Sicherheitshinweise zum Gurtstraffer

- Der PEUGEOT 206 ist an den Vordersitzen mit automatischen Gurtstraffern ausgestattet. Die Gurtstraffer sind in den Aufrollautomaten der Sicherheitsgurte integriert.
- **Niemals Teile des Gurtstraffer-Systems mit Ohmmeter oder Prüflampe prüfen.**
- Austausch- und Überprüfungsarbeiten am Airbag-/Gurtstraffer-System dürfen nur von der Fachwerkstatt durchgeführt werden. Grundsätzlich dürfen am Gurtsystem keinerlei Veränderungen vorgenommen werden.
- Wurden aufgrund eines Unfalls die Gurtstraffer ausgelöst, müssen diese einschließlich der Steuergeräte und Sitzrückenlehnen durch Neuteile ersetzt werden (Werkstattarbeit).
- Grundsätzlich **alle Arbeiten an den Gurtstraffern und am Airbag-System in der Fachwerkstatt durchführen lassen**. Ausnahme: Aus- und Einbau des Lenkrads mit Airbag, siehe Seite 132.
- **Auf keinen Fall darf der Gurtstraffer ausgebaut und selbst entsorgt werden. Explosionsgefahr!**

Sicherheitsgurte hinten aus- und einbauen

Ausbau

- Rücksitzbank nach vorne klappen.

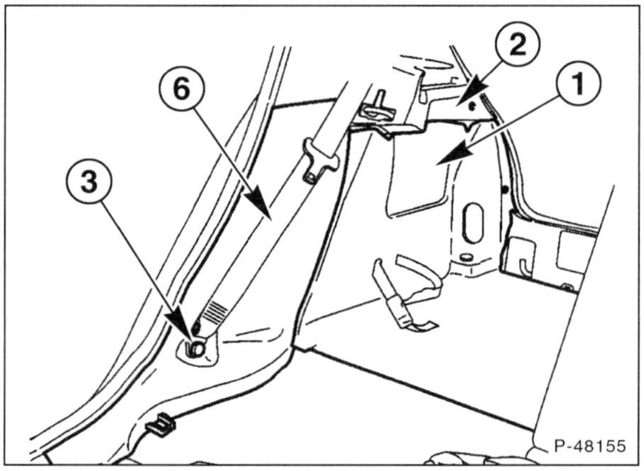

- Seitliche Verkleidungen –1–, –2– im Kofferraum ausbauen, siehe entprechendes Kapitel.
- Kappe abziehen und Schraube –3– der unteren Gurtbefestigung herausschrauben.

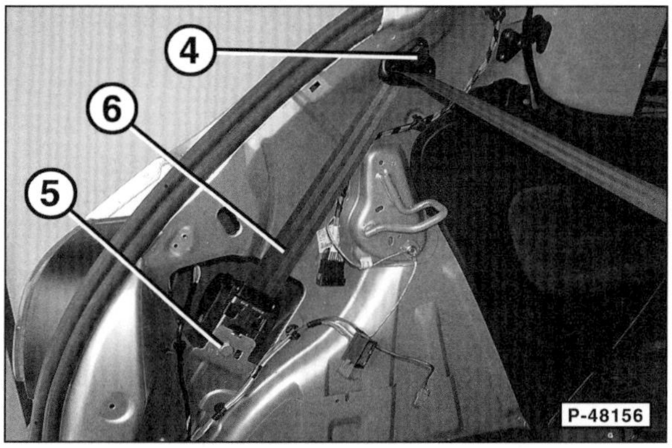

- Schraube –4– der oberen Gurtführung herausschrauben.
- Befestigungsschraube –5– des Gurt-Aufrollmechanismus herausschrauben.
- Sicherheitsgurt –6– ausbauen.

Einbau

- Der Einbau erfolgt in umgekehrter Reihenfolge.
- Schrauben –3–, –4– und –5– mit **30 Nm** festziehen. Kappe aufsetzen.

Karosserie außen

Aus dem Inhalt:

- Kühlergrill
- Stoßfänger
- Innenkotflügel
- Kotflügel
- Motorhaube
- Türschloss
- Heckklappe
- Tür ausbauen
- Außenspiegel

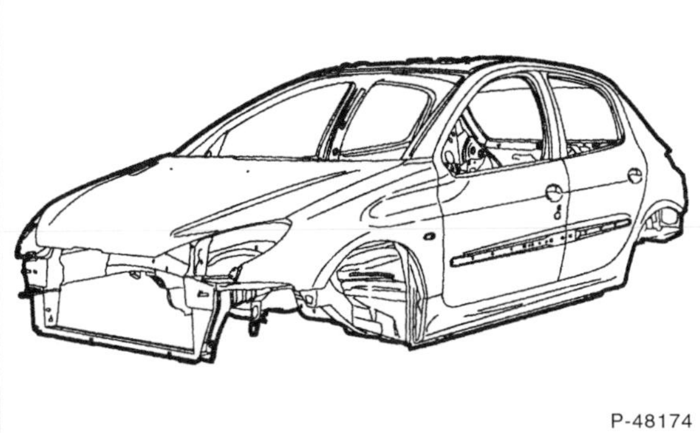
P-48174

Die Karosserie des PEUGEOT 206 ist selbsttragend. Bodengruppe, Seitenteile, Dach und die hinteren Kotflügel sind miteinander verschweißt. Die Reparatur größerer Karosserieschäden sowie das Auswechseln von Front- und Heckscheibe sollten von einer Fachwerkstatt durchgeführt werden.

Motorhaube, Kofferraumdeckel beziehungsweise Heckklappe, Türen und die vorderen Kotflügel sind angeschraubt und lassen sich leicht auswechseln. Beim Einbau ist dann unbedingt ein gleichmäßiger Luftspalt einzuhalten, sonst klappert beispielsweise die Tür, oder es können während der Fahrt erhöhte Windgeräusche auftreten. Der Luftspalt muss auf jeden Fall parallel verlaufen, das heißt, der Abstand zwischen den Karosserieteilen muss auf der gesamten Länge des Spaltes gleich groß sein. Abweichungen bis zu 1 mm sind zulässig.

Achtung: Wenn im Rahmen von Arbeiten an der Karosserie auch Arbeiten an der elektrischen Anlage durchgeführt werden, **grundsätzlich** das Batterie-Massekabel (–) abklemmen. Dazu Hinweise im Kapitel »Batterie aus- und einbauen« durchlesen. Als Arbeit an der elektrischen Anlage ist dabei schon zu betrachten, wenn eine elektrische Leitung vom Anschluss abgezogen beziehungsweise abgeklemmt wird.

Hinweis: Viele Abdeckungen und Verkleidungen sind mit Clips befestigt. Beschädigte oder fehlende Clips durch Neuteile ersetzen. Aus- und Einbau von Spreiz- und Halteclips, siehe Seite 246.

Sicherheitshinweise bei Karosseriearbeiten

Muss an der Karosserie geschweißt werden, soll dies grundsätzlich durch Widerstandspunktschweißen (RP) durchgeführt werden. Nur wenn sich die Schweißzange nicht ansetzen lässt, ist das Schutzgas-Schweißverfahren anzuwenden.

- So weit Schweißarbeiten oder andere funkenerzeugende Arbeiten durchgeführt werden, grundsätzlich die Batterie komplett abklemmen (Pluskabel und Massekabel) und beide Batteriepole (+) und (–) sorgfältig mit Klebeband isolieren. Bei Arbeiten in Batterienähe muss die Batterie ausgebaut werden. **Achtung:** Falls das eingebaute Radio einen Diebstahlcode besitzt, wird dieser beim Abklemmen der Batterie gelöscht. Das Radio kann anschließend nur durch die Eingabe des richtigen Codes, durch die PEUGEOT-Werkstatt oder durch den Radio-Hersteller wieder in Betrieb genommen werden. Vor dem Abklemmen daher unbedingt den Diebstahlcode ermitteln.

Sicherheitshinweis
Bei Karosseriearbeiten entstehen oft starke Erschütterungen, beispielsweise durch Hammerschläge. Daher immer Zündung ausschalten und beide Batteriekabel abklemmen, sonst kann der Airbag ausgelöst werden. Airbag-Sicherheitshinweise durchlesen, siehe Seite 129.

- **Fahrzeuge mit Klimaanlage:** An Teilen der gefüllten Klimaanlage darf weder geschweißt noch hart- oder weichgelötet werden. Das gilt auch für Schweiß- und Lötarbeiten am Fahrzeug, wenn die Gefahr besteht, dass sich Teile der Klimaanlage erwärmen.

Sicherheitshinweis
Der **Kältemittelkreislauf** der Klimaanlage darf **nicht geöffnet** werden, da das Kältemittel bei Hautberührung Erfrierungen hervorrufen kann.
Bei versehentlichem Hautkontakt, die Stelle sofort mindestens 15 Minuten lang mit kaltem Wasser spülen. Austretendes Kältemittel verdampft bei Umgebungstemperatur. Das Kältemittel ist farb- und geruchlos sowie schwerer als Luft. Da das Kältemittel nicht wahrnehmbar ist, besteht am Boden beziehungsweise in einer Montagegrube Erstickungsgefahr.

- **Lackierung trocknen:** Im Rahmen einer Reparatur-Lackierung darf im Trockenofen oder in seiner Vorwärmzone das Fahrzeug bis maximal **+70° C** aufgeheizt werden. Sonst können elektronische Steuergeräte im Fahrzeug beschädigt werden. Außerdem entsteht in der Klimaanlage ein starker Überdruck, der zum Platzen der Anlage führen kann.
- **PVC-Unterbodenschutz entfernen:** Als Korrosionsschutz ist auf den Unterboden und in den Radläufen ein PVC-Unterbodenschutz aufgetragen. Unterbodenschutz an der Reparaturstelle mit rotierender Drahtbürste entfernen oder mit einem Heißluftgebläse auf maximal +180° C erwärmen und mit einem Spachtel ablösen. **Achtung:** Durch Abbrennen beziehungsweise Erwärmen von PVC-Material über +180° C entsteht stark korrosionsfördernde Salzsäure, außerdem werden stark gesundheitsschädliche Dämpfe frei.

P-48175

Kühlergrill aus- und einbauen

Ausbau

- Motorhaube öffnen.

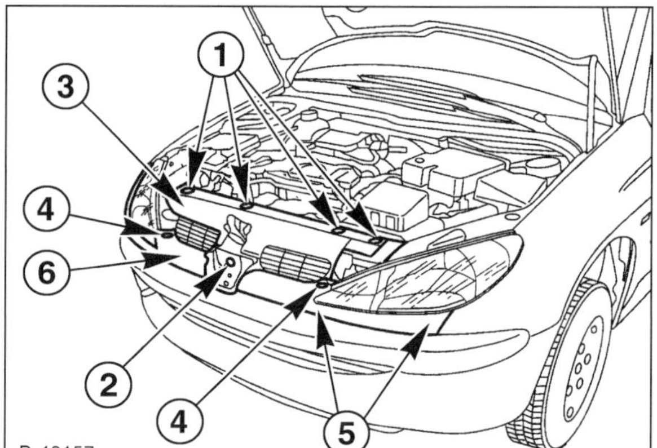

P-48157

- 4 Spreizclips –1– herausziehen.

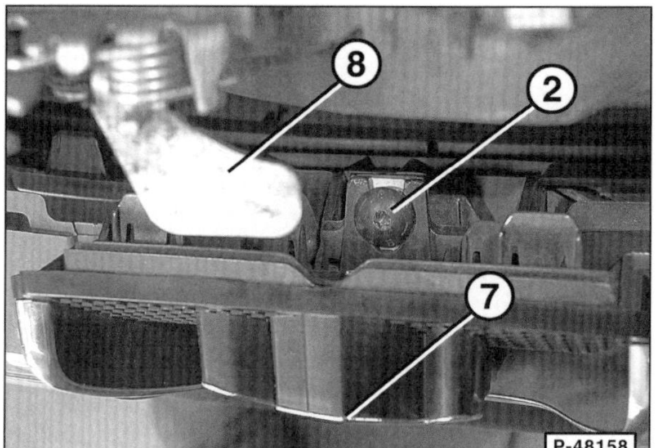

P-48158

- Schwarzes Kühlergrill-Oberteil –3– nach vorn drücken und Torxschraubendreher zwischen Kühlergrill und PEUGEOT-Wappen –7– zwängen. Untere Torxschraube –2– lösen, nicht herausschrauben. 8 – Öffnungshebel für Motorhaube.
- 2 Torxschrauben –4– herausschrauben.
- Lackiertes Kühlergrill-Unterteil –6– unterhalb der Scheinwerfer rechts und links aus den Cliphalterungen –5– ziehen.
- Kühlergrill-Ober- und Unterteil zusammen ausbauen.
- Auf der Kühlergrill-Rückseite Clips lösen und Oberteil vom Unterteil trennen.

Einbau

- Kühlergrill-Ober- und Unterteil zusammenfügen und so vor dem Kühler ansetzen, dass die Haltelasche unter die Schraube –2– geschoben wird.
- Kühlergrill-Unterteil mit den Clips –5– rechts und links über den Bohrungen ansetzen und durch Andrücken einrasten.

- 2 Schrauben –4– eindrehen.
- Schrauben –4– und Schraube –2– hinter dem PEUGE-OT-Wappen festziehen.
- 4 Spreizclips –1– eindrücken.

Stoßfänger vorn aus- und einbauen

Ausbau

- Motorhaube öffnen.
- **Fahrzeuge mit Nebelscheinwerfern:** Batterie-Massekabel (–) bei ausgeschalteter Zündung abklemmen. **Achtung:** Falls das eingebaute Radio einen Diebstahlcode besitzt, wird dieser beim Abklemmen der Batterie gelöscht. Das Radio kann nur durch die Eingabe des richtigen Codes, durch die PEUGEOT-Werkstatt oder durch den Radio-Hersteller wieder in Betrieb genommen werden. Vor dem Abklemmen daher unbedingt den Diebstahlcode ermitteln.
- Kühlergrill ausbauen, siehe entsprechendes Kapitel.

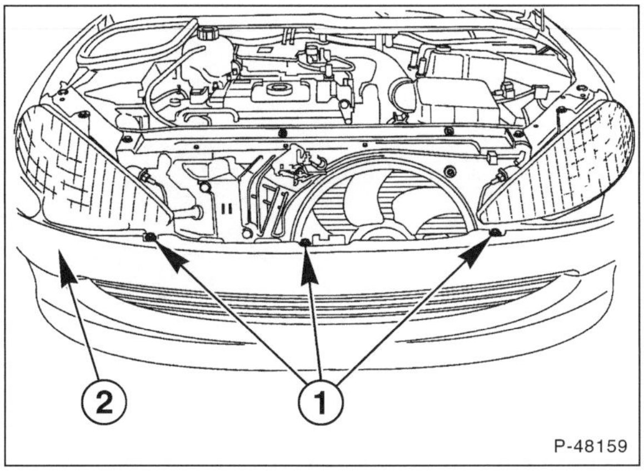

- 3 Torxschrauben –1– herausschrauben.

Hinweis: Für die weiteren Arbeitsschritte ist es hilfreich, das Fahrzeug vorn aufzubocken.

Sicherheitshinweis
Beim Aufbocken des Fahrzeugs besteht Unfallgefahr! Deshalb vorher das Kapitel »Fahrzeug aufbocken« durchlesen.

- Vordere Hälfte des Innenkotflügels ausbauen, siehe entsprechendes Kapitel.
- **Fahrzeuge mit Nebelscheinwerfern:** Anschlussleitungen von den Nebelscheinwerfern abziehen, siehe Seite 86.

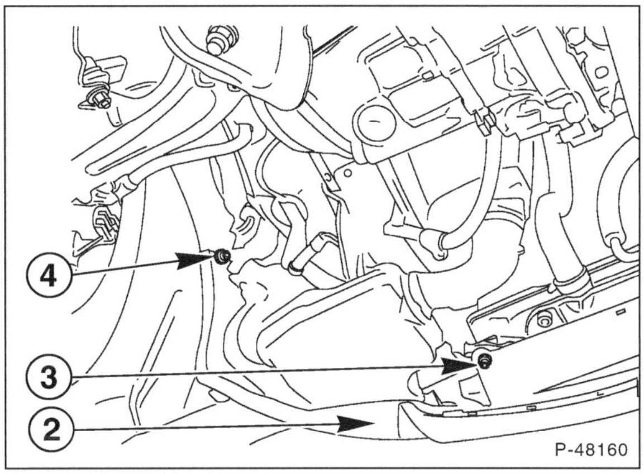

- 2 Schrauben –3– rechts und links herausschrauben. **Hinweis:** In der Abbildung ist nur die linke Seite des Fahrzeugs dargestellt.
- 2 Muttern –4– rechts und links von den Gewindebolzen abdrehen und Verbindung Stoßfänger/Kotflügel trennen.
- Stoßfänger –2– mit Helfer abnehmen.

Einbau

- Stoßfänger –2– mit einem Helfer von vorn an das Fahrzeug ansetzen.
- 2 Muttern –4– rechts und links auf die Gewindebolzen schrauben.
- 2 Schrauben –3– rechts und links eindrehen.
- 3 Torxschrauben –1– von oben eindrehen.
- Schrauben und Muttern festziehen.
- **Fahrzeuge mit Nebelscheinwerfern:** Anschlussleitungen an die Nebelscheinwerfer anklemmen, siehe Seite 86.
- Vordere Hälfte des Innenkotflügels einbauen, siehe entsprechendes Kapitel.
- Wenn nötig, Fahrzeug ablassen.
- Kühlergrill einbauen, siehe entsprechendes Kapitel.
- **Fahrzeuge mit Nebelscheinwerfern:** Batterie-Massekabel (–) bei ausgeschalteter Zündung anklemmen. **Nach Anklemmen der Batterie darf der Motor erst 10 Sekunden nach Einschalten der Zündung gestartet werden.** In dieser Zeit werden die elektronischen Systeme wieder aktiviert. Diebstahlcode für das Autoradio eingeben und Zeituhr einstellen.
- **Fahrzeuge mit Nebelscheinwerfern:** Funktion der Nebelscheinwerfer kontrollieren.

Stoßfänger hinten aus- und einbauen

Ausbau

- Batterie-Massekabel (–) bei ausgeschalteter Zündung abklemmen. **Achtung:** Falls das eingebaute Radio einen Diebstahlcode besitzt, wird dieser beim Abklemmen der Batterie gelöscht. Das Radio kann nur durch die Eingabe des richtigen Codes, durch die PEUGEOT-Werkstatt oder durch den Radio-Hersteller wieder in Betrieb genommen werden. Vor dem Abklemmen daher unbedingt den Diebstahlcode ermitteln.
- Anschlussleitung mit Lampenfassung aus der Nebelschlussleuchte ziehen, siehe Seite 80.
- Je 1 Spreizclip herausziehen sowie 1 Torxschraube herausdrehen und hintere Innenkotflügel ausbauen.

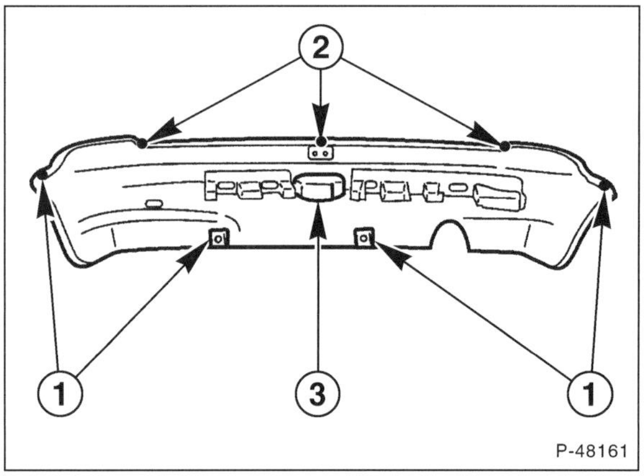

- Je 2 Muttern –1– rechts und links abdrehen. 3 – Nebelschlussleuchte.
- Heckklappe öffnen.
- 3 Torxschrauben –2– herausdrehen und Stoßfänger mit einem Helfer nach hinten abnehmen.

Einbau

- Stoßfänger mit einem Helfer von hinten an das Fahrzeug ansetzen.
- Stoßfänger mit 3 Torxschrauben –2– befestigen.
- 4 Muttern –1– aufschrauben und festziehen.
- Hintere Innenkotflügel einbauen und mit je 1 Spreizclip sowie 1 Torxschraube befestigen.
- Anschlussleitung mit Lampenfassung durch Drehen in die Nebelschlussleuchte –3– einsetzen, siehe Seite 80.
- Batterie-Massekabel (–) bei ausgeschalteter Zündung anklemmen. **Nach Anklemmen der Batterie darf der Motor erst 10 Sekunden nach Einschalten der Zündung gestartet werden.** In dieser Zeit werden die elektronischen Systeme wieder aktiviert. Diebstahlcode für das Autoradio eingeben und Zeituhr einstellen.

Modell 206+

Ausbau

- Hintere Innenkotflügel im hinteren Bereich ausbauen, siehe Seite 260.

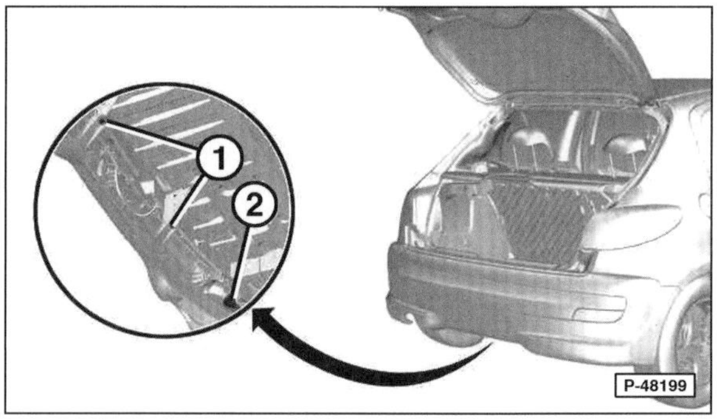

- Muttern –1– lösen, nicht abschrauben.
- Stecker –2– abziehen.

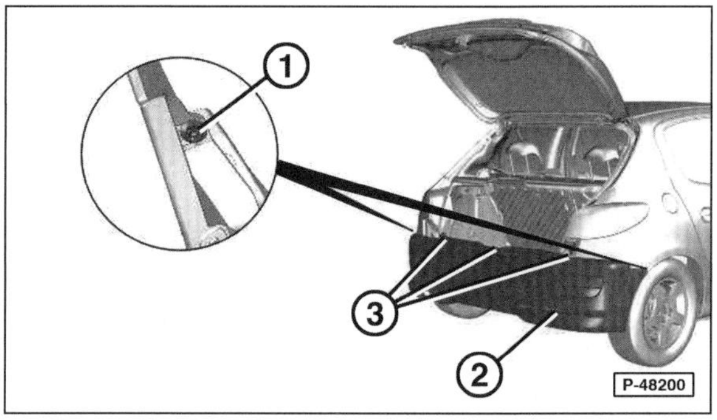

- 2 Muttern –1– abschrauben.
- Hinteren Stoßfänger –2– mit einem Kunststoffkeil an den Stellen –3– ausrasten.
- Stoßfänger mit einem Helfer nach hinten abziehen.

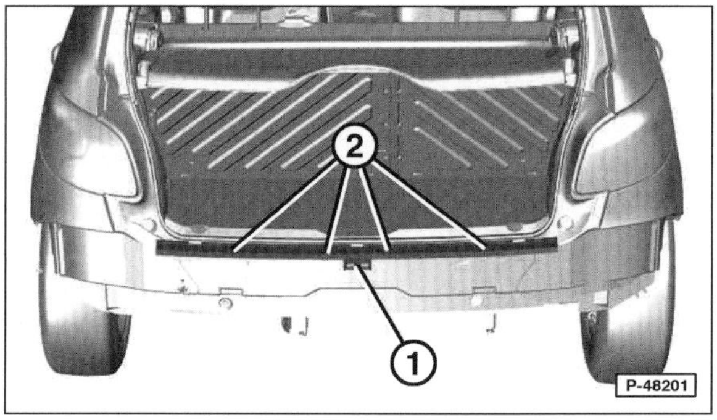

- Falls erforderlich, Stoßfängerträger –1– abschrauben –2– und abnehmen.

Einbau

- Der Einbau erfolgt in umgekehrter Ausbaureihenfolge. Schrauben und Muttern mit **8 Nm** anschrauben.

Innenkotflügel aus- und einbauen

Die Radkästen sind zum Schutz innen mit 2 Kunststoffschalen ausgekleidet.

Radkasten vorne

Ausbau

- Stellung des Vorderrads zur Radnabe mit Farbe kennzeichnen. Dadurch kann das ausgewuchtete Rad wieder in derselben Position montiert werden. Radschrauben lösen, dabei muss das Fahrzeug auf dem Boden stehen. Fahrzeug vorn aufbocken und Vorderrad abnehmen.

Sicherheitshinweis
Beim Aufbocken des Fahrzeugs besteht Unfallgefahr! Deshalb vorher das Kapitel »Fahrzeug aufbocken« durchlesen.

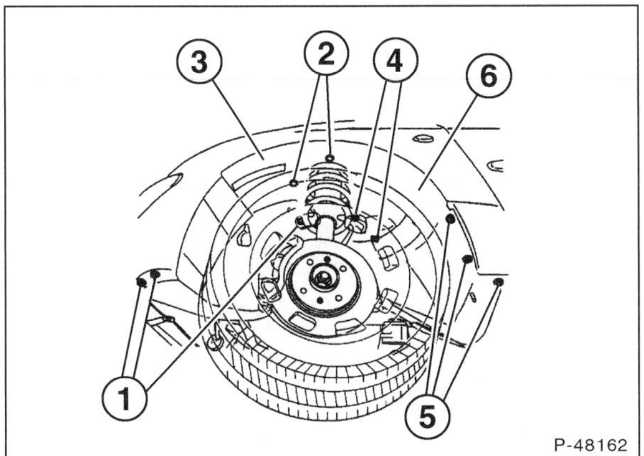

P-48162

- Schrauben –1– herausdrehen und Spreizclips –2– herausziehen.
- Vordere Hälfte –3– des Innenkotflügels ausbauen.
- Spreizclips –4– herausziehen und Schrauben –5– herausdrehen.
- Hintere Hälfte –6– des Innenkotflügels ausbauen.

Einbau

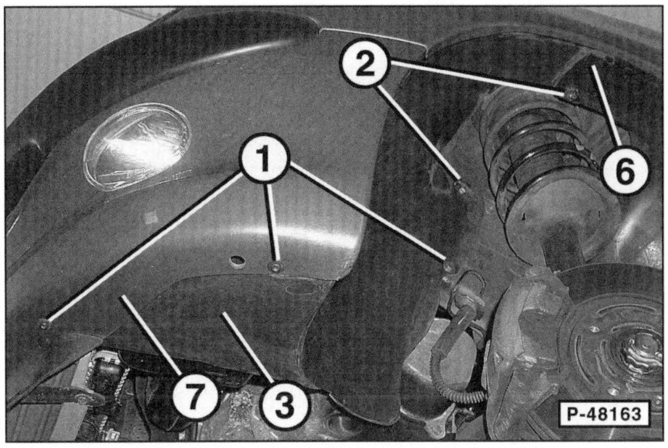

P-48163

- Vordere Hälfte –3– des Innenkotflügels in Radkasten einsetzen und unter den Stoßfänger –7– schieben.
- Spreizclips –2– eindrücken.
- Schrauben –1– eindrehen und festziehen.
- Hintere Hälfte –6– des Innenkotflügels in Radkasten einsetzen und oben über die vordere Innenkotflügel-Hälfte legen.
- Spreizclips –4– eindrücken, Schrauben –5– eindrehen und festziehen; siehe Abbildung P-48162.
- Vorderrad so ansetzen, dass die beim Ausbau angebrachten Markierungen übereinstimmen. Vorher Zentriersitz der Felge an der Radnabe mit Wälzlagerfett dünn einfetten. Radschrauben **nicht** fetten oder ölen. Schrauben mit korrodiertem Gewinde erneuern. Vorderrad anschrauben. Fahrzeug ablassen und Radschrauben über Kreuz mit **90 Nm** festziehen.

Radkasten hinten

Der Ausbau der Innenkotflügel erfolgt in ähnlicher Weise wie beim vorderen Radkasten. An beiden Innenkotflügel-Hälften müssen je 1 Spreizclip herausgezogen und 1 Schraube herausgedreht werden.

Kotflügel vorn aus- und einbauen

Ausbau

Hinweis: Durch den Unterbodenschutz sitzt der Kotflügel sehr fest. Zum Lösen des Kotflügels ist deshalb ein Heißluftfön erforderlich. Steht kein solcher Fön zur Verfügung, kann der Unterbodenschutz an den Trennstellen mit einem Messer, am besten aus Kunststoff, durchgetrennt werden.

Achtung: Vorsicht beim Umgang mit dem Heißluftfön. PVC-Unterbodenschutz nicht zu stark erwärmen. Das PVC-Material darf keine farblichen Veränderungen oder Blasen entwickeln. Es entstehen sonst giftige Gase und stark korrosionsfördernde Salzsäure.

- Motorhaube öffnen.
- Batterie-Massekabel (–) bei ausgeschalteter Zündung abklemmen. **Achtung:** Falls das eingebaute Radio einen Diebstahlcode besitzt, wird dieser beim Abklemmen der Batterie gelöscht. Das Radio kann nur durch die Eingabe des richtigen Codes, durch die PEUGEOT-Werkstatt oder durch den Radio-Hersteller wieder in Betrieb genommen werden. Vor dem Abklemmen daher unbedingt den Diebstahlcode ermitteln.
- Kühlergrill ausbauen, siehe entsprechendes Kapitel.
- Scheinwerfer abklemmen und ausbauen, siehe Seite 84.
- Seitliche Blinkleuchte abklemmen und ausbauen, siehe Seite 79.
- Stellung des Vorderrads zur Radnabe mit Farbe kennzeichnen. Dadurch kann das ausgewuchtete Rad wieder in derselben Position montiert werden. Radschrauben lösen, dabei muss das Fahrzeug auf dem Boden stehen. Fahrzeug vorn aufbocken und Vorderrad abnehmen.
- Innenkotflügel ausbauen, siehe entsprechendes Kapitel.

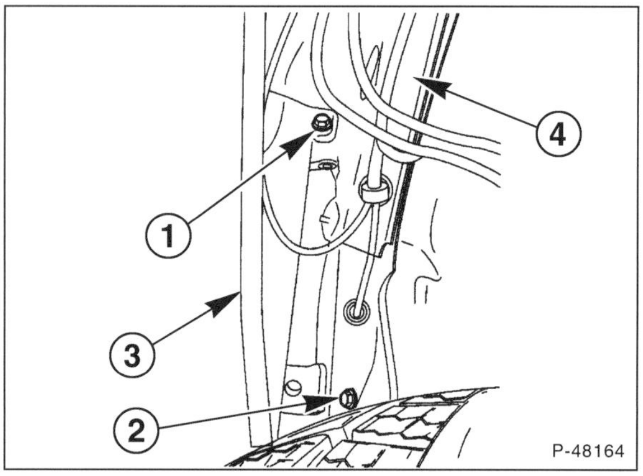

- Vordertür öffnen und Schrauben –1– und –2– zwischen Kotflügel –3– und Karosserie –4– lösen. Schraube –1– herausdrehen.

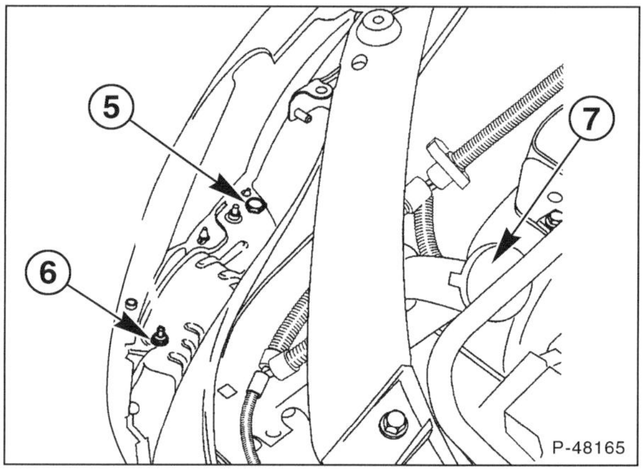

- Schraube –5– unterhalb des Scheinwerfers herausdrehen. 7 – Einfüllstutzen des Flüssigkeitsbehälters der Scheibenwaschanlage.
- Mutter –6– vom Gewindebolzen abdrehen und Verbindung zum Stoßfänger trennen.
- **Linker Kotflügel:** Motorhaube durch einen Helfer oder eine sichere Haltevorrichtung festhalten lassen.

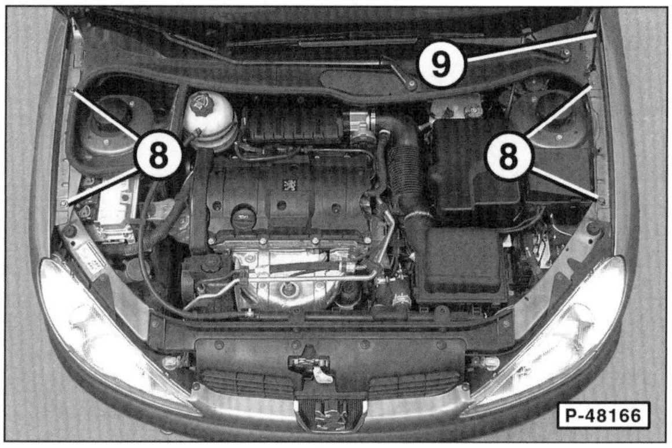

- 2 Schrauben –8– herausschrauben.
- **Linker Kotflügel:** Motorhauben-Stütze –9– mit Auflageblech ausbauen.
- Trennstellen mit dem Heißluftfön vorsichtig erwärmen und Kotflügel Stück für Stück von der Karosserie lösen.
- Kotflügel nach vorne gegen den Stoßfänger drücken und ausbauen.

Einbau

- Neuen Kotflügel gegebenenfalls vor dem Einbau lackieren.
- **Linker Kotflügel:** Alten Montagekitt zwischen Kotflügel-Innenblech und Kotflügel-Falz vorsichtig abschaben, ohne den Lack zu beschädigen. Neuen Streifen Montagekitt (2 x 8 x 400 mm) einlegen.

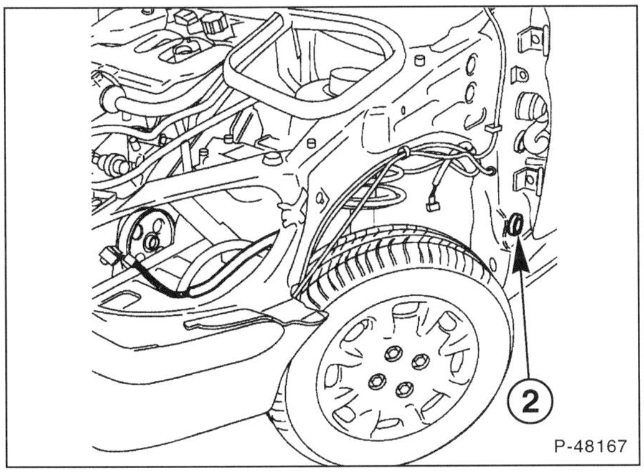

- Kotflügel an die Zentrieranschlagstelle –2– an der Karosserie ansetzen, siehe auch Abbildung P-48164.
- Kotflügel mit Schrauben –8–, –5–, –1– und –2– befestigen. Mutter –6– auf Gewindebolzen schrauben, um Kotflügel mit Stoßfänger zu verbinden.
- **Linker Kotflügel:** Motorhauben-Stütze –9– mit Auflageblech einbauen.
- Kotflügel an den angrenzenden Teilen der Karosserie einpassen, auf korrektes Schließen der Motorhaube achten. Erst danach sämtliche Befestigungsschrauben und -muttern festziehen.
- Innenkotflügel einbauen, siehe entsprechendes Kapitel.
- Vorderrad so ansetzen, dass die beim Ausbau angebrachten Markierungen übereinstimmen. Vorher Zentriersitz der Felge an der Radnabe mit Wälzlagerfett dünn einfetten. Radschrauben **nicht** fetten oder ölen. Schrauben mit korrodiertem Gewinde erneuern. Vorderrad anschrauben. Fahrzeug ablassen und Radschrauben über Kreuz mit **90 Nm** festziehen.
- Scheinwerfer einbauen und anklemmen, siehe Seite 84.
- Seitliche Blinkleuchte einbauen und anklemmen, siehe Seite 79.
- Kühlergrill einbauen, siehe entsprechendes Kapitel.
- Batterie-Massekabel (–) bei ausgeschalteter Zündung anklemmen. **Nach Anklemmen der Batterie darf der Motor erst 10 Sekunden nach Einschalten der Zündung gestartet werden.** In dieser Zeit werden die elektronischen Systeme wieder aktiviert. Diebstahlcode für das Autoradio eingeben und Zeituhr einstellen.
- Funktion des Scheinwerfers und der seitlichen Blinkleuchte kontrollieren

Motorhaube aus- und einbauen

Ausbau

- Motorhaube öffnen.
- 9 Spreizclips herausziehen.
- Verkleidung oben hinter dem Haubenblech hervorziehen.
- Verkleidung unten aus den Schlitzen ziehen und abnehmen.

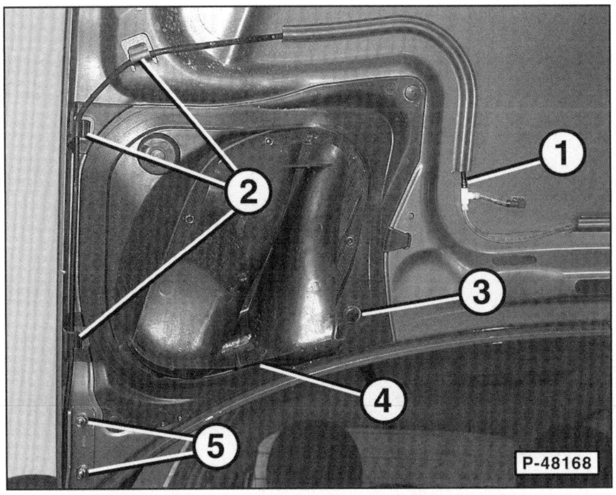

- Schlauch –1– für Scheibenwaschdüsen vom Verteilerstück abziehen.
- Schlauch aus den Halterungen –2– lösen und von der Motorhaube abnehmen.
- 4 Halteclips –3– herausziehen und Lufteinlass –4– ausbauen. **Hinweis:** In der Abbildung ist nur ein Halteclip –3– markiert.
- Bei späterem Wiedereinbau der alten Motorhaube Einbauposition der Haubenscharniere durch Markierungen mit einem Filzstift kennzeichnen.
- Motorhaube von einem Helfer abstützen lassen.
- Je 2 Muttern –5– rechts und links herausdrehen und Motorhaube abnehmen.

Einbau

- Neue Motorhaube gegebenenfalls vor dem Einbau lackieren.
- Lufteinlass –4– an der Innenseite der Motorhaube einsetzen und mit 4 Halteclips –3– befestigen.
- Motorhaube mit Helfer ansetzen und Scharniere anschrauben. Alte Motorhaube: Scharniere entsprechend der eingezeichneten Markierungen anschrauben.
- Motorhaube ausrichten, siehe entsprechendes Kapitel.
- Muttern –5– wechselweise festziehen.
- Schlauch –1– für Scheibenwaschdüsen in den Leitungskanal einfädeln, in den Halterungen –2– anklemmen und am Verteilerstück aufstecken.

- Verkleidung der Motorhaube unten in die Schlitze setzen, oben hinter Haubenblech schieben und mit 9 Spreizclips befestigen.

Motorhaube ausrichten

- Motorhaube vorsichtig schließen und Position der Haube zu den umliegenden Karosserieteilen prüfen. Die Spalte zu den Kotflügeln sollten links und rechts gleich groß sein und parallel verlaufen. Die Motorhaube muss in der Höhe bündig mit den Kotflügeln sein. Gegebenenfalls Motorhaube seitlich und in der Höhe ausrichten.
- Das Haubenschloss muss sicher einrasten. Gegebenenfalls Befestigungsschrauben lösen und Haubenschloss leicht versetzen. Befestigungsschrauben festziehen.

Ausrichten neue Motorhaube

- Motorhaubenschloss ausbauen, siehe entsprechendes Kapitel.
- Neue Motorhaube ohne Schloss ausrichten und Muttern –5– der Scharniere festziehen.
- Motorhaubenschloss so einbauen, dass die ausgerichtete Motorhaube korrekt schließt. Dazu Befestigungsschrauben des Schlosses handfest anziehen, Motorhaube schließen und den Schließmechanismus überprüfen.
- Motorhaube öffnen und Befestigungsschrauben des Schlosses festziehen.

Motorhaubenschloss aus- und einbauen

Ausbau

- Motorhaube öffnen.
- Kühlergrill ausbauen, siehe entsprechendes Kapitel.
- Einbauposition des Haubenschlosses durch Markierungen mit einem Filzschreiber kennzeichnen.

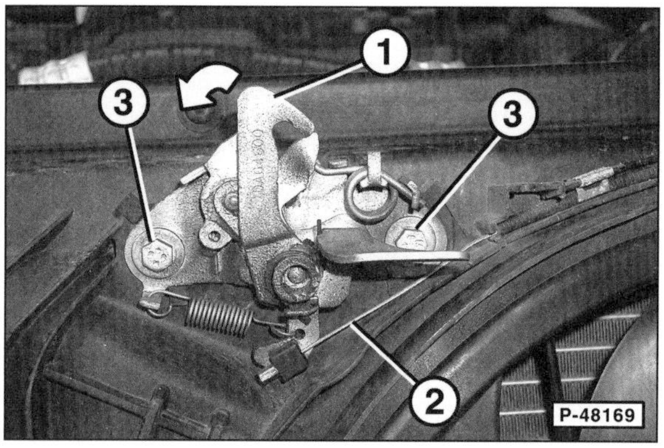

- Haken –1– des Schlosses nach rechts drücken –Pfeil–, in dieser Position festhalten und Seilzug –2– aushängen.
- 2 Befestigungsschrauben –3– herausdrehen und Motorhaubenschloss ausbauen.

Einbau

- Motorhaubenschloss entsprechend der eingezeichneten Markierungen am oberen Querträger aufsetzen und mit 2 Schrauben –3– befestigen.
- Haken –1– des Schlosses nach rechts drücken –Pfeil–, in dieser Position festhalten und Seilzug –2– einhängen.
- Kühlergrill einbauen, siehe entsprechendes Kapitel.
- Schloss zur Motorhaube ausrichten und Schrauben –3– festziehen. Den Schließmechanismus überprüfen.
- Schließmechanismus dünn mit Mehrzweckfett bestreichen.

Motorhaubenseilzug aus- und einbauen

Ausbau

- Motorhaube öffnen.
- Batterie-Massekabel (–) bei ausgeschalteter Zündung abklemmen. **Achtung:** Falls das eingebaute Radio einen Diebstahlcode besitzt, wird dieser beim Abklemmen der Batterie gelöscht. Das Radio kann nur durch die Eingabe des richtigen Codes, durch die PEUGEOT-Werkstatt oder durch den Radio-Hersteller wieder in Betrieb genommen werden. Vor dem Abklemmen daher unbedingt den Diebstahlcode ermitteln.
- Kühlergrill ausbauen, siehe entsprechendes Kapitel.

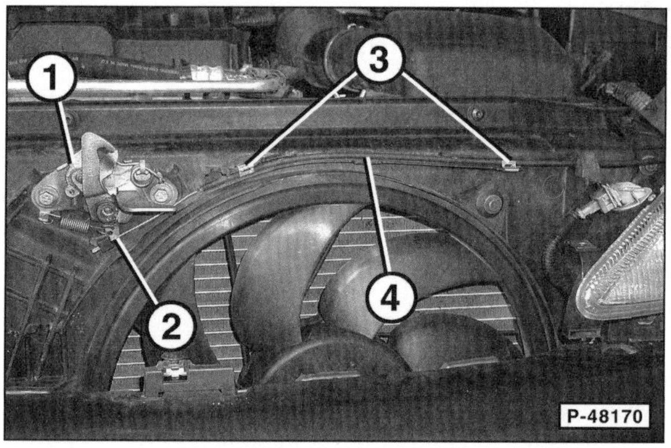

- Haken des Haubenschlosses –1– nach rechts drücken, in dieser Position festhalten und Drahtseil –2– aushängen.
- Halteklammern –3– mit einem Schraubendreher aufspreizen und Seilzug –4– aus den Zugführungen im Motorraum lösen.
- Untere Armaturbrett-Abdeckung unter dem Lenkrad ausbauen, siehe Seite 250.

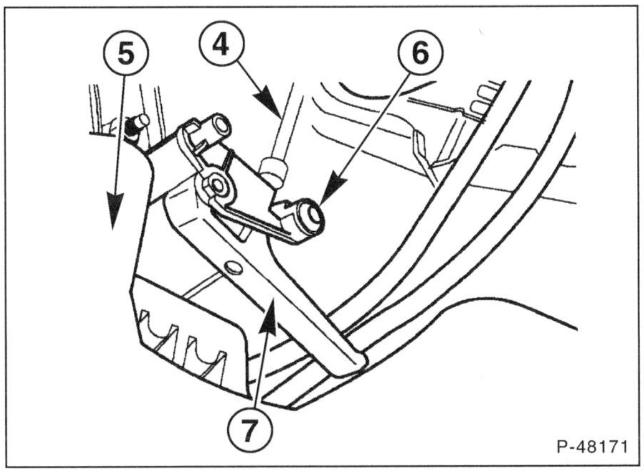

- Teppichboden –5– an der linken Seite im Fahrerfußraum lösen und zur Seite drücken, siehe Seite 250.
- Torxschraube –6– herausdrehen und Öffnungshebel –7– ausbauen.
- Seilzug –4– am Hebel aushängen.

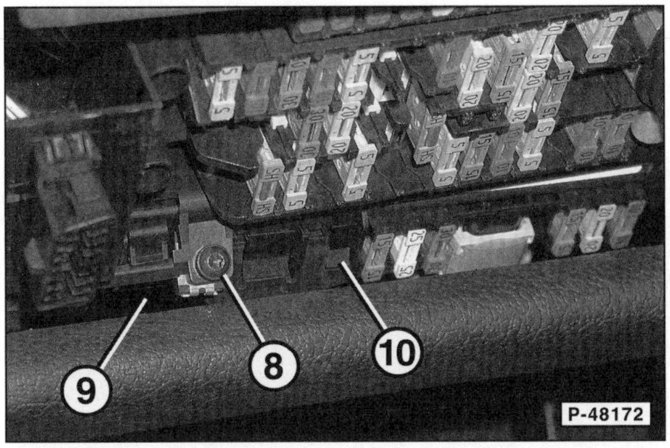

- 2 Torxschrauben –8– links und rechts herausdrehen.
- Auf den Haken –9– drücken, Sicherungskasten –10– (Sicherungsfeld 1b) nach unten drücken und nach hinten ziehen.
- Steckverbindung von der Zentraleinheit abklemmen.

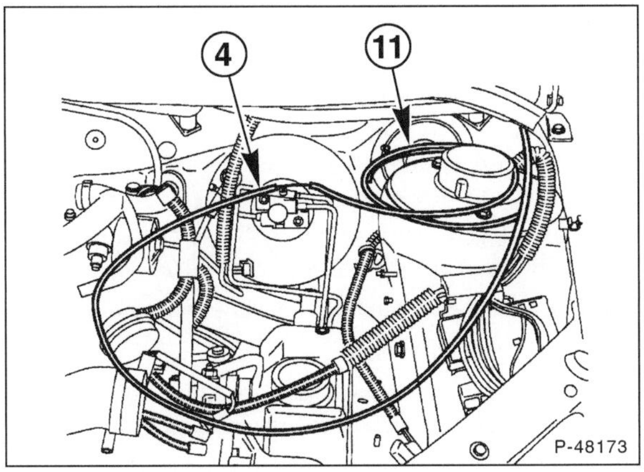

- Hilfsdraht –11– mit Ende des Seilzuges –4– im Motorraum verbinden.
- Seilzug zusammen mit Hilfsdraht durch die Spritzwand in den Fahrzeug-Innenraum ziehen und ausbauen. Dabei darf der Hilfsdraht nicht ganz durchgezogen werden.

Einbau

- Seilzugdurchführung an der Spritzwand mit Seifenlauge befeuchten.
- Hilfsdraht mit dem Ende des neuen Seilzuges verbinden.
- Neuen Seilzug am Hilfsdraht durch die Spritzwand in den Motorraum ziehen und am Kotflügel entlang führen.
- Hilfsdraht vom Seilzug abtrennen und entfernen.
- Richtigen Sitz der Seilzugdurchführung prüfen, gegebenenfalls mit Hilfe einer Zange nachziehen.
- Seilzug –4– am Öffnungshebel –7– einhängen.
- Öffnungshebel mit Torxschraube –6– und **6 Nm** befestigen.
- Teppichboden –5– einbauen, siehe Seite 250.
- Seilzug am Haubenschloss –1– einhängen und in die Zugführungen im Motorraum einsetzen. Auf richtige Verlegung achten.
- Halteklammern –3– mit einem Schraubendreher aufspreizen und Seilzug befestigen.
- Kühlergrill einbauen, siehe entsprechendes Kapitel.
- Steckverbindung am Sicherungskasten –10– anklemmen und Sicherungskasten einschieben, bis er in der Halterung einrastet.
- Sicherungskasten mit 2 Torxschrauben –8– befestigen.
- Untere Armaturbrett-Abdeckung unter dem Lenkrad einbauen, siehe Seite 250.
- Batterie-Massekabel (–) bei ausgeschalteter Zündung anklemmen. **Nach Anklemmen der Batterie darf der Motor erst 10 Sekunden nach Einschalten der Zündung gestartet werden.** In dieser Zeit werden die elektronischen Systeme wieder aktiviert. Diebstahlcode für das Autoradio eingeben und Zeituhr einstellen.

Heckklappe aus- und einbauen

Ausbau

- Batterie-Massekabel (–) bei ausgeschalteter Zündung abklemmen. **Achtung:** Falls das eingebaute Radio einen Diebstahlcode besitzt, wird dieser beim Abklemmen der Batterie gelöscht. Das Radio kann nur durch die Eingabe des richtigen Codes, durch die PEUGEOT-Werkstatt oder durch den Radio-Hersteller wieder in Betrieb genommen werden. Vor dem Abklemmen daher unbedingt den Diebstahlcode ermitteln.
- Heckklappe öffnen und Hutablage ausbauen.
- Seitiche Kofferraumverkleidungen links oben und unten ausbauen, siehe Seite 251.

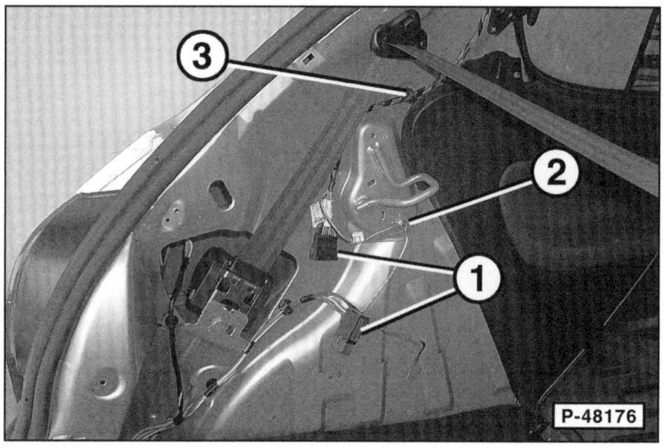

- Roten Bügel hochziehen und Steckverbindung –1– trennen.
- Mutter –2– abschrauben und Massekabel abklemmen.
- Kabelstrang aus Halterung –3– lösen.

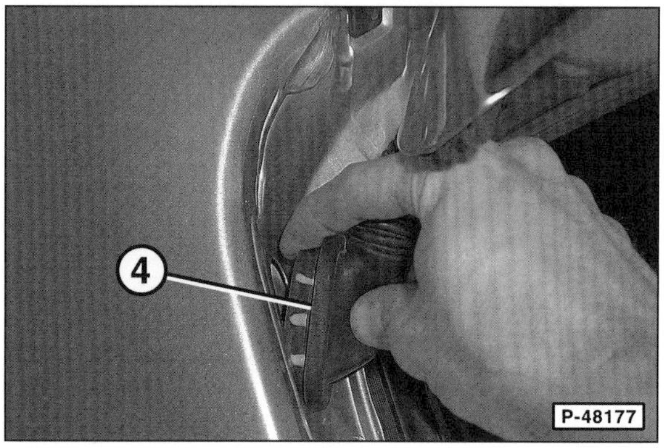

- Kabelmanschetten –4– rechts und links aus den Öffnungen im Heckrahmen herausziehen.
- Kabelstrang mit Stecker aus Öffnung auf der linken Seite herausziehen.
- Zusatzbremsleuchte ausbauen, siehe Seite 81.
- Schlauch von der Scheibenwaschdüse abziehen und durch die rechte Kabelmanschette herausziehen.
- Einbauposition der Scharniere durch Markierungen mit einem Filzschreiber kennzeichnen, damit die alte Heckklappe in der gleichen Position eingebaut werden kann.
- Um Lackschäden zu vermeiden, vor dem Lösen der Scharnierschrauben eine Decke zwischen Heckklappe und Karosserie legen.
- Heckklappe von einem Helfer festhalten lassen.

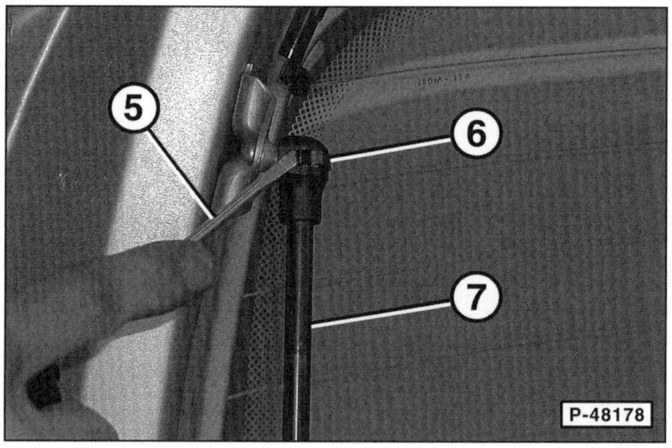

- Mit Schraubendreher –5– Federklammern –6– aushebeln und Gasdruckfedern –7– rechts und links von der Heckklappe lösen.

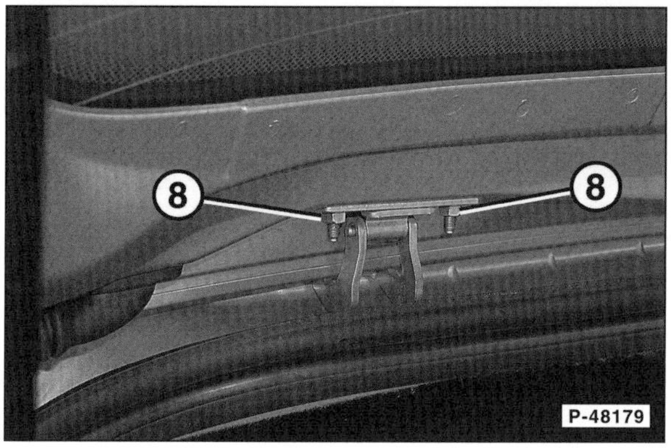

- Je 2 Befestigungsmuttern –8– rechts und links abschrauben und Heckklappe mit Helfer abnehmen.

Einbau

- Mit einem Helfer Heckklappe an den Scharnieren rechts und links ansetzen und mit je 2 Muttern –8– lose befestigen. Alte Heckklappe: Scharniere entsprechend der eingezeichneten Markierungen ausrichten.
- Gasdruckfedern –7– auf die Kugelköpfe an der Heckklappe aufdrücken und mit Federklammern –6– sichern.
- Heckklappe ausrichten, siehe entsprechendes Kapitel.
- Muttern –8– festziehen.
- Schlauch der Scheibenwaschdüse durch die rechte Kabelmanschette schieben und auf die Düse stecken.
- Zusatzbremsleuchte einbauen, siehe Seite 81.

- Kabelstrang mit Stecker durch die linke Öffnung im Heckrahmen schieben und in die Halterung –3– einclipsen. Stecker –1– miteinander verbinden.
- Massekabel mit Mutter –2– anklemmen.
- Kabelmanschetten –4– rechts und links in die Öffnungen im Heckrahmen drücken.
- Seitiche Kofferraumverkleidungen links oben und unten einbauen, siehe Seite 251.
- Hutablage einlegen.
- Batterie-Massekabel (–) bei ausgeschalteter Zündung anklemmen. **Nach Anklemmen der Batterie darf der Motor erst 10 Sekunden nach Einschalten der Zündung gestartet werden.** In dieser Zeit werden die elektronischen Systeme wieder aktiviert. Diebstahlcode für das Autoradio eingeben und Zeituhr einstellen.
- An folgenden Bauteilen eine Funktionsüberprüfung vornehmen:
  - Ein- und Ausschalten der Kofferraumbeleuchtung
  - Zentralverriegelung an der Heckklappe
  - Kennzeichenbeleuchtung
  - Zusatzbremsleuchte
  - Scheibenwaschdüse hinten
  - Heckscheibenwischer

Heckklappe ausrichten

- Heckklappe vorsichtig schließen und Position zu den umliegenden Karosserieteilen prüfen. Die Heckklappe muss im geschlossenen Zustand bündig zur Karosserie sein. Der Spalt zur Karosserie sollte links und rechts gleich groß sein und parallel verlaufen. Das Dichtungsband muss im gesamten Verlauf gleichmäßig anliegen. Andernfalls Heckklappe seitlich und in der Höhe ausrichten.
- Das Heckklappenschloss muss sicher einrasten. Gegebenenfalls Befestigungsschrauben lösen und Schloss oder Schließbügel etwas verschieben.

Ausrichten einer neuen Heckklappe

- Heckklappenschloss ausbauen, siehe entsprechendes Kapitel.
- Neue Heckklappe ohne Schloss ausrichten und Muttern –8– der Scharniere festziehen.
- Heckklappenschloss so einbauen, dass die ausgerichtete Heckklappe korrekt schließt. Dazu Befestigungsschrauben des Schlosses handfest anziehen, Heckklappe schließen und den Schließmechanismus überprüfen.
- Heckklappe öffnen und Befestigungsschrauben des Schlosses festziehen.

Heckklappenverkleidung aus- und einbauen

Ausbau

- Heckklappe öffnen.
- Kunststoffkeil, zum Beispiel HAZET 1965-20, oben an der Fensterseite in den Spalt zwischen Heckklappe und Verkleidung führen.

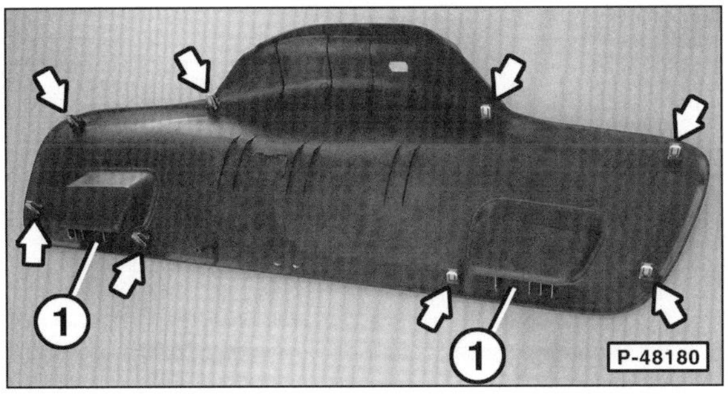

- Nacheinander erst die oberen, dann die unteren Halteclips –Pfeile– aus den Bohrungen hebeln.
- Verkleidung abnehmen.

Einbau

- Verkleidung mit der unteren Kante so auf die Innenseite der Heckklappe aufsetzen, dass die vorragenden Ausformungen –1– in die entsprechenden Aussparungen in der Heckklappe greifen.
- Halteclips –Pfeile– durch Andrücken in den Bohrungen einrasten lassen und Verkleidung befestigen.

Heckklappenschloss aus- und einbauen

Ausbau

- Heckklappenverkleidung ausbauen, siehe entsprechendes Kapitel.
- Drahtzug für den Öffnungsmechanismus aus der Kunststoffhalterung am Schloss aushängen.

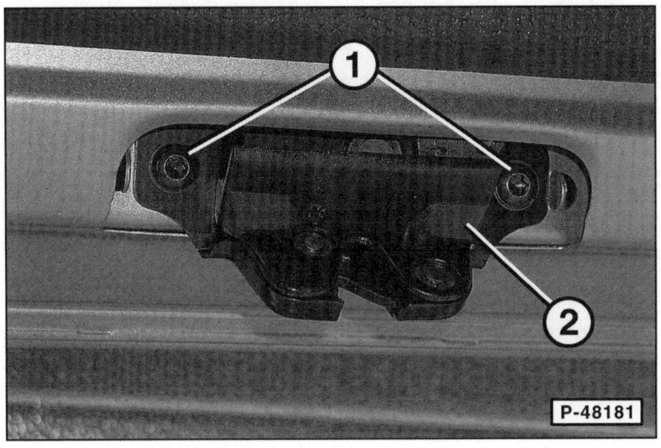

- 2 Torxschrauben –1– herausdrehen und Schloss –2– abnehmen.

Einbau

- Der Einbau erfolgt in umgekehrter Ausbaureihenfolge.
- Heckklappe vorsichtig schließen. Das Heckklappenschloss muss sicher einrasten. Gegebenenfalls Befestigungsschrauben lösen und Schloss oder Schließbügel etwas verschieben. Befestigungsschrauben festziehen.
- Zentralverriegelung an der Heckklappe überprüfen.
- Schließmechanismus der Heckklappe dünn mit Mehrzweckfett bestreichen.

Schließmechanik für Heckklappenschloss

Ausbau

- Batterie-Massekabel (–) bei ausgeschalteter Zündung abklemmen. **Achtung:** Falls das eingebaute Radio einen Diebstahlcode besitzt, wird dieser beim Abklemmen der Batterie gelöscht. Das Radio kann nur durch die Eingabe des richtigen Codes, durch die PEUGEOT-Werkstatt oder durch den Radio-Hersteller wieder in Betrieb genommen werden. Vor dem Abklemmen daher unbedingt den Diebstahlcode ermitteln.
- Heckklappe öffnen und Verkleidung ausbauen, siehe entsprechendes Kapitel.

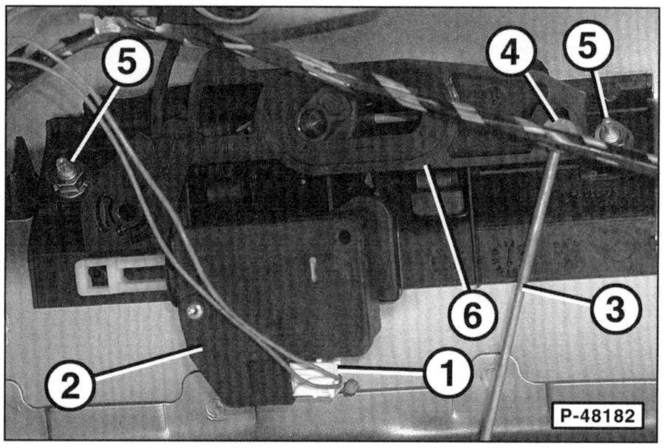

- Stecker –1– vom Motor –2– der Zentralverriegelung abklemmen.
- Drahtzug –3– für den Öffnungsmechanismus aus der Kunststoffhalterung –4– aushängen.
- 2 Muttern –5– abschrauben und Schließmechanik –6– herausnehmen.

Einbau

- Der Einbau erfolgt in umgekehrter Ausbaureihenfolge.
- Batterie-Massekabel (–) bei ausgeschalteter Zündung anklemmen. **Nach Anklemmen der Batterie darf der Motor erst 10 Sekunden nach Einschalten der Zündung gestartet werden.** In dieser Zeit werden die elektronischen Systeme wieder aktiviert. Diebstahlcode für das Autoradio eingeben und Zeituhr einstellen.
- Zentralverriegelung an der Heckklappe überprüfen.

Schließbügel für Heckklappe aus- und einbauen

Ausbau

- Heckklappe öffnen.
- Einbauposition des Schließbügels am Abschlussblech mit einem Filzschreiber markieren.

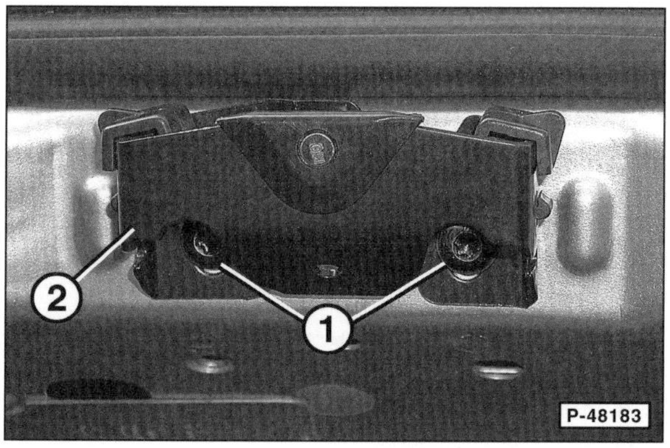

- 2 Torxschrauben –1– herausdrehen und Schließbügel –2– abnehmen.

Einbau

- Schließbügel entsprechend der eingezeichneten Markierungen am Abschlussblech mit 2 Schrauben –2– befestigen.
- Heckklappe vorsichtig schließen. Das Heckklappenschloss muss sicher einrasten. Gegebenenfalls Befestigungsschrauben lösen und Schließbügel etwas verschieben. Befestigungsschrauben festziehen.
- Schließbügel an den Führungsläufen fetten.

Tür aus- und einbauen/einstellen

Ausbau

- Batterie-Massekabel (–) bei ausgeschalteter Zündung abklemmen. **Achtung:** Falls das eingebaute Radio einen Diebstahlcode besitzt, wird dieser beim Abklemmen der Batterie gelöscht. Das Radio kann nur durch die Eingabe des richtigen Codes, durch die PEUGEOT-Werkstatt oder durch den Radio-Hersteller wieder in Betrieb genommen werden. Vor dem Abklemmen daher unbedingt den Diebstahlcode ermitteln.
- Türverkleidung ausbauen, siehe Seite 252.

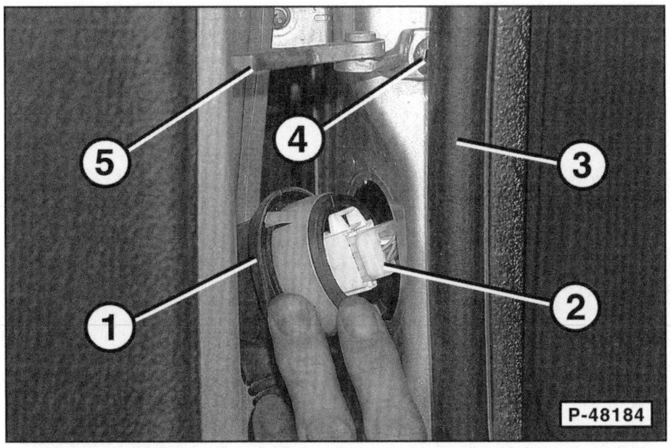

- **Tür vorn:** Kabelmanschette –1– aus der Öffnung im Türrahmen ziehen und Steckverbindung –2– trennen. Gummidichtung –3– zur Seite schieben, Torxschraube –4– herausdrehen und Türstopper –5– vom Türrahmen lösen.
- **Tür hinten:** Stecker der Kabeldurchführung drehen und abziehen.
- Tür von Helfer festhalten lassen.

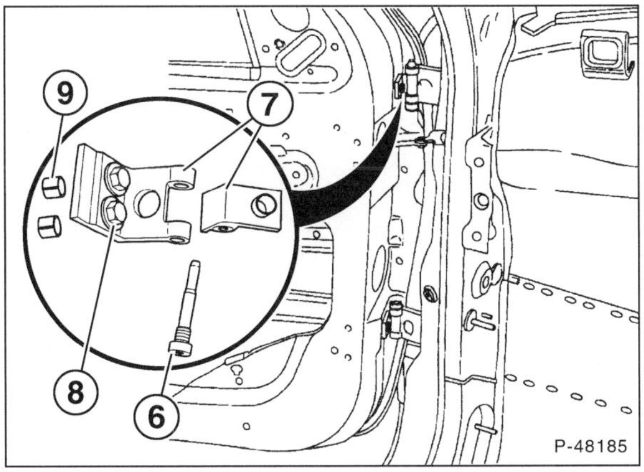

- Scharnierachsenschrauben –6– oben und unten herausschrauben und Tür ausbauen. 7 – Scharnier, 8 – Befestigungsschrauben, 9 – Zentrierzapfen.

Einbau

Hinweis: Beim 5-Türer muss vor Einbau der vorderen Tür die hintere bereits eingebaut sein.

- Kanten an Tür und vorderem Kotflügel im Bereich des Scharniers –7–, zum Schutz mit Klebeband abdecken.
- Tür vom Helfer auf den Scharnieren absetzen lassen.
- Scharnierachsenschrauben –6– oben und unten eindrehen.
- Tür schließen.

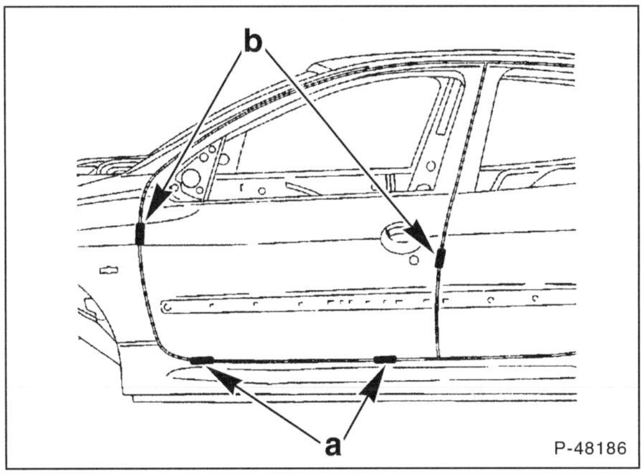

- Einbauposition der Tür überprüfen: Die Tür muss bündig zu angrenzenden Karosserieteilen sein. Bei Nichteinhalten der geforderten Spaltbreiten Tür einstellen.
  - Spaltbreite –a– = 5 ± 2 mm
  - Spaltbreite –b– (vordere Tür) = 5 ± 1,5 mm
  - Spaltbreite –b– (hintere Tür) = 4 ± 1,5 mm
- **Tür vorn:** Türstopper –5– am Türrahmen anschrauben.
- **Tür vorn:** Stecker –2– verbinden und Kabelmanschette –1– in die Öffnung im Türrahmen drücken.
- **Tür hinten:** Stecker der Kabeldurchführung anklemmen und drehen.
- Türverkleidung einbauen, siehe Seite 252.
- Klebeband entfernen.
- Batterie-Massekabel (–) bei ausgeschalteter Zündung anklemmen. **Nach Anklemmen der Batterie darf der Motor erst 10 Sekunden nach Einschalten der Zündung gestartet werden.** In dieser Zeit werden die elektronischen Systeme wieder aktiviert. Diebstahlcode für das Autoradio eingeben und Zeituhr einstellen.

Tür einstellen

- Befestigungsschrauben –8– des Scharniers an der Tür und der Karosseriesäule lockern.
- Tür schließen und in Höhe und Längsrichtung ausrichten, so dass die geforderten Spaltbreiten eingehalten werden.
- Befestigungsschrauben an der Karosseriesäule festziehen. Bei der vorderen Tür wird dazu ein Schraubenschlüssel durch den Radkasten eingeführt.
- Tür öffnen und Befestigungsschrauben –8– an der Tür festziehen.

Hinweis: Wenn die Einstellung Probleme bereitet, können die Zentrierzapfen –9– entfernt werden. Danach die Ausbaustelle des Zapfens mit einem Korrosionsschutz bestreichen.

Türschließbügel austauschen

Falls das Schließen der Tür nach dem Einstellen Schwierigkeiten bereitet, kann der Original-Schließbügel gegen einen Schließbügel vom PEUGEOT 306 ausgetauscht werden. Dieser ermöglicht eine variable Einstellmöglichkeit.

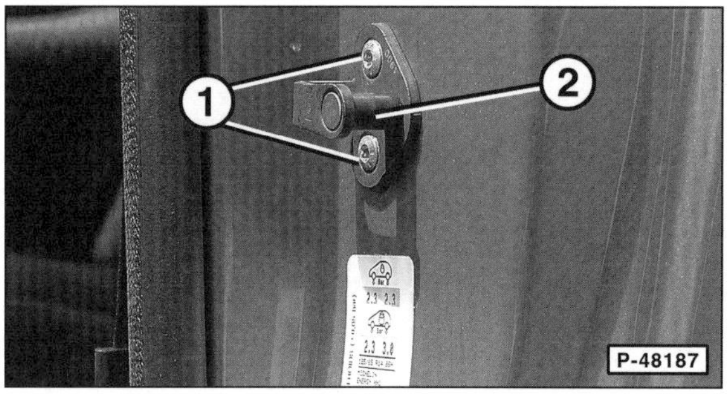

- 2 Torxschrauben –1– herausdrehen und Schließbügel –2– ausbauen.
- Neuen Schließbügel anschrauben und einstellen.
- 2 Torxschrauben –1– festziehen.

Türschloss aus- und einbauen

Ausbau

- Batterie-Massekabel (–) bei ausgeschalteter Zündung abklemmen. **Achtung:** Falls das eingebaute Radio einen Diebstahlcode besitzt, wird dieser beim Abklemmen der Batterie gelöscht. Das Radio kann nur durch die Eingabe des richtigen Codes, durch die PEUGEOT-Werkstatt oder durch den Radio-Hersteller wieder in Betrieb genommen werden. Vor dem Abklemmen daher unbedingt den Diebstahlcode ermitteln.
- Türverkleidung ausbauen, siehe Seite 252.
- Dichtungsfolie von der Innenseite der Tür ausbauen.

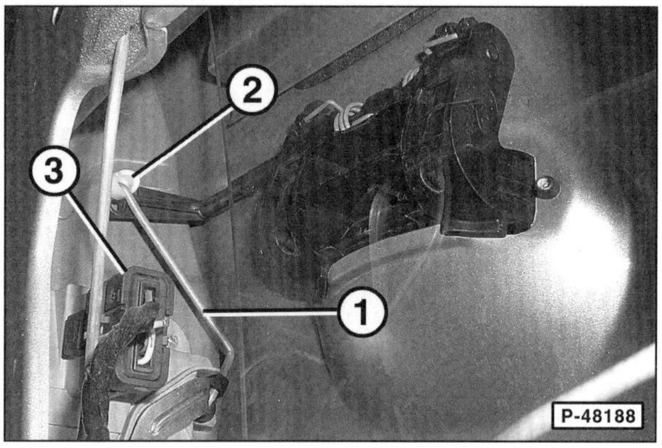

- Drahtstange –1– aus der Kunststoffhalterung –2– des Türgriffs aushängen.
- Steckverbindung –3– vom Motor der Zentralverriegelung abklemmen.

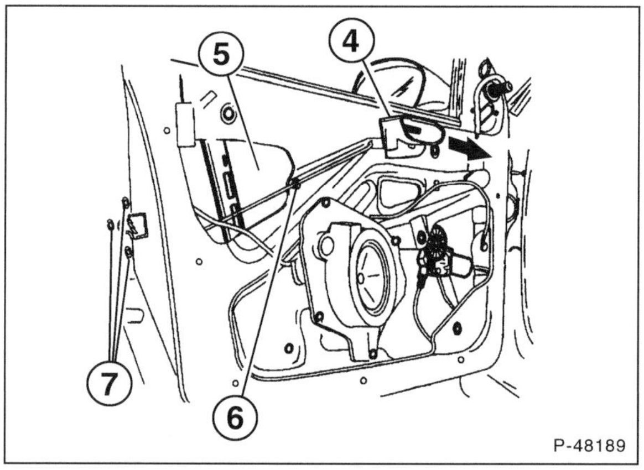

- Türöffner –4– nach vorne in Richtung Türscharnier drücken –Pfeil–, Haltenasen aus der Öffnung ziehen und Türöffner ausbauen.
- Führungsöse –6– für Drahtstange –5– aus der Tür ziehen.
- 3 Torxschrauben –7– am Türschloss herausdrehen.

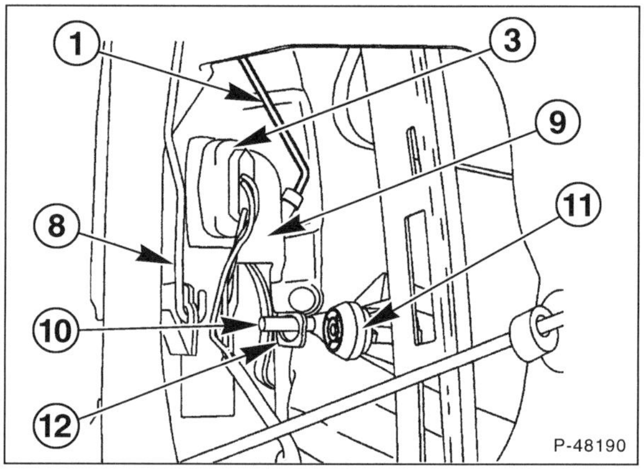

- Drahtstange –8– des Türdrückers aushängen.
- Türschloss –9– drehen, um den Finger –10– des Schließzylinders –11– aus der Eingreiföse –12– zu ziehen.
- Türschlosseinheit aus der Türöffnung ziehen.

Einbau

- Sämtliche Gleit- und Drehteile des Türschlosses mit Mehrzweckfett schmieren.
- Türschlosseinheit in Tür einsetzen, dabei Schloss so drehen, dass der Finger –10– des Schließzylinders –11– in die Eingreiföse –12– fasst.

- Drahtstange –8– des Türdrückers einhängen.
- Türschloss mit 3 Torxschrauben –7– anschrauben.
- Führungsöse –6– für Drahtstange –5– in die Tür drücken.
- Türöffner –4– so einsetzen, dass die Haltenasen unter das Türblech geschoben werden.
- Steckverbindung –3– am Motor der Zentralverriegelung anklemmen und durch Andrücken verriegeln.
- Drahtstange –1– in Kunststoffhalterung –2– des Türgriffs eindrücken.
- Dichtungsfolie an der Innenseite der Tür anbringen.

Achtung: Unbedingt neue Dichtungsfolie verwenden, sie darf weder Risse noch Falten aufweisen. Nur so wird das Eindringen von Wasser und Staub verhindert und eine stärkere Geräuschentwicklung vermieden. Die Klebebereiche der Folie müssen sauber sein.

- Türverkleidung einbauen, siehe Seite 252.
- Batterie-Massekabel (–) bei ausgeschalteter Zündung anklemmen. **Nach Anklemmen der Batterie darf der Motor erst 10 Sekunden nach Einschalten der Zündung gestartet werden.** In dieser Zeit werden die elektronischen Systeme wieder aktiviert. Diebstahlcode für das Autoradio eingeben und Zeituhr einstellen.
- Mechanische Schließfunktion sowie Zentralverriegelung an der Tür überprüfen.

Türschließzylinder aus- und einbauen

Ausbau

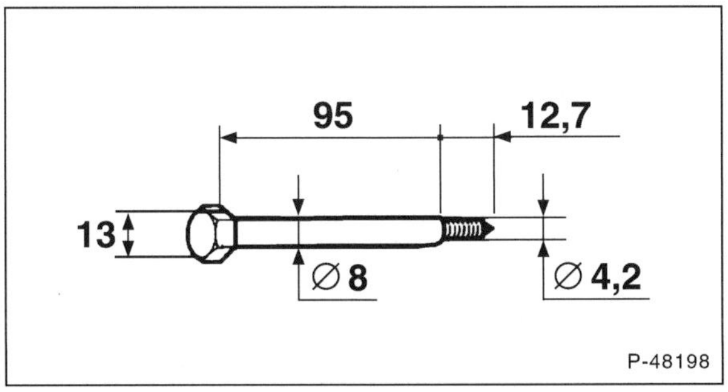

- Zum Ausbau des Schließzylinders wird ein Spezialwerkzeug benötigt, das man selbst anfertigen kann.
- Tür öffnen und Gummi-Verschlussstopfen an der Türkante neben den 3 Befestigungsschrauben ausbauen.

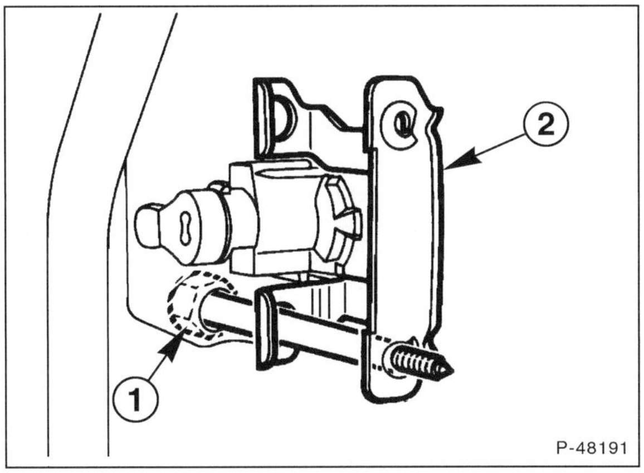

- Werkzeug –1– durch die Bohrung in die Haltegabel –2– einschrauben.
- Am Werkzeug ziehen, um die Haltegabel vom Schließzylinder zu lösen.
- Schließzylinder nach außen ziehen und ausbauen, dabei Schließzylinder drehen.

Achtung: Solange der Schließzylinder ausgebaut ist, darf das Werkzeug nicht von der Haltegabel abgeschraubt werden, da sie sonst ins Innere der Tür fallen würde.

Hinweis: Ohne das Spezialwerkzeug muss für den Aus- und Einbau des Schließzylinders die Türverkleidung abgenommen werden. Die Haltegabel an der Türinnenseite ist nur nach Hochkurbeln der Fensterscheibe zugänglich.

Einbau

- Schließzylinder durch Drehung in die Tür einsetzen.
- Haltegabel durch Drücken des Werkzeugs über den Schließzylinder schieben. Dabei Haltegabel zunächst leicht ansetzen und schließlich fest aufdrücken.
- Schließzylinder auf korrekten Sitz in der Tür prüfen.
- Werkzeug aus der Haltegabel herausschrauben und aus der Bohrung ziehen.
- Gummi-Verschlussstopfen auf die Bohrung drücken.

Außenspiegel aus- und einbauen

Ausbau

- Batterie-Massekabel (–) bei ausgeschalteter Zündung abklemmen. **Achtung:** Falls das eingebaute Radio einen Diebstahlcode besitzt, wird dieser beim Abklemmen der Batterie gelöscht. Das Radio kann nur durch die Eingabe des richtigen Codes, durch die PEUGEOT-Werkstatt oder durch den Radio-Hersteller wieder in Betrieb genommen werden. Vor dem Abklemmen daher unbedingt den Diebstahlcode ermitteln.

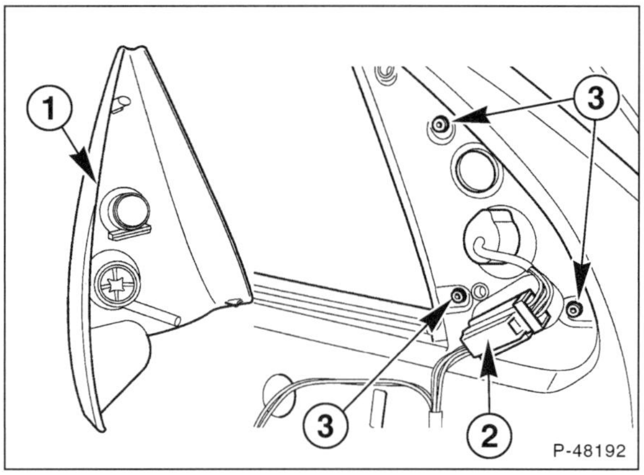

- Dreiecksblende –1– ausbauen, siehe Seite 250.
- Je nach Ausstattung Hochtonlautsprecher ausbauen, siehe Seite 92.
- Je nach Ausstattung Stecker –2– abklemmen.
- 3 Torxschrauben –3– herausdrehen.

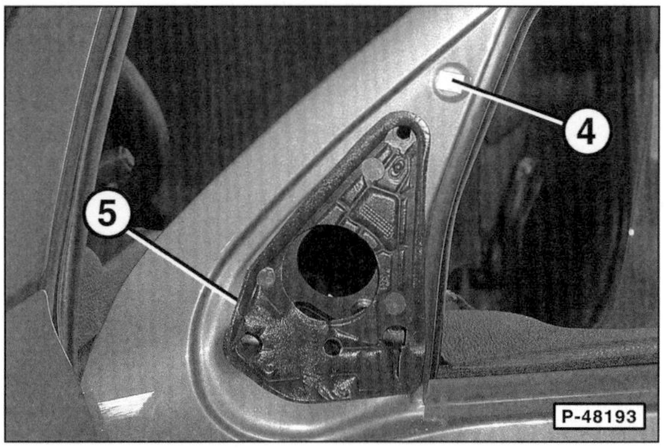

- Außenspiegel an der oberen Spitze der äußeren Dreiecksblende aus der Cliphalterung –4– ziehen und ausbauen. **Hinweis:** Der Clip geht dabei zu Bruch und muss ersetzt werden.

Einbau

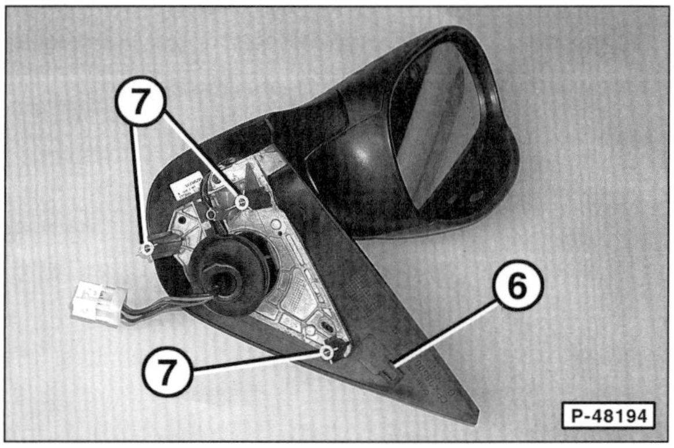

- Neuen Halteclip in die Schiene –6– setzen.
- Außenspiegel so am Türdreieck ansetzen, dass der Halteclip und die Gewindebolzen –7– in die entsprechenden Bohrungen eingreifen. Dabei darauf achten, dass das Eckteil des Außenspiegels richtig auf der Dichtung –5– aufliegt.
- Außenspiegel in Cliphalterung drücken und mit 3 Torxschrauben –3– befestigen.
- Je nach Ausstattung Stecker –2– anklemmen.
- Je nach Ausstattung Hochtonlautsprecher einbauen, siehe Seite 94.
- Dreiecksblende –1– einbauen, siehe Seite 250.
- Batterie-Massekabel (–) bei ausgeschalteter Zündung anklemmen. **Nach Anklemmen der Batterie darf der Motor erst 10 Sekunden nach Einschalten der Zündung gestartet werden.** In dieser Zeit werden die elektronischen Systeme wieder aktiviert. Diebstahlcode für das Autoradio eingeben und Zeituhr einstellen.
- Gegebenenfalls elektrische Spiegelverstellung überprüfen.

Spiegelglas aus- und einbauen

Ausbau

- **Fahrzeuge mit elektrisch verstellbaren Spiegeln:** Batterie-Massekabel (–) bei ausgeschalteter Zündung abklemmen. **Achtung:** Falls das eingebaute Radio einen Diebstahlcode besitzt, wird dieser beim Abklemmen der Batterie gelöscht. Das Radio kann nur durch die Eingabe des richtigen Codes, durch die PEUGEOT-Werkstatt oder durch den Radio-Hersteller wieder in Betrieb genommen werden. Vor dem Abklemmen daher unbedingt den Diebstahlcode ermitteln.

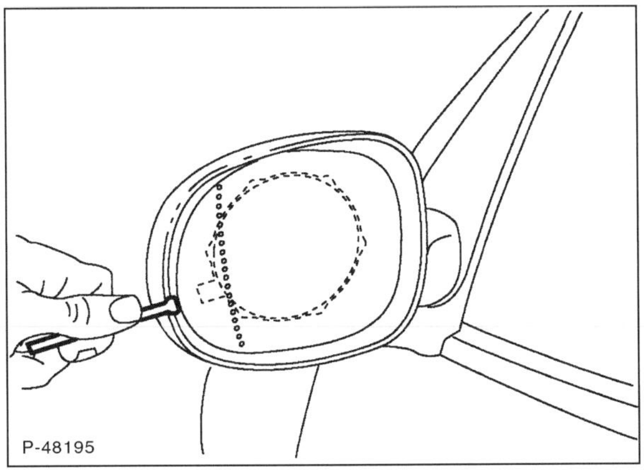

- Spiegelglas mit einem kleinen flachen Werkzeug aus der Halterung lösen.
- Je nach Ausstattung elektrische Anschlüsse abklemmen und Spiegelglas abnehmen.

Einbau

- Der Einbau erfolgt in umgekehrter Ausbaureihenfolge.
- Batterie-Massekabel (–) bei ausgeschalteter Zündung anklemmen. **Nach Anklemmen der Batterie darf der Motor erst 10 Sekunden nach Einschalten der Zündung gestartet werden.** In dieser Zeit werden die elektronischen Systeme wieder aktiviert. Diebstahlcode für das Autoradio eingeben und Zeituhr einstellen.
- Gegebenenfalls elektrische Spiegelverstellung überprüfen.

Fensterheber aus- und einbauen

Ausbau

- Batterie-Massekabel (–) bei ausgeschalteter Zündung abklemmen. **Achtung:** Falls das eingebaute Radio einen Diebstahlcode besitzt, wird dieser beim Abklemmen der Batterie gelöscht. Das Radio kann nur durch die Eingabe des richtigen Codes, durch die PEUGEOT-Werkstatt oder durch den Radio-Hersteller wieder in Betrieb genommen werden. Vor dem Abklemmen daher unbedingt den Diebstahlcode ermitteln.
- Türverkleidung ausbauen, siehe Seite 252.
- Dichtungsfolie vorsichtig vom Türrahmen abziehen. Darauf achten, dass die Folie nicht einreißt.

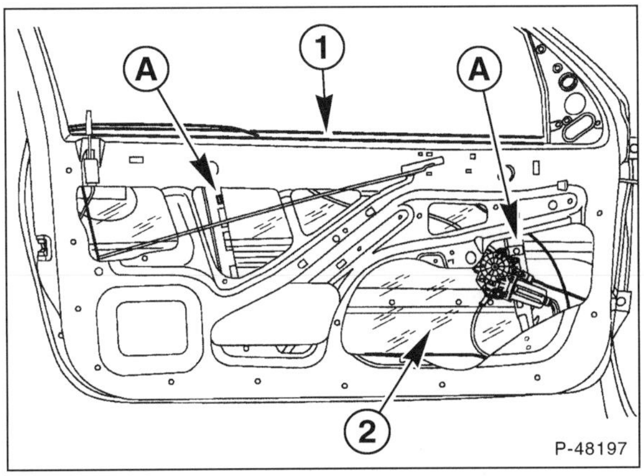

- Innere Abdichtleiste –1– ausbauen.
- Mit einem Schraubendreher an den Stellen –A– die Fensterscheibe –2– vom Scheibenheber lösen.
- Fensterscheibe nach oben schieben und aus dem Fensterschacht herausziehen.
- **Fahrzeuge mit elektrischen Fensterhebern:** Steckverbinder vom Motor des Fensterhebers abklemmen.

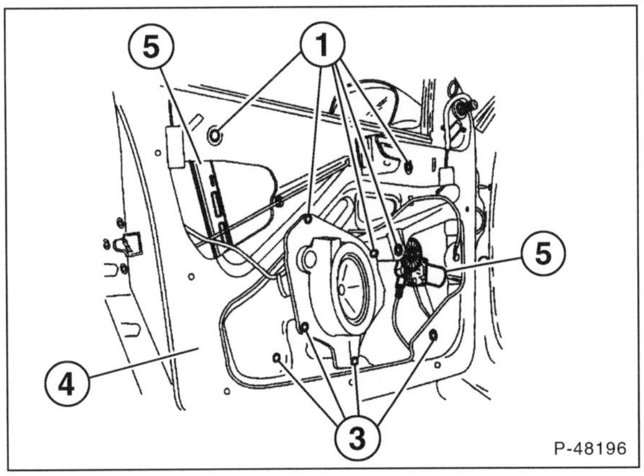

- Mit einem Dorn aus den Nieten –3– die Nietnägel austreiben.
- Nieten –3– mit einem Bohrer ∅ 6,4 mm aufbohren.

- Lautsprecherkabel abklemmen und Trägerplatte für den Lautsprecher ausbauen.
- Fensterhebereinheit –5– durch den Ausschnitt im Türinnenblech –4– herausnehmen.
- Nietenreste aus dem Türinneren aussaugen.

Einbau

- Fensterhebereinheit –5– an der Innenseite der Tür einsetzen und neue Nieten in die Bohrungen stecken.
- Poppnieten mit Nietzange festziehen.
- Trägerplatte –4– für den Lautsprecher einsetzen und mit Nieten befestigen. Lautsprecherkabel anklemmen.
- **Fahrzeuge mit elektrischen Fensterhebern:** Steckverbinder am Motor des Fensterhebers anklemmen.
- Fensterscheibe –2– in den Schacht schieben und in den Scheibenheber einsetzen.
- Innere Abdichtleiste –1– einbauen.
- Dichtungsfolie an der Innenseite der Tür aufkleben.

Achtung: Unbedingt neue Dichtungsfolie verwenden, sie darf weder Risse noch Falten ausweisen. Nur so wird das Eindringen von Wasser und Staub verhindert und eine stärkere Geräuschentwicklung vermieden. Die Klebebereiche der Folie müssen sauber sein.

- Türverkleidung einbauen, siehe Seite 252.
- Batterie-Massekabel (–) bei ausgeschalteter Zündung anklemmen. **Nach Anklemmen der Batterie darf der Motor erst 10 Sekunden nach Einschalten der Zündung gestartet werden.** In dieser Zeit werden die elektronischen Systeme wieder aktiviert. Diebstahlcode für das Autoradio eingeben und Zeituhr einstellen.
- Funktion des Fensterhebers überprüfen.

Schaltpläne

Aus dem Inhalt:

- Kabelfarben
- Bauteilbezeichnungen
- Anwendungshinweise
- Einzelpläne

Der Umgang mit dem Schaltplan

Will man einen Fehler in der elektrischen Anlage aufspüren oder nachträglich ein elektrisches Zubehör montieren, kommt man nicht ohne Schaltplan aus, anhand dessen der Stromverlauf und damit die Kabelverbindungen aufgezeigt werden. Grundsätzlich muss der betreffende Stromkreis geschlossen sein, sonst kann der elektrische Strom nicht fließen. Es reicht beispielsweise nicht aus, wenn an der Plusklemme eines Scheinwerfers Spannung anliegt, wenn nicht gleichzeitig über den Masseanschluss der Stromkreis geschlossen ist.

Deshalb ist auch das Massekabel (–) der Batterie mit der Karosserie verbunden. Mitunter reicht diese Masseverbindung jedoch nicht aus, und der betreffende Verbraucher bekommt eine direkte Masseleitung. In den einzelnen Stromkreisen können Schalter, Relais, Sicherungen, Messgeräte, elektrische Motoren oder andere elektrische Bauteile integriert sein. Damit diese Bauteile richtig angeschlossen werden können, haben die einzelnen Anschlusskabel verschiedene Farben.

Kennzeichnung der Bauteile

Die einzelnen Bauteile sind mit vier Zahlen gekennzeichnet. Die ersten beiden Ziffern geben die Zuordnung zu den einzelnen Baugruppen an, die letzten beiden Ziffern sind die fortlaufende Nummerierung des einzelnen Bauteils, zum Beispiel: 4310 = Kraftstoffvorratsanzeige. 43 = Gruppe Information Kraftstoff und Vorglühanlage, 10 = fortlaufende Nummer.

Sind mehrere identische Bauteile in einem Fahrzeug eingebaut, so werden diese durch einen zusätzlichen Buchstaben gekennzeichnet, zum Beispiel: 2400A = Relais für Parkleuchte.

Kontrollleuchten werden mit einem vorgestellten V gekennzeichnet, zum Beispiel: V1000 = Ladekontrollleuchte.

Bauteile, die direkt zur Stromversorgung gehören, sind speziell gekennzeichnet:

BB00 = Batterie

CA00 = Zündschloss

M000 = Masseanschluss der Batterie

Kabelfarben

BA	Weiß	**NR**	Schwarz
BE	Blau	**OR**	Orange
BG	Beige	**RG**	Rot
GR	Grau	**RS**	Rosa
JN	Gelb	**VE**	Grün
MR	Braun	**VI**	Violett
MV	Lila		

Schaltpläne PEUGEOT 206

Modelljahr 1999

Wegen des großen Umfangs der vorhandenen Schaltpläne können nicht alle Modelljahre und alle Baugruppen berücksichtigt werden.

Schaltplan-Erläuterung

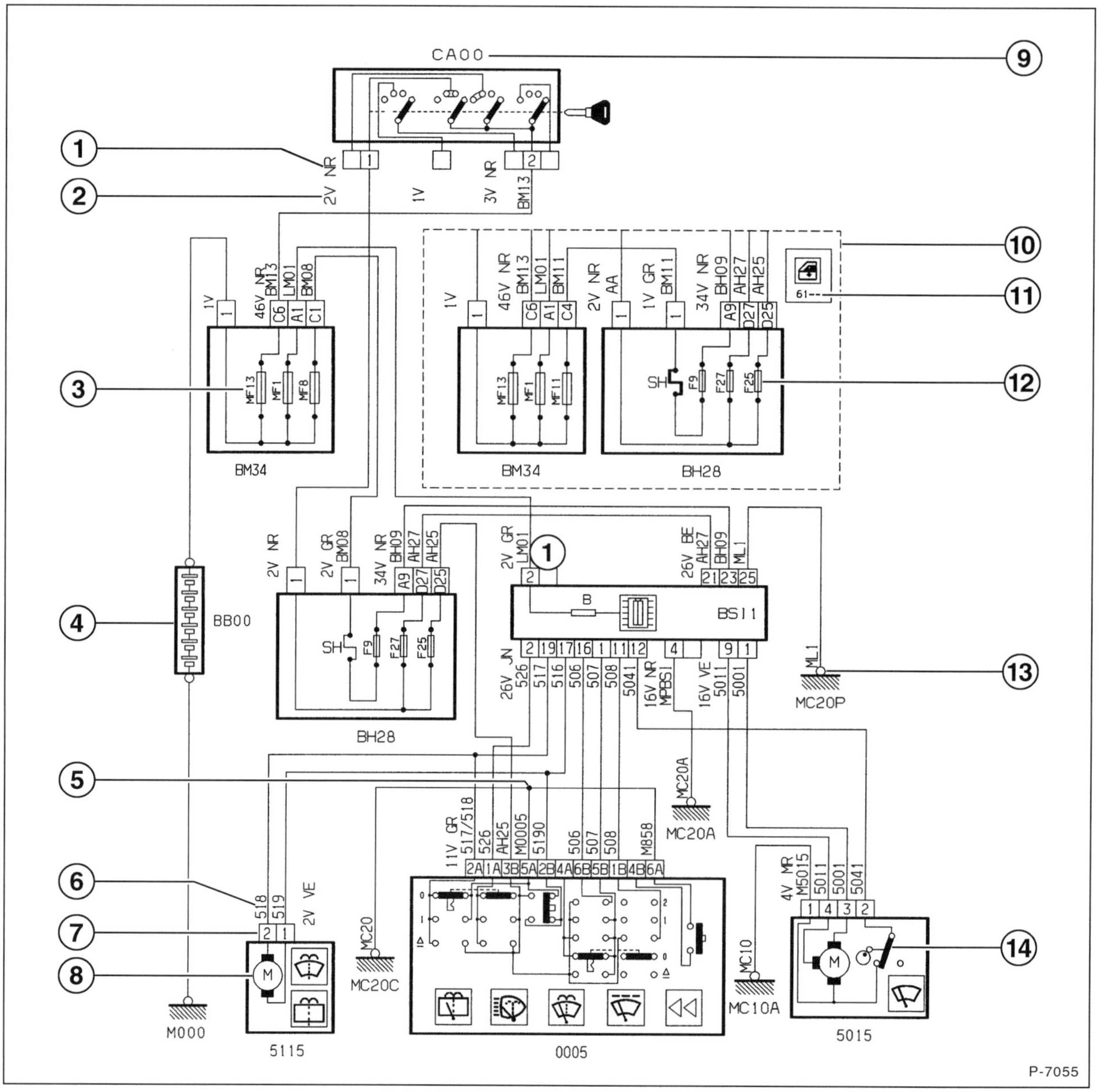

1 – Steckerfarbe
Hier: NR = schwarz (noir).

2 – Anzahl der Steckerkontakte
Hier: 2V = 2-polig.

3 – Bauteil-Bezeichnung
Hier: MF13 = Maxi-Sicherung Nr. 13, Stromversorgung Zündschloss, 40 A.

4 – Bauteil-Symbol
Hier: Fahrzeug-Batterie.

5 – Leitungsverzweigung

6 – Kabelnummer
Hier: 518.

7 – Nummer des Steckerkontaktes

8 – Bauteil-Symbol
Hier: Symbol für Elektromotor. 5115 = Pumpe für Scheibenwaschanlage vorn/hinten.

9 – Bauteil-Bezeichnung
Hier: CA00 = Zündschloss.

10 – Bauteilgruppe aus einem anderen Plan

11 – Nummer einer Bauteilgruppe aus einem anderen Plan
Hier: 61-- = Elektrische Fensterheber.

12 – Bauteil-Symbol
Hier: Sicherung.

13 – Massestelle

14 – Bauteil-Symbol
Hier: Interner Schalter. 5015 = Frontscheibenwischermotor.

Legende für alle Schaltpläne

Nr.	= Bauteil-Bezeichnung
0002	= Lichtschalter
0004	= Kombiinstrument
0005	= Wischerschalter
1010	= Anlasser
1020	= Drehstromgenerator
1104	= Elektrosteuerventil Vorverstellkorrektur
1135	= Zündspule
1150	= Vorglühsteuergerät
1156	= Nachglührelais
1157	= Nachglühschalter
1160	= Glühkerzen
1203	= Verzögerungsschalter
1208	= Einspritzpumpe Diesel
1210	= Kraftstoffpumpe
1215	= Magnetventil für Aktivkohlefilterbelüftung
1220	= Kühlmitteltemperaturfühler
1225	= Schrittmotor Leerlaufregelung
1240	= Lufttemperaturfühler
1246	= Versorgungsrelais Abgasrückführsystem
1253	= Elektroventil Abgasrückführsystem
1254	= Mikroschalter für Nachglühabschaltung
1270	= Relais für Drosselklappengehäuseheizung
1302	= Stromversorgungsrelais für Einspritzung
1304	= Doppelrelais Einspritzanlage
1312	= Saugrohrdruckfühler
1313	= Motordrehzahlsensor
1316	= Drosselklappensteller
1320	= Motor-Steuergerät
1331	= Einspritzventil Zylinder Nr. 1
1332	= Einspritzventil Zylinder Nr. 2
1333	= Einspritzventil Zylinder Nr. 3
1334	= Einspritzventil Zylinder Nr. 4
1350	= Lambdasonde vorn
1400	= OT-Geber/Bezugsmarkengeber
1510	= Kühlerlüfter
1620	= Geschwindigkeitssensor
2011	= Nebelschlusslicht
2100	= Bremslichtschaltkontakt
2100	= Bremslichtschalter
2300	= Schalter Warnblinkanlage
2320	= Blinkleuchte vorn links
2325	= Blinkleuchte vorn rechts
2340	= Seitliche Blinkleuchte links

Nr.	= Bauteil-Bezeichnung
2345	= Seitliche Blinkleuchte rechts
2500	= Schalter Signalhorn
2520	= Signalhorn
2610	= Scheinwerfer links
2615	= Scheinwerfer rechts
2620	= Standlicht vorn links
2625	= Standlicht vorn rechts
2630	= Heckleuchte links
2633	= Kennzeichenleuchte rechts
2635	= Heckleuchte rechts
2636	= Kennzeichenleuchte
2670	= Nebelscheinwerfer links
2675	= Nebelscheinwerfer rechts
3010	= Innenleuchte vorn
3050	= Helligkeitsregler
3054	= Beleuchtung für Aschenbecher
3100	= Schalter für Gepäckraumbeleuchtung
3105	= Kofferraumleuchte
3110	= Schalter für Handschuhkastenbeleuchtung
3115	= Handschuhkastenbeleuchtung
4000	= Kilometer- und Wartungsanzeige
4025	= Temperaturfühler- Kühlmitteltemperaturanzeige Diesel
4026	= Temperaturfühler- Kühlmitteltemperaturanzeige Benziner
4026	= Kühlmitteltemperaturanzeige
4104	= Motoröldruckschalter
4210	= Drehzahlmesser
4630	= Geschwindigkeitsmesser
5015	= Frontscheibenwischermotor
5115	= Pumpe Scheibenwaschanlage vorn/hinten
5215	= Heckscheibenwischermotor
6036	= Schaltereinheit für elektrische Fensterheber und Außenspiegel
6040	= Fensterhebermotor vorn links
6045	= Fensterhebermotor vorn rechts
6202	= Türschloss vorn links
6207	= Türschloss vorn rechts
6212	= Türschloss hinten links
6217	= Türschloss hinten rechts
6260	= Motor Zentralverriegelung Tür hinten rechts
6410	= Außenspiegel links
6415	= Außenspiegel rechts
6600	= Schalter für Scheinwerfer-Höhenverstellung
7112	= Lenkradschalter

Nr.	= Bauteil-Bezeichnung
7215	= Digitaluhr
8025	= Bedieneinheit für Heizung/Lüftung/Klimaanlage
8046	= Widerstand Gebläsegeschwindigkeit
8050	= Gebläsemotor
8060	= Zusatzgebläsemotor
8100	= Zigarettenanzünder
8120	= Heckscheibenheizung
8300	= Schalter für Fahrersitzbeheizung
8305	= Schalter für Beifahrersitzheizung
8406	= Elektronische Antenne
8410	= Radio
8413	= Betätigung für Autoradio
8420	= Lautsprecher vorn links
8425	= Lautsprecher vorn rechts
8430	= Lautsprecher hinten links
8435	= Lautsprecher hinten rechts
8440	= Hochtöner vorn links
8445	= Hochtöner vorn rechts
BB00	= Batterie
BB1	= Batterie-Plusanschlusseinheit
BB10	= Stromverteiler (Batterie "+")
BH12	= Zusatz-Sicherungskasten im Innenraum mit 12 Sicherungen
BH28	= Sicherungskasten im Innenraum mit 28 Sicherungen
BM34	= Sicherungskasten im Motorraum mit 34 Sicherungen
BS11	= Steuergerät Wegfahrsperre
C001	= Diagnosestecker
CA00	= Zündschloss
C200A – C200R	= Beleuchtung Anhänger

–1–

Batterie, Anlasser, Generator

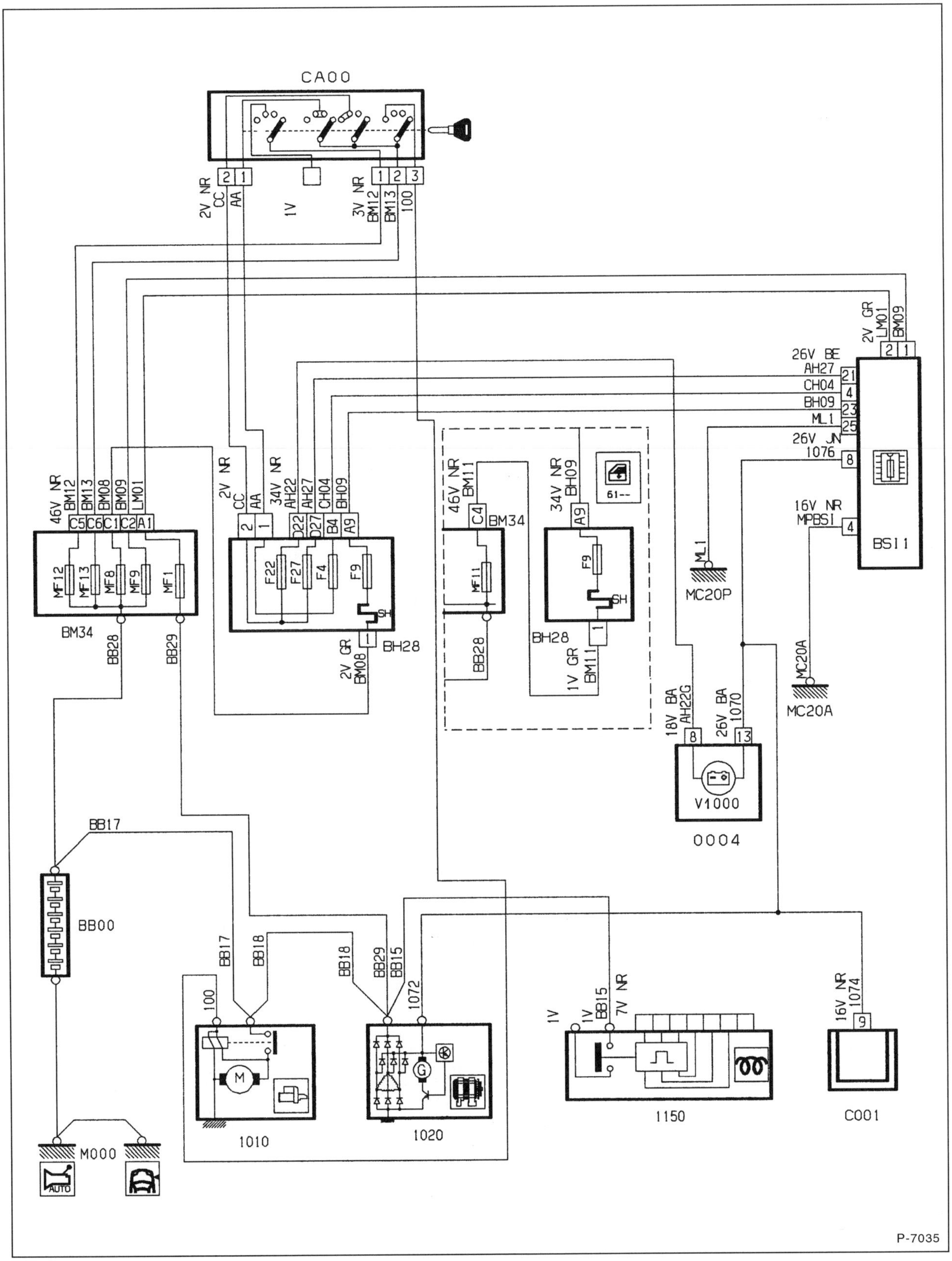

1,9-l-Dieselmotor DW8 – Vorglühen, Nachglühen

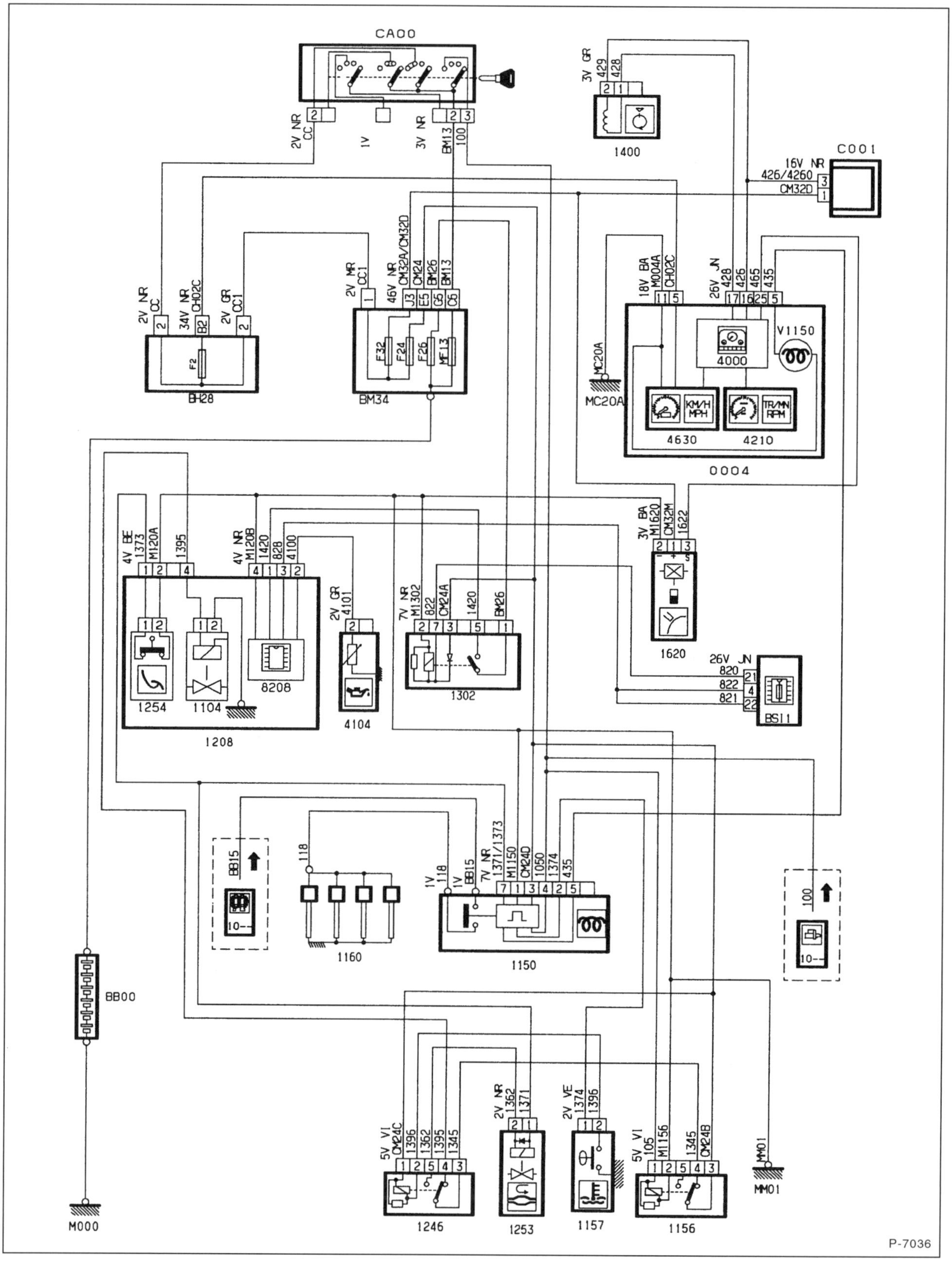

–3–

1,1-/1,4-l-Benzinmotor TU1JP/TU3JP – Einspritzung, Zündung

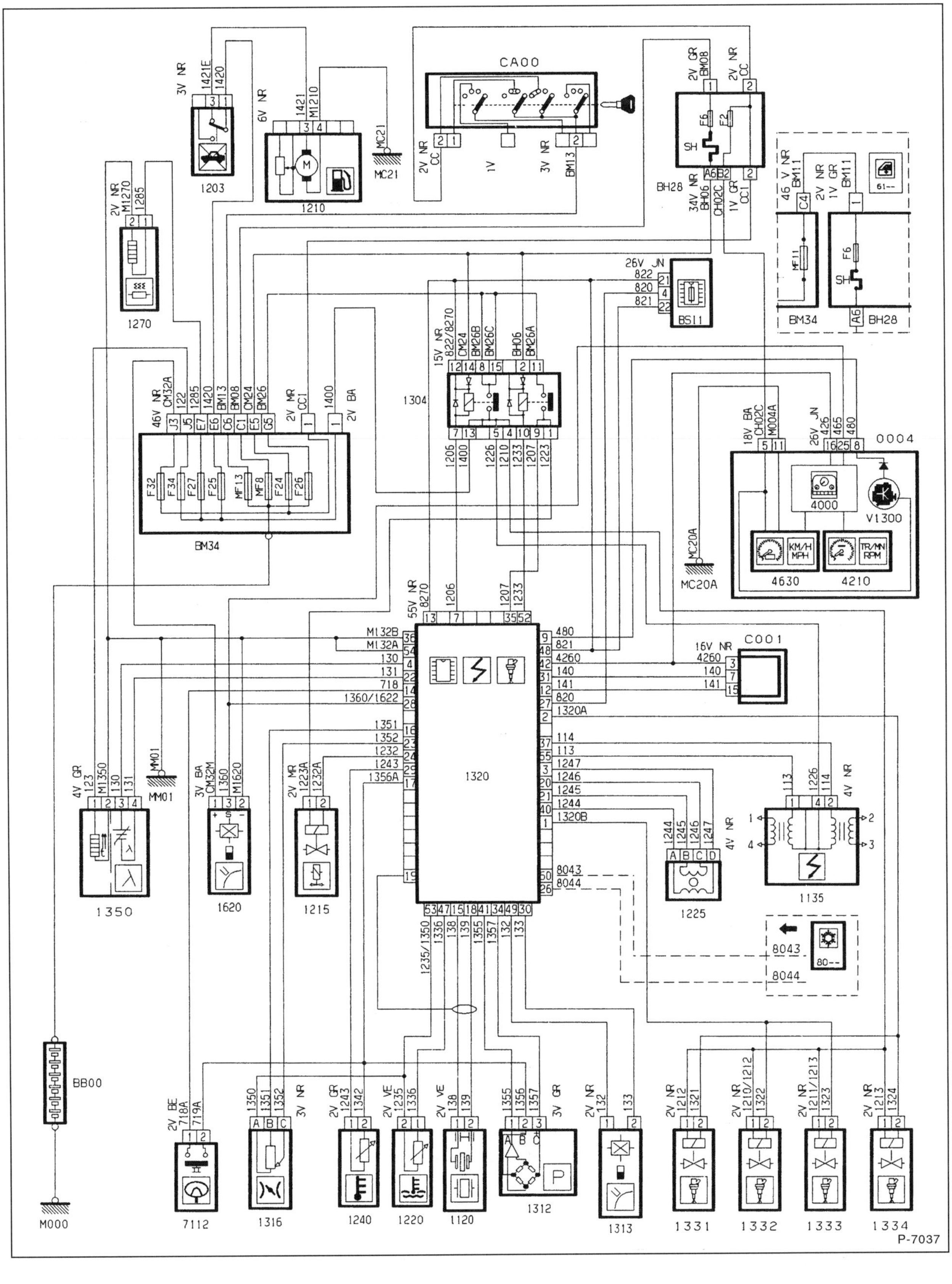

Kühlmittelstandanzeige, Kühlmitteltemperatur, Kühlerlüfter

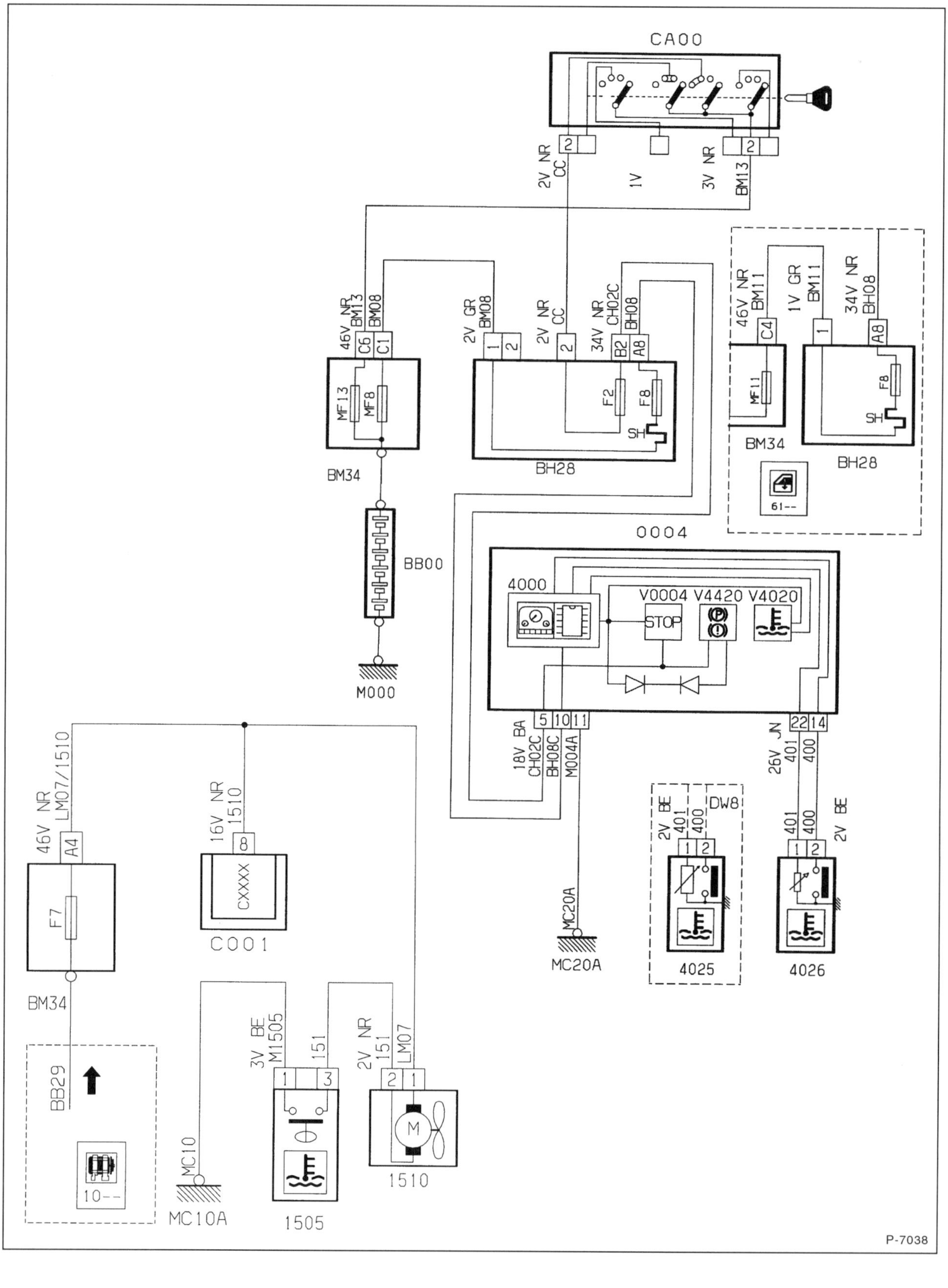

–5–

A – Abblendlicht, Fernlicht **B – Signalhorn** **C – Handschuhkastenbeleuchtung** **D – Kofferraumleuchte**

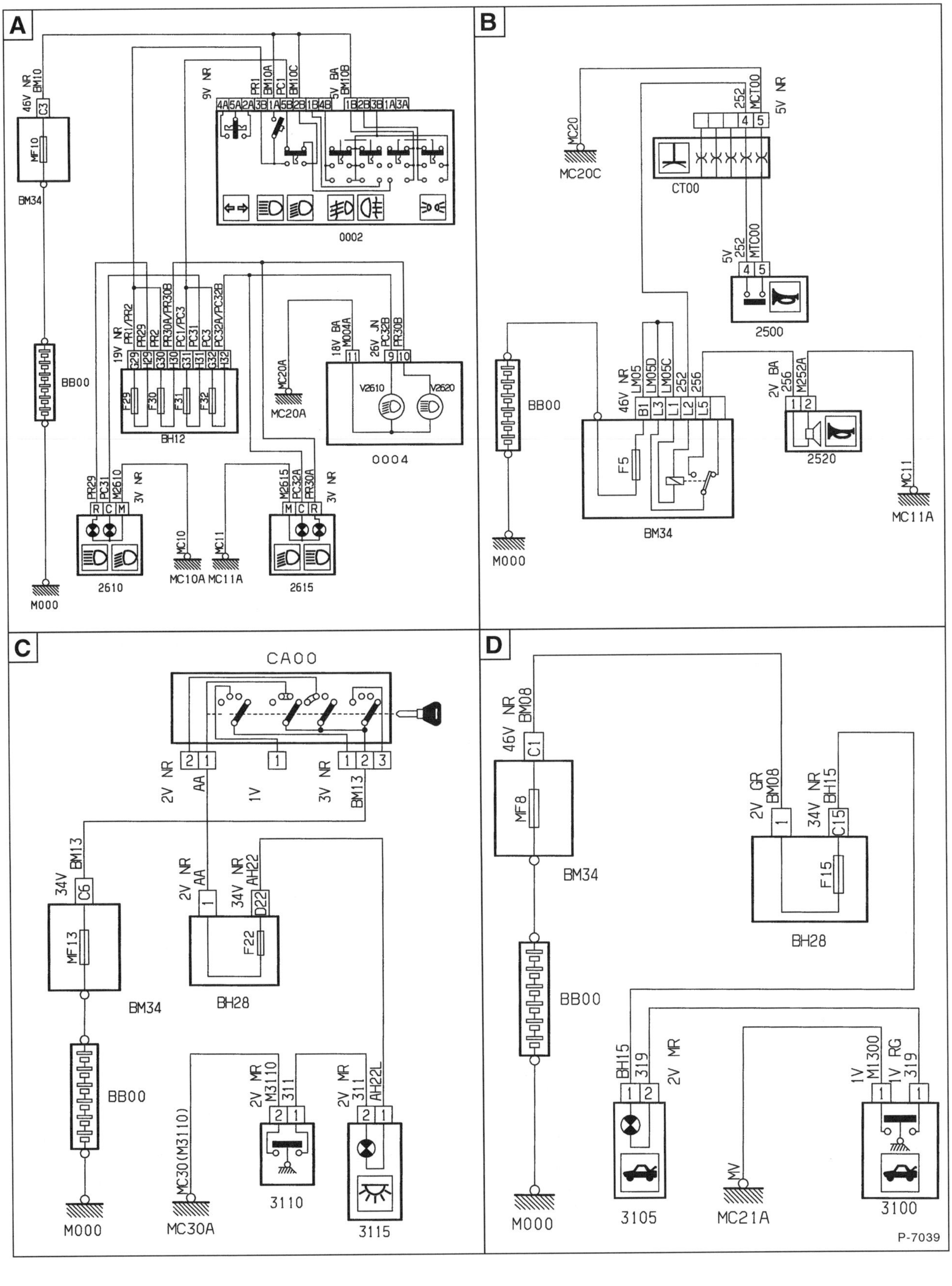

Nebelschlussleuchten, Nebelscheinwerfer

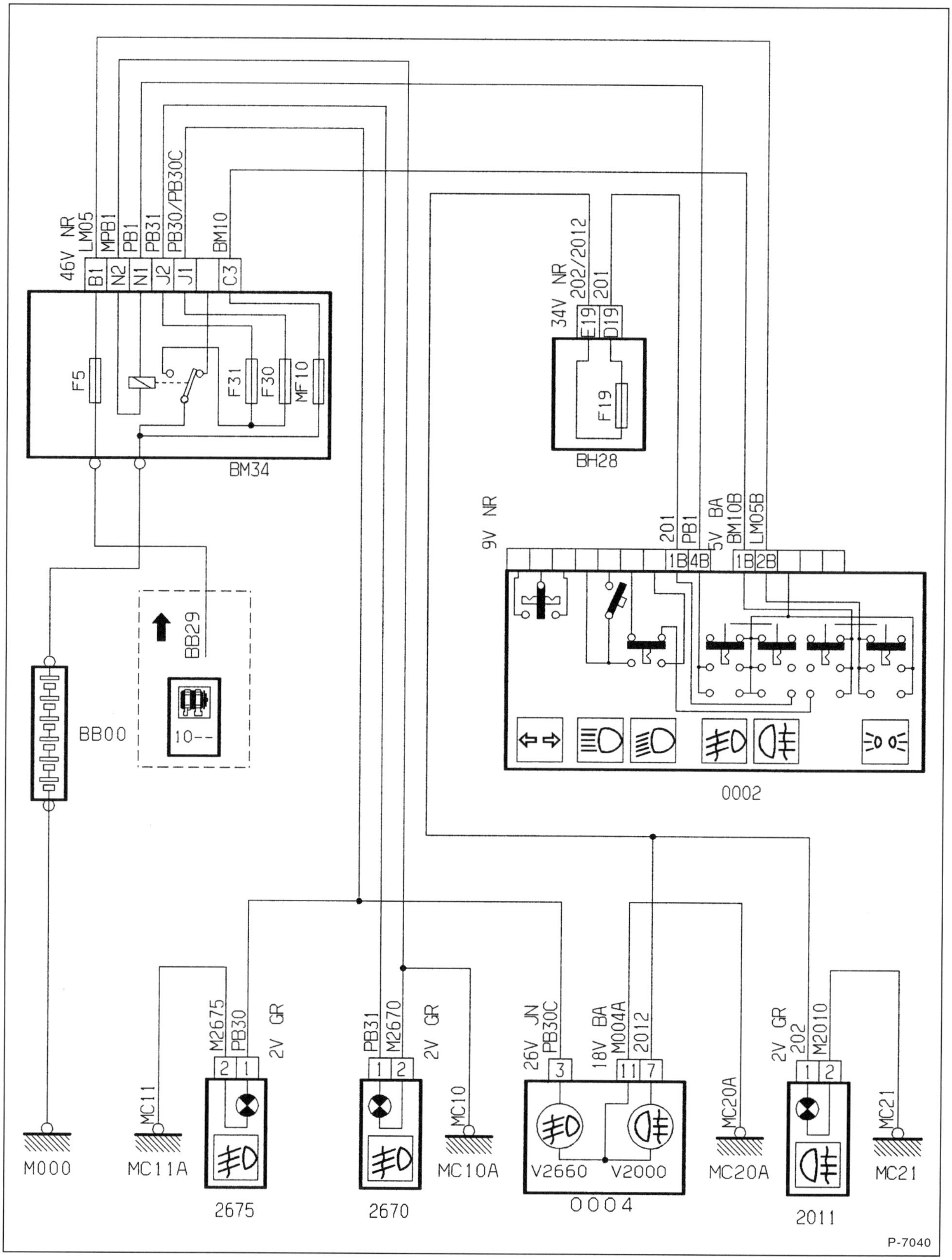

Bremsleuchten

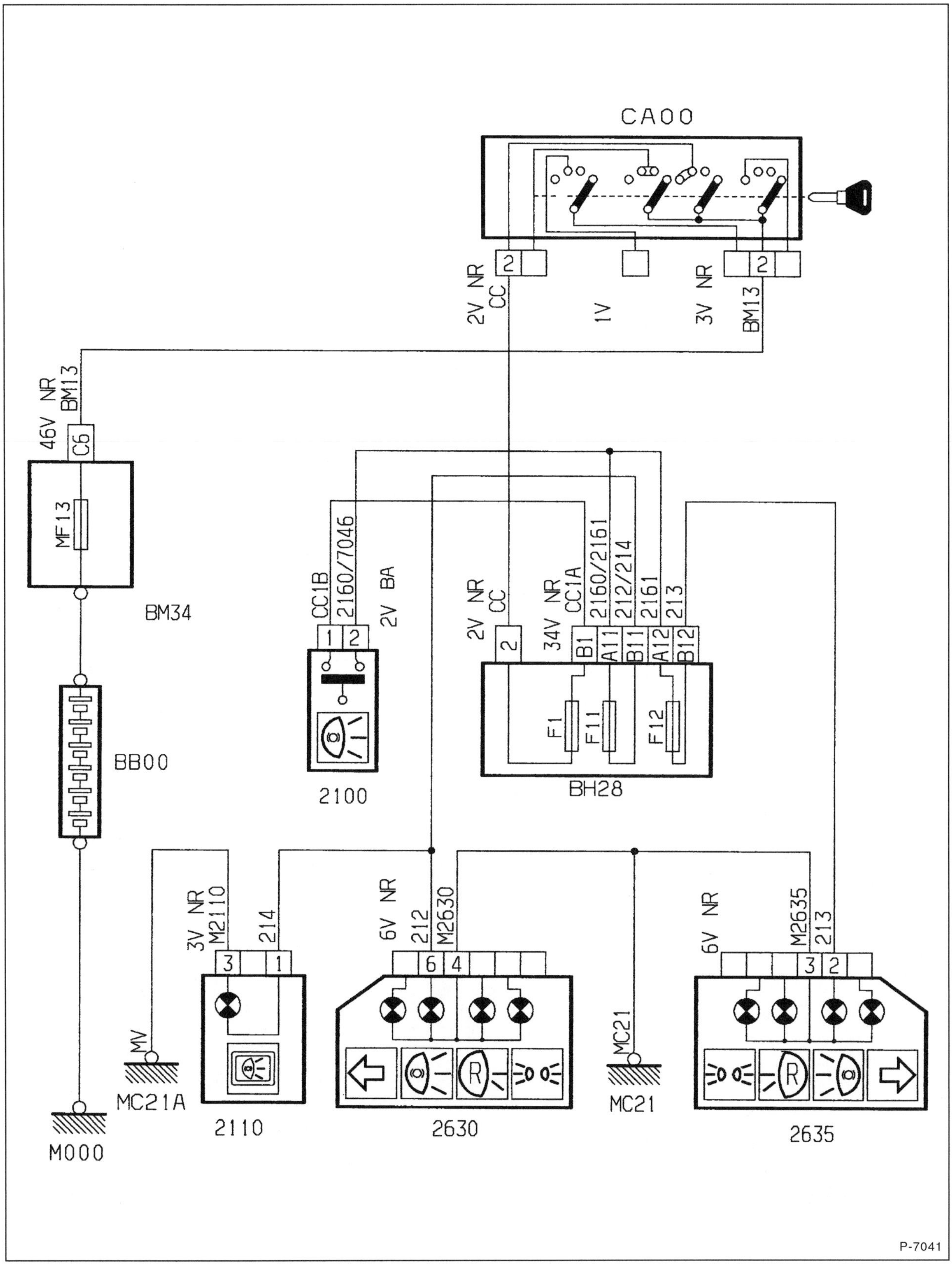

Blinker, Warnblinker

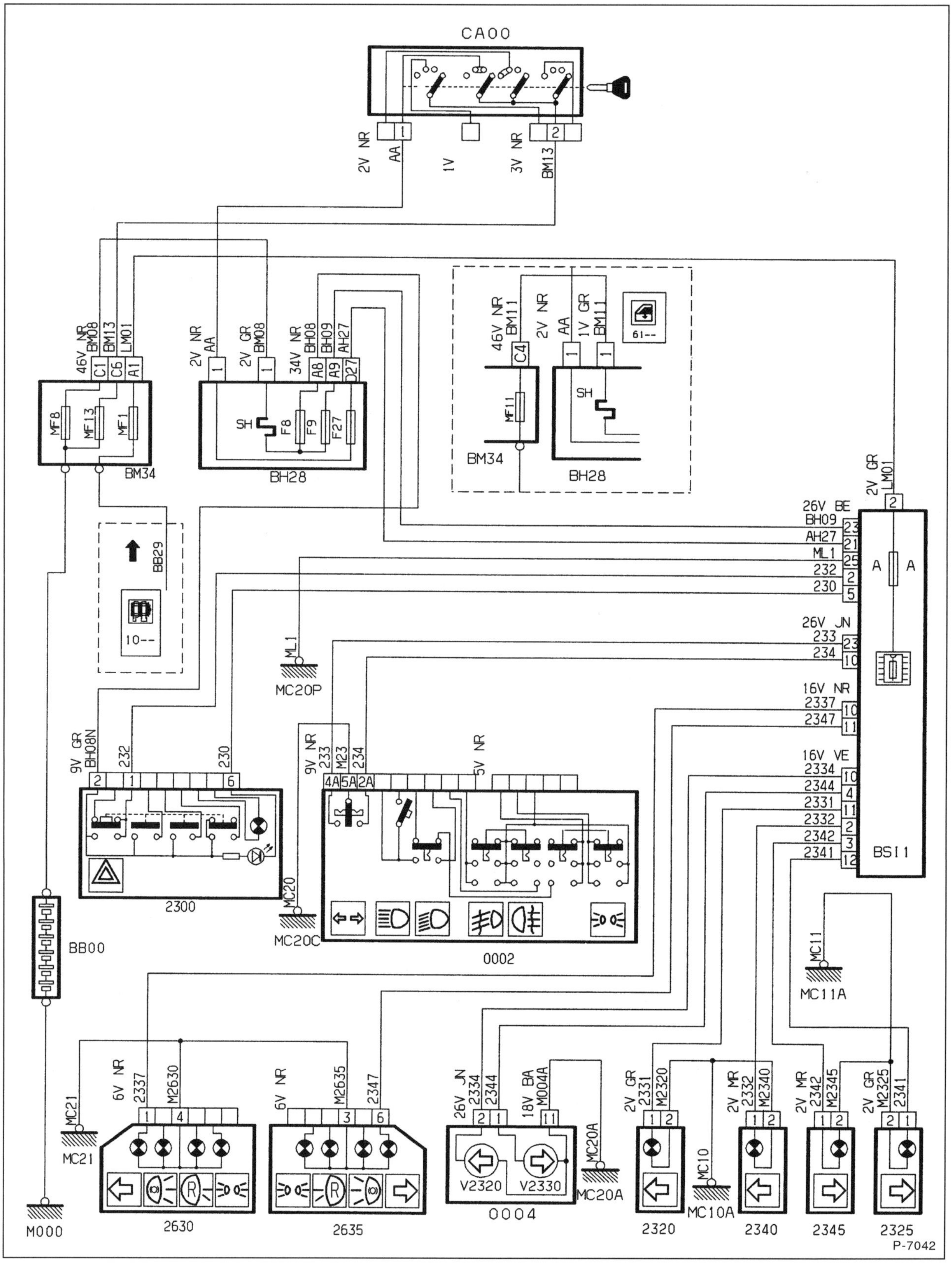

–9–

Standlicht, Kennzeichenleuchten

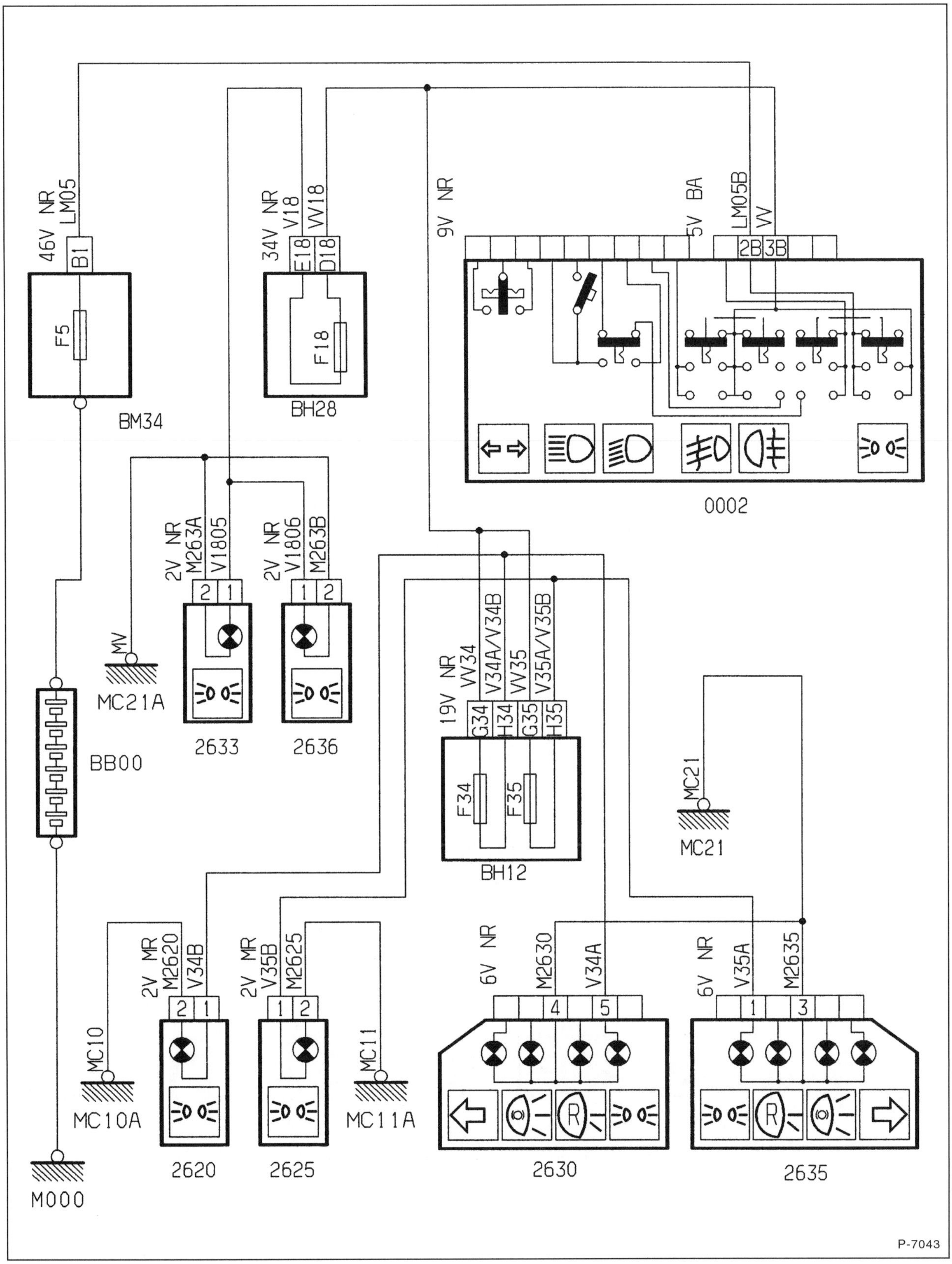

Innenbeleuchtung mit Zeitschaltung

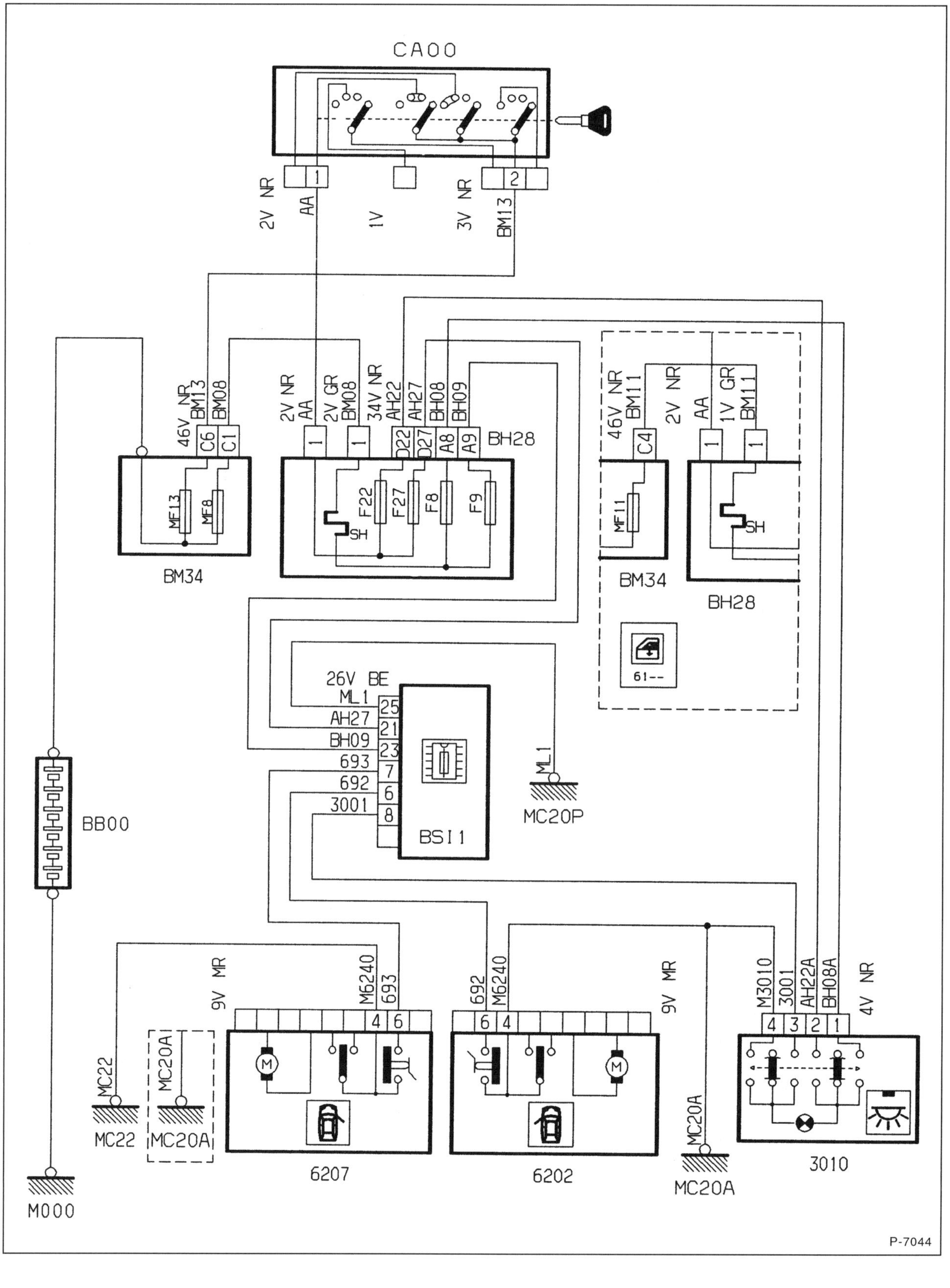

Kombiinstrument, Schalterbeleuchtung

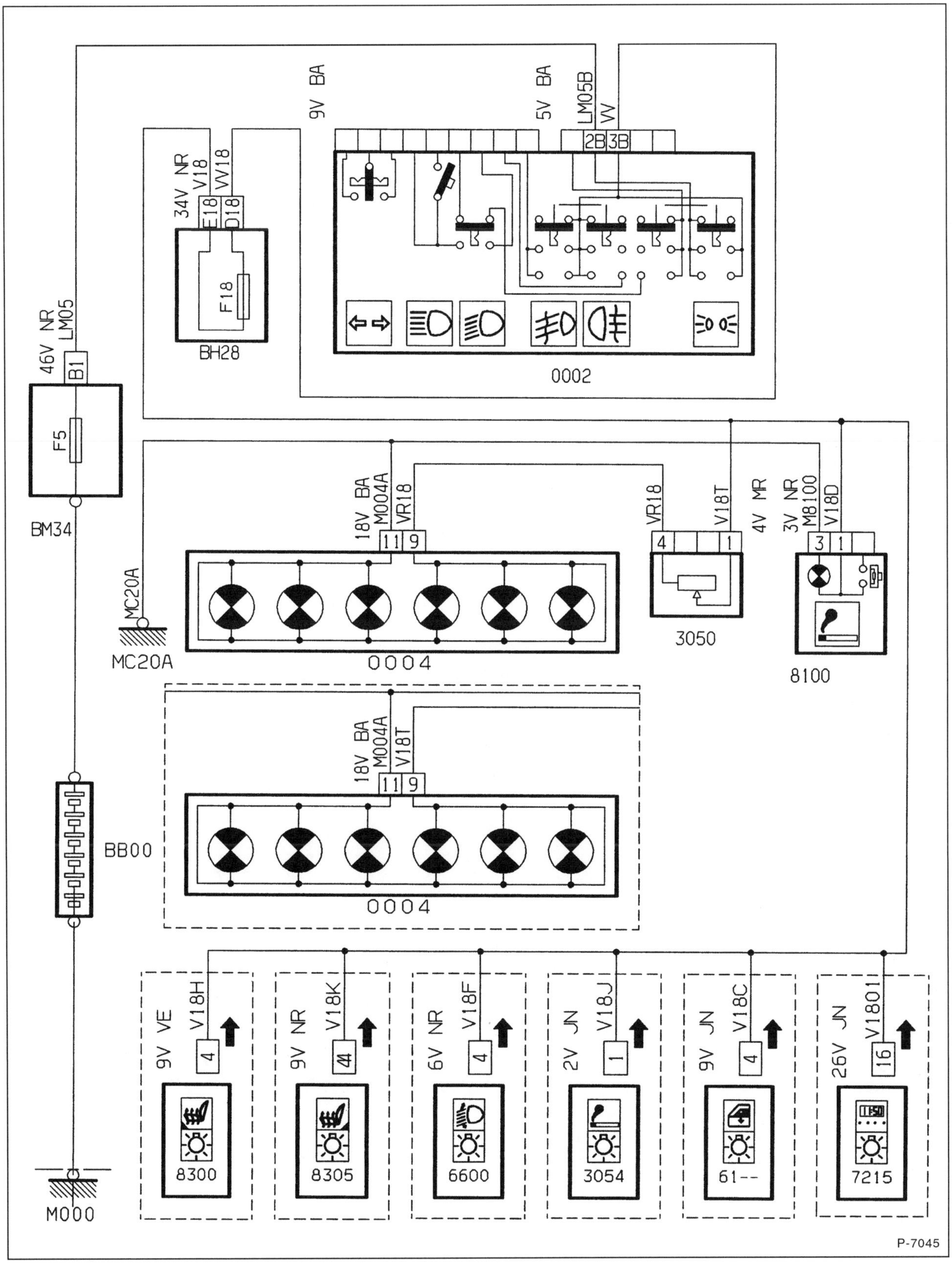

Stromversorgung Anhängerkupplung

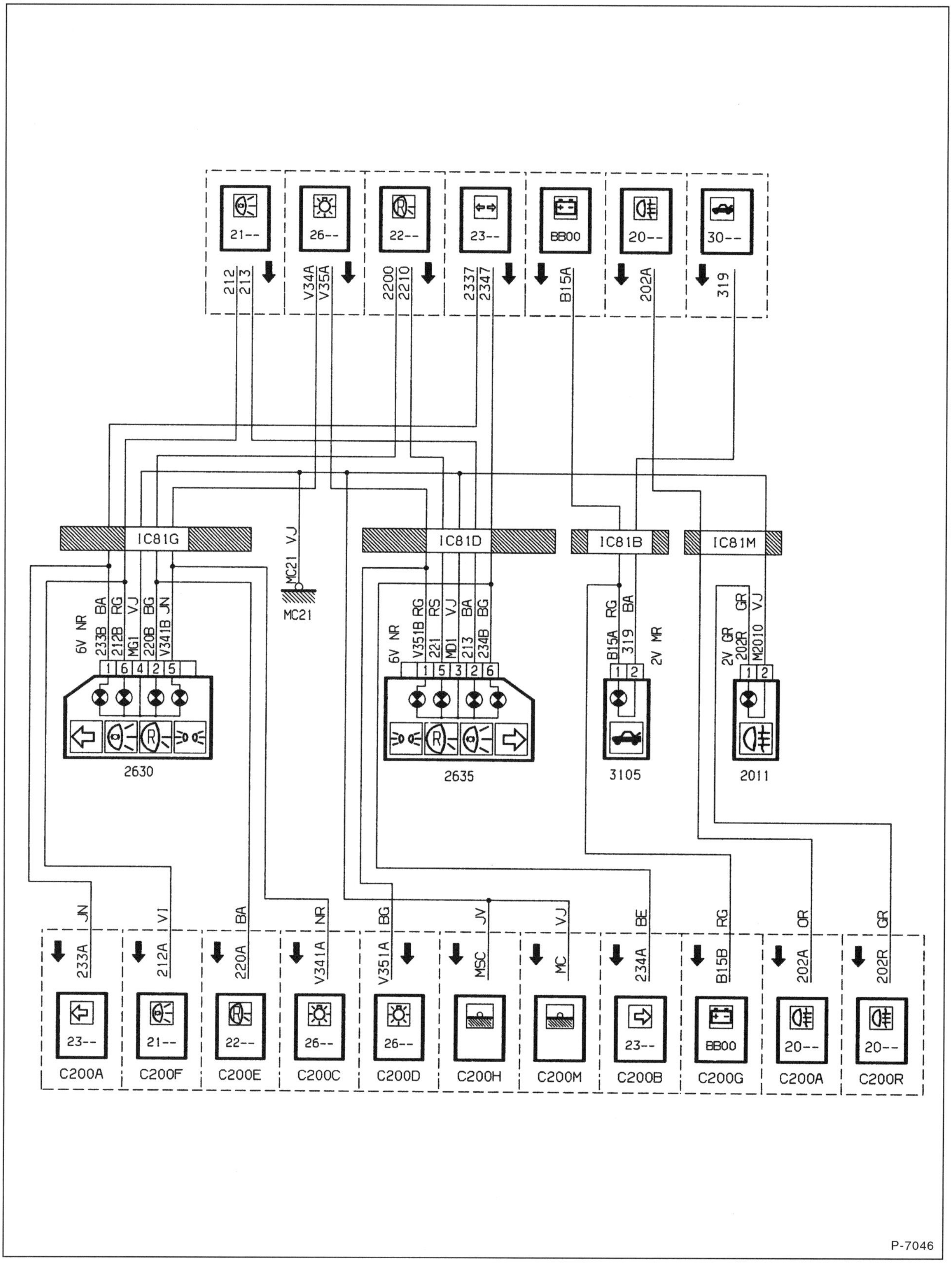

–13–

Frontscheibenwischer, Waschanlage

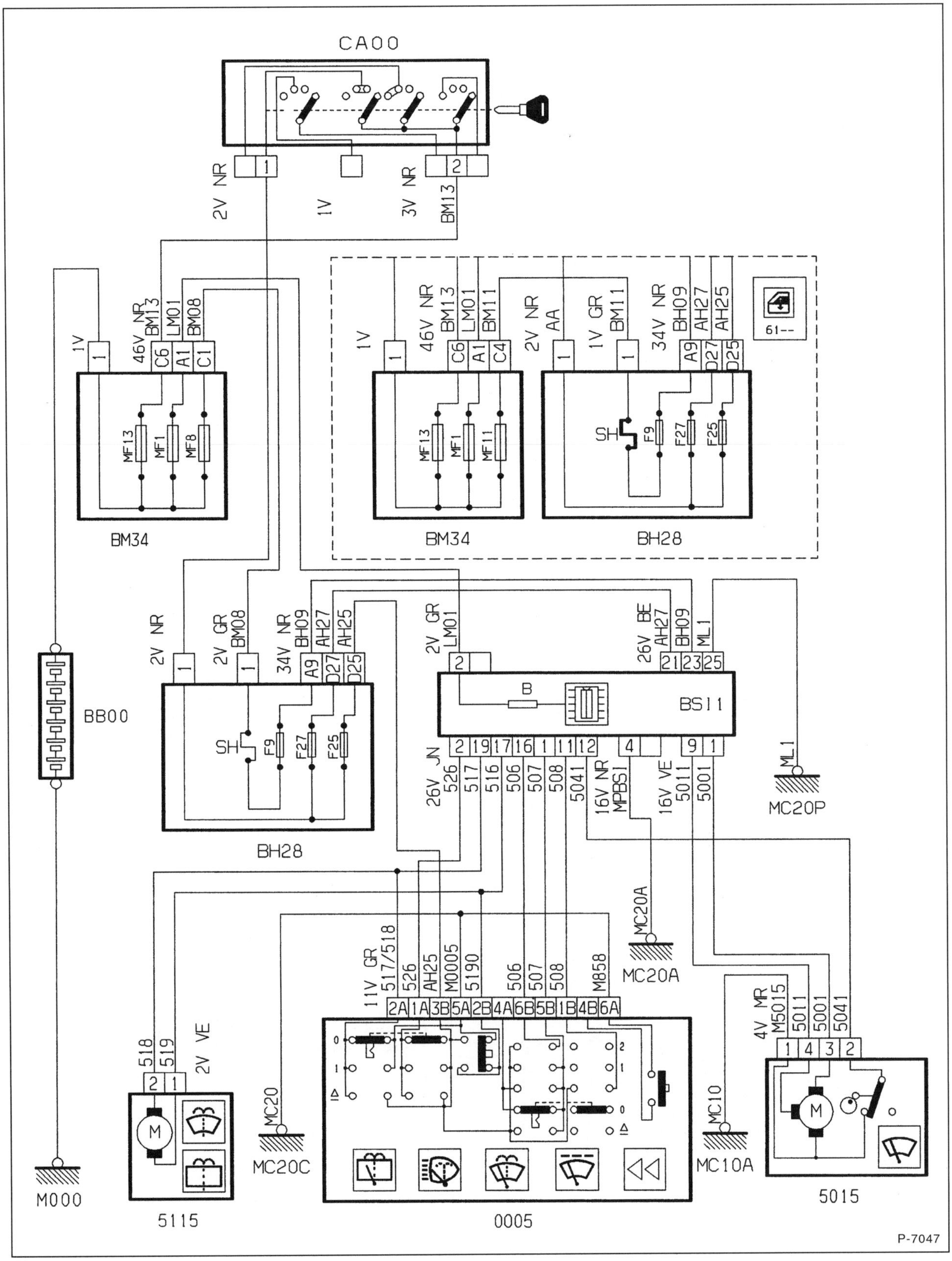

Heckscheibenwischer, Waschanlage

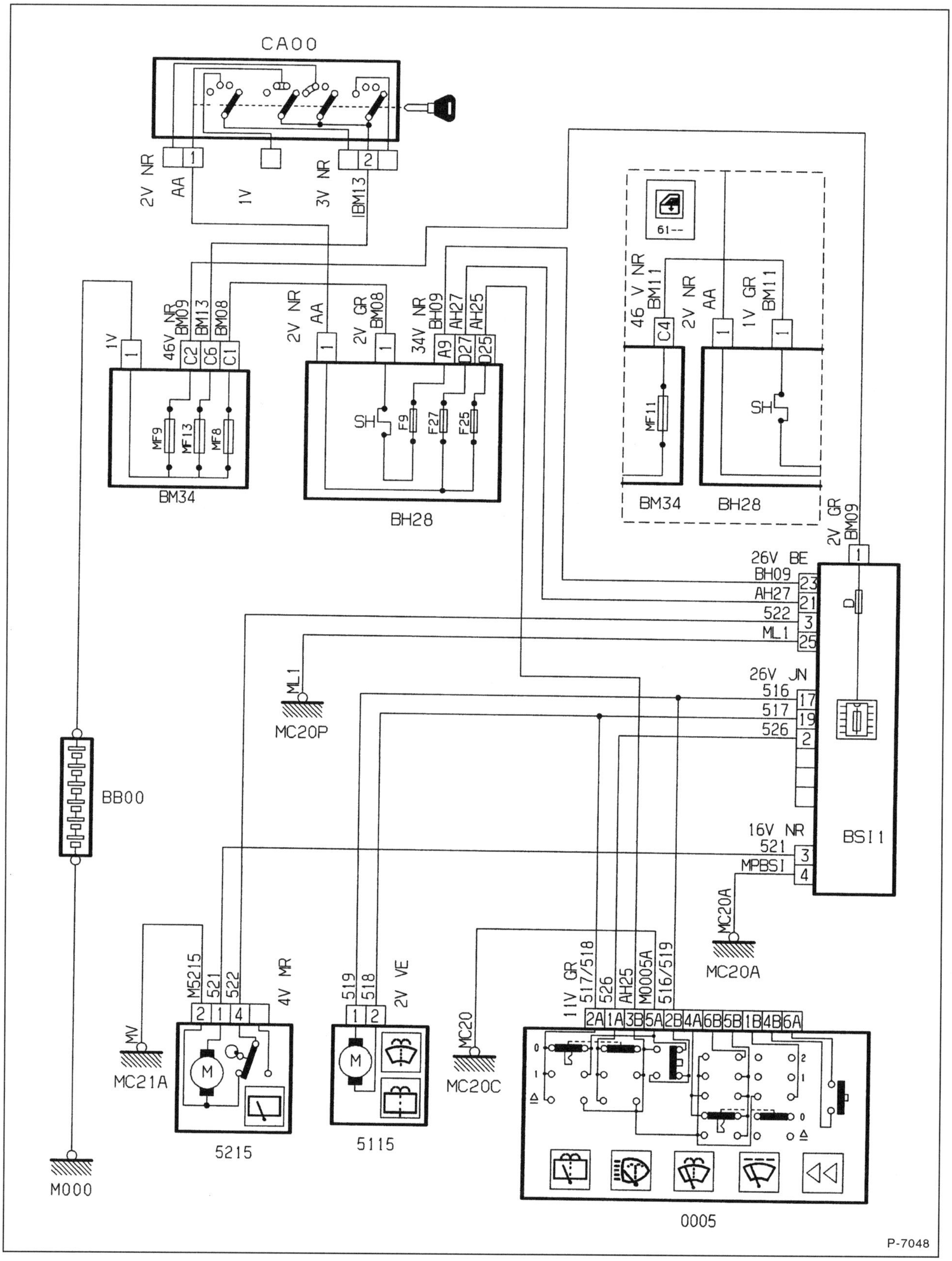

–15–

Fensterheber vorn bei Fahrzeugen mit elektrischen Außenspiegeln

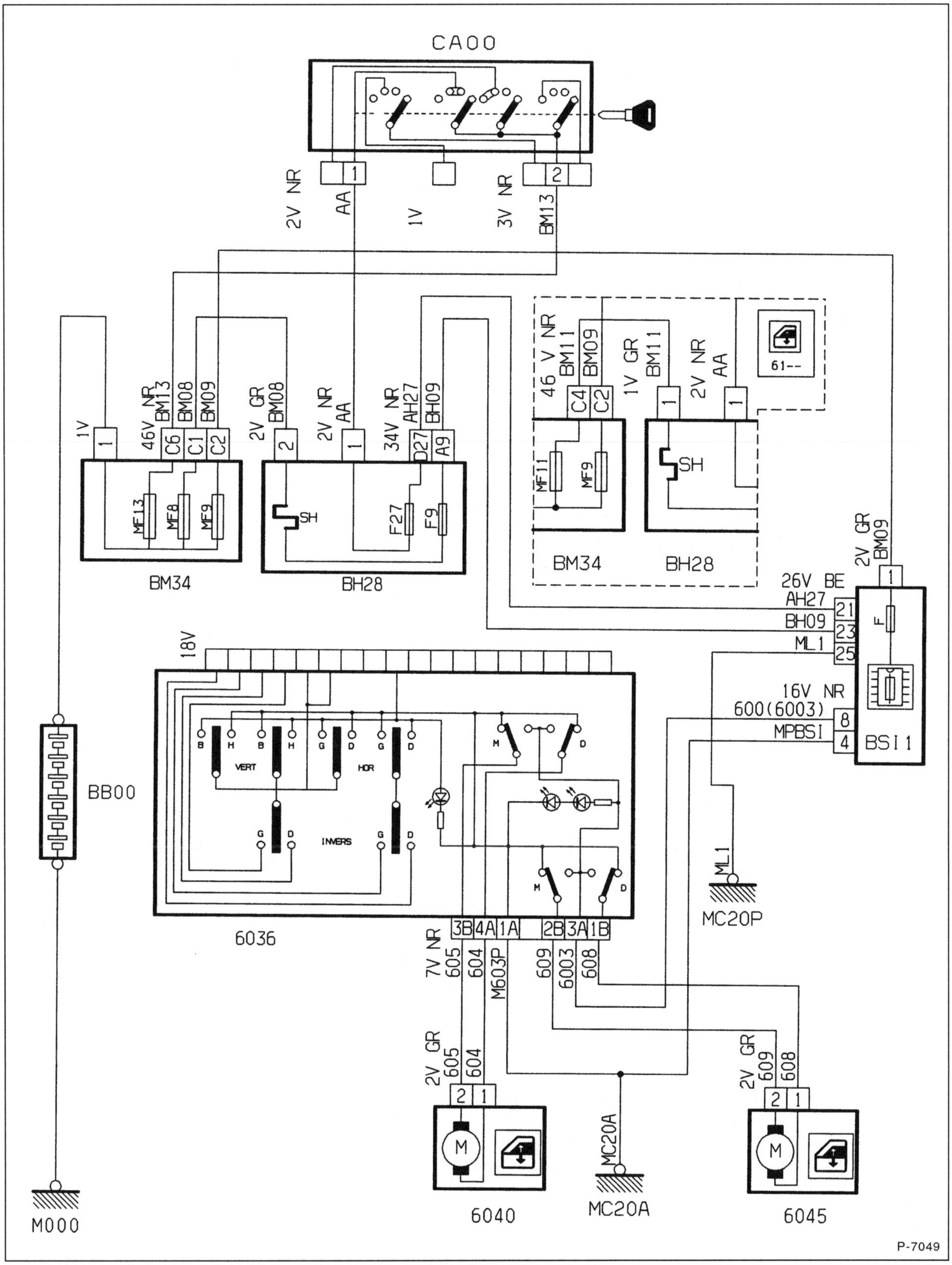

Zentralverriegelung bei Fahrzeugen mit elektrischen Außenspiegeln

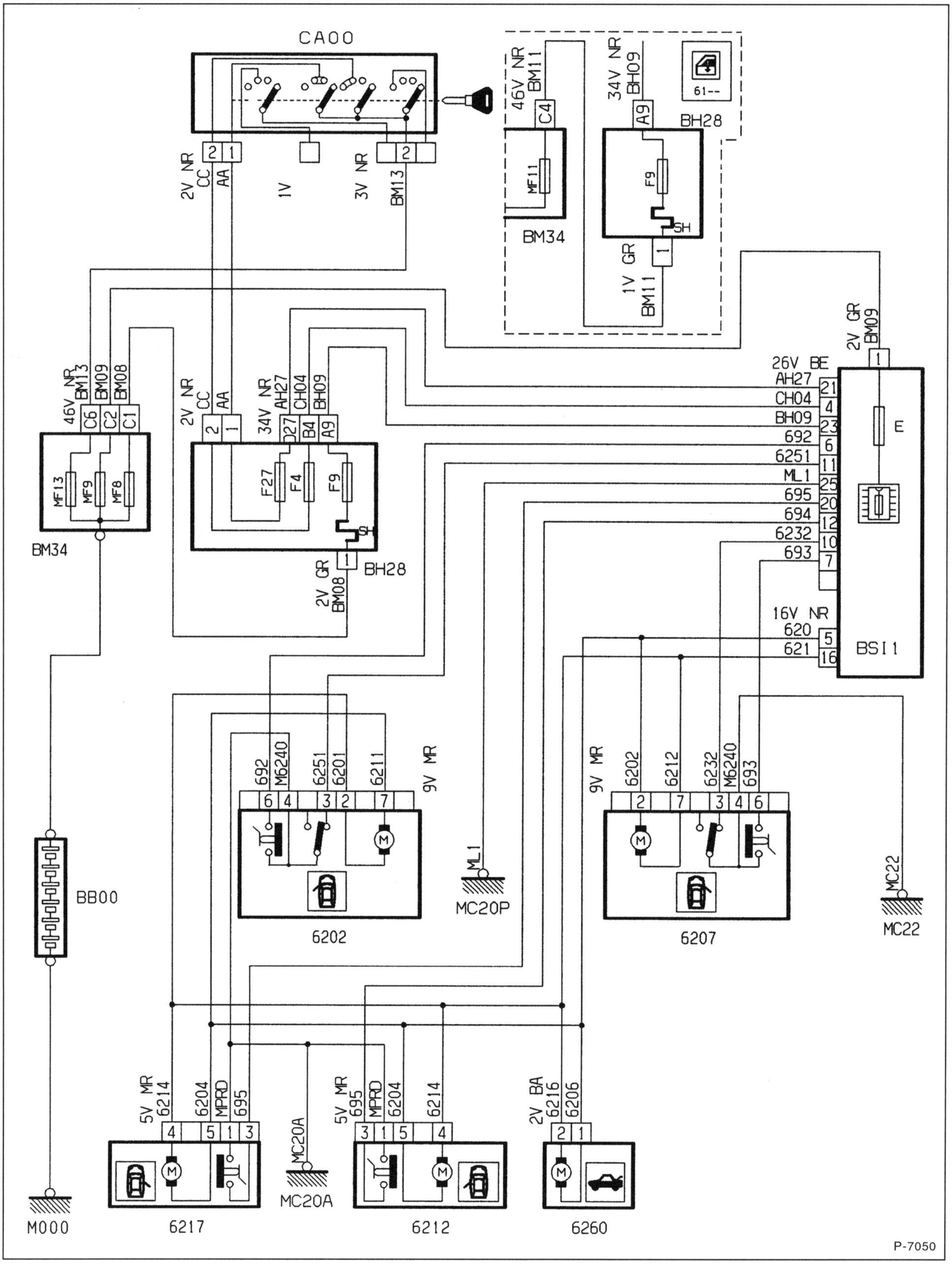

Elektrische Außenspiegel

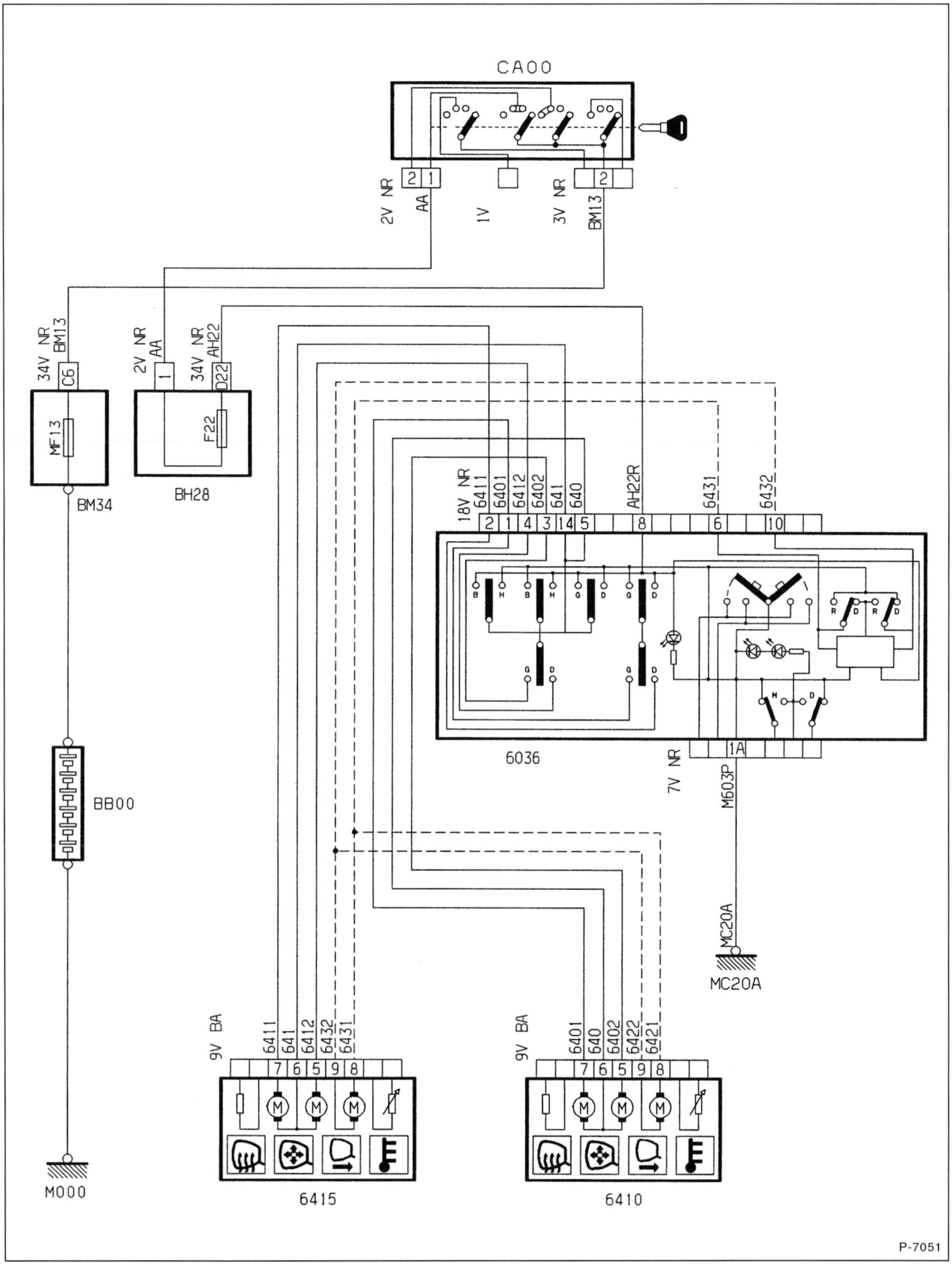

P-7051

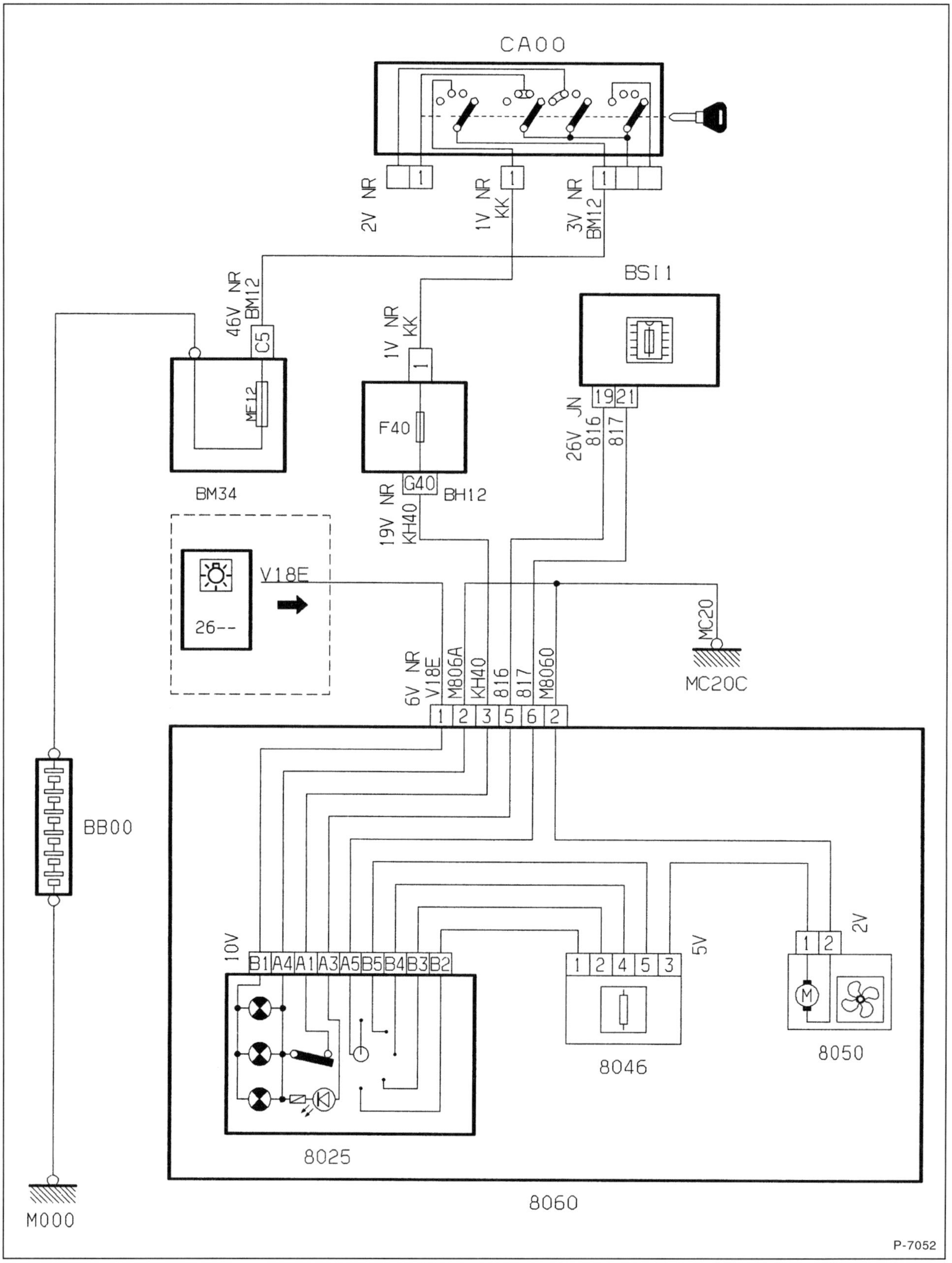
CA00
2V NR
1
1V NR
KK
3V NR
BM12
BSI1
46V NR
BM12
C5
ME12
BM34
1V NR
KK
F40
G40
BH12
19V NR
KH40
26V JN
816
817
1921
V18E
26--
MC20
MC20C
6V NR
V18E
M806A
KH40
816
817
M8060
1 2 3 5 6 2
BB00
10V
B1 A4 A1 A3 A5 B5 B4 B3 B2
8025
1 2 4 5 3
5V
8046
1 2
2V
M
8050
8060
M000
P-7052

–19–

Heckscheibenheizung

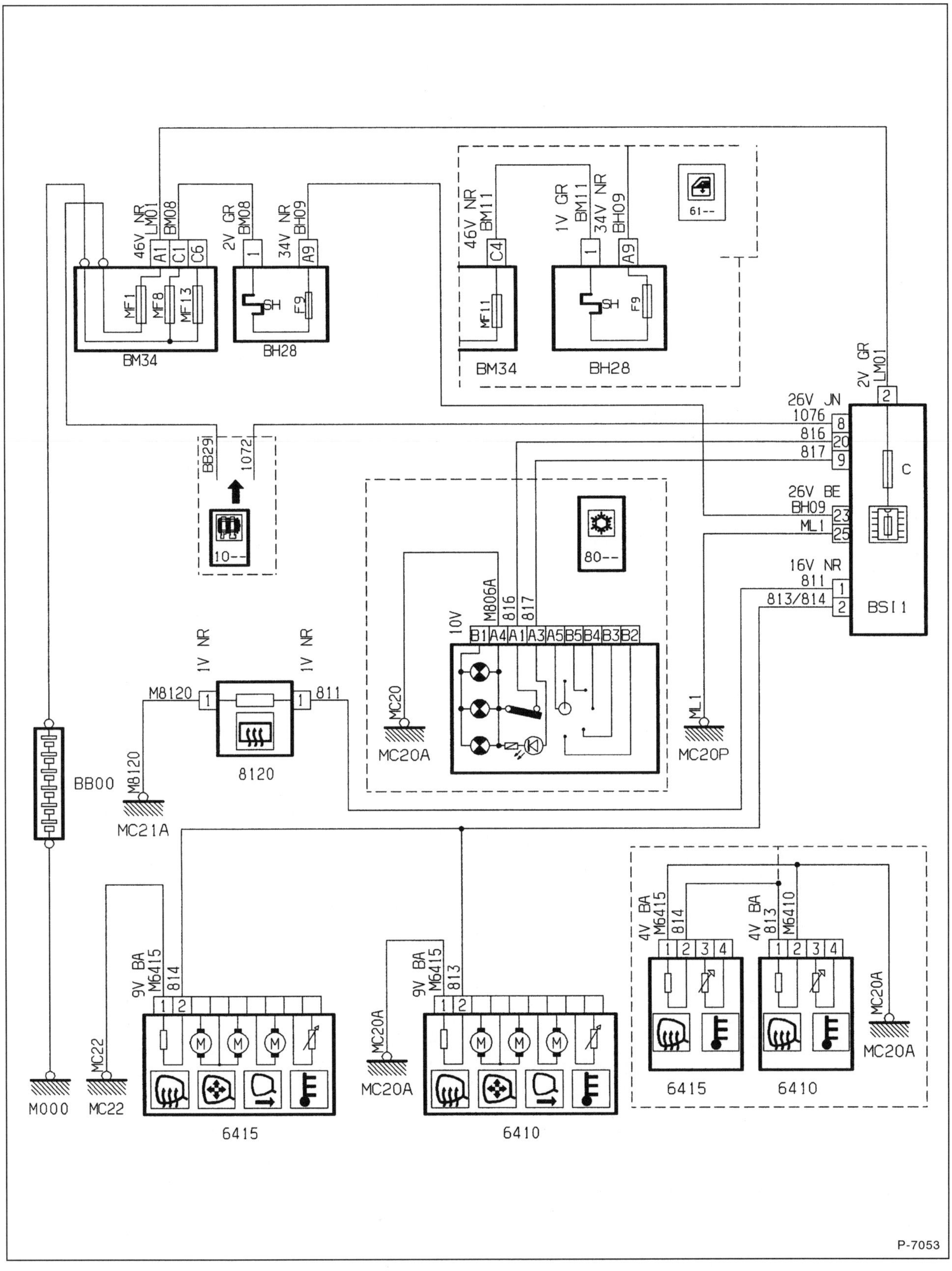

Autoradio 2030

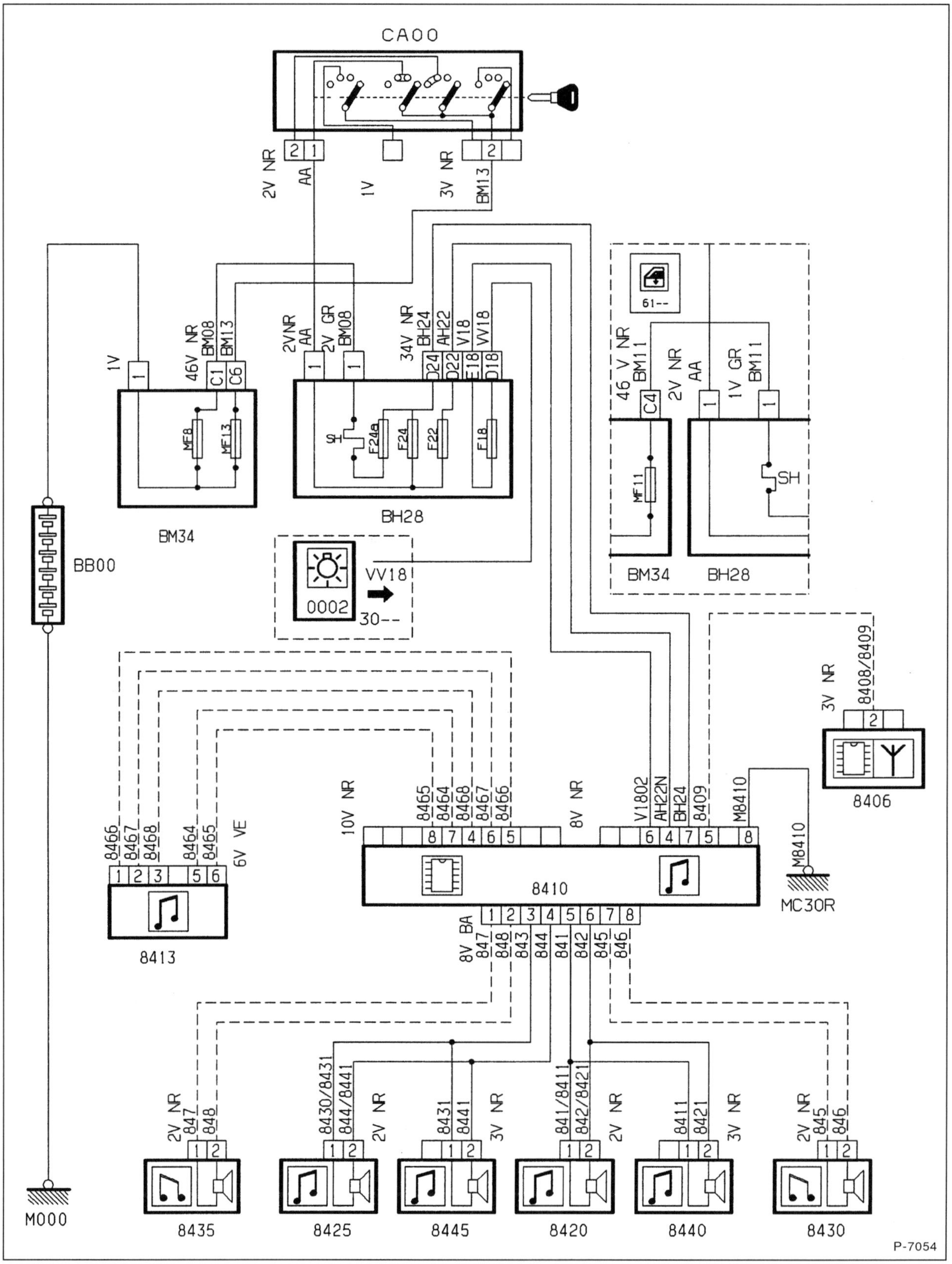